Michael Pfeiffer (Hrsg.)

# HER DAMIT

## 101 GEBRAUCHTBIKES
### mit denen man nichts falsch machen kann

**MOTORRAD**

Motor buch Verlag

Einbandgestaltung: Luis dos Santos, Titelbilder: Archiv MOTORRAD

ISBN 978-3-613-03643-7

Copyright © 2014 by Motorbuch Verlag, Postfach 103742, 70032 Stuttgart.
Ein Unternehmen der Paul Pietsch Verlage GmbH & Co. KG

1. Auflage 2014

Sie finden uns im Internet unter:
www.pietsch-verlag.de

Satz: TEBITRON GmbH, Gerlingen
Druck und Bindung: Druck- & Medienzentrum Gerlingen, 70839 Gerlingen
Printed in Germany

# Inhaltsverzeichnis

Vorwort .................................. 5

## Teil 1:
## Für Preisbewusste in allen Klassen

Bikes um
· 1000 Euro................................. 6
· 2500 Euro............................... 12
· 3000 Euro............................... 18
· 5000 Euro............................... 24

## Teil 2:
## Bikes für jede Gelegenheit

125er...................................... 40
Unverstandene Motorräder ............... 46
Unvergessene Motorräder................. 50
Supermotos & Fundoros ................. 56
Zweizylinder-Supermotos................. 62
Naked Bikes aus Italien................... 66
Große Cruiser............................. 70

## Teil 3:
## Empfehlenswert von A bis Z

**Aprilia**
Pegaso 650 ............................... 76
Shiver 750 ............................... 78
RSV Mille ................................. 80

**BMW**
F 650 GS/Dakar/CS........................ 84
F 800-Reihe.............................. 88
S 1000 RR................................. 92
R 100 GS.................................. 94
R 1100 S ................................. 96

R 1150 R ................................. 98
R 1200 GS................................ 100
R 1200 C ................................ 102
GS-Vierventiler........................... 104
K 100 RT/LT .............................. 108
K 1100 RS................................ 109
K 1200 RS................................ 110
K 1300 Reihe............................. 112

**Buell**
XB9/12R/S ............................... 116
S1/S2/M2/X1............................. 118

**Ducati**
Monster 900 ............................. 120
996....................................... 122
ST-Reihe ................................. 124
999....................................... 128

**Harley-Davidson**
Sportster ................................ 130
Dyna Street Bob ......................... 132
Street Glide.............................. 134

**Honda**
CB 500.................................... 136
CBF 600................................... 138
Hornet 600 .............................. 140
Deauville ................................ 142
Transalp ................................. 144
Africa Twin............................... 146
CB Seven Fifty .......................... 148
VFR....................................... 150
Hornet 900 .............................. 152
Fireblade ................................ 154
VTR 1000 SP-1/SP-2 ..................... 158
CBR 1100 XX ............................. 160
Pan European 1300 ...................... 162
Gold Wing ............................... 164
VTX 1800 ................................ 170

**Kawasaki**

ER-6n/f . . . . . . . . . . . . . . . . . . . . . . . . . . . . . . . . . 172
ZX-6R. . . . . . . . . . . . . . . . . . . . . . . . . . . . . . . . . . . . 174
W 650 . . . . . . . . . . . . . . . . . . . . . . . . . . . . . . . . . . . . 176
Z 750 . . . . . . . . . . . . . . . . . . . . . . . . . . . . . . . . . . . . 178
ZX-9R. . . . . . . . . . . . . . . . . . . . . . . . . . . . . . . . . . . . 180
ZX-10R . . . . . . . . . . . . . . . . . . . . . . . . . . . . . . . . . . 182
Z 1000. . . . . . . . . . . . . . . . . . . . . . . . . . . . . . . . . . . 184
ZZ-R 1100/1200. . . . . . . . . . . . . . . . . . . . . . . . 186
ZX-12R . . . . . . . . . . . . . . . . . . . . . . . . . . . . . . . . . 188
ZRX 1200 S/R . . . . . . . . . . . . . . . . . . . . . . . . . . 190
VN 1600 . . . . . . . . . . . . . . . . . . . . . . . . . . . . . . . . 192

**KTM**

Duke . . . . . . . . . . . . . . . . . . . . . . . . . . . . . . . . . . . . 194
Adventure 950/990 . . . . . . . . . . . . . . . . . . . . . 196

**Moto Guzzi**

California . . . . . . . . . . . . . . . . . . . . . . . . . . . . . . . 198

**Suzuki**

DR-Z 400 S/SM. . . . . . . . . . . . . . . . . . . . . . . . . 200
GS 500 E . . . . . . . . . . . . . . . . . . . . . . . . . . . . . . . . 202
SV 650. . . . . . . . . . . . . . . . . . . . . . . . . . . . . . . . . . 204
V-Strom 650 . . . . . . . . . . . . . . . . . . . . . . . . . . . . 208
GSX-R 750 . . . . . . . . . . . . . . . . . . . . . . . . . . . . . 210

GXR-R 1000 . . . . . . . . . . . . . . . . . . . . . . . . . . . . 212
TL 1000 S/R . . . . . . . . . . . . . . . . . . . . . . . . . . . . 216
GSF 1200 Bandit . . . . . . . . . . . . . . . . . . . . . . . . 218
Bandit 1250/S. . . . . . . . . . . . . . . . . . . . . . . . . . 222
GSX 1300 R Hayabusa . . . . . . . . . . . . . . . . . . 224
GSX 1400 . . . . . . . . . . . . . . . . . . . . . . . . . . . . . . 226
Intruder 1500 . . . . . . . . . . . . . . . . . . . . . . . . . . 228

**Triumph**

Bonneville . . . . . . . . . . . . . . . . . . . . . . . . . . . . . 230
Speed Triple . . . . . . . . . . . . . . . . . . . . . . . . . . . 232
Tiger . . . . . . . . . . . . . . . . . . . . . . . . . . . . . . . . . . 236
Rocket III. . . . . . . . . . . . . . . . . . . . . . . . . . . . . . 238

**Yamaha**

FZ6/Fazer. . . . . . . . . . . . . . . . . . . . . . . . . . . . . . 240
XJ6/Diversion. . . . . . . . . . . . . . . . . . . . . . . . . . 242
YZF-R6. . . . . . . . . . . . . . . . . . . . . . . . . . . . . . . . . 244
XVS 650 Drag Star. . . . . . . . . . . . . . . . . . . . . . 246
XTZ 750 Super Ténéré . . . . . . . . . . . . . . . . . . 248
TDM 900. . . . . . . . . . . . . . . . . . . . . . . . . . . . . . . 252
XJ 900 S Diversion. . . . . . . . . . . . . . . . . . . . . . 254
FZ1/Fazer. . . . . . . . . . . . . . . . . . . . . . . . . . . . . . 256
FJR 1300 . . . . . . . . . . . . . . . . . . . . . . . . . . . . . . 258
XJR 1300. . . . . . . . . . . . . . . . . . . . . . . . . . . . . . . 260
XVS 1300 A Midnight Star . . . . . . . . . . . . . . . 262

# Vorwort

## Träume erfüllen, aber mit Verstand

Fast vier Millionen Motorräder gibt es in Deutschland und fast jedes neunte wechselt pro Jahr den Besitzer. Kein Zweifel: Der Markt für gebrauchte Motorräder ist äußerst lebendig. Für beliebte Maschinen gibt es oft eine riesige Auswahl an Angeboten, da gilt es, die Übersicht zu bewahren. Nicht jedes Schnäppchen stellt sich bei genauerer Betrachtung als solide und erstrebenswert heraus. Und in so mancher Traummaschine hat sich im Laufe der Zeit ein teurer Konstruktionsfehler offenbart, den es vor dem Kauf zu beachten gilt.

Mit diesem Buch haben wir die geballte Erfahrung der MOTORRAD-Redaktion zusammengetragen. Und liefern für die beliebtesten Gebrauchtmaschinen eine umfangreiche Kaufberatung. Alle wurden von uns getestet, einige davon auch über den 50 000-Kilometer-Dauertest-Marathon gescheucht, die härteste unabhängige Prüfung überhaupt. Und selbstverständlich nahmen wir neben unseren recherchierten Fakten auch zahlreiche Hinweise und Tipps der Leser von MOTORRAD mit auf. Mit diesem Buch sind Sie gerüstet für den nächsten Kauf. Erfüllen Sie sich Ihren Traum, aber mit Verstand.

Herzliche Grüße

Ihr

Michael Pfeiffer

# BIKES UM **1000 EURO**

**Abtauchen in die Abgründe des Motorrad-Bestands, ausgiebig im Internet herumfischen – dann stehen die Chancen gut, für kleines Geld einen guten Fang zu machen. Um 1000 Euro tummeln sich viele erfrischende Maschinen in heimischen Gewässern.**

Honda SLR 650

Kawasaki GPX 600 R

Suzuki DR 650 R/RE/RS

Yamaha XV 535 Virago

**D**irekt vom Händler-Kutter oder fangfrisch aus dem Netz, Low-Budget-Angebote gibt es massenhaft. Ohne Kenntnisse zieht man sich jedoch schnell Ware an Land, die (einem) nach kurzer Zeit stinkt. Besser vorher schlau machen. Etwa über die vier ausgewählten Japan-Modelle, die sich häufig als leckere Sushi-Happen zum Spartarif auf den großen Internet-Marktplätzen finden. Mit Einzylinder-Enduros wie Honda SLR 650 und Suzuki DR 650 kann man gut in urbanem Umfeld durchs Hafen- oder Industriegebiet fegen, die etwas betagte Yamaha Virago, keinesfalls abgetakelt, glänzt mit hervorragender Alltagstauglichkeit, und mit dem tourensportlichen Vierzylinder Kawasaki GPX 600 R lassen sich zu Deckklasse-Preisen sehr anregende Kreuzfahrten unternehmen. Klicken Sie sich doch selbst einmal in die Tiefen des Gebrauchtmarkts! Oder schauen Sie beim Händler vorbei, was der so alles im Teich hat. Selbst wenn nichts anbeißen sollte, das Fischen nach spannenden Offerten macht unheimlich Spaß.

**WWW.MOTORRADONLINE.DE**

Überblick mit Markensuche unter **www. motorradonline.de/gebrauchtberatung**

# HONDA SLR 650

**M**ittelklasse-Enduros waren von den frühen Achtzigern bis Mitte der Neunziger schwer angesagt, doch weil das Herumtollen im Gelände aufgrund unbarmherziger Restriktionen legal kaum noch möglich ist, ebbte die Welle wieder ab. Da dachte man bei Honda wohl, dass sich quirlige Einzylinder besser in der Stadt austoben könnten. Keine schlechte Idee, und ein Spenderherz lag bereits parat: der seit Jahren erprobte 650er-Single aus der Dominator, für die SLR auf 39 PS gekappt. Eine geänderte Nockenwelle sorgt für zahmere Steuerzeiten, doch ein guter Drehmomentverlauf, kerniger Sound sowie guter Antritt beim Ampelspurt machen die geringere Spitzenleistung schnell vergessen.

Bremsen, Fahrwerk, Sitzposition – alles bestens. Die grundehrliche Honda ist handlich, robust und außerdem günstig (Neupreis einst umgerechnet nur rund 4500 Euro). Aber selbst diese Summe waren 1997 bis 1999 zu wenige Käufer bereit zu bezahlen, so dass Honda das Citybike im Scrambler-Stil in

Deutschland schnell wieder aus dem Programm nahm. Auch das Nachfolgemodell Vigor verkaufte sich nur mäßig, die beiden schnörkellosen, keinesfalls langweiligen Maschinen für Stadt und Landstraße gerieten zum Flop. Manche Ideen jedoch zünden erst später. Beinahe schon in Vergessenheit geraten, steht die SLR heutzutage bei cleveren Schnäppchen-Fahndern hoch im Kurs. Nicht nur bei jüngeren Einsteigern ohne prall gefülltes Konto oder Elternkredit, sondern auch bei gereiften Fahrern, die ein freches Stadtmobil suchen. Im Unterhalt extrem günstig, und Folgekosten oder Stress durch unvorhergesehene Werkstattbesuche sind die absolute Ausnahme. Endlich passt der für die Honda SLR 650 ursprünglich angedachte Grundsatz: fahren und sparen.

**PLUS**
**Einzylinder** ausgereift und standfest
**Bremsen** von Brembo arbeiten sehr effektiv
**Handling** ausgezeichnet
**Einsteigerfreundlich** mit 34 PS erhältlich

**MINUS**
**Federbein** überdämpft, Fahrkomfort eingeschränkt
**Ausstattung** spärlich (kein Drehzahlmesser, wenig Bordwerkzeug)
**Image** eher bescheiden

## Marktsituation

**Da versierte Händler** um die Zuverlässigkeit der 650er wissen, sind auch mehr als zehn Jahre alte Exemplare im Verkaufsraum durchaus willkommen, sofern diese einen gepflegten Eindruck machen und nicht mehr als 30 000 Kilometer auf der Uhr haben. Das Angebot an extrem preisgünstigen SLR ist spärlich, nach ihr wird jedoch auch kaum gezielt gesucht. Erst eine attraktive Preisansage von knapp über 1000 Euro rüttelt vor Ort beim Händler oder beim Stöbern im Internet Neugier wach. Interessenten für das ausgesprochen günstige Motorrad finden sich nach einiger Zeit dementsprechend immer.

## Daten (Baujahr 1997)

Luftgekühlter Einzylinder-Viertaktmotor, 644 cm³, 29 kW (39 PS) bei 5800/min, Gewicht 176 kg, Zuladung 179 kg, Tankinhalt/Reserve 13/3 Liter, Sitzhöhe 840 mm, Höchstgeschwindigkeit 150 km/h, Verbrauch (Landstraße) 5,8 l/100 km, Normalbenzin

### Tests in MOTORRAD

21/1996 (FB), 1/1997 (T), 10/1997 (VT), 15/1997 (Einsteiger-VT)
FB=Fahrbericht, T=Test, VT=Vergleichstest;
Nachbestellungen unter Telefon 07 11/1 82-12 29

### Internet

**Fansites:** www.honda-board.de
**Gebrauchtangebote:** http://markt.motorradonline.de/bike476.htm

---

## Eins, zwei oder vier?
### Wie viele Zylinder brauche ich?

**K**leine Orientierungshilfe für absolute Beginner: Dreizylindermotoren spielen als Exoten in der Low-Budget-Klasse keine Rolle. Einzylinder sind dort indes stark vertreten. Sie bauen leicht und empfehlen sich trotz vergleichsweise geringer Leistung (unter 50 PS) beim Ampelstart durch satten Punch.

Für die Stadt also genau richtig. Bei Dauer-Vollgas auf der Autobahn ist eine gesunde Ölversorgung jedoch schwierig, mögliche Folge ist ein teurer Motorschaden. Behält man aber die Drehzahlen im Auge, ist man mit einem spaßigen Single bestens bedient. Vierzylindermotoren sind langlebiger, wollen in der 600er-

Klasse jedoch gedreht werden, sonst geht's nicht voran. Speziell für unsichere Einsteiger ist es befremdlich, regelmäßig in hohe Drehzahlen vorzudringen, die einem das Gefühl eines kurz bevorstehenden Raketenstarts vermitteln – obwohl kaum die erlaubte Ortsgeschwindigkeit überschritten wird. Wobei genau dieses Gefühl kickt. Einen guten, vielleicht den besten Kompromiss bieten Mittelklasse-Zweizylinder, die in der Regel vollgasfest und wartungsfreundlich sind. Sie sind voll alltagstauglich, der Spaß kommt dennoch nicht zu kurz.

# KAWASAKI GPX 600 R

Mit Rennsport hat die GPX 600 R nur wenig am Hut, obwohl „R" gemeinhin für „Race" steht. Sie ist zwar vollverkleidet und mit nur etwas über 200 Kilogramm recht athletisch, für Spurts auf der Rundbahn fehlt der Kawasaki jedoch die nötige Fitness, um 100-PS-Plussern Paroli bieten zu können. Als zügige Joggerin macht sie hingegen eine sehr gute Figur. Landschaftlich schöne Mittelstrecken kann man mit ihr erstklassig bewältigen und dank der kommoden Sitzposition (vergleichsweise hohe Lenkerstummel und tief angebrachte Fußrasten) auch mal eine Marathon wagen. Dafür reichen 85 PS allemal, und auch mit der beschnittenen Leistung der jüngeren Modelle (78 PS ab 1994, 73 PS ab 1996) geht es auf der Landstraße immer noch zügig vorwärts. Für junge Einsteiger ist ein 34-PS-Drosselsatz erhältlich, der sich ohne eine speziell auf die geringe Leistung abgestimmte Bedüsung der Vergaser allerdings nicht empfiehlt, weil der Motor dann unrund läuft.

Was die Zuverlässigkeit angeht, gibt sich der flüssigkeitsgekühlte Vierventil-Reihenvierer wiederum als guter Kumpel. Offen läuft er vibrationsarm, geschmeidig und taugt bei guter Wartung für Laufleistungen deutlich über 50 000 Kilometer. Hilfreich bei freizeitsportlichen Touren ist das handliche Fahrwerk, das nur geringe Körperkräfte beim Kurvenschwingen abverlangt. Die für heutige Sportlerverhältnisse eher schmale 16-Zoll-Bereifung (110 und 130 Millimeter Breite vorn und hinten) verhindert nerviges Aufstellen beim Hineinbremsen in Kurven. Außerdem bleibt die Maschine auch bei hohem Tempo spurstabil. Steht das „R" also für „Roadsurfen"? Vielleicht, denn dazu eignet sich die 600er wunderbar. Die von 1987 bis 1990 und nach einer Pause wiederum von 1994 bis 1999 angebotene GPX war schon als Neufahrzeug recht günstig, heutzutage zählt sie zu den unauffälligen Secondhand-Offerten, bei der sich ein Besichtigungstermin immer lohnt.

## Marktsituation

**Das Angebot ist mittelhoch,** gleichzeitig ist die GPX 600 R kein besonders gefragtes Modell. Daraus ergibt sich für Interessenten eine gute Basis für Preisverhandlungen: Selbst in der Preisklasse um 1000 Euro besteht ein Spielraum von rund 300 Euro. Bei den meisten Offerten muss man allerdings hohe Laufleistungen (über 40 000 Kilometer) und Schönheitsfehler wie Kratzer an der Verkleidung akzeptieren. Unter 800 Euro finden sich meist nur Bastlerfahrzeuge, in die vermutlich einige hundert Euro investiert werden müssen. Ab 1300 Euro bieten Händler sehr passable Exemplare im Originalzustand mit weniger als 30 000 Kilometern an.

## Daten (Baujahr 1994)

Wassergekühlter Vierzylinder-Viertaktmotor, 593 cm³, 57 kW (78 PS) bei 10 500/min, Gewicht 208 kg, Zuladung 182 kg, Tankinhalt/Reserve 18/2 Liter, Sitzhöhe 770 mm, Höchstgeschwindigkeit 209 km/h, Verbrauch von 4,0 bis 9,1 l/100 km, Normalbenzin

### Tests in MOTORRAD

18/1987 (VT), 20/1987 (VT), 4/1988 (VT), 4/1994 (T), 15/1997 (Einsteiger-VT), 5/1998 (VT)

T=Test, VT=Vergleichstest;
Nachbestellungen unter Telefon 07 11/1 82-12 29

### Internet

**Fansites:** http://kawasakiforum.de
**Gebrauchtangebote:**
http://markt.motorradonline.de/bike2701.htm

# Billig geangelt, aber dann ...
## Wenn Folgekosten das Schnäppchen zunichte machen.

Ein typisches Szenario: Der Verkäufer geht runter auf 999 Euro, das Motorrad liegt plötzlich im Preisrahmen des Interessenten. Hormone schalten den Verstand aus: Zuschlag! Der Käufer freut sich über sein Schnäppchen. Wenn er allerdings Pech hat, geht das Geldausgeben nun erst richtig los. Ein verharzter Vergaser (Verkäufer: „Einmal Vollgas, das bläst sich schon frei") muss fachgerecht gereinigt werden. Kosten: 100 bis 150 Euro. Ein undichter Gabeldichtring (austretendes Öl wurde vorher natürlich sorgfältig abgewischt) schlägt inklusive Dichtung mit 30 bis 40 Euro zu Buche plus weitere 100 Euro für den Einbau. Renovierung eines innen korrodierten Tanks (na, bei der Besichtigung reingeleuchtet?): 150 Euro aufwärts. Das Ersetzen von porösen Bremsleitungen (fallen spätestens beim nächsten TÜV auf) durch Stahlflexleitungen kostet ohne Montage rund 200 Euro. Und auch bei angezeigten Mängeln kann man sich verrechnen.

# SUZUKI DR 650

Jeden Tag ein kleiner Erfolg – das ist ein Weg zum Glück. Bei den 1990 eingeführten DR 650 R und RS (mit rahmenfester Halbschale) darf man es durchaus als Erfolg feiern, den 46 PS starken Single mit einem Tritt zum Leben zu erwecken. Diese unter Umständen schweißtreibende Übung sagt jedoch nicht jedem zu. Es geht aber auch anders: Ab Baujahr 1991 erhielt die straßenorientiertere RS einen E-Starter und aufgrund dessen das Kürzel RSE. Per Knopfdruck wird man unterm Strich doch glücklicher, weshalb auch die meisten puristischen R-Fans die ab 1994 hinzugekommene Alternative mit dem Kickstarter der DR 650 RE zu schätzen wussten.

Als Gebrauchtkäufer sollte man jedenfalls berücksichtigen, dass die archetypische Weise, ein Motorrad per Fußhebel anzulassen, etwas Geschick, Mut und manchmal auch Geduld erfordert. Läuft die DR 650, ist es ein Leichtes, sich mit ihr anzufreunden. Der starke Einzylinder beschleunigt die vergleichsweise leichte Maschine mit einem Vorwärtsdrang, wie es bei gesitteten Mittelklassemotorrädern

ansonsten eher selten ist. Da die Federwege für Geländeausritte ausgelegt sind, lässt sich die DR auch auf flickgeschusterten Landstraßen komfortabel und flott bewegen. Auf RS und RSE mit gutem Windschutz kann man sich daher getrost von touristischen Hauptwegen fernhalten. Mit der R und RE sowie der richtigen Bereifung sind gar echte Enduro-Wanderungen möglich (natürlich nur dort, wo es noch erlaubt ist).

Zuverlässig sind die 650er, sofern Wartung und Pflege stimmen. Beim Kauf prüfen (Serviceheft, Werkstattprotokolle!), ob Profis die Öl-Steigleitungen zum Zylinderkopf regelmäßig kontrolliert haben, sonst drohen kapitale Motorschäden. Klingt der Single jedoch gesund, lassen sich mit oder ohne Kickstarter jede Menge Kicks holen.

## PLUS
**Sitzposition** für große Fahrer ab 1,85 Meter sehr angenehm
**Gewicht** gering, gutes Handling
**Motor** robust und mit ordentlichem Punch

## MINUS
**Kickstarter** nervt im Alltag
**Einzylinder** bedarf aufmerksamer Wartung
**Rost** ist ein Problem, besonders an Auspuff, Schwinge und Rahmen

## Marktsituation

**Händler lassen oftmals die Hände** von der Einzylinder-Maschine, die meistens mit höheren Laufleistungen (über 30 000 Kilometer) angeboten wird. Bei ihnen finden sich selten Exemplare unter 1200 Euro. In den Anzeigen von Privatanbietern sind die Preisvorstellungen des Öfteren überzogen, wenn mehr als 1500 Euro für eine 15 Jahre alte DR 650 aufgerufen werden. Ein Anruf lohnt deshalb, per Telefon lassen sich eventuell realistischere Preise ermitteln. Das Angebot an Maschinen um 1000 Euro ist mittelhoch, die Nachfrage in der Regel gering. Vertrauenswürdige Pflege- und Wartungsnachweise sind von Vorteil.

## Daten (Baujahr 1990)

Luft-/ölgekühlter Einzylinder-Viertaktmotor, 641 cm³, 34 kW (46 PS) bei 6800/min, Gewicht 184 kg, Zuladung 181 kg, Tankinhalt/Reserve 20/4 Liter, Sitzhöhe 900 mm, Höchstgeschwindigkeit 145 km/h, Verbrauch (Landstraße) 5,7 l/100 km, Normalbenzin

## Tests in MOTORRAD

DR 650 R: 11/1990 (T), 13/1992 (T), 21/1992 (VT). DR 650 RE: 14/1994 (VT), 12/1995 (VT), 24/1995 (T).
DR 650 RS/RSE: 4/1990 (T), 10/1991 (FB), 12/1991 (VT), 10/1992 (VT)

FB=Fahrbericht, T=Test, VT=Vergleichstest; Nachbestellungen unter Telefon 07 11/1 82-12 29

## Internet
**Fansites:** www.dr-650.de
**Gebrauchtangebote:** http://markt.motorradonline.de/bike1236.htm

---

Im Prospekt werden Motor-Dichtungssätze ab 14,95 Euro beworben, für das betreffende Modell sind es unter Umständen deutlich mehr. Zubehörspezialist Louis etwa bietet für eine XT 600, Baujahr 1987, einen Satz für 47,95 Euro an, fürs Nachfolgemodell von 1988 sind es 79,95 Euro. Ohne versierte Schrauberkenntnisse kommen rund vier Werkstattstunden hinzu. Hoppla, da ist schnell noch einmal der Kaufbetrag des angeblichen Schnäppchens beisammen. Deshalb: kühlen Kopfes die Kostenliste erstellen und erst dann den Preis verhandeln.

**Auch kleinere Undichtigkeiten können durch oftmals unterschätzten Arbeitsaufwand sehr teuer kommen**

**Typische Geldschlucker:** Verschleißteile wie Bremsscheiben oder Kettensätze kosten mindestens 150 Euro ohne Montage. Besser vorher penibel prüfen!

# YAMAHA XV 535 VIRAGO

**W**as Chopper- und Cruiser-Fans wollen: fette Schlappen, einen Hammersound und Punch bis zum Abwinken. Moderne Cruiser satteln mittlerweile unter 100 PS gar nicht mehr auf. So gesehen ist die kleine 535er-Virago meilenweit abgehängt, bei ihrem Auftritt mit dünner, säuselnder Stimme und schmalfüßigem 140er-Hinterreifen rührt sich nicht einmal mehr die kleinste Lederfranse. Wer jedoch auf die große Show verzichten kann, erhält viel Maschine, denn der ehemalige Topseller-Chopper ist bis heute ein richtig gutes Motorrad – oder sollten über 50 000 Käufer geirrt haben?

Zu viele Gründe sprechen dagegen. Der ansehnliche V2-Motor bringt mit seinen 46 PS das schlanke Motorrad (196 Kilogramm) erstaunlich flott in Schwung, wenngleich das Fahrwerk und die Bremsen eine allzu forcierte Fahrweise vereiteln. Prima: der Kardan. Er sorgt für einen sehr direkten Antritt und erspart nervige Kettenpflege beziehungsweise zeitaufwendiges Dauerputzen des hübschen Drahtspeichen-Hinterrads. Sorgfältige Pflege ist angesichts der vielen Chromteile dennoch Pflicht, aber ansonsten lässt die sehr robuste und wenig störungsanfällige Virago viel Zeit zum Fahren.

Und darum geht es: Stressfrei unterwegs sein, die Landschaft sorgenfrei genießen, vom Alltag abschalten, das funktioniert mit der Yamaha wunderbar. Frau – wenn sie nicht gerade stelzlange Beine hat – freut sich über die niedrige Sitzhöhe von rund 70 Zentimetern, und jedermann kann sich regelmäßige Ausflüge ins Grüne locker leisten, denn beim Landstraßenbummeln schluckt die 535er wenig, die Unterhaltskosten bleiben generell gering. Um 1000 Euro gibt es jedenfalls kaum einen besseren Gegenwert auf dem Markt. Auf diese Weise kauft die mit 40 000 zugelassenen Maschinen unangefochtene Spitzenreiterin der Bestandsliste als sehr budgetfreundliche Gebrauchte so manchem imposanteren Chopper oder Cruiser den Schneid ab.

## Marktsituation

**Gewerbetreibende bieten die bekannt zuverlässige** Virago selten unter 1200 Euro an. Bei Privatverkäufern kann man schon ab 800 Euro ein Schnäppchen machen, und die meisten 535er stehen eh nicht beim Händler. Bei der Virago kann es sich auch lohnen, eine Suchanzeige aufzugeben. Beim hohen Bestand stehen die Chancen nicht schlecht, auf eine attraktive „Schläfer"-Offerte zu stoßen. Für 1000 Euro finden sich im Idealfall ordentlich gepflegte Exemplare mit maximal 20 000 Kilometern auf der Uhr. Bei vielen Angeboten steht jedoch zunächst viel Putzen und Polieren auf dem Plan.

## Daten (Baujahr 1995)

Luftgekühlter Zweizylinder-Viertakt-70-Grad-V-Motor, 535 cm³, 34 kW (46 PS) bei 7500/min, Gewicht 196 kg, Zuladung 219 kg, Tankinhalt/Reserve 13,5/2,5 Liter, Sitzhöhe 715 mm, Höchstgeschwindigkeit 163 km/h, Verbrauch von 4,8 bis 6,5 l/100 km, Normalbenzin

### Tests in MOTORRAD

25/1987 (T), 7/1990 (LT), 19/1992 (VT), 9/1994 (34-PS-VT), 6/1995 (VT), 18/1995 (KV), 8/1996 (34-PS-VT), 15/1996 (VT), 8/1997 (34-PS-VT)

KV= Konzeptvergleich, LT=Langstreckentest, T=Test, VT=Vergleichstest;
Nachbestellungen unter Telefon 07 11/1 82-12 29

### Internet

**Fansites:** www.viragoforum.de, www.stars-and-wings.de
**Gebrauchtangebote:** http://markt.motorradonline.de/bike346.htm

---

# Billig-Bikes im Handel
## Warum bei Profis selten ein Schnäppchen zu machen ist.

**H**ändler unterliegen der Gewährleistungspflicht und stehen mindestens ein Jahr lang für Mängel gerade. In diesem Zeitraum müssen sie nachweisen, dass ein auftretender Mangel bei der Übergabe an den Käufer nicht bestanden hat. Deshalb überprüft der Händler die angebotene Gebrauchte gründlich. Technik-Check, Probefahrt und vor dem Wiederverkauf meist eine gründliche Reinigung. Das alles kostet Zeit, ergo Geld. Sind außerdem wichtige Teile wie Reifen oder Bremsbeläge verschlissen, tauschen seriöse Anbieter diese Teile lieber vorher. Eine Befragung ergab, dass Händler in jede Maschine zwischen 300 und 700 Euro investieren. Soll die Gebrauchte um 1000 Euro – und dann noch mit Gewinn – weiterverkauft werden, können Händler beim Ankauf für topgepflegte Exemplare kaum mehr als 500 Euro bieten. Für so kleines Geld trennen sich allerdings nur wenige Besitzer von ihrem Schmuckstück.

# ALTERNATIVEN

Ausschließlich Fernostware – in der 1000-Euro-Klasse finden sich nur vereinzelt Europäer (zum Beispiel Aprilia Pegaso oder MZ 250). Ausschlaggebend für niedrige Preise ist ein großes Angebot. Und das gibt es in der Regel bei japanischen Mittelklassemodellen, die sich seinerzeit massenhaft verkauften. Jüngere als zehn Jahre alte Maschinen sind in der untersten Preisklasse selten. Ist die Technik jedoch ausgereift, wie bei den hier vorgestellten Modellen, sind auch betagtere Motorräder eine Alternative. Zumal bei einer derart günstigen Anschaffung kaum Geld kaputt gemacht wird.

**HONDA CB 500/S** Ein Dauerläufer. Die unscheinbare Honda ist für irre hohe Laufleistungen gut und wird deshalb auch von Fahrschulen sehr geschätzt. Aber nicht nur deswegen, denn gutmütige Fahreigenschaften machen sie zum idealen Einsteiger-Bike. Gute Gebrauchte um Baujahr 1994.
**DATEN: 58 PS, 185 km/h, 193 kg**

**HONDA NTV 650** Sie gilt als unkaputtbar. Beweis: Rund 12 000 Stück der von 1988 bis 1997 angebotenen Maschine tummeln sich noch im Bestand. Ihr guter Ruf als zuverlässige Begleiterin bringt Anbietern preislich allerdings wenig: Maschinen mit über 50 000 Kilometern gehen kaum über 1000 Euro.
**DATEN: 57 PS, 184 km/h, 210 kg**

**Honda NX 650 DOMINATOR** Tipp: Nur nach Baujahren bis 1995 Ausschau halten, da die Japanerin danach in Italien mit Qualitätsverlusten gefertigt wurde. Für etwas über 1000 Euro finden sich gute Exemplare mit weniger als 30 000 Kilometern. Ideale Wintermaschine.
**DATEN: 44 PS, 153 km/h, 182 kg**

**KAWASAKI EL 250/252** Keine Sorge wegen des kleinen Brennraums. Der quirlige 250er-Zweizylinder kann mit größeren und daher schwereren Motorrädern gut mithalten. Diese Hubraumklasse ist wenig gefragt, Sonderangebote sind deswegen Programm. Um 800 Euro gibt's schon Top-Offerten.
**DATEN: 33 PS, 155 km/h, 158 kg**

**KAWASAKI GPZ 500 S** Riesiges Gebrauchtangebot, da ist es ein Leichtes, echte Schnäppchen bis Jahrgang 1996 auszumachen. Trotz guter Fahreigenschaften ist das Motorrad wenig populär und erscheint vielen Fahrern offenbar zu mickrig. Eine Probefahrt belehrt eines Besseren.
**DATEN: 60 PS, 197 km/h, 196 kg**

**KAWASAKI KLE 500** Von 1991 bis 2007 im Programm, drehfreudiger Motor, spaßorientierte Sitzposition mit breitem Lenker, die auch für großgewachsene Fahrer passt. Prima Spielmobil, speziell für Einsteiger sehr geeignet. Gute Exemplare (1991 bis 1995) unter 1500 Euro sind allerdings rar.
**DATEN: 50 PS, 158 km/h, 199 kg**

**SUZUKI GS 500** Robust, löst aber kaum Gefühle aus. Außer Zufriedenheit, und das ist viel wert. Richtig gute Offerten (rund zehn Jahre alt, vorbildlich gepflegt, unter 30 000 Kilometer) lassen sich um 1000 Euro aufgrund des riesigen Bestands von über 30 000 Stück leicht ausmachen.
**DATEN: 46 PS, 177 km/h, 187 kg**

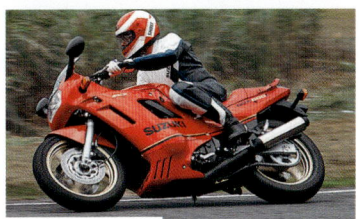

**SUZUKI GSX 600 F** Als Typ GN72B von 1988 bis 1997 Konkurrentin der Kawasaki GPX 600 R und über 20 000-mal verkauft. Ebenfalls Freizeitsportlerin, wedelt genauso lässig über Landstraßen. Allerdings finden sich viele zerstörte und geschundene Exemplare in der 1000-Euro-Klasse.
**DATEN: 86 PS, 208 km/h, 222 kg**

**YAMAHA FZR 600** Die Sportlichste unter den Billigen. Sieht schick aus, besitzt einen zuverlässigen Vierzylinder, Technikschmankerl wie bei mancher anderer Sportmaschine sucht man jedoch vergebens. Mit geduldiger Recherchearbeit finden sich günstige und gute Gebrauchte bis etwa Baujahr 1993.
**DATEN: 91 PS, 223 km/h, 208 kg**

**YAMAHA XJ 600/S DIVERSION** Die kleine Diversion war von 1991 bis 2003 im Programm, über 30 000 Stück sind zurzeit noch zugelassen. Die halbverschalte „S" ist eine anspruchslose und zuverlässige Reisemaschine (optional auch mit 61 PS). Sie gibt es bis etwa Jahrgang 1995 zum Spartarif.
**DATEN: 50 PS, 171 km/h, 208 kg**

**YAMAHA XT 600** Vorbildlich gepflegte und gewartete Exemplare des Enduro-Klassikers und Bestsellers (Bauzeit 1983 bis 2003) werden teuer, oftmals zu teuer gehandelt. Um 1000 Euro finden sich aber genügend gebrauchte Maschinen, die Stadt- und Geländeausritte zuverlässig mitmachen.
**DATEN: 45 PS, 145 km/h, 177 kg**

## GEBRAUCHT – BERATUNG

### Big Bikes um 2500 Euro

# BLOCK FESTIVAL

Von Holger Hertneck; Fotos: Bilski, fact, Hartmann, Herzog, Jahn

**M**uss es wirklich der neueste Hypersportler, das aktuellste Naked Bike oder der modernste Tourer sein? Oder genügt vielleicht auch ein Motorradmodell, das vor zehn oder 20 Jahren seine Erfolge feierte? Wer die letzte Frage mit „ja" beantwortet, ist auf den folgenden Seiten gut aufgehoben. Für hubraum- und leistungsstarke Big Bikes müssen Interessenten nicht zwingend 8000, 10 000 oder gar 15 000 Euro und mehr hinblättern. Voraussetzung: Beim Objekt der Begierde handelt es sich um ein Modell aus den 1980er und 1990er Jahren. Für etwa 2500 Euro findet sich jede Menge brauchbares Altmetall, das noch für viele 10 000 Kilometer Zweiradspaß taugt. Die allermeisten dicken Vierzylinder sind nämlich äußerst zuverlässig – zumindest, wenn die Vorbesitzer pfleglich mit ihnen umgegangen sind und ihrem Bike regelmäßige Ölwechsel und Inspektionen spendiert haben. Vorsicht ist dagegen angesagt, wenn es sich bei den Angeboten um auffällig junge Big Bikes handelt. Beim vermeintlichen Schnäppchen handelt es sich aller Wahrscheinlichkeit nach um ein Unfallfahrzeug mit mehr oder weniger sichtbaren Spuren und/oder extrem verbastelte Modelle.

**Hier spielt die Musik. Mächtige Hubräume sorgen für eine artgerechte Geräuschkulisse beim Motorradfahren. Erstaunlich, was der Gebrauchtmarkt für rund 2500 Euro an großen Vierzylindern alles zu bieten hat. MOTORRAD präsentiert die interessantesten Angebote.**

# SUZUKI GSF 1200/S BANDIT

zumindest nach den Serienbauteilen fragen. Beliebteste Umbaumaßnahme sind Zubehörschalldämpfer, die bei der über den Auspuff gedrosselten Suzuki für teilweise deutlichen (und damit ohne Eintragung illegalen) Leistungszuwachs sorgen – darum unbedingt zusätzlich den Original-Topf verlangen. Ist darüber hinaus auch der äußere Zustand in Ordnung, weder markante Sturzspuren noch Rostbefall mangels Pflege zu finden, heißt es zugreifen und wohlfühlen. Denn die bequeme Sitzposition und der breite Lenker vermitteln aus dem Stand ein sicheres Fahrgefühl, das der souveräne Motor untermauert.

**D**ass aus der großen Bandit das erfolgreichste Big Bike seiner Zeit (1995 bis 2006) wurde, lag am stimmigen Konzept – und natürlich am vergleichsweise günstigen Neupreis (rund 7500 Euro). Sahnestück ist ihr – trotz europaweiter Beschränkung auf 98 PS – bärenstarker, elastischer und dabei seidenweich zu Werke gehender Vierzylinder. Läuft er bei der Besichtigung nicht rund, liegt's wahrscheinlich an einer schlechten Vergasersynchronisation. Ein pulsierender Bremsgriff auf der Probefahrt bei leicht gezogener Handbremse entlarvt verzogene Bremsscheiben. Da sich kaum eine der vielen gebraucht angebotenen Bandit im Originalzustand befindet, sollten Interessenten

**Daten** (Bj. 1996): luft-/ölgekühlter Vierzylinder-Reihenmotor, 98 PS, 1157 cm³, Gewicht 236 kg, Zuladung 214 kg, Tankinhalt 19 Liter, Sitzhöhe 820 mm, Höchstgeschwindigkeit 203 km/h, Beschleunigung 0–100 km/h in 3,4 sek, Durchzug 60–140 km/h in 9,9 sek, Verbrauch 5,7 bis 11,4 l/100 km (Normal).

**Marktsituation** Ein Fahrzeugbestand von rund 30 000 Stück legt ein großes Gebrauchtangebot nahe. Das stimmt grundsätzlich, doch leider nicht im betrachteten Preissegment. Lediglich die Baujahre bis 1999 gibt's schon für 2500 bis 2900 Euro und Laufleistungen um 50 000 Kilometer – ABS-Versionen nicht.

**Tests in MOTORRAD**
10/1995 (T), 5/1996 (VT), 8/1997 (VT), 22/1999 (VT), 7/2000 (GK)

T=Test, VT=Vergleichstest, GK=Gebrauchtkauf
Nachbestellungen unter Telefon 07 11/1 82-12 29

**Internet**
www.banditforum.de; www.1200bandit.de

| Kurzcheck | minus | plus |
|---|---|---|
| Fahrleistungen | | ■ ■ |
| Fahrverhalten | | ■ ■ |
| Gebrauchtangebot | | ■ |
| Komfort | | ■ ■ |
| Verarbeitung | ■ | |
| Wertstabilität | | ■ |
| Zuverlässigkeit | | ■ ■ |

**FAZIT** Mit einer großen Bandit kann man fast nichts falsch machen. Ihre Alltagstauglichkeit und Lebenserwartung sind ebenso hoch wie die Umbaumöglichkeiten mit Zubehör. Wer Windschutz sucht, wählt einfach das S-Modell mit serienmäßiger Halbschale.

# KAWASAKI ZEPHYR 1100

**S**ie gehörte zu den Vorreitern der Retrowelle Anfang der 1990er Jahre. Außer ihrem klassischen Design mit Tropfentank und markantem Entenbürzel bietet die große Zephyr überschaubare Technik und einen zuverlässigen Motor. Und obendrein die bissigen Bremsen aus der supersportlichen ZXR 750. Tourenfahrern fehlt ein Windschutz, außerdem sind ihnen 179 Kilo Zuladung zu gering. Und sportlich ambitionierten Fahrern passt die Abstimmung mit zu harten Federbeinen und zu weicher Gabel ganz und gar nicht. Doch alle, die einfach genussvoll und schaltfaul durch die Landschaft schwingen und Fahrtwind um die Nase spüren möchten, werden mit einer Zephyr glücklich. Besonders gefragt sind Modelle ab 1996, die Speichen- statt Gussräder besitzen, dafür allerdings selten unter 3000 Euro zu finden sind. Für Selbstschrauber eignet sich die Zephyr ganz besonders. Nicht, weil es viel zu tun gäbe, sondern einfach deshalb, weil weder Kunststoffteile, Einspritzung, Wasserkühlung noch aufwendige Elektronik Bastelambitionen behindern. Beim Gebrauchtkauf genügt neben

der obligatorischen Probefahrt die Kontrolle von Rad-, Schwingen- und Lenkkopflager sowie des allgemeinen Pflegezustands der nackten 1100er.

**Daten** (Bj. 1993): luftgekühlter Vierzylinder-Reihenmotor, 93 PS, 1062 cm³, Gewicht 266 kg, Zuladung 179 kg, Tankinhalt 19 Liter, Sitzhöhe 780 mm, Höchstgeschwindigkeit 207 km/h, Beschleunigung 0–100 km/h in 4,4 sek, Durchzug 60 bis 140 km/h in 13,5 sek, Verbrauch 5,1 bis 10,1 l/100 km (Normal).

**Marktsituation** Unter 2500 Euro findet sich nur mit viel Glück eine dicke Zephyr, und dann häufig mit kleinen Sturzschäden. Empfehlenswerte Gebrauchte der Baujahre 1993 bis 1995 – selten jünger – kosten zumindest 2500 bis 2900 Euro, bei Kilometerleistungen zwischen 30 000 und 60 000.

**Tests in MOTORRAD**
6/1992 (T), 7/1992 (VT), 11/1993 (VT), 22/1994 (VT), 23/1999 (GK)

T=Test, VT=Vergleichstest, GK=Gebrauchtkauf
Nachbestellungen unter Telefon 07 11/1 82-12 29

**Internet**
www.zephyrfahrer.de; www.igzephyr.de

| Kurzcheck | minus | plus |
|---|---|---|
| Fahrleistungen | | ■ |
| Fahrverhalten | | ■ ■ |
| Gebrauchtangebot | ■ | |
| Komfort | | ■ ■ |
| Verarbeitung | ■ | |
| Wertstabilität | ■ | |
| Zuverlässigkeit | | ■ |

**FAZIT** Anhänger luftgekühlter Vierzylinder kommen an der schnörkellosen Zephyr 1100 kaum vorbei, auch wenn ihre Technik nicht gerade auf dem neuesten Stand ist. Dafür ist die Zephyr äußerst zuverlässig und sicher auch in 15 Jahren noch gefragt.

# SUZUKI GSX-R 1100

**G**uten Gewissens darf die Suzuki GSX-R 1100 als **Urmutter aller supersportlichen Big Bikes** angesehen werden. Zunächst rollte sie der Konkurrenz vollgetankt mit 226 Kilogramm auf 18-Zoll-Rädern davon. Die schmalen, großen Reifen sorgten für

spielerisches Handling, allerdings auch für manchen Rutscher am Kurvenausgang. Ab 1989 verhalf breitere 17-Zoll-Bereifung zu mehr Haftung. Auch in puncto Gewicht tat sich im Lauf der Jahre einiges – leider zu ungunsten der ehemals leichten Sportrakete. 1994 zeigte die

Waage knapp 260 Kilogramm. Dafür präsentiert sich das Fahrwerk wesentlich komfortabler als in den ersten Baujahren, in denen die Federelemente bretthart waren. Auch die spartanische Sitzposition mit den tiefen Lenkstummeln animiert nicht gerade zum Reisen. Kaufinteressenten sollten einen Blick auf die Auspuffanlage werfen, die bis einschließlich 1988 extrem rostanfällig war – erst später bekam die Suzuki eine Edelstahlversion. Festbackende Bremskolben sind ebenfalls nicht selten. Dieses Problem lässt sich leicht lokalisieren: Motorrad schieben, Bremse ziehen, wieder lösen und weiterschieben. Bei erhöhtem Schiebewiderstand ist was faul. Hoher Ölverbrauch ist hingegen normal – bis zu zwei Liter auf 1000 Kilometer sind möglich. Immerhin zeigt sich der Motor bei angemessen langer Warmlaufphase und regelmäßigen Service-Intervallen als zuverlässig und hält bis zu 100 000 Kilometer und mehr.

**Daten** (Bj. 1989): luft-/ölgekühlter Vierzylinder-Reihenmotor, 100 PS, 1127 cm³, Gewicht 243 kg, Zuladung 203 kg, Tankinhalt 21 Liter, Sitzhöhe 795 mm, Höchstgeschwindigkeit 235 km/h, Beschleunigung 0–100 km/h in 3,4 sek, Durchzug 60–140 km/h in 8,1 sek, Verbrauch 7,0 bis 8,3 l/100 km (Normal).

**Marktsituation** Während die wassergekühlte Modellreihe ab Baujahr 1993 kaum für unter 2900 Euro zu finden ist, gibt's von der luft-/ölgekühlten Variante schon für weniger als 2000 Euro reichlich Angebote mit Laufleistungen zwischen 50 000 und 100 000 Kilometern auf dem Markt.

**Tests in MOTORRAD** 4+5/1986 (VT), 10/1987 (LT), 4/1989 (T), 18/1991 (GK), 11/1992 (VT)

T=Test, VT=Vergleichstest, GK=Gebrauchtkauf, LT=Langstreckentest
Nachbestellungen unter Telefon 07 11/182-12 29

**Internet**
www.gsxr.de

## Kurzcheck

| | minus | plus |
|---|---|---|
| Fahrleistungen | | ■■■ |
| Fahrverhalten | ■ | |
| Gebrauchtangebot | | ■■ |
| Komfort | ■ ■ | |
| Verarbeitung | ■ | |
| Wertstabilität | | ■ |
| Zuverlässigkeit | | ■ |

**FAZIT** Kompromissloses Sportgerät, das Geschichte schrieb und dessen erste Baujahre im Originalzustand bereits Liebhaberpreise erzielen. Dennoch finden sich reichlich interessante Offerten schon für wenig Kohle.

## Vorsicht **Kostenfalle**

**Z**u jedem Gebrauchtkauf gehören eine ausgiebige Besichtigung und eine Probefahrt. Wer auf beides verzichtet, kauft die Katze im Sack. Der veranschlagte Kaufpreis allein sagt nämlich noch gar nichts aus. Auch wenn Modell, Baujahr und Laufleistung zweier Maschinen übereinstimmen, ihr Pflegezustand muss es nicht.

**Reifen** Abgefahrene Pneus am Kaufobjekt? Dann sind bei Big Bikes ruck, zuck 250 Euro und mehr für ein Satz neue Sohlen fällig.

**Bremsen** Verschlissene Beläge an einer vorderen Doppelscheibenbremse sind mit einem Kostenfaktor von 50 bis 100 Euro noch vergleichsweise harmlos. Aber wehe, wenn die Bremsscheiben eingelaufen sind und spätestens bei der TÜV-Hürde scheitern würden. Pro Scheibe sind je nach Hersteller gleich mal 150 Euro und mehr

zu berappen – Werkstattkosten nicht mitgerechnet.

**Kettensatz** Ein verschlissener Antriebssatz für drehmomentstarke Motorräder schlägt komplett (Kette, Ritzel, Kettenrad) mit wenigstens 150 Euro zu Buche – wenn man ihn selbst montiert, sonst wird's teurer.

**Ölwechsel** Kosten je nach Ölqualität und inklusive Ölfilter ab etwa 25 Euro.

**Tank** Kleinvieh macht auch Mist. Ein volles Spritfass bei Fahrzeugübergabe kann bis über 30 Euro Preisvorteil bringen.

**Inspektion** Wer auf ein vollständiges Scheckheft Wert legt und nach dem Kauf zuerst einen Service in der Vertragswerkstatt machen lassen muss, sollte je nach Motorradmodell mit 150 Euro, teilweise sogar wesentlich mehr rechnen.

**Hauptuntersuchung (HU)** Am besten lässt man die noch den Vorbesitzer übernehmen.

Schließlich sind für eine fällige HU samt Abgasuntersuchung je nach Bundesland und Prüfdienst 50 bis 100 Euro zu berappen. Und wenn's mit der Plakette nichts werden sollte, ist das ein triftiger Grund, das Gebrauchtmotorrad nicht zu kaufen.

**Fazit** Am besten mehrere interessante Offerten vergleichen und ganz gezielt die möglichen Folgekosten mit einbeziehen. Erst auf diese Weise findet sich das wirklich günstigste Angebot. Denn wer nach dem Kauf gleich noch einmal 500 Euro investieren muss, um das Motorrad straßentauglich zu machen, hat möglicherweise kein Schnäppchen gemacht.

**Ersatz ist fällig bei stark eingelaufenen, riefigen oder verzogenen Scheiben**

# HONDA CBR 1000 F

**D**ie CBR 1000 F gehörte zu den ersten komplett in ein Kunststoffkleid gehüllten Motorrädern auf dem Markt, was ihr die **Beinamen Joghurtbecher oder Plastikdampfer** bescherte. Die Konstrukteure versprachen sich davon eine besonders ausgefeilte Aerodynamik und somit eine höhere Endgeschwindigkeit. Die anfänglichen Probleme mit dem Steuerkettenspanner sollten längst bei allen betroffenen Maschinen behoben sein – das war ohnehin nur in den ersten beiden Baujahren der Fall. Wer die Wahl hat, sollte sich dennoch für die neuere Variante vom Typ SC 24 (ab Baujahr 1989) entscheiden, die sich gegenüber der SC 21 bezüglich Fahrwerk, Windschutz und Bereifung (170er- statt 140er-Hinterreifen) wesentlich verbessert präsentiert. Hauptargument, eine noch jüngere CBR ab 1993 zu wählen, ist das Verbundbremssystem Dual-CBS (Combined Brake System), bei dem sowohl bei Betätigung der Hand- als auch der Fußbremse gleichzeitig Vorder- und Hinterrad gebremst werden – ein echtes Sicherheitsplus.

Unabhängig vom Baujahr sollten Kaufinteressenten nicht nur die gesamte Verkleidung auf Risse (vor allem im Bereich der Halterungen) kontrollieren, sondern auch einen Blick unters Kleid werfen, um nach verräterischen Ölspuren zu forschen.

**Daten** (Bj. 1993): wassergekühlter Vierzylinder-Reihenmotor, 98 PS, 998 cm³, Gewicht 288 kg, Zuladung 168 kg, Tankinhalt 22 Liter, Sitzhöhe 770 mm, Höchstgeschwindigkeit 225 km/h, Beschleunigung 0–100 km/h in 4,5 sek, Durchzug 60–120 km/h in 8,4 sek, Verbrauch 4,9 bis 8,8 l/100 km (Normal).

**Marktsituation** Ein Bestand von über 10 000 Fahrzeugen garantiert reichlich Angebote. Die beginnen schon unter 2000 Euro für Modelle aus den 1980er Jahren mit Laufleistungen um 100 000 Kilometer. Hondas mit Dual-CBS ab 1993 und gut 50 000 Kilometern auf der Uhr gibt's für 2400 bis 2800 Euro.

### Tests in MOTORRAD
5/1987 (T), 15/1987 (LT), 10/1988 (VT), 14/1993 (VT), 25/1994 (GK)

T=Test, LT=Langstreckentest, VT=Vergleichstest, GK=Gebrauchtkauf; Nachbestellungen unter Telefon 07 11/182-12 29

**Internet** www.cbr-forum.de

| Kurzcheck | minus | plus |
|---|---|---|
| Fahrleistungen | | |
| Fahrverhalten | | |
| Gebrauchtangebot | | |
| Komfort | | |
| Verarbeitung | | |
| Wertstabilität | | |
| Zuverlässigkeit | | |

**FAZIT** Die CBR versteckt ihren fetten Zylinderblock und sämtliche Innereien komplett unter einem Kunststoffkleid – eigentlich schade. Wer ein langstreckentaugliches, preisgünstiges Big Bike sucht, liegt mit der Honda richtig.

# YAMAHA FZR 1000

**B**egonnen hat die Ära der Yamaha FZR 1000 im Jahr 1987 unter dem Beinamen Genesis mit 989 cm³. Beim ersten Modellwechsel 1989 nannte sich die supersportliche Japanerin aufgrund ihrer neuen Abgas-Auslasssteuerung FZR 1000 Exup, und der Hubraum betrug fortan knapp über 1000 cm³. Weitere Modellpflegemaßnahmen folgten, unter anderem gab's 1991 eine Upside-down-Gabel. Unabhängig vom Baujahr ist die Yamaha ein **reinrassiges Sportgerät für Solisten –** außer die Mitfahrer sind unter 1,50 Meter und kommen mit den extrem hoch liegenden Rasten und dem klitzekleinen Sitzbrötchen zurecht. Pluspunkte sammelt die FZR für ihren pflegeleichten Motor, der nur alle 42 000 Kilometer nach Ventilspiel-Kontrolle verlangt und bei guter Pflege weit über 100 000 Kilometer durchhält. Die wenigen Schwachstellen sollten bereits von den Vorbesitzern behoben worden sein. Dazu gehören rubbelnde Bremsscheiben. Statt der Originalteile steigt man besser auf schwimmend gelagerte Zubehörscheiben um. Ist die Kupplung auf der Probefahrt schlecht zu dosieren oder rupft sie gar, dann lässt man

besser die Finger von der Gebrauchten. Der Aufwand einer Reparatur lohnt in der betrachteten Preisklasse kaum. Außerdem ist das Angebot an gebrauchten FZR dermaßen groß, dass man sich getrost anderweitig umschauen kann.

**Daten** (Bj. 1990): wassergekühlter Vierzylinder-Reihenmotor, 100 PS, 1003 cm³, Gewicht 242 kg, Zuladung 198 kg, Tankinhalt 19 Liter, Sitzhöhe 770 mm, Höchstgeschwindigkeit 231 km/h, Beschleunigung 0–100 km/h in 3,7 sek, Durchzug 60–140 km/h in 9,4 sek, Verbrauch 6,6 bis 10,2 l/100 km (Normal).

**Marktsituation** Die betagte Sportskanone wird bis Baujahr 1989 und wenigstens 60 000 Kilometern schon für unter 2000 Euro offeriert. Modelle aus den 1990er Jahren mit Laufleistungen zwischen 20 000 und 50 000 Kilometer schlagen mit 2300 bis 2800 Euro zu Buche.

### Tests in MOTORRAD
6/1987 (T), 12/1988 (LT), 7/1989 (T), 24/1990 (T), 19/1993 (GK)

T=Test, LT=Langstreckentest, GK=Gebrauchtkauf; Nachbestellungen unter Telefon 07 11/182-12 29

**Internet** www.fzr-forum.de

| Kurzcheck | minus | plus |
|---|---|---|
| Fahrleistungen | | |
| Fahrverhalten | | |
| Gebrauchtangebot | | |
| Komfort | | |
| Verarbeitung | | |
| Wertstabilität | | |
| Zuverlässigkeit | | |

**FAZIT** Die FZR 1000 ist ein Vollblutsportler und sonst gar nichts. Mit ihren überzeugenden Fahrleistungen kann sie noch immer mit weit jüngeren Motorrädern mithalten. Kaufinteressenten können in einem riesigen Gebrauchtteich fischen.

# YAMAHA XJR 1200

Im Erscheinungsjahr war die Yamaha XJR 1200 das hubraumstärkste Naked Bike. Ihre zeitlose Eleganz mit dem luftgekühlten Vierzylinder im Feinrippkostüm ist nicht nur für Klassik-Fans eine wahre Augenweide. Besonders hervorzuheben sind der aus der FJ 1200 stammende, **zuverlässige und drehmomentstarke Motor** sowie die standfeste Bremsanlage. Den zu dick geratenen Vorderreifen der Dimension 130/70 ZR 17, der ein zuweilen störrisches Lenkverhalten und deutlich spürbares Aufstellmoment beim Bremsen in Schräglage verursachte, ersetzte

Yamaha erst 1999 im Zuge des Modellwechsel auf die XJR 1300 durch ein weit handlicheres 120er-Format. Mit einem Teilegutachten des Importeurs lassen sich jedoch auch ältere Modelle problemlos umrüsten. Außerdem tauschen viele XJR-Besitzer die zu weichen Gabelfedern aus, die so gar nicht mit der unkomfortabel hart geratenen Federbeinen harmonieren. Mit etwas Glück geraten Interessenten an bereits umgerüstete Gebrauchte. In dem Fall unbedingt auf entsprechende Eintragungen in den Papieren achten. Arg verbastelte 1200er, die mit Nachrüstschalldämpfern, Cockpitverkleidungen, Lenkerumbauten oder ähnlichem Zubehör angeboten werden, sind nur dann zu empfehlen, wenn der Käufer ohnehin diese Umbauten vornehmen wollte oder wenigstens die Originalteile noch vorhanden sind.

**Daten** (Bj. 1996): luftgekühlter Vierzylinder-Reihenmotor, 98 PS, 1188 cm³, Gewicht 253 kg, Zuladung 207 kg, Tankinhalt 21 Liter, Sitzhöhe 790 mm, Höchstgeschwindigkeit 198 km/h, Beschleunigung 0–100 km/h in 3,7 sek, Durchzug 60–140 km/h in 12,6 sek, Verbrauch 6,0–11,7 l/100 km (Normal).

**Marktsituation** Unter 2500 Euro findet sich praktisch nichts, dafür sind die Yamaha noch zu jung beziehungsweise in zu gutem Zustand. Erst zu Preisen zwischen 2500 und 2900 Euro gibt's vereinzelt XJR 1200 bis Baujahr 1996 mit 30 000 bis 60 000 Kilometer auf der Uhr.

**Tests in MOTORRAD**
19/1994 (T), 22/1994 (VT), 5/1996 (VT), 2/1999 (GK)
*T=Test, VT=Vergleichstest, GK=Gebrauchtkauf
Nachbestellungen unter Telefon 07 11/182-12 29

**Internet** www.xjrig.de; www.yamaha-xjr.de

| Kurzcheck | minus | plus |
|---|---|---|
| Fahrleistungen | | ■ |
| Fahrverhalten | | ■ ■ |
| Gebrauchtangebot | ■ | |
| Komfort | | ■ ■ |
| Verarbeitung | | ■ |
| Wertstabilität | | ■ ■ |
| Zuverlässigkeit | | ■ ■ |

**FAZIT** Die XJR ist allein schon des riesigen Zubehörangebots wegen eine Überlegung wert. Zuverlässig ist sie ohnehin und darüber hinaus ein blitzsauberes Big Bike, das auch zwei Personen ausreichend Platz bietet.

# TRIUMPH TROPHY 1200

Für Menschen unter 1,80 Meter taugt die Trophy nur bedingt. Sitzbank und Lenkstummel sind durch einen langen 25-Liter-Tank voneinander getrennt, was eine **gestreckte Sitzposition** mit sich bringt. Großgewachsene Zeitgenossen fühlen sich hingegen recht wohl, Mitfahrer dank ausreichenden Platzangebots ebenfalls. Und der dicke Vierzylinder hat mit Zusatzgewicht ohnehin kein Problem. Der von MOTORRAD ermittelte Durchzugswert von gerade mal 8,2 Sekunden von 60 auf 140 km/h spricht Bände. Modelle der ersten beiden Baujahre (1991 und 1992) kämpften hin und wieder mit übersprungenen Steuerketten und krummen Ventilen. Damit war ab den überarbeiteten 1993er-Trophy Schluss. Und alle betroffenen Fahrzeuge dürften mittlerweile längst umgerüstet worden sein. Zur Kontrolle genügt Gebrauchtkäufern ein aufmerksamer Blick ins Serviceheft. Viele sinnvolle Modellpflegemaßnahmen lassen sich auch an älteren Modellen nachrüsten. Dazu gehören 310-Millimeter-Bremsscheiben, höherer Lenker und tiefer positionierte Fuß-

rasten (ab 1993) und ab 1994 das 17-Zoll-Hinterrad, das die 18-Zoll-Version ersetzte. Wer Umrüstungen dieser Art plant, sucht besser nach einer bereits modifizierten Trophy, sonst kommen locker 1000 Euro Extrakosten dazu.

**Daten** (Bj. 1994): wassergekühlter Vierzylinder-Reihenmotor, 98 PS, 1180 cm³, Gewicht 275 kg, Zuladung 176 kg, Tankinhalt 25 Liter, Sitzhöhe 790 mm, Höchstgeschwindigkeit 225 km/h, Beschleunigung 0–100 km/h in 3,9 sek, Durchzug 60–140 km/h in 8,2 sek, Verbrauch 5,2 bis 8,3 l/100 km (Super).

**Marktsituation**

Von der 1200er sind in Deutschland nicht einmal 1000 Stück zugelassen, entsprechend mager ist das Angebot an Gebrauchten. Der Mindesteinsatz für Trophy bis Baujahr 1995 mit Laufleistungen um 40 000 Kilometer liegt bei gut 2500 Euro.

**Tests in MOTORRAD**
13+14/1991 (VT), 25/1993 (LT), 16/1994 (VT), 3/1996 (T)
VT=Vergleichstest, LT=Langstreckentest, T=Test;
Nachbestellungen unter Telefon 07 11/182-12 29

**Internet** www.t300.de

| Kurzcheck | minus | plus |
|---|---|---|
| Fahrleistungen | | ■ ■ |
| Fahrverhalten | | ■ |
| Gebrauchtangebot | ■ ■ | |
| Komfort | | ■ ■ |
| Verarbeitung | | ■ ■ |
| Wertstabilität | | ■ ■ |
| Zuverlässigkeit | | ■ |

**FAZIT** Wer nicht auf Massenmotorräder steht, sondern ein besonderes Big Bike sucht, das sich durch einen durchzugsstarken Motor und hohe Langstreckentauglichkeit auszeichnet, liegt richtig.

# BMW K 100 RS

**G**anze zehn Jahre – von 1983 bis 1992 bereicherte das sportliche Flaggschiff von BMW, die K 100 RS, den Motorradmarkt. Größte Modellpflegemaßnahme war 1990 der Umstieg auf den 100-PS-Vierventilmotor und das Paralever-Fahrwerk aus der K1. Der längs eingebaute Vierzylinder ist für den wenig schmeichelhaften Beinamen „Ziegelstein" der K verantwortlich. Auch die ungewöhnlichen, stark pfeifenden Lebensäußerungen sorgten für manchen Spott. Dafür ist der Motor Inbegriff für Langlebigkeit – selbst Laufleistungen von weit über 200 000 Kilometern sind bei entsprechender Wartung und Pflege nicht ungewöhnlich.

Vorteile für Gebraucht-interessenten sind die häufig akkurat ausgefüllten Service-Scheckhefte – ein Indiz für technisch einwandfreien Gesamtzustand – und die meist reichhaltige Zubehör-ausstattung. Kaum eine RS wird ohne Koffersystem angeboten. Modelle ab 1988 sind außerdem in der Regel mit ABS ausgestattet, und ab 1991 häufig mit Katalysator. Besonderes Augenmerk sollte bei der Besichtigung auf die Funktion der Instrumente gelegt werden, die hin und wieder ihren Dienst versagen, und auf Undichtigkeiten im Bereich des Ventil- und Steuerkettendeckels sowie der Abdichtung von Öl- und Wasserpumpe.

**Daten** (Bj. 1985): wassergekühlter Vierzylinder-Reihenmotor, 90 PS, 987 cm³, Gewicht 259 kg, Zuladung 190 kg, Tankinhalt 19,5 Liter, Sitzhöhe 810 mm, Höchstgeschwindigkeit 222 km/h, Beschleunigung 0–100 km/h in 4,4 sek, Durchzug 60–140 km/h in 10,4 sek, Verbrauch 8,5 l/100 km (Normal).

**Marktsituation** Das Angebot an gebrauchten K 100 RS ist groß und beginnt bereits unter 2000 Euro. Vierventil-Modelle (ab 1990) kosten 2500 Euro und mehr. Die Laufleistungen liegen unabhängig vom Baujahr zwischen 50 000 und 120 000 Kilometern.

**Tests in MOTORRAD** 24/1983 (T), 14/1985 (VT), 5/1990 (T), 11/1990 (VT)
*T=Test, VT=Vergleichstest
Nachbestellungen unter Telefon 07 11/1 82-12 29

**Internet** www.flyingbrick.de; wiki.bmw-bike-forum.info

| Kurzcheck | minus | plus |
|---|---|---|
| Fahrleistungen | | ● |
| Fahrverhalten | | ● |
| Gebrauchtangebot | | ● ● |
| Komfort | | ● ● |
| Verarbeitung | | ● ● |
| Wertstabilität | | ● ● |
| Zuverlässigkeit | | ● ● |

**FAZIT** Als Einstieg in die Big-Bike-Klasse gehört die in allen sachlichen Kriterien überzeugende K 100 RS zu den besonders empfehlenswerten Angeboten – trotz ihres „Altherren-Images", das sie wohl auf ewig mit sich schleppt.

## Reifenfrage Was passt?

**G**anz entscheidenden Einfluss auf das Fahrverhalten üben die Reifen aus. Besonders wichtig bei der Gummi-Wahl ist die Frage nach dem Einsatzzweck. Wer Wert auf Langlebigkeit legt und nicht immer auf der letzten Rille ums Eck brezelt, zieht einen Touren(sport)reifen auf. Sportlich ambitionierte Fahrer, die auf den Rasten durch die Kurven surfen und wenig Wert auf Lauﬂeistung legen, sollten sich besser für einen haftfähigen Sportpneu entscheiden. Anbei als Übersicht die wichtigsten aktuellen Reifen der großen Hersteller sowie deren Freigaben für die aufgeführten Big Bikes. Infos zu weiteren Modellen (beispielsweise für Motorräder wie die Yamaha XS 1100, für die keiner der aktuellen Pneus eine Freigabe besitzt) gibt's direkt bei den Reifenherstellern (Kontaktdaten siehe unten). Dort erhalten Interessenten auch Unbedenklichkeitsbescheinigungen, wenn es um die Eintragung bislang nicht in in Fahrzeugschein aufgeführter Reifenmodelle oder -größen geht. Beim TÜV muss dafür eine Anbauabnahme (§19 Abs. 2) der betreffenden Pneus erfolgen.

| | SPORTREIFEN | | | | | | | | | | | TOURENREIFEN | | | | | | | | |
|---|---|---|---|---|---|---|---|---|---|---|---|---|---|---|---|---|---|---|---|---|
| | Avon Viper Sport AV 59/60 | Bridgestone Battlax BT 014 | Bridgestone Battlax BT 016 | Continental Sport Attack | Dunlop Sportmax Qualifier | Dunlop Sportmax Qualifier RR | Metzeler Sportec M3 | Michelin Pilot Power | Michelin Pilot Power 2CT | Pirelli Diablo Corsa III | Pirelli Diablo Rosso | Avon Storm ST AV 55/56 | Bridgestone Battlax BT 021 | Continental Road Attack | Dunlop Sportmax D 220 ST | Dunlop Sportmax Roadsmart | Metzeler Roadtec Z6 | Michelin Pilot Road2 2CT | Michelin Macadam 100 X | Pirelli Diablo Strada |
| BMW K 100 RS | | ● | ● | | | | | | | | | ● | ● | ● | | | ● | ● | ● | ● |
| Honda CBR 1000 F | ● | i.V.* | | ● | ● | ● | ● | | | | | ● | ● | ● | | | ● | ● | ● | ● |
| Honda CBR 1100 XX | | i.V.* | | ● | ● | ● | ● | | | | | ● | ● | ● | | | ● | ● | | ● |
| Kawasaki GPZ 1100 | ● | i.V.* | | | | | | | | | | ● | ● | ● | | | ● | ● | ● | |
| Kawasaki Zephyr 1100 | | | | | | | | | | | | ● | ● | ● | | | ● | ● | ● | |
| Kawasaki ZRX 1100 | ● | ● | i.V.* | | | | | | | | | ● | ● | ● | | | ● | ● | ● | |
| Suzuki GSF 1200 Bandit | ● | | | ● | ● | | ● | ● | ● | ● | | ● | ● | ● | | | ● | ● | ● | ● |
| Suzuki GSX 1100 F | | | | | | | | | | | | ● | ● | | | | ● | | | |
| Suzuki GSX-R 1100 | | | | | | | | | | | | ● | ● | | | | ● | | | ● |
| Yamaha FJ 1200 | | | | | | | | | | | | | | ● | | | | | | |
| Yamaha FZR 1000 | ● | ● | | ● | | | ● | | | ● | | ● | ● | ● | | | ● | | | |
| Yamaha XJR 1200 | ● | | i.V.* | | | | | | | | | ● | ● | ● | ● | | ● | ● | ● | |
| Yamaha XS 1100 | | | | | | | | | | | | | | | | | | | | |

*in Vorbereitung

**Avon:** Telefon 01 80/5 67 67 60, www.avon-motorradreifen.de, **Bridgestone:** Telefon 0 61 72/40 82 55, www.bridgestone-mc.de, **Continental:** Telefon 05 11/9 38 01, www.conti-moto.de, **Dunlop:** Telefon 06181/6801, www.dunlop.de, **Metzeler:** Telefon 0 89/14 90 80, www.metzelermoto.de, **Michelin:** Telefon 07 21/5 30 33 49, www.michelin.de, **Pirelli:** Telefon 0 89/14 90 80, www.pirellimoto.de

# 600er-SPORTLER BIS 3000 EURO

**Warum im großen 1000er-Teich fischen? Ein tolles Preis-Leistungs-Verhältnis bieten 600er Supersportler. Schließlich gibt es hier ebenfalls Hightech direkt aus der Rennabteilung. Ab einem bestimmten Alter sogar zum Low-Budget-Tarif.**

Honda CBR 600 F

Kawasaki ZX-6R

Suzuki GSX-R 600

Yamaha YZF 600 R Thundercat

**M**it dem anhaltenden Run auf supersportliche 1000er sind die 600er aus dem Rampenlicht verschwunden. Das ist gut für kostenbewusste Gebrauchtkäufer. Bereits für weniger als 3000 Euro werden toll ausgestattete Maschinen privat oder bei den Händlern angeboten. Natürlich stehen die vier Japaner hoch im Kurs – allen voran die Honda CBR 600 F, die nicht nur bei sportlicher Gangart mithält, sondern der Konkurrenz durch ihre Allroundqualitäten eins auswischen kann. Das wohl reinrassigste Sportbike kommt von Kawasaki. Die ZX-6R ist genau das Richtige, wenn es zwischendurch beim Renntraining richtig kernig zur Sache gehen soll. Positiver Randaspekt: Für die An- und Abreise zum Rundkurs offeriert sie ihrem Piloten einen kommoden Sitzplatz. Ganz im Gegensatz zur Suzuki. Die GSX-R-Reihe hat in der Szene einen anerkannt guten Namen. Doch der Start in die 600er-Liga war holprig, alltagstaugliche Qualitäten gehen der GSX-R 600 komplett ab. Yamaha lockt mit der sportlich-komfortablen 600er-Thundercat, der allerdings der ruhmvolle Name fehlt. Was darf's sein? Schauen Sie am besten selbst.

**WWW.MOTORRADONLINE.DE**

Nicht fündig geworden? Viele weitere Modelle finden sich im Internet **www.motorradonline. de/gebrauchtberatung**

# HONDA CBR 600 F

Sie gilt als Wegbereiterin der modernen 600er-Sportklasse. Bereits 1987 feierte die CBR 600 F ihr Debüt und wurde im Laufe der Jahre immer weiter verfeinert. Obwohl supersportlich ausgelegt, werden bei ihr niemals alltagstaugliche Tugenden vermisst. Weshalb die CBR in Vergleichstests immer wieder die Pole Position eroberte. Konkurrenten konnten sich zwar bei rennsportlicher Gangart vor die Nase der Honda setzen, knickten dafür aber in der Allroundwertung mächtig ein. Dagegen brillierte die CBR vor allem beim Touren mit Sozius und Gepäck. Nicht zuletzt der serienmäßige Hauptständer und die Gepäckhaken am Heck dokumentieren, dass Supersport-Bikes durchaus über eine alltagstaugliche Ausstattung verfügen dürfen.

Trotz vieler Überarbeitungen in der langen Bauzeit litt die Honda in keiner Ausbaustufe unter typischen Macken. Und im Sattel fühlen sich dank neutralen, perfekt ausbalancierten Fahrwerks sowohl Anfänger wie auch erfahrene Kilometerfresser wohl. Nach 20 Jahren sind die ersten Exemplare natürlich sehr geschunden und werden zu Preisen weit unter 1500 Euro angeboten. Da ist beim Kauf Vorsicht geboten.

Deutlich interessanter und in puncto Preis-Leistungs-Verhältnis ab 2000 Euro attraktiv sind die Modellversionen PC 31 ab Baujahr 1995 mit 105 PS. Wer es richtig sportlich mag, wird mit der PC 35 ab 1999 glücklich, die mit extrem kurzhubigem Motor, Ram-Air-System, Alu-Rahmen und standesgemäßem 180er-Hinterreifen auch heutigen Anforderungen an einen Supersportler standhalten kann.

**FAZIT** Hondas rasender Hauptständer – die Empfehlung für alle, die einen 600er-Supersportler mit einem perfekten Mix aller Tugenden suchen. Dank langer Bauzeit kann man in einem reichhaltigen Angebot stöbern und beim Preis ordentlich pokern. Die Empfehlung für alle Schnäppchenjäger!

## PLUS

**Fahrwerk** neutral mit praxisgerechtem Einstellbereich
**Alltagstauglich** und komfortabel
**Bremsanlage** standfest
**Auswahl an Gebrauchten** groß

## MINUS

**Ältere Maschinen** stark abgenutzt
**Motor** unter sportlichem Blickwinkel nicht kraftvoll genug

## Marktsituation

**Die Auswahl an PC 31-Typen** ist im Preisrahmen bis 3000 Euro äußerst reichhaltig. Viele werden mit überdurchschnittlich gutem Pflegezustand angepriesen. Interessenten haben zahlreiche Vergleichsmöglichkeiten. Der Handel mit der deutlich sportlicher gestrickten PC-35-Version beginnt bei 2500 Euro. Hier müssen Gebrauchtkäufer mit kleinen Mängeln (wie Lackschäden durch Umfaller) rechnen. Die Laufleistung beträgt pro Jahr rund 5000 Kilometer. Das Urmodell von 1987 (PC 19) ist genauso wie der erste Abkömmling aus dem Jahr 1991 (PC 25) eher das Richtige für Youngtimer-Interessenten.

## Daten (Baujahr 1998)

Wassergekühlter Vierzylinder-Viertakt-Reihenmotor, 600 cm$^3$, 77 kW (105 PS) bei 12 000/min, Gewicht 208 kg, Sitzhöhe 810 mm, Tankinhalt 17 Liter; Höchstgeschwindigkeit 248 km/h; 0–100 km/h: 3,4 sek, Verbrauch 5,8 Liter/100 km, Normalbenzin

### Tests in MOTORRAD

PC 31: 26/1994 (T); 1/1995 (VT); PC 35: 26/1998 (VT); 22/2000 (LT); 5/2001 (TT)

T=Test, TT=Top-Test, VT=Vergleichstest, LT=Langstreckentest; Nachbestellungen unter Telefon 07 11/182 12 29

### Internet

**Fansites:** www.cbrforum.de; www.cbr-forum.de
**Gebrauchtangebote:** http://markt.motorrad online.de/bike160.htm

## Reifenempfehlung für Sportler

### Alte Bikes, alte Reifen? Mit frischen Gummis lässt sich selbst ein betagter Sportler schnell aufpeppen.

Schon bei der Besichtigung sollte ein kritischer Blick in Richtung Reifen gehen. Selbst wenn das Profil noch gut für Tausende von Kilometern ist, heißt das noch lange nicht, dass der Reifen auch gut fürs Motorrad ist. Alte Paarungen mit ausgehärteten Gummimischungen sollten schleunigst durch frische Pellen ersetzt werden. Ein Blick auf den vierstelligen Produktionscode (Woche und Jahr der Fertigung) verrät das Alter der Reifen. MOTORRAD testet regelmäßig mit großem Aufwand Reifen, zuletzt in Heft 12/2008 auf einer CBR 600 RR. Als bester Sportreifen hat sich der Metzeler Sportec M3 entpuppt. Wer einen Regenspezialisten sucht, ist mit dem Michelin Pilot Power bestens bedient. Fahrer, die eher an Langlauf- und Reisequalitäten interessiert sind, greifen besser zu Tourensportpneus wie Michelins Pilot Road 2 oder Dunlop Roadsmart mit guten Fahreigenschaften auf trockener und nasser Fahrbahn.

# KAWASAKI ZX-6R

**PLUS**
**Motor** durchzugsstark und laufruhig
**Fahrwerk** stabil und komfortabel
**Bremsen** erstklassig

**MINUS**
**Gabelflattern bei starkem Bremsen**
**Windschutz kaum vorhanden**
**Einlenkverhalten kippelig**

**W**er im Gebraucht-Pool nach einer sportlichen 600er mit dem besten Preis-Leistungs-Verhältnis fischt, dem wird am ehesten eine Kawasaki ZX-6R ins Netz gehen. 1995 schickte das Team Green das 100 PS starke Bike ins Rennen. Die 600er konnte die Fangemeinde von Anfang an überzeugen. Nicht nur auf der Rennstrecke, auch im Alltagsbetrieb sammelte die ZX-6R Punkte. Der Motor präsentierte sich als gleichermaßen kraftvoll wie durchzugsstark und laufruhig. Das Fahrwerk punktete mit Stabilität, ohne es an Komfort mangeln zu lassen. Auch in puncto Bremsen gab es keine Kritik. Trotzdem beließ es Kawasaki bei der Ninja nie lange beim Alten. In der Modellgeschichte gibt es nahezu jährlich einen Hinweis auf kleinere Modifikationen.

1998 und 2000, im dritten und fünften Jahr seit Erscheinen, rollte die ZX-6R komplett überarbeitet an den Start. Damit unterstrichen die Kawa-Ingenieure ihr Bestreben, im hart umkämpften 600er-Geschäft immer ein heißes Eisen im Feuer zu haben. Ein Problem, das sich trotz aller Feinarbeiten bis zum 2000er-Modell durchzog, war das hartnäckige Gabelflattern bei harten Bremsmanövern. Dagegen zeigten die Grünen früh-

zeitig auch in Sachen Umwelt Flagge und boten das 1998er-Modell gegen Aufpreis mit einem ungeregelten Katalysator an. Wichtige Konkurrenten konnten hier allenfalls mit einem Sekundärluftsystem parieren. Die dritte Variante – ab 2000 im Showroom zu finden – wurde durch eine größere Ram-Air-Öffnung, kürzere Einlasskanäle und eine höhere Verdichtung noch sportlicher getrimmt. Diese kratzt als Gebrauchte aber erst an der 3000-Euro-Grenze.

**FAZIT** Erste Wahl für alle, die ein kerniges Sportbike mit genügend Alltagsreserven suchen. Besonders interessant sind Modelle ab Baujahr 1998, die möglichst gut gepflegt wurden und möglichst keine Rennstrecke gesehen haben. Optisch gehören sie zu den schönsten der Ninja-Reihe.

## Marktsituation

**Mit weit über 15 000 Verkäufen** bis 2001 war die ZX-6R ein echter Kassenschlager. Davon sind derzeit noch rund zwei Drittel angemeldet. Beste Voraussetzungen also, um aus einem attraktiven Gebrauchtangebot wählen zu können. Einsteigertickets in die schnelle grüne Welt können ab rund 2000 Euro gelöst werden. Bis 3000 Euro finden sich viele Angebote der ZX-6R, darunter etliche Schmankerl mit geringer Laufleistung und in einem top Pflegezustand. Schnäppchenjäger sollten sich vor allem auf die schwer verkäuflicheren „nicht-grünen" Ninjas in Schwarz, Rot, Gelb oder Silber konzentrieren. Obligatorisch ist die Kontrolle nach Sturzspuren.

## Daten (Baujahr 2000)

Wassergekühlter Vierzylinder-Viertakt-Reihenmotor, 599 cm$^3$, 82 kW (111 PS) bei 12 500/min, Gewicht 199 kg, Sitzhöhe 820 mm, Tankinhalt 18 Liter; Höchstgeschwindigkeit 255 km/h; 0–100 km/h: 2,8 sek, Verbrauch 6,4 Liter/100 km, Normalbenzin

### Tests in MOTORRAD

1/1995 (VT), 24/1996 (LT), 6/1998 (VT), 6/2000 (T)

T=Test, VT=Vergleichstest, LT=Langstreckentest;
Nachbestellungen unter Telefon 07 11/182 12 29

### Internet

**Fansites:** www.ninja-forum.de
**Gebrauchtangebote:**
http://markt.motorradonline.de/bike203.htm

## Gebrauchtbike mit Rennstreckenerfahrung?

### Ist das Wunschmotorrad auf der Rennstrecke verheizt worden? Unsere Tipps zur Besichtigung.

**B**ei Supersportlern sollte unbedingt geklärt werden, ob das Motorrad öfter auf der Rennstrecke bewegt wurde. Auch wenn der Verkäufer dies glaubhaft verneint, gilt es, beim Vor-Ort-Termin intensiv

auf ungewöhnliche Laufgeräusche aus Motor und Getriebe sowie auf Sturzspuren zu achten. Nach einer ausgiebigen Probefahrt auf jeden Fall prüfen, ob der Motor dicht ist und nirgendwo Öl austritt. Um sicher zu gehen, sollte man ruhig die Verkleidung abnehmen. Außerdem lässt sich dann auch schnell sehen, ob Rahmen oder Motorgehäuse Schleifspuren

aufweisen. Sind am Lenkanschlag Beschädigungen zu sehen, ist dies ebenfalls ein sicheres Indiz für einen Unfall. Weitere Prüfpunkte: Lagerstellen (Lenkkopf, Radlager). Schwinge und Umlenkhebel auf Spiel, Bremsscheiben auf Verzug und Verschleiß untersuchen. Sinnvoll ist es, die Besichtigung mit einem erfahrenen Freund vorzunehmen.

# SUZUKI GSX-R 600

Erstaunlicherweise stieg Suzuki mit der GSX-R 600 erst als letzte Japan-Marke in die Supersportklasse ein. Wer meinte, das lange Warten habe sich gelohnt, wurde bitter enttäuscht. Denn die 1997er-Urversion der Mini-Gixxer konnte sich weder auf der Rennstrecke noch auf der Landstraße richtig in Szene setzen. Dem Motor fehlte es für den sportlichen Strich auf der Piste einfach an Power, und im Alltag nervte die ungleichmäßige Leistungsentfaltung. An das 1998er-Modell legten die Ingenieure in Hamamatsu deshalb noch einmal kräftig Hand an. Motorenseitig mit größerer Airbox, längeren Lufttrichtern bei den Vergasern und überarbeiteten Nockenwellen wirkte der GSX-R-Motor nun deutlich kräftiger. Der Schalldämpfer gewann an Volumen, die Übersetzung wurde mit einem 15er- statt eines 16er-Ritzels nun kürzer. Das Gesamtpaket an Überarbeitungen machte der Suzuki richtig Beine. Ab sofort brillierte sie auf der Rennstrecke – wo sie auch von ihrem Fahrwerk profitierte, das sich durch eine exzellente Stabilität auszeichnet, ohne zu straff zu sein. Weiterer Pluspunkt: das geringe Gewicht von 199 Kilogramm. Ein Handicap ist allerdings die unkomfortable Sitzposition mit zu hoch montierten Rasten und zu tief positionierten Lenkerenden. Wer entspannt über Landstraßen flitzen will, wird auf der Suzuki regelrecht gefoltert. Von den Soziusqualitäten wollen wir an dieser Stelle erst gar nicht anfangen. Zudem haben kleinere Fahrer auf der vergleichsweise breiten Sitzbank das Problem, sicheren Bodenkontakt mit den Füßen zu erreichen.

**FAZIT** Die Suzuki GSX-R ist ab Modelljahr 1998 auf eines ausgelegt: Tempo machen. Deshalb bleibt sie lediglich für sportlich ambitionierte Piloten erste Wahl, während Touren- oder Reisefans lieber in Richtung Honda-Konkurrenz CBR 600 F schielen sollten. Das Angebot ist insgesamt sehr mau.

## PLUS
**Motor** zuverlässig und nach Modellpflege druckvoll
**Fahrleistung** unter sportlichem Aspekt erstklassig
**Ausstattung** hochwertig und ansehnlich

## MINUS
**1997er-Modelle** mit sehr unelastischer **Leistungsabgabe**
**Im Alltag** äußerst unbequem

## Marktsituation

**Das Gebrauchtangebot an kleinen Gixxern** aus den ersten Baujahren ist unter 3000 Euro sehr überschaubar. Der ernsthafte Handel mit der 600er-Suzuki beginnt bei rund 2500 Euro. Die wenigen Offerten umfassen nach Verkäuferangaben aber immer ein äußerst gepflegtes Bikes ohne Un- oder Umfallschäden. Die Laufleistung schwankt beträchtlich: Es gibt Angebote mit weit unter 25 000 und weit über 40 000 Kilometern. Da die Suzuki äußerst gern bei Renntrainings eingesetzt wird, sollte man die Wunschmaschine genaustens nach möglichen Sturzschäden (siehe Kasten Seite 22) absuchen.

## Daten (Baujahr 2000)

Wassergekühlter Vierzylinder-Viertakt-Reihenmotor, 600 cm³, 81 kW (110 PS) bei 11 800/min, Gewicht 199 kg, Sitzhöhe 810 mm, Tankinhalt 18 Liter; Höchstgeschwindigkeit 252 km/h; 0–100 km/h: 2,8 sek, Verbrauch 6,3 Liter/100 km, Normalbenzin

## Tests in MOTORRAD

1/1997 (T), 2/1997 (VT), 9/2000 (VT), 25/2000 (VT)

T=Test, VT=Vergleichstest
Nachbestellungen unter Telefon 07 11/182 12 29

## Internet

**Fansites:** www.kurvenjaeger.org
**Gebrauchtangebote:**
http://markt.motorradonline.de/bike14.htm

## Optische Mängel selbst beheben?

### Lack- und Kunststoffreparaturen sind nicht ohne und meist ein Fall für Profis. Was kann man tun, was sollte man besser lassen?

Ein kleiner Riss in der Verkleidung, Kratzer im Lack: Beim Kauf lässt sich durch optische Mängel der Preis drücken, doch wenn's ans Beheben gilt, kann der gesparte Betrag schnell wieder weg sein. Grundsätzlich sollten sich nur geübte Hände an die Reparatur solcher Stellen wagen. Besonders das Lackieren ist heikel. Faustregel: Jeder Schaden, der größer ist als ein kleiner Fingernagel, ist ein Fall für den Profi. Beim Ausbessern sollte man auf Lacksprays verzichten (gibt Farbnebel oder Laufnasen) und besser mit Original-Lackstiften (vom Händler) arbeiten. Gleiches gilt für beschädigte Verkleidungen: großflächiges Ausbessern den Profis überlassen. Kleine Stellen lassen sich über spezielle Reparaturkits (in den großen Filialketten, ab 50 Euro) selbst beheben – aber auch hier ist handwerkliches Geschick gefragt.

# YAMAHA YZF 600 R
## THUNDERCAT

**PLUS**
**Motor** kultiviert und laufruhig
**Fahrwerk** komfortabel und auf alle Belange einstellbar
**Bremsen** erstklassig und standfest

**MINUS**
**Gewicht** für einen Sportler zu hoch
**Gebrauchtangebot** sehr klein
**Kurze Service-Intervalle von 5000 Kilometern**

**K**omfortabel aufs Abstellgleis gerollt? Interessanterweise offenbart der Blick ins Test-Fahrtenbuch der Yamaha YZF 600 R auf den ersten Blick nur Positives: Mit effizienter Verkleidung, zivilen Motorlaufeigenschaften und erstklassigen Bremsen beeindruckte Yamahas neuer Sportstern im Jahr 1996 die Testcrew von MOTORRAD. Doch dann spuckte die Waage das Gewicht der Thundercat aus: üppige 223 Kilogramm, bis zu 15 Kilo mehr als die Konkurrenz – damit war die Yamaha in der Rennstreckenwertung schnell durchgereicht und firmierte hier fortan unter „ferner liefen". Anstelle das Image durch feine Modellpflege zu verbessern, entschied sich Yamaha, dem Wettrüsten in der 600er-Supersportklasse mit dem komplett neuen Modell YZF-R6 zu begegnen. Der Thundercat wäre nun eine Laufbahn als superber Sporttourer beschwert gewesen, wenn da nicht ab 1998 mit der halbverkleideten und deutlich günstigeren Fazer die Konkurrenz aus eigenem Hause herangewachsen wäre. So blieb der 600er nur ein kurzes Gastspiel vergönnt. Bereits 2002 verschwand der Vierzylinder wieder aus dem Programm. Als Secondhand-Offerte bleibt sie allerdings erste Wahl für diejenigen, die auf der Suche nach einem wendigen Tourensportler sind und sich eher auf langen Straßentörns als bei kurzen Sprints auf der Rennstrecke wohlfühlen. Denn mit vergleichsweise hoch montierten Lenkerstummeln, einer bequemen Sitzbank und dem effizienten Windschutz verwöhnt die YZF 600 R in diesem Segment mit reichlich Komfort. Passend dazu bietet das Fahrwerk einen äußerst praxistauglichen Einstellbereich.

**FAZIT** Supersport gesucht, super Komfort gefunden. Die YZF 600 R sieht rennsportlich aus, bietet aber echte Tourenqualitäten. Das Angebot bis 3000 Euro ist nicht üppig, umfasst in der Regel aber gut gepflegte Bikes. Mit dem Kauf sollte deshalb nicht zu lange gezögert werden.

## Marktsituation

**Die Donnerkatzen** von Yamaha werden ab rund 2000 Euro angeboten, wobei die Auswahl in der Preisspanne bis 3000 Euro bescheiden ist. Das überrascht freilich nicht, da die 600er mit derzeit rund 2500 zugelassenen Exemplaren in Deutschland nicht gerade sehr zahlreich vertreten sind. Die meisten Maschinen sind zwischen zehn und zwölf Jahren alt. Besonders positiv: Wilde Umbauten oder Hinweise auf einen Rennstreckeneinsatz finden sich nur selten. Die Verkäufer betonen eher den Originalzustand der YZF 600 R. Im Vergleich zu den sportlicher ausgelegten Konkurrenzmodellen sind die Laufleistungen von durchschnittlich 40 000 Kilometern eher hoch.

## Daten (Baujahr 2000)

Wassergekühlter Vierzylinder-Viertakt-Reihenmotor, 599 cm³, 72 kW (98 PS) bei 11 500/min, Gewicht 223 kg, Sitzhöhe 810 mm, Tankinhalt 19 Liter; Höchstgeschwindigkeit 234 km/h; 0–100 km/h: 3,6 sek, Verbrauch 6,3 Liter/100 km, Normalbenzin

## Tests in MOTORRAD

6/1996 (T), 7/1996 (T); 23/1999 (VT)
T=Test, VT=Vergleichstest
Nachbestellungen unter Telefon 07 11/1 82 12 29

## Internet

**Fansites:** www.thundercat-club.de
**Gebrauchtangebote:**
http://markt.motorradonline.de/bike341.htm

## Was anziehen auf Sportlern?

### Auf Sportbikes ist man immer noch am besten mit einer Lederkombi angezogen. MOTORRAD gibt Tipps zum Kauf.

**P**raktisch für alle Tage ist eine zweiteilige Kombination, deren Verbindungsreißverschluss fest im Leder von Hose und Jacke vernäht ist. Bei Modellen, bei denen der Reißverschluss lediglich am Futter fixiert ist, droht die Gefahr, dass die Kombi bei einem Sturz an der Verbindungsstelle aufreißt. Die Protektoren müssen druckfrei positioniert sein und dürfen nicht verrutschen. Gut ist, wenn die Kombi bereits serienmäßig mit einem CE-geprüften Rückenprotektor ausgestattet ist. Ebenfalls praktisch: ein zum Waschen herausnehmbares Futter. In einem Test von Lederkombis bis 800 Euro (MOTORRAD 10/2008) haben sich die Modelle Alpinestars Octane und Berik Motard bewährt. Bei regelmäßiger Teilnahme an Renntrainings empfiehlt sich ein eng anliegender Einteiler.

# ALTERNATIVEN

Im 600er-Sportsegment gibt es Exoten, die einerseits gebraucht aufgrund ihrer geringen Verbreitung schwer zu finden sind. Andererseits rücken beim Blick über den Tellerrand der „most wanted" Modelle ins Visier, um die sich nur wenige Käufer bemühen. Und die dann bei exzellenter Pflege bisweilen für kleines Geld erstanden werden können. Freilich haben manch betagte Modelle wie die GPX 600 R nicht mehr die Strahlkraft von einst, müssen gegenüber aktueller Sportware deutlich Federn lassen. Und andere wie die Ducati 600 SS sind im Unterhalt sehr kostspielig.

**KAWASAKI GPX 600 R** Zurück in die Achtziger. Die kantige Kawasaki kann mittlerweile nur noch mühsam mit Supersport-Bikes mithalten, sammelt aber Pluspunkte dank ihres komfortablen Sitzplatzes.
DATEN: Viertakt-Vierzylinder, 73 PS, 204 km/h, 0–100 km/h in 4,3 sek, Gewicht 208 kg, Tankinhalt 18 Liter, Verbrauch 5,5 Liter Normal

**TRIUMPH TT 600** Englands Ticket in die sportliche 600er-Klasse. Will den Vorgaben der Honda CBR 600 F folgen. Tolles Fahrwerk, klasse Bremsen, doch der bisweilen blutarme Motor konnte nicht überzeugen.
DATEN: Viertakt-Vierzylinder, 108 PS, 250 km/h, 0–100 km/h in 3,4 sek, Gewicht 189 kg, Tankinhalt 18 Liter, Verbrauch 6,8 Liter Super

**DUCATI 600 SS CARENATA** Einst das Einstiegsmodell in die supersportliche Ducati-Welt. Charismatischer Motor mit Luftkühlung. Ein Fall für Schnäppchenjäger: Diese Duc haben nur wenige im Visier.
DATEN: Viertakt-Zweizylinder, 53 PS, 190 km/h, 0–100 km/h in 5,2 sek, Gewicht 189 kg, Tankinhalt 17,5 Liter, Verbrauch 6,1 Liter Super

**MZ SKORPION SPORT/TOUR** Wirklich der Exot unter den Exoten. Auch die ostdeutsche Kultschmiede versuchte sich am Sportthema, sogar mit eigener Cup-Maschine (Skorpion Cup). Ein klarer Fall für Liebhaber.
DATEN: Viertakt-Einzylinder, 48 PS, 175 km/h, 0–100 km/h in 5,4 sek, Gewicht 189 kg, Tankinhalt 18 Liter, Verbrauch 5,4 Liter Normal

**YAMAHA FZR 600 R** Supersportler aus einer ganz anderen Zeit. Von 1989 bis 1995 im Programm. Rangiert trotz glorreicher Race-Optik aufgrund ihres Alters unter sportlichem Blickwinkel nur noch „ferner liefen".
DATEN: Viertakt-Vierzylinder, 91 PS, 223 km/h, 0–100 km/h in 4,0 sek, Gewicht 208 kg, Tankinhalt 18 Liter, Verbrauch 5,9 Liter Normal

**KAWASAKI ZZ-R 600** Noch ein Oldie aus der 600er-Sportabteilung. Aber ein guter: Bremsen, Handling sind klasse, der Motor ist drehfreudig. Punktet vor allem bei Sporttouristen. Große Auswahl, kleine Preise.
DATEN: Viertakt-Vierzylinder, 98 PS, 236 km/h, 0–100 km/h in 3,8 sek, Gewicht 225 kg, Tankinhalt 18 Liter, Verbrauch 7,4 Liter Normal

**SUZUKI GSX 600 F** Ein Dauerbrenner im Suzuki-Programm. Spielte sportlich immer die zweite Geige. Gibt es auf dem Markt in riesengroßer Auswahl. Ein Tipp für flotte Sparfüchse.
DATEN: Viertakt-Vierzylinder, 86 PS, 208 km/h, 0–100 km/h in 4,4 sek, Gewicht 223 kg, Tankinhalt 20 Liter, Verbrauch 6,5 Liter Normal

**YAMAHA YZF-R6** Wachablösung für die Thundercat aus dem Jahr 1999. Alltagstauglich, kann es zudem mit GSX-R und ZX-6R aufnehmen. Die ersten Modelle werden mittlerweile für knapp 3000 Euro gehandelt.
DATEN: Viertakt-Vierzylinder, 120 PS, 254 km/h, 0–100 km/h in 3,2 sek, Gewicht 196 kg, Tankinhalt 17 Liter, Verbrauch 6,0 Liter Normal

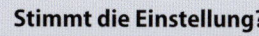

### Stimmt die Einstellung?

## Echte Sportbikes müssen bockhart sein? Meist ist das Fahrwerk falsch eingestellt. Komfortable Tipps fürs richtige Setup.

**D**ie Federelemente von Sportlern sind in Vorspannung, Zug- und Druckstufe einstellbar. Wer bei den vielen Möglichkeiten mit falschen Werten operiert, dem kann durch schlechtes Ansprechverhalten die Laune am flotten Fahren mächtig vermiest werden. Deshalb am Neuerwerb zunächst ein „Reset" vornehmen. Die Angaben, wie Gabel und Federbein einzustellen sind, finden sich im Fahrerhandbuch – meist für ein bestimmtes Fahrergewicht angegeben. Davon ausgehend lässt sich das Bike schnell auf die eigenen Bedürfnisse anpassen.

Zusätzlich finden sich wertvolle Angaben zu den Fahrwerkseinstellungen in den MOTORRAD-Tests der einzelnen Modelle. Tipps und Tricks zum Einstellen der jeweiligen Komponenten sind zudem unter www.motorradonline.de/lexikon übersichtlich geordnet abrufbar.

# TOURER FÜR 5000 EURO

**Motorräder mit eingebautem Fernweh kosten neu weit über 10 000 Euro. Bei schmalerem Reisebudget lohnt der Blick auf den Secondhand-Markt. In unserer Gebrauchtberatung stellen wir sechs attraktive Tourer für jeweils 5000 Euro vor.**

**D**er Gebrauchtkauf eines klassischen Tourers ist nicht ganz ohne. Denn diese Motorräder werden meist ausgiebig bei Wind und Wetter bewegt. Gerade Modelle wie die hier vorgestellten BMW R 1100 RT oder Honda Pan European weisen oft Laufleistungen weit jenseits von 50 000 Kilometern auf. Zwar dürften die Motorräder diese hohen Distanzen locker wegstecken. Das zeigen auch die Erfahrungen aus den Dauertests von MOTORRAD, die bei typischen Tourenbikes anstelle der üblichen 50 000 Kilometer sogar die doppelte Distanz betragen

können. Schwere Patzer traten dabei keine auf. Gleichwohl muss bei hohen Tachoständen irgendwann mit kostspieligen Reparaturen gerechnet werden: wenn der Austausch ausgelutschter Federelemente ansteht, Lager verschlissen sind oder die Sitzbank neu aufgepolstert werden muss. Wer sorgfältig den Markt beobachtet und sich nicht auf ein bestimmtes Modell festlegt, kann aber auch einen top gepflegten Tourer mit geringer Laufleistung finden. Beispielsweise eines der Modelle, die wir in der folgenden Übersicht gelistet haben.

# BMW R 1100 RT

**R**asch touren, damit wäre das Kürzel der R 1100 RT besonders treffend übersetzt. Zwar ist die BMW mit ihren üppigen 285 Kilogramm kein Leichtgewicht, lässt sich dafür aber erstaunlich sportlich bewegen. Und solo gefahren geht der mächtige Windjammer unter den Boxern fast schon als handlich durch. Selbst mit zwei Reisenden und vollbeladen mit Gepäck bleibt das Tourenschiff sauber auf Kurs, weder Schaukeln noch Rühren trüben die Freude am Fahren. Lediglich der im Zweipersonenbetrieb früh aufsetzende Hauptständer mahnt zu gemäßigter Fahrweise. Mit der höhenverstellbaren Scheibe besitzt die 1100er ab Werk nicht nur einen tollen Wind- und Wetterschutz. Zur Serienausstattung der RT gehören neben dem ABS auch ein ausgeklügeltes Koffersystem, das nur aufgesteckt und durch Einklappen des Tragegriffs gesichert werden muss. Die bei BMW-Motorrädern obligatorischen Heizgriffe sind bei fast allen Gebrauchtangeboten vorhanden. Ebenfalls ein beliebtes Extra: das Bordradio. Etwas glanzlos kommt dagegen der Motor rüber: Der Boxer dreht zäh hoch und nervt mit Konstantfahrruckeln sowie feinen Vibrationen in den Lenkerenden. Das Getriebe ist lästig zu schalten, immer wieder schleichen sich Zwischengänge ein. Gebrauchtinteressenten sollten bei der RT vor allem auf regelmäßige Inspektionen achten. Besonders muss man den Kardanantrieb auf möglichen Ölverlust an den Dichtungen kontrollieren.

**Daten** Zweizylinder-Boxermotor, 1085 cm³, 66 kW (90 PS), Gewicht 285 kg, Zuladung 205 kg, Tankinhalt 25,2 Liter, Sitzhöhe 810 mm, Höchstgeschwindigkeit 203 km/h, Verbrauch Landstraße 5,4 Liter/100 km (Super).

## Marktsituation

| Baujahre | km-Stand | Preis in Euro |
|---|---|---|
| 1996–2000 | über 50 000 | 4600–5300 |
| | um 40 000 | 5800–6500 |
| | unter 30 000 | ab 6000 |

## Tests in MOTORRAD

20/1995 (T), 11/1996 (VT), 24/1999 (VT), 19/2000 (VT)
T=Test, VT=Vergleichstest;
Nachbestellungen unter Telefon 07 11/1 82-12 29

## Internet

Der Standard-Link für BMW-Fahrer im Web lautet www.boxer-forum.de. Klein, aber durchaus fein ist das Forum www.rt-freunde.de gestaltet.

## Kurzcheck

| | schlecht | gut |
|---|---|---|
| Fahrleistungen | | |
| Komfort | | |
| Gewicht | | |
| Verarbeitung | | |
| Ausstattung | | |
| Wertstabilität | | |
| Gebrauchtangebot | | |

**FAZIT** Die BMW R 1100 RT ist als luxuriös ausgestatteter Fulldresser die Tourenmaschine par excellence, hat bei der Motor- und Getriebeabstimmung allerdings Defizite. Preise und Laufleistungen sind hoch.

# HONDA ST 1100 PAN EUROPEAN

**D**ie schwersten Stunden der Pan European liegen weit in der Vergangenheit. Denn bei ihrer Präsentation 1990 zeigte sich die Motorradwelt zunächst geschockt: Darf so viel Verkleidung überhaupt noch Motorrad sein? Der Verkauf lief schleppend an, doch dann eroberte die ST 1100 die Tourerherzen im Handstreich. Ihr V4-Motor punktet mit einer einzigartigen, souveränen Kraftentfaltung, zum reaktionsarmen und nahezu pflegefreien Kardan gesellt sich eine exzellente Sitzergonomie für das Bordpersonal mit perfektem Wetterschutz. Ermüdungsfrei können Hunderte Kilometer in einem Rutsch bewältigt werden. Passend dazu der moderate Verbrauch, der sehr hohe Reichweiten ermöglicht. 1992 setzte Honda noch einen drauf. Gegen Aufpreis gab es die Pan Euopean mit ABS (ab 1996 zusätzlich mit Verbundbremssystem) und der TCS genannten Traktionskontrolle. Damit war der Pan European die technische Dominanz in der Supertourerszene sicher. Souverän schlug sich die Honda im MOTORRAD-Langstreckentest. Hier war die Pan European über ganze 100 000 Kilometer gefordert. Das nüchterne, aber umso brillantere Ergebnis: Kein Bauteil bewegte sich an oder über der Verschleißgrenze. Als einziges Manko blieb, dass die ST bis zum Modellende im Jahr 2000 über keine Abgasreinigung verfügte. Gebraucht wird die ST 1100 nur sehr unwillig verkauft – was auch damit zu tun hat, dass die 1300er-Nachfolge-Pan mit Fahrwerksschwächen zu kämpfen hat.

**Daten** Vierzylinder-V-Motor, 1085 cm³, 72 kW (98 PS), Gewicht 328 kg, Zuladung 189 kg, Tankinhalt 28 Liter, Sitzhöhe 780 mm, Höchstgeschwindigkeit 210 km/h, Verbrauch Landstraße 4,6 Liter/100 km (Normal).

## Marktsituation

| Baujahr | km-Stand | Preis in Euro |
|---|---|---|
| 1996–2000 | über 75 000 | 4000–5300 |
| | um 50 000 | 5000–5800 |
| | unter 30 000 | 5400–6900 |

## Tests in MOTORRAD

12/1990 (T), 19/1992 (LT), 19/2000 (VT)
T=Test, LT=Langstreckentest, VT=Vergleichstest;
Nachbestellungen unter Telefon 07 11/1 82-12 29

## Internet

Der ST-Owners-Club Germany trifft sich unter www.pkoch.de, Fans tauschen sich im Forum unter www.st1100.de aus.

## Kurzcheck

| | schlecht | gut |
|---|---|---|
| Fahrleistungen | | |
| Komfort | | |
| Gewicht | | |
| Verarbeitung | | |
| Ausstattung | | |
| Wertstabilität | | |
| Gebrauchtangebot | | |

**FAZIT** Eine Honda wie aus dem Bilderbuch: perfekt gemacht und mit hoher Zuverlässigkeit. Die ST ist gebraucht begehrt und nur schwer zu bekommen. Bei der Ausstattung unbedingt auf das ABS achten.

# HONDA VFR

HONDA VFR

## Kauftipp Reifen

# Zwei-Komponenten-Kleber

**Satt haften, hohe Laufleistung: Das müssen Reifen auf Tourenbikes leisten.**

Wichtige Eigenschaft eines guten Tourenreifens: ausreichend Haftung bei Nässe

**B**ei den Supersport-Bikes haben sich sogenannte Multi-Compound-Reifen mit unterschiedlichen Härtezonen etabliert: In der Lauffflächenmitte kommt eine harte Gummimischung zum Einsatz, während an den Reifenschultern ein besonders weiches, griffiges Material **für starken Kurvengrip** sorgt. Eine Technik, die auch beim Touren auf der Straße Sinn macht. Beim Tourensport-Reifentest von MOTORRAD (Ausgabe 11/2007) traten **zwei Hersteller mit Multi-Compound-Reifen** an: Bridgestone mit dem Battlax BT 021, der vor allem auf trockener Fahrbahn, weniger aber bei Nässe und im Abriebverhalten überzeugen konnte. Die Nase vorn hatte der extrem handliche Michelin Pilot Road2 2CT, der auch bei nasser Fahrbahn und in puncto Laufleistung ein tolles Ergebnis erzielte. **Alle Ergebnisse des Reifentests** lassen sich übrigens im Internet unter www.motorradonline.de/ reifen abrufen.

**S**ie sind auf der Suche nach dem Besten aus zwei Welten? Geeignet für die relaxte Urlaubstour zu zweit wie für einen feurig scharfen Ritt über die Hausstrecke? Dann halten Sie nach einer VFR Ausschau. Das Kürzel hat sich **über ein Vierteljahrhundert bewährt.** Die VFR gilt als sportliches Allroundtalent, das zudem durch den technisch anspruchsvoll konstruierten V4-Motor einen ganz eigenen Charme und Charakter zeigt. Interessant für unsere Preisklammer von 5000 Euro sind die Modelle der dritten (Herstellercode RC 46/1) und vierten (RC 46/2) Generation. Wobei die RC 46/1 – ab 1998 im Progamm – eindeutig als das Tourenbike in der VFR-Familie gilt. **Anhänger der sportlichen Abstimmung** werden mehr Freude an der RC 46/2 (ab Baujahr 2002) haben, deren Fahrwerk deutlich straffer, aber keineswegs unkomfortabler abgestimmt ist.

**Die VFR ist vielseitig und gut ausgestattet. Dazu punktet sie mit einem einmaligen Sound**

Als weiterer Vorteil haben viele VFR-Modelle der letzten Generation ein **ABS an Bord.** Allerdings hat „die Zwo" gegenüber der RC 46/1 deutlich an Gewicht zugelegt (von 237 auf 253 Kilogramm). Dazu ist sie mit einer variablen Ventilsteuerung ausgerüstet, die den Durchzug durch Umstellung von Zwei- auf Vierventilbetrieb steigern soll. Im Fahrbetrieb wird die ausgefeilte Technik eher als lästig empfunden. Um die **Zuverlässigkeit** muss man sich hingegen kaum sorgen: In den MOTORRAD-Langstreckentests machte die VFR stets eine gute Figur. Das Interesse an gebrauchten Maschinen ist verhalten. Beim Preispoker hat man deshalb gute Karten.

**Daten** (RC 46/1) Vierzylinder-V-Motor, 782 cm³, 72 kW (98 PS), Gewicht 237 kg, Zuladung 186 kg, Tankinhalt 21 Liter, Sitzhöhe 805 mm, Höchstgeschwindigkeit 235 km/h, Verbrauch Landstraße 6,6 Liter/100 km (Normal).

## Marktsituation

| Baujahre | km-Stand | Preis in Euro |
|---|---|---|
| 2000–2002 | über 35 000 | 3300–5000 |
| | um 20 000 | 4000–5500 |
| | unter 15 000 | 4100–6000 |

**Tests in MOTORRAD** 2/1998 (T), 7/1998 (VT), 11/1999 (LT), 25/2001 (TT), 17/2002 (LT), 10/2004 (ABS-VT)

T=Test, VT=Vergleichstest, LT=Langstreckentest, TT=Top-Test; Nachbestellungen unter Telefon 07 11/1 82-12 29

**Internet**
Die Anlaufadresse im Web ist die Seite des VFR-Owners-Club unter www.vfr-oc.de.

## Kurzcheck

| | schlecht | gut |
|---|---|---|
| Fahrleistungen | | |
| Komfort | | |
| Gewicht | | |
| Verarbeitung | | |
| Ausstattung | | |
| Wertstabilität | | |
| Gebrauchtangebot | | |

**FAZIT** Ein Motorrad mit vielen Facetten. Einerseits der Kumpel, der alles gerne mitmacht. Andererseits mit technischen Raffinessen gewürzt, die der VFR einen elitären Nimbus verleihen. Für Hausstreckenjäger mit Fernreiseplänen.

# TRIUMPH SPRINT ST

**Daten** Dreizylinder-Reihenmotor, 956 cm³, 72 kW (98 PS), Gewicht 242 kg, Zuladung 210 kg, Tankinhalt 21 Liter, Sitzhöhe 820 mm, Höchstgeschwindigkeit 237 km/h, Verbrauch Landstraße 5,8 Liter/100 km (Super).

**S**portlich wie touristisch auf Top-Niveau, dazu leckere Schmankerln wie die Einarmschwinge. Kommt Ihnen bekannt vor? Kein Wunder, die Vorlage für die Sprint ST ist Hondas Dauerbrenner VFR. Allerdings hat die Triumph mit dem Dreizylindermotor einen ganz eigenen Charakter, der sie dann schon wieder **unverwechselbar** macht. Der Triple ist ein agiles und zugleich zuverlässiges Triebwerk. Der dynamische Antritt wird durch ein **spurstabiles Fahrwerk** unterstützt, das zudem genügend Reisekomfort bietet und auch vollbeladen mit Gepäck und Sozius nicht schwächelt. Passenderweise ließ sich die ST mit Koffern und Topcase ordern. Doch die hohen Mehrkosten (rund 1500 Euro) und der umständliche Anbau (Schalldämpfer muss tiefergelegt werden) schreckte etliche Interessenten wieder ab. Das Gebrauchtangebot ist sehr gut, das Preis-Leistungs-Verhältnis attraktiv.

## Marktsituation

| Baujahre | km-Stand | Preis in Euro |
|---|---|---|
| 2000–2001 | über 35 000 | **3500–4800** |
| | um 25 000 | **3900–4500** |
| | unter 20 000 | **4000–5500** |

## Tests in MOTORRAD 2/1999 (VT),
6/1999 (KV), 1/2002 (VT), 7/2003 (LT).

VT=Vergleichstest, KV=Konzeptvergleich, LT=Langstreckentest; Nachbestellungen unter Telefon 07 11/1 82-12 29

## Internet
Die Online-Community von Triumph-Fahrern ist unter dem Link www.t5net.de zu erreichen.

### Kurzcheck

| | schlecht | gut |
|---|---|---|
| Fahrleistungen | | |
| Komfort | | |
| Gewicht | | |
| Verarbeitung | | |
| Ausstattung | | |
| Wertstabilität | | |
| Gebrauchtangebot | | |

**FAZIT** Die Sprint ST hat sich bei den Sporttourern einen Namen gemacht. Geschätzt wird sie nicht nur wegen des charaktervollen Motors, auch das Fahrwerk gefällt. Dank der robusten Technik ist sie als Gebrauchte interessant.

# DUCATI ST4

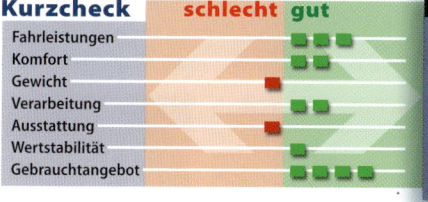

**E**ine waschechte Ducati, die zudem einen echten Komfortbonus bietet? Gibt es. Heißt ST4 und hat es vor allem auf die Freunde von Exklusivreisen abgesehen. Allein das Buchen eines Ducati-Trips ist nicht einfach: Die Angebote an gebrauchten ST4 halten sich in Grenzen, das Preisniveau ist markentypisch hoch. Allerdings stimmt in den meisten Fällen der Gegenwert. Ducatis werden **überdurchschnittlich gut gepflegt** und mit vergleichsweise geringer Laufleistung angeboten, verhunzte oder richtig runtergerittene Exemplare sind die Ausnahme. Freilich kann trotz perfekter Pflege die Technik Probleme bereiten. Im MOTORRAD-Langsteckentest zeigte die ST4 **nach 50 000 Kilometern deutliche Schwächen.** Wichtige Motorteile (Kupplung, Schlepp- und Kipphebel, Nockenwellen, Ventile) wiesen gravierende Schäden auf. Schade, denn die Duc mit dem Supersportmotor aus dem Kultbike 916 ist aus dynamischer Perspektive ein klasse Motorrad mit überzeugendem Fahrwerk – passend für alle Lebenslagen, die **aufrecht und lässig sitzend** angegangen werden.

**Daten** Zweizylinder-V-Motor, 916 cm³, 76 kW (103 PS), Gewicht 237 kg, Zuladung 183 kg, Tankinhalt 21 Liter, Sitzhöhe 840 mm, Höchstgeschwindigkeit 252 km/h, Verbrauch Landstraße 6,3 Liter/100 km (Super).

## Marktsituation

| Baujahre | km-Stand | Preis in Euro |
|---|---|---|
| 1999–2001 | über 30 000 | **3800–4400** |
| | um 20 000 | **4500–5000** |
| | unter 10 000 | **4500–6200** |

## Tests in MOTORRAD
25/1998 (T), 23/1999 (VT), 26/2000 (LT), 9/2001 (VT)

T=Test, VT=Vergleichstest, LT=Langstreckentest; Nachbestellungen unter Telefon 07 11/1 82-12 29

## Internet
ST-Fahrer tauschen sich mit anderen Ducati-Fans auf den Seiten www.duc-forum.de und www.diva-di-bologna.de aus.

### Kurzcheck

| | schlecht | gut |
|---|---|---|
| Fahrleistungen | | |
| Komfort | | |
| Gewicht | | |
| Verarbeitung | | |
| Ausstattung | | |
| Wertstabilität | | |
| Gebrauchtangebot | | |

**FAZIT** Überzeugendes Fahrwerk, klasse Motor, traumhafter Sound. Die ST4 ist durch und durch eine Ducati, die vor allem komfortabel ist. Bei Anschaffung und Unterhalt muss aber hoch kalkuliert werden.

---

**Zubehör für die Reise**

# Rein damit ins Gepäckabteil

**Auf Reisemotorrädern muss das Gepäck gut verstaut werden. Tipps zum Einpacken.**

**Volumenmodell: Moderne Koffersysteme bieten weit über 100 Liter Stauraum**

**W**er lange und ausgiebig tourt, braucht Stauraum. Gut, wenn das Motorrad bereits ab Werk mit einem optimal angepassten Gepäcksystem ausgerüstet ist. Zumal dann die Kofferträger in aller Regel **dezent ins Fahrzeug integriert** sind und bei der Fahrt ohne Koffer nicht als störendes Stahlgeweih das Heck verunzieren. Wer sein Motorrad vornehmlich zum Reisen nutzen will, sollte deshalb schon bei der Suche **gezielt Angebote inklusive Koffersystem** ins Auge fassen. In der Regel stellt aber auch das Nachrüsten kein Problem dar. Sind bereits Aufnahmen für ein Gepäcksystem vorhanden, sollte man die passende Originalware vom Hersteller kaufen. Ansonsten empfehlen sich die (meist günstigeren) Zubehörsysteme. Pfiffig sind Trägerlösungen, die sich **über Schnellverschlüsse** abnehmen lassen (www.sw-motech.de, www.jfmotorsport.de).

# SPORT**TOURER** BIS 5000 EURO

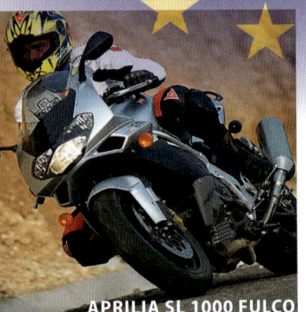

**APRILIA SL 1000 FULCO**

**BMW R 1150 RS**

**DUCATI ST4**

**TRIUMPH SPRINT RS**

# EUROSPORT-TOURING

**Genug von fernöstlichem Einerlei? Mal ein Motorrad besitzen, das den gewissen Flair bietet? Eins, das ein guter Begleiter auf Touren ist und nicht gleich die Welt kostet? Willkommen in der Welt europäischer Sporttourer! Unter Gebrauchten finden sich einige – oftmals übersehene – Schätzchen.**

Von Thorsten Dentges; Fotos: Eisenschink, Fact (3), Gargolov, Hartmann, Hersteller (5), Jahn (5), Künstle (4), Seitz, Turner

**D**er Brückenschlag zwischen Sport und Tour kann schnell zum Flop werden. Ergebnis ist dann ein Motorrad, das sich nirgends wohl fühlt. Gelingt der Spagat, ist ein Sporttourer dafür eine Offenbarung. Man kann überall hin, ohne den Fahrspaß zu Hause zu lassen. Honda ist mit der wegweisenden VFR dieser

große Wurf gelungen, die anderen japanischen Hersteller haben sich bislang nur halbherzig ans Thema gewagt. Und was die Fernost-Produkte bei aller Perfektion mitunter etwas vermissen lassen, ist das, was eine Traummaschine ausmacht: Flair. Europäische Hersteller, allen voran die Italiener, haben verstanden und bauen Motorräder, die nicht nur gut fahren, sondern auch Esprit versprühen. Das hat allerdings seinen Preis. Die vier Modelle im Fokus kosteten vor ein paar Jahren neu zwischen

12 000 und 14 000 Euro – für viele zu teuer. Und bei mäßigen Verkäufen wurden sie auch schnell wieder vom Markt genommen. Als teils wenig beachtete Gebrauchte liegen sie deshalb jetzt auf einem Preisniveau, das zum Träumen anregt.

**WWW.MOTORRADONLINE.DE**

Überblick mit Markensuche unter **www.motorradonline.de/ gebrauchtberatung**

# APRILIA SL 1000 FALCO

"Falco, ja? Und wie war noch einmal der Nachname?" Trotz unzähliger Grand-Prix-Erfolge und sehr leckerer Modelle seit Anfang des Jahrtausends tut sich Aprilia schwer, bei der italophilen Kundschaft einen Kultstatus à la Ducati oder Moto Guzzi zu gewinnen. Die von 2000 bis 2004 angebotene Aprilia SL 1000 Falco ist dafür ein gutes Beispiel. Objektiv gesehen ist sie ein beinahe tadelloses Motorrad, das wegen eines ausgezeichneten Fahrwerks dem Piloten mehr als nur ein kurzes Grinsen ins Gesicht zaubert. Der charismatische Vau-Zwei gibt sich im Drehzahlkeller etwas rumpelig, ab 4000/min sind solche Kapriolen jedoch im wahrsten Sinne wie weggeblasen, und mit fast 120 PS bei nur 222 Kilogramm Gewicht geht die Post richtig ab. Mit Volldampf schmeißt man die 1000er von einer Schräglage in die nächste und denkt: Meine Güte, extremes Kurvenwedeln

kann ja so einfach sein! Gute Bremsen stauchen die Fuhre bei Bedarf (Passabfahrt, hartes Anbremsen vor der Kurve nach langen, schnellen Geraden) sicher zusammen, und zumindest normal groß gewachsene Mitteleuropäer kommen mit der sportlich versammelten Sitzhaltung auf der Falco bestens zurecht. Stichwort Sport: Die Gene des Sporttourers sind unübersehbar, und wie die Schwester aus dem Aprilia-Leistungskader, die RSV Mille, mag die Falco nur ungern als Passagierdampfer genutzt werden. Solofahrer freuen sich dafür auf längeren Reisen über den guten Windschutz, und mit Packtaschen, Tankrucksack und Navigerät bestückt, steht der Eroberung von Europas schönsten Strecken nichts im Wege. Verarbeitung und Zuverlässigkeit lassen keine Wünsche offen. Das extravagante Aussehen mit vielen Ecken, Kanten und markant geteilten Streben des Alu-Rahmens ist hingegen nicht jedermanns Sache. Die mangelnde Popularität hat aber auch Vorteile: Interessenten finden gute Gebrauchte zu sehr fairen Preisen.

## Marktsituation

**Die Falco ist kaum im Bewusstsein** von Gebrauchtkäufern. Nur gezielt Suchende und Kenner stoßen auf die nur vier Jahre lang gebaute Aprilia. Steht eine Falco also schon länger zum Verkauf, ist die Verhandlungsgrundlage für Interessenten gut. Das Gros der inserierten Maschinen hat eine Laufleistung zwischen 25 000 und 40 000 Kilometern, kein Problem für die solide Italenerin. Mehrheitlich sind es Privatanbieter, die sich für 3000 bis 4000 Euro von ihrem Schätzchen trennen wollen. An der 5000-Euro-Marke kratzen eigentlich nur topgepflegte Exemplare mit weniger als 10 000 Kilometern auf der Uhr.

## Daten (Baujahr 2001)

Wassergekühlter Zweizylinder-Viertaktmotor, 998 cm$^3$, 87 kW (118 PS) bei 9300/min, Gewicht 222 kg, Zuladung 180 kg, Tankinhalt/Reserve 21/4 Liter, Sitzhöhe 800 mm, Höchstgeschwindigkeit 255 km/h, Verbrauch (Landstraße) 5,5 l/100 km, Super

## Tests in MOTORRAD

23/1999 (VT), 2/2000 (VT), 13/2000 (VT), 4/2001 (VT), 15/2001 (VT), 23/2001 (VT)

VT=Vergleichstest;
Nachbestellungen unter Telefon 07 11/1 82-12 29

## Internet

**Fansites:** www.apriliaforum.de, www.italobikes.de
**Gebrauchtangebote:**
http://markt.motorradonline.de/bike476.htm

---

## Tourentipp von Aprilia

**Als Tourenziel bieten sich die Dolomiten rund um Cortina d'Ampezzo an. Das Gebiet ist zirka 160 Kilometer von Noale entfernt, also nicht weit vom Aprilia-Stammwerk. Es gibt hier tolle Pässe und Aussichten zu genießen, ein perfektes Terrain für einen Sporttourer wie die Falco.**

**MOTORRAD** sagt dazu:

Stimmt! Die Dolomiten sind wahrlich perfekt für Sporttourer. Insbesondere der Passo Giau ist der Oberhammer mit seinen abwechslungsreichen, teils sehr engen Kurven,

die sich mit kurzen Geraden abwechseln, auf denen man eine 100-und-mehr-PS-Maschine klasse durchladen kann. Die Nordseite nach Cortina d'Ampezzo ist die fahrerisch anspruchsvollere, wie bei einer Achterbahn löst eine extreme Schräglage die andere ab. Die Falco

als besonders handliches Motorrad wedelt dort locker durch. Die Südseite nach Selva di Cadore ist etwas sanfter und berechenbarer, ermöglicht dafür mit griffigem Asphalt und weiter geschwungenen Bögen höhere Kurvengeschwindigkeiten und weckt alle Sportsgeister.

# BMW R 1150 RS

**D**ie Erwartungen waren groß. Jahrelang machte die brave R 1100 RS während der 90er Jahre im Sporttouring-Segment seriös und auch recht erfolgreich einen guten Job. So weit, so gut. Aber vom Nachfolger erhoffte sich nicht nur die Fachpresse etwas mehr Schwung. 2001 kam dann die 1150er, doch statt der Revolution bot sie lediglich eine sanfte Evolution: sechster Gang, besserer Wetterschutz, gezügelter Benzindurst. Sehr vernünftig. Und ganz klar ein freundlicher Wink in Richtung Tourer-Fraktion. Sportfans werden mit der R 1150 RS in der Tat nicht besonders glücklich, denn die flexible Verbindung vom gummigelagerten Lenker zur Telelever-Vorderradführung unterbindet praktisch jedes Feedback. Und 254 Kilogramm Gewicht sind bei Expresstempo außerdem eine Menge Holz. Trotzdem: Die Schräglagenfreiheit ist groß,

das Handling gut, und die Federelemente schlucken fast alles, so dass die RS über Straßen zweiter Klasse trotz wenig rekordverdächtiger 95 PS vielen Sportmotorrädern das Rücklicht zeigt. Und während Sprintspezialisten schon auf Mittelstrecken die Ausdauer der Piloten arg strapazieren, surft der BMW-Treiber auch bei einem Marathon-Tagespensum noch entspannt über den Asphalt. Spurtreu, gut ausbalanciert und viel agiler als etwa die Kollegen von der Volltourer-Truppe bietet sie einen guten Kompromiss aus Komfort und Dynamik. Und die ABS-Bremse – einst das Maß der Dinge – erfüllt auch heutzutage noch höchste Ansprüche. Ausgestattet mit dieser ABS-Bremse, Heizgriffen, Koffern (ursprünglich teures Sonderzubehör) sowie einer Steckdose, einem verstellbaren Windschild und einem gut erreichbaren Handrad zum Einstellen des Federbeins (alles serienmäßig), ist die bis 2006 angebotene 1150er als Gebrauchte mittlerweile selbst bei kleinerem Budget erschwinglich. Der ganz großen Nordkap- oder Sizilien-Tour steht also nichts entgegen, mit der R 1150 RS, einer vielseitigen und verlässlichen Begleiterin, wird der Fernreisende wirklich nicht enttäuscht.

## PLUS

**Reichweite** außerordentlich groß
**Windschutz** auch für lange Menschen ab 1,85 Meter ausgezeichnet
**Ausstattung** in der Regel üppig und auf Tourenfahrer zugeschnitten

## MINUS

**Boxermotor** kommt vergleichsweise lustlos rüber
**Feedback** durch gummigelagerten Lenker eingeschränkt
**Gewicht** recht hoch

## Marktsituation

**Im Reigen der Sporttourer** werden für die R 1150 RS noch vergleichsweise hohe Preise gefordert. Deutlich unter 5000 Euro sind fast nur stark abgenutzte Exemplare mit Laufleistungen weit jenseits von 50 000 Kilometern zu finden. Wobei nachweislich ordentlich gepflegte und gewartete (lückenloses Scheckheft) Maschinen auch mit sehr vielen Kilometern auf der Uhr genügend Interessenten anlocken. Das Angebot an Top-Offerten ist allerdings überschaubar. Im Zweifel lieber in Geduld üben, statt blind zu kaufen! Generell wird die RS, anders als viele überteuerte R 1150 R oder GS, vergleichsweise fair gehandelt.

## Daten (Baujahr 2002)

Luft-/ölgekühlter Zweizylinder-Viertakt-Boxermotor, 1130 cm³, 70 kW (95 PS) bei 7300/min, Gewicht 254 kg, Zuladung 196 kg, Tankinhalt/Reserve 23/4 Liter, Sitzhöhe 830 mm, Höchstgeschwindigkeit 218 km/h, Verbrauch (Landstraße) 5,4 l/100 km Normal

## Tests in MOTORRAD

18/2001 (TT), 21/2001 (VT), 1/2002 (VT), 26/2003 (VT)

TT=Top-Test, VT=Vergleichstest;
Nachbestellungen unter Telefon 07 11/1 82-12 29

## Internet

**Fansites:** www.boxer-forum.de
**Gebrauchtangebote:** http://markt.motorradonline.de/bike1244.htm

---

## Tourentipp von BMW

> In Bayern bietet sich ein ideales Revier für die R 1150 RS: Rund um den Großen Arber im Bayerischen Wald finden sich landschaftlich wunderschöne und sportlich anspruchsvolle Motorradstrecken. Vielfältige Rastmöglichkeiten laden zudem ein, die weißblaue Lebensart zu genießen.

**MOTORRAD** sagt:

**L**okalpatriotismus kann miefen, in diesem Fall nicht. Der Bayerische Wald ist wirklich eine erstklassige Alternative zum Alpenprogramm, besonders für die aus nördlichen Bundesländern Anreisenden. Die Autobahn-

etappen über die A9 und A93 oder A7 und A3 sitzt man auf der komfortablen R 1150 RS auf einer Pobacke ab, und dann heißt es: rein ins Vergnügen! Die Strecken zwischen Bischofsmais, Zwiesel und Bad Kötzting bieten genügend Kurven, dass einem schwindelig werden kann. Ein Touren-Erlebnis der ganz besonderen Art ist zu

Jahresbeginn ein Besuch des Elefantentreffens bei Thurmansbang im Bayerischen Wald, 40 Kilometer nördlich von Passau. Praktisch, dass die meisten RS mit Heizgriffen ausgestattet sind. Da zählen auch bei Schnee und Frost keine Ausreden, warum man zum weltweit größten Winter-Motorradtreffen nicht auf Achse anreisen sollte.

# DUCATI ST 4/S

Schlank ist die 1998 vorgestellte ST 4 (2001 wurde die ST 4 S eingeführt). Kein Hüftgold, keine Pausbacken stören die schnittige Silhouette. Lustvoll richtet sich der Blick auf die schönen Formen. Genug geschwärmt? Dann aber los! Und bitte nicht weiterträumen, denn in Fahrt verlangt die Duc volle Aufmerksamkeit, will gepusht und getrieben werden. Das Fahrwerk ist eher was für Hartgesottene, ermöglicht dafür messerscharf gezogene Radien. Beim Kuppeln ist eine starke Hand gefragt, und Bremsen ist mitunter eine etwas holzige, derbe Angelegenheit, wenngleich die Stopper absolut ausreichend kurze Bremswege hinzaubern können (ab Oktober 2002 wurde die ST 4 S auch mit einem sehr sportlichen, erst spät ansprechenden ABS angeboten). Der von der supersportlichen 916 (ST 4, 105 PS) respektive 996 (ST 4 S, 120 PS) geerbte Zweizylinder gibt sich kultiviert und drückt die Pferdchen unter dunklem Bollern und allerlei mechanischen Nebengeräuschen mächtig auf den Asphalt – betulicheren Tourenfahrern kann da angst und bange werden. Das ist sexy, und solche Gefühle sind im bisweilen etwas biederem Sporttouring-Segment nicht gerade Standard. Allerdings

darf man nicht verkennen: Trotz akzeptablem Soziusplatz, Hauptständer, gutem Windschutz sowie einem für längere Etappen ausgelegten 20-Liter-Tank und sogar einer Bordstrom-Steckdose ist das bis 2005 gebaute Motorrad kein Tourer, sondern eindeutig ein Sportler. Aber ein sehr bequemer. Im 50 000-Kilometer-Langstreckentest von MOTORRAD machte die Ducati aber deutlich, dass sich besser nur echte Fans (oder motivierte Schrauber) mit ihr einlassen sollten: Undichtes Scheinwerfergehäuse, rubbelnde Bremsen, eine verschlissene Ventilsteuerung, defekte Schalter sowie schnell dahinsiechende Kupplungsreibscheiben machten die ST zum Stammgast in der Werkstatt. Derartige (mitunter sehr kostspielige) Fehltritte sollte man besser mit viel Sportsgeist nehmen, dann ist eine langfristige Bindung kein Problem. Langweilig wird einem mit der Ducati sicher nicht.

## PLUS
**V2-Motor** kräftig, drehfreudig, charismatisch
**Kraftstoffverbrauch** erfreulich gering
**Ausstrahlung** und Fahrerlebnis aufregend

## MINUS
**Federgabel** mit mäßigem Ansprechverhalten
**Unterhaltskosten** überdurchschnittlich hoch
**Kupplung** sehr schwergängig

## Marktsituation

**Während die Supersport-Schwestern** Ducati 916 und 996 trotz teils überzogener Preise leicht einen Abnehmer finden, tun sich die ST-Modelle mit gleichen Motoren und deutlich faireren Preisen ungleich schwerer. Manche Händler lassen lieber gleich die Hände von den potenziellen Standuhren. Ordentlich gepflegte und gewartete ST 4 werden ab 2500 Euro angeboten. Viel teurer als 4000 Euro sollten sie aber selbst mit geringen Laufleistungen unter 20 000 Kilometern nicht sein. Vernünftige Preisforderungen für die ST 4 S liegen zwischen 4000 und 5500 Euro. ABS-Modelle sind sehr selten und kaum unter 5000 Euro im Angebot.

## Daten (ST 4 S, Baujahr 2001)

Wassergekühlter Zweizylinder-Viertaktmotor, 996 cm³, 88 kW (120 PS) bei 8800/min, Gewicht 231 kg, Zuladung 189 kg, Tankinhalt/Reserve 21/6 Liter, Sitzhöhe 820 mm, Höchstgeschwindigkeit 254 km/h, Verbrauch (Landstraße) 5,4 l/100 km Super

### Tests in MOTORRAD

25/1998 (T), 23/1999 (VT), 26/2000 (LT), 9/2001 (VT), 15/2001 (VT), 21/2001 (VT), 26/2002 (VT), 7/2005 (VT)

T=Test, VT=Vergleichstest, LT=Langstreckentest; Nachbestellungen unter Telefon 07 11/1 82-12 29

### Internet

**Fansites:** www.diva-di-bologna.de, www.italobikes.de
**Gebrauchtangebote:** http://markt.motorradonline.de/bike94.htm

## Tourentipp von Ducati

**Stattliche Reichweite und Tourenkomfort für zwei gepaart mit sportlichen Genen – das erlaubt einen breiten Einsatzbereich von Autobahnetappen bis zum flotten Passstraßen-Surfen. Besonders heimisch fühlt sich eine Ducati ST auf jeden Fall jenseits des Brenners.**

**MOTORRAD** sagt:

Nach Alpen und Brennerpass am besten südwärts weiterbrennen auf der Autobahn in Richtung der Heimatstadt der Roten, Bologna. Unser Tipp: Bei Rovereto runter von der Bahn. Ab Riva del Garda lockt eine wie

für die ST 4 geschaffene Vier-Seen-Runde. Von Riva aus zunächst durchstarten zum nahe gelegenen Lago di Ledro, dann weiter durch das Ampola-Tal zum Lago d'Idro, an dessen Südspitze man ostwärts abbiegt auf eine sich berauschend schlängelnde Bergstraße zum Stausee Lago di Valvestino. Danach weitersurfen bis Gar-

gnano, von wo aus es auf der Westuferstraße des Gardasees nordwärts mit imposantem Panoramablick gemächlich zurückgeht nach Riva. Abschließend die graziöse ST 4 so parken, dass sie gut zur Geltung kommt und an der Seepromenade bei Cappuccino und Eisbecher den typischen Flair von Bella Italia aufsaugen.

# TRIUMPH SPRINT RS

Wenn ein Kompromiss die goldene Mitte darstellt, kann wohl jeder damit leben. So gesehen, lässt es sich mit einer Sprint RS (gebaut von 1999 bis 2004) sehr gut auskommen. Ihr kräftiger und standfester 955er-Triple ist der ideale Kompromiss zwischen Zwei- und Vierzylinder und zwischen Sport und Tour. In der Sporttouring-Liga spielt sie deshalb groß auf, zeigt Profil, ohne kapriziös rüberzukommen, liefert Top-Leistungen ab, ohne dafür überzogene Ablösesummen zu fordern. Wem also die japanische Spielart zu nüchtern, italienische Leidenschaft zu viel des Guten und die deutsche Taktik effizienter Zurückhaltung mit allen erdenklichen Sicherheitsreserven einfach zu lahm ist, liegt mit der Britin genau richtig – in der goldenen Mitte. Die Sprint RS ist jedenfalls für alle Schandtaten zu haben. Leichtfüßig, jedoch nicht überhandlich, mit bärenstarkem Motor und einer Leistungskurve wie mit dem Lineal gezogen spurtet die Triumph nach vorn, als gäbe es kein Nachher. Von 60 auf 100 km/h in vier Sekunden, vier weitere Sekunden bis 140 km/h – das sind Durchzugswerte eines Top-Brenners vom Schlage einer Suzuki Hayabusa. Und wie die drei Zylinder solche Sprint-Orgien mit Gänsehaut verursachendem Sound untermalen, muss man schon selbst erfahren haben. Nüchterne Strategen können sich außerdem notieren: Das Fahrverhalten bleibt jederzeit berechenbar, die Trinksitten sind geradezu puritanisch, und fein ansprechende, starke Bremsen sorgen für die nötige Sicherheit. Zu mäkeln gibt es wenig: Die Abstimmung der Gabel ist zu sanft ausgefallen und vereitelt bei holpriger Strecke einen sauberen Strich. Der Windschutz könnte für schnelle Autobahntrips besser sein. Und kleine Fahrer unter 1,70 Meter müssen sich über den langen 21-Liter-Tank ganz schön strecken, um die Lenkerhälften gut im Griff zu haben. Derartige Probleme ließen sich jedoch gut mit anderen Gabelfedern, einem tourentauglicheren Windschild und einem verstellbaren Superbike-Lenker lösen. Nur das knorrige Sechsganggetriebe gibt sich kompromisslos widerspenstig. Aber auch damit kann man eigentlich ganz gut leben.

## PLUS
**Durchzug** und Beschleunigung **beeindruckend**
**Bremsen** packen fest zu und sind sehr gut zu dosieren
**Zuladung** enorm hoch

## MINUS
**Gabel-Set-up** mit Mängeln
**Getriebe** nicht besonders exakt, erfordert nervige Schaltarbeit
**Verfügbarkeit** auf dem Gebrauchtmarkt eher niedrig

## Marktsituation

**Zeitgleich mit der RS** bot Triumph seinerzeit die vollverkleidete Spint ST an, so dass sich die Kundschaft auf die beiden ähnlich gearteten Modelle verteilte. Wegen der hausinternen Konkurrenz verkaufte sich die RS nicht in großen Stückzahlen, dementsprechend dünn ist das Angebot an gebrauchten Maschinen. Die Nachfrage ist ebenfalls etwas verhalten. Daraus resultieren attraktive Preisforderungen von nur 3000 bis 4000 Euro für scheckheftgepflegte Exemplare mit weniger als 30 000 Kilometern. Es gibt aber durchaus einige clevere Interessenten, die um die Qualitäten der RS wissen und bei Top-Offerten schnell zugreifen.

## Daten (Baujahr 2002)

Wassergekühlter Dreizylinder-Viertakt-Reihenmotor, 956 cm³, 88 kW (120 PS) bei 9100/min, Gewicht 231 kg, Zuladung 269 kg, Tankinhalt/Reserve 21/3 Liter, Sitzhöhe 820 mm, Höchstgeschwindigkeit 244 km/h, Verbrauch (Landstraße) 4,0 l/100 km Super

## Tests in MOTORRAD

2/2000 (VT), 10/2000 (VT), 13/2000 (VT), 11/2002 (TT), 8/2003 (VT)

T=Test, TT=Top-Test, VT=Vergleichstest; Nachbestellungen unter Telefon 07 11/1 82-12 29

## Internet

**Fansites:** http://sprinter-forum.net
**Gebrauchtangebote:** http://markt. motorradonline.de/bike308.htm

---

## Tourentipp von Triumph

**MOTORRAD** sagt:

Für gutes Essen ist England genauso wenig berühmt wie für umwerfende Motorradstrecken – selbst beim Fußball überlassen sie die großen Titel anderen europäischen Mannschaften. Aber: Wer mit der Sprint RS die

**Die Sprint RS mag alles Englische wie Linksverkehr, lauwarmes Bier und Fish & Chips. Besonders angetan aber ist sie vom Lake District. Auf den kurvigen Bergstraßen kann sie ihr tolles Handling und ihren drehmomentstarken Motor bestens in Szene setzen.**

etwas nervige Anfahrt (Autobahn, Fähre) auf die Insel gemeistert hat, sollte weiter nach Norden in den Lake District hinter Lancaster reisen. Dort gibt's Überraschendes: zum Beispiel die Pässe Hardknott und Wrynose sowie knackig enge Asphalt-Gewürme mit bis zu 30 Prozent Steigung. Oder tolle Ausblicke auf der Runde über

Ambleside, Windermere und Hawkshead, wo sich im Frühling am Fahrbahnrand violett-plüschiger Rhododendron in eine tiefgrüne Parklandschaft bettet. Die Straßen im Lake District sind oft kaum breiter als die Sprint RS mit zwei Koffern, dafür gibt's hier eine Weite und Einsamkeit, wie sie in Europa sonst kaum zu finden ist.

# ALTERNATIVEN

Ein Streifzug durch das Angebot an preisgünstigen europäischen Sporttourern offenbart eine große Vielfalt. Jedenfalls lassen sich auch mit weniger als 5000 Euro in der Tasche gute und etwas exklusivere Alternativen zu japanischer Massenware finden. Bei diesem Budget bieten sich unterschiedliche Charaktere an, vom souveränen Tourendampfer mit viel Sportsgeist bis hin zum auf Reisekomfort getrimmten Boulevard-Renner. Die mitunter extravaganten Maschinen findet man allerdings nicht an jeder Ecke, etwas Recherchearbeit zur Erfüllung des Traums sollte man deshalb einplanen.

**APRILIA RST FUTURA** Super Windschutz, prima Ergonomie, klasse Soziustauglichkeit. Allerdings kein ABS und kein geregelter Kat. Bei Tourenfahrern drückt das den Preis. Bereits ab 3500 Euro finden sich gute Offerten für das zuverlässige, eher sportlich ausgelegte Motorrad aus Noale, Italien.
DATEN: 114 PS, 242 km/h, Gewicht 242 kg,

**BMW R 1100 RS** Die tourenorientierte BMW ist im Bestand stark vertreten. Es sollte also kein Problem sein, eine gute Gebrauchte zu finden. Tipp: Nie ohne ABS kaufen, sonst sind die Wiederverkaufschancen schlecht. Ab rund 3000 Euro gibt's ordentliche Gebrauchte mit Bremsassistent.
DATEN: 90 PS, 217 km/h, Gewicht 246 kg

**BMW K 1200 RS** Der ultimative Sporttourer aus Bayern hieß ab 1997 K 1200 RS. Der Vierzylinder mit Wahnsinns-Drehmoment ist eine Dampfmaschine, die als Gebrauchte um die 5000 Euro sehr gefragt ist. Für das Geld im Angebot: zehn Jahre alte Maschinen mit ABS und weniger als 50 000 Kilometern.
DATEN: 130 PS, 251 km/h, Gewicht 290 kg

**DUCATI ST 2** Sie eröffnete bei den Roten 1997 die Modellreihe der Sporttourer. Bequem, vielseitig und wegen des Desmo-Zweizylinders dennoch ein typisches Mitglied des Bologna-Clans. Die bis 2004 gebaute ST 2 ist wenig beliebt und schon ab 2500 Euro zu bekommen.
Daten: 83 PS, 222 km/h, Gewicht 230 kg

**MOTO GUZZI V11 LE MANS** Die traditionsreiche Le Mans gilt zwar als Sportler, würde im Ring jedoch keinen Blumentopf gewinnen. Auf der Landstraße erobert sie das Herz hingegen im Sturm. Die V11 ist wie gemacht für leidenschaftliche Touren, unter 5000 Euro allerdings sehr selten im Angebot.
DATEN: 91 PS, 225 km/h, Gewicht 246 kg

**MZ 1000 S** Deutsche Wertarbeit, die leider kaum wertgeschätzt wurde. Geringe Stückzahl heißt natürlich geringes Gebrauchtangebot. Die Suche lohnt sich aber, denn die 1000 S (2004 bis 2007) ist ein leichter, super solider Sporttourer, der um 5000 Euro einen guten Gegenwert bietet.
DATEN: 115 PS, 240 km/h, Gewicht 215 kg

**TRIUMPH SPRINT ST** Die touristischere Variante zur RS heißt Sprint ST und war von 1998 bis 2004 im Programm. Aktuell, mit 1050er-Motor, ist sie eines der Erfolgsmodelle von Triumph. Die leicht ergraute 955er-ST ist hingegen nur mäßig gefragt und deshalb preisgünstig.
Daten: 120 PS, 241 km/h, Gewicht 242 kg

**VOXAN CAFÉ RACER** Ein hochspannendes Motorrad, sehr exklusiv. Macht sich auf dem Secondhandmarkt allerdings so rar wie ein Sibirischer Tiger in freier Wildbahn. Wer Zeit und Geduld mitbringt, kann um 5000 Euro Exemplare mit Laufleistungen unter 20 000 Kilometern ab Baujahr 2001 finden.
DATEN: 98 PS, 235 km/h, Gewicht 223kg

## Ersatzteilpreise

**E**xklusives Motorrad, exklusive Preise? Ein Vergleich der europäischen Kandidaten mit zwei japanischen Massemodellen zeigt: Ersatzteile für die Italienerinnen kosten im Schnitt am meisten, es folgt Honda; BMW und Triumph liegen dahinter auf gleichem Niveau, bei Suzuki ist's vergleichsweise günstig.

| | Aprilia SL 1000 | BMW R 1150 RS | Ducati ST 4 S | Triumph Sprint RS | Honda VFR | Suzuki GSX 750 F |
|---|---|---|---|---|---|---|
| **VERSCHLEISSTEILE** | | | | | | |
| Bremsscheibe vorn | 224,86 Euro | 214,68 Euro | 352,78 Euro | 271,00 Euro | 263,17 Euro | 162,89 Euro |
| Satz Kupplungsreibscheiben | 168,81 Euro | 103,59 Euro | 264,93 Euro | 214,00 Euro | 125,60 Euro | 84,19 Euro |
| Sitzbank | 148,39 Euro | 214,68 Euro* | 314,86 Euro | 325,00 Euro | 307,77 Euro | 217,46 Euro |
| Federbein | 969,91 Euro | 664,97 Euro | 1487,95 Euro | 726,00 Euro | 612,82 Euro | 755,70 Euro |
| Satz Radlager, hinten | 58,44 Euro | 26,37 Euro | 17,90 Euro | 101,00 Euro | 88,11 Euro | 34,16 Euro |
| **STURZTEILE** | | | | | | |
| Bremsarmatur | 225,27 Euro | 311,54 Euro | 202,35 Euro | 159,00 Euro | 211,74 Euro | 145,54 Euro |
| Tank, lackiert | 1553,91 Euro | 812,89 Euro | 1419,85 Euro | 746,00 Euro | 851,10 Euro | 551,90 Euro |
| Gabeltauchrohr | 558,18 Euro | 252,64 Euro | 309,05 Euro | 251,00 Euro | 210,37 Euro | 212,99 Euro |
| Schalldämpfer (Preis je Seite) | 673,62 Euro | 1009,60 Euro | 755,29 Euro | 791,00 Euro | 1086,99 Euro | 544,64 Euro |
| Frontverkleidung | 821,61 Euro | 305,00 Euro | 455,34 Euro | 303,00 Euro | 712,68 Euro | 1026,58 Euro |

*geteilte Sitzbank, Preis nur für Fahrersitz

# YAMAHA XJ 900 S DIVERSION

## Navigationsgeräte

# Kommt garantiert gut an

**Standard bei Autos, immer gefragter beim Motorrad: das Navi für den Biker.**

Streckenkontrolle: Navigationsgeräte fürs Motorrad sind ab rund 500 Euro erhältlich

Navigationsgeräte leisten auf Reisen wertvolle Dienste, indem sie neben der reinen Routenführung auch bei der Suche nach der nächsten Tankstelle, einem Hotel oder sogar einer Werkstatt in der Umgebung helfen. Doch nicht jeder handelsübliche Navigator eignet sich für den Einsatz auf dem Bike. In der Praxis haben sich bei MOTORRAD das TomTom Rider 2 (ab 500 Euro) und das Garmin Zumo 550 (ab 600 Euro) bewährt. Beide Geräte sind serienmäßig mit Kartenmaterial für Deutschland, Österreich und die Schweiz (Garmin zusätzlich mit Tschechien) ausgestattet, Digitalkarten für ganz Europa können extra erworben werden. Während das Zumo 500 mit zahlreichen Features wie Routenaufzeichnung, automatischer Zoomfunktion und Möglichkeiten zur Offroad-Navigation sowie brillantem Display glänzt, kann das TomTom vor allem durch seine robuste Halterung und die pfiffige, besonders aufs Motorrad abgestimmte Menüführung punkten.

Die 900er-Diversion ist das Bike für den Vernunftmenschen, bietet sie doch großen Reisekomfort zum Schnäppchentarif. Die XJ 900 S Diversion konnte 1994 erfolgreich durchstarten: Durchzugsstarker Motor, wartungsarmer Kardanantrieb, attraktiver Preis waren gewichtige Kaufargumente. Gerade Letzterer hat sich bis heute gehalten. Auf dem Gebrauchtmarkt tummeln sich etliche XJ 900, die wie geleckt dastehen. Auch in puncto Zubehör wird von den Vorbesitzern einiges geboten. So lassen sich immer Offerten finden, bei denen eine höhere Verkleidungs-

scheibe und ein Koffersatz die Tourenqualität nochmals steigern. Auch bei den Federelementen wurde häufig durch höherwertige, besser ansprechende Federn und Dämpfer aus dem Zubehör deutlich nachgebessert. Zu den Schwachpunkten der Diversion zählt neben hohem Gewicht – 276 Kilogramm sind für eine halbverschalte 900er einfach zu viel – auch der exorbitante Benzinverbrauch, der bei forciertem Reisetempo auf der Autobahn schon mal die Zehn-Liter-Marke sprengt. Mit gezügelter Gashand lässt sich die XJ allerdings unter fünf Litern fahren. Ein spezieller Tipp zur Bereifung: Neben dem Bridgestone BT 020 hat sich auch der Metzeler ME Z4 bewährt. Im MOTORRAD-Langstreckentest – auch bei diesem Modell über 100 000 Kilometer – wurden Rissbildungen im Auspuffsammler festgestellt. Das Problem lässt sich zwar durch Schweißen günstig beheben. Es empfiehlt sich aber, bei der Besichtigung vor Ort darauf zu achten. Steht beim Kardanantrieb ein Ölwechsel an, sollte ein dünnflüssiges Synthetiköl (SAE 75W90) verwendet werden.

**Daten** Vierzylinder-Reihenmotor, 892 cm³, 66 kW (90 PS), Gewicht 276 kg, Zuladung 194 kg, Tankinhalt 24 Liter, Sitzhöhe 795 mm, Höchstgeschwindigkeit 209 km/h, Verbrauch Landstraße 5,8 Liter/100 km (Normal).

## Marktsituation

| Baujahre | km-Stand | Preis in Euro |
|---|---|---|
| 2001–2003 | über 30 000 | **3300–4600** |
| | um 25 000 | **4000–4700** |
| | unter 20 000 | **4400–5000** |

## Tests in MOTORRAD

21/1994 (T), 6/1996 (VT), 17/1997 (LT), 23/2000 (MR), 13/2004 (GK)

T=Test, VT=Vergleichstest, LT=Langstreckentest, MR=Modellreport; GK= Gebrauchtkauf; Nachbestellungen unter Telefon 07 11/1 82-12 29

**Internet** Gute Anlaufpunkte finden sich im Web unter www.xj-forum.de und ww.xj-900.de.

Was fürs Auge: Bei der XJ ist reichlich Technik zu sehen. Bei Tourern nicht selbstverständlich

## Kurzcheck

| | schlecht | gut |
|---|---|---|
| Fahrleistungen | | |
| Komfort | | |
| Gewicht | | |
| Verarbeitung | | |
| Ausstattung | | |
| Wertstabilität | | |
| Gebrauchtangebot | | |

**FAZIT** Preiswert und zuverlässig – die XJ 900 S Diversion ist ein Tourer, der auch ins schmale Reisebudget passt. Mankos sind das hohe Gewicht und der enorme Verbrauch bei flotter Fahrt. Besonderes Plus: der Kardan.

# ALTERNATIVEN

**APRILIA RST 1000 FUTURA** Ein Nischenmodell für Freunde exotischer Ware. Die Zutaten sind hier besonders lecker angerichtet. Sahnestücke sind der kraftvolle 1000er-V-Twin-Motor und ein erstklassiges Fahrwerk. **Wem das Design gefällt: sofort kaufen!**

**BMW K 1100 LT** Brav und bieder, diese BMW aus der guten, alten Zeit. Erdige Hausmannskost, in der aber alles drin ist. Die Extraliste ist in der Regel lang, die Kilometerstände sind beachtlich. **Vorsicht: Das Preisniveau ist hier sehr hoch**

**HARLEY-DAVIDSON E-GLIDE** Die Altersversorgung für Tourenfreunde. Hoher Unterhaltungswert selbst auf den kürzesten Etappen. In der Regel mit XXL-Ausstattung. Die Preise sind hoch, doch hier kauft man **mehr eine Philosophie als ein Motorrad**

**HONDA GL 1500 GOLD WING** Keine Harley-Kopie, auch hier eine ganz eigene Philosophie. Wie das „Vorbild" ein Produkt aus den USA. Einmaliger Charme dank Sechszylinder-Boxer-Triebwerk. Die Gold Wing **wird von eingeschworenen Fans bewegt**

**KAWASAKI ZZR 1200** Ein großes Bike für Große. Kleinere Fahrer haben Probleme mit dem Sitzlayout. Wenn es passt, dann Gas geben. Die Kawa bietet zwei Personen samt Gepäck viel Platz. **Junge Gebrauchte zu klasse Preisen**

**TRIUMPH TROPHY 1200** Vierzylinder-Modell aus englischem Baukastensystem. Sie sieht aus wie eine Ur-Speed-Triple mit Koffern plus Verkleidung. Bei hohem Tempo zu nervös. **Eher das Motorrad für den echten Liebhaber**

## GEBRAUCHT-BERATUNG
**Mittelklasse-Cruiser um 5000 Euro**

# HERZENSGUT

**Sport? Ist Mord. Mittelklasse-Cruiser sind schwach auf der Brust und deutlich zu übergewichtig, dafür aber bequeme, herzensgute Typen und schwer in Ordnung. Es lohnt, sich mit ihnen anzufreunden.**

Von Thorsten Dentges; Fotos: Dentges, Bilski (2), Gargolov, Harley-Davidson, jkuenstle.de, Suzuki, Yamaha

**N**ur rund 50 PS müssen sich mit über fünf Zentnern abkämpfen, und wer gerne flott unterwegs ist, dem zeigen wenig potente Bremsen, geringe Schräglagenfreiheit und tendenziell schwammige Fahrwerke schnell die Grenzen der Fahrphysik auf. Wohlgemerkt, wir reden hier von Motorrädern dieses Jahrtausends, nicht von irgendwelchen Nachkriegs-Oldies. Doch was sagen die Fans dazu? Sie sagen: egal. Genau dies ist die richtige Einstellung, denn wer das Cruisen jemals richtig begriffen hat, der lässt Raser, Heizer und andere Stresser gelassen an sich vorbeirauschen und motorwandert stattdessen genüsslich durch die Landschaft. Und Motorrad fahren beginnt ja schon mit dem Platznehmen. Mittelklasse gleich mittelmäßig? Pustekuchen. Glänzendes Chrom, üppige, bequeme Sitzgelegenheiten, erhabenes Fahrgefühl hinter breitem Lenker – die hier vorgestellten Maschinen sind bodenständige Typen, diese Pfundskerle bringt so schnell nichts aus der Fassung. Schon mit rund 5000 Euro als Budget kann man eine fast noch neuwertige, auf jeden Fall aber eine hervorragend gepflegte, supersolide Gebrauchte ergattern, die einem null Stress, dafür aber viel Spaß auf Kurzausflügen und Urlaubstrips bereitet. Sogar mit Passagierbesatzung. Optimal, wenn es darum geht, zwar nur gelegentlich aufs Motorrad zu steigen, dies aber in vollen Zügen genießen zu können.
**www.motorradonline.de/gebrauchtberatung**

# H-D SPORTSTER 883

Die Eighties sind ja gerade wieder schwer in Mode, auch was Motorräder angeht. 1985 wurde die Sportster 883 erstmalig vorgestellt. Aber modern war diese Maschine schon damals nicht. Schließlich konnte man auch in den 1980ern mit rund 50 PS, aber fünf Zentnern keinen Blumentopf gewinnen. Im Grunde genommen ist diese Harley heutzutage sogar zeitgemäßer als beim Debüt. Erstaunlich? Keineswegs, denn alles, was zeitlos ist, ist häufig auch zeitgemäß, und eine 883 ist das beste Beispiel dafür: immer schön. Und genau diese „Modellpatina", die das Motorrad auszeichnet, reizt Käufer. Nicht unbedingt blutige Fahranfänger und auch nicht die betuchte Klientel, die eine Harley als Statussymbol neben ihrem Porsche oder Mercedes-Cabrio parken wollen. Dazu wäre eine 883 auch viel zu billig: neu schon ab 8000 Euro. Eigentlich ein Preishammer, denn in der Mittelklasse ist das eine durchaus faire Summe. Zumal die Konkurrenz aus Japan technisch auch nicht meilenweit vorn, imagemäßig aber deutlich hinter der schlanken Milwaukee-Schönheit liegt, die im Laufe ihrer Modellgeschichte fleißig gepflegt wurde. Von Beginn an mit dem im Vergleich zu Vorgängermodellen zuverlässigen Evo-Motor bestückt (Leichtmetall-Zylinder und -köpfe statt Grauguss), gab es 1993 Zahnriemen für alle Sportster, 2000 neue Bremsen, 2001 mehr Leistung (53 PS) und ein modifiziertes Schmiersystem sowie überarbeitete Nockenwellen, 2003 Modell Hugger mit niedrigerer Sitzhöhe und besseren Federelementen. Die 2003er (im Bild) war übrigens die letzte „Leichte", ab 2004 wog die „Sporty" rund 30 Kilo mehr. Das komplett neu gestaltete Modell kam mit neuem Rahmen, geänderter Ergonomie, breiterem Hinterreifen (150er statt 130er) und in Custom-Serie mit 17-Liter-Tank. Schließlich 2007 noch eine Einspritzung statt Vergaser, sodass die kleinste Harley heute den anderen Mittelklasse-Choppern um nichts nachsteht. Generell gilt beim Gebrauchtkauf dieser Maschine die Faustregel: je jünger, desto besser. Gemocht wird sie wohl auch zukünftig.

**PLUS** Wertstabilität unschlagbar; Fahreigenschaften unkompliziert; Zuverlässigkeit (bei regelmäßiger Wartung) gut

**MINUS** Preisforderungen oft unverschämt; Spritdurst im Klassenvergleich hoch; Motor (bei Vergasermodellen) zäh

## Marktsituation

Selbst über 20 Jahre alte Maschinen werden – überwiegend von privaten Anbietern – noch (über)teuer(t) angeboten. Im großen, unübersichtlichen Offerten-Dschungel (viele unterschiedliche 883-Modelle) lassen sich aber problemlos gute Angebote ab Baujahr 2000 um 5000 Euro ausmachen. Selten liegen die Laufleistungen bei über 30 000 Kilometern. Das empfehlenswerte Jubiläumsmodell von 2003 etwa findet sich mit unter 20 000 Kilometern für knapp über 5000 Euro in den Annoncenteilen, topgepflegte Maschinen aus erster Hand der Baujahre 2004 und jünger mit weniger als 10 000 Kilometern für unter 6000 Euro. Bei neueren Gebrauchten machen Profiverkäufer meist die besseren Angebote. Die Nachfrage ist hoch, die Preise sind es generell auch.

### Daten (Baujahr 2003)

Luftgekühlter Zweizylinder-Viertakt-45-Grad-V-Motor, 883 cm³, 39 kW (53 PS) bei 6000/min, Gewicht 239 kg, Zuladung 191 kg, Tankinhalt/Reserve 12,5/1,9 Liter, Sitzhöhe 770 mm, Höchstgeschwindigkeit 168 km/h, Verbrauch (Landstraße) 5,0 l/100 km

**Tests in MOTORRAD***
▶ 22/1985 (T), 19/1993 (VT), 17/2000 (VT), 25/2001 (VT), 11/2003 (VT), 10/2009

T=Test, VT=Vergleichstest;
*Nachbestellungen unter Telefon 07 11/1 82-12 29

**Internet**
▶ **Fansite:** www.sportyforum.de
▶ **Gebrauchtangebote:** http://markt.motorradonline.de/bike143.htm

## Interview

**Motorrad-Profiankäufer Frank Buermann (44), www.ankauf-a30.de, findet die Mittelklasse richtig klasse.**

**?** Wer sattelt vorzugsweise auf einem gebrauchten Mittelklasse-Cruiser auf?

**!** Die Interessenten sind häufig seit 20 Jahren oder länger weg vom Motorradfahren und wollen nun einen neuen Versuch wagen. Sie wollen auf keinen Fall auf irgendeiner 125er rumeiern, und auf großartiges Schrauben oder anderen Stress haben sie schon mal gar keinen Nerv. Sie wollen zunächst aber auch nicht viel Geld ausgeben, falls sie doch kaum zum Fahren kommen. Kurzum, sie möchten auf Nummer sicher gehen. Mittelklasse-Cruiser sind zuverlässig, sehen richtig groß und erwachsen aus, und im Vergleich zu den Maschinen, die die Interessenten damals besaßen, fahren sie auch noch ganz gut. Da passt einfach alles.

**?** Wie wird man so ein Motorrad später wieder gut los?

**!** Pflegen, pflegen, pflegen! Wenn die Maschine schön bleibt, geht sie jederzeit schnell weg, und der Wertverlust ist erstaunlich gering. Und ich sage dem Kunden häufig: „Pass auf, in zwei Jahren sehen wir uns wieder, dann steigst du bestimmt auf eine Große um." Das passiert dann auch tatsächlich des Öfteren.

**?** Ihr persönlicher Favorit heißt . . . ?

**!** Kawasaki VN 900. Ist am modernsten in dieser Klasse, fühlt sich gut an und macht am meisten Spaß.

# HONDA SHADOW 750

**B**ereits 1997 debütierte die 750er Shadow, mit schon damals sehr braven 45 PS und angenehm niedriger Sitzhöhe. Drei Jahre später assistierte ihr die böser auftretende und knapper bekleidete Schwester Black Widow, die ebenfalls mit fein verrippten Zylindern auf Luftkühlung machte, in der aber dasselbe grundsolide, wassergekühlte Herz schlug. Während sich die Schwarze Witwe schon 2004 wieder verabschiedete, rollte die Shadow genau ab dann mit Kardan statt Kette zur Höchstform auf, und als Chopper-Version „Spirit" mit 21-Zoll-Vorderrad erhielt sie 2007 zudem noch eine Einspritzung (normale VT 750: ab 2008). Die Honda überfordert niemals und niemanden und hält und hält und hält – und ist deswegen eine gute Wahl.

## Marktsituation

Das Modell Black Widow mit seinem reduzierten Design steht heute bei Gebrauchtkäufern hoch im Kurs. Preise über 5000 Euro werden dafür

**PLUS** Motor bewährt und zuverlässig; Sound anregend; Sitzhöhe auch für sehr kurze Beine passend

**MINUS** Leistung im Klassenvergleich kaum noch zeitgemäß; Gewicht zu hoch; Durchzug sehr mäßig

zwar aufgerufen, aber um 4000 Euro finden sich schon Sahnestücke. Wer es klassischer und pflegeleichter mag: Eine gute Kardan-Shadow (ab 2004) kostet ein paar Hunderter mehr. Sparertipp: Bei ausgezeichnet gepflegten VT 750 C (1997 bis 2002) mit nur einem Vorbesitzer und weniger als 10 000 Kilometern um 3500 Euro stimmt der Gegenwert. Schnell einen Probefahrttermin vereinbaren!

### Daten (Baujahr 2009)

Wassergekühlter Zweizylinder-Viertakt-52-Grad-V-Motor, 745 cm³, 33,5 kW (46 PS) bei 5500/min, Gewicht 267 kg, Zuladung 183 kg, Tankinhalt/Reserv 14,6/3,5 Liter, Sitzhöhe 660 mm, Höchstgeschwindig keit 151 km/h, Verbrauch (Landstraße) 4,2 l/100 km

### Tests in MOTORRAD*

▶ 7/1987 (T), 9/1997 (T), 17/2000 (VT),
   16/2007 (FB), 15/2008 (VT), 15/2010 (VT)

*FB=Fahrbericht, T=Test, VT=Vergleichstest; *Nachbestellungen unter Telefon 07 11/1 82-1

### Internet
▶**Fansite:** www.chopperforum.de
▶**Gebrauchtangebote:**
http://markt.motorradonline.de/bike3472.htm

# KAWASAKI VN 900

**C**lassic oder Custom, das ist hier die Frage. Beide Maschinen haben ihre Freunde, bei der Classic sind es eher ältere Semester, während die Custom (im Bild) mit chic-schlankem 21-Zoll-Vorderrad auch bei jüngeren Cruiser-Chopper-Fans punktet. Sie wirkt nicht nur etwas frischer als die barocke Classic mit ihren ebenfalls sehr ansehnlichen Drahtspeichen, sondern fährt sich auch handlicher. Motorseitig sind beide Modelle gleich bestückt, und die 50 PS, die der wassergekühlte V2-Vierventiler munter rausschüttelt (guter Antritt schon unter 2000/min), verdauen erstaunlich gut das stattliche Gewicht von fünfeinhalb Zentnern. Mit Zahnriemen und großem Tank ist die charakterstarke 900er sogar reiselustig.

## Marktsituation

Mit rund 4500 Euro in der Tasche kann man sich auf die Jagd machen. Erstklassig gepflegte Exemplare mit weniger als 10 000 Kilometern

**PLUS** Reichweite mit über 400 Kilometern enorm; Zahnriemen sorgt für geringe Lastwechselreaktionen; Motor elastisch

**MINUS** Einfache Scheibenbremsen nur mittelprächtig; Service-Intervalle alle 6000 Kilometer; Gewicht enorm hoch

sind allerdings auch als erstes Baujahr (Classic: 2006, Custom: 2007) nur sehr selten unter 5000 Euro zu haben, weil die Kawa in dieser Klasse sehr gefragt ist. Neuwert-Bikes ab 2009 mit weniger als 3000 Kilometern sind mit Glück schon für knapp über 6000 Euro zu haben. Privat- und Händlerangebote halten sich die Waage. Die Custom ist bei Gebrauchtinteressenten begehrter, dementsprechend liegen die Preise immer etwas über denen der Classic.

### Daten (Baujahr 2009)

Wassergekühlter Zweizylinder-Viertakt-55-Grad-V-Motor, 903 cm³, 37 kW (50 PS) bei 5700/min, Gewicht 280 kg, Zuladung 178 kg, Tankinhalt 20 Liter, Sitzhöhe 695 mm, Höchstgeschwindigkeit 154 km/h, Verbrauch (Landstraße) 4,5 l/100 km

### Tests in MOTORRAD*

▶ 15/2006 (FB), 17/2007 (FB), 13/2009 (VT),
   21/2009 (VT), 8/2010 (VT)

*FB=Fahrbericht, VT=Vergleichstest; Nachbestellungen unter Telefon 07 11/1 82-12 29

### Internet
▶**Fansite:** www.vn-biker.de
▶**Gebrauchtangebote:** http://markt.motorrad online.de/bike2234.htm (Custom: /2619.htm)

# SUZUKI INTRUDER C/M 800

Die in den USA gestylte „M" mit Bobtail-Heck und Dreispeichen-Gussrädern ist, zumindest was die aktuelle Mode angeht, die modernere Interpretation von Cruising. Trotzdem gilt die „C", also die opulentere Schwester mit tiefen Schutzblechen, Drahtspeichenrädern und breiterem Lenker, als das populärere Motorrad. Die „kleine" Intruder gab es schon als 750er zu

Zeiten der kultigen VS 1400. Das war in den 1980ern, und leider hat man bis heute am Motor bis auf die Einspritzung bei der Markteinführung im Jahr 2005 kaum etwas geändert. Etwas müde Fahrleistungen, dennoch ein feines Motorrad.

## Marktsituation

Suzukis kleine M-Klasse beginnt preislich bei rund 4000 Euro, die C-Klasse ist im Schnitt rund 300 Euro teurer. Im nicht allzu großen Angebot haben Gebrauchte der Jahrgänge 2005/2006 selten mehr als 15 000 Kilometer auf der Uhr. Die Preise sind fair, deshalb ist die Nachfrage auch nicht schlecht. Neu werden die Maschinen aber mancherorts schon deutlich unter 7000 Euro rausgehauen, ergo zahlt wohl kaum jemand mehr als 6000 Euro, selbst für sehr gute Gebrauchte.

**PLUS** Gebrauchtpreise für neuwertige Maschinen niedrig; Design stilecht und harmonisch; Kardan sorgt für wenig Stress

**MINUS** Motor etwas temperamentlos; Bremsen schnell überfordert; Gabel verwindet sich schon bei geringer Belastung

### Daten (Baujahr 2009)

Wassergekühlter Zweizylinder-Viertakt-45-Grad-V-Motor, 903 cm³, 39 kW (53 PS) bei 6000/min, Gewicht 268 kg, Zuladung 212 kg, Tankinhalt 15,5 Liter, Sitzhöhe 700 mm, Höchstgeschwindigkeit 160 km/h, Verbrauch (Landstraße) 4,4 l/100 km

**Tests in MOTORRAD***
▶ 9/2005 (FB), 13/2005 (VT), 13/2009 (VT)
*FB=Fahrbericht, VT=Vergleichstest; Nachbestellungen unter Telefon 07 11/1 82-12 29

**Internet**
▶ **Fansite:** http://vl800.forumieren.com
▶ **Gebrauchtangebote:** http://markt.motorrad online.de/bike24.htm (Modell C: /2362.htm)

# TRIUMPH AMERICA

Britische Auslegung von Cruising. Es war mutig, dass Triumph für die Saison 2002 seinen ersten Cruiser mit Parallel-Twin präsentierte. Der Mut kam in der Szene nicht gut an, obwohl der Vierventiler einwandfrei funktioniert und mit rund 60 PS innerhalb der Klasse sogar am kraftvollsten zupackt. Durch einen Hubzapfenversatz von 270 Grad lautmalt er sogar ähnlich wie die V2-Konkurrenz.

Aber die Verkäufe hielten sich hierzulande in Grenzen. Doch wer sich in der Mittelklasse für die Engländerin entscheidet, fährt wirklich individuell. Und gut, denn die America bewegt sich für ihr (im Vergleich gar nicht so hohes) Gewicht angenehm leichtfüßig.

## Marktsituation

Das Angebot ist sehr überschaubar, die America ist eine Exotin in dieser Klasse. Am ehesten wird man bei Händlern fündig, die sich auf dieses Modell eingeschossen haben, dort gibt es für knapp unter 5000 Euro einige schöne Stücke ab Baujahr 2002 mit weniger als 20 000 Kilometern. Die wenigen privaten Anbieter haben hingegen häufig überzogene Preisvorstellungen.

**PLUS** Fahrverhalten für Cruiserverhältnisse erfrischend leicht; Sitzbank üppig gepolstert; Motor stark und individuell

**MINUS** Gabel zu soft abgestimmt, geht schnell auf Block; Federbeine sorgen für wenig Komfort; Spritkonsum recht hoch

### Daten (Baujahr 2005)

Luftgekühlter Zweizylinder-Viertakt-Reihenmotor, 790 cm³, 45 kW (61 PS) bei 7400/min, Gewicht 255 kg, Zuladung 195 kg, Tankinhalt 16,6 Liter, Sitzhöhe 730 mm, Höchstgeschwindigkeit 175 km/h, Verbrauch (Landstraße) 5,2 l/100 km

**Tests in MOTORRAD***
▶ 21/2001 (FB), 5/2002 (VT)
*FB=Fahrbericht, VT=Vergleichstest; Nachbestellungen unter Telefon 07 11/1 82-12 29

**Internet**
▶ **Fansites:** www.chopperforum.de, www.t5net.de
▶ **Gebrauchtangebote:**
http://markt.motorradonline.de/bike2261.htm

# YAMAHA XVS 950 A

Trotz des etwas irreführenden Namenszusatzes „A" kommt die kleine Midnight Star klassentypisch ohne ABS daher, und die Bremsleistung ist eher schwach. Einen Spitzenplatz belegt der luftgekühlte, hübsche V2 aber beim Hubraum, und über 80 Newtonmeter Drehmoment sind eine Ansage.

Schade, dass die ellenlange Übersetzung bessere Durchzugswerte vereitelt und die ausladenden Trittbretter allergisch auf enge Kurven reagieren. Geht es allerdings geradewegs gen Sonnenuntergang, besticht die 950er als Wohlfühl-Bike.

## Marktsituation

Bei der Markteinführung 2009 kostete die Maschine laut Liste rund 9000 Euro, Gebrauchte mit weniger als 10 000 Kilometern sind nun schon unter 6000 Euro im (allerdings sehr spärlichen) Angebot. Bei solch einer Ersparnis lohnt eine geduldige Suche. Deutlich über 7000 Euro in eine XVS 950 aus zweiter Hand zu investieren, wäre aber Quatsch, da Neufahrzeuge auch schon unter 8000 Euro bei Händlern stehen.

**PLUS** Wartungsintervalle lang, dadurch geringere Inspektionskosten; Zahnriemen wartungsarm; Verbrauch niedrig

**MINUS** Gewicht massiv; Übersetzung zu lang; Schräglagenfreiheit durch früh aufsetzende Trittbretter sehr begrenzt

### Daten (Baujahr 2009)

Luftgekühlter Zweizylinder-Viertakt-60-Grad-V-Motor, 942 cm³, 39,4 kW (54 PS) bei 6000/min, Gewicht 280 kg, Zuladung 208 kg, Tankinhalt 17 Liter, Sitzhöhe 680 mm, Höchstgeschwindigkeit 155 km/h, Verbrauch (Landstraße) 4,3 l/100 km

**Tests in MOTORRAD***
▶ 24/2008 (FB), 5/2009 (T), 13/2009 (VT)
*FB=Fahrbericht, T=Test, VT=Vergleichstest; Nachbestellungen unter Telefon 07 11/1 82-12 29

**Internet**
▶ **Fansite:** www.chopperforum.de
▶ **Gebrauchtangebote:** http://markt.motorrad online.de/bike3861.htm

# 125ER-TOPS

# DIE DURCH-STARTER

**Aller Anfang ist eigentlich gar nicht schwer. In der 125er-Klasse bietet der Gebrauchtmarkt beste Chancen, selbst mit einem sehr beschränktem Budget sofort aufzusatteln. Spitzen-Spielzeuge gibt's schon ab 1000 Euro.**

Von Thorsten Dentges; Fotos: Dentges (1), fact (1), Jahn (2), Hartmann (1), Künstle (8), Hersteller (6), Schümann (1)

**A**utofahren mit 17 Jahren – das ist seit Anfang 2008 in der ganzen Bundesrepublik möglich. Händler und Fahrlehrer berichten seitdem von einem spürbaren Interessensschwund an 125ern. Erstaunlich, denn Auto fahren ist nur in Begleitung unter strengen Auflagen erlaubt. Eigenmobilität haben die Jugendlichen also nicht gewonnen. Besorgte Eltern jedoch ein Argument mehr gegen das Motorrad. Dabei sind gerade die 125er eine hochinteressante Klasse, nicht nur für den Nachwuchs. Gebraucht gibt es eine Riesenauswahl an wirklich guten Maschinen, die sich extrem sparsam und narrensicher bewegen lassen.

Für Pendler und Großstädter eine Überlegung wert, vom teuren Auto umzusteigen. Egal ob Zweitakt-Heißsporn, preisgünstiger Viertakt-Dauerbrenner, quirlige Supermoto oder gelassener Chopper – zum richtigen Durchstarten ist die 125er-Klasse genau richtig.

*Großer Überblick mit Markensuche unter*
*www.motorradonline.de/gebrauchtberatung*

# APRILIA RS 125

**S**o wie die Italiener es verstehen, dass der Kaffee einen Tick besser schmeckt, der Anzug perfekt sitzt und die Schuhe einen Hauch mehr Stil haben, so gelingt es ihnen auch, ihren Motorrädern deutlich mehr Emotion einzuhauchen. Schließlich träumt man ja gerne mal, etwa von heißblütigen Überholmanövern oder Siegerposen beim Zieleinlauf. Aprilias RS 125 kommt direkt von der Rennstrecke, versprüht mit ihrem edlen Alu-Chassis, der üppigen Upside-down-Gabel und riesigen Bremsscheiben viel Grand-Prix-Esprit. Ungedrosselt bis zu 30 PS Leistung, damit lässt sich auch nach dem Erwerb des „großen" Führerscheins sehr gut leben, so dass die Aprilia nicht nur in der Leichtkraftrad-Szene ein Zuhause hat. Auf dem Markt ist die exklusive und als Neuanschaffung extrem teure (über 5000 Euro) Zweitakt-125er jedenfalls gut vertreten. Seit 1992 hat die Maschine schon allein durch ihr hochsportives Auftreten massenhaft Jung-Einsteiger zum Aufsatteln animiert. Das Fahren – standesgemäß Vollgas zu heizen – löst ebenfalls Hochgefühle aus, denn kaum eine andere 125er bietet so viel Potenzial, seine Fahrkünste auszureizen. Generell gilt die RS als solide und qualitativ hochwertig, allerdings frisst der temperamentvolle Rennmotor verglichen mit braven Viertaktern einem buchstäblich die Haare vom Kopf. Nach dem Rausch kommt eben der Kater: Vollgas-Etappen werden mit einem Spritkonsum von bis zu acht Litern auf 100 Kilometer plus Ölanteil quittiert. Kolben, Zylinder und Dichtungen gehören alle paar Tausend Kilometer geprüft und oftmals getauscht. Eine größere

Motor-Revision inklusive Kurbelwellenlager-Tausch (rund 1000 Euro) steht bei spätestens 24 000 Kilometern an. Da poltern die Münzen nur so aus dem Geldbeutel. Nun ja, wer große Liebe will, darf halt nicht knickrig sein.

⬆ **PLUS**

**Qualität** hochwertig
**Fahrwerk** stabil mit üppig dimensioniertem Alu-Rahmen
**Emotionsfaktor** hoch

⬇ **MINUS**

**Gebrauchtpreise** tendenziell überteuert
**Nebenkosten** schlagen ordentlich zu Buche
**Verbrauch** bis zu acht Liter/100 km

## Marktsituation

**Der Secondhand-Markt** für die RS ist riesig. Wobei in der Regel eine Vielzahl von Vorbesitzern die Maschinen gefahren (und leider oftmals auch malträtiert) haben. Gute Angebote an gepflegten, regelmäßig von Profis gewarteten Exemplaren sind sehr überschaubar. Als Daumenregel gilt: Unter 1000 Euro wird fast nur Schrott geboten, bis 2000 Euro finden sich vereinzelte Händlerangebote sowie ordentliche Privatofferten (ab Baujahr 2000, unter 10 000 Kilometer) mit Scheckheft, über 3000 Euro wird's schwer, eine gebrauchte RS loszuschlagen.

## Daten (Baujahr 2005)

Wassergekühlter Einzylinder-Zweitaktmotor, 125 cm³, 21 kW (29 PS) bei 10 500/min, Gewicht 141 kg, Zuladung 176 kg, Tankinhalt/Reserve 14/3,5 Liter, Sitzhöhe 815 mm, Höchstgeschwindigkeit 155 km/h, Verbrauch 4,3 l Super/100 km, 0,5 l Öl/1000 km

**Tests in MOTORRAD**
17/2002 (VT), 12/2003 (VT), 2/2005 (VT), 15/2006 (VT)

VT=Vergleichstest
Nachbestellungen unter Telefon 07 11/182-12 29

**Internet**
**Fansites:** www.aprilia-forum.de, www.youngbiker.de
**Gebrauchtangebote:**
http://markt.motorradonline.de/bike58.htm

## Kaufcheck
# Acht Punkte, auf die man unbedingt achten sollte

▶ Auf Sturz-, Umfaller- und sonstige Beschädigungen (etwa durch Anketten an Laternen) untersuchen.

▶ Verschleißteile prüfen: Diverse Anbauteile wie zum Beispiel Kettensatz, Instrumente, Züge oder Armaturen sind aus Kostengründen ab Werk nicht von besonders hoher Qualität, bei nachlässiger Pflege drohen Folgeschäden.

▶ Nach unbedarften „Tuning-Versuchen" und Umbauten ohne Betriebserlaubnis fahnden. Insbesondere den Auspuff inspizieren: Illegale „Renntüten" sind sehr populär.

▶ Vorsicht, wenn äußeres Erscheinungsbild und Tachostand nicht zusammenpassen wollen: Bei 125ern wird öfters mal am Tacho gedreht!

▶ Nicht nur den Kaufpreis, sondern auch die Folgekosten berücksichtigen, insbesondere Verbrauch (Zweitakter) und Ersatzteilkosten (speziell bei Baumarkt-125ern und chinesischen No-Name-Produkten), sonst kann es später teuer kommen.

▶ Die jugendliche Klientel ist leider oft unsensibel im Umgang mit dem Motor und vernachlässigt sorgfältiges Warmfahren, vor allem bei den Viertaktern. Da fast immer Vollgas gefahren wird, gibt`s generell hohe mechanische Beanspruchung von Kupplung und Motor, speziell bei Drosselversionen. Deshalb besser nach ungedrosselten 125ern von älteren Autofahrern schauen und diese nachträglich drosseln.

▶ Felgen sind durch ruppigen Bordsteinkontakt nicht selten verformt. Drahtspeichen können sich lockern.

▶ Sehr hoher Wertverlust bei wenig gefragten Modellen.

# HONDA CBR 125 R

**Es gäbe einiges zum Rumnörgeln.** Die 125er-CBR ist nicht nur klein, sie ist mickrig. Magersüchtig mit knochendürren Reifen, hinten ein 100er, das ist ja wohl ein Witz. Außerdem ist die Honda recht gewöhnlich, abgesehen von einer farbenfrohen Replica-Race-Verkleidung hat man sich nicht viel einfallen lassen, die 125er irgendwie sexy aussehen zu lassen. Unterm Kleid: überwiegend konventionelle Technik, ganz so, wie man es von einem billigen Transportmobil made in and for Asia, aber nicht von einem stolzen Sportler mit dem Namenszusatz „CBR" erwartet. Man könnte weiterstänkern, über enge Platzverhältnisse, langweiligen Sound. Was aber einfach unangebracht ist, denn seit 2004 über 20 000 verkaufte CBR 125 R allein in Deutschland zeichnen ein anderes Bild. Und man muss einfach mal festhalten: Dieser Superbestseller passt jedem, verbreitet eine Menge gute Laune und kann deutlich mehr, als man der Kleinen zutraut. Der sehr sparsame, etwas über 13 PS starke Viertakt-Einzylinder puscht stoisch nach vorn, und in engem Kurvengeläuf kann die 124 Kilogramm leichte Honda mit superbem Handling stärkere Konkurrenten sogar locker abhängen. Die zugegeben viel zu schmalen Reifen lassen sich problemlos mittels Freigabe durch deutlich voluminösere Gummis ersetzen (zum Beispiel Bridgestone BT 45, vorn 100/80, hinten 120/80). An der Qualität der einfachen Anbauteile gibt es nichts zu mäkeln, sie erfüllen ihren Zweck und sind günstig bei der Wiederbeschaffung. Die Kette hält bei ordentlicher Pflege meist 15 000 Kilometer und kostet rund 90 Euro, ein abgebrochener Kupplungshebel schlägt mit weniger als 20 Euro zu Buche. Werkstätten schwören auf die Zuverlässigkeit der 125er – von über 50 000 Kilometern ohne größere Motorrevision ist da die Rede. Auch das 2007 überarbeitete, minimal leistungsstärkere und etwas teurere Einspritzmodell hält sich schadlos. Also: Unterm Strich ist die CBR 125 R ein Sorglos-Motorrad. Kaufen!

## ↑ PLUS
**Verbrauch** sehr gering, unter drei Liter/100 km
**Handling** erstklassig durch geringes Gewicht
**Gebrauchtpreise** günstig und fair

## ↓ MINUS
**Platzverhältnisse** für Fahrer ab 1,80 Meter etwas beengt
**Reifendimensionen** sehr schmal, nicht zeitgemäß

## Marktsituation

**Der 125er-Bestseller** ist auch auf dem Gebrauchtmarkt sehr stark vertreten. Bei Händlern werden 2004/2005er-Modelle mit rund 15 000 Kilometern ab 1200 Euro angeboten, uneingeschränkt empfehlenswerte Exemplare mit weniger als 10 000 Kilometern finden sich in der Preisklasse 1500 bis 1800 Euro, ab 2000 Euro gibt's neuwertige Maschinen, die höchstens zwei Jahre alt sind – die Einspritzmodelle ab 2007 sind nicht stärker gefragt. Privatanbieter können da ohne extremes Preisdumping kaum mithalten.

## Daten (Baujahr 2005)

Wassergekühlter Einzylinder-Viertaktmotor, 125 cm³, 9,7 kW (13,2 PS) bei 10 000/min, Gewicht 124 kg, Zuladung 180 kg, Tankinhalt 10 Liter, Sitzhöhe 790 mm, Höchstgeschwindigkeit 110 km/h, Verbrauch (Landstraße) 3 l/100 km Normal

## Tests in MOTORRAD

4/2004 (FB), 5/2004 (VT), 2/2005 (VT), 23/2005 (Extremtour zum Nordkap), 15/2006 (VT)

FB=Fahrbericht, VT=Vergleichstest;
Nachbestellungen unter Telefon 07 11/182-12 29

## Internet

**Fansites:** www.cbr125-forum.de, www.youngbiker.de
**Gebrauchtangebote:**
http://markt.motorradonline.de/bike1718.htm

**Jung fahren? Ja, gerne und viel.
Aber was kostet der Spaß?**

## Nebenkosten
# Was sonst noch so anfällt

**Ferienjob gemeistert, Maschine endlich im Stall** – doch wie viele Euros müssen 125er-Piloten danach in die Hand nehmen? Für **die Kfz-Versicherung:** Führerschein-A1-taugliche, auf 80 km/h gedrosselte Leichtkrafträder kosten in der Teilkasko-Versicherung mit 150 Euro Selbstbeteiligung (empfohlen) bei Starter-Schadensfreiheitsrabatt (SF 0) um die 800 Euro Jahresbeitrag. **Tipp: Jugendliche Fahrer können den Vertrag in der Schadensklasse SF ½ auf einen Elternteil laufen lassen** – die Teilkasko liegt jährlich dann bei rund 500 Euro. Eine ungedrosselte 125er (nur mit „großem" Führerschein ab 18 Jahren) schlägt nach zwei schadensfreien Jahren in der Teilkasko übrigens nur noch mit rund 80 Euro zu Buche. Von der **Kfz-Steuer** sind Leichtkrafträder erfreulicherweise befreit, als 125er-Kraftrad angemeldet liegt der Betrag auf dem Niveau einer Bestellpizza: 9,20 Euro pro Jahr. **Deutlich teurer wird's beim Führerschein.** Laut der Bundesvereinigung der Fahrlehrerverbände (BVF) müssen die Nachwuchsfahrer

# MZ 125 SM/SX

den verursachen. Dito die Sekundärkette. Die Erstausrüstung ist so mies, dass sie kaum 3000 Kilometer durchhält. Besser frühzeitig durch ein Qualitätsteil vom Nachrüstmarkt ersetzen, bevor die verschlissene Kette an der Alu-Schwinge nagt und böse Kerben hinterlässt. Vor Korrosion blühende Alu-Felgen deuten auf weniger gut gepflegte Draußensteher und Winterbetrieb hin. Nur eine Äußerlichkeit, aber die Maschine muss halt gut aussehen – nicht nur wegen des Styles.

## Marktsituation

**Privatanbieter** sind zwar in der Mehrheit, und deren Preisforderungen beginnen bei 1200 Euro. Derart billige Angebote sind jedoch kaum zu empfehlen – zu viele Gebrauchsspuren und Mängel schreien geradezu nach Folgekosten. Beim zur Gewährleistung verpflichteten Händler geht zwar selten was unter 2000 Euro, die Obergrenze liegt jedoch bei 2500 Euro, und dafür darf der Käufer ein lückenloses Scheckheft erwarten. Die Laufleistungen liegen meist deutlich unter 20 000 Kilometern, empfehlenswerte Gebrauchte sind selten älter als fünf Jahre.

## Daten (Baujahr 2003)

Wassergekühlter Einzylinder-Viertaktmotor, 124 cm³, 11 kW (15 PS) bei 9000/min, Gewicht 130 kg, Zuladung 190 kg, Tankinhalt/Reserve 12,5/3,6 Liter, Sitzhöhe 830 mm, Höchstgeschwindigkeit 108 km/h, Verbrauch (Landstraße) 3,4 l/100 km Normal

### Tests in MOTORRAD

4/2002 (T), 11/2002 (VT), 12/2003 (VT), 20/2003 (VT), 23/2005 (Extremtour zum Nordkap)

T=Test, VT=Vergleichstest
Nachbestellungen unter Telefon 07 11/1 82-12 29

### Internet

**Fansites:** www.mz-forum.de, www.youngbiker.de
**Gebrauchtangebote:** http://markt.motorradonline.de/bike1063.htm (125 SM), http://markt.motorradonline.de/bike1064.htm (125 SX)

## ↑ PLUS

**Motor** für ein Leichtkraftrad brillant
**Fahrwerk** erste Sahne, passt für Einsteiger und Fortgeschrittene
**Ergonomie** auch für Fahrer über 1,85 Meter bequem

## ↓ MINUS

**Steuerkette** ist anfällig
**Sitzbank** zu schmal und weich gepolstert
**Kunststoffteile** bei Exemplaren bis 2002 teilweise Qualitätsmängel

**E**s geht um den Style. Nicht nur bei jungen Extremsportarten wie Snowboarden oder Skaten, sondern eben auch auf dem Motorrad. Supermotos bieten beste Grundlage, am Style zu feilen. Und die SM ist – obwohl „nur" eine 15 PS starke 125er – eine Vollwert-Supermoto, die mit klasse Fahrwerk, breitem Lenker und aufrechter Sitzposition zu unglaublichen Schräglagen und Drifts ver-

führt, durch moderne Viertakt-Kultur jedoch niemanden überfordert. So was kommt gut an, und mit diesem Modell hatte der nicht unbedingt mit Erfolg verwöhnte sächsische Hersteller 2001 einen Coup gelandet. Die ebenfalls recht beliebte Enduro-Schwester 125 SX unterscheidet sich nur durch eine andere Besohlung (21 Zoll vorn, 18 Zoll hinten statt 17 Zoll bei der SM). Beide Modelle wirken deutlich erwachsener als die meisten Klassenkameraden, sind zuverlässige Kumpels. Frisch, sportlich, gleichermaßen standfest und sparsam – das ist die Formel, wie man junge Einsteiger und auch ältere 125er-Freunde für sich gewinnt. Die beiden Hochbeiner sind jedenfalls sehr gefragt und aufgrund reichlich verkaufter Neumaschinen auf dem 125er-Gebrauchtmarkt problemlos zu ergattern. Bei einem guten Angebot heißt es also zugreifen, denn trotz der MZ-Firmenpleite ist die Ersatzteilversorgung auf viele Jahre hin gesichert. Aber bitte vor dem Kauf, insbesondere von privat, ein paar Dinge beachten! Die Steuerkette, die alle 6000 Kilometer kontrolliert werden sollte, schlägt bei zu starker Längung gegen das Motorgehäuse und kann teure Schä-

für den Führerschein A1 je nach Region und Fahrkönnen zwischen 900 und 1400 Euro berappen. **Nach diesen Ausgaben sparen junge Einsteiger oft an der Sicherheitsausstattung.** Fatal, und laut Gesetzgeber ist lediglich ein Helm vorgeschrieben, den gibt's beim Discounter schon für schlappe 30 Euro. Eine mit gutem Gewissen **empfehlenswerte Vollausstattung** besteht jedoch aus **festen Lederstiefeln** (ab 70 Euro), einer **Textilkombi** mit wasserdichter Klimamembran (günstige Hausmarke oder runtergesetzte, eventuell auch Secondhand-Markenware ab 300 Euro), zuverlässigen **Handschuhen** (wasserdicht, Klettriegel, ab 30 Euro) und einem **ver-**

trauenswürdigem Helm mit guter Passform, Belüftung und Bedienung, den man unbedingt als Neuware erwerben sollte (ab 100 Euro akzeptable Angebote). Macht also mindestens 500 Euro für die Klamotten. Neben der Anschaffung der Maschine benötigt man **summa summarum etwa 2000 Euro im ersten Jahr** zum Durchstarten, im Folgejahr noch rund 400 Euro plus Sprit, Wartungs- und etwaige Reparaturkosten. Für ältere Motorradfahrer entpuppen sich speziell die soliden Viertakt-125er (ungedrosselt) indes als regelrechte Spardosen, nicht zuletzt wegen des niedrigen Benzinverbrauchs von teilweise unter drei Litern.

**An der Fahrerausstattung sollte man nicht sparen**

# YAMAHA XV 125 VIRAGO

**D**ie kleine 125er-Virago ist ein angestaubter Chopper. In jüngster Vergangenheit, also einer Zeit, in der Ressourcenknappheit und gestiegene Energiepreise ein großes Thema sind, scheint die XV 125 jedoch die Staubschicht wieder abzuschütteln. Im wahrsten Sinne, denn Werkstätten berichten, dass häufiger Exemplare von älteren Besitzern zu Besuch sind, die nach jahrelangem Stillstand zur allgemeinen Kontrolluntersuchung geschickt werden. Nach kleineren Wartungsarbeiten ist die grundsolide und völlig unproblematische Virago in der Regel wieder startklar. Als preisgünstiges, gut verarbeitetes Stadtfahrzeug oder Pendlermobil ist der Mini-Chopper mit kommodem, auch für Kleingewachsene passendem Sitzplatz und geringem Spritdurst nämlich ausgesprochen zeitgemäß. Bei ihrer Markteinführung 1997 galten freilich noch andere Werte: Chromblitzend, als erste Viertakt-125er auf dem Markt, sollte sie möglichst viele Jugendliche wie auch Späteinsteiger auf die edle Chopper-Schiene bringen. Sie komplettierte die sehr erfolg-

reiche Virago-Reihe, deren Mittelklasse-Modell XV 535 noch heute die Bestandsliste des Kraftfahrt-Bundesamts anführt. Die kleinste Virago wurde ebenfalls zum Bestseller ihrer Klasse, 2003 dann jedoch endgültig vom Cruiser Drag Star 125 abgelöst. Das Angebot an sehr preisgünstigen und guten Maschinen ist derzeit groß. Das dürfte wohl auch der in der Regel low-budgetierten Jugend gefallen, wenngleich Fahrdynamik und Leistung nicht unbedingt überzeugen können. Vollgaspiloten rümpfen da natürlich die Nase. Aber es scheint genügend kühl kalkulierende Youngbiker zu geben, die Anschaffung und Unterhalt zusammenrechnen und dann der XV 125 den Zuschlag geben. Vielleicht sind sie der Zeit voraus.

**↑   PLUS**
**Sitzplatz und Fahrwerk** sehr bequem und komfortabel
**Vau-Zwo** zuverlässig, sparsam
**Bremsen** gut

**↓   MINUS**
**Leistung** gering, etwas schwachbrüstig
**Sound** säuselnd, wenig überzeugend
**Aussehen** altbacken

## Marktsituation

**Die kleinste Virago** wird gebraucht recht häufig angeboten, Händler- und Privat-Offerten halten sich die Waage. Ordentliche Angebote, die um die zehn Jahre alt sind und weniger als 30 000 Kilometer auf der Uhr haben, starten schon unter 1000 Euro. Um 1500 Euro finden sich einwandfrei gepflegte und gewartete XV 125 mit weniger als 10 000 Kilometern. In dieser Preisklasse ist die Auswahl so groß, dass Anbieter kaum Chancen haben, bei Ansagen über 2000 Euro einen Interessenten oder gar Käufer zu finden.

## Daten   (Baujahr 1999)

Luftgekühlter Zweizylinder-Viertakt-V-Motor, 124 cm³, 7,6 kW (10 PS) bei 8500/min, Gewicht 153 kg, Zuladung 177 kg, Tankinhalt/Reserve 9,5/2,6 Liter, Sitzhöhe 815 mm, Höchstgeschwindigkeit 96 km/h, Verbrauch (Landstraße) 3,3 l/100 km Normal

**Tests in MOTORRAD**
8/2006 (125er-Vergleich)
Nachbestellungen unter Telefon 07 11/1 82-12 29

**Internet**
**Fansites:** www. 125er-forum.de,
www.youngbiker.de
**Gebrauchtangebote:** http://
markt.motorradonline.de/
bike358.htm

**Internet: suchen einfach gemacht**

### Privat oder Händler
# Gut oder billig

**W**erden heiß gefahren, sind heiße Eisen: 125er. Die meisten Händler lassen deshalb lieber die Hände davon, schließlich müssen sie ein Jahr lang (wenn nicht im Kaufvertrag extra vermerkt, sind es sogar zwei Jahre) für den beim Verkauf technisch einwandfreien Zustand gewähren. Da sie häufig arg geschundene

Exemplare zunächst aufpeppeln müssen, sind ihre Angebote etwas teurer. Jedoch nur auf den ersten Blick, denn derartige Kosten können, wenn's mies läuft, auch beim vermeintlichen Privat-Schnäppchen anfallen. Etwa für eine neue Kupplung, frische Bremsbeläge, neue Reifen oder einen Qualitäts-Kettensatz mit Einbau für 150 bis 200 Euro. Und eine große Inspektion mit Motorcheck liegt bei mindestens 200 Euro. Daher die Empfehlung: Wenn möglich, beim Händler kaufen. Von privat ist's dann interessant, wenn Vorbesitzer und Maschine gut bekannt sind, wenn der Käufer ein versierter Schrauber ist oder wenn die Offerte deutlich unter 1500 Euro liegt und so Geld für etwaige Reparaturen übrig bleibt.

# ALTERNATIVEN

Hoher Verbrauch plus umgerechnet ein Schnapsglas teures Öl auf den Liter Benzin – Zweitakter sind eigentlich nicht mehr zeitgemäß. Kolben und Zylinder ereilen je nach Modell häufig ein früher Tod, moderne 125er-Viertakter stehen insgesamt deutlich besser da. Andererseits reizt die simple Zweitakt-Technik zum Do-it-yourself, geschickte Heimschrauber können teure Werkstattkosten sparen.

Viele Modelle sind außerdem gebraucht sehr günstig zu bekommen. Und: Giftiger Elan und sonores Räng-Täng gehören für den Liebhaber zum guten Ton, wenn er an schwerfälligeren Viertaktern vorbeifliegt. Zweitakter haben also nach wie vor ihre Daseinsberechtigung.

## Zweitakter

**CAGIVA MITO** Hübsch, supersportlich, seit über zwanzig Jahren auf dem Markt – doch die Mito ist ein sehr anfälliges und entsprechend teures Motorrad. Nur was für echte Fans

**HONDA NSR 125** Wie die Mito ein giftiger Vollsportler, aber zuverlässiger. Das Gebrauchtangebot ist recht gut, vernünftige Händler-Offerten beginnen bei 1500 Euro

**YAMAHA DT 125 R** Secondhand-Offerten gibt's en masse. Und viele günstige und gute Angebote sind darunter. Die bewährte DT ist unkompliziert und zuverlässig

**YAMAHA TDR 125** Gib Gas, hab Spaß! Dieses solide und empfehlenswerte Funbike beschert Motorrad-Einsteigern einen tollen Start. Noch gut bezahlbar, klasse Gegenwert

**KAWASAKI KMX 125** Kleiner Gernecross – mit sportlichem Fahrwerk und starkem Motor, für wenig Geld zu haben. Dünnes Angebot an gepflegten Fahrzeugen

**SACHS XTC 2T** Heimatverbunde mit Faible fürs Exklusive und Schraubertalent fahren mit der deutschen Sachs gut: sexy Gitterrohrrahmen, sportlicher Auftritt, starke Bremse

## Viertakter

**DAELIM ROADWIN** Angenehm Konventionelles aus Korea – kein Renommee, dafür günstig in der Anschaffung (Exemplare ab 2004 mit wenig Kilometern schon um 1000 Euro)

**HONDA VARADERO 125** Als teures Neufahrzeug für Youngster kaum erschwinglich, gebraucht ist die sehr erwachsen wirkende und extrem standfeste Honda eine echte Empfehlung

**KAWASAKI ELIMINATOR 125** Preisgünstig, aber keine windige Billignummer. Für tipptopp gepflegte Exemplare mit Scheckheft fallen selten mehr als 1300 Euro an

**MZ RT 125** Moderner, äußerst zuverlässiger Motor, extrem sparsam im Verbrauch, prima Fahrwerk. Ein unbedingt empfehlenswertes Motorrad zu fairen Gebrauchtpreisen

**SUZUKI DR 125** Um 1000 Euro sehr passable Offerten. Geländegänger erhalten mit der kostengünstigen und sparsamen DR eine gute Alternative zu Zweitakt-Enduros

**SUZUKI VL 125 INTRUDER** Ordentliche Platzverhältnisse auch für großgewachsene Fahrer ab 1,85 Meter. Etwas schwerfällig, zum stressfreien Cruisen aber ideal

---

**Thorsten Dentges, MOTORRAD-Redakteur**

### Standpunkt
# Startet selber durch!

**D**amals, weißte noch, die geilen Mopeds? Nur 80 Kubik, aber Spaß ohne Ende, und wir sind überall hin. Zur Disko mit der netten Biene, Steffi – oder wie hieß sie noch gleich? Und saubillig war's ... Halt, stopp! Leichtkraftrad fahren war nie billig und ist heute nicht teurer. Die Rückschau zeigt: 1988 gab es in Deutschland ab umgerechnet 1800 Euro Neumaschinen, die Auswahl von 22 Modellen war eher mau. Zehn Jahre später waren es rund 65 Modelle zwischen 2000 und 5000 Euro. Heutzutage, trotz heftiger Preissteigerung allerseits, sind rund 85 Leichtkrafträder im Angebot, neu ab 1500 Euro zu bekommen. Und bei Gebrauchten ist die Vielfalt an guten Offerten deutlich größer als vor 20 Jahren. Im Gegensatz zu den Gurken von einst weisen junge 125er moderne Viertakter, gute Bremsen und stabile Fahrwerke auf, die nicht nur Einsteiger überzeugen. Liebe Youngster, lasst euch von uns alten Säcken sagen: Damals war nicht alles besser. Und: Startet selber durch! Oder wollt ihr lieber von Mama zur Disko kutschiert werden?

## GEBRAUCHT-BERATUNG

**Unverstandene Motorräder**

# MAUER-BLÜMCHEN

**Sie hat einen tollen Charakter und ist ein netter, zuverlässiger Kumpeltyp. Doch trotzdem findet sie einfach keinen Partner. Woran mag das wohl liegen? Der Versuch einer Analyse.**

Von Klaus Herder; Fotos: fact (2), Jahn (3), Jörg Künstle (2), Harley-Davidson, Sdun, Yamaha, Wagner

**A**ussehen ist nicht alles. Aber ein – vorsichtig formuliert – gewöhnungsbedürftiges Äußeres macht die Sache mit dem Verkauf nicht einfacher. Um den Verkauf geht es an dieser Stelle. Zuerst einmal um den Neuverkauf, ohne den logischerweise auch das spätere Gebrauchtgeschäft nicht funktionieren würde. Die zehn in diesem Artikel vorgestellten Modelle waren in ihrer aktiven Zeit durch die Bank Neuverkauf-Flops. Was einige Hersteller

sofort bestätigen würden (z. B. Harley-Davidson), andere aber aus Prinzip vehement abstreiten (BMW) oder relativieren (z. B. Kawasaki, denn die 1000 GTR wurde in den USA durchaus gut verkauft). Ihr Misserfolg in Deutschland hat unterschiedlichste Gründe, gern auch in Kombination. So zum Beispiel verhunzte Verpackung und falsche Zielgruppe (BMW, Buell und Harley), falsche Hubraumklasse (Ducati) oder auch eine gar nicht vorhandene Zielgruppe (Honda und Yamaha). Manchmal reicht es zum Flop bereits, wenn man sich in Kategorien bewegt, die schon bestens vom Wettbewerb besetzt sind (Kawasaki, Suzuki und Triumph). Mit dem

falschen Namen und Motor zum falschen Zeitpunkt zu erscheinen wirkt ebenfalls nicht sehr verkaufsfördernd (MZ). Unsere zehn Gebrauchtkauf-Tipps sind zwar Nicht-Bestseller, schwer aufzutreibende Exoten sind sie deshalb aber noch lange nicht. Echter Pluspunkt für potenzielle Interessenten: Die bisherige Beziehung ist bei den Mauerblümchen häufig auch ihre erste gewesen. Gepflegte Exemplare mit nur einem Vorbesitzer sind in diesem Feld überdurchschnittlich oft anzutreffen; denn wer sich ein solches Schätzchen mal neu gegönnt hat, muss aus echter und ganz großer Liebe gehandelt haben. ■
www.motorradonline.de/gebrauchtberatung

## BMW F 650 CS

**E**s gibt wohl kein zweites Motorrad, bei dem die anvisierte Zielgruppe und die tatsächliche Käuferschaft so weit auseinanderlagen wie beim von 2002 bis Ende 2005 gebauten „Scarver". Beworben wurde der Single als trendiges Spaßgerät für hippe, schicke junge Menschen. Gekauft wurde es – wenn überhaupt – von gestandenen BMW-Kunden, die sich auf die alten Tage vom Boxer- oder K-Modell verabschieden wollten und etwas Kleineres, Leichteres suchten. Etwas kürzer geratene Menschen gehörten ebenfalls zur Kundschaft, denn von allen F-Serienmodellen bot die CS die niedrigste Sitzhöhe. Einzigartig machen die CS ein paar nette Gimmicks: Wo andere Motorräder den Tank haben, hat die CS ein multifunktio-

nales Staufach, zum Beispiel für ein Soundsystem, in der Praxis aber eher für eine Gepäcktasche. Einarmschwinge, Zahnriemen und fette Straßengummis machen die CS im BMW-Single-Umfeld ebenfalls einmalig. Gebraucht ab 2500 Euro.

### PLUS
**Benzinverbrauch** sensationell niedrig
**Bulliger** und elastischer Motor
**Wartungsarmer** Endantrieb (Riemen)
**ABS** regelt sehr feinfühlig (ist aber extra)
**Üppiges** Ausstattungs-/Zubehörangebot

### MINUS
**Motorvibrationen** sind im oberen Drehzahlbereich recht derbe und nervig
**Fahrwerksschwächen:** mäßige Zielgenauigkeit und Kippeligkeit in engen Kurven
**Federbein** im Soziusbetrieb überfordert

### Daten
Wassergekühlter Einzylinder-Viertaktmotor, 652 cm³, 37 kW (50 PS) bei 6500/min, Gewicht 193 kg, Zuladung 177 kg, Tankinhalt 15 Liter, Sitzhöhe 770 mm, Höchstgeschwindigkeit 180 km/h, Verbrauch (Landstraße) 3,6 l/100 km, Normal

# BUELL ULYSSES XB12X

Wer eine GS von BMW in der engeren Gebrauchtkauf-Wahl hat, braucht sich nicht weiter um die ab 2006 gebaute Ulysses zu kümmern. Unterschiedlicher können Reisemotorrad-Konzepte nicht sein. Doch umgekehrt wird ein Schuh draus: ein uraltes Motorenkonzept in einem hypermodernen Rahmen, der als Tank dient und eine Schwinge trägt, die das Motoröl bunkert. Dazu eine ultrahandliche Fahrwerksauslegung, die auf so banale Dinge wie Geradeauslauf keine Rücksicht nehmen kann – eine solch verrückte Kombination und Alternative zur Vernunft-GS bietet nur das Ami-Eisen. Der herrlich abgefahrene Hochsitz lässt sich nicht mit normalen Maßstäben messen, es gibt eigentlich keinen vernünftigen Grund, sich ausgerechnet diesen Mix aus Enduro, Supermoto und Racer zu gönnen. Doch, gibt es: Die letzten Exemplare der Ende 2009 zu Grabe getragenen und jetzt schon kultigen Marke wurden nagelneu für weit unter 9000 Euro verkauft. Junge, gute Gebrauchte gibt's ab 6000 Euro – und es kommen keine nach.

## PLUS
**Harley-Motor** überraschend agil im oberen Drehzahlbereich und vibrationsarm
**Ergonomie** für Fahrer u. Sozius gelungen
**Zahnriemenantrieb** wartungsarm
**Ausgeprägte** Handlichkeit, wenig Masse

## MINUS
**Geradeauslauf** absolut unbefriedigend
**Bremse** benötigt hohe Handkraft und ist nicht sonderlich fein dosierbar
**Getriebe** knorrig und laut zu schalten
**Ausstattung** karg, ABS nicht lieferbar

## Daten
Luftgekühlter Zweizylinder-Viertakt-V-Motor, 1203 cm³, 75 kW (101 PS) bei 6600/min, Gewicht 228 kg, Zuladung 203 kg, Tankinhalt/Reserve 16,7/3,1 Liter, Sitzhöhe 885 mm, Höchstgeschwindigkeit 219 km/h, Verbrauch (Landstraße) 4,9 l/100 km, Super Plus

# DUCATI MULTISTRADA 620

Kleine Schwestern haben es oft nicht leicht. Die 620er-Multistrada stand immer im Schatten ihrer als Neumaschine zwar 2900 Euro teureren, aber auch 29 PS stärkeren 1000er-Schwester. 13 Kilo weniger Kampfgewicht, mehr Windschutz, ein besser abgestimmtes Fahrwerk und das knackige Handling – das half alles nichts. Die kleine Multistrada verkaufte sich als Neumaschine in homöopathischen Dosen und war nur 2005 und 2006 im Programm. Ihr etwas qualliges Design, mit dem auch die große Schwester zu kämpfen hatte, machte die Sache nicht einfacher. Es war halt gerade die Zeit der Ducati-Design-Irrwege, man denke nur an die berühmt-berüchtigte 999. Egal, wer auf der 620er Platz genommen hat, muss das Elend nicht sehen und darf sich auf ganz viel Landstraßenspaß freuen.

Kleine Sträßchen mit vielen Wechselkurven, gern auch mit etwas welligem Belag, sind das bevorzugte Revier des komfortabel abgestimmten Wetzhobels, den es als Gebrauchtmaschine ab 3800 Euro gibt.

## PLUS
**Motorabstimmung** rundum gelungen, knackige Gasannahme, toller Sound
**Handlichkeit** sehr ausgeprägt
**Windschutz** langstreckentauglich
**Aufrechte** und entspannte Sitzposition

## MINUS
**Benzinverbauch** viel zu hoch
**Sitzbank** zu weich gepolstert
**Vorderradbremse** im Grenzbereich schwer zu dosieren
**Bescheidene** Zuladung

## Daten
Luftgekühlter Zweizylinder-Viertakt-V-Motor, 618 cm³, 46 kW (63 PS) bei 9500/min, Gewicht 207 kg, Zuladung 183 kg, Tankinhalt 15 Liter, Sitzhöhe 835 mm, Höchstgeschwindigkeit 185 km/h, Verbrauch (Landstraße) 6,5 l/100 km, Super

# HARLEY-DAVID STREET ROD

Selbst gestandene Branchenkenner müssen meist etwas länger überlegen, um beim Stichwort Street Rod ein konkretes Motorrad vor Augen zu haben. Der 2005 bis 2007 als Straßensportler gebaute V-Rod-Ableger ist praktisch komplett aus dem kollektiven Motorradbewusstsein verschwunden. Dabei hatte Harley zumindest technisch alles richtig gemacht. Der ohnehin schon potente Revolution-Motor bekam noch drei PS draufgepackt und überzeugte mit perfekter Leistungsentfaltung. Fahrwerk und Bremsen waren neu und passten bestens zur dynamischen Gangart. An Sitzposition und Schräglagenfreiheit gab es auch nichts zu meckern. Und doch wurde die Street Rod zu DEM Harley-Flop. Kein Wunder, denn mehr noch als bei anderen Marken spielt beim Ami-Eisen die Verpackung eine wesentliche Rolle. Und das Street Rod-Design ist einfach nur uninspiriert, langweilig, noch viel zu sehr Cruiser und der totale Griff ins Klo. Der kommende Kult ist ab 8500 Euro im Angebot.

## PLUS
**Fahrleistungen** nicht nur für Harley-Verhältnisse recht beeindruckend
**Bremsen** äußerst zupackend
**Sitzposition** angenehm tourensportlich
**Auspuff** u. Rasten schräglagenfreundlich

## MINUS
**Instrumente** schlecht ablesbar
**Kupplung** verlangt sehr viel Handkraft
**Rückspiegel** haben nur Alibifunktion
**Soziustauglichkeit** unterdurchschnittlich
**Seitenständer** wenig vertrauenerweckend

## Daten
Wassergekühlter Zweizylinder-Viertakt-V-Motor, 1131 cm³, 88 kW (120 PS) bei 8250/min, Gewicht 292 kg, Zuladung 172 kg, Tankinhalt 18,9 Liter, Sitzhöhe 803 mm, Höchstgeschwindigkeit 217 km/h, Verbrauch (Landstraße) 5,9 l/100 km, Super

# HONDA X-ELEVEN

Eigentlich ist es ja eine feine Sache, es nicht so wie alle anderen zu machen. Also nicht einen luftgekühlten Reihenvierer in einen klassischen Stahlrohrrahmen zu stecken und zwei Federbeine zu montieren. Nix Retro, moderne Technik ohne Kühlrippen, dafür mit einem großen Wasserkühler und einem Zentralfederbein im Leichtmetall-Gebälk. Obendrauf Einspritzung, G-Kat, Verbundbremssystem und etwas Design-Spielerei am tropfenförmigen Cockpit und der schneepflugartigen Kühlerverkleidung. Alles sehr eigenständig, alles sehr löblich – doch leider fast unverkäuflich. Denn bei hubraumstarken Nackten will König Kunde nun mal Retro. Das war schon bei der X-Eleven-

Premiere 1999 so. Und daran änderte sich bis zum letzten Baujahr 2003 auch nichts. Wenn man dann noch am unhandlichsten und teuersten ist, hilft auch ein bärenstarker Motor kaum weiter. Eine Gebraucht-Versuchung ab 3000 Euro ist die Wuchtbrumme aber allemal.

**PLUS**

**Bärenstarker** und standfester Motor ermöglicht sehr gute Fahrleistungen
**Tadellose** Verarbeitung
**Inspektionskosten** im Klassenvergleich relativ günstig

**MINUS**

**Federelemente** kaum verstellbar (nur Federbasis hinten)
**Handlichkeit** wegen Hecklastigkeit stark eingeschränkt, besonders mit Sozius
**Verbundbremse** nicht optimal dosierbar

## Daten

Wassergekühlter Vierzylinder-Viertakt-Reihenmotor, 1137 cm$^3$, 100 kW (136 PS) bei 9000/min, Gewicht 257 kg, Zuladung 185 kg, Tankinhalt/Reserve 22/4 Liter, Sitzhöhe 790 mm, Höchstgeschwindigkeit 251 km/h, Verbrauch (Landstraße) 6,4 l/100 km, Normal

# KAWASAKI 1000 GTR

Die Amis lieben die GTR, die bei ihnen Concours heißt. In den Staaten schätzt man Kuschel-Komfort mit bestem Wind- und Wetterschutz sowie eine komplette Ausstattung. Fahrwerksqualitäten? Drüben eher zweitrangig, im alten Europa aber durchaus ein Thema. Bereits im

Premierenjahr 1986 bemängelten Tester die viel zu weiche Gabel und das insgesamt recht „rührige" Fahrverhalten, was Kawasaki aber nicht dazu brachte, in den folgenden 16 Jahren daran irgendetwas Nennenswertes zu ändern. Die Zeit überholte die GTR links und rechts, der 80er-Jahre-Dampfer wurde zum Saurier, der sich in Deutschland pro Jahr nur noch in zweistelliger Stückzahl verkaufte. Ihr aus dem Sportler GPZ 1000 entliehener Motor war 1986 noch eine Macht, zur Jahrtausendwende wirkte er im Vergleich aber ziemlich müde. Erst 2003 und mit Verschärfung der Abgasgrenzwerte kam für die GTR das endgültige Aus. Ihre kleine, aber treue Fangemeinde hat das Fahrwerks- und Leistungsgemäkel nie ernsthaft gejuckt. Und wer einen zuverlässigen Tourer zum Discountpreis (ab 2000 Euro) sucht, verfällt womöglich auch ihrem Youngtimer-Charme.

**PLUS**

**Gepäcksystem** serienmäßig
**Wind-** und Wetterschutz hervorragend
**Großzügiges** Platzangebot für Fahrer und Sozius
**Schräglagenfreiheit** erstaunlich groß

**MINUS**

**Fahrverhalten** recht schwammig, Gabel viel zu weich abgestimmt
**Pendelneigung** sehr stark über 150 km/h
**Motor** läuft rau und ist mechanisch laut
**Zuladung** für einen Tourer bescheiden

## Daten

Wassergekühlter Vierzylinder-Viertakt-Reihenmotor, 998 cm$^3$, 72 kW (98 PS) bei 9000/min, Gewicht 310 kg, Zuladung 180 kg, Tankinhalt/Reserve 28,5/6,5 Liter, Sitzhöhe 815 mm, Höchstgeschwindigkeit 195 km/h, Verbrauch (Landstraße) 6,2 l/100 km, Normal

# MZ BAGHIRA

Endlich! Eigentlich hätte 1997 ein Aufschrei der Erleichterung durch die Enduroszene fegen müssen. Bestand die Stollenträgerwelt bis dahin doch entweder aus nur bedingt alltagstauglichen Ösi-Rennern oder verschnarchten Fernost-Langweilern. Dazwischen gab es wenig bis nichts, doch mit der Baghira wehte endlich frischer Wind. Das Sachsenkrad bot eine poppige Verpackung, eine fein ansprechende Marzocchi-Gabel sowie ein hochwertiges White Power-Federbein, einen stabilen Stahlrahmen samt Alu-Schwinge und einen Edelstahlauspuff. Tadelloses Fahrverhalten auf und vor allem abseits der Straße gab's obendrauf, und die ganze Sache war auch noch bezahlbar. Also viel Grund zum Jubeln. Die große Euphorie blieb aber aus, denn im Rahmen steckte ausgerechnet der Yamaha

XTZ 660-Motor. Ein netter, sehr zuverlässiger, aber auch phlegmatischer Single – die ebenfalls als Street Moto (Foto) angebotene, bis 2005 gebaute MZ hätte mehr verdient gehabt. Gebraucht ab 1800 Euro.

**PLUS**

**Offroad-Eigenschaften** überdurchschnittlich gut, trotzdem voll straßentauglich
**Fahrwerkskomponenten** hochwertig, sehr belastbar und fein ansprechend
**Wartungsfreundliche** Konstruktion

**MINUS**

**Yamaha-Motor** zwar zuverlässig, aber wenig drehfreudig und recht müde
**Getriebe** nervt ab und an mit herausspringenden Gängen
**Fußrasten** extrem stiefelmordend

## Daten

Wassergekühlter Einzylinder-Viertaktmotor, 660 cm$^3$, 37 kW (50 PS) bei 6500/min, Gewicht 174 kg, Zuladung 176 kg, Tankinhalt/Reserve 13,5/2,5 Liter, Sitzhöhe 920 mm, Höchstgeschwindigkeit 157 km/h, Verbrauch (Landstraße) 4,5 l/100 km, Normal

# SUZUKI XF 650 FREEWIND

**W**er hat nur dieses Design verbrochen? Mit ihrer wurstigen, verquollenen Form verbaute sich die von 1997 bis 2002 neu verkaufte Freewind jede Chance, in der beliebten Reiseenduro-Mittelklasse mehr als nur eine Nebenrolle zu spielen. Dabei stimmen

ihre inneren Werte durchaus. Besonders der drehfreudige, untenherum weich antretende und obenrum niemals aufgebende Vierventil-Single kann begeistern. Dazu ein bestens funktionierendes Fünfganggetriebe und ein extrem bequemer Arbeitsplatz für den Fahrer – die als Neumaschine sehr fair kalkulierte Suzi hatte durchaus das Zeug zum Bestseller. Neben der unwürdigen Verpackung trüben eigentlich nur die schwachen Federelemente, besonders das billige Federbein, das positive Bild. Vor allem im Soziusbetrieb und/oder bei flotterer Gangart schlägt's vorn und hinten schon mal durch. Aber dagegen lässt sich mit Zubehörteilen durchaus etwas machen. Die Mittel dafür sollten kein unüberwindliches Hindernis sein, denn mit Preisen ab 1300 Euro ist die zuverlässige Freewind ein sehr günstiges Mauerblümchen.

**PLUS**

**Durchzugsstarker** und spontan auf Gasbefehle reagierender Motor
**Standfeste,** kräftig zupackende Bremse
**Getriebe** sehr präzise zu schalten
**Fahrerplatz** langstreckentauglich

**MINUS**

**Billige** und überforderte Federelemente
**Soziusplatz** unbequem und zu kurz
**Gabel** nicht ganz verwindungssteif
**Bodenfreiheit** fürs Gelände zu knapp
**Verarbeitung** z. T. etwas grobschlächtig

## Daten

Luft-/ölgekühlter Einzylinder-Viertaktmotor, 644 cm³, 35 kW (48 PS) bei 7000/min, Gewicht 188 kg, Zuladung 187 kg, Tankinhalt 18 Liter, Sitzhöhe 830 mm, Höchstgeschwindigkeit 162 km/h, Verbrauch (Landstraße) 5,5 l/100 km, Normal

# TRIUMPH TT 600

**D**ie Karriere der TT 600 stand von Anfang an unter keinem guten Stern. Ausgerechnet die hart umkämpfte und bereits top besetzte 600er-Supersportklasse wollte Neueinsteiger Triumph 2000 aufmischen. Das ging gründlich daneben, besonders im

ersten Modelljahr hatte der drehfreudige Einspritzmotor – ein Novum in dieser Klasse – mit massiven Abstimmungsproblemen zu kämpfen und gab sich besonders im mittleren Drehzahlbereich ziemlich blutarm. An die Spitzenleistung und das Kampfgewicht der Wettbewerber kam die TT 600 ebenfalls nicht heran, was die Sache nicht gerade einfacher machte. Auch designmäßig konnte der Neuling keinen Glanzpunkt setzen – die TT sah aus wie eine Honda CBR 600 der vorletzten Generation. Motormäßig besserte Triumph zwar kräftig nach, aber da war der Ruf schon dauerhaft ruiniert. Immerhin in einem Punkt sackte die TT 600 die Konkurrenz aber von Beginn an ein: Ein besseres und handlicheres Fahrwerk hatte keine andere zu bieten. 2003 stand trotzdem schon die Nachfolgerin bereit. Gebraucht ab 2000 Euro zu bekommen.

**PLUS**

**Superstabiles** Fahrwerk, neutrales Lenkverhalten, famose Handlichkeit
**Brachial** wirkende und dabei fein zu dosierende Bremsen
**Menschenfreundliche** Sitzposition

**MINUS**

**Leistungscharakteristik** sehr spitz (besonders im ersten Modelljahr)
**Ausstattung** und Verarbeitungsqualität nicht ganz auf Konkurrenzniveau
**Gewicht** an der oberen Klassengrenze

## Daten

Wassergekühlter Vierzylinder-Viertakt-Reihenmotor, 600 cm³, 80 kW (109 PS) bei 12700/min, Gewicht 206 kg, Zuladung 189 kg, Tankinhalt/Reserve 17/3 Liter, Sitzhöhe 790 mm, Höchstgeschwindigkeit 247 km/h, Verbrauch (Landstraße) 5,4 l/100 km, Super

# YAMAHA MT-03

**F**reche und frische Verpackung, eine angriffslustige und dabei durchaus bequeme Sitzposition, ein munterer Motor, der das Einzylinder-Ideal vom antrittsstarken Ballermann nahezu perfekt umsetzt, dazu ein knackiges Handling – was kann da verkaufsmäßig schiefgehen? Eigentlich nichts, und trotzdem dümpelt die immer noch gebaute MT-03 in den Zulassungs-Hitparaden seit 2006 unter „ferner liefen". Was sie wiederum mit ihrer großen Schwester MT-01 gemein hat, auch ein rundherum gelungener Hingucker. Vielleicht ist die Zeit der Straßen-Singles einfach vorbei. Die ebenfalls vom wassergekühlten XT-Single befeuerte Aprilia Pegaso 650 flog bereits aus dem Programm; die mit dem gleichen Motor bestückte Derbi Mulhacén 659 wird auch nicht mehr gebaut und nur noch aus

Restbeständen verkauft. Das muss Gebrauchtkäufer aber nicht weiter belasten. Im Gegenteil, wer jetzt antizyklisch kauft, bekommt ab 3300 Euro einen toll gemachten Landstraßenfeger.

**PLUS**

**Sauber** abgestimmter, durchzugsstarker und sparsamer Motor
**Kerniger** Sound
**Bequeme** Sitzposition für den Fahrer
**Begeisternde** Handlichkeit

**MINUS**

**Gabel** etwas zu weich, Federbein zu hart – das sorgt für Unruhe auf Buckelpisten
**Vorderradbremse** verlangt für gute Verzögerung nach kräftigem Zupacken
**Lichtausbeute** recht bescheiden

## Daten

Wassergekühlter Einzylinder-Viertaktmotor, 660 cm³, 33 kW (45 PS) bei 6000/min, Gewicht 194 kg, Zuladung 188 kg, Tankinhalt/Reserve 15/4,2 Liter, Sitzhöhe 810 mm, Höchstgeschwindigkeit 160 km/h, Verbrauch (Landstraße) 4,5 l/100 km, Super

# GEBRAUCHT-BERATUNG
### Motorräder der 750er-Klasse

# DIE (UN-) VERGESSENEN

**Seit Honda 1969 mit der CB 750 die Zweiradwelt in ein neues Universum katapultierte, hat diese Hubraumbezeichnung einen magischen Klang. Inzwischen ist diese Klasse ein wenig in Vergessenheit geraten, doch im 3000-Euro-Segment lebendig wie eh und je.**

Von Stefan Glück; Fotos: fact (2), Hartmann (1), Herzog (7), Jahn (1), mps-Fotostudio (1), Schwab (1), Tschovikov (2), Archiv (3)

**W**ie leicht der Mensch doch zu beeinflussen ist. Natürlich gab es auch schon vor der berühmten CB 750 Motorräder mit gleichem oder sogar größerem Hubraum. Aber erst besagte Honda verlieh der schnöden Zahlenkombination die Kraft eines Mythos, der schon beinah kultische Verehrung genoss. Eine Siebenhundertfünfziger, das klingt nach Kraft und Gewalt und machte am Motorradtreff mächtig Eindruck. Auch dann noch, als später der volle Liter zum Maß der Dinge wurde. 750er galten bei der Nachbarschaft noch als sozialverträglich und waren vor allem leichter beherrschbar als die brachialen 1000er. Deutlich günstiger waren sie obendrein. Bis weit in die 90er-Jahre blühte das Segment der Dreivierteliter, um dann urplötzlich einzuschlafen. Von unten rückte die von 500 über 550 auf 600 cm³ erstarkte Mittelklasse nach, und oben machten die Hersteller die 1000er durch enorme Entwicklungen bei Rahmen, Fahrwerken, Bremsen und Reifen auch für Nicht-Vollprofis besser beherrschbar. Während im Neumaschinenmarkt die Klasse mittlerweile äußerst sparsam besetzt ist, bleibt der vorhandene Bestand riesig. MOTORRAD hat sich im Bereich um 3000 Euro umgesehen und festgestellt: Die Klasse ist lebendig wie eh und je. Das Echo des Knalls von 1969 hallt eben auch nach fast 40 Jahren noch nach.

# SUZUKI GSX-R 750

**Z**weifellos ist die GSX-R, von ihren Fans liebevoll Gixxer genannt, eines dieser Motorräder, die den Namen Meilenstein völlig zu Recht tragen. 1984 vorgestellt, legte sie die im Prinzip noch heute gültigen Maßstäbe für den Sportmotorradbau fest und definierte den Begriff Superbike neu. Die Modellbezeichnung gibt es bis heute, doch die einzigen austauschbaren Teile von 1985 und 2008 dürften die Ventilkäppchen und die Kennzeichenschrauben sein. Im Bereich von 2500 bis 3000 Euro tummeln sich mehrheitlich Exemplare der Baujahre 1992 bis 1995 (Modellcode GR 7 BB). Vereinzelt findet sich auch schon die ab 1996 produzierte, völlig neu entwickelte Nachfolgerin GR 7 DB. Zu erkennen ist die Neuere an dem Aluminium-Brückenrahmen anstelle des bis dahin verbauten Doppelschleifen-Rohrwerks sowie dem unübersehbaren SRAD-Schriftzug auf dem Heckbürzel. Die Buchstaben stehen für Suzuki Ram Air Direct, meinen den in den Fahrtwind gereckten Ansaugschnorchel und verkünden somit den Beginn der Neuzeit des Sportbike-Baus bei Suzuki. Wer ernsthaft an Ausritte auf die Rennstrecke denkt, ist mit den 205 Kilogramm leichten SRAD-Modellen erheblich besser bedient als mit den je nach Jahrgang bis zu 240 Kilogramm schweren Vorgängerinnen. Auf der Landstraße hingegen zählen auch die älteren Jahrgänge noch lange nicht zum alten Eisen. Wer sich mit der sportlich gebückten Sitzposition anfreunden kann und Beifahrer für überflüssigen Ballast hält, hat zwei wichtige Hürden genommen. Vernünftig warmgefahren und regelmäßig gewartet, erfreut der Vierzylinder mit langer Lebensdauer, bei ruppiger Behandlung fällt er schon mal mit hohem Ölverbrauch, hervorgerufen durch zu großes Kolbenspiel, oder Pleuellagerschäden auf. Die ersten Jahrgänge der SRAD, also genau die, um die es hier geht, leiden bei hohem Rennstreckenanteil gerne an fressenden Kolbenbolzen und an durch zu dünne Zylinderkopfdichtungen hervorgerufener Inkontinenz. Grundsätzlich ist bei artgerecht gehaltenen Sportbikes eine nachvollziehbare Historie von nicht zu unterschätzender Bedeutung, wird doch die Mechanik auf dem Track deutlich härter beansprucht als im normalen Leben. Und während sich Sturzschäden bei genauerer Betrachtung kaum kaschieren lassen, ist man bei der Beurteilung der Innereien doch sehr auf die Angaben des Vorbesitzers angewiesen. Die Gixxer-Suzukis gehören zu den Motorrädern, an denen gern und viel geschraubt wird. Und längst nicht alles, was der Markt so hergibt, findet den Segen von TÜV oder Polizei. Ergo sollten bei Zubehörteilen die entsprechenden Gutachten vorliegen, und das Vorhandensein der Originalteile kann sehr beruhigend wirken. Vielfahrer verirren sich offenbar nur selten auf eine GSX-R, denn im Schnitt kommen die Angebote auf eine Jahresfahrleistung von gerade mal 2500 Kilometer.

*Es gibt sie auch in anderen Farben, aber eine Gixxer hat blau-weiß zu sein, basta*

**Daten** Wassergekühlter Vierzylinder-Viertakt-Reihenmotor, 749 cm³, 82 kW (111 PS), Gewicht 228 kg, Zuladung 192 kg, Tankinhalt 21 Liter, Sitzhöhe 800 mm, Höchstgeschwindigkeit 232 km/h, Verbrauch 5,1 bis 9,1 l/100 km Normal.

**Marktsituation** Bei einem Bestand von rund 20 000 Exemplaren herrscht auf dem Gebrauchtmarkt kein Mangel an Angeboten. Im Bereich um 3000 Euro werden in erster Linie die Baujahre von 1992 bis 1996 gehandelt, die Laufleistungen schwanken ebenso stark wie die Erhaltungszustände. Die reichen von zahnbürstengepflegt bis kiesgebettet. Bei der Suche nicht unter Druck setzen lassen, es sind genug Gixxer für alle da.

**Tests in MOTORRAD** 4/1995 (T), 26/1995 (T), 1/1996 (VT), 4/1996 (VT), 4/1998 (LT) T=Test, VT=Vergleichstest, LT=Langstreckentest; Nachbestellungen unter Telefon 07 11/1 82-12 29

**Internet** www.gsxr.de
http://markt.motorradonline.de/bike15.htm

### Kurzcheck

| | minus | plus |
|---|---|---|
| Fahrleistungen | | ■■ ■■ ■■ |
| Komfort | ■■ ■■ ■■ | |
| Gewicht | ■■ ■■ | |
| Verarbeitung | | ■■ |
| Ausstattung | | ■■ ■■ ■■ |
| Wertstabilität | | ■■ |
| Gebrauchtangebot | | ■■ ■■ |

**FAZIT** Wer nicht vorhat, auf den Rennpisten dieser Welt neue Rekorde aufzustellen, kann mit einer gut gepflegten Doppelschleifen-GSX-R glücklich werden. Für potenzielle Pokalsammler gilt: je jünger, desto besser, also SRAD. Das Angebot ist groß, ergo kann man sich in Ruhe umschauen.

**Auch wenn sie mit heutigen Sportlern auf dem Rundkurs nicht mehr mithalten kann, das Element der Suzuki ist der gestreckte Galopp**

## Nachrüstverkleidungen

# Plastische Chirurgie erwünscht

**Wer beim Renntraining seine Serienschale schonen will, braucht Alternativen.**

**Zubehörverkleidungen gibt es wahlweise mit oder ohne Scheinwerfer-Ausschnitt**

Serienverkleidungen verbessern die Aerodynamik von Sportmotorrädern, sehen gut aus und schützen vor dem Fahrtwind. Allerdings sind sie zumeist recht schwer und als Ersatzteil in der Regel sehr teuer. Weshalb regelmäßige Teilnehmer von Renntrainings oft auf die Verschalungen aus dem Zubehör zurückgreifen. Die Vorteile liegen auf der Hand: geringeres Gewicht, im Falle eines Falles günstigerer Preis, freie Farbwahl, und die Serienschale wird geschont – gut bei einem späteren Weiterverkauf. Im Gegensatz zu den Originalverkleidungen, die in der Regel aus Spritzguss hergestellt sind, bestehen die Nachrüstteile meist aus handlaminiertem GFK oder, wenn Geld keine Rolle spielt, der Gewichtsvorteil jedoch umso mehr, aus Kohlefaser. Bei einigen Herstellern lassen sich Serien- und Zubehörteile miteinander kombinieren, was hilfreich ist, wenn nur ein Teil der Verkleidung ersetzt werden muss. Bekannte Anbieter von Nachrüstverkleidungen sind (ohne Anspruch auf Vollständigkeit) Dimo, Heru, moto forza, MPR, Pferrer oder Presser & Kuhn.

# YAMAHA YZF 750 R

**Das Design ist auch heute noch okay, aber die Farben!**

Als Nachfolgerin der betagten FZ 750 betrat die YZF, von ihren Anhängern Ypse genannt, 1993 die Bühne der Supersportwelt. Vom Konzept her unterscheidet sich die Yamaha deutlich von Suzukis extremer GSX-R. Mit dem für Sportlerverhältnisse sehr bequemen Arbeitsplatz macht sie ihrem Piloten das Leben angenehm. Straffe und dennoch komfortable Federelemente sowie gutmütige Fahrwerkseigenschaften bescheren der Ypse einen hohen Wohlfühl-Faktor, der von der kräftigen Bremse unterstützt wird. Allerdings litten die ersten beiden Baujahre unter einer unglücklichen Belag-Scheibe-Paarung, weshalb sich bei härterer Beanspruchung oft die Bremsscheiben verzogen. Ab 1995 kamen andere Beläge zum Einsatz, die Verzugsgefahr war dahin, leider auch die exzellente Verzögerung. Bei der Besichtigung also die vordere Bremsanlage genau inspizieren. Die Mechanik der

Yamaha ist robust, sie genehmigt sich aber bei hoher Belastung einen Extraschluck. Benzin genauso wie Öl. Bis zu zehn Liter muss man im Fast-forward-Modus einkalkulieren. Offiziell gab es die Yamaha nur mit 98 PS, bei offenen Versionen des Fünfventilers darauf achten, dass die Leistung eingetragen ist. Dessen 118 PS waren schon seinerzeit nicht mehr State of the art, für die Rennstrecke gibt es also geeigneteres Material. Für den sporttouristischen Einsatz auf der Landstraße dagegen ist die YZF wegen der gelungenen Ergonomie auch heute noch eine sehr gute Partie. Da die 90er Jahre in punkto Farbgebung mitunter sehr eigen waren, tragen viele Ypsen nachlackierte Verkleidungen.

**Daten** Wassergekühlter Vierzylinder-Viertakt-Reihenmotor, 749 cm³, 85 kW (118 PS), Gewicht 230 kg, Zuladung 195 kg, Tankinhalt 19 Liter, Sitzhöhe 780 mm, Höchstgeschwindigkeit 238 km/h, Verbrauch 5,1 bis 10,1 l/100 km Normal.

**Marktsituation** Nur etwas über 4000 Exemplare vermeldet das KBA im Bestand, da geht die Ypse schon fast als Exotin durch. Ein Angebot ist aber durchaus vorhanden. Bereits ab 1500 Euro gibt es verwohnte Exemplare, wer das Doppelte anlegt, kann gepflegte Bikes der zweiten Serien ab 1995 mit teils weniger als 20 000 Kilometern erwerben. Auffällig ist der große Anteil an Sonderlackierungen, ebenso die Anzahl der Motorräder, die eine Rennstrecke nur vom Hörensagen kennen.

**Tests in MOTORRAD** 6/1993 (T), 22/1993 (KV), 10/1995 (T), 1/1996 (VT)
T=Test, KV=Konzeptvergleich, VT=Vergleichstest;
Nachbestellungen unter Telefon 07 11/1 82-12 29

**Internet** www.yzf-forum.de
http://markt.motorradonline.de/bike870.htm

**Für einen Sportler ist der Arbeitsplatz fast schon zu komfortabel geraten. Den Genießer freut's**

| Kurzcheck | minus | plus |
|---|---|---|
| Fahrleistungen | | ■ |
| Komfort | | ■ |
| Gewicht | ■ | |
| Verarbeitung | | ■ ■ |
| Ausstattung | | ■ ■ ■ |
| Wertstabilität | | ■ |
| Gebrauchtangebot | | ■ |

**FAZIT** Die Yamaha ist ein erstklassiger Landstraßensportler. Bei ungedrosselten Bikes darauf achten, dass die Leistung eingetragen ist. Modelle ab Baujahr 1995 sind wegen des voll einstellbaren Fahrwerks gefragter. Ein Schwachpunkt ist der hohe Verbrauch.

# KAWASAKI ZEPHYR 750

**D**ie These, dass Motorräder primär aus dem Bauch heraus und weniger mit dem Kopf gekauft werden, muss als widerlegt gelten. Wie sonst wäre es zu erklären, dass von der Honda CB Seven Fifty (siehe nächste Seite) mit rund 20 000 Stück ungefähr doppelt so viele Exemplare auf den hiesigen Straßen unterwegs sind wie von der Kawasaki Zephyr 750, obwohl die Honda – mit Verlaub – nicht halb so gut aussieht? Offensichtlich geben sich weniger Menschen als gedacht mit der These „function follows form" zufrieden. Erfolglos war die Zephyr trotzdem nicht, denn die klassische Linie, die in dem als Entenbürzel bekannten Heck ihren Höhe- und Abschlusspunkt findet, verzückte nicht nur bekennende Klassikerfreunde. Diese wiederum tun sich leichter, die zweifellos vorhandenen Eigenheiten der Zephyr zu akzeptieren. So kennt der Choke des Vierzylinders nur die Stellungen „alles oder nichts". Der Motor selbst basiert auf der 1977 vorgestellten Z 650 und gilt allen mechanischen

Nebengeräuschen in kaltem Zustand zum Trotz als langlebig und zuverlässig. Warm gefahren sollten die durch die Primärkette verursachten Rumpelgeräusche verschwunden sein, sonst stimmt etwas nicht. Leichte Ölnebel an Zylinderkopf und -fuß der ersten beiden Jahrgänge gelten als unproblematisch, danach wurden verbesserte Dichtungen verwendet. Die Zephyr ist sehr kurz übersetzt, was auf die Lebendigkeit einen ebenso positiven wie auf den Verbrauch negativen Einfluss hat. Bei flotten Autobahnfahrten, die aufgrund des nicht vorhandenen Windschutzes ohnehin kein Spaß sind, dürfen es schon mal rund zehn Liter sowie ein ordentlicher Schluck aus der 10W-40-Pulle sein. Bei flotter Gangart kommt auch die zu weich abgestimmte Telegabel an ihre Grenzen. Straffere Gabelfedern aus dem Zubehörmarkt schaffen Abhilfe. Zweipersonenbetrieb steht die Kawa aufgeschlossen gegenüber, sofern der Beifahrer kein preußisches Gardemaß besitzt. Besonders beliebt bei Klassikfreunden sind die mit Speichenrädern ausgerüsteten Modelle ab 1996. Der stilechten Optik steht hier ein erhöhter Pflege- und Putzaufwand gegenüber. Der lohnt sich bei der Zephyr generell, denn

**Die Zephyr verbindet die Optik der Siebziger mit den Fahreigenschaften der Moderne**

bei vernachlässigten Exemplaren machen sich schnell korrodierende Aluminiumteile sowie rostende Schrauben, Auspuffanlagen und Schweißnähte breit. Besonders betroffen ist der Tank, der an den Falzen schnell zu rosten beginnt. So gesehen erklärt sich der Verkaufserfolg der CB Seven Fifty gegenüber der Zephyr, für nüchterne Zeitgenossen ist sie die erste Wahl. Wer aber ein Faible für die sinnliche Kombination von Poliertuch, Chrom und Edelstahl hat, ist bei der Kawa richtig.

**Daten** Luftgekühlter Vierzylinder-Viertakt-Reihenmotor, 749 cm$^3$, 56 kW (76 PS), Gewicht 227 kg, Zuladung 183 kg, Tankinhalt 17 Liter, Sitzhöhe 760 mm, Höchstgeschwindigkeit 195 km/h, Verbrauch 5,5 bis 7,2 l/100 km Normal.

**Marktsituation** Die Zephyr-Szene ist aktiv und bastelt gerne. Als Pflichtumbauten gelten möglichst hohe und breite Lenker sowie Miniblinker und der Umbau des Kennzeichenträgers. In der 3000-Euro-Liga finden sich aber auch noch genügend unverbastelte Exemplare mit den beliebten Speichenrädern und Laufleistungen ab 20 000 Kilometer aufwärts. Der Einstieg in die Zephyr-Szene beginnt bei rund 1500 Euro mit Gussrädern und Tachoständen ab 50 000.

**Tests in MOTORRAD** 5/1991 (T), 11/1992 (VT), 22/1992 (LT), 3/2000 (VT)
T=Test, , VT=Vergleichstest, LT=Langstreckentest; Nachbestellungen unter Telefon 07 11/1 82-12 29

**Internet** www.zephyrfahrer.de, http://markt.motorradonline.de/bike546.htm

**So und nicht anders stellte man sich anno 1991 bei Kawasaki ein klassisches Motorrad vor. Zu Recht! Die Speichenräder kamen aber erst fünf Jahre später**

| Kurzcheck | minus | plus |
|---|---|---|
| Fahrleistungen | | |
| Komfort | | |
| Gewicht | | |
| Verarbeitung | | |
| Ausstattung | | |
| Wertstabilität | | |
| Gebrauchtangebot | | |

**FAZIT** Die Zephyr ist das richtige Bike für Genussmenschen, denen der klassische Look so viel gibt, dass sie mit den funktionalen Schwächen wie der zu weichen Gabel oder der Verarbeitung leben können. Aber auch damit fährt die Kawa um Welten besser als das Original aus den Siebzigern.

# Lastenträger und Fliegenfänger

**Wer mehr als nur sich selbst auf dem Motorrad transportieren will, braucht ein entsprechendes Behältnis**

**Alternative zum Louis-Trenker-Gedächtnisbeutel mit Windschutz als Nebeneffekt**

Es könnte alles so einfach sein. Ist es aber nicht, das wussten schon die Fantastischen Vier, Deutschlands Vorzeige-Hip-Hopper. Gepäcktransport auf dem Motorrad zum Beispiel. Nicht immer reicht das Platzangebot der Jackentaschen aus, serienmäßige Gepäckträger haben Seltenheitswert, und spätestens wenn man zu zweit unterwegs ist, wird auch die Rucksackvariante zum Problem. Doch die Lösung naht in Form des guten, alten Tankrucksacks (siehe auch MOTORRAD 21/2007). Besonders bei Naked Bikes bietet er neben Transportvolumen auch Windschutz. Es gibt unzählige Modelle in den unterschiedlichsten Größen und Ausführungen. Vor dem Kauf den Tankrucksack unbedingt auf dem eigenen Motorrad montieren. Lässt er sich leicht befestigen? Ist der Lenkeinschlag beeinträchtigt, oder die Sicht auf Instrumente und Kontrolllampen? Kommt man schnell an den Tankdeckel? Magnetbefestigungen benötigen einen Stahltank, Saugnäpfe große, glatte Flächen, Riemen eine Möglichkeit zum Durchfädeln.

**Die Honda Seven Fifty fährt, wie sie aussieht: brav und unauffällig**

# HONDA CB 750

Das Bessere ist des Guten Feind. Selten hat eine Volksweisheit so gut gepasst wie bei den Beschreibungen von Kawasaki Zephyr und Honda CB Seven Fifty. Für sich betrachtet ist die Kawa ein ordentliches Motorrad, doch die Honda gibt sich in vielen Punkten verbindlicher. Zum Beispiel bei der Verarbeitung. Die Materialien wirken wertiger, die Oberflächen besser, die Spaltmaße sind kleiner. Dafür ist die Kawa besser ausgestattet. Mit einstellbaren Handhebeln etwa. Oder verchromten Instrumentenbechern. Oder einer Schwinge aus Aluminium. Dafür ist der ebenfalls luftgekühlte Honda-Vierzylinder umgänglicher und dank hydraulischem Ventilspielausgleich im Prinzip wartungsfrei. Auch akustisch gibt er sich verbindlicher, besonders nach dem Kaltstart, strahlt andererseits aber wenig Faszination aus. Die Gabel gibt nicht ganz so früh auf, dennoch sind härtere Federn auch bei

ihr keine Fehlinvestition. Das Fahrverhalten ist unkompliziert und narrensicher. Die Zuladung fällt im Vergleich zur Zepyr fast 40 Kilogramm höher aus – nicht ganz unwichtig, wenn man zu zweit mit Gepäck verreisen möchte. Dann greift auch der CB-Eigner zum Schraubenschlüssel. Nämlich um einen Kofferträger und vielleicht noch eine Cockpitverkleidung zu montieren. Ansonsten fahren die Seven Fifty bevorzugt im Originalzustand herum. Ihr Tank ist größer, der Verbrauch geringer, das gibt Punkte im Alltag. Allen Qualitäten zum Trotz wirkt die Honda ein bisschen wie ein kleiner Streber, der es allen recht machen will, während sich die Kawa ihre kleinen Ecken und Kanten leistet. Aber abgerechnet wird zum Schluss, und in der Käufergunst hat die CB die Nase vorn.

**Daten** Luftgekühlter Vierzylinder-Viertakt-Reihenmotor, 749 cm$^3$, 54 kW (73 PS), Gewicht 234 kg, Zuladung 191 kg, Tankinhalt 20 Liter, Sitzhöhe 780 mm, Höchstgeschwindigkeit 200 km/h, Verbrauch 5,8 bis 7,5 l/100 km Normal.

**Marktsituation** Mit knapp 20 000 Exemplaren laut KBA ist der Bestand an CB Seven Fifty ungefähr doppelt so hoch wie bei der Kawasaki Zephyr. Dieser Überhang spiegelt sich auch bei den Gebrauchtangeboten wider. Das Gros der Angebote liegt zwischen 2000 und 3000 Euro, die Laufleistungen schwanken von unter 10 000 bis über 40 000 Kilometer. Die meisten CBs befinden sich im Originalzustand, nur gelegentlich gibt es Offerten mit Kofferträgern oder einer kleinen Cockpitverkleidung.

**Tests in MOTORRAD** 9/1992 (T), 9/1994 (VT), 21/1995 (VT), 4/2002(VT)
T=Test, VT=Vergleichstest; Nachbestellungen unter Telefon 07 11/1 82-12 29

**Internet**
www.cb-sevenfifty.privat.t-online.de
http://markt.motorradonline.de/bike2251.htm

**Klassischer Vierzylinder in schlichtem Gewand. Was will man mehr?**

| Kurzcheck | | minus | plus |
|---|---|---|---|
| Fahrleistungen | | | ■ |
| Komfort | | | ■ |
| Gewicht | | ■ | |
| Verarbeitung | | | ■ |
| Ausstattung | | | ■ |
| Wertstabilität | | | ■ |
| Gebrauchtangebot | | | ■ |

**FAZIT** Obwohl die Seven Fifty optisch sehr dezent daherkommt, hat sie sich einen großen Fankreis erfahren. Sie vereint aufs Beste die typischen Honda-Tugenden: absolut zuverlässig, problemlos und gutmütig. Ein Tipp für alle, die lieber fahren als auffallen wollen.

# KLASSENKAMERADEN

**BMW K 75** Der kultivierte Dreizylinder steht bis heute im Schatten der großen Schwester K 100. Dabei kann sie außer Autobahnbolzen alles mindestens ebenso gut wie der Vierzylinder. Ist aber viel günstiger und handlicher. Auch als Verkleidete zu haben

**DUCATI 750 SS** Aufgrund ihrer relativ hohen Verbreitung sowie Zuverlässigkeit fast schon der Golf unter den Exoten. Die 750er hat das beste Preis-Leistungs-Verhältnis der SS-Baureihe. Wie alle Ducs als Gebrauchte kaum im Originalzustand zu bekommen

**HONDA VFR 750** Neben der Ducati Desmosedici einziger Serien-V4-Motor und letzter Überlebender einer einst großen Modellfamilie. Ausgefallene Detaillösungen, beste Verarbeitung und Hightech-Elemente machen den Charakter des Sporttourers aus

**KAWASAKI ZXR 750** Eine Kawa wie aus dem Bilderbuch. Hart, kompromisslos und meistens grün. Mit bärenstarkem Motor und bissigen Bremsen. Dafür nicht sehr handlich und recht schwer. Im Alltag zwingt die sportliche Auslegung zu Zugeständnissen

**SUZUKI GSX 750 F** Das Motorrad gewordene Mauerblümchen. Wer sich an der unscheinbaren Optik nicht stört, erhält einen absolut pflegeleichten Sporttourer mit dem Antrieb der älteren GSX-R-Jahrgänge. Fahrwerk und Bremsen genügen touristischen Ansprüchen

**SUZUKI VS 750 INTRUDER** Von den Fans liebevoll Trude genannt, definierte sie 1986 den Standard für Japan-Chopper neu. Standesgemäßes Design und zuverlässige Mechanik für wenig Geld lassen sogar überzeugte Harley-Fans ins Grübeln kommen

**TRIUMPH TRIDENT 750** Als 750er ist die Trident eine echte Rarität, mehr noch als die im Prinzip baugleiche 900er. Groß und mächtig und vor allem lang ist sie. So sollte auch der Fahrer sein, während diesbezüglich für den Beifahrerspaß weniger mehr ist

**YAMAHA XTZ 750 SUPER TÉNÉRÉ** Das Gegenstück zu Hondas Africa Twin sollte Fernreisefreunde mit Abneigung gegen Boxermotoren begeistern. Leider ohne Erfolg. Die Zuverlässigkeit der raren Reise-Enduro ist ebenso legendär wie ihr Durst

# SUPERMOTOS & FUNDUROS

**KTM LC4 640 Supermoto**

**Suzuki DR-Z 400 SM**

**Aprilia Pegaso 650 Strada**

**Honda FMX 650**

# RÄUMDIENST

**Aus dem Weg! Mit Supermotos und Funduros lassen sich selbst die verwinkeltsten Straßen fegen. Gut für Gebraucht-Interessenten: Die spaßigen Geräte gibt's jung und mit wenigen Kilometern auf der Uhr teilweise zum Spartarif.**

Von Thorsten Dentges; Fotos: Künstle (6), fact (4), Hersteller (2), Bilski (1), Jahn (1), Haupt (1)

**N**ichts für den stoischen Autobahn-Marathon, meditatives Wandern auf weit geschwungenen Landstraßen und jede Art von Reiseveranstaltung. Mitfahrer sind nur auf Kurzstrecken erwünscht. Hyperaktiv, ruhelos, gierig, sind Supermotos und Funduros für harmoniebedürftige und ruhige Motorradfahrer eine denkbar schlechte Wahl. Jedoch genau richtig für alle, die immer in den Startlöchern hocken und auf Action-Filme aus Fahrerperspektive stehen. Im Geläuf mit sehr kleinen Kurvenradien offenbaren die schlanken Spaßgeräte mit breiter Besohlung, dass keine Top-Leistung vonnöten ist, um für einen kräftigen Ausstoß an Glückshormonen zu sorgen. Raus aus dem Alltag, rauf auf die Kartbahn: Mit der KTM und der Suzuki geht dort die Luzi ab. Wobei sich auch mit schwächer dosier-ten Stimmungsaufhellern von Aprilia oder Honda einem drögen Alltag entgegen-wirken lässt. Durch sie wird der Arbeits-weg entlang dunkler Großstadtschluchten zum bunten Spektakel. Supermotos und Funduros sind wahrhaftige Maschinen und deshalb ein heißer Tipp. ■

**WWW.MOTORRADONLINE.DE**

Überblick mit Markensuche unter **www.motor-radonline.de/gebrauchtberatung**

# KTM LC4 640 SUPERMOTO

Raubein, derber Geselle, Rüttelplatte – starke Worte für ein starkes Motorrad. Heftige Vibrationen, eine hammerharte Sitzposition (die allerdings auch Großgewachsenen gut passt) und eine Leistungsentfaltung, die einem die Stiefel auszieht: Bei der KTM LC4 640 Supermoto regiert die Unvernunft. Gut so, denn für Kompromisse sind andere da, sie will gepeitscht werden. Auch mit Straßenzulassung ist die KTM ein rassiges Rennpferd. Sie besitzt dessen Renommee, was die Wertstabilität erhöht, aber auch dessen Allüren, denen nur durch besonders aufmerksame Pflege beizukommen ist. Heißt: Alle 5000 Kilometer ab zum Service, nach 10 000 Kilometern in forcierter Gangart (bei diesem Motorrad offenbar Normalität) ist eine defekte Zylinderfußdichtung nicht ungewöhnlich. Schon 200 Kilometer Dauervollgas auf der Autobahn können für den Exitus des 54 PS starken Rotax-Einzylinders sorgen, wie einige Werkstätten berichten. Hobbyschrauber müssen wissen: Einfach nur Öl ablassen und neues reinkippen ist nicht,

sonst kommt der Sensenmann! Das komplette Ölsystem muss entlüftet werden, bitte schön mit allergrößter Sorgfalt. Ein Händler kommentiert: „Die größte Schwachstelle an diesem Motorrad ist meist der Besitzer." Hält der sich jedoch an alle Wartungsregeln, ist der in den Grundzügen von 1987 stammende Motor eine sichere Bank. Insgesamt ist die von 1998 bis 2006 gebaute Supermoto robust und steckt einiges weg. Nur die Gabel gibt sich bockig, und ab 130 km/h fehlt's an sicherem Geradeauslauf – das Resultat aus langen Federwegen (vorn/hinten 265/300 Millimeter) und geringem Gewicht (160 Kilogramm). Aber: von null auf 100 km/h in 4,5 Sekunden, ein Top-Wert. Und solche sportlichen Höchstleistungen erklären, warum die kultige 640er bei Fans auch als kapriziöse Geliebte brauchte so beliebt ist.

## PLUS
**Motor** mit berauschendem Punch
**Gewicht** gering, schließt ernsthaft sportliche Aktivitäten nicht aus
**Markenimage** positiv, Wiederverkauf problemlos

## MINUS
**Wartungsaufwand** sehr hoch
**Upside-down-Gabel** spricht nur mäßig an
**Gebrauchte** häufig in keinem guten Zustand, da sie unter der Fahrweise der Vorbesitzer arg gelitten haben

## Marktsituation
**Sehr gefragt sind die Baujahre 2005/2006**
wegen der Doppel-Auspuffanlage. Bei gutem Zustand und mit vierstelligem Kilometerstand zahlen Käufer bis 5500 Euro. Die größte Auswahl gibt es für rund 3500 Euro: Baujahr 2002 bis 2004, um die 10 000 Kilometer. Der Anteil von Privatanbietern ist umso höher (über die Hälfte aller Offerten), je älter die Gebrauchte ist. Obwohl Preise ab 2000 Euro für die Jahrgänge 1998 bis 2000 gerade junge KTM-Einsteiger zum Kauf animieren, ist Vorsicht geboten: Auf einwandfreien allgemeinen Zustand achten, etwaige Umbauteile sollten eingetragen sein, ansonsten drohen unweigerlich hohe Folgekosten.

## Daten (Baujahr 2005)
Wassergekühlter Einzylinder-Viertaktmotor, 625 cm³, 40 kW (54 PS) bei 7000/min, Gewicht vollgetankt* 160 kg, Zuladung 191 kg, Tankinhalt/Reserve 12/2,5 Liter, Sitzhöhe* 910 mm, Höchstgeschwindigkeit 164 km/h, Verbrauch* (Landstraße) 4,5 l/100 km, Super

## Tests in MOTORRAD
7/1999 (VT), 14/2002 (TT), 24/2002 (T), 12/2004 (VT), 12/2005 (VT), 15/2005 (TT), 18/2005 (VT)
T=Test, TT=Top-Test, VT=Vergleichstest;
Nachbestellungen unter Telefon 07 11/1 82-12 29
*MOTORRAD-Messungen

## Internet
**Fansites:** www.ktmforum.eu, www.ktm-lc4.net
**Gebrauchtangebote:**
http://markt.motorradonline.de/bike1024.htm

---

**125er-Supermotos**

## Hohe Anziehungskraft für den Nachwuchs

Radikal, schräg, wild – damit können sich jugendliche Nachwuchs-Motorradfahrer identifizieren. Schlanke Linie, jedoch fette Reifen, bequem aufrecht sitzen, aber sportlich ums Eck biegen – rein äußerlich unterscheiden sich die Leichtkrafträder nur wenig von der hubraumstärkeren, „erwachsenen" Verwandtschaft. Das große Plus der Kleinen: Sie wirken keinesfalls mickrig. Kein Wunder, dass Maschinen wie MZ 125 SM oder XT 125 X

bei der Jugend gut ankommen, denn gerade beim Nachwuchs gilt: Das Auge kauft mit. Glücklicherweise haben das einige Hersteller jüngst erkannt und brachten in der jahrelang etwas verschlafenen 125er-Klasse interessante Modelle wie die Suzuki DR 125 SM auf den Markt. Das ist gut für junge Einsteiger mit üblicherweise schmalem Geldbeutel, auf diese Weise wächst das Angebot an günstigen, jedoch sehr attraktiven Gebrauchten stetig.

**Bundesjugendspiele: Seriennaher Rennsport erhöht die Attraktivität von 125ern**

# SUZUKI DR-Z 400 SM

**M**ehr Spaß mit einem Motorrad geht kaum. „Gut, dass niemand weiß...", darf man sich im Fall der DR-Z 400 SM fast schon diebisch freuen, denn aus diesem Grund ist die Suzuki als Gebrauchte ein ganz heißer Tipp. Nur rennsportlich orientierte Supermoto-Freaks wissen um die Vorzüge der sehr leichten (146 Kilogramm vollgetankt), quirligen und vor allem preisgünstigen 400er schon längst. Andere Motorradfahrer, die an Funbikes und straßenzugelassenen Supermotos interessiert sind, lassen die DR-Z bei der Suche nach einem passenden Untersatz meist außen vor. Vergleichsweise geringe Leistung (40 PS) und ein Hubraummanko von mehr als 200 Kubikzentimetern gegenüber sehr populären Supermotos wie der KTM LC4 – seitens der Eisdielen-Jury ist da kein faires Urteil zu erwarten. Also lieber für sich selbst entscheiden und zur Probefahrt satteln! Extrem schlank mit vergleichsweise schmalem 140er-Hinterreifen, schmaler Sitzbank, aber fetter Upside-down-Gabel tritt die SM mit sportlicher Angriffslust an. Nichts für Softies, sie fordert den Mut des Fahrers geradezu heraus, wenn es

mit griffigen Reifen und Drehzahlen jenseits von 5000/min richtig zur Sache geht. Meistens klemmt der Treiber ab, bevor irgendetwas aufsetzt – die Schräglagenfreiheit ist genial. Die Bremsen sind auch bei langen, heftigen Passabfahrten nicht überfordert. Bestechend ist die Kombination von spielerischem Handling und dem agilen, auch bei hohen Belastungen dauerhaft standfesten Motor. Beim Breitensport auf extrem verwinkelten Sträßchen oder gar einer für Motorräder freigegebenen Kartbahn macht der Suzuki so schnell keiner was vor. Für die ganz harte Tour empfehlen sich Gabelfedern sowie eine Stoßdämpferfeder von den einschlägigen Zubehöranbietern wie z. B. WP Suspension. Das hochwertige Serienfahrwerk langt jedoch allemal, und auch ohne am Anschlag unterwegs zu sein gilt für die DR-Z 400 SM: absteigen? Nein danke!

## PLUS
**Handling** enorm gut
**Zuverlässigkeit** geht für eine Sportmaschine voll in Ordnung
**Bremsen** standfest und mit guter Wirkung

## MINUS
**Sound** wenig ansprechend
**Autobahnfahrten** mit hohen Drehzahlen sehr nervig und schlecht für den Motor
**Gebrauchtangebot** vergleichsweise gering

## Marktsituation

**Eine gezielte Suche lohnt,** auch wenn die Offerten von Händlern und Privatanbietern (etwa gleich viel) sehr überschaubar sind. Die Nachfrage ist jedoch ebenfalls verhalten, so dass gute Exemplare via Internet einfach auszumachen sind. Von 2005 bis 2007 gebaut, 2008 nur Modelle mit Tageszulassung, kostete sie neu nur gut 5500 Euro. Zeitweise mit offiziellem Suzuki-Rabatt für unter 5000 Euro veräußert, liegt die SM als ordentlich gepflegte Gebrauchte mit deutlich unter 10000 Kilometern zwischen knapp 3000 und 4000 Euro. Billiger werden im Winter eingesetzte, dann häufig angerostete Exemplare angeboten – eher die Ausnahme.

## Daten (Baujahr 2005)

Wassergekühlter Einzylinder-Viertaktmotor, 398 cm³, 29,4 kW (40 PS) bei 7600/min, Gewicht vollgetankt* 146 kg, Zuladung 194 kg, Tankinhalt 10 Liter, Sitzhöhe 880 mm, Höchstgeschwindigkeit 140 km/h, Verbrauch* (Landstraße) 4,3 l/100 km, Normal

## Tests in MOTORRAD

8/2005 (T), 12/2005 (VT)

T=Test, VT=Vergleichstest;
Nachbestellungen unter Telefon 07 11/1 82-12 29
*MOTORRAD-Messungen

## Internet

**Fansites:** www.drz400s.de
**Gebrauchtangebote:**
http://markt.motorradonline.de/bike1897.htm

---

## Umrüstung

### Auf die Straße gesetzt

**D**ie Verwandlung von Enduro zu Supermoto geschieht vor allem durch andere Räder und Bremsen. Günstigste Lösung (ab 600 Euro ohne Reifen) bei den Rädern: Die Original-Radnaben werden auf neue 17-Zoll-Felgen umgespeicht, üblicherweise beträgt die Felgenbreite vorn 3,5 Zoll, hinten je nach Modell zwischen 4,25 und 5,5 Zoll. Die Reifen haben dann entsprechend die Dimensionen 120/70-17 beziehungsweise 160/60-17.

In der Szene populär: Alu-Felgen (hochglanzpoliert oder eloxiert) von Behr, Telefon 0 21 32/9 91 60, www.behrfelgen.de, oder Excel, Telefon (Österreich) 00 43/1/7 28 93 26, www.excel-felge.at. Teurer, aber vielseitiger sind komplette Radsätze (ab 1000 Euro) mit gleich großen Bremsscheiben. So kann die Maschine mit den serienmäßigen Rädern weiterhin im Gelände eingesetzt werden, steckt man indes auf den 17-Zoll-Satz um, verringert sich im „Supermoto-Modus" die Gesamthöhe des Motorrads, und somit ändert sich auch dessen

**Highend:** Magura-Komplettbremsanlage für 1600 Euro, schickes Zweifarb-Hinterrad von Alpina (über Behr) für 1000 Euro

# APRILIA PEGASO 650 STRADA

Es war konsequent von Aprilia, 1990 die Pegaso 600 als ausgewiesenes Funbike auf den Markt zu bringen. Die Italiener hatten die Zeichen der Zeit erkannt, denn mit nur minimal umgerüsteten Enduros wie der Wind 600 hielt sich der Spaß auf Asphalt in Grenzen. Die Strada hat technisch mit der Pegaso von einst freilich nicht mehr viel gemein, Bremsfading, eine sich verwindende Gabel sowie ein etwas schwächlicher Motor gehören der Vergangenheit an. Genetisch ist die für 2005 neu konstruierte, stylische Pegaso 650 mit Namenszusatz „Strada" (entfällt ab 2007 wieder) jedoch genau wie ihre Ahnin aufs Landstraßentoben programmiert. Und liegt damit wieder voll im Trend. Zwischenzeitlich hatte sich die Pegaso einen Ruf als solide Einzylinder-Reiseenduro zugelegt, wurde häufig mit Koffern bestückt und machte betulichere Mittelklas- se-Touristen aufgrund ihrer gutmü- tigen Fahrei- genschaften glücklich. Auch prima, aber anders.

Die exaltiertere Strada wirkt hingegen schon rein äußerlich deutlich aggressiver, schnittiger, kantiger – böse ausgedrückt: nicht so pummelig und dröge wie die 650er-Pegaso früherer Jahrgänge. Anders als bei der Vorgängerin werkelt in der Pegaso ab 2005 statt eines Rotax- ein potenter Minarelli-Motor mit völlig ausreichenden 48 PS. Der Einzylinder leistet auch in anderen Spaßgeräten wie Yamaha XT 660 X, MT-03 oder Derbi Mulhacén 659 zuverlässig seinen Dienst. Die Abstimmung im unteren Drehzahlbereich ist Aprilia allerdings nicht besonders gut gelungen. Beim flotten Asphaltsurfen spielt das zum Glück keine Rolle, und genau in dieser Disziplin brilliert die Strada, nicht zuletzt wegen ihrer fantastischen Vierkolben-Bremsen mit 320er-Scheibe sowie filigranen 17-Zoll-Rädern für den reinen Straßenbetrieb. Sauber verarbeitet und technisch ausge- reift – die Italienerin ist als gute Gebrauchte genau passend für Bodenstän- dige mit einem Faible für Extravagantes.

## PLUS
**Bremsen** ausgezeichnet
**Sitzposition** unverkrampft mit entspanntem Kniewinkel
**Reichweite** aufgrund des großen Tanks in dieser Klasse überdurchschnittlich

## MINUS
**Motorabstimmung** im unteren Drehzahlbereich verbesserungswürdig
**Gewicht** um 200 Kilogramm vergleichsweise hoch
**Federbein** etwas unterdämpft

## Marktsituation

**Die Pegaso 650 ist gefragt,** jedoch eher die älteren Modelle (1992 bis 2004), weil viele Privatanbieter ihre Maschine sehr preisgünstig (bis 2000 Euro) offerieren. Die modernere, aufgepeppte Pegaso ab Baujahr 2005 wird indes überwiegend von Händlern angeboten, und als junge Gebrauchte entpuppt sie sich häufig als Ladenhüter. Preisforderungen über 4500 Euro sind daher sehr optimistisch. Gepflegte Pegaso Strada mit Laufleistungen um 10 000 Kilometern sind bereits ab knapp über 3000 Euro (Neupreis: rund 7000 Euro) auszumachen. Zwischen 3500 und 4000 Euro ist die Auswahl gut und der Gegenwert stimmt.

## Daten (Baujahr 2005)

Wassergekühlter Einzylinder-Viertaktmotor, 660 cm³, 35 kW (48 PS) bei 6250/min, Gewicht vollgetankt* 195 kg, Zuladung 206 kg, Tankinhalt/Reserve 16/3,5 Liter, Sitzhöhe* 800 mm, Höchstgeschwindigkeit 165 km/h, Verbrauch* (Landstraße) 4,6 l/100 km, Super

## Tests in MOTORRAD

10/2005 (FB), 13/2005 (VT), 19/2006 (VT)

FB=Fahrbericht, T=Test, VT=Vergleichstest;
Nachbestellungen unter Telefon 07 11/1 82-12 29.
*MOTORRAD-Messungen

## Internet

**Fansites:** www.apriliaforum.de
**Gebrauchtangebote:**
http://markt.motorradonline.de/bike55.htm

---

Schwerpunkt zugunsten einer besseren Straßenlage – ohne Federwegsbeschneidungen. Eine gute Lösung für Fahrer ohne sportliche Ambitionen. Zur vollwertigen Supermoto mutiert eine Enduro allerdings erst durch starke, bissige Bremsen. Bewährt hat sich der Umbau auf eine komplett neue Bremsanlage mit 320er-Scheibe, Vierkolbensattel sowie stärkerer Handpumpe (nur Scheiben-Umrüstung ab 200 Euro, komplett mit Nachrüst-Bremssattel und -pumpe um 1000 Euro). Gängige Produkte kommen von Brembo (über Brune GmbH), Telefon 0 25 04/7 34 40, www.brunegmbh.de, Magura, Telefon 0 71 25/15 30, www.magura.com, oder Moto Master (über Wieres Motorrad-Zubehör), Telefon 02 28/ 98 99 70, www.wieres.de. Spezialisiert auf komplette Supermoto-Umbauten sind unter anderem ABP-Racing, Telefon 0 71 57/62 02 22, www.supermoto-umbauten.de, HE-Motorradtechnik, Telefon 0 86 54/6 15 63, www.he-motorradtechnik.de, oder MTC Motorrad Technik, 0 71 61/91 41 60, www.mtc-motorrad.de.

**Eigengewächs: Eine berauschende Supermoto kann man auch auf Basis einer herkömmlichen Enduro individuell aufbauen**

# HONDA FMX 650

Hochwertige Edelstahl-Auspuffanlage, leichte Alu-Felgen, liebevolle Details wie ein Leuchtdioden-Rücklicht: Insgesamt bleibt die hübsche FMX 650 einer schlanken Supermoto-Linie treu und hat einen guten Auftritt. Eigentlich ein attraktives Angebot, das Honda seinen Kunden 2005 unterbreitete. Doch der Schuss ging daneben. Wieder einmal, denn schon mit den günstigen Straßenenduros SLR 650 und Vigor versuchte Honda 1996 beziehungsweise 1999 des Motorrad-Einsteigers Seele zu treffen – und scheiterte. Bei der FMX wurde erneut der modifizierte Einzylindermotor aus der altehrwürdigen Dominator eingesetzt. Luftgekühlt, robust, bewährt – jedoch technisch ein Relikt aus den Achtzigern und wegen Geräusch- und Abgasbestimmungen auf magere 38 PS beschnitten. Hier liegt die Crux: Auch wenn die 650er mit 176 Kilogramm keinesfalls an Übergewicht leidet, hat dieser Motor einfach zu wenig Saft für ein aktuelles Motorrad, das auf macht. Das behaupten jeso verschiedene auf die Frage nach der denfalls uniHändler

Kundenresonanz. Honda argumentierte bei der Markteinführung zwar mit der enormen Anzahl an Führerscheinbesitzern ohne Maschine, sogenannte Schläfer, die mit der hippen FMX 650 wachgerüttelt werden sollten und denen gute Fahrbarkeit, ein günstiger Preis (unter 6000 Euro) sowie tolles Aussehen wichtiger sind als Endleistung. Gute Gedanken, die aber offenbar nur wenige teilten. Zu Neupreisen unter 5000 Euro wurde die Honda verramscht, und 2007 verabschiedete sie sich schon wieder vom deutschen Markt. Das macht die FMX als Gebrauchte hochspannend, denn wegen der allgemeinen Dumpingpreise passt sie in das Beuteschema cleverer Schnäppchenjäger. Wendig, jederzeit beherrschbar und sehr zuverlässig, außerdem erhältlich mit 34 PS, so empfiehlt sich die schicke Funduro insbesondere jungen Einsteigern. Aber auch für alle anderen Motorradfahrer ist die Honda beim Durchforsten des dichten Großstadt-Dschungels selbst mit 38 PS wirklich keine Spaßbremse.

**PLUS**
**Angebote** attraktiv, Gebrauchte häufig in gutem Zustand zum fairen Preis
**Handlichkeit** prima für Stadtverkehr
**Erscheinungsbild** attraktiv

**MINUS**
**Motorleistung** nicht ausreichend, um in der Hubraumklasse konkurrieren zu können
**Wiederverkauf** aufgrund mangelnder Popularität eher schwierig

## Marktsituation

**Schon um 2500 Euro** bieten Privatverkäufer die Honda an, Verhandlungsbasis wohlbemerkt. Händler-Offerten inklusive Gewährleistung starten bei 3000 Euro. Gezielte Anfragen nach dem Modell sind dennoch selten, wenn, dann sind es jüngere Einsteiger, die nach einem bezahlbaren, zuverlässigen Motorrad suchen. Das größte Angebot an topgepflegten und gewarteten FMX mit in der Regel nur ein bis zwei Vorbesitzern und Laufleistungen unter 10 000 Kilometern ist um 3500 Euro bei Vertragshändlern zu finden. Beinahe noch neuwertige Exemplare (deutlich unter 5000 Kilometern Laufleistung) werden um 4000 Euro angeboten.

## Daten (Baujahr 2005)

Luftgekühlter Einzylinder-Viertaktmotor, 644 cm³, 28 kW (38 PS) bei 5750/min, Gewicht vollgetankt* 176 kg, Zuladung 179 kg, Tankinhalt/Reserve 11/3,8 Liter, Sitzhöhe* 875 mm, Höchstgeschwindigkeit 145 km/h, Verbrauch* (Landstraße) 5 l/100 km, Normal

## Tests in MOTORRAD

7/2005 (FB), 10/2005 (T), 12/2005 (VT)

FB=Fahrbericht, T=Test, VT=Vergleichstest;
Nachbestellungen unter Telefon 0711/182-1229.
*MOTORRAD-Messungen

## Internet

**Fansites:** www.honda-board.de
**Gebrauchtangebote:**
http://markt.motorradonline.de/bike1710.htm

---

## Jedermann-Strecken

### Fahren für alle

Zusammen mit der Fansite www.supermoto-racing.de empfiehlt MOTORRAD einige der besten deutschen Strecken mit regelmäßigen Trainingsmöglichkeiten für Fahrer ohne Motorsport-Lizenz (siehe Liste). Dringende Empfehlung: unbedingt Veranstalter vorher persönlich kontaktieren, denn durch Gruppenbelegungen können die Strecken schnell mal ausgebucht sein. Die Preise

bewegen sich zwischen zehn Euro für freies Fahren auf der Strecke bis rund 200 Euro für einen Wochenend-Lehrgang. Außerdem bieten professionelle Anbieter wie das MOTORRAD action team, Telefon 0711/182-1977, www.actionteam.de, oder Team G.F., Telefon 06263/9517, www.teamgf.de, Lehrgänge und Trainings auf eigens dafür gemieteten Strecken an.

| Ort | Veranstalter |
| --- | --- |
| Marktl/Inn, Bayern | KomMarktl |
| Garching-Hochbrück, Bayern | AK-Racing |
| Walldorf, Baden-Württemberg | MSC Walldorf-Astoria |
| Neubrandenburg, Mecklenburg-Vorpommern | Speedy Kart |
| Reinstedt, Sachsen-Anhalt | Harz-Ring |
| Schaafheim, Hessen | Fahr-Werk |
| Lichtenberg, Sachsen | Erzgebirgsring |
| Berlin | Kartbahn Schönerlinde |

# ALTERNATIVEN

Funduros existieren seit Ende der 80er Jahre für die Straße konzipierte Supermotos seit Ende der 90er. Es sins insgesamt also eher junge Motorradgattungen, dementsprechend bietet sich Interessierten ein vergleichsweise überschaubares Angebot. Neu hinzugekommen sind seit ein paar Jahren zweizylindrige Spaßgeräte wie Ducati Multistrada oder KTM 950 Supermoto, die zwar sehr beliebt sind, als Gebrauchte aber noch sehr teuer. Bei Forderungen deutlich über 5000 Euro sind diese Maschinen nur für gezielt nach Neuwert-Bikes Suchende relevant.

**BMW F 650 CS** Wartungsarmer Zahnriemenantrieb, kräftiger, sparsamer Motor, hohe Zuverlässigkeit. Außerdem narrensicher im Handling. ABS ist auch erhältlich. Die nur vier Jahre lang gebaute BMW (2002 bis 2005) ist die vernünftige Alternative unter den Unvernünftigen.
**50 PS, 180 km/h, 193 kg, 3,7 l/100 km**

**DUCATI MULTISTRADA** Wird oft verkannt. Die Zweizylinder-1000er (2003 bis 2006, 2007 bis 2009 1100er) ist genau wie die jüngere 620er-Schwester (2005/2006, 63 PS) gebraucht ab etwa 4200 Euro im Angebot. Straffes Fahrwerk, strammer Motor – ideal zum Straßenfegen. Daten 1000er:
**84 PS, 210 km/h, 220 kg, 5,2 l/100 km**

**HUSQVARNA SM 610** Wie die KTM LC4 640 ein Supermoto-Pionier und seit 1998 im Programm. Schwedische Sportware, gebaut in Italien, mit viel motorsportlichem Stallgeruch. Tolle Bremsen, schier unendliche Schräglagenfreiheit. Ab 2500 Euro im Secondhand-Angebot.
**53 PS, 160 km/h, 152 kg, 6,0 l/100 km**

**KAWASAKI KLE 500** Braver Paralleltwin und softes Fahrwerk. Die etwas angestaubte KLE (von 1991 bis 2007 im Programm, Facelift 2005) fährt sportlicheren Einzylinder-Funduros zwar meistens hinterher, erfreut aber mit manierlicher Zweizylinder-Laufkultur und Preisen ab 1000 Euro.
**45 PS, 160 km/h, 201 kg, 4,5 l/100 km**

**KTM 640 DUKE II** Während die 640er-Supermoto durchaus auch Turniere bestreitet, ist die Duke II bekennende Freizeitsportlerin. Trotzdem sauschnell und immer noch radikal, der Motor ist schließlich identisch. Die Vibrationen auch. Preislich geht's für eine 1999er ab 2300 Euro los.
**54 PS, 165 km/h, 159 kg, 4,4 l/100 km**

**KTM 950 SUPERMOTO** Der V2 macht sogar auf der Kartbahn Spaß, und auf der Landstraße mit größeren Radien geht die starke 950er ab wie Schmidts Katze. Zweizylinder-Supermotos liegen im Trend, gebraucht ist die 2005 eingeführte KTM allerdings kaum unter 5500 Euro zu ergattern.
**98 PS, 215 km/h, 206 kg, 5,3 l/100 km**

**MZ BAGHIRA STREET MOTO** Sanfte Supermoto oder eher radikale Funduro? Egal, die Street Moto mit ihrem eigenständigen Design (hört auch auf den Namen „Black Panther", Bauzeit von 1999 bis 2006) ist ab 2000 Euro erhältlich. Der solide Fünfventil-Single stammt von Yamaha.
**50 PS, 160 km/h, 179 kg, 4,2 l/100 km**

**YAMAHA XT 660 X** Handlich, gleichzeitig stabil. Komfortabel, aber nicht schwammig. Sparsamer, alltagstauglicher Einspritz-Einzylinder. Die XTX (seit 2004 im Programm, gebraucht ab 2500 Euro) Ist ein perfekter Allrounder. Gestylt als Supermoto, aber zu schwer für sportliche Wettbewerbe.
**48 PS, 160 km/h, 189 kg, 3,1 l/100 km**

| Telefon | Internet | Streckenlänge | Bemerkungen |
|---|---|---|---|
| 0 86 78/91 67 00 | www.kom-marktl.de | 500 Meter | Schnelle Indoor-Strecke mit Asphaltbelag, regelmäßige Lehrgänge und freie Trainings |
| 0 89/3 26 19 02 | www.ak-racing.de | 850 Meter | Dreimal die Woche Supermoto-Training im halbstündlichen Wechsel mit Leihkarts |
| 0 62 27/3 03 24 | www.msc-walldorf-astoria.de | 730 Meter | Drei Termine für freies Fahren pro Woche, Supermoto und Karts wechseln gruppenweise alle 15 Minuten |
| 03 95/7 76 87 53 | www.speedykart.de | 1000 Meter | Größte Kartbahn in Mecklenburg, auch werktags geöffnet, Campingmöglichkeiten |
| 03 47 41/7 35 55 | www.harz-ring.de | 1100 Meter | Anspruchsvoller Kurs mit Offroad-Anteil, von Dienstag bis Freitag fast immer freies Fahren möglich |
| 0 60 71/95 11 22 | www.fahrwerk.de | 1000 Meter | Reines Supermoto-Funduro-Training immer Dienstags auf dem Odenwaldring |
| 0172/2 30 62 98 | www.erzgebirgsring.de | 1350 Meter | Asphaltierte Anlieger und Sprünge, 250 Meter Offroad-Anteil, im Winter geschlossen |
| 01 63/6 32 28 34 | www.leihkart.info | 1400 Meter | Mittwoch und Sonntag freies Fahren oder Renntrainings, nach Absprache auch unter Flutlicht |

# GEBRAUCHT-BERATUNG

**Zweizylinder-Supermotos**

# QUER EINSTEIGER 2.0

**Supermotos – das waren
einmal kleine Einzylinder-Enduros mit haftstarken Straßenreifen. Die Gummis mit Grip sind geblieben,
dafür geben PS-starke Zweizylinder den Ton in der Drifter-Klasse an und wollen leistungsverwöhnte
Motorradfahrer in ihren Bann ziehen. Ein Tipp für rational kalkulierende Gebrauchtkäufer?**

Von Jörg Lohse; Fotos: Rossen Gargolov

**M**eist ist es die Vernunft, die den Neukauf vereitelt: Wer einmal eine Zweizylinder-Supermoto beim Händler Probe gefahren ist, wird mit leuchtenden Augen abgestiegen sein. Starker Motor, klasse Fahrwerk, schlanke Figur, stimmiges Design. Ein echtes Spaßgerät. Doch dann folgt mit dem Blick aufs Preisschild die Ernüchterung: Weit mehr als

10 000 Euro – da ist dann schnell Schluss mit lustig angesagt. Davon künden auch die bescheidenen Zulassungszahlen. In der aktuellen Statistik des Kraftfahrtbundesamtes nehmen die Zweizylinder-Enduros eine sehr exotische Rolle ein. Die hier vorgestellten Typen kratzen im Bestand aller in Deutschland zugelassenen Motorräder gerade mal an der 4000er Marke – bei einer Gesamtmenge von über 3,6 Millionen Bikes ein eher lächerlicher Wert. Secondhand-Interessenten kann dieses Zahlengeplänkel hingegen egal sein.

Vor allem auf Preispoker bedachte Käufer wittern bei Nischenmodellen die Chance auf ein veritables Schnäppchen. Dagegen muss man bei der sparsamen Auswahl oftmals Kompromisse machen. Deshalb der Tipp: nicht nur ein Modell in den Fokus nehmen. Wer sich zum Beispiel auf KTM versteift, wird die Suche desillusioniert aufgeben. Wer dagegen die Konkurrenz von Aprilia, BMW und Ducati mit abscannt, wird leuchtende Augen bekommen ... ■
**www.motorradonline.de/gebrauchtberatung**

# KTM 950 SUPERMOTO

**W**er hat's erfunden? Na klar, die Offroadschmiede aus Mattighofen hat das Konzept der Zweizylinder-Supermotos so richtig ins Rollen gebracht. 2005 erscheint die KTM 950 Supermoto – zweifelsohne die Erste ihrer Gattung. Wer glaubt, das sich die Konstrukteure einen leichten Job gemacht haben, indem sie die 950er-Adventure einfach zum Straßenmodell umgestrickt haben, liegt komplett falsch. Die Supermoto trägt zwar den Motor der Enduro, doch das Fahrwerk ist komplett neu und genau für das Konzept entwickelt. Der Vorteil ist auf der Straße sofort spürbar: Keine sich verwindenden, endlosen Federwege, dafür direktes Ansprechen auf Lenkimpulse plus präzise Kurswahl. In dieser Wertung können zwar perfekt abgestimmte Einzylinder-Sumos noch mithalten, doch wenn Feuer angesagt ist, sehen die Singles das Rücklicht des 98 PS starken V2 mit Doppelvergasern schnell im Kurvendickicht verschwinden. Wer die 950er stramm bewegt, sollte die von KTM als sportlich eingestufte Fahrwerksabstimmung wählen, um das Pumpen an der Hinterhand beim Herausbeschleunigen zu vermeiden.

Auf Weltklasseniveau rangiert die Bremsanlage der Supermoto: Die Doppelscheibenanlage mit Radialbremszylindern lässt sich sehr fein dosieren und vermittelt ein glasklares Feedback. Bei diesem fulminanten Wirkungsgrad ist das fehlende ABS durchaus verschmerzbar. 2007 schiebt KTM die 950 Supermoto R nach. Sie verzichtet auf Tankinhalt (14,5 statt 17,5 Liter), bietet dafür aber mit der daraus resultierenden schlankeren Taille die agilere Sitzposition. Die Gabel ist mit neuer Federrate straffer abgestimmt – unterm Strich fast schon ein idealer Schnitt zwischen sportlicher Härte und notwendigem Komfort. Kleine Verarbeitungsschmankerl wie schwarz lackiertes Rahmenheck und Schwinge (Basis: unlackiert) sowie orange lackierter Rahmen (Basis: Grau) lassen die R an Wertigkeit gewinnen. 2008 folgt mit der Einspritz-990er die Wachablösung.

## Daten (Baujahr 2005)

Zweizylinder-Viertakt-75-Grad-V-Motor, 942 cm³, 72 kW (98 PS) bei 8000/min, Gewicht 206 kg, Zuladung 194 kg, Tankinhalt 17,5 Liter, Sitzhöhe 880 mm, Höchstgeschwindigkeit 215 km/h, Verbrauch 5,3 l/100 km (Landstraße), Super

## PLUS

**Motor** hängt direkt am Gas, ist spritzig
**Bremsen** reagieren klar und präzise, lassen sich perfekt dosieren
**Fahrwerk** der R goldrichtig abgestimmt: genügend Komfort, reichlich Sport

## MINUS

**Lichtausbeute** sehr schwach, eher Funzel als Flutlicht
**Standfestigkeit** bei hartem Einsatz, ölende Dichtungen sind keine Seltenheit
**Reichweite** der R mit sehr kleinem Tank

## Marktsituation

**Die erste Zweizylinder-Supermoto ist auch die beste im Bestand:** Knapp 1500 Exemplare sind laut KBA-Statistik auf deutschen Straßen unterwegs. Die Preise beginnen in den klassischen Verkaufsbörsen im Internet bei knapp über 5000 Euro – sprich halber Neupreis bei einem Alter von rund fünf Jahren. Die jüngeren R-Modelle werden mit rund 6500 Euro gehandelt. Die Laufleistungen belegen mit rund 3000 bis 4000 Kilometern pro Jahr, dass die 950er nicht als Tourenbike taugt. Bei der Besichtigung nach harten Kampfspuren fahnden: Schleifspuren, verbogenes Rahmenheck, lose Speichen, verschlissene Dämpfer?

### Tests in MOTORRAD

▶ 15/2005 (TT), 11/2007 (FB), 14/2007 (VT)

TT = Top-Test, FB = Fahrbericht, VT = Vergleichstest; Nachbestellungen unter Telefon 07 11/1 82-12 29

### Internet

**Fansite:**
www.ktmforum.eu
**Gebrauchtangebote:**
http://markt.
motorradonline.de

## Meinung

**Oliver Ronzheimer, Profi-Stuntfahrer aus Köln:**

*Zweizylinder-Supermotos überzeugen mich nicht nur durch ihre hochwertige Machart, sondern auch durch ihr ganz spezielles Design. Auch beim Fahren ist dieser Mehrwert direkt spürbar. Für mich Highend-Fahrkultur auf zwei Rädern.*

**D**ie großen Supermotos haben für mich etwas Spezielles. Nicht nur, dass sich die Designer an diesen Bikes etwas mehr austoben durften als an „normalen" Motorrädern. Dazu kommen hochwertige Bauteile, die dem Piloten Spielereien ermöglichen, wo andere Fahrzeuge komponentenbedingt eher die Flügel streichen. Die kraftvollen Zweizylinder-Motoren, verbunden mit sportlich ausgelegten Fahrwerken machen natürlich auf Supermotostrecken eine sehr gute Figur: Das Eck andriften, ein kontrollierter Beschleu-nigungsslide aus der Kurve raus – das ist schon ein verdammt tolles Fahrgefühl. Ein weiterer Aspekt: die Agilität. Gepaart wird diese Dynamik an Bord mit einer wirklich komfortablen Laufkultur. Die kann keine Einzylinder-Supermoto bringen und heißt bei den Twins: purer Fahrspaß!

# BMW HP2 MEGAMOTO

Die Bayern geben gerne den Ton an. In der Klasse radikal gestrickter Funbikes müssen sie dagegen mächtig zurückstecken. Vielleicht ist es nicht jedermanns Sache, dass Spaß im Fall der HP2 Megamoto mit erhobenem Zeigefinger (allerdings ohne ABS-Bremse) präsentiert wird. Kurz gesagt: die Bayern-Supermoto ist ein Flop, aber deshalb noch lange kein schlechtes Motorrad. Der Boxer in verschärfter HP-Version überzeugt durch satten Durchzug, erstaunliche Drehfreude und ein für BMW-Verhältnisse ungewohnt knackig abgestuftes Getriebe. Das Ganze verpackt in ein handliches Fahrwerk, das auch im Zweipersonenbetrieb noch gefällt. Materialgüte und Verarbeitung sehen bei der Megamoto auch nach Jahren noch gut aus.

## Marktsituation

**Für ein rein auf Spaß am Fahren ausgelegtes Bike** war der Neupreis von 17 300 Euro beim Modellstart 2007 einfach zu hoch. Die Megamoto blieb bis 2010 ohne Preissteigerung im Programm, konnte sich aber nur schleppend verkaufen. In der KBA-Statistik kratzt der Boxer-Supermoto an knapp 400 zugelassenen Exemplaren. Das hat echten Liebhabercharakter und ist schlecht fürs Preispoker bei Verkaufsgesprächen. Gebrauchtlisten wie Schwacke führen die Megamoto mit Preisen zwischen 11 000 und 14 000 Euro. Wichtig beim Kauf von BMW-Bikes: auf ein lückenloses Scheckheft achten.

### PLUS
**Wendig** durch großen Lenkeinschlag
**Sitzhöhe** durch einstellbares Fahrwerk (Gabelrohrüberstand) variierbar
**Praktische** Restweitenanzeige
**Wertverlust** minimal, eben typisch BMW

### MINUS
**Seitenständer** ist schlecht erreichbar
**Sitzbank** muss mit Spezialschlüssel entfernt werden
**Staufächer** nicht vorhanden
**Gebraucht** schwer zu kriegen

### Daten (Baujahr 2007)

Zweizylinder-Viertakt-Boxer-Motor, 1170 cm³, 83 kW (113 PS) bei 7500/min, Gewicht 202 kg, Zuladung 178 kg, Tankinhalt 13 Liter, Sitzhöhe 890 mm, Höchstgeschwindigkeit 215 km/h, Verbrauch 4,6 l/100 km (Landstraße), Super Plus

### Tests in MOTORRAD

11/2007 (TT), 14/2007 (VT), 15/2007 (KV), 15/2008 (KV), 20/2009 (VT)
TT = Top-Test, VT = Vergleichstest, KV = Konzeptvergleich; Nachbestellungen unter Telefon 07 11/1 82-12 29

### Internet

**Fansite:** www.boxer-forum.de
**Gebrauchtangebote:**
http://markt.motorradonline.de

---

# APRILIA DORSODURO

Auf den ersten Blick könnte die Dorsoduro die ideale Supermoto sein: die Kraft aus zwei Zylindern schöpfen, mit dem Dreiviertelliter-Motor aber nicht das raumgreifende PS-Monster mit über einem Liter Hubraum sein. Erschütternd dagegen der Gang auf die Waage. Vollgetankt pendelt die bei 211 Kilogramm aus, da lacht selbst die Konkurrenz aus Bayern ganz schön hämisch. Bietet sie vielleicht die quirlige Dynamik einer Einzylinder-Sumo? Auch hier ist Ernüchterung angesagt. Formal macht sie auf harte Supermoto, in der wahren Landstraßenpraxis zeigt sich die Italobraut aber zu gutmütig und konventionell. Ganz schön super dagegen das Finish mit feinen Details wie per Exenter verstellbarem Ganghebel.

## Marktsituation

**Klarer Vorteil der kleinsten Zweizylinder-Supermoto ist ihr Preis.** 2008 steht die Dorsoduro für 8599 Euro im Handel, im Herbst des gleichen Jahres folgt eine ABS-Version, die allerdings üppig beaufschlagt wird (9299 Euro, ab 2009: 9699 Euro), 2010 kommt eine edler ausgestattete Factory mit hohem Karbonanteil und einstellbarer Gabel (9999 Euro). Das in dieser Klasse unter 10 000 Euro leichter Motorräder zu verkaufen sind, zeigt der Blick in die KBA-Statistik, wo die Dorsoduro rund 830 Einheiten belegt. Als Gebrauchte lockt die Aprilia weiterhin: kaum drei Jahre alt und mit etwas Geschick beim Handeln schon unter 5000 Euro zu bekommen.

### PLUS
**Freie** Wahl bei der Motorabstimmung mit drei verschiedenen Mappings
**Seitenständer** ist mit einem Klacks sicher ausgeklappt
**Funktional** durch einstellbare Hebel

### MINUS
**Tankentlüftung** schlecht positioniert
**Sitzbank** zu flach konturiert, bietet sehr wenig Komfort
**Gummistopfen** unter der Sitzbank lösen sich, Unterbau scheuert auf Rahmen

### Daten (Baujahr 2008)

Zweizylinder-Viertakt-90-Grad-V-Motor, 750 cm³, 67 kW (91 PS) bei 8750/min, Gewicht 211 kg, Zuladu 189 kg, Tankinhalt 13 Liter, Sitzhöhe 880 mm, Höchstgeschwindigkeit 200 km/h, Verbrauch 4,8 l/100 km (Landstraße), Super

### Tests in MOTORRAD

14/2008 (TT), 18/2008 (VT), 20/2009 (KV), 3/2010 (VT), 11/2010 (FB, Modell „Factory")
T = Test, VT = Vergleichstest, KV = Konzeptvergleich; Nachbestellungen unter Telefon 07 11/1 82-12 29

### Internet

**Fansite:** www.aprilia-shiver.de
**Gebrauchtangebote:**
http://markt.motorradonline.de

# DUCATI HYPERMOTARD

**E**s ist die späte Rache des Pierre Terblanche. Die Volksmeinung über die von ihm designte 999 als Nachfolge der legendären 916-Reihe war niederschmetternd. Dann die Mailänder Messe 2005: Ducati präsentiert seine neue Studie, atemberaubend und schön, die Hypermotard. Das Problem von Studien, dass sie in ihrer kompromisslos-radikalen Machart niemals in Serie gehen, bleibt der Hypermotard erspart. Die Supermoto kommt fast eins zu eins in die Läden. Ihr Herzstück ist ein alter Bekannter: Der luftgekühlte 1100er Twin brummte bereits in der Multistrada 1100. Ducati-typisch gibt es die Hypermotard sowohl in Standardausführung und als teure S-Klasse. 1100 S heißt: Öhlins-Federbein, kohlenstoffbeschichtete Gabelgleitrohre, Karbonblenden, Alu-Schmiederäder. Was teuer klingt, ist es auch: 2000 Euro Aufpreis kostet der Spaß im Neuzustand. Spannende Frage: Wie fährt sich das Designerbike? Bei der 999 fiel die Form durch, dafür gefiel sie in der Praxis. Für die Hypermotard gilt leider der Umkehrschluss. Die Sitzprobe fällt zunächst positiv aus. Schmale Taille, breiter Lenker, aufrechte Position – der Pilot wähnt sich eher auf einer quirligen 600er denn auf einer mächtigen 1100er. Doch die abschüssige Sitzbank lässt ihn immer wieder nach vorne und zu nah an den Lenker rutschen. Das ist nicht nur unkomfortabel, sondern von der Grundhaltung an Bord ganz schön passiv. Damit müsste die Hypermotard in der hyperaktiven Supermoto-Fangemeinde schnell durchgereicht sein. Zumal sie im engen Winkelwerk mit schleifenden Rasten allzu früh aufgibt. Deutlich besser lässt sich die Duc auf Landstraßen mit weitem Schwung bewegen – mit einem Fahrwerk, das auch üble Buckelpisten wunderbar glatt bügelt.

## PLUS

**Ölkontrolle einfach per Schauglas**
**Einstellmöglichkeiten am Federbein**
**einfach zu bewerkstelligen**
**Komfortabler Soziusplatz**
**Display vom Lenker aus bedienbar**

## MINUS

**Klappspiegel sehen toll aus, bieten aber in der Praxis keine Rücksicht**
**Lichtausbeute sehr mäßig**
**Federbein nicht vor aufgewirbeltem Dreck geschützt**

## Marktsituation

**Bei Ducati-Käufern isst das Auge mit:** Die Hypermotard hat nicht nur als Studie begeistert, sondern wurde auch gekauft. Der KBA-Bestand listet rund 900 Exemplare auf – damit steht die Duc im Ranking der Zweizylinder-Sumos auf Platz zwei. 2007 beginnt der Verkauf von Standard- und S-Hypermotard (11 245/13 245 Euro). Beide bleiben bis 2009 im Programm und werden 2010 von der Hypermotard Evo und Evo SP (leichter, stärker) abgelöst. Seit 2010 gibt es die Baby-Hypermotard 796. Gebraucht wird das Terblanche-Bike ab 7000 Euro gehandelt. Pflicht bei der Besichtigung: Inspektionsintervalle, Zahnriemenwechsel.

### Tests in MOTORRAD

▶ 13/2007 (TT), 14/2007 (VT), 19/2007 (KV), 5/2008 (VT), 20/2009 (KV)

T = Test, VT = Vergleichstest, KV = Konzeptvergleich;
Nachbestellungen unter Telefon 07 11/1 82-12 29

### Internet

**Fansite:** www.diva-di-bologna.de
**Gebrauchtangebote:**
http://markt.motorradonline.de

## Daten (Baujahr 2007)

Zweizylinder-Viertakt-90-Grad-V-Motor, 1079 cm³, 62 kW (84 PS) bei 7500/min, Gewicht 196 kg, Zuladung 194 kg, Tankinhalt 12,4 Liter, Sitzhöhe 855 mm, Höchstgeschwindigkeit 215 km/h, Verbrauch 4,3 l/100 km (Landstraße), Super

## GEBRAUCHT-BERATUNG  Naked Bikes aus Italien

**M**achen wir uns nichts vor: Im Neuzustand würden einige Bikes auf diesen vier Seiten durchs Raster eines rational kalkulierenden Verbrauchers fallen. Pleiten in der Vergangenheit, zahlreiche Besitzerwechsel und dann in ein Bike investieren, das kostentechnisch weit jenseits der 10 000 Euro angesiedelt ist? Diese Ausgabe erscheint vielen verständlicherweise zu riskant. Andererseits haben uns die Italo-Bikes ob ihrer scharfen Machart und mit ihren potenten Motoren im Zwei-, Drei- und Vierzylinder-Layout schon immer mächtig angetörnt. Als Gebrauchte locken sie auf den gängigen Verkaufsportalen bereits zu überschaubaren Einstiegspreisen. Weniger als 5000 Euro – soll man es wagen? Die Antwort könnte von Radio Eriwan stammen: im Prinzip ja, aber … Natürlich brauchen Sie auch für ein Gebrauchtbike ein funktionierendes Händlernetz für Wartungsarbeiten und die zeitnahe Beschaffung von Ersatzteilen. Deshalb sollten gerade die günstigen Angebote besonders kritisch geprüft werden: Stehen eventuell teure Inspektionsarbeiten an, fehlt es an der Beschaffung eines wichtigen Ersatzteils?

www.motorradonline.de/gebrauchtberatung

# CIAO RAGAZZI

**Balsam für die Seele oder Seelenverkäufer? Diese nackten Italo-Bikes törnen zwar optisch an, können aber als Gebrauchte mit hohen Folgekosten schwer aufs Gemüt schlagen. Sechs scharfe Schürzenjäger im Gebrauchtcheck.**

Von Jörg Lohse; Fotos: Michael Orth (1), Hersteller

# BENELLI TNT 1130

**D**ie TnT ist in unserem Sextett klar der Typ mit weit aufgeknöpftem Hemd, Brustpelz und fetter Goldkette. Vor allem reizt sie Dreizylinder-Fans, denen der Nadelstreifenauftritt einer Triumph Speed Triple zu brav und bieder ist. Interessant ist, dass die wild zerklüftete Benelli auf der Straße einen sauberen Strich hinlegt: Steifes Fahrwerk und famose Bremse gefallen beim verschärften Landstraßenritt. Der Motor hingegen schreit nach Drehzahlen und Schaltarbeit – beim gemächlichen Rollen trüben verzögerte Gasannahme und Konstantfahrruckeln den Spaß. Vorsicht bei der Abstimmung: Manche TnTs sind fett abgestimmt, lassen nicht nur eine Menge Sprit durchlaufen (neun Liter auf 100 km sind keine Seltenheit) und pusten über den Underseat-Auspuff einiges an unverbrannten Kohlenwasserstoffen raus – TnT-Treiber haben im Regelfall mehr Benzin auf der Jacke als im

Blut. Bei Gebrauchten kann die Elektrik mangels Feinschliff (offene Stecker) Probleme machen. Das Hin und Her um die Marke erschwert die Ersatzteilversorgung. Nur bei erstklassig gewarteten Bikes zuschlagen. Preis: ab 6000 Euro.

**PLUS**
**Inforeiches** Cockpit mit gut **ablesbarem Drehzahlmesser**
**Starke** Durchzugswerte
**Sensibel** ansprechendes Fahrwerk
**Kraftvolle** Bremsanlage von Brembo

**MINUS**
**Kupplung** sehr schwergängig
**Teils schlampig verarbeitet,** kann für **Alltagsbikes zum Problem werden**
**Lästiger Schluckauf** bei Konstantfahrt
**Geringe** Reichweite

**Daten** (Baujahr 2004)

Wassergekühlter Dreizylinder-Viertakt-Reihenmotor, 1131 cm³, 99 kW (135 PS) bei 9250/min, Gewicht 220 kg, Tankinhalt/Reserve 16/5 Liter, Sitzhöhe 810 mm, Höchstgeschwindigkeit 250 km/h, Verbrauch (Landstraße) 5,6 l/100 km, Super

# APRILIA TUONO

**PLUS**

**Kraftvoll** zupackende Brembo-Bremsen
**Überzeugend** entspannte Sitzposition
**Im Detail** sehr schön verarbeitet
**Praktische** Kontrollmöglichkeit von
Öl und Kühlflüssigkeit

**MINUS**

**Erste Generation** zu lang übersetzt und
mit kleinem Leistungsloch bei 5000/min
**Trotz Lenkungsdämpfer** leichtes Pendeln
bei Topspeed
**Kupplung** mit hoher Handkraft

Wir haben die supersportlich erfolgreiche Mille. Was passiert, wenn wir die Verkleidung abpflücken und eine Lenkstange mit Risern auf die Gabelbrücke setzen?" Diese doch recht einfachen Gedanken hatte offensichtlich die Entwicklungscrew der Aprilia Tuono. Doch einfache Rezepte gehen in der Regel auf und sind verdammt nahrhaft. Die Tuono hat sich seit ihrer Premiere 2003 einen festen Platz in der Naked-Bike-Liga erobert. Vor allem, weil die Basis stimmt: die ausgereifte Technik der supersportlichen Schwester Mille mit ihrem fulminant guten Fahrwerk und einem stark zupackenden V2. Das Ganze ist dirigierbar aus einer entspannten, fast schon aufreizend lässigen Sitzposition heraus. Kleine Probleme bei der ersten Tuono-Generation:

die zu lange Übersetzung, die untenherum zu Kettenschlagen führt, und ein kleines Leistungsloch, das beim Rausbeschleunigen nervt. In der zweiten Generation ab 2005 gefällt die Abstimmung für die flotte Landstraßenhatz deutlich besser. Eine gute Verarbeitung sowie ein größtenteils sehr engagiertes Händlernetz (Aprilia gehört seit 2004 zu Piaggio) machen die Tuono

als Gebrauchte interessant. Bereits unter 4000 Euro gibt es gut erhaltene Modelle der ersten Generation im scheckheftgepflegten, unverbastelten Originalzustand.

**Daten** (Baujahr 2004)

Wassergekühlter Zweizylinder-Viertakt-V-Motor, 998 cm³, 92 kW (125 PS) bei 9500/min, Gewicht 215 kg, Tankinhalt/Reserve 18/4 Liter, Sitzhöhe 830 mm, Höchstgeschwindigkeit 245 km/h, Verbrauch (Landstraße) 5,5 l/100 km, Super

---

**Interview**

# „Auch mit 40 000 Kilometern noch zuverlässig!"

**Hendrik Krafft ist Verkaufsleiter bei Limbächer & Limbächer (bei Stuttgart), einem der größten deutschen Motorradhändler (www.limbaecher.de)**

**?** Exotenstatus, schwierige Ersatzteilversorgung: Kann man ruhigen Gewissens zum Kauf eines gebrauchten Italo-Bikes raten?

**!** Generell spricht nichts gegen den Kauf von gebrauchten Italienern. Man sollte sich aber der unterschiedlichen Liefersituationen für Ersatzteile bewusst

sein. Bei Ducati gibt es keine Probleme, auch Aprilia und MV funktionieren über den Fachhandel gut. Bei Benelli und Moto Morini kann es jedoch problematisch werden. Deshalb sollte man vor allem bei der Suche nach Gebrauchtmaschinen auf ein scheckheftgepflegtes Bike achten. Wenn man die Intervalle einhält und den Service beim Vertragshändler macht, sind es sehr zuverlässige Fahrzeuge, die wir schon mit über 40 000 Kilometern guten Gewissens wieder verkauft haben.

**?** Ist der Wartungsaufwand höher und kostenintensiver als bei vergleichbaren Modellen aus Japan?

**!** Nicht generell, das kommt aufs Modell an. Manche Service-Intervalle sind teilweise doppelt so lang: Es gibt Ducatis, die alle 12 000 Kilometer zur Inspektion müssen, dagegen Hondas, die bereits nach 6000 Kilometern fällig sind. Dafür sind die Servicearbeiten bei Langzeitintervallen für den Mechaniker teilweise aufwendiger,

aber unterm Strich gleicht sich das wieder aus. Man sollte unbedingt zum Vertragshändler gehen, weil der die ein oder anderen Tricks und Optimierungen draufhat, die nicht unbedingt in der Bedienungsanleitung stehen.

**?** Sind Motorräder aus Italien mit ihrem starken Namen in der Summe wertstabiler als Japan-Bikes?

**!** Das kommt auf die jeweilige Marke an. Ducati steht momentan hoch im Kurs, hat ein super Image und ist sehr wertstabil, da viele Modelle inzwischen Liebhaberstatus haben. Eine Marke, die immer wieder Besitzerwechsel hat und zudem die Ersatzteilversorgung und Garantieabwicklung nur schwer gewährleisten kann, steht natürlich auch auf dem Gebrauchtmarkt nicht so hoch im Kurs. Wenn man etwas Wertstabiles und Besonderes fahren will und eine teilweise längere Wartezeit bei Ersatzteilen in Kauf nehmen kann, ist man mit einem Italo-Bike genau richtig beraten.

# MV AGUSTA BRUTALE 750/910

**S**ie ist ein Meilenstein in der Motorradwelt, die Brutale hat sich ohne Zweifel neben Ducati 916 und Honda RC30 einen festen Platz in der Hall of Fame erobert. Sie ist das Werk des Ausnahmetalents Massimo Tamburini, Mitgründer von Bimota, Vater der 916 und Brutale-Schwester F4. Kommen wir zum eigentlichen Problem von Design-Ikonen: Fahrbarkeit und Alltagsnutzen. Nach Jahren des War-

tens und der Ankündigungen (keine Seltenheit bei Italo-Marken mit Kleinserienbudget) stand 2003 endlich die 750er-Brutale auf der Straße. Die Klangprobe des Fours überzeugt, doch um ordentlich vorwärts zu kommen, muss nicht nur mächtig gedreht werden, sondern für einen standesgemäßen Ampelstart der alte 50er-Trick mit schleifender Kupplung herhalten. Die verzögerte Gasannahme mit schwergängigem

Gasgriff macht es einem Brutalinski am Lenker ebenfalls nicht leicht. Auch das Hubraumplus bei der Brutale 910 (ab 2005) hat unterm Strich wenig gebracht: Die unwirsche Gasannahme und hohe Kupplungskräfte nerven, das Fahrwerk ist und bleibt bockhart und will erst (wie der Motor) beim zornigen Ritt mit einem Messer zwischen den Zähnen gefallen. Das Hickhack um die Marke (das mit dem Tod von Firmenboss Castiglioni wird nicht enden wird) macht einen Gebrauchtkauf für Ökonomen nicht interessant, zumal die Brutale alles andere als ein Alltagsbike ist. Nur für Sammler, ab 6000 Euro.

## PLUS

**Im Detail** sehr stimmig und durchdacht aufgebaut (Änderung Übersetzung, verstellbare Rasten, Instrumente)
**Motor** sehr drehfreudig
**Fahrwerk** mit rennsportlichen Reserven

## MINUS

**Federelemente** sprechen bei der 750er sehr widerwillig an
**Untenherum** schlechte Gasannahme
**Ersatzteilversorgung** problematisch
**Hoher** Verbrauch

**Daten** (910 R, Baujahr 2007)

Wassergekühlter Vierzylinder-Viertakt-Reihenmotor, 909 cm³, 100 kW (137 PS) bei 11 000/min, Gewicht 205 kg, Tankinhalt/Reserve 19/4 Liter, Sitzhöhe 820 mm, Höchstgeschwindigkeit 257 km/h, Verbrauch (Landstraße) 7,4 l/100 km, Super

# CAGIVA V-RAPTOR

## PLUS

**Seidenweicher** Motor mit toller Leistungsentfaltung
**Niedrige** Sitzhöhe
**Narrensichere** Lenkpräzision
**Praxisgerechte** Getriebeabstimmung

## MINUS

**Schwache Bremsen** kommen bei Passabfahrten gefährlich nah ans Limit
**Weiche Fahrwerksabstimmung** kann auf schlechten Straßen nicht gefallen
**Gebraucht** teils arg runtergerockt

**Daten** (Baujahr 2000)

Wassergekühlter Zweizylinder-Viertakt-V-Motor, 996 cm³, 82 kW (111 PS) bei 8500/min, Gewicht 211 kg, Tankinhalt 18 Liter, Sitzhöhe 780 mm, Höchstgeschwindigkeit 231 km/h, Verbrauch (Landstraße) 6,1 l/100 km, Super

**P**uristen mögen jetzt die Nase rümpfen, denn die V-Raptor (Bauzeit 2000 bis 2005) geht nicht bei allen Stiefelfetischisten als reinrassiges Italo-Bike durch. Im Gittergeflecht hängt nämlich ein Japan-Twin: V-Raptor wie auch das unverschale Schwestermodell Raptor 1000 werden vom fulminanten V2 aus der seligen Suzuki TL 1000 angefeuert. Der Motor

ist über jeden Zweifel erhaben, auch fahrwerksseitig macht die Cagiva im Normalbetrieb auf der Landstraße richtig Laune. Wer fordernd, sprich sportlich unterwegs ist, wird schneller als mit den anderen Bikes aus diesem Sextett an Grenzen stoßen. Das Suzuki-Herz macht die Cagiva als Gebrauchte in Sachen Ersatzteilversorgung sehr interessant. Allerdings hat die V-Raptor bereits im Neuzustand nicht durch eine saubere Verarbeitung geglänzt. Gebrauchte sollten extrem gründlich gecheckt werden. Unverbastelt mit Glück ab 3500 Euro ein echter Schnäppchentipp.

# MOTO MORINI CORSARO 1200

Schade, erst die Firmenpleite vor gut anderthalb Jahren, jetzt mit neuem Eigner ein erneut ungewisser Anfang. Das wird rational agierende Gebrauchtkäufer eher abschrecken. Dabei hat der Relaunch von 2005 verheißungsvoll ausgesehen. Schließlich

hat kein geringerer als Franco Lambertini, Vater der in der rührigen Fangemeinde hochgelobten Moto Morini 3 ½, den 1200er-V-Twin technisch delikat und sehr kurzhubig angerichtet. Das Lambertini-Herz ist es, was die Corsaro auszeichnet: exorbitante Leistungsentfaltung, präzise Schaltung und zur Krönung des flotten Vortriebs eine gute Anti-Hopping-Kupplung. Herz, was willst du mehr? Nun, die ersten Korsaren nervten mit schlechtem Startverhalten, zu fetter Abstimmung und damit hohem Verbrauch – ein Punkt, der sich über die Jahre nicht wirklich gebessert hat. Gebrauchtinteressenten sollten sich vor dem Kauf um eine engagierte Werkstatt kümmern. Schwer zu bekommen, Tipp für Sammler, Preise ab 6000 Euro.

**PLUS**

**Im Detail** sehr gut verarbeitet, sauber verschweißter Rahmen
**Gut zugängliche** Einstellschrauben am Fahrwerk
**Kraftvolle,** gut dosierbare Bremsen

**MINUS**

**Hoher** Benzinverbrauch
**Bei zu fetter Abstimmung** schlechtes Startverhalten und dürftiges Ansprechen im Teillastbereich
**Öleinfüllstutzen** schlecht zugänglich

**Daten** (Baujahr 2005)

Wassergekühlter Zweizylinder-Viertakt-V-Motor, 1187 cm$^3$, 103 kW (140 PS) bei 8500/min, Gewicht 220 kg, Tankinhalt/Reserve 17/6 Liter, Sitzhöhe 830 mm, Höchstgeschwindigkeit 250 km/h, Verbrauch (Landstraße) 7,2 l/100 km, Super

# DUCATI MONSTER S4 R/RS

Sie sind auf der Suche nach einer sicheren Wertanlage mit dynamischer Entwicklung, die alle Tage Spaß macht und zudem bei stiller Betrachtung noch ein Lächeln auf die Lippen zaubert? Dann sind Sie genau der Monster-Typ. Am besten greifen Sie aus diesem fast schon unerschöpflichen Familienclan genau die S4 R, bzw. S4 RS (ab Baujahr 2006) heraus. Bei beiden ist es vor allem der aus der 999 bekannte Testastretta-Motor, der ihren besonderen Reiz ausmacht. Ducati-Kenner wissen, das S am Ende steht für Ö wie Öhlins. Mit dem Schweden-Fahrwerk hat die S4 RS im Neuzustand knapp 3000 Euro mehr gekostet, der Preisunterschied relativiert sich zwar im Gebrauchtmarkt, ist aber immer noch spürbar. Ob man eher zur Basis-Version greifen sollte, ist ohnehin fraglich. Sowohl im Öhlings-Dress wie auch in Standardausführung (mit Showa-Gabel und Sachs-Federbein, ebenfalls voll einstellbar) müssen Einbußen beim Abrollkomfort und der Transparenz in Kauf genommen werden. Grundsätzliches Problem: hinten zu straff, vorne zu

weich. Das stört die Harmonie. Zudem kommt es auf die Reifen an. Den besten Eindruck haben bislang Michelin Pilot Power 2CT hinterlassen. Pflicht beim Gebrauchtkauf: Die Monster sollte scheckheftgepflegt sein, obligatorisch ist die Frage nach dem letzten Zahnriemenwechsel. Preise für Standard-S4 R ab 6000 Euro.

**PLUS**

**Souveränes** Triebwerk mit toller Leistungscharakteristik und breit nutzbarem Drehzahlband
**Starke** Bremsleistung
**Saubere** und gefällige Verarbeitung

**MINUS**

**Fahrwerksabstimmung** in Öhlins- und Standardversion unausgewogen
**Sitzposition** zu passiv ausgelegt
**Einstellarbeiten** am Federbein durch schlechte Zugänglichkeit erschwert

**Daten** (S4 R, Baujahr 2006)

Wassergekühlter Zweizylinder-Viertakt-V-Motor, 997 cm$^3$, 89 kW (121 PS) bei 9500/min, Gewicht 206 kg, Tankinhalt/Reserve 15/3,5 Liter, Sitzhöhe 820 mm, Höchstgeschwindigkeit 245 km/h, Verbrauch (Landstraße) 4,7 l/100 km, Super

# GROSSE CRUISER

## MASSEN-
## BEWEGUNG

Ein kurzer Dreh am Gasgriff, und schon bewegt sich die Erde ein klein wenig anders. Große Cruiser bieten reichlich Potenzial, um dem Leben mehr Thrill zu verpassen. MOTORRAD klärt, was die Big-Block-Bikes als Gebrauchte bieten.

Träge, fett, unhandlich. Diese Vorurteile sind schnell zu hören, wenn die Gesprächsrunde an Stammtischen oder Treffpunkten beim Thema „Chopper und Cruiser" ankommt. Dem ist eigentlich nichts hinzuzufügen: Chopper und Cruiser sind träge, fett und unhandlich – wenn man es rein objektiv und vom Sattel eines schnörkellosen Allround-Motorrads aus betrachtet. Das Problem ist aber: Aus dieser Perspektive darf man diese Maschinengattung nicht betrachten. Sollte man sich als Genrefremder zum ersten Mal in den Sattel eines Lowriders schwingen, muss man zunächst sämtliches Wissen und alle Erfahrung in puncto Zweirad auf null setzen. Quasi die Reset-Taste drücken. Vergessen Sie den Wunsch, sich flott durch Kurven zu schwingen. Vergessen Sie überhaupt die Suche nach einer kernigen Schräglage. Vergessen Sie erst recht die Sucht nach Highspeed. Das, was gemeinhin den Reiz des Motorradfahrens ausmacht – auf einem Flacheisen werden Sie dieses kaum finden. Dafür aber eine Erlebniswelt der ganz anderen Art. Das Grummeln in der Magengegend, wenn ein mächtiger V-Motor zum Leben erwacht. Das Gefühl von Gelassenheit, wenn bereits beim Losrollen die letzte Gangstufe eingelegt werden kann. Machen Sie eine Probefahrt und vergessen Sie dabei nicht, einen Jethelm aufzusetzen. Ein Integralhelm würde Ihr breites Grinsen nur unnötig einengen. In dieser Gebrauchtberatung haben wir sieben unterschiedliche Typen von sieben Herstellern zusammengefasst. Klassiker wie die Harley-Davidson Fat Boy oder die Yamaha XV 1600 Wild Star sind genauso dabei wie die beiden Paradiesvögel BMW R 1200 C und Triumph Rocket III. Neu war keiner dieser Großraum-Cruiser mit Preisen zwischen 10 000 und 20 000 Euro als Schnäppchen zu erstehen. Dafür aber als Gebrauchte. Denn Chopper und Cruiser werden fast immer in einem außergewöhnlich guten Pflegezustand angeboten. Noch dazu mit einer extrem geringen Laufleistung. Das sind Pluspunkte, die man auf dem Gebrauchtmarkt normalerweise nicht so einfach geboten bekommt. Dennoch ist auch Vorsicht geboten. Chopper und Cruiser sind gern genommene Umbau-Objekte und im Original-Zustand schwer zu bekommen. Worauf Sie beim Kauf achten sollten, steht auf Seite 34.

Und nun halten Sie sich fest und ziehen den Kinnriemen strammer. Wir drücken auf den Startknopf. Mächtige Motoren erwachen und zaubern drehmomentgewaltige Striche auf den Asphalt. Willkommen in der fetten Welt der Cruiser.

# SUZUKI VL 1500 INTRUDER

## DATEN

**Neupreis 1998: 9965 Euro**

**Motor:** luft-/ölgekühlter Zweizylinder-Viertakt-V-Motor, 1462 cm³, 50 kW (68 PS) bei 4800/min, 114 Nm bei 2300/min, Vergaser, keine Abgasreinigung, E-Starter, Fünfganggetriebe, Kardan.

**Fahrwerk:** Doppelschleifenrahmen aus Stahl, Telegabel, Zentralfederbein, Scheibenbremse vorn und hinten, Reifen 150/80 H 16, 180/70 H 15.

**Messwerte (MOTORRAD 4/1998):** Gewicht vollgetankt 315 kg; Tankinhalt 15,5 Liter; Verbrauch Landstraße 6,5 l/100 km (Normal); Höchstgeschwindigkeit 160 km/h; Beschleunigung 0–100 km/h: 5,5 sek.

## STÄRKEN UND SCHWÄCHEN

+ Satter Durchzug
+ Komfortable Sitzbank für Fahrer und Sozius
+ Wartungsarmer Kardanantrieb
− Lasche Bremswirkung
− Unhandlich durch breites Vorderrad
− Schwer

**PREISE:** Zehn Jahre alte Modelle werden bei Schwacke mit rund 4400 Euro (bei 50 000 Kilometer Laufleistung) notiert, 2002er-Modelle kosten nach Liste knapp 5800 Euro (30 000 Kilometer). In der Realität liegen die Laufleistungen aber deutlich darunter. Privat- und Händlerangebote bewegen sich zwischen 5000 und 8000 Euro.

## TESTS IN MOTORRAD*
4/1998 (T), 10/1999 (VT)

Mit dem Vorgängermodell VS 1400 heizte Suzuki den Amerikanern so richtig ein. Bis dahin war die Welt der „echten" Chopper eine amerikanische Domäne. Mittels Kampfpreis (6000 Euro unter einer vergleichbaren Harley) und Kampfnamen Intruder (zu Deutsch „Eindringling") wollte man die Chopper-Fans auf die fernöstliche Seite ziehen. Was sehr gut geklappt hat: Über 20 000 klassische Intruder sind hierzulande immer noch unterwegs. Der 1998 gestarteten VL 1500 gab man ein deutlich barockeres Aussehen mit auf den Weg. Unter riesigen Kotflügeln rotieren mächtige Räder. Doch gerade das breite 150er-Vorderrad macht die VL sehr unhandlich. Zudem stemmt sie gegenüber der 1400er ein Mehrgewicht von über einem Zentner auf die Waage. Im Fahrbetrieb nerven aufgrund der geringen Schwungmasse bei untertourigem Fahren derbe Schütteleien, das üppige Sitzkissen erscheint auf langen Etappen eine Spur zu weich. Rund 4500 VL 1500 cruisen zurzeit über deutsche Straßen, die meisten von ihnen mit geringer Laufleistung und in einem top Pflegezustand.

**FAZIT:** Suzukis Intruder-Reihe hat längst eine eigene Fangemeinde um sich geschart. Unterm Strich gilt die VL als sehr zuverlässig. Bei der Besichtigung sollte man aber unbedingt auf Ölundichtigkeiten an Motor und Kardanantrieb achten.

# Von Choppern und Cruisern WAS IST WAS?

**Harley-Davidson Street Bob**

der 650 Indiana dabei. Heute sind waschechte Chopper nahezu ausgestorben. Einzig Harley-Davidson hat mit der Street Bob und der Rocker noch Vertreter der alten Zunft im Programm. Ab Mitte der Neunziger haben sich die Cruiser entwickelt, die eine ähnlich lang gestreckte, flache Silhouette besitzen. Doch im Gegensatz zu den puristisch aufgebauten Choppern sind Cruiser mit ausladend geschwungenen Kotflügeln oder breiten Trittbrettern sehr üppig und barock ausstaffiert. Beide interpretieren das Thema Motorrad auf ganz eigene Weise. Auf den Punkt bringt es Bruce Willis in Tarantinos Kultfilm „Pulp Fiction": „Das ist kein Motorrad, das ist ein Chopper, Baby!"

**Suzuki M 1800 R**

Breiter Hinterreifen, das Sitzkissen knapp über der Asphaltdecke, dazu flach angestellte Gabel und hoch gezogener Lenker. Das sind die wesentlichen Eckdaten eines klassischen Choppers. Massiv beflügelt wurde dieses Konzept vor knapp 40 Jahren durch den Kultfilm „Easy Rider". Der Boom ließ nicht lange auf sich warten. In den Achtzigern setzte nahezu jeder Hersteller auf den Chopper, selbst Ducati war mit

# HONDA VTX 1800

## DATEN

**Neupreis 2001: 16 190 Euro**

**Motor:** wassergekühlter Zweizylinder-Viertakt-V-Motor, 1795 cm³, 71 kW (97 PS) bei 5000/min, 156 Nm bei 3000/min, Einspritzung, geregelter Katalysator mit Sekundärluftsystem, E-Starter, Fünfganggetriebe, Kardan.

**Fahrwerk:** Doppelschleifenrahmen aus Stahl, Upside-down-Gabel, Zweiarmschwinge, zwei Federbeine, Doppelscheibenbremse vorn, Scheibenbremse hinten, Single-CBS, Reifen 130/70 R 18, 180/70 R 16.

**Messwerte (MOTORRAD 17/2001):** Gewicht vollgetankt 345 kg; Tankinhalt 17 Liter; Verbrauch Landstraße 6,4 l/100 km (Normal); Höchstgeschwindigkeit 189 km/h; Beschleunigung 0–100 km/h: 4,8 sek.

S ie glänzte mit Honda-typischer Perfektion und etlichen Technik-Schmankerln, doch echte Cruiser-Fans schien das kaum zu berühren: Die 1800er-VTX entpuppte sich als Flop. Laut Statistik des Kraftfahrt-Bundesamts sind offiziell knapp 650 Exemplare in Deutschland zugelassen, dementsprechend ruhig verläuft der Handel mit dem gebrauchten V-Zwo, der 2006 aus dem Programm genommen wurde. Eigentlich schade, denn der Motor des Powercruisers spielt mit mächtigen Leistungswerten auf, die – so das Fazit im MOTORRAD-Top-Test – „süchtig machen". Gepaart wird das machtvolle Wummern mit einem sehr neutral agierenden Fahrwerk, das der VTX trotz ihrer 345 Kilogramm zur verblüffenden Dynamik verhilft.

**FAZIT:** Die VTX gibt es in der Regel als top gepflegte ebrauchte. Sie ist ein echter Tipp für Freunde dynamischer Fahrkultur.

**TESTS IN MOTORRAD***
17/2001 (TT); 19/2001 (VT); 17/2003 (VT)

## STÄRKEN UND SCHWÄCHEN

+ Stabil bis Topspeed
+ Einfache Ölkontrolle
+ Wartungsarmer Kardanantrieb
− Setzt früh auf
− Handhebel nicht einstellbar
− Erfordert teils hohe Lenkkräfte

**PREISE:** Die Gebrauchtpreise orientieren sich genau an den Schwacke-Vorgaben. Dort wird die 2001er-VTX für 8500 Euro (50 000 Kilometer) gelistet. 2006er-Modelle werden mit 12 500 Euro angegeben (10 000 Kilometer). Die realen Kilometerleistungen sind bei allen Baujahren meist nur vierstellig.

# KAWASAKI VN 1600

## DATEN

**Neupreis 2003: 11 395 Euro**

**Motor:** wassergekühlter Zweizylinder-Viertakt-V-Motor, 1553 cm³, 49 kW (67 PS) bei 4700/min, 127 Nm bei 2700/min, Einspritzung, ungeregelter Katalysator mit Sekundärluftsystem, E-Starter, Fünfganggetriebe, Kardan.

**Fahrwerk:** Doppelschleifenrahmen aus Stahl, Telegabel, Zweiarmschwinge mit zwei Federbeinen, Doppelscheibenbremse vorn, Scheibenbremse hinten, Reifen 130/90 H 16, 170/70 HB 16.

**Messwerte (MOTORRAD 9/2003):** Gewicht vollgetankt 345 kg; Tankinhalt 20 Liter; Verbrauch Landstraße 5,7 l/100 km (Normal); Höchstgeschwindigkeit 180 km/h; Beschleunigung 0–100 km/h: 5,6 sek.

L ong and low. Der Japan-Cruiser aus dem Hause Kawasaki braucht sich auch vor der „echten" Konkurrenz aus den USA nicht zu verstecken. Der Auftritt ist eigenständig und unterm Strich sehr harmonisch abgestimmt. Obwohl die VN mit 345 Kilogramm wahrlich kein Leichtgewicht ist, lässt sie sich zielgenau durch Kurven steuern. Zwar ist die Sitzposition selbst für Cruiser-Verhältnisse zu weit hinten angesiedelt, doch im Fahrbetrieb stört dies kaum. Mit den gemessenen 63 PS ist die Kawa nicht gerade üppig motorisiert und trotz kurzhubiger Auslegung kein Ausbund an Agilität und Drehfreude. Dafür wirft die 1600er in der Paradedisziplin der Cruiser – dem entspannten Gleiten bei niedrigen Drehzahlen – ein mächtiges Brikett ins Feuer. Denn das Drehmomentmaximum von 127 Nm liegt bereits bei 2700/min an.

**FAZIT:** satter Hubraum, reichlich Punch, mächtig viel Chrom. Die VN ist ein Tipp für Klassik-Fans.

**TEST IN MOTORRAD***
9/2003 (VT)

## STÄRKEN UND SCHWÄCHEN

+ Sehr bequeme Sitzposition
+ Fein ansprechendes Fahrwerk
+ Zielgenau zu steuern
− Giftige Hinterradbremse
− Motor zu soft abgestimmt
− Dürftiger Sound

**PREISE:** Bei Schwacke beginnen die ersten Modelle von 2003 bei rund 6500 Euro (40 000 Kilometer). Jüngere Gebrauchte von 2006 werden mit 8500 Euro (10 000 Kilometer) angegeben. Diese Preise werden auch tatsächlich verlangt. Allerdings bewegt sich die Kilometerleistung deutlich unter der Schwacke-Taxierung.

## Auf zur Leistungsschau  STARKE TYPEN

**Palatina-Rocket III**

D ie Zeiten, in denen sich Chopper- und Cruiser-Fans wegen mageren Leistungsangaben manch spöttische Bemerkung an Stammtisch oder Treffpunkt gefallen lassen mussten, sind längst passé. Heute dreht die Gemeinde kräftig am Quirl. Den Vogel hat Triumph mit der Rocket III abgeschossen. Mit 2,3 Litern Hubraum und 200 Newtonmetern Drehmoment haben die Briten die Latte sehr hoch gehängt. Da bleibt selbst für Tuner wie Triumph-Spezialist Palatina (Foto) wenig Spielraum. Aber auch die Japan-Konkurrenz hat mächtig aufgeholt. Als standesgemäß gelten mittlerweile Hubräume zwischen 1,8 und zwei Litern. Analog dazu wuchs die Leistung im Schnitt auf über 100 PS. Allerdings gilt es nach wie vor, diese Kraft souverän auf die Straße zu bringen. Insgesamt haben die Cruiser aufgrund guter Fahrwerke zwar an Fahrbarkeit zugelegt. Auch sind die Bremsen deutlich standfester geworden. Doch durch überbreite Reifen und geringe Schräglagenfreiheit wird die Agilität deutlich eingeschränkt. Bleibt als überzeugendstes Argument der satte Punch, mit dem Powercruiser bereits ab Standgas losmarschieren.

*T = Test, TT = Top-Test, VT = Vergleichstest; Nachbestellungen unter Telefon 07 11/1 82-12 29

# BMW R 1200 C

**B**MW ist bekannt für unkonventionelle Lösungen. So auch im Fall der R 1200 C. Und räumt ganz nebenbei mit dem Grundsatz auf, dass Chopper und Cruiser stets über einen V-Motor verfügen müssen. Aber nicht nur der Boxer sticht aus der Masse der Langgabel-Fahrzeuge heraus. Fahrwerksseitig vertritt BMW ebenfalls unkonventionelle Ansichten, indem die 1200er sehr offensiv die Vorderradführung per Telelever und am Hinterrad die Kardan-bestückte Einarmschwinge in Szene setzt. Der Paradiesvogel im Easy-Rider-Revier hat nicht nur James Bond im Dienste Ihrer Majestät zum Aufsatteln bewogen. Mit einem aktuellen Bestand von rund 9500 Maschinen inklusive des Sondermodells „Independent" (Einzelsitz, Alu-Räder, Windschild) stellt sie viele herkömmlich gestaltete Cruiser deutlich ins Abseits.

**FAZIT:** Wer auf sattes Blubbern ab Standgas und niedertouriges Gleiten steht, sollte die Finger vom Boxer lassen. Wer aber einen dynamischen Cruiser mit präzisem Fahrwerk sucht, sollte eine Probefahrt vereinbaren.

## DATEN

**Neupreis 1997: 12 207 Euro**

**Motor:** luft-/ölgekühlter Zweizylinder-Viertakt-Boxermotor, 1170 cm³, 45 kW (61 PS) bei 5000/min, 98 Nm bei 3000/min, Einspritzung, geregelter Katalysator, E-Starter, Fünfganggetriebe, Kardan.

**Fahrwerk:** tragende Motor-/Getriebeeinheit, geschraubtes Rahmenheck, längslenkergeführte Telegabel, Einarmschwinge, Zentralfederbein, Doppelscheibenbremse vorn, Scheibenbremse hinten, ABS optional, Reifen 100/90 ZR 18, 170/80 ZR 15.

**Messwerte (MOTORRAD 17/1997):** Gewicht vollgetankt 277 kg; Tankinhalt 17 Liter; Verbrauch Landstraße 5,7 l/100 km (Super); Höchstgeschwindigkeit 168 km/h; Beschleunigung 0–100 km/h: 4,7 sek.

## STÄRKEN UND SCHWÄCHEN

+ Wartungsfreier Kardan
+ Sportlich-straffes Fahrwerk
+ Auf Wunsch mit ABS
– Instrumente schlecht ablesbar
– Unbequemer Soziusplatz
– Nervige Vibrationen

**PREISE:** Der BMW-Chopper R 1200 C ist seit dem Baustopp erstaunlich gefragt. Angebote beginnen ab 5500 Euro. Schwacke notiert für eine 1999er mit rund 50000 Kilometer etwa 6000 Euro. Das letzte Modell (2006) gibt's ab rund 9000 Euro.

## TESTS IN MOTORRAD*
17/1997 (T), 22/1997 (VT), 4/2004 (VT)

# HARLEY-DAVIDSON FAT BOY

**A**uch die Fat Boy kann wie die BMW R 1200 C mit einer eindrucksvollen Filmkarriere glänzen. Allerdings nicht mit einem smarten Topagenten an Bord: Auf ihr durfte die protzende Muskelmasse eines Arnold Schwarzenegger alias Terminator Platz nehmen. Mit dementsprechender Kraft ist die mächtige Harley allerdings nicht gesegnet. Die erste Modellgeneration des fetten Burschen musste mit mageren 56 Pferdestärken auskommen, in der hubraumstärkeren zweiten Version wuchs die Leistung immerhin auf 64 PS. Damit bleibt die Fat Boy in einer Spielzone, die weit unterhalb der aktuellen Powercruiser-Liga angesiedelt ist. Fahrdynamisch bewegt sich der Schlegel in einer ganz anderen Sphäre: Hier entdeckt man die Langsamkeit von Zeit und Raum. Großes Manko: die schwach ausgelegten Bremsen, die dem Vorwärtsschub des Kolosses nur sehr dürftig Einhalt gebieten. Was dem positiven Image nichts anhaben kann: Über 8000-mal ist die Harley bislang in Deutschland verkauft worden. Denn ihr Charme ist trotz dieser Macken überwältigend.

**FAZIT:** Die Fat Boy schwebt in einer anderen Dimension. In puncto Fahrdynamik und Alltagstauglichkeit hapert's gewaltig. Dafür bietet die Fat Boy ganz großes Kino. Ein Muss für Kult-Fans. Und obendrein eine gute Anlage: Der Wertverlust ist selbst nach Jahren minimal.

## DATEN (Baureihe FLST, Modell Fat Boy Injection)

**Neupreis 1990: 13 750 Euro**

**Motor:** luftgekühlter Zweizylinder-Viertakt-V-Motor, 1449 cm³, 47 kW (64 PS) bei 5400/min, 105 Nm bei 3000/min, Einspritzung, ungeregelter Katalysator, E-Starter, Fünfganggetriebe, Zahnriemen.

**Fahrwerk:** Doppelschleifenrahmen aus Stahl, Telegabel, Dreiecksschwinge, zwei Federbeine, Scheibenbremse vorn und hinten, Scheibenräder, Reifen MT 90 HB 16, 150 HB 16.

**Messwerte (MOTORRAD 3/2003):** Gewicht vollgetankt 326 kg; Tankinhalt 18,9 Liter; Verbrauch Landstraße 5,7 l/100 km (Super); Höchstgeschwindigkeit 173 km/h; Beschleunigung 0–100 km/h: 5,4 sek.

## STÄRKEN UND SCHWÄCHEN

+ Höchster Kultstatus
+ Homogene Leistungsentfaltung
+ Letzter Gang mit Overdrive-Charakter
– Miese Bremsanlage
– Umständliches Startprozedere
– Seitenständer schwer erreichbar

**PREISE:** Für ernsthaftes Feilschen um eine Fat Boy sollte man mindestens 9000 Euro einstecken. Darunter geht fast gar nichts. Das Gros der Angebote bewegt sich zwischen 11 000 und 15 000 Euro. Schwacke listet die 1999er-Fat Boy für 9000 Euro (50 000 Kilometer), das Einspritzmodell mit 1449er-Motor beginnt laut Liste bei rund 10 500 Euro (Baujahr 2001, 50 000 Kilometer). Neu kostet die Fat Boy mittlerweile über 20 000 Euro.

## TESTS IN MOTORRAD*
22/1989 (T), 22/1999 (VT), 3/2003 (TT)

*T=Test, TT=Top-Test, VT=Vergleichstest, LT=Langstreckentest; Nachbestellungen unter Telefon 07 11/1 82-12 29

# TRIUMPH ROCKET III

## DATEN

**Neupreis 2004: 17 750 Euro**

**Motor:** wassergekühlter Dreizylinder-Viertakt-Reihenmotor, 2294 cm³, 103 kW (140 PS) bei 4700/min, 200 Nm bei 2500/min, Einspritzung, geregelter Katalysator, E-Starter, Fünfganggetriebe, Kardan.

**Fahrwerk:** Brückenrahmen aus Stahl, Motor mittragend, Upside-down-Gabel, Zweiarmschwinge, zwei Federbeine, Doppelscheibenbremse vorn, Scheibenbremse hinten, Reifen 150/80 R 17, 240/50 R 16.

**Messwerte (MOTORRAD 1/2006):** Gewicht vollgetankt 361 kg; Tankinhalt 25 Liter; Verbrauch Landstraße 6,9 l/100 km (Super); Höchstgeschwindigkeit 216 km/h; Beschleunigung 0–100 km/h: 3,4 sek.

## STÄRKEN UND SCHWÄCHEN

+ Durchzugsstarker, kultivierter Motor
+ Sehr agil zu fahren
+ Wartungsfreier Kardanantrieb
− Hohes Gewicht
− Geringe Schräglagenfreiheit
− Reagiert empfindlich auf Längsrillen

**PREISE:** Knapp 18 000 Euro für eine neue Rocket – da lohnt der Blick auf den Gebrauchtmarkt. Dort gibt es scheckheftgepflegte Raketen ab 11 000 Euro. Schwacke gibt für das 2004er-Modell 11 500 Euro an (30 000 Kilometer). Einjährige werden ab 13 500 Euro gehandelt.

## TESTS IN MOTORRAD*
16/2004 (T), 1/2006 (TT), 10/2006 (VT)

Entweder macht man eine Harley-Kopie, oder man geht seinen eigenen Weg. Erstere gibt es zur Genüge, und das zweite ist zufällig auch der Werbeslogan der englischen Motorradmarke Triumph. Ausflüge ins Chopper- und Cruiser-Segment hatte man bereits 2001 mit der Bonneville America gewagt. Doch Fans des Genres konnte der Paralleltwin mit 790 cm³ Hubraum nicht wirklich vom Hocker reißen. Triumphs Markenzeichen ist der Dreizylinder, weshalb es nahe lag, auch einen Cruiser mit diesem Motorenlayout zu bauen. Doch was dann 2004 ins Rampenlicht geschoben wurde, war, auf Englisch gesagt, „shocking": 2,3 Liter Hubraum, 140 PS und

ein gigantisches Drehmoment von 200 Newtonmeter, das knapp über Standgas anliegt. So viel Kraft verlangt nach elektronischen Eingriffen. Per Motormanagement wird die Leistung in den ersten vier Gängen gekappt, um ungewollte Burnouts oder Rutscher beim Anfahren zu verhindern. Erst mal in Bewegung, gibt sich die Rocket erstaunlich agil, wird aber durch früh aufsetzende Rasten stark eingebremst.

**FAZIT:** Die Rocket gehört nicht nur wegen ihrer Leistungsdaten zu den beeindruckendsten Motorrädern der Welt. Das XXL-Bike ist mehr als Show und könnte sogar Supersportfans in seinen Bann ziehen.

---

## Achtung beim Customizing CHROMBAUSTELLE

**Thunderbike-Harley-Davidson**

Chopper und Cruiser sind begehrte Umbauobjekte. Das zeigt auch der Blick auf den Gebrauchtmarkt: Eine unverbastelte Maschine im Originalzustand zu bekommen ist nahezu unmöglich. Gerade die japanischen Modelle werden zum Teil sehr stark modifiziert angeboten. Harley-Davidson sind meist mit reichhaltigen Extras aus werkseigener Produktion ausstaffiert. Grundsätzlich sollten Käufer genau prüfen, ob ihnen das zum Verkauf stehende Motorrad in dieser Form tatsächlich zusagt. Besondere Vorsicht ist geboten, wenn der Umbau so umfassend ist, dass sich beispielsweise durch die Neugestaltung von Front und Heck das Fahrverhalten und der Komfort für den Piloten erheblich verändert haben. Besonders ärgerlich sind minderwertige Bauteile, bei denen plötzlich der Lack abblättert oder der Chrom abplatzt. Gut ist, wenn der Verkäufer nachweisen kann, aus welcher Produktion oder von welcher Marke die Anbauteile stammen und ob eventuell eine Fachwerkstatt den Umbau durchgeführt hat. Und es sollte ausführlich kontrolliert werden, ob die Anbauteile tatsächlich zugelassen sind. Im Zweifelsfall hilft eine Kontrollfahrt zu einer TÜV- oder Dekra-Prüfstelle.

# YAMAHA XV 1600 WILD STAR

Die Yamaha hatte es im MOTORRAD-Dauertest nicht leicht: „Leerlaufgeräusche wie ein Stationärdiesel, leichtfüßig wie ein Flusspferd!" Im Fahrtenbuch häuften sich spöttische Bemerkungen seitens der Sportfraktion. Doch die Liebhaber konterten: Sie schätzten an der Wild Star den „Fahrspaß der ganz besonderen Art", bei der im Nu der „Stress des Alltags vom satten Schlag des V-Zwos abgeschüttelt wird". Unterm Strich entpuppte sich die 1600er als sehr pflegeleicht: „Tanken und fahren, was willst du mehr?"

Bereits bei ihrer Vorstellung im Jahr 1998 hatte die Yamaha zu kämpfen. Mit hochgezogenen Augenbrauen wurde sie schnell in die Schublade „billiger Abklatsch einer Harley Road-King" sortiert. Dass der Japan-Cruiser mit einem ingeniös aufgebauten Motor daherkam, sahen viele Betrachter nicht. Ebenso, dass er bei seiner Premiere der hubraumstärkste Serienzweizylinder der Welt war. Und der fand schließlich seine Käufer. Derzeit sind rund 4500 Maschinen auf deutschen Straßen unterwegs.

Als großes Ärgernis erweist sich die Getriebeabstufung, die aufgrund der langen Übersetzung des vierten und fünften Gangs zu häufiger Schaltarbeit auffordert. Technisch überstand die XV den 50 000-Kilometer-Test ohne Ausfälle, der Motor präsentierte sich in nahezu einwandfreiem Zustand. Allgemein häuften sich allerdings Getriebeprobleme, was Yamaha zu einer Rückrufaktion im Jahr 2006 bewog. Interessenten sollten auf jeden Fall prüfen, ob ihr Wunschobjekt davon betroffen war.

**FAZIT:** Wer auf uriges Harley-Feeling mit anspruchsvoller Technik steht, sollte zur Wild Star greifen. Die Yamaha kombiniert beides gekonnt. Beim Preis kann noch gepokert werden.

## DATEN

**Neupreis 1999: 10 545 Euro**

**Motor:** luftgekühlter Zweizylinder-Viertakt-V-Motor, 1602 cm³, 46 kW (63 PS) bei 4000/min, 134 Nm bei 2250/min, Vergaser, keine Abgasreinigung, E-Starter, Fünfganggetriebe, Zahnriemen.

**Fahrwerk:** Doppelschleifenrahmen aus Stahl, Telegabel, Dreiecksschwinge, Zentralfederbein, Doppelscheibenbremse vorn, Scheibenbremse hinten, Reifen 130/90 H 16, 150/80 H 16.

**Messwerte (MOTORRAD 7/1999):** Gewicht vollgetankt 335 kg; Tankinhalt 20 Liter; Verbrauch Landstraße 6,4 l/100 km (Normal); Höchstgeschwindigkeit 168 km/h; Beschleunigung 0–100 km/h: 5,7 sek.

## STÄRKEN UND SCHWÄCHEN

+ Technisch anspruchsvoll konstruierter Stoßstangen-Motor
+ Gut ausbalanciertes Fahrwerk
+ Sauberer Zahnriemenantrieb
− Verlangt nach heftiger Schaltarbeit
− Lasche Bremse
− Getriebeprobleme

**PREISE:** In der Schwacke-Liste taucht der erste Modelljahrgang von 1999 mit 5000 Euro (50 000 Kilometer) auf, für das 2004er-Modell sind rund 6300 Euro (25 000 Kilometer) zu veranschlagen. Das tatsächliche Angebot verzeichnet in der Regel maximal 30 000 Kilometer und Preise zwischen 6500 und 9500 Euro.

**TESTS IN MOTORRAD**\*
7/1999 (T), 10/1999 (VT), 16/2001 (LT)

## Vom Aussterben bedroht
# QUO VADIS, EASY RIDER?

Ein Blick auf die ewige Bestenliste würde obige Frage zunächst ad absurdum führen: Mit rund 40 000 Exemplaren führt Yamahas XV 535 immer noch die aktuelle Bestandsliste der in Deutschland zugelassenen Motorräder an. Auch dahinter haben sich Modelle mit beachtlichen Stückzahlen etabliert: Suzukis VS 1400 Intruder bringt es genau wie Yamahas XVS 650 auf rund 17 000 Maschinen, Suzukis LS 650 wird von 15 000 Eignern bewegt, und von Kawasakis VN 800 sind knapp 12 000 Exemplare unterwegs. Allein damit hat man locker die 100 000er-Marke übersprungen. Allerdings spiegeln die Zahlen noch die Boomzeit der Chopper und Cruiser wider, als Händler sie landauf, landab wie geschnitten Brot verkaufen konnten. Die Zeiten sind definitiv vorbei. Statistisch kann sich diese Motorradgattung heute kaum noch in Szene setzen. Im Ranking der Neuverkäufe 2008 taucht der erste Vertreter dieser Zunft erst auf Platz 17 auf (Kawasaki VN 900 Classic, 1300 Exemplare). Die nächsten folgen auf den Plätzen 26 (Suzuki Intruder 1800 M, 1000 Exemplare) und 27 (Harley-Davidson Dyna Street Bob, 950 Exemplare). Trotzdem zeigt sich die Gemeinde der Chopper- und Cruiser-Fans sehr vital. Besonders die Veranstaltungen der Traditionsmarke Harley-Davidson (Faaker-See-Treffen, Hamburg Harley Days) erweisen sich als wahre Publikumsmagneten.

# APRILIA

# Pegaso 650

**Das geflügelte Motor-Pferd aus Italien ist erstaunlich geerdet, voll alltags- und tourentauglich. Und auch die Gebrauchtpreise sind nun wirklich nicht abgehoben.**

Von Thorsten Dentges;
Fotos: Aprilia (3), fact (1), Hanselmann (1), Jahn (2)

**M**ann, war die frisch damals! Die Aprilia Pegaso 650 gehörte Anfang der 1990er Jahre zu den jungen Wilden, die den seinerzeit noch sehr schwerfälligen 1000er-Sportbikes auf kleinen Landstraßen mit vielen engen Kurven frech davoneilten. Das machte Spaß und dazu reichten gerade mal 48 PS. Für einen Einzylinder war das sehr stattlich. Doch diese Zeiten sind vorbei. Rund 200 Kilogramm leichte Supersportler wieseln mit 190 PS spielerisch ums Eck, und aktuelle Eintöpfe wie eine KTM Duke protzen mit rund 70 PS. Die Pegaso gibt es immer noch, aber sie hat einen schweren Stand. Bis zur Jahrtausendwende wurde das Motorrad mit Vergaser angeboten, die Einspritzmodelle ab 2001 sind mit einem ungeregelten Katalysator bestückt, waren in der Abstimmung aber nicht immer gut gelungen. Bekrittelt wurden fast bei allen Baujahren zu weiche Federelemente. Kleine Macken, das soll aber nicht heißen, dass die Italienerin als alte Dame der Funbike-Gesellschaft nur noch den Unterhaltungswert eines Kaffeekränzchens bietet. Nein, sie kann nach wie vor Gas geben. Und insbesondere in den ab 2005 vorgestellten Versionen Strada, Trail und Factory ist die Pegaso allein vom Aussehen her eine heiße Braut. Als schlanke und rassige Schönheit ist sie außerdem aus zweiter Hand erstaunlich günstig zu bekommen. Einsteiger, Sparfüchse und alle, die ein spaßiges, vielseitiges Alltags(zweit)motorrad suchen, sollten einen Flirt mit der Pegaso also ruhig wagen.

www.motorradonline.de/gebrauchtberatung

**Tests in MOTORRAD**

Vergasermodell: 7/1992 (T), 10/1992 (VT), 25/1994 (LT), 13/1995 (VT), 19/1996 (VT), 2/1997 (T), 10/1998 (T, Garda), 17/1999 (KV, Garda), 10/2000 (VT); **Einspritzmodell:** 13/2001 (TT), 25/2003 (VT), 10/2005 (FB, Strada), 13/2005 (VT, Strada), 1/2006 (VT, Trail), 19/2006 (VT, Strada), 9/2007 (VT, Factory); Nachbestellungen unter Telefon 0711/182-1229

## Die Typen

1992 bereicherte die Pegaso 650 mit starkem Rotax-Motor die damals beliebte Einzylinderszene

**Reiselust: Ab 1997 bietet die Maschine deutlich mehr Tankvolumen und kommt mit einer Füllung mehr als 300 Kilometer weit, wirkt aber etwas pummelig**

Mit dem Sondermodell Garda (ab 1998) verordnen die Italiener ihrem Eintopf noch mehr Tourentauglichkeit. Kofferset schön und gut, Verkäufe eher schlecht

**Im Straßenkampf: Ab 2005 wirbelt die Pegaso knackigsportlich über den Asphalt. Das Motorrad ist klasse, die Verkäufe wiederum mäßig**

## Besichtigung

Die Vergasermodelle haben altersbedingt oft hohe Laufleistungen und sind als Einzylinder damit naturgemäß anfällig für kapitale Motorschäden. Werkstätten berichten etwa von defekten Anlasserfreiläufen, eine Reparatur kostet schnell mal um die 800 Euro. Hört man beim Starten Knackgeräusche? Am besten gleich ausstellen und sich nach einer anderen Offerte umschauen. Ebenfalls bei betagteren Exemplaren keine Rarität: kaputte Kopfdichtungen. Eine ausgiebige Probefahrt ist also unerlässlich, um etwaige Undichtigkeiten auszumachen. Bei älteren Fahrzeugen wurde außerdem auch gerne mal an der Uhr gedreht, also lieber kritisch hinterfragen, ob der angezeigte Kilometerstand mit dem Ist-Zustand harmoniert. Beim Modell Garda sind die Koffer nur sehr frickelig zu montieren, nicht wundern! Pegasos ab Baujahr 2001 mit wenig gefahrenem Rotax-Motor (unter 20 000 Kilometer) sowie mit Minarellis 660er-Einzylinder (hat sich auch bei Yamaha und Derbi bewährt) bestückte Strada, Trail und Factory ab Baujahr 2005 gelten als stressfrei, Profi-Wartung vorausgesetzt.

## Marktsituation

Es gibt Händler, die verschleudern niegelnagelneue Pegaso 650 für unter 5000 Euro. Da liegt es auf der Hand, dass selbst für neuwertige, vorbildlich gepflegte Gebrauchtmaschinen kaum ein Interessent deutlich mehr als 3500 Euro in die Hand nehmen möchte. Da das Angebot riesig ist, tun sich Verkäufer mit entsprechend höheren Preisvorstellungen schwer. Schnäppchenjäger haben also eine prima Ausgangslage, den Preis zu drücken. Am anderen Ende, also bei Offerten unter 1000 Euro findet sich allerdings auch viel Schrott, der vornehmlich Folgekosten verursacht. Ordentlich gewartete Exemplare mit neuen Verschleißteilen unter 1500 Euro finden wiederum dankbare Abnehmer. Bunt ist die Preisklasse um 2500 Euro – hier werden sowohl überteuerte Vergasermodelle als auch top in Schuss gehaltene, wenig gefahrene Einspritzer feilgeboten. Eine längere Marktbeobachtung und Recherche lohnt bei der Pegaso.

▶ Verfügbarkeit am Markt: hoch

| Preisniveau in Euro | | Baujahre | Km-Stand |
|---|---|---|---|
| Niedrig | 800–1900 | 1992–2000 | 20 000–60 000 |
| Mittel | 2000–3500 | 1998–2007 | 10 000–30 000 |
| Hoch | 3600–4500 | 2002–2008 | 3000–15 000 |
| Modell | | im Programm | Bestand* |
| Vergasermodelle | | 1992–2000 | 2602 |
| Einspritzmodelle | | ab 2001 | 648 |

*laut Kraftfahrt-Bundesamt, Stand Januar 2010

## Daten (Modelljahr 2001)

### MOTOR

Wassergekühlter Einzylinder-Viertaktmotor, fünf Ventile pro Zylinder, Trockensumpfschmierung, elektronische Einspritzung, ungeregelter Katalysator, mechanisch betätigte Mehrscheiben-Ölbadkupplung, Fünfganggetriebe, O-Ring-Kette.

| | |
|---|---|
| Bohrung x Hub | 100 x 83 mm |
| Hubraum | 652 cm³ |

**Nennleistung**
36 kW (49 PS) bei 6300/min

**Max. Drehmoment**
54 Nm bei 4500/min

### FAHRWERK

Einschleifenrahmen aus Stahl mit verschraubten Aluprofilen, Telegabel, Zweiarmschwinge aus Stahl, Zentralfederbein mit Hebelsystem, verstellbare Federbasis und Zugstufendämpfung, Scheibenbremse vorn und hinten.

| | |
|---|---|
| Alu-Gussräder | 2.15 x 19; 3.00 x 17 |
| Reifen | 100/90-19, 130/80 R 17 |

### MAßE+GEWICHTE

Radstand 1475 mm, Lenkkopfwinkel 61,3 Grad, Nachlauf 115 mm, Sitzhöhe* 850 mm, Gewicht vollgetankt* 204 kg, Zuladung* 179 kg, Tankinhalt/Reserve 21/4,5 Liter.

### MESSUNGEN

(MOTORRAD 13/2001)

| | |
|---|---|
| Höchstgeschwindigkeit** | 165 km/h |

**Beschleunigung**
| | |
|---|---|
| 0–100 km/h | 5,2 sek |

**Durchzug**
| | |
|---|---|
| 60–100 km/h | 6,2 sek |
| Verbrauch | 4,9 l/100 km (Landstraße); 5,4 l/100 km (bei 130 km/h) |

*MOTORRAD-Messungen; **Herstellerangabe

**Internet**
Fansites: www.apriliaforum.de (mit eigenem Bereich rund um die „Peg")
Gebrauchtangebote: http://markt.motorradonline.de/bike4199.htm
(Strada: 55.htm; Trail: 4018.htm; Factory: 4029.htm)

**Im Gelände kann die Trail (2006-2009) nur wenig punkten. Ähnlich ergeht es der Factory**

## Modellpflege

**1992** Debüt der Pegaso 650 mit wassergekühltem Rotax-Fünfventiler (48 PS). Preis: 10 890 Mark (5568 Euro).

**1995** neuer Dämpfer, in Zugstufendämpfung verstellbar, Sitzhöhe um drei Zentimeter niedriger, Preis: 10 550 Mark (5394 Euro).

**1996** Maximalleistung in diesem Modelljahr aufgrund anderer Abstimmung nur 39 PS.

**1997** Komplett neues Modell: größere Verkleidung mit besserem Windschutz, Doppelscheinwerfer, Tank mit 22 statt 14 Litern, Federweg um 50 Millimeter gekürzt, Sitzhöhe nur noch 74 Zentimeter, Fahrwerk verstärkt. Preis: 12 275 Mark (6276 Euro).

**1998** Modell Garda in Silber mit Gepäckträger, Koffern, Hauptständer und einstellbarem Federbein zum Preis von 11 323 Mark (5789 Euro).

**2001** Pegaso 650 i.e. mit Einspritzung und 48 PS. Tele- statt bisheriger Upside-down-Gabel, neue Bremsanlage, 21-Liter-Tank. Preis: 12 999 Mark (6646 Euro). Modell Garda in Grafitgrau mit Koffern und Topcase gegen Aufpreis.

**2005** Neues, komplett auf Straße getrimmtes (140/130 mm Federweg v/h) Modell Strada mit Minarelli- statt Rotax-Einzylinder-Motor (659 cm³, 48 PS), Vierkolbenbremse mit 320er-Scheibe vorn, 17-Zoll-Rädern, 16-Liter-Tank, neues Design. Preis: 6850 Euro.

**2006** Als Reise-Enduro ausgelegtes Modell Trail (170 mm Federweg v/h), Drahtspeichenräder (19-/17-Zoll v/h), Zwei- statt Vierkolbenbremse mit 300er-Scheibe vorn. Preis: 6551 Euro.

**2007** Modellvariante Factory mit 17-Zoll-Drahtspeichenrädern, Radialbremsen und Karbonteilen für 7352 Euro.

**2010** Abverkauf Strada und Trail. Listenpreis Factory: 6469 Euro.

# APRILIA
# SHIVER 750

**Erschauern lässt die freche Italienerin ihren Reiter nicht, obwohl 750 Kubik und nominell 95 Pferdchen in der Mittelklasse schon eine starke Ansage sind.**

Von Thorsten Dentges; Fotos: Bilski, Gargolov

**Z**ittern, schaudern, das bedeutet wörtlich übersetzt der Modellname Shiver. Dabei ist Fahren mit der quirligen Zweizylindermaschine alles andere als eine Zitterpartie. Spielerisch zirkelt die Aprilia durch Kurven, folgt präzise jedem Lenkimpuls, selbst auf sehr schlechten Fahrbahnbelägen bleibt das Motorrad souverän und vermittelt ein sehr direktes Gefühl für die Straße. Super! Und das trotz der Kombination aus vergleichsweise breiter 6.0-Zoll-Felge (ab Modell 2010 nur noch 5.5 Zoll) hinten und einem 180er-Schlappen. Imposant, schließlich befinden wir uns „nur" in der Mittelklasse. 95 PS, ein Dreivierteliter Hubraum – Eckdaten, mit denen man sich nicht vor Monstern, etwa denen aus Bologna, zu fürchten braucht. Der MOTORRAD-Prüfstand bescheinigte von der Nominalleistung allerdings maximal 88 echte Pferdchen, wobei eine vorbildliche Laufkultur dafür sorgt, dass hervorragende Fahrleistungen auch wirklich abgerufen werden können. Könner, also eher sportlich orientierte Landstraßenpiloten, haben mit dieser Aprilia jedenfalls besten Spaß, zumal elektronisch und per Knopfdruck am Lenker zwischen einem Sport- und einem Touring-Mapping gewählt werden kann. In der Sporteinstellung geht sie hart ans Gas, wirkt subjektiv kräftiger und aggressiver. Richtig stark und giftig sind auch die Bremsen mit 320er-Scheiben, das optional erhältliche ABS regelt jedoch erst spät. Bei der GT-Variante mit Halbschale (ab 2008), die auf Langstrecken besseren Komfort bietet, ist der Bremsassistent serienmäßig, genau wie der Shiver-typische Sound, der sowohl Touren- als auch Sportfahrer begeistert: grummelnd, bollernd. Ob nun Sport oder Tour – diese Mittelklässlerin will mehr sein als Brot und Butter. Und ist es auch. ∎

www.motorradonline.de/gebrauchtberatung

**Tests in MOTORRAD**
18/2007 (T), 23/2007 (VT), 7/2008 (VT), 14/2008 (VT), 11/2009 (VT), 15/2009 (VT), 11/2010 (FB), 16/2010 (Alpen-Masters-VT), 18/2010 (VT)
T=Test, VT=Vergleichstest, FB=Fahrbericht; Nachbestellungen unter 0711/182-1229

## Details

Seit 2008 im Programm, seit 2009 beim Verkauf in der Mehrheit: ABS-Modelle sind beliebter, obwohl der Bremsassistent ordentlich Aufschlag kostet

Aufgeräumt, übersichtlich: Die Instrumententafel mit sehr großen Ziffern auf dem Tacho zeigt alle wichtigen Infos auf den ersten Blick

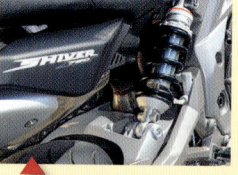

Praktisch: Alle Einstellarbeiten (Federbasis, Zugstufendämpfung) gehen wegen der seitlichen Anordnung des Federbeins leicht von der Hand

In eigener Regie: Aprilias 90-Grad-V2-Konstruktion bettet sich harmonisch in einen funktionalen Verbund aus Gitterrohrrahmen und Alugusselementen

Markant und kantig: Designfeatures wie die auffälligen Endtöpfe heben die Shiver in der teilweise etwas langweiligen Mittelklasse positiv ab

## Besichtigung

Achtung Importe! Technisch unterscheiden sich diese Maschinen zwar nicht, aber **im Garantiefall kann es zu Stress kommen.** Bei den Importmodellen, die direkt aus Italien zu manchem deutschen Händler gelangen (bei Überproduktionen locken nämlich günstige Einkaufspreise), fehlen nicht selten die notwendigen Service-Updates (zum Beispiel neues Mapping). Ordentli-

che Aprilia-Werkstätten hingegen bekommen vom deutschen Importeur die entsprechenden Hinweise. Und verständlicherweise möchten Vertragshändler nicht kostenlos Servicearbeiten für Fahrzeuge ohne Deutschlandgarantie durchführen. Generell ist die Shiver aber kein Problemkind, besondere Schwachstellen oder größere Defekte sind bisher unbekannt. Allerdings finden sich auch nur wenige Exemplare mit mehr als 50 000 Kilometern. Sind Reifen sowie Verschleißteile okay und passt der Preis, dann kann man nach der Probefahrt getrost zuschlagen.

## Marktsituation

**Viele Aprilia-Händler verkaufen hauptsächlich Motorroller.** Angeblich reagieren diese Händler nervöser auf längere Standzeiten als reine Motorradspezialisten. Wie dem auch sei, auf Internetmarktplätzen finden sich erstaunlich viele Shiver (teilweise Importe) mit Kilometerstand Null – zu Schleuderpreisen. Schon um 6000 Euro (Listenpreis über 8000 Euro!) werden Neufahrzeuge mit ABS offeriert, wohl aus Angst, sich einen Ladenhüter eingefangen zu haben. Für private Anbieter ist es dadurch schier unmög-

| Preisniveau in Euro | | Baujahre | km-Stand |
|---|---|---|---|
| **Niedrig** | **4000–4900** | 2007–2008 | 10 000–25 000 |
| Mittel | 5000–5900 | 2007–2011 | unter 10 000 |
| **Hoch** | **6000–6500** | 2009–2012 | um 1000 |
| **Typ** | | im Programm | Verkäufe |
| **ZD4RA** | | ab 2007 | ca. 2000 |

lich, ihre Gebrauchte über 5000 Euro überhaupt loszuwerden. Ein Low-Budget-Schnapper ist die vergleichsweise noch junge Aprilia jedoch auch nicht, unter 4000 Euro sind nur vereinzelte Angebote auszumachen. Alles unter 5000 Euro ist aber interessant als Shiver aus zweiter Hand. Vor allem, wenn der Standort nicht allzu weit entfernt liegt, denn eine Probefahrt wirkt durchaus verkaufsfördernd. **▶Verfügbarkeit am Markt: gering**

## Daten (Typ ZD4RA, Modelljahr 2009)

### MOTOR

Wassergekühlter Zweizylinder-Viertakt-90-Grad-V-Motor, vier Ventile pro Zylinder, Nasssumpfschmierung, elektronische Einspritzung, geregelter Katalysator, hydraulisch betätigte Mehrscheiben-Ölbadkupplung, Sechsganggetriebe, O-Ring-Kette.
Bohrung x Hub                92 x 56,4 mm
Hubraum                             750 cm³
**Nennleistung**
                    70 kW (95 PS) bei 9000/min
**Max. Drehmoment**
                    79 Nm bei 7250/min

### FAHRWERK

Verbundrahmen aus Stahl mit verschraubten Alugussteilen, Upside-down-Gabel, Zweiarmschwinge aus Aluminium, direkt angelenktes Zentralfederbein, verstellbare Federbasis und

Zugstufendämpfung, Doppelscheibenbremse vorn, Scheibenbremse hinten, ABS.
Alugussräder           3.50 x 17; 6.00 x 17
Reifen       120/70 ZR 17; 180/55 ZR 17

### MAßE+GEWICHTE

Radstand 1440 mm, Lenkkopfwinkel 65,2 Grad, Nachlauf 109 mm, Federweg v/h 120/130 mm, Sitzhöhe* 830 mm, Gewicht vollgetankt* 225 kg, Tankinhalt/Reserve 15/2,5 Liter.

### MESSUNGEN

(MOTORRAD 11/2009)
**Höchstgeschwindigkeit**\*\*     210 km/h
**Beschleunigung**
0–100 km/h                          4,0 sek
**Durchzug**
60–100 km/h                         4,5 sek
Verbrauch      4,3 l/100 km (Landstraße)

*MOTORRAD-Messungen; **Herstellerangabe

**Internet** **Fansites:**
www.aprilia-shiver.de
(kleines, nettes Forum mit
Tipps zu Technik und Zubehör
sowie mit Motorsportnachrichten)

**Gebrauchtangebote:** http://markt.motorradonline.de/bike2667.htm
(beziehungsweise /bike4263.htm für Shiver GT)

**Halbverkleidet geht das Modell Shiver GT auf Touristenfang**

## Modellpflege

**2007** Markteinführung der SL 750 Shiver (Typ ZD4RA), Motor (95 PS) mit elektronischer Drosselklappensteuerung. Preis: 7999 Euro.

**2008** ABS optional. Kleinere Änderungen an Cockpit, Sitzbank und beim Mapping. Preis: unverändert, ABS-Version: 8699 Euro.

**2009** Schaltung modifiziert. Neues Modell Shiver GT mit Halbverkleidung und serienmäßigem ABS. Preis: 8499 Euro; ABS-Version: 8999 Euro; Shiver GT: 9499 Euro.

**2010** Größere Modellpflege: neue Verkleidung, modifizierte Bremsanla-

ge mit Wave-Bremsscheiben, Sportfußrasten, 5.5- statt 6.0-Zoll-Hinterradfelge, Sitzbank schmaler und niedriger, geändertes Mapping. Farben: Schwarz, Silber und Weiß (GT mit unveränderten Farben). Preis: 8099 Euro; ABS-Version: 8599 Euro; Shiver GT ABS: 9299 Euro.

**Soundmachine:
90-Grad-V2 mit
grandioser Leistungsentfaltung**

## GEBRAUCHT-BERATUNG

# APRILIA RSV MILLE

**Gegen Ducati und die Japaner im Sportsegment anzutreten – mutig, mutig! Aber Aprilia bewies mit der Mille, dass man der etablierten Konkurrenz mit formidablem Fahrwerk und kernigem V2 kräftig einschenken kann.**

Von Thorsten Dentges; Fotos: fact, Gargolov, Jahn, jkuenstle.de

**A**prilia baut einen dicken Viertakt-Sportler – damit hatte Mitte der Neunziger kaum jemand gerechnet, denn der Hersteller aus Noale in Norditalien war bis dahin eher bekannt für Motorroller, giftige Zweitakt-spritzen und Einzylinder-Reise-enduros. Sportkenner konnten natürlich alle Grand Prix-Siege aufzählen, von daher war es 1998 nicht ganz abstrus, dass Aprilia mit einem 1000er-Supersportler, eben der RSV mille, aufwartete. Was aber wirklich verwunderte, war das Motorrad selbst. Gerechnet hatte man (sprich: die üblichen Schwarzmaler) eher mit einer italienisch-kapriziösen Maschine, einer, die nach ein paar Vollgasorgien auseinanderfliegt oder zumindest erfahrene Mechanikerhände zur Erholung benötigt. Doch Pustekuchen, die Aprilia rannte, und sie rannte von Anfang an verdammt schnell, und kaputt ging sie nicht. Bei Verarbeitung und Motorzuverlässigkeit erweist sich die Mille nämlich von der besten Seite. Und auch fahrdynamisch kann sie Skeptiker spätestens nach einer Probefahrt auf ihre Seite bringen. Keine Eingewöhnung nötig, begeisterndes Handling,

**RSV mille, die Erste. Die Typen ME und RP wurden bis 2003 produziert und sind gebraucht besonders beliebt**

## IM DETAIL

**Entsprungen einer Kunstschmiede – oder doch einem Rennstall? Feinst gearbeitete, polierte Alu-Schwinge mit aufs Nötigste reduzierten Wandstärken**

**Zwei Auspuffrohre, ummantelt von einer dicken Hülle – Racer tauschen den etwas klobigen Endtopf gerne gegen Nachrüstware**

**Italienischer Schick sieht anders aus. Die Kommandozentrale ist übersichtlich, wirkt aber nüchtern-technokratisch – wie aus dem Elektronik-Baukasten**

**Bei der RSV mille R (ab 2000) sorgen leichtere Räder mit geschmiedeten Felgen des Herstellers OZ für ein noch besseres Handling**

**Weiteres Charakteristikum beim R-Modell: High-End-Fahrwerk mit Gabel, Lenkungsdämpfer und Federbein (im Bild) vom schwedischen Hersteller Öhlins**

## BESICHTIGUNG

Italienisch, zweizylindrig, sportlich? Wohl kaum jemand hat da den Begriff „langlebig" auf dem Schirm. Stimmt bei der Mille aber. Das Motorrad läuft und läuft, ist kaum kaputt zu kriegen. Ein Kenner berichtet, dass manche Aprilia-Fans nach dem Kauf einer neueren RSV4 ihre alte Zweizylinder-RSV als Alltags- oder reine Rennstreckenmaschine behalten haben und nun über 80 000 Kilometer auf der Uhr stehen. Ordentliche Wartung ist allerdings die Voraussetzung, alle 7500

Kilometer beziehungsweise alle 10 000 Kilometer bei den Modellen des Typs RR ab 2004 steht ein (Profi-) Check an. Die 20 000er-Inspektion erfordert vier Mechanikerstunden plus Teilekosten, da können schnell mal 500 Euro und mehr anfallen, also aufpassen beim Kauf! Ärger bereiten manchmal verzogene Bremsscheiben. Das größte Problem bei diesem Motorrad sind aber Sturzschäden (Rennstrecke) und Macken durch Umfaller. Beim Sturz nach rechts drückt der Aus-

puff schnell mal eine Delle in die dünnwandige Alu-Schwinge, die dann streng genommen schrottreif ist, und außerdem erzeugen die Bremshebel Abdrücke am Rahmen, ebenfalls heikel und keine Seltenheit, deshalb: Augen auf! Bei Zubehör insbesondere auf den Auspuff achten. Wurde der Originalschalldämpfer gegen ein nicht zugelassenes Sportrohr ersetzt, ist die Beschaffung von legalem Ersatz meist nicht ganz billig, also besser checken, ob der Serientopf vorhanden ist.

## MARKTSITUATION

Zwischen Billig-Prügel für die Rennstrecke und Edelbike für Sammler – die Zweizylinder-RSV wird auf dem Gebrauchtmarkt extrem unterschiedlich angeboten. Für die älteren Modelle (Typ ME) gibt es eine Vielzahl von Interessenten, die für Renntrainings nach einem soliden und günstigen Untersatz suchen und um die Zuverlässigkeit und das tolle Fahrverhalten der Mille wissen. Mehr als 3000 Euro wollen sie jedoch nicht hinblättern, nehmen lieber ein paar Schrammen oder eine hohe Laufleistung (über 50 000 Kilometer) in Kauf. Auf diesem Preisniveau läuft der Handel oft von privat zu privat ab. R-Modelle sind für das

Geld eher selten im Angebot. Landstraßenpiloten mit Italo-Faible legen eher mal 4000 bis 5000 Euro für eine sauber gepflegte Mille mit Scheckheft an, die möglichst keine 30 000 Kilometer gelaufen sein sollte. In dieser Preisklasse sind auch gute Mille-R-Modelle oder die neueren RR-Typen (ab 2004) in den Inseraten auszumachen. Für eine Factory oder eine topgepflegte Standard-RSV 1000 R ab Baujahr 2006 mit weniger als 15 000 Kilometern liegen die Preisforderungen bei mindestens

| Preisniveau in Euro | | Baujahre | km-Stand |
|---|---|---|---|
| Niedrig | 2000–3500 | 1998–2003 | 25 000–70 000 |
| Mittel | 3600–5900 | 2000–2006 | 10 000–40 000 |
| Hoch | 6000–8500 | 2004–2009 | unter 15 000 |
| **Typ** | | **im Programm** | **Verkäufe** |
| ME/RP | | 1998–2003 | 5365 |
| ZX000C/D/E | | 2004–2009 | 2111 |

5000 Euro. Mehr als 8500 Euro zahlen aber wohl auch selbst eingefleischte Mille-Fans nicht, selbst wenn die Maschine fein rausgeputzt dasteht.

▶ **Verfügbarkeit am Markt: sehr hoch**

**Tests in MOTORRAD**
20/1998 (T), 13/1999 (VT), 10+11/2000 (VT), 13/2000 (VT), 25/2000 (LT), 2/2001 (VT), 5/2002 (TT), 6/2002 (VT); Mille R: 6/2000 (VT), 26/2002 (TT); SP: 24/1999 (T)
LT = Langstreckentest, T = Test, TT = Top-Test, VT = Vergleichstest; Nachbestellungen unter Telefon 07 11/1 82-12 29, www.motorradonline.de/downloads

**Internet**
Fansites: www.aprilia-mille.de, www.apriliaforum.de (die gängigsten Internet-Plattformen für Mille-Fans zum Informationsaustausch)

**Gebrauchtangebote:**
http://markt.motorradon line.de/bike3850.htm (/bike1999.htm für Factory bzw. /bike47.htm für SP-Modell)

## TECHNISCHE DATEN

Typ RP, Baujahr 2002

### MOTOR
Wassergekühlter Zweizylinder-Viertakt-60-Grad-V-Motor, vier Ventile pro Zylinder, Einspritzung, Trockensumpfschmierung, ungeregelter Katalysator, hydraulisch betätigte Mehrscheiben-Ölbadkupplung, Sechsganggetriebe, O-Ring-Kette.

| | |
|---|---|
| Bohrung x Hub | 97 x 67,5 mm |
| Hubraum | 998 cm³ |
| **Nennleistung 92 kW (125 PS) bei 9500/min** | |
| **Max. Drehmoment 96 Nm bei 7000/min** | |

### FAHRWERK
Brückenrahmen aus Aluminium, Upside-down-Gabel, verstellbare Federbasis, Zug- und Druckstufendämpfung, Zweiarmschwinge aus Aluminium, Zentralfederbein mit Hebelsystem, verstellbare Federbasis sowie

Zug- und Druckstufendämpfung, Doppelscheibenbremse vorn, Vierkolben-Festsättel, Scheibenbremse hinten.

| | |
|---|---|
| Alu-Gussräder | 3.50 x 17; 6.00 x 17 |
| Reifen | 120/70 ZR 17, 190/50 ZR 17 |

### MASSE UND GEWICHTE
Radstand 1415 mm, Lenkkopfwinkel 65 Grad, Nachlauf 99 mm, Sitzhöhe* 820 mm, Gewicht vollgetankt* 216 kg, Zuladung* 185 kg, Tankinhalt/Reserve 18/4 Liter.

### MESSWERTE
(MOTORRAD 5/2002)

| | |
|---|---|
| Höchstgeschwindigkeit** | 266 km/h |
| Beschleunigung 0–100 km/h | 3,1 sek |
| Durchzug 60–100 km/h | 4,8 sek |
| Verbrauch | 6,3 l/100 km (Landstraße) |
| | 6,8 l/100 km (bei 130 km/h) |

*MOTORRAD-Messungen; **Herstellerangabe

## DIE MODELLE

**RSV mille SP:** 1999 produziert Aprilia für die Zulassung zur Superbike-WM 150 Stück in Serie

**RSV mille R:** Für das Jahr 2000 wird die feine, aber teure RSV mille R mit Edelfahrwerk, Karbonteilen und leichten Rädern präsentiert

### Aprilia RSV mille

die Ideallinie schien das Motorrad von alleine zu finden. Zudem eine homogen abgegebene Leistung von gut 120 PS aus dem bei Rotax in Österreich gefertigten 60-Grad-V2 – alles passt. Erstklassig: Upside-down-Gabel, polierter Alu-Brückenrahmen, kunstvoll geformte, leichte Alu-Schwinge, blitzsaubere Schweißnähte, passgenaue Kunststoffteile. Mit rauem Charme, angenehmem Rennstallgeruch und genügend italienischem Flair sowie einer picobello Verarbeitung überzeugte dieser starke Viertakt-V2-

Sportler auch Fahrer, die zuvor ausschließlich auf japanische Vierzylinder gesetzt hatten. Für die sportlich besonders Engagierten unter ihnen bot Aprilia ab 2000 außerdem gegen Aufpreis (umgerechnet rund 3500 Euro) eine R-Version mit Schmiederädern von OZ, Karbonteilen und Öhlins-Fahrwerk an, zuvor (1999) schon die hochexklusive SP-Serie für umgerechnet fast 30 000 Euro. Diese öffentlich zugänglichen Werksrenner hatten sich damals zwar nur wenige gegönnt, aber der Glanz des Besonderen strahlte auch auf die Standard-Mille ab. Bis 2003 verkaufte sich die Maschine gut, rund

5000 Stück gingen weg. Doch Querelen bei der Ersatzteilversorgung ruinierten seinerzeit den Ruf von Aprilia. Der neue Typ RR ab 2004 – fortan RSV 1000 R geschrieben, aber dennoch einfach nur „Mille" genannt – war trotz mehr Leistung (fast 140 PS) nicht mehr angesagt. Auch die wiederum mit leichten Rädern, Karbonteilen und feinem Öhlins-Fahrwerk aufgepimpte Factory konnte nicht so recht zünden. Die 1000er-Zweizylindermaschine verkaufte sich fortan lediglich auf

**Die RSV 1000 R Factory** tritt ab 2008 in neuer, attraktiver Kriegsbemalung an. Zulassungen in Deutschland bis 2010: unter 100 Stück

## DIE MODELLE

**RSV mille R** Die 2003er-R-Version bekommt erstmalig Radialbremsen und Soziussitz verpasst

**RSV 1000 R:** Der neue Typ RR heißt ab 2004 offiziell nicht mehr „Mille". Kommt mit 139 statt 125 PS und zwei Endtöpfen

dem Niveau kleiner Sonderserien, nur wenige Hundert Stück pro Jahr. 2009 folgte der Baustopp dieser wirklich spaßigen und guten Sportmaschine. Aprilia hatte da aber schon eine andere Überraschung bereit: die Vierzylinder-Brumme RSV4 mit 180 PS. ■

## MODELLPFLEGE

**1998** Markteinführung der RSV mille, Typ: ME. In Europa wird der Rotax-V2-Motor mit 118 PS homologiert (ansonsten 125 PS). Preis: 22 275 Mark (11 555 Euro).

**1999** Auf 150 Stück begrenzte Rennsportvariante RSV mille SP mit variabler Rahmengeometrie, überarbeitetem Motor (146 PS) und zusätzlichem Titan-Doppelschalldämpfer. Preis: 59 999 Mark (30 677 Euro).

**2000** Neue Einspritz-Software, Kupplung und Federbein modifiziert, andere Bremsbeläge aus Sintermetall, Vorderreifen mit 65er-Querschnitt. Vorstellung von RSV mille R mit leichteren Schmiede-Alurädern, Federelementen und Lenkungsdämpfer von Öhlins, Solo-Heck, leichterem Kunststofftank sowie diversen Karbonteilen. Gewichtsersparnis gegenüber Standardmodell: rund vier Kilogramm. Preis für das R-Modell: 29 998 Mark (15 338 Euro).

**2001** Neuer Typ RP mit 18-Liter-Kunststofftank, Verkleidung und Heck neu gestaltet. Modifikationen beim Motor: größere Ventile, vergrößerter Airbox-Einlass, geänderte Steuerzeiten, neues Mapping. Außerdem Krümmer mit größerem Querschnitt, ungeregelter Katalysator, leichterer Endschalldämpfer. Vorderreifen mit 70er-Querschnitt, geänderte Fahrwerksgeometrie, Lenkungsdämpfer entfällt, neues Federbein mit geänderter Hebelumlenkung. Leistung: 125 PS. Bei RSV mille R: geänderte Motorabstimmung, Einzelsitz, leichtere Felgen, Karbonteile, Öhlins-Fahrwerk. Preise: 23 999 Mark (12 270 Euro) beziehungsweise 31 999 Mark (16 361 Euro) für R-Modell.

**2002** Auf 200 Stück limitiertes Haga-Replica-Modell mit Titan-Auspuffanlage, neuem Eprom-Chip und geänderter Motorsteuerung, 16er-Ritzel. Ein Kilo leichter, rund 3 PS stärker. Preis: 16 800 Euro.

**2003** RSV mille R mit Radial-Bremszangen, Soziussitz und 180er-Hinterreifen. Preis: 15 999 Euro.

**2004** Neue Bezeichnung: RSV 1000 R. Typ RR (Modelljahr 2004, schon seit September 2003 bei den Händlern) mit 139 PS und geregeltem Katalysator, beidseitig Auspuffrohre, 212 Kilo. Neues Modell Factory als rennsportliche Variante (leichtere Felgen, Öhlins-Fahrwerk, Karbonteile) und als Edelversion der Factory die Nera (Tank und Verkleidung aus Kohlefasern, Titanschrauben, Magnesiumfelgen, Maschine insgesamt rund zehn Kilo leichter). Preise: 13 299 Euro, 16 999 Euro (Factory), 35 000 Euro (Nera).

**2006** Factory überarbeitet, mit beschichteten Kolben und 4 PS mehr Leistung. Preis: 14 800 Euro.

**2008** Die letzten Zweizylinder-RSV rollen in Noale/Italien vom Band. Preise: 13 985 Euro beziehungsweise 16 085 Euro (Factory).

**2010** Noch offiziell im Programm, jedoch nur noch Abverkauf. Preise: 14 335 Euro beziehungsweise 16 490 Euro (Factory).

**RSV 1000 R Factory:** Verkaufszahlen im Sinkflug, aber technisch wurde die Factory für 2006 noch mal aufgerüstet. Beschichtete Kolben, 4 PS mehr Leistung. Fast 15 000 Euro teuer

# BMW F 650 GS

## MODELLGESCHICHTE

Das war forsch, damals, um die Jahrtausendwende. Ausgerechnet der (seinerzeit noch) eher konservative Hersteller BMW brachte für die Saison 2000 in der chronisch unterbewerteten Mittelklasse eine Maschine auf den Markt, die in Sachen Design und Technik neue Wege ging. Ein wassergekühlter Einzylindermotor mit Einspritzung und geregeltem Katalysator bildete das Herzstück der F 650 GS, die den pummeligen Biedermeier F 650 ablösen sollte. Schnittiges, schlankes Aussehen, harmonisch-spaß-orientiertes Fahrverhalten, durchdachte, funktionale Details – jawohl, die kleine GS ist durchaus als großer Wurf zu bezeichnen. Für BMW entpuppte sich die vielseitige, optional mit ABS erhältliche Enduro jedenfalls als nachhaltiger Gewinn. Fahrschulen schätzten sie ebenso wie viele Einsteiger wegen der optional niedrigen Sitzhöhe von lediglich 750 Millimetern und dem geringen Gewicht um die 200 Kilogramm. Wie viele Führerscheinneulinge später markentreue Kunden bleiben, lässt sich zwar nicht genau beziffern – ein Fehler war es beim grandiosen Verkaufserfolg der GS (über 20 000 Stück) jedoch gewiss nicht, in diesem Segment ein technisch aufwendiges Motorrad auf die Räder zu stellen. Von der Konkurrenz kam jedenfalls nur wenig anregender Maschinenbau-Einheitsbrei. Bis auf Farbvarianten und geringfügige technische Änderungen hat sich in der Modellgeschichte der F 650 GS allerdings wenig getan, und seit 2005 sind die goldenen Verkaufszeiten der standfesten Einzylinder-Enduro vorbei. Sie und ihre Schwestern werden trotz der neuen, aufregenden Zweizylinder-F-Modelle jedoch wohl nicht so schnell in Vergessenheit geraten. Der Gebrauchtmarkt zeigt, dass die BMW dort ehrenwert die Mittelklasse als spannendes Segment verteidigt.

Acht Jahre Marktpräsenz – und was für eine. Die BMW F 650 GS und ihre Schwestern CS und Dakar fanden insgesamt über 33 000 Käufer. Im Laufe der Saison 2008 löste eine Zweizylindermaschine die markanten Bestseller der F-Reihe ab – die Einzylinder feiern indes als Gebrauchte weitere Erfolge.

### MOTORRAD-TESTS *

F 650 GS: 6/2000 (T), 10/2000 (VT), 14/2000 (VT), 16/2000 (Reise-Test), 24/2001 (LT), 26/2001 (TT), 25/2003 (VT), 10/2004 (ABS-VT), 12/2005 (ABS-VT), 1/2006 (VT), 7/2007 (TT), 21/2008 (TT)
**Weitere Infos zu den Modellen finden Sie auch im Internet:**
www.f650.de, www.gs-forum.eu, www.boxer-forum.de
*T=Test, TT=Top-Test, VT=Vergleichstest, LT=Langstreckentest;
Nachbestellungen: Telefon 07 11/1 82-12 29

## BJ 2000

**Erfrischender Auftritt: Die F 650 GS mischt die Mittelklasse kräftig auf**

Übersichtlich, modern, durchgestylt – der Plastik-Charme des Cockpits trifft nicht jedermanns Geschmack

Die 50 000 Kilometer im anspruchsvollen MOTOR-RAD-Langstreckentest überstand die F 650 GS weitgehend schadlos. Fast alle Bauteile des bei Rotax gefertigten, erfreulich standfesten Motors lagen innerhalb der Verschleißtoleranz – für Einzylinder keinesfalls selbstverständlich. Ärgernisse wie mangelhaft befestigte Kunststoffabdeckungen, lose Spiegelausleger, ein undichter Wasserkühler oder eine frühzeitig verschlissene Kupplung gab's trotz-

dem. Die Vorlage eines lückenlosen Inspektionshefts und eine penible Begutachtung der angebotenen Gebrauchten empfiehlt sich deshalb unbedingt, insbesondere bei Laufleistungen über 30 000 Kilometer. Gut: Heizgriffe, Gepäcksysteme, wirksamere Zubehör-Vorderrad-Kotflügel. Besonders gut: das optional erhältliche und sehr empfehlenswerte ABS sowie eine härtere Feder für den hinteren Dämpfer bei schwereren Fahrern.

## DATEN
(Typ R 13, Modelljahr 2001)

### ■ Motor
Wassergekühlter Einzylinder-Viertaktmotor, zwei oben liegende, kettengetriebene Nockenwellen, vier Ventile, Tassenstößel, Trockensumpfschmierung, elektronische Saugrohreinspritzung, Ø 46 mm, geregelter Katalysator, Lichtmaschine 400 Watt, Batterie 12 V/12 Ah, mechanisch betätigte Mehrscheiben-Ölbadkupplung, Fünfganggetriebe, O-Ring-Kette.

| | |
|---|---|
| Bohrung x Hub | 100 x 83 mm |
| Hubraum | 652 cm³ |
| Verdichtungsverhältnis | 11,5:1 |

### Nennleistung
37 kW (50 PS) bei 6500/min
### Max. Drehmoment
60 Nm bei 5000/min

### ■ Fahrwerk
Brückenrahmen aus Stahlprofilen, Telegabel, Ø 41 mm, Zweiarmschwinge aus Stahl, Zentralfederbein mit Hebelsystem, verstellbare Federbasis und Zugstufendämpfung, Scheibenbremse vorn, Ø 300 mm, Doppelkolbensattel, Scheibenbremse hinten, Ø 240 mm,

Einkolbensattel. Speichenräder mit Alufelgen 2.50 x 19; 3.00 x 17 Reifen 100/90 S 19, 130/80 SR 17

### ■ Maße und Gewichte
Radstand 1479 mm, Lenkkopfwinkel 60,8 Grad, Nachlauf 113 mm, Federweg v/h 170/165 mm, Sitzhöhe* 810 mm, Gewicht vollgetankt* 201 kg, Zuladung* 179 kg, Tankinhalt/Reserve 17,3/4,5 Liter.

## MESSUNGEN
(MOTORRAD 26/2001)

### ■ Fahrleistungen

| | |
|---|---|
| **Höchstgeschwindigkeit** | 170 km/h |

**Beschleunigung**
| | |
|---|---|
| 0–100 km/h | 5,0 sek |
| 0–140 km/h | 10,7 sek |

**Durchzug**
| | |
|---|---|
| 60–100 km/h | 5,3 sek |

### ■ Verbrauch
3,6 l/100 km (bei 100 km/h); 5,2 l/100 km (bei 130 km/h), Normalbenzin
* MOTORRAD-Messungen

**2001**

Mitgedacht: Praktische Features wie ein seitlicher Einfüllstutzen erleichtern bei voll bepackter Maschine das Tanken ungemein

Da fehlt doch was! Das eine oder andere mangelhaft befestige Kunststoffteil (hier die Heckabdeckung) hält der BMW nicht immer die Treue

Der standfeste, spritzige Motor der BMW F 650 GS beweist, dass auch ein Eintopf den Massengeschmack trifft undsich teuer verkauft

## MARKTSITUATION

Das Angebot ist derart groß, dass Interessenten schnell den Überblick verlieren. Am einfachsten ist wohl der Gang zu BMW-Händlern, wobei dort für manche F 650 GS aus zweiter oder dritter Hand oftmals recht happige Preise gefordert werden. Mit etwas Glück ortet man auch bei markenfremden Vertragshändlern faire und feine Angebote, denn die beliebte BMW wird von Motorrad-Einsteigern beim Wechsel auf eine größere Maschine gerne in Zahlung gegeben. Bei Gebraucht-Gemischtwarenhändlern ist indes die Chance auf eine gute Offerte eher gering, da bei ihnen das vergleichsweise teure Mittelklasse-Motorrad aus dem (Preis-)Rahmen für Einzylindermaschinen fällt. Teilweise unrealistische Preisvorstellungen sind auch bei Privatanbietern der Grund, warum ihnen die eigentlich sehr gefragte F 650 GS nicht buchstäblich aus der Hand gerissen wird. Interessenten sollten dennoch eine ausgiebige Privatanzeigen-Recherche wagen und vielversprechende Offerten gründlich prüfen, obwohl kaum echte Schnäppchen zu erwarten sind.

| Baujahr | km-Stand | Preis in Euro |
|---|---|---|
| 2000–2003 | über 40 000 | 2600–3000 |
| | um 30 000 | 3000–3500 |
| | um 20 000 | 3600–4000 |
| | um 10 000 | 4000–4500 |
| 2004–2007 | um 30 000 | 3800–4200 |
| | um 20 000 | 4000–4500 |
| | um 10 000 | 4300–5300 |

| Modell | im Programm | Verkauf |
|---|---|---|
| Typ R 13 | 2000 bis 2008 | ca. 20 500 |

### Der richtige Weg

Technischer Fortschritt ist in der supersportlichen und touristischen Oberklasse gang und gäbe. Weil sich gute Technik auch gut und teuer verkaufen lässt. In der weitgehend vom Rotstift diktierten Mittelklasse waren noch bis vor gar nicht allzu langer Zeit gute Features wie ein Bremsassistent oder ein abgasreinigendes System eher die Ausnahme. BMW hat um die Jahrtausendwende goldrichtig gehandelt, die Lücke klug genutzt und auch ohne hochgekochte Diskussionen um Klimawandel oder Sicherheit seinem preisgünstigsten, wenngleich nicht gerade billigen Modell, der Einzylinder-GS, ein ABS (im Bild links) und einen geregelten Katalysator (rechts) verpasst. Das war und ist für viele Käufer von Mittelklasse-Bikes das schlagendste Kaufargument.

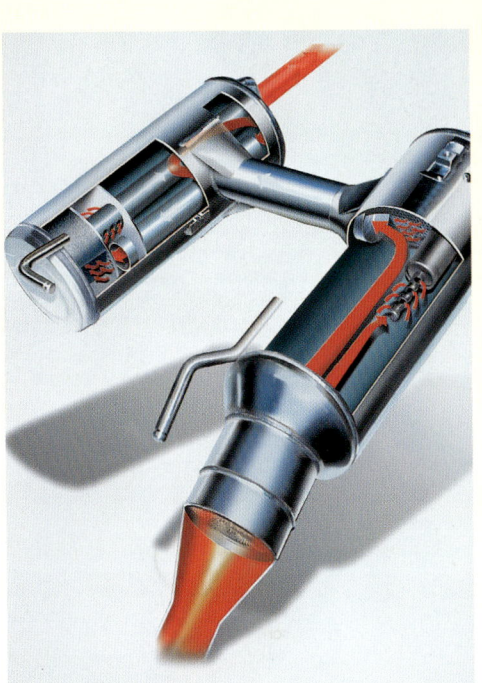

**BJ 2004**

Kleinere Modifikationen wie eine überarbeitete Front frischen auf, das bewährte Konzept bleibt jedoch erhalten

**2007**

Wie in Stein gemeißelt: Der 650er-Einzylinder ist weiterhin auf dem Markt präsent – wenngleich lediglich als Secondhand-Offerte

## MODELLPFLEGE

**2000** Für 12 950 Mark ist die wassergekühlte Einzylindermaschine F 650 GS mit Einspritzung, G-Kat und ABS (optional) erstmals im BMW-Angebot.

**2001** Anpassung der Motorelektronik auf Normalbenzin (mindestens 91 Oktan).

**2004** Motor mit Doppelzündung. Vorderrad-Kotflügel und Windschild modifiziert, größerer Scheinwerfer, neue Gepäckbrücke, geänderte Ergonomie des Kupplungshandhebels. Neue Farben: Silbermetallic, Gelb, Tiefschwarz. Preis: 7250 Euro.

**2007** Letztes Baujahr, für 7540 Euro im Angebot. Im November präsentierte BMW für 2008 auf der Motorradmesse Eicma in Mailand/Italien die Zweizylinder-Nachfolgemodelle F 650 GS und F 800 GS.

# F650 GS DAKAR

## MODELLGESCHICHTE

Die seit 2001 rund 5500-mal verkaufte Dakar-Version (ebenfalls Typ R 13) wird im Vergleich zur Standard-GS aus zweiter Hand meist etwas teurer angeboten. Ein gut informierter Fan-Kreis sucht gezielt nach ihr. Meist sind es größere Motorradfahrer ab 1,80 Meter, auch Einsteiger, für die 890 Millimeter Sitzhöhe keine Hürde bedeuten. Im Gegenteil: Sie suchen die luftige Höhe, um sich nicht eng zusammenfalten zu müssen. Und ein Riesentrumm von Motorrad, wie etwa eine gewichtige Zweizylinder-Enduro, wollen sie nicht unter sich bändigen. Die leichte und handliche BMW mit ausreichend starkem, vibrationsarmem Einzylindermotor ist dann die richtige Wahl und außerdem eine Geldbeutel-freundliche Alternative. Globetrotter finden in der Dakar eine ausgezeichnete Reisepartnerin, mit der einem alle Wege, von Autobahn bis Wüstenpiste, offen stehen. Marathon-Etappen sind für die sehr genügsame und ausgewogene Enduro ebenfalls kein Problem: Bei rund 500 Kilometern Reichweite gibt trotz sofamäßigen Sitzkomforts wohl eher die Ausdauer des Fahrers den Pausentakt vor.

## TECHNIK

### DATEN
(Typ R 13, Modelljahr 2004)

■ **Daten**
Wassergekühler Einzylinder-Viertaktmotor, 652 cm³, 37 kW (50 PS) bei 6500/min, Gewicht vollgetankt 203 kg, Zuladung 177 kg, Tankinhalt/Reserve 17,3/4,5 Liter, Reifengrößen 90/90-21, 130/80-17.

### MESSUNGEN
(MOTORRAD 11/2004)

Höchstgeschwindigkeit 170 km/h; Beschleunigung 0-100 km/h: 5,6 sek; Durchzug 60-100 km/h: 6,0 sek; Verbrauch: 3,1 l/100 km bei 100 km/h, 4,7 l/100 km bei 130 km/h, Normalbenzin

### Kaufen, weil . . .
… die Dakar mit 21-Zoll-Vorderrad voll geländetauglich und ideal zum Enduro-Wandern ist.
… die hohe Sitzposition größeren Fahrern ein gutes Fahrgefühl vermittelt.
… die in geringeren Stückzahlen verkaufte Maschine sehr wertstabil ist.

**MOTORRAD**-TESTS *
7/2000 (T), 8/2000 (VT), 7/2002 (VT), 11/2004 (VT)
*T=Test, VT=Vergleichstest, Nachbestellungen: Telefon 07 11/1 82-12 29

---

## MODELLGESCHICHTE

Dass aus diesem hässlichen Entlein irgendwann mal ein schöner Schwan entschlüpft, der zum Kult à la Suzuki Katana oder auch BMW R 1100 GS mutiert, ist wohl Wunschdenken. Dass die CS mit dem markigen Zunamen „Scarver" einem weniger auf Ästhetik bedachten Käufer schnell ans Herz wächst, ist hingegen kaum von der Hand zu weisen. Denn clevere Motorrad-Rationalisten wissen: Die von 2002 bis Ende 2005 gebaute F 650 CS (Typ K 14) ist eine sehr ausgereifte Einzylindermaschine mit prima Fahrleistungen. Ist vielleicht nicht so lässig, wie die Marketingleute glauben machen, dafür aber zuverlässiger, als manche Mechaniker glauben mögen. Und sie fährt und rangiert sich dank niedriger Sitzhöhe (750 Millimeter) kinderleicht. Das empfinden vor allem noch unsichere Einsteiger sowie kürzer gewachsene Männer und Frauen als schlagendes Kaufargument. Aber auch fortgeschrittene und forsche Fahrer finden in der immerhin rund 7500-mal verkauften CS einen geeigneten Untersatz für jede Schandtat. Die aufgrund ihres eigenwilligen Designs unpopuläre CS ist im Vergleich zu ähnlich beanspruchten GS-Gebrauchten preislich attraktiv, nämlich um einige Hunderter günstiger.

# F650 CS

### DATEN
(Typ K 14, Modelljahr 2001)

■ **Daten**
Wassergekühlter Einzylinder-Viertaktmotor, 652 cm³, 37 kW (50 PS) bei 6800/ min, Gewicht vollgetankt 193 kg, Zuladung 177 kg, Tankinhalt 15 Liter, Reifengrößen 110/70 ZR 17, 160/60 ZR 17.

### MESSUNGEN
(MOTORRAD 26/2001):

Höchstgeschwindigkeit 180 km/h; Beschleunigung 0–100 km/h: 4,2 sek; Durchzug 60–100 km/h: 4,9 sek; Verbrauch: 3,6 l/100 km bei 100 km/h, 5,1 l/100 km bei 130 km/h, Normalbenzin

**MOTORRAD**-TESTS *
26/2001 (TT), 2/2002 (VT), 25/2002 (VT), 5/2003 (34-PS-VT), 4/2004 (T), 13/2004 (VT), 13/2005 (VT)    *T=Test, TT=Top-Test, VT=Vergleichstest

### Kaufen, weil…
… der Zahnriemenantrieb sich bewährt hat und extrem wartungsarm ist.
… die günstigen Preise das gewöhnungsbedürftige Aussehen aufwiegen.
… die gegenüber der GS leichtere, schnellere, breiter bereifte CS sich besser für reine Asphaltpiloten eignet.

# BMW
# F 800-REIHE

**Ein Lehrstück in fünf Akten: Wie aus einem Fehlstart ein Erfolg wird. Warum Reihe wie Boxer klingt. Was das Klonk bewirkte. Warum 650 eigentlich 800 sind. Wie es sich ohne Tele-, Duo- oder Paralever lebt.**

**W**ir haben den Boxer für die Traditionalisten und den Einzylinder für die Frauen der Traditionalisten. Und wir haben die K-Modelle für alle Vierzylinder-Fans mit Japaner-Phobie – fehlt uns noch irgendetwas?" Die BMW-Verantwortlichen mussten nicht lange überlegen: „Uns fehlt die typische Mittelklasse!" Als Reaktion auf diese Erkenntnis präsentierten die Bayern 2006 mit der anfangs nur zweiteiligen F-800-Kollektion die vierte Modellreihe ihres Baukastens. Die halbnackte S und ihre unverständlicherweise erst ein paar Monate später nachgeschobene Tourenschwester ST machten gar keinen Hehl daraus, dass ihre Produktion

Von Klaus Herder
Fotos: BMW, J. Künstle, fact

**Die F 800 S brachte es in ihrer Bauzeit auf 2498 in Deutschland verkaufte Exemplare. Sie ist damit das F-Stückzahl-Schlusslicht**

**Tests in MOTORRA**
S/ST: 8/06 (FB), 12/06 (TT), 20/06 (T), 25/06 (VT), 12/07 (DT), 23/07 (VT), 2/08 (DT
2/10 (VT); F 650 GS: 7/08 (FB), 11/08 (VT), 21/08 (TT), 2/11 (VT); F 800 GS: 6/08 (FB), 10/08 (VT
20/08 (VT), 5/09 (VT), 21/09 (VT), 4/11 (VT); R: 9/09 (T), 11/09 (VT), 18/09 (VT), 18/10 (V
FB=Fahrbericht, TT=Top-Test, T=Test, VT=Vergleichstest, DT=Dauertest; Nachbestellungen Tel. 07 11/182-12

## F 800 S und ST

**Sauber:** Zahnriemenwechsel nur alle 40 000 Kilometer; Ritzelwechsel bei der ersten Serie wegen Geräuschen und Lastwechselreaktionen deutlich früher

**Clever: echter Paralleltwin** – die Kolben bewegen sich synchron auf und ab; Ventilbetätigung über zwei Nockenwellen un Schlepphebel; Massenausgleich über Hilfspleuel un Schwinghebel (unten im Bild

**Übersichtlich:** analoge Anzeige von Tempo und Drehzahl, Bordcomputer kostet extra (185 Euro); höhere Gabelbrücke mit Rohrlenker als ST-Merkmal

**Sicher:** brachiale Verzögerung dank Vierkolben-Festsätteln an 320-Millimeter-Scheiben; gegen Aufpreis (690 Euro) auch mit fein regelndem ABS

## Besichtigung

Auf die Gefahr hin, dass man es nicht mehr lesen kann: Bei jeder halbwegs jungen Gebraucht-BMW ist das **vollständige Serviceheft** ein entscheidendes Kaufkriterium; denn BMW ist Weltmeister in Sachen „Modellpflege beim Händler" und „stille Rückrufe". Hier mal ein neues Mapping, dort mal ein verbessertes Bauteil – wer nicht beim Freundlichen auftaucht, schaut in die Röhre. Wichtiger (Serviceheft-)Prüfpunkt für S- und ST-Gebrauchtkäufer: Wurde der Zahnriemen bei 40 000 Kilometern gewechselt? Natürlich hält das Teil länger, wie lange ge-

nau, wird aber niemand garantieren können. Wer eine R oder GS besichtigt, hat es leichter; denn deren Kettenverschleiß lässt sich einfach prüfen. Besonders bei der F 650 GS ist frühzeitige Kettenlängung ein Thema. 34-PS-Drosselungen und Tieferlegungen gibt es nicht nur als Originalumbauten, sondern auch im Zubehör. Lieber Finger weg, deren Qualität (Ansprechverhalten bzw. Fahrwerksgeometrie) reicht meist nicht an das Original heran. Ebenfalls prüfenswert: Versteckte Schraubverbindungen – hier blüht gern der Rost.

## Marktsituation

**Von der F 800 ST – hier im vollen Tourer-Ornat – wurden in Deutschland mehr als 4500 Exemplare verkauft**

**Für die F-800-Baureihe gibt es eine klare Gebraucht-Hitparade:** Ganz oben und damit am beliebtesten ist die F 800 GS. Unter 7000 Euro gibt's – wenn überhaupt – nur Kilometerkönige (Ü30 tkm) oder Exemplare mit Ge-

| Preisniveau in Euro | | Baujahre | km-Stand |
|---|---|---|---|
| **Niedrig** | **4000–5800** | 2006–2007 | 20 000–45 000 |
| **Mittel** | 5900–7900 | 2007–2010 | 10 000–25 000 |
| **Hoch** | **8000–10 000** | 2008–2011 | 2 000–20 000 |
| **Typ** | | im Programm | Verkäufe |
| **F 650 GS/800 S/ST/GS/R/GT** | | ab 2006 | ca. 28 000 |

lände-Kampfspuren. Das Gros wird zwischen 7500 und 9000 Euro gehandelt. Ähnlich teuer (im Vergleich zum Neupreis) sind die in Sachen Beliebtheit dichtauf folgenden F 800 R und die F 650 GS. Gebrauchte R fangen bei unter 6000 Euro an, die beste Auswahl gibt's zwischen 6500 und 7500 Euro. Die „kleine" GS wird ab 5500 Euro gehandelt, interessant wird es zwischen 6000 und 6500 Euro. Für die drei Modelle gilt: Die Nachfrage (beim Händler!) ist meist größer als das Angebot. Mit Beliebtheits-Abstand folgt die ST – gute Angebote fangen bei 6000 Euro an. Die S ist Beliebtheits-Letzte, hat das Dumping-Tal aber durchschritten. Mit Glück ab unter 4500 Euro. ▶ **Verfügbarkeit am Markt: sehr hoch**

## Daten   (F 800 ST; Modelljahr 2006)

### MOTOR

Wassergekühlter Zweizylinder-Viertakt-Reihenmotor, zwei obenliegende, kettengetriebene Nockenwellen, vier Ventile pro Zylinder, Trockensumpfschmierung, Einspritzung, geregelter Katalysator, mechanisch betätigte Mehrscheiben-Ölbadkupplung, Sechsganggetriebe, Zahnriemen.

| | |
|---|---|
| Bohrung x Hub | 82,0 x 75,6 mm |
| Hubraum | 798 cm³ |
| **Nennleistung** | 62,5 kW (85 PS) bei 8000/min |
| **Max. Drehmoment** | 86 Nm bei 5800/min |

### FAHRWERK

Brückenrahmen aus Aluminium, Telegabel, Einarmschwinge aus Aluminium, Zentralfederbein, direkt angelenkt, verstellbare Federbasis und Zugstufendämpfung, Doppelscheibenbremse vorn, Scheibenbremse hinten, gegen Aufpreis mit ABS.

| | |
|---|---|
| Alu-Gussräder | 3.50 x 17; 5.50 x 17 |
| Reifen | 120/70 ZR 17; 180/55 ZR 17 |

### MAßE+GEWICHTE

Radstand 1466 mm, Lenkkopfwinkel 63,8 Grad, Nachlauf 95 mm, Federweg v/h 140/140 mm, Sitzhöhe* 840 mm, Gewicht vollgetankt* 218 kg, Zuladung* 187 kg, Tankinhalt/Reserve 16/4 Liter.

### MESSUNGEN

(MOTORRAD 20/2006)

| | |
|---|---|
| **Höchstgeschwindigkeit**** | 221 km/h |
| **Beschleunigung** | |
| 0–100 km/h | 3,8 sek |
| 0–200 km/h | 16,7 sek |
| **Durchzug** | |
| 60–140 km/h | 9,7 sek |
| Verbrauch | 4,0 l/100 km (Landstraße); |
| | 4,3 l/100 km (bei 130 km/h) |

*MOTORRAD-Messungen; **Herstellerangabe

ternet
n-Seiten:
w.f800-forum.de
r alle F-Modelle); www.gs-forum.eu
it Unterforum für F-650/800-GS-Fahrer)
brauchtangebote: http://markt.motorradonline.de/
e3261.htm (für Modell F 800 GS)

nfach gut: Die F 800 verzichtet auf den sonst bei BMW lichen Fahrwerks-Schnickschnack – und ist trotzdem flott

## Modellpflege F 800 S/ST/GT

**2006** Markteinführung F 800 S im April, F 800 ST im Mai; Farben: Sunsetgelb uni, Flammrot uni (S); Graphitanmetallic matt, Blaumetallic (ST). **Preise: 8450/9150 Euro (S/ST).**

**2007** Neue Farbe für S: Lahargraumetallic. **Preise: 8660/9380 Euro.**

**2008** Technische Änderung: Serviceanzeige im Multifunktions-Display. **Preise: 8660/9500 Euro.**

**2009** Änderung Lieferumfang: dritter Fahrzeugschlüssel; neue Farben: Weißaluminiummetallic matt, Motor schwarz statt silber (S); Nachtblau-

metallic, Champagnermetallic (ST). **Preise: 8750/9770 Euro.**

**2010** Farbänderungen: Felgen schwarz glänzend (S); Motor schwarz (ST); Produktionsende der S im Juli. **Preise: 8750/9770 Euro.**

**2013** Neue Modellbezeichnung für ST: F 800 GT mit ABS serienmäßig.

**Technische Aktionen/Rückrufe:**
2/07 Nachrüstung gedämpftes Riemenritzel; 6/07 Tausch Zündkerzen; 2/08 Verlegung des Tankentlüftungsschlauchs optimieren; 4/08 Tausch Federbein; 6/08 Tausch Lenkungsdämpfer.

**Sanfter Charakter: Besse- re Gasannahme, gerin- gere Lastwechsel – die F 650 GS ist für manchen die bessere F-Wahl**

deutlich günstiger als die der Boxer sein musste. Zwei schmucklose Aluprofile als Rahmen, Zahnriemen statt Kardan, Telegabel statt Telelever, ein direkt ange- lenktes Federbein und damit keinerlei Fahrwerks-Schnickschnack sowie ein – zumindest äußerlich – recht simpler Reihenzweizylinder, der von Rotax in Österreich gefertigt wurde – hübsch war anders. Doch die pragmatischen Schwes- tern überzeugten von Anfang an mit Fahrstabilität, geringem Verbrauch, prima Gasannahme, viel Kraft im unteren und mittleren Drehzahlbereich und einem höchst erfreulichen Sound. Der in seinem Inneren ganz und gar nicht so simple Twin (Stichwort „Hilfspleuel", siehe S. 28) klingt so kernig wie seine Boxer-Schwes- tern, mit denen er als Gleichläufer auch technisch eng verwandt ist. Es hätte also der Beginn einer wunderbaren Mittel- klasse-Karriere werden können. Wurde es aber nicht; denn zum Boxer-Sound ge- sellten sich fiese Nebengeräusche: Die

## F 800 GS

**Ganz anders: Gitterrahmen aus Stahlrohr statt Alu-Brückenwerk der Straßen-Schwestern, Upside- down- statt Telegabel, Zylinder 20 Grad steiler**

## Modellpflege F 800 GS

**2008** Markteinführung im März; Farben: Darkmagnesiummetallic, Sunsetgelb uni/ Schwarz seidenglänzend. **Preis: 9640 Euro.**

**2009** Änderung Lieferumfang: dritter Fahrzeugschlüssel. **Preis: 9950 Euro.**

**2010** Neue Farben: Lavaorangemetallic/ Schwarz seidenglänzend, Alpinweiß uni. **Preis: 9980 Euro.**

**2011** **Preis: 10 150 Euro.**

**Technische Aktionen/Rückrufe**
3/2008 Tausch Kraftstoffdrucksensor; 5/2008 Überprüfung Verschraubung Bremssattel vorn; 11/2008 Kettenradver-

schraubung nachziehen; 5/2009 Steck- achse Vorderrad prüfen/ersetzen; 5/2010 Kette, Ritzel, Kettenrad erneuern.

**Sondermodell** „30 Years GS" (Modell- jahr 2010/2011, Bauzeit 6/2010 bis 12/2010): Lackierung in Alpinweiß uni; dreifarbiges Dekor in BMW Motorrad Mo- torsport-Farben; Schriftzug „30 Years GS" am Airboxcover; Handprotektoren aus Kunststoff mit Edelstahlbügel und großem Spoileraufsatz; Motorschutz aus Alumini- um; getöntes Windschild; weiße Blink- leuchten; rote Sitzbank mit dreidimensio- naler „GS"-Prägung. Preis 10 530 Euro.

**Verkäufe in D** (per 10/2011): 5915 Stück.

## F 650 GS

**Sparzwang: Billigräder und eine frühzeitig gelängte Kette statt des wartungsarmen Riemens – hier regierte der Rotstift**

**Bekannte Größe: Cockpit wie von den F-Schwestern gewohnt, Bordcomputer aber etwas günstiger (145 Euro) und angenehm großer Lenkeinschlag**

## Modellpflege F 650 GS

**2008** Markteinführung im März; Farben: Flammrot uni, Eisbergsilbermetallic, Azurblaumetallic. **Preis: 7800 Euro.**

**2009** Änderung Lieferumfang: dritter Fahrzeugschlüssel. **Preis: 7990 Euro.**

**2010** Neue Farben: Lavaorangemetallic, Weißaluminiummetallic matt, Biarritzblaumetallic. **Preis: 7990 Euro.**

**2011 Preis: 8050 Euro.**

**Technische Aktionen/Rückrufe:**
3/2008 Tausch Kraftstoffdrucksensor; 11/2008 Kettenradverschraubung nachziehen; 11/2008 Verschraubung der vorderen Bremsscheibe erneuern; 5/2010 Kette, Ritzel, Kettenrad erneuern.

**Sondermodell** „30 Years GS" (Modelljahr 2010/2011, Bauzeit 6/2010 bis 12/2010): Lackierung in Alpinweiß uni; dreifarbiges Dekor in BMW Motorrad Motorsport-Farben; Schriftzug „30 Years GS" im Heckbereich; magnesiumfarbene Gussräder; Handprotektoren aus Kunststoff mit Edelstahlbügel; Motorschutz aus Kunststoff; getöntes und höheres Windschild; weiße Blinkleuchten; rote Sitzbank mit dreidimensionaler „GS"-Prägung im vorderen Bereich der Sitzfläche. Preis 8440 Euro.

**Verkäufe in D** (per 10/2011): 5858 Stück.

---

F klonkte, krachte und klackerte. Beim Schalten, beim Lastwechsel, im Schiebebetrieb – eigentlich immer. BMW bekam das Problem Anfang 2007 in den Griff, doch die F 800, besonders in der etwas unbequemeren S-Ausführung, blieb erst einmal beim Händler stehen. Der deutlich menschenfreundlicheren ST gelang es in der Folge durchaus, einen aus gesetzteren und ruhigeren Charakteren bestehenden Fan-Kreis um sich zu scharen, doch erst im Frühjahr 2008 zündete das Thema F 800 richtig: Die mit neuem Rahmen und überarbeitetem Motor antretende F 800 GS und ihre Schwester F 650 GS stürmten die Zulassungs-Charts. Mit dem Single gleichen Namens hat die 650er nichts gemein. Ihr Hubraum beträgt wie bei der F 800 GS 798 cm³, aber aus marketingtechnischen Überlegungen („Vielleicht trauen sich Anfänger nicht auf eine 800er …") kam es bei der einfacher ausgestatteten und mit 71 statt 85 PS schwächeren GS zum Namens-Wirrwarr. Der Zirkus funktionierte: Die F 650 GS ist neben der F 800 GS der bestverkaufte F-Twin. Diesen Rang wird ihr aber wohl die genial handliche und dabei schicke F 800 R ablaufen. Der 87 PS starke Feger geht neu und gebraucht weg wie warme Semmeln.

www.motorradonline.de/
gebrauchtberatung

## F 800 R

**Meisterstück: Der vierfache Streetbike Freestyle-Weltmeister Chris Pfeiffer nutzt seit 2006 die F als Turngerät. Von der R-Version gab es im Modelljahr 2010 ein nach ihm benanntes Sondermodell. Internet-Tipp: www.chrispfeiffer.com**

## Modellpflege F 800 R

**2009** Markteinführung im Mai; Farben: Alpinweiß uni/Schwarz seidenglänzend, Feuerorange uni, Weißaluminiummetallic matt. **Preis: 7940 Euro.**

**2010 Preis: 8200 Euro.**

**2011** Neue Farben: Leuchtgelbmetallic/Schwarz seidenglänzend, Granitgraumetallic/Schwarz seidenglänzend, Alpinweiß uni/Lupinblaumetallic/Magmarot uni. **Preis: 8300 Euro.**

**Technische Aktionen/Rückrufe:**
3/2010 Kombischalter prüfen/ersetzen

**Sondermodell** „Chris Pfeiffer" (Modelljahr 2010, Bauzeit 9/2009 bis 6/2010): Akrapovic-Endschalldämpfer; Lackierung in den BMW Motorrad Motorsport-Farben Alpinweiß uni, Lupinblaumetallic und Magmarot uni im Kontrast zu seidenmattschwarzen Elementen; Vorderrad in Weiß lackiert; rot lackierte Feder des Federbeins; lackierte Soziusabdeckung; klarüberlackierte Signatur von Chris Pfeiffer auf dem Mittelcover; Satz Sponsorenaufkleber als Beipack; Verzicht auf Cockpitverkleidung, LED-Blinker. Preis 9200 Euro.

**Verkäufe in D** (per 10/2011): 4737 Stück.

# GEBRAUCHT- BERATUNG

**Der Paukenschlag aus München: 2010 kegelte BMW mit einem revolutionären Superbike die Platzhirsche aus Italien und Japan aus dem Rennen. Auch als Gebrauchte ist sie ein gefragtes Objekt.**

# BMW S 1000 RR

Von Jörg Lohse; Fotos: Hersteller

**S**ie kam, sah und siegte. Treffender lässt sich das Debüt des ersten „echten" bayerischen Superbikes Ende 2009 gar nicht zusammenfassen. Mit einem Schlag paralysierte die BMW S 1000 RR förmlich die starke Konkurrenz aus Europa und Fernost: Vor allem die bis dahin weit gereiften japanischen Supersportler sahen plötzlich ziemlich alt aus. Kein Wunder, die Münchner Attacke konnte nicht nur mit gewaltiger Leistung (202 PS auf dem MOTORRAD-Prüfstand) punkten, sondern war zudem mit ausgefeilten Assistenzsystemen bestückt, die in dieser Motorradgattung bisher unüblich waren. Als erstes Serienmotorrad verfügte die S 1000 RR über eine mit Gyrosensoren bestückte (aufpreispflichtige) Traktionskontrolle namens DTC („Dynamic Traction Control"). Zusammen mit dem – in der ersten Serie bis Modelljahr 2011 allerdings etwas gröber arbeitenden – ABS heißt das für den Piloten: Hahn auf, Feuer frei, den Rest übernimmt die komplexe Steuerelektronik. Vier Stufen (Rain-, Sport-, Race- und Slick-Modus) stehen zur Verfügung, um die Leistung des Reihenvierzylinders je nach Streckenzustand sicher auf die Straße zu bringen. Im Test überzeugte die 1000er auf Anhieb und zeichnete sich besonders durch ihr gefälliges Handling, eine hohe Fahrstabilität und Lenkpräzision aus. Zum Modelljahr 2012 wurde die S 1000 RR (gr. Foto) ein wenig optisch, technisch aber gründlich überarbeitet. Das ABS regelt nun feiner, und mit neuer Motorabstimmung gewinnt sie deutlich an linearer Leistungsentfaltung und Druck in der Mitte. ■
www.motorradonline.de/gebrauchtberatung

**Modelljahr 2012: bekannter Look, feiner modelliert. Erkennbar an den seitlichen Luftleitflügeln (Winglets) und am schmalen Heck**

## IM DETAIL

**Kommandozentrale:** übersichtlich und funktionell bestückt für Landstraße und Rennstrecke. Der Zündschlüssel passt in die Einstellschrauben der Gabel

**Schaltzentrale:** Die vierstufige Traktionskontrolle lässt sich einfach vom Lenker aus bedienen. Auf das Extra im Verbund mit ABS sollte man nicht verzichten

**Schallzentrale:** Der Endschalldämpfer ist eher optischer Gimmick, die eigentliche Musik spielt im Vorschalldämpfer. Auspufftuning bringt deshalb fast gar nichts

**Alltag 1:** Bei der Gestaltung des Soziusplatzes kennt BMW im Fall der S 1000 RR auch keine Kompromisse und setzt klassenüblich auf minimalsten Komfort

**Alltag 2:** Wenn es um den Wohlfühlfaktor geht, können warme Finger siegentscheidend sein. Ab Modelljahr 2012 sind Heizgriffe erhältlich

## BESICHTIGUNG

Als noch vergleichsweise junge Gebrauchte wird die S 1000 RR überwiegend aus erster oder zweiter Hand angeboten. Das heißt in den meisten Fällen überdurchschnittlich gut gepflegter Originalzustand, durchgestempeltes Wartungsheft. Auf Letzteres sollte man unbedingt achten, denn auch die S 1000 RR ist in gewisser Weise ein Bananenmotorrad: Sie reift beim Kunden, was bedeutet, dass vom Werk verordnete Servicemaßnahmen im Rahmen der Inspektionen nebenbei miterledigt werden. So ist auch sichergestellt, dass alle „technischen Aktionen" (siehe unten) erledigt sind. Dann heißt es meist aus BMW-Werkstätten: problemloses Bike, keine Auffälligkeiten. Im MOTORRAD-Dauertest häuften sich zum Ende hin (ab 25 000 Kilometern) die Defekte (u.a. Verschleiß an der Einlassnockenwelle, Klappensteuerung im Auspufftrakt), die laut Stellungnahme von BMW aber im Einzelfall kulant geregelt würden. Der Motor selbst erwies sich bis zum Schluss als überaus standfest.

## MARKTSITUATION

Gebrauchte Supersportler sind im Regelfall von einem hohen Preisverfall betroffen, der bei anderen Motorradgattungen (z. B. Cruiser, Tourer) deutlich weniger ausgeprägt ist. Bei der S 1000 RR wird das allerdings durch den hohen Werterhalt, den BMW-Motorräder üblicherweise haben, etwas eingebremst. Hoher Einstandspreis, noch junge Modellhistorie und auch die große Nachfrage tragen dazu bei, dass das bayerische Superbike grundsätzlich nicht als Schnäppchen gehandelt wird. Zumal der einstige Grundpreis (15 500 Euro für das 2010er-Modell) eher theoretischer Natur ist. Denn viele Angebote sind mit aufpreispflichtigen Extras wie der (empfehlenswerten) Kombi aus ABS und Traktionskontrolle (1220 Euro), Schaltautomat (360 Euro) oder weiß-rot-blauer Sonderlackierung (475 Euro) bestückt. Immerhin ist manche Doppel-R der ersten Generation bereits unter 10 000 Euro von privat erhältlich. Das Modell-Update von 2012 kostet gebraucht noch mindestens 13 000 Euro. Vorsicht bei den Preisverhandlungen: Für das vierte Jahr (oder bei 24 000 Kilometern) steht eine relativ umfangreiche, knapp vierstündige Inspektion im Wartungsplan.

▶ **Verfügbarkeit am Markt: hoch**

| Preisniveau in Euro | Baujahre | km-Stand |
|---|---|---|
| Niedrig 9000–10 500 | 2010–2011 | 15 000–25 000 |
| Mittel 11 000–12 500 | 2011 | 10 000–20 000 |
| Hoch 13 000–14 500 | 2011–2012 | 5000–10 000 |
| **Modell** | **im Programm** | **Verkäufe** |
| S 1000 RR | 2010–2011 | 4117 |
| S 1000 RR | seit 2012 | 1972* |

*Stand Juli 2013

## TECHNISCHE DATEN

(Typ S 1000 RR, Modelljahr 2012)

**MOTOR**

Wassergekühlter Vierzylinder-Viertakt-Reihenmotor, zwei obenliegende, kettengetriebene Nockenwellen, vier Ventile pro Zylinder, Schlepphebel, Nasssumpfschmierung, Einspritzung, geregelter Katalysator, mechanisch betätigte Mehrscheiben-Ölbadkupplung (Anti-Hopping), Sechsganggetriebe, O-Ring-Kette.

| | |
|---|---|
| Bohrung x Hub | 80,0 x 49,7 mm |
| Hubraum | 999 cm³ |

**Nennleistung**
142 kW (193 PS) bei 13 000/min
**Max. Drehmoment**
112 Nm bei 9750/min

**FAHRWERK**

Brückenrahmen aus Aluminium, Upside-down-Gabel, voll einstellbar, Lenkungsdämpfer, Zweiarmschwinge aus Aluminium, Zentralfederbein mit Hebelsystem, voll einstellbar, Doppelscheibenbremse vorn, Vierkolben-Festsättel, Scheibenbremse hinten, Einkolben-Schwimmsattel.

| | |
|---|---|
| Alu-Gussräder | 3.50 x 17; 6.00 x 17 |
| Reifen | 120/70 ZR 17, 190/55 ZR 17 |

**MAßE + GEWICHT**

Radstand 1423 mm, Lenkkopfwinkel 66 Grad, Nachlauf 99 mm, Federweg v/h 120/130 mm, Sitzhöhe* 810 mm, Gewicht vollgetankt* 209 kg, Tankinhalt** 17,5 Liter.

**MESSUNGEN**

| (MOTORRAD 25/2011) | |
|---|---|
| Höchstgeschwindigkeit** | 299 km/h |
| Beschleunigung | |
| 0–100 km/h | 3,2 sek |
| Durchzug | |
| 60–140 km/h | 6,5 sek |
| Verbrauch | 5,8 l/100 km |
| | (Landstraße), Super |

*MOTORRAD-Messungen; **Herstellerangaben

### Tests in MOTORRAD

25/2009 (FB), 2/2010 (TT), 7 bis 9/2010 (VT, Alltag/Race/Highspeed), 12/2010 (Reifentest), 10/2011 (Auspufftest), 25/2011 (TT alt/neu), 26/2011 (DT, Halbzeitbilanz), 2/2012 (VT), 4/2012 (DT, Abschluss), 10, 11 und 13/2012 (VT, Alltag/Race/Highspeed)

FB=Fahrbericht, TT=Top-Test, VT=Vergleichstest, DT=Dauertest; Nachbestellungen unter 0711/182-1229, www.motorradonline.de/downloads

### Internet

**Fansites:** www.s1000rr.de, www.s1rr.de, www.s1000rrforum.com (englisch)
**Gebrauchtangebote:** http://markt. motorradonline.de/bike3723.htm

## MODELLPFLEGE

**2010** Markteinführung der BMW S 1000 RR mit 193 PS starkem Vierzylinder-Reihenmotor, Race-ABS und Traktionskontrolle DTC. Farben: Mineralsilver-Metallic, Thundergrey-Metallic, Acidgreen-Metallic, BMW Motorsport-Sonderlackierung. **Preis: 15 150/15 500 Euro.**

**2011** Neue Farben: Sonnengelb und Lightgrey-Metallic, Mineralsilver und Acidgreen entfallen. **Preis: 15 800 Euro.**

**2012** Größere Modellüberarbeitung, u.a. mit optimiertem Drehmomentverlauf; Erweiterung von zwei auf drei Leistungskurven; neu definierte Gasannahme mit Kurzhub-Gasdrehgriff bei verringerter Handkraft; kürzere Sekundärübersetzung; Race-ABS und DTC neu abgestimmt; Federelemente überarbeitet; neuer, in zehn Stufen einstellbarer Lenkungsdämpfer. Heck, Seitenverkleidung und Airbox-Abdeckung neu gestaltet; Erweiterung des Sonderzubehörs und der Sonderausstattung (u.a. Heizgriffe). Neue Farben: Racingred/Alpinweiß, Bluefire, Saphirschwarz-Metallic, BMW Motorsport-Sonderlackierung. **Preis: 16 100 Euro.**

**2013** ABS serienmäßig. Neue Farbe: Granitgrau-Metallic matt. **Preis: 16 850 Euro.**

**Technische Aktionen:**

**2010** Nachrüstung Sturzsensor, Erneuerung Entlüftungsschlauch/Kurbelgehäuse
**2011** Neuer Kühlerverschluss
**2012** Neue Pleuelschrauben
**2013** Überprüfung Seitenstützlagerblock

Modelljahr 2010: Die Farbe Acidgreen-Metallic der Erstserie wird irgendwann schwer gesucht sein

# BMW R 100 GS

## MODELLGESCHICHTE

Mit der R 100 GS stellte BMW im Herbst 1987 nicht nur die hubraumstärkste Enduro ins Rampenlicht, sondern präsentierte mit der Paralever-Schwinge und den Kreuzspeichenfelgen auch zwei technische Innovationen, die bis heute zu den Markenzeichen der BMW-GS-Modelle gehören. Erstere eliminiert das lästige Kardan-Aufstellmoment fast vollständig, während die Kreuzspeichenfelgen die Verwendung von Schlauchlosreifen ermöglichen. Mit ihrem niedrigen Gewicht und im Vergleich äußerst handlichen Fahrwerk gewann die Bayern die Sympathien der Tourenfahrer und Weltenbummler im Sturm, die mit der GS bis in die hintersten Winkel der Erde vordrangen. Bereits 1988 avancierte die 1000er-Enduro zum meistverkauften Motorrad in Deutschland. Kritik gab es jedoch von Beginn an für die relativ schwachen Bremsen sowie für den hohen Benzinverbrauch, wenn der altbewährte und drehmomentstarke Boxer auf der Autobahn richtig gefordert wird. Obwohl es mittlerweile wesentlich stärkere und fahrstabilere Enduro-Modelle gibt, ist eine gepflegte R 100 GS mit ihrer überschaubaren und wartungsfreundlichen Technik auch heute noch eine gute Wahl für ausgedehnte Reisen in ferne Länder.

## MARKTSITUATION

Zwischen 1987 und 1996 verkaufte BMW hierzulande exakt 17 395 Stück von der R 100 GS (einschließlich der Paris–Dakar-Variante). Davon dürfte ein großer Teil bis heute überlebt haben. Genaue Bestandszahlen existieren jedoch nicht, weil das Kraftfahrt-Bundesamt die GS nur zusammen mit den Modellen R 100 R und Mystic auflistet. Dem großen Angebot steht mittlerweile allerdings nur noch eine durchschnittliche Nachfrage gegenüber. Demzufolge hat sich das einst sehr hohe Preisniveau für Zweiventil-GS-Modelle deutlich abgekühlt, zumal die GS fast nur noch von privat an privat den Besitzer wechselt. Vor allem die weniger gesuchten Standardausführungen ab 1991 mit ihren etwas eigenwilligen Farbgebungen stehen heutzutage auf dem Gebrauchtmarkt im Wettbewerb mit so populären Motorrädern wie der Honda XRV 750 Africa Twin.

GS-Verkäufer kommen daher nicht umhin, sich am Preisgefüge solcher Konkurrenzmodelle zu orientieren, die dem Boxer sowohl hinsichtlich Leistung als auch Standfestigkeit Paroli bieten können. GS-Fahren fängt bei rund 2000 Euro an, die Mehrzahl der angebotenen Maschinen wechselt für 3000 bis 3500 Euro den Besitzer. Darüber wird die Luft sehr dünn, nur echte Liebhaberstücke mit relativ geringer Kilometerleistung (unter 30 000) erzielen über 4000 Euro.

## BESICHTIGUNG

Der Zweiventil-Boxer gilt prinzipiell als sehr robuster Motor. Demgegenüber erweisen sich Getriebe und Kardan vieler GS mit höheren Laufleistungen ab etwa 50 000 Kilometern als Problemfall. Schlagende Geräusche aus dem Antriebsstrang künden von drohendem Unheil. Besonders das hoch belastete Kreuzgelenk quittiert öfters mal den Dienst. Beim Getriebe sind es die Lager, insbesondere jenes der Abtriebswelle, die zum Exitus führen. Malade Getriebelager, die übrigens häufig auch als Folgeschaden eines Kardandefekts auftreten, machen sich bei der Probefahrt durch starke Heulgeräusche sowie Vibrationen in den Fußrasten bemerkbar. Ebenfalls nicht gerade selten ist ein undichter Kurbelwellen-Simmerring, erkennbar an Ölaustritt am Flansch von Motorgehäuse und Getriebe sowie – im schlimmsten Fall – an einer rutschenden Kupplung während der Probefahrt.

Angesichts dieser ganz speziellen Macken empfiehlt es sich, zur Besichtigung einen erfahrenen Boxer-Treiber mitzunehmen, denn Reparaturen gehen bei

Fotos: fact, Herzog

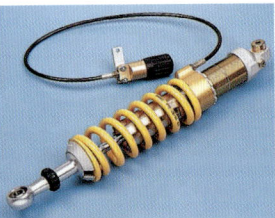

**Überzeugend: Öhlins-Federbein**

**Empfehlenswert: progressive Gabelfedern**

**Bissiger: Zubehör-Bremsen von Lucas und HPN**

## 1989

**Wüstentier: Die Paris-Dakar-Variante machte auf Wettbewerbsgerät, der 35-Liter-Tank war aber auch einfach nur praktisch**

## DATEN
(Typ 247 E, ab 1991)

■ **Motor:** luftgekühlter Zweizylinder-Viertakt-Boxermotor, eine unten liegende, kettengetriebene Nockenwelle, zwei über Stoßstangen betätigte Ventile pro Zylinder, Nasssumpfschmierung, zwei Gleichdruckvergaser, Ø 40 mm, kontaktlose Transistorzündung, keine Abgasreinigung (Sekundärluftsystem gegen Aufpreis), E-Starter, Drehstromlichtmaschine 280 Watt, Batterie 12 V/25 Ah.

**Bohrung x Hub** 94 x 70,6 mm
**Hubraum** 980 cm³
**Verdichtungsverhältnis** 8,5:1

**Nennleistung**
44 kW (60 PS) bei 6500/min

**Max. Drehmoment**
76 Nm (7,7 kpm) bei 3750/min

**Kraftübertragung**
Primärantrieb über Zahnräder, mechanisch betätigte Einscheiben-Trockenkupplung, Fünfganggetriebe, Kardan.

■ **Fahrwerk:** Doppelschleifen-Stahlrohrrahmen, Telegabel, Standrohrdurch-messer 40 mm, Paralever-Schwinge, direkt angelenktes Mono-Federbein mit verstellbarer Federbasis und Zugstufendämpfung, Scheibenbremse vorn, Ø 285 mm, Zweikolbensattel, Trommelbremse hinten, Ø 200 mm, Reifengröße vorn 90/90 T 21, hinten 130/80 T 17.

■ **Maße und Gewichte:**
Radstand 1513 mm, Lenkkopfwinkel 62 Grad, Nachlauf 101 mm, Federweg v/h 225/180 mm, Sitzhöhe 850 mm, Tankinhalt 24 Liter, Gewicht vollgetankt 241 kg, zulässiges Gesamtgewicht 420 kg.

## MESSUNGEN
(MOTORRAD 14/1992)

■ **Fahrleistungen**

**Höchstgeschwindigkeit**
solo (mit Sozius) 176 (170) km/h

**Beschleunigung** solo (mit Sozius)
0–100 km/h 5,0 (6,2) sek

**Durchzug** solo (mit Sozius)
60–140 km/h 13,7 (17,9) sek

■ **Verbrauch**
4,4 bis 9,2 l/100 km, Normalbenzin

BMW ordentlich ins Geld. So kostet die Überholung des Kardans etwa 550 Euro, während für eine Getriebereparatur ein Betrag ab 700 Euro aufwärts einkalkuliert werden muss. Der Austausch eines leck gegangenen Kurbelwellendichtrings hält sich hingegen mit 250 Euro noch in einigermaßen überschaubaren Grenzen – sofern die Kupplung weiter verwendet werden kann. Ratsam ist außerdem, die Felgen auf Seiten- oder Höhenschlag zu kontrollieren, weil BMW bei Verzug den Austausch vorschreibt. Einige Spezialisten wie die Firma Böhm, Telefon 03 73 29/7 16 37, zentrieren indes auch Kreuzspeichenfelgen.

Wer also bei einer R 100 GS mit Kilometerständen ab 40 000 Kilometern das Reparaturrisiko in Grenzen halten will, sollte sich nach Möglichkeit für ein gepflegtes und regelmäßig gewartetes Exemplar entscheiden, dessen Kardan und Getriebe nachweislich bereits überholt wurden.

## OPTIMIERUNG
Die BMW R 100 GS gehört zu jenen Motorrädern, die sich mit einigen gezielten Umbauten ganz erheblich verbessern lassen. Insbesondere den Bremsen und dem Fahrwerk, aus heutiger Sicht im Serienzustand nicht mehr auf dem aktuellen Stand, kann man mit dem Einbau von hochwertigen Federbeinen und progressiven Gabelfedern sowie bissigen Sintermetall-Bremsbelägen auf die Sprünge helfen. Im Rahmen der Optimierung einer GS des Modelljahrs 1989 (MOTORRAD 6/2001) überzeugten beispielsweise

**R 100 GS der ersten Generation. Charakteristisch ist der aufgesetzte Ölkühler**

die SV-Scheibenbremsbeläge von Lucas (35 Euro) mit spontanem Ansprechverhalten sowie prima Dosierbarkeit, Wirkung und Standfestigkeit auf der ganzen Linie. Eine wesentlich bessere Verzögerungsleistung der hinteren Trommelbremse erzielt man darüber hinaus mit dem Einbau des „schwimmenden Bremsnockens" von HPN samt spezieller Bremsbeläge (287 Euro). Bei den Federbeinen lagen die hochwertigen Exemplare von Öhlins (Typ 46 DRS, 759 Euro) und White Power (mit Ausgleichsbehälter, 889 Euro) mit dem besten Kompromiss aus Komfort und sportlich straffer Dämpfung vorne. Bei der Gabel gefielen die progressiven Federn in Standardausführung von Wilbers (99 Euro) und Wirth (87 Euro) am besten, sofern man statt des angegebenen 7,5er-Öls ein zäheres der Viskosität SAE 15 bis 20 einfüllt. Beim Ersatz für den Serienauspuff sollte man dagegen auf das original BMW-Teil zurückgreifen, da der Serienschalldämpfer bei Leistungs- und Drehmomententfaltung den Maßstab darstellt, den keiner der getesteten Nachrüstdämpfer übertrumpfen konnte.                                   ■

## MODELLPFLEGE

**1988** Markteinführung der BMW R 100 GS für 12 990 Mark

**1989** Markteinführung der Paris-Dakar-Variante mit 35-Liter-Tank, rahmenfester Verkleidung, Rechteck-Scheinwerfer, neuer Instrumentenkonsole mit Drehzahlmesser und Uhr, vergrößertem Motorschutz, Kotflügelverbreiterung vorn und Einzelsitzbank; Federbein bei beiden Ausführungen mit weicherer Feder

**1990** Breitere Trommelbremsscheibe

**1991** Gründliche Überarbeitung: Standardmodell mit der rahmenfesten Verkleidung samt Rechteckscheinwerfer der Paris-Dakar und großen Rundinstrumenten mit Drehzahlmesser; Lenker-Armaturen von den K-Modellen; Lenkkopflager mit Feingewinde; versenkter Tankdeckel; komfortabler gepolsterte Sitzbank; Bilstein-Federbein mit zehnfach verstellbarer Zugstufendämpfung; Schalldämpfer aus Edelstahl; schwimmend gelagerte Bremsscheibe; optionales Sekundärluftsystem; Preis für Standard-Modell: 14 950 Mark

**1995** Abverkauf der R 100 GS Paris-Dakar in Avusschwarz (17 959 Mark)

## TESTS IN MOTORRAD *
4/1988 (T), 10/1989 (VT), 3/1989 (LT), 14/1990 (VT), 19/1990 (Modellreport), 14/1992 (VT), 15/1993 (VT)

T=Test, VT=Vergleichstest, LT=Langstreckentest;
*Nachbestellungen unter Telefon 07 11/182-12 29

# 1991

# 1995

**Deutlich gefälliger: Die großen Rundinstrumente fanden endlich zueinander**

**Ewiges Rätsel: Warum die Farbe eines Geländemotorrads nach einer Innenstadt-Rennstrecke (Avus) heißt, bleibt unklar**

# BMW **R 1100 S**

**Als ambitionierter Sportboxer vor zehn Jahren vorgestellt, konnte die charismatische 1100er erst nach dem Baustopp unter sportlich Reisenden ihre wahre Stärke zeigen.**

**R**evival of the fittest – da die radikale R 1200 S nur mäßigen Anklang bei den meisten BMW-Fans findet, erlebt die Vorgängerin R 1100 S als deutlich gemäßigterer Sportboxer auf dem Secondhand-Markt ein Comeback. Die gelungene Mischung aus Sportlichkeit und Touring-Qualitäten macht's: Die wirklich fitte 1100er erlaubt rasantes Kurvenwedeln ebenso wie gemütliche Ausflüge mit Blick für das landschaftliche Drumherum, erfreut den stillen Betrachter mit einigen leckeren Technikdetails wie etwa wunderschönen Leichtmetallrädern, vergrault jedoch nicht gleich mitreisende Passagiere durch mangelnden Sitzkomfort. Der von 1998 bis 2006 zum BMW-Programm zählende Sportboxer war zwar beliebt, aber kein auffälliger Verkaufsrenner. Heutzutage sind immerhin noch rund 11 000 Exemplare in Deutschland zugelassen. Dementsprechend ist die ehemals nicht gerade billige BMW als Gebrauchte nun auch in größerer Auswahl in Preisregionen unterhalb von 5000 Euro anzutreffen. Zudem gilt sie als zuverlässig, und insbesondere die mit Doppelzündung bestückten Modelle ab 2003 sind sehr ausgereift – das zuvor bemängelte Konstantfahrruckeln ist seitdem so gut wie verschwunden. Der 98 PS starke Boxer ist für ernsthafte Sporteinsätze freilich zu schwach, leitet ordentlich Vibrationen bis in die Lenkerenden und verbraucht durchaus auch mal einen halben Liter Öl auf tausend Kilometern. Obwohl fern von Perfektion, ist der 1100er-Sportboxer als prägnantes Motorrad mit Ecken und Kanten gefragt – eine spannende Alternative zu fernöstlichem Einerlei und italienischen Diven.

**Tests in MOTORR...**

17/1998 (T), 19/1998 (VT), 1/1999 (VT), 23/1999 (V...
2/2000 (VT), 13/2000 (VT), 3/2001 (VT), 9/2001 (V...
23/2001 (VT), 15/2002 (VT), 23/2003 (TT), 7/2004 (...
T=Test, TT=Top-Test, VT=Vergleichs...
Nachbestellungen unter Telefon 07 11/1 82-1...

## Details

**Konservativ, klassisch:** Das Cockpit der R 1100 S gefällt durch Schlichtheit. **Praktisch:** Warnblinklichtschalter

**Ein verwindungssteifer Brückenrahmen aus Aluminium – teils geschweißt, teils eine Gusskonstruktion – erbringt eine hohe Lenkpräzision**

**Je nach Zusatzgewicht durch einen Sozius oder Reisegepäck lässt sich die Federvorspannung komfortabel per großem Stellrad einfach anpassen**

**Die Leichtmetallräder mit fünf Speichen erzeugen erfreulich geringe Kreiselkräfte bei hohen Geschwindigkeiten – und sehen zudem noch gut aus**

**Homogener Leistu... und Drehmoment-verlauf, aber ledig... funktionelle Verar-beitung: Der Origi... Auspuff bietet Nachrüst-Potenzia...**

## Besichtigung

Bei fachgerecht gewarteten Exemplaren gibt es in der Regel kaum etwas zu bemängeln, einige Werkstätten berichten jedoch von öfter vorkommenden undichten Kardan-Simmerringen sowie fehlerhaften ABS-Sensoren. Obligatorisch für ein gutes Angebot sind ein lückenloses Service-Heft, ABS sowie nicht mehr als zwei Vorbesitzer. Heizgriffe, der in der BMW-Sonderausstattung erhältliche Komfortlenker oder das breite Hinterrad mit 5,5-Zoll-Felge und 180er-Reifen erhöhen die Attraktivität der Offerte. Nachrüst-Schalldämpfer (Test in MOTORRAD 4/2002) und Zubehörteile von BMW-Spezialisten wie Wunderlich, Telefon 0 26 42/9 79 80, www.wunderlich.de, oder Wüdo, Telefon 0 23 01/9 18 80, www.wuedo.de, sind bei Fans der R 1100 S beliebt. Ehemals teure Karbonteile sprechen zwar Sportfans an, sind bei der Preisgestaltung aber kaum relevant. Weniger verkaufsfördernd ist übrigens das optionale Sportfahrwerk (bei der Boxer-Cup-Version serienmäßig), das die Montage eines Hauptständers ausschließt.

## Marktsituation

Die größte Auswahl an gebrauchten R 1100 S findet sich bei BMW-Händlern. Privatanbieter müssen daher vergleichbare gewerbliche Angebote preislich deutlich unterbieten (um mehrere hundert Euro), und eine Maschine mit relativ hoher Laufleistung (über 40 000 Kilometer) geht nur zum absoluten Dumpingkurs weg. In der für BMW-Einsteiger interessanten Preisklasse bis 5000 Euro lassen sich topgepflegte Fahr-

| Preisniveau in Euro | | Baujahre | km-Stand |
|---|---|---|---|
| **Niedrig** | 3500–4500 | 1998–2000 | 35 000–65 000 |
| **Mittel** | 4600–5900 | 1999–2002 | 20 000–50 000 |
| **Hoch** | 6500–8500 | 2003–2005 | 8000–35 000 |
| **Typ** | | **im Programm** | **Verkäufe** |
| **R 1100 S** | | 1998–2006 | 14 123 |

zeuge allerdings nur mit Geduld und der Bereitschaft zu längeren Anfahrtswegen ausmachen. Boxer-Cup-Modelle fahren laut Händlern beim Wiederverkauf im Vergleich zur Standard-Version größere Verluste ein.

▶ **Verfügbarkeit auf dem Markt: mittelhoch**

## Daten  (R 1100 S; Modelljahr 2003)

### MOTOR

Luft-/ölgekühlter Zweizylinder-Viertakt-Boxermotor, vier Ventile pro Zylinder, Nasssumpfschmierung, Einspritzung, geregelter Katalysator, hydraulisch betätigte Einscheiben-Trockenkupplung, Sechsganggetriebe, Kardan.

| | |
|---|---|
| Bohrung x Hub | 99 x 70,5 mm |
| Hubraum | 1085 cm³ |
| **Nennleistung** | **72 kW (98 PS) bei 7500/min** |
| **Max. Drehmoment** | **97 Nm bei 5800/min** |

### FAHRWERK

Brückenrahmen aus Aluminium, Telegabel, Einarmschwinge aus Aluminium, Zentralfederbein mit Hebelsystem, verstellbare Federbasis und Zugstufendämpfung, Doppelscheibenbremse vorn, Scheibenbremse hinten, Verbundbremse.

| | |
|---|---|
| Alu-Gussräder | 3.50 x 17; 5.00 x 17 |
| Reifen | 120/70 ZR 17; 170/60 ZR 17 |

### MAßE+GEWICHTE

Radstand 1478 mm, Lenkkopfwinkel 65 Grad, Nachlauf 100 mm, Federweg v/h 110/130 mm, Sitzhöhe* 830 mm, Gewicht vollgetankt* 243 kg, Zuladung* 207 kg, Tankinhalt/Reserve 18/4 Liter.

### MESSUNGEN

(MOTORRAD 23/2003)

| | |
|---|---|
| Höchstgeschwindigkeit** | 226 km/h |
| **Beschleunigung** | |
| 0–100 km/h | 3,7 sek |
| **Durchzug** | |
| 60–100 km/h | 5,0 sek |
| **Verbrauch** | 4,4 l/100 km (Landstraße); |
| | 5,2 l/100 km (bei 130 km/h), Super |

*MOTORRAD-Messungen; **Herstellerangabe

**Internet**

**Fansites:** www.s-boxer.de, www.boxer-forum.de

**Gebrauchtangebote:**
http://markt.motorradonline.de/bike37.htm (R 1100 S);
http://markt.motorradonline.de/bike2459.htm (R 1200 S)

**Fährt flott ums Eck, geht gebraucht aber kaum: Boxer-Cup-Sondermodell**

## Modellpflege

**1998** Im September Markteinführung des Modelljahrs 1999 in der Basisausstattung für 21 380 Mark (10 908 Euro). ABS und Sportfahrwerk mit Öhlins-Federelementen gegen Aufpreis erhältlich. Farben: Gelb, Rot, Schwarz, ab 1999 auch Silber.

**2001** Modifikationen an der Bremsanlage: größere Bremsscheiben vorn (320 statt 305 Millimeter), größere Bremskolben, neues, aufpreispflichtiges Teilintegral-ABS mit Bremskraftverstärker. Bei den Lackierungen entfällt Schwarz, Blau kommt hinzu. Preis: 21 930 Mark (11 189 Euro).

**2003** Getriebe überarbeitet (bereits ab Herbst 2002), Doppelzündung und neue Zündanlage. Preis: 11 505 Euro. Eine Boxer-Cup-Edition in Sonderlackierung mit Sportfahrwerk, breiterer Hinterradfelge und breiterem Reifen, Motorspoiler sowie Ventildeckelprotektoren aus Karbon wird auf 1250 Stück limitiert dem Standardmodell zur Seite gestellt. Preis: 12 750 Euro.

**2004** Fremdstartanschluss, Steckdose serienmäßig, erhöhte Sitzbank (820 Millimeter) als kostenfreie Sonderausstattung erhältlich. Preis: 11 712 Euro. Bei Cup-Replika (erneute Auflage von 1100 Stück), die für 13 712 Euro zum letzten Mal im Programm ist, entfällt das ABS, ihr Schalldämpfer stammt vom Auspuff-Spezialist Laser.

**2005** Letztes Baujahr der R 1100 S. Preis: 11 762 Euro.

**2006** Abverkauf, aber das 1100er-Modell ist noch offiziell im Programm.

# GEBRAUCHT- BERATUNG

## BMW R 1150 R

**Sie sieht deutlich besser aus** und kann viel mehr als das Vorgängermodell. Und im Vergleich zur Nachfolgerin gehört sie noch längst nicht zum alten Eisen. Es gibt also viele gute Gründe, sich näher mit der zweiten Generation des Vierventil-Roadsters zu beschäftigen.

Von Klaus Herder; Fotos: Markus Jahn (1), Archiv

**T**schüss, Cowboysattel, auf Wiedersehen, Buckeltank, ade, Ölkühler-Bastelei! Die Nachfolgerin des seit 1994 verkauften und immer etwas verwachsen wirkenden Vierventil-Erstlings R 1100 R sieht auf den ersten Blick deutlich gefälliger aus. Filigranere (und dabei breitere) Doppelspeichenräder, ein wesentlich eleganterer Längslenker des Telelevers und eine vom GS-Schwestermodell übernommene Edelstahl-Auspuffanlage komplettieren das erfolgreiche Make-up. Doch auch technisch tat sich fürs Modelljahr 2001 eine Menge: Fünf PS mehr Spitzenleistung und ein fülligerer Drehmomentverlauf machen die R 1150 R zum erfreulich niedertourig fahrbaren Durchzugswunder, das auch deutlich leistungsstärkere Maschinen beim Zwischenspurt ziemlich alt aussehen lässt. Dazu passend: ein Sechs- statt Fünfganggetriebe, dessen letzte Fahrstufe wahlweise direkt oder als Overdrive agiert.

Ebenfalls 2001 neu: das für 1995 Mark orderbare Integral-ABS, bei dem der Handbremshebel auch den hinteren Stopper aktiviert. Was weniger gewöhnungsbedürftig ist als der im ABS-Paket enthaltene Bremskraftverstärker, der nur bei eingeschalteter Zündung und dann auch recht digital arbeitet. Ohne Zündung steht nur eine deutlich bescheidenere Restbremsfunktion zur Verfügung, was manchem R 1150 R-Neuling beim Rangieren pulssteigernde Momente beschert haben dürfte. Doch abgesehen vom Bremskraftverstärker-Irrweg und dem zumindest bis 2003 (Einführung Doppelzündung) bei manchem Exemplar etwas nervenden Konstantfahrruckeln, ist die R 1150 R heute noch ein topmodernes Motorrad, das mit seiner auch von weniger erfahrenen Motorradfahrern leicht zu beherrschenden Agilität aus Unwissenden Boxer-Gläubige machen kann. Erst recht in der verschärften Rockster-Ausführung. ∎

www.motorradonline.de/gebrauchtberatung

### Tests in MOTORRAD

5/2001 (FB), 8/2001 (TT), 12/2001 (VT), 22/2002 (LT), 2/2003 (VT), 4/2003 (T, Rockster), 25/2003 (Verarbeitungs-Report), 3/2004 (VT), 18/2005 (VT), 25/2005 (VT)

FB = Fahrbericht, T = Test, TT = Top-Test, VT = Vergleichstest, LT = Langstreckentest; Nachbestellungen unter 07 11/32 06 88 99, www.motorradonline.de/downloads

## IM DETAIL

Die Reserve-Warnlampe neigt zur Dramatisierung und mahnt viel zu früh. Die verchromte Blende beweist im Alter, dass auch Kunststoff gammeln kann

Wo die rustikale Vorgängerin zwei Lenkerhälften und offenes Ölkühler-Gewürge trug, zeigt die 1150er einteiliges Stahlrohr und verkleidenden Kunststoff

Rockster: Das von der R 1100 S stammende Cockpit sieht gefälliger aus (und gammelt nicht); der flachere und 40 mm breitere Lenker macht ein breites Kreuz

Schau mir auf den Deckel, Kleines: Ab 2003 verrät der Schriftzug „2 SPARK", dass hier doppelt gezündet wird und es sich konstant ausgeruckelt hat. Weitgehend

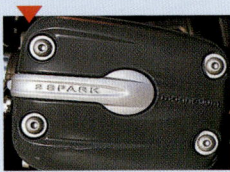

Geringe oder gar einheitliche Spaltma[ße] und sauber verlegte Kabel gehören nicht [zu] den ganz großen Stä[r]ken, die Zuverlässigk[eit] stimmt aber trotzdem

## BESICHTIGUNG

Bei kaltem Motor quietscht ab und an der Keilrippenriemen, der die Lichtmaschine antreibt – nicht dramatisch, aber ab über 40000 Kilometern Laufleistung steht ggf. ein Wechsel an. Die Beschichtung des vorderen Motordeckels ist meist frühzeitig fertig, und auch das verchromte Plastik der Instrumentenverkleidung sieht schnell müllig aus – beides nur Schönheitsfehler. Viel wichtiger: Das hintere Radlagerspiel prüfen, die nahezu spielfreie Paralever-Lagerung leidet besonders unter einem ausgelutschten Federbein. Undichtigkeiten an der Hinterachse sind gar nicht so selten. Noch wichtiger: eine topfitte Batterie, da das ABS auf zu wenig Spannung mit nervigem Kontrolllampenflackern antwortet. Die Wartungsintervalle zum Bremsflüssigkeitswechsel sollten peinlich genau eingehalten werden, da das ABS-System sehr empfindlich auch auf kleinste Schwebteilchen reagiert. Dann wird's richtig teuer. Die beste Gebrauchtkaufabsicherung: ein komplettes Wartungsheft.

## MARKTSITUATION

Das Angebot ist üppig, doch das hat keinen großen Einfluss auf das immer noch verhältnismäßig hohe Preisniveau. Unter 4000 Euro gibt es nur vereinzelt Kilometerkönige, womöglich ohne ABS und mit Wartungsstau. Ab 5000 Euro herrscht dagegen eine große Auswahl an recht gepflegten Exemplaren mit überschaubarer Laufleistung und meist auch guter Ausstattung – ein kleiner Windschild und Koffer sind oft dabei. Die im Neuzustand immer etwas teurere Rockster wird als Gebrauchte praktisch zum gleichen Tarif gehandelt – mit Ausnahme des Jubiläumsmodells „Edition 80".

| Preisniveau in Euro | | Baujahre | km-Stand |
|---|---|---|---|
| Niedrig | 3500–4400 | 2001–2003 | 50000–90000 |
| Mittel | 4500–5900 | 2001–2006 | 20000–60000 |
| Hoch | 6000–7000 | 2003–2006 | 10000–30000 |
| Typ | | im Programm | Verkäufe |
| R 1150 R | | 2001–2006 | 11426 |
| R 1150 R Rockster | | 2003–2005 | 2715 |

Absoluten Originalzustand (weiße Räder!) und ganz geringe Laufleistung vorausgesetzt, werden von Sammlern dafür auch schon mal etwas über 7000 Euro gezahlt. Ansonsten wird spätestens bei 6500 Euro die Luft für Verkäufer ziemlich dünn. Eine gebrauchte R 1150 R ist der typische Erst-Boxer für BMW-Neulinge – und bei denen sitzt das Geld naturgemäß meistens nicht übermäßig locker. ▸ **Verfügbarkeit am Markt: sehr hoch**

## TECHNISCHE DATEN

(R 1150 R, Modelljahr 2001)

### MOTOR
Luft-/ölgekühlter Zweizylinder-Viertakt-Boxermotor, vier Ventile pro Zylinder, Nasssumpfschmierung, elektronische Saugrohreinspritzung, geregelter Katalysator, hydraulisch betätigte Einscheiben-Trockenkupplung, Sechsganggetriebe, Kardan.
Bohrung x Hub 101 x 70,5 mm
Hubraum 1130 cm³
**Nennleistung**
**62,5 kW (85 PS) bei 6800/min**
**Max. Drehmoment 98 Nm bei 5300/min**

### FAHRWERK
Tragende Motor-Getriebe-Einheit, geschraubter Hilfsrahmen, längslenkergeführte Telegabel, Federbein, verstellbare Zugstufendämpfung, Zweigelenk-Einarmschwinge aus Aluguss, Zentralfederbein, verstellbare Federbasis und Zugstufendämpfung, Doppelscheibenbremse vorn, Scheibenbremse hinten.
Drahtspeichenräder 3.50 x 17; 5.00 x 17
Reifen 120/70 ZR 17; 170/60 ZR 17

### MAßE + GEWICHTE
Radstand 1487 mm, Lenkkopfwinkel 63 Grad, Nachlauf 127 mm, Federweg v/h 120/135 mm, Sitzhöhe* 820 mm, Gewicht vollgetankt* 252 kg, Tankinhalt/Reserve 20,4/4 Liter.

### MESSUNGEN
(MOTORRAD 8/2001)
| | |
|---|---|
| Höchstgeschwindigkeit | 209 km/h |
| Beschleunigung 0–100 km/h | 3,6 sek |
| Durchzug | |
| 60–140 km/h | 8,4 sek |
| Verbrauch | 5,3 l/100 km (Landstraße) |
| | 7,0 l/100 km (bei 160 km/h) |

*MOTORRAD-Messungen

### Internet
**Fansites:**
www.powerboxer.de,
www.bmw-bike-forum.info,
www.rockster-forum.com
**Gebrauchtangebote:**
http://markt.motorrad online.de/bike39.htm
(Rockster: /bike1257.htm)

## MODELLPFLEGE

**2001** Im März Markteinführung der R 1150 R, **Preis: 18950 Mark (9536 Euro).**

**2002** Zusätzliche Sonderausstattung lieferbar: höhere Sitzbank (830 mm). **Preis: 9950 Euro.**

**2003** Im Januar Markteinführung des Schwestermodells Rockster; stahlummantelte Bremsleitungen bei R 1150 R serienmäßig, Getriebe verbessert (Schaltbarkeit, Geräusche), Umstellung auf Doppelzündung. **Preise (R 1150 R/Rockster): 10200/10600 Euro.**

**2004** Stahlummantelter Kupplungsschlauch und Steckdose serienmäßig, seitliche Anlasserhalterung bekommt Stützpunkt für den Fremdstart, Rockster auch mit stahlummantelten Bremsleitungen.

Ende April Markteinführung des weltweit auf 2003 Exemplare limitierten Rockster-Sondermodells „Edition 80" für 12000 Euro (ABS, Heizgriffe und Plakette serienmäßig, Sonderfarbe Mattweiß). **Preise (R 1150 R/Rockster): 10350/10750 Euro.**

**2005** Diebstahlwarnanlage als Sonderausstattung lieferbar. Letztes offizielles Modelljahr der Rockster. **Preise (R 1150 R/Rockster): 10450/10850 Euro.**

**2006** Letztes offizielles Modelljahr der R 1150 R. **Preis: 10600 Euro.**

**Rückrufe** („Technische Aktionen"): Im Februar 2004 Austausch des vorderen Federbeins bei Maschinen des Produktionszeitraums 10/2003 bis 11/2003.

**Rockster: Soft-Streetfighter aus dem BMW-Baukasten**

# BMW
# R 1200 GS

**Können fast 50 000 Motorrad fahrer in Deutschland irren? So viele Menschen kauften seit 2004 die 1200er-GS. Und sie trennen sich – wenn überhaupt – nur für viel Geld von ihren Schätzchen.**

Von Klaus Herder
Fotos: Bilski, Gargolov, jkuenstle.de, Hersteller

Wie macht man einen Bestseller noch besser? Nach 21 800 Exemplaren der R 1100 GS und 28 800 in Deutschland verkauften R 1150 GS beantwortete BMW die Frage 2004 eindeutig. „Hervorragende Offroad-Tauglichkeit bei nochmals gesteigerten Straßeneigenschaften" hatte laut BMW-Pressetext die neue R 1200 GS zu bieten. 13 PS mehr Leistung in Verbindung mit deutlich mehr Drehfreude und weniger Vibrationen (Ausgleichswelle!), 22 Kilogramm leichter, dazu eine straffere Auslegung der Federelemente und eine Optimierung der Ergonomie sowie ein bequemerer Sitzplatz – die neue GS konnte praktisch alles viel besser als ihre auch schon sehr gute Vorgängerin. Allenfalls aus dem Drehzahlkeller ging die 1150er etwas kräftiger, doch dafür protzte die 1200er ab mittleren Touren mit viel mehr Druck, und sie drehte deutlich schneller hoch. Hinzu kam ein leichter und leiser zu schaltendes Sechsganggetriebe. Die Neutralität und Leichtigkeit, mit der auch schon die ersten Vierventil-GS um noch so fiese Kurvenkombinationen getrieben werden konnten, steigerte die 1200 nochmals. Gegen eine engagiert bewegte GS hatten und haben die meisten Gebückten auf kurvigem Geläuf kaum eine Chance. Die erste 1200er verkaufte sich wie frisch geschnitten Brot, doch BMW legte 2008 noch eine Schippe drauf: noch mehr Druck, noch mehr Drehfreude, ein nochmals verbessertes Getriebe – und für 680 Euro Aufpreis mit Enduro-ESA, einem elektrisch verstellbarem Fahrwerk, bei dem der GS-Fahrer während der Fahrt die Federungs- und Dämpfungscharakteristik beeinflussen kann. Nur zwei Jahre später ging noch mehr: Das 2010er-Modell bekam die aus der HP2 bekannten Zylinderköpfe mit zwei obenliegenden Nockenwellen und radial angeordneten Ventilen spendiert. Neben mehr Feuer und Drehfreude gab's bei dieser Modellpflege noch eine ganz wesentliche Verbesserung: deutlich mehr Sound. Eine elektronisch gesteuerte Klappe im Auspuff lässt die GS endlich so klingen, wie sie sich fährt: einfach geil! ■

www.motorradonline.de/gebrauchtberatung

**R 1200 GS Adventure (rechts): ab 2006 die Fernreise-Schwester der Standard-GS (unten: Modell 2008)**

**Tests in MOTORRAD**

3/04 (FB), 6/04 (TT), 7/04 (VT), 8/04 (VT), 19/04 (VT), 2/05 (VT), 21/05 (LT), 24/05 (KV), 7/06 (FB), 9/06 (VT), 25/06 (KV), 1/07 (KV), 8/07 (VT), 19/07 (KV), 26/07 (FB), 1/08 (TT), 4/08 (VT), 10/08 (VT), 20/08 (KV), 5/09 (VT), 7/09 (VT), 18/09 (VT), 21/09 (VT), 1/10 (T), 4/10 (VT), 12/10 (VT), 14+15/10 (VT)
FB=Fahrbericht, TT=Top-Test, VT=Vergleichstest, LT=Langstreckentest, KV=Konzeptvergleich, T=Test, Nachbestellungen unter Telefon 07 11/182-12 29

**Doppelbock: Die Beifahrerfreundlichkeit der GS macht es Paaren unmöglich, getrennt zu reisen**

## Details

**Das volle Programm:** Wer ab 2008 die Aufpreisliste ausreizte, bekam eine solche linke Lenkerarmatur als Belohnung. Inklusive Enduro-ESA

Es wurde nie abschließend geklärt, ob an dieser Stelle auch Designer tätig waren. Praktiker aber auf alle Fälle, denn übersichtlich ist es ja

**Da fehlt was:** Nämli zwei von vormals v Ventildeckel-Schra ben. Der Kenner sie sofort, dass es der neue DOHC-Motor (ab 2010) sein mus

## Besichtigung

Mehr als bei allen anderen Marken ist bei BMW eine nachzuvollziehende und vollständige Service-Historie ein ganz wichtiger Gebrauchtkauf-Prüfpunkt. Die Bayern sind nämlich Meister darin, **permanente Modellpflege und „stille" Rückrufe** bei Werkstattaufenthalten „mal eben nebenbei" mitzuerledigen. Hier ein kleines Software-Update, dort ein wenig Überarbeitung – eine GS mit komplettem Scheckheft ist immer der bessere Kauf. Es gab aber auch ganz offizielle Rückrufe, die zumindest theoretisch (die betroffenen Halter wurden angeschrieben) bei allen Gebraucht-GS erledigt sein müssten. Als da wären: 3/04 Austausch O-Ring Hinterachsgetriebe; 3/05 Nachrüstung Abdeckung Seilscheibe; 12/05 Austausch Dichtung Kraftstoffpumpen-Elektronik; 3/06 Kupplungstausch, Änderung der vorderen ABS-Sensorleitungs-Verlegung, Nachrüstung Hohlschraube Handbremsarmatur mit Drossel; 11/06 Rückrüstung RDC bei Kreuzspeichenrädern (8/07 Wiedereinbau RDC); 1/08 Entlüftung vorderes Bremssystem; 6/08 Information und Aufkleber Handschutz; 11/08 Umrüstung Bremsleitungen vorn; 8/09 Austausch der Kraftstoffpumpen-Elektronik; 10/09 Nachrüstung Entstörkondensator.

## Marktsituation

**Zu viele Angebote sind des Privatverkäufers Tod:** In den einschlägigen Gebrauchtbörsen tummeln sich jeweils mehrere 100 Secondhand-GS. Unter 7000 Euro gibt's, wenn überhaupt, nur extrem hohe Kilometerleistungen oder leicht angeschlagene Technik. Das beste Preis-Leistungs-Verhältnis ist um 9500 Euro herum zu finden. Wer ein MÜ-Modell (Modellüberarbeitung 2008) will, zahlt in jedem Fall fünfstellig – womit wir beim eingangs erwähnten Problem wären; denn auch viele Privatanbieter von Vor-2008-Schätzchen träumen von fünfstelligen Preisen (was verständlich ist, hat das gute Stück neu doch oftmals über 15 Mille gekostet), doch in diesem Bereich wird die Luft ganz mächtig dünn, dann das Überangebot drückt auf die (Privatverkäufer-)Preise. Deutlich anders sieht's beim (BMW-)Händler aus: Der verlangt und bekommt meist auch sehr amtliche Tarife, kann dafür aber auch mit Service- und Garantieleistungen und gegebenenfalls Inzahlungnahme punkten.

▶ **Verfügbarkeit am Markt: sehr hoch**

| Preisniveau in Euro | | Baujahre | Km-Stand |
|---|---|---|---|
| Niedrig | 5800–7900 | 2004–2007 | 30 000–90 000 |
| Mittel | 8000–9900 | 2004–2009 | 20 000–50 000 |
| Hoch | 10 000–13 000 | 2008–2011 | 5000–25 000 |
| Typ | | im Programm | Verkäufe |
| R 1200 GS | | ab 2004 | ca. 48 000 |

## Daten (Typ R 1200 GS; Modelljahr 2008)

### MOTOR

Luft-/ölgekühlter Zweizylinder-Viertakt-Boxermotor, je eine hoch liegende, kettengetriebene Nockenwelle, vier Ventile pro Zylinder, Nasssumpfschmierung, Einspritzung, geregelter Katalysator, hydraulisch betätigte Einscheiben-Trockenkupplung, Sechsganggetriebe, Kardan.

Bohrung x Hub    101,0 x 73,0 mm
Hubraum    1170 cm³

**Nennleistung**
77 kW (105 PS) bei 7500/min

**Max. Drehmoment**
115 Nm bei 5750/min

### FAHRWERK

Tragender Motor-Getriebe-Verbund, längslenkergeführte Telegabel, verstellbare Federbasis, Zweigelenk-Einarmschwinge aus Aluminium, Zentralfederbein, direkt angelenkt, verstellbare Federbasis und Zugstufendämpfung, Doppelscheibenbremse vorn, Scheibenbremse hinten, ABS optional.

Alu-Gussräder    2.50 x 19; 4.00 x 17
Reifen    110/80 H 19; 150/70 H 17

### MAßE+GEWICHTE

Radstand 1507 mm, Lenkkopfwinkel 64,3 Grad, Nachlauf 101 mm, Federweg v/h 190/200 mm, Sitzhöhe* 850-870 mm, Gewicht vollgetankt* 244 kg, Zuladung* 196 kg, Tankinhalt/Reserve 20/4 Liter.

### MESSUNGEN
(MOTORRAD 1/2008)

Höchstgeschwindigkeit**    212 km/h
**Beschleunigung**
0–100 km/h    3,6 sek
0–200 km/h    16,0 sek
**Durchzug**
60–140 km/h    8,1 sek
Verbrauch    5,1 l/100 km (Landstraße);
6,2 l/100 km (bei 130 km/h), Super

*MOTORRAD-Messungen; **Herstellerangabe

### Internet

**Fansites:** www.boxer-forum.de; www.gs-forum.eu; www.r1200gs.de; www.gs-world.eu

**Gebrauchtangebote:**
http://markt.motorradonline.de/bike1541.htm

...nprobleme: Der Hin...achsantrieb (im Bild) ...rde nach 18 750 Lang...eckentest-Kilometern ...auscht; das Getriebe ...lt immerhin bis zum ...ometerstand 37 900

## Modellpflege

**2004** Markteinführung, 98/100 PS bei 7000/min, 115 Nm bei 5500/min. Farben: Wüstengelb, Felsrot, Ozeanblau-Metallic. **Preis: 11 500 Euro.**

**2005** Niedrige Sitzbank (810 mm) und weiße Blinker als Sonderausstattung (SA) erhältlich. **Preis: 11 700 Euro.**

**2006** Ab 9/05: Instrumentenkombi mit segmentierter Anzeige; Erhöhung zulässiges Gesamtgewicht (435 stat 425 kg); Entfall Warnblinkanlagen-Knopf; neue Farbe: Granitgrau-Metallic. **Preis: 12 050 Euro.**

**2007** Ab 9/06: Bordcomputer mit Ölstandswarner als SA; neues, deutlich verbessertes Integral-ABS; Entfall Ozeanblau-Metallic; neue Farbe: Nachtschwarz. **Preis: 12 360 Euro.**

**2008** Ab 9/07: Servicetermin-Hinweis im Display; ab 2/08: Modellüberarbeitung, 105 PS bei 7500/min, 115 Nm bei 5750/min, breiteres nutzbares Drehzahlband (max. 8000/min); überarbeitetes Getriebe; neu: Alulenker, Handprotektoren, Sitzbank, Verkleidung; Enduro-ESA als SA; neue Farben: Titansilber-Metallic, Schieferdunkel-Metallic matt, Tansanitblau, Namibiaorange. **Preis: 12 500 Euro.**

**2009** Ab 9/08: LED-Blinker als SA; Erweiterung des Comfort- und Touring-Pakets um LED-Blinker; dritter Fahrzeugschlüssel serienmäßig. **Preis: 12 800 Euro.**

**2010** Technische Überarbeitung: DOHC-Boxermotor, 110 PS bei 7750/min, 120 Nm bei 6000/min, breiteres nutzbares Drehzahlband (max. 8500/min), elektronisch gesteuerte Abgasklappe; neue Zubehör-Zusatzscheinwerfer (LED); neue Farben: Ostragrau-Metallic matt, Alpinweiß, Magmarot, Saphirschwarz-Metallic. **Preis: 13 000 Euro.**

**2013** Komplett neues Modell: R 1200 GS mit flüssigkeitsgekühltem Boxermotor.

# BMW **R 1200 C**

**Zu Anfang wurde sie belächelt und verspottet – die BMW R 1200 C. Doch schnell scharte sie eine treue Fange-meinde um sich. Boxer-Cruiser fahren hat was. Das zeigt sich auch an den gesalzenen Gebrauchtpreisen.**

Von Holger Hertneck; Fotos: Hartmann (1), Herzog (2), BMW (3)

**E**ine der ungewöhnlichsten Neuerscheinungen des Jahres 1997 war zweifellos die BMW R 1200 C, der erste Cruiser aus Bayern. Einen glänzenden Auftritt verschafften ihr nicht nur reichlich Chromflächen, sondern die für dieses Genre ungewöhnlichen Fahreigenschaften. Dank ABS (Aufpreis rund 1000 Euro) verzögert die BMW jederzeit vehement und aufgrund der Telelever-Vorderradführung ohne lästiges Einknicken der Front. Die Schräglagenfreiheit ist für einen Cruiser ungewöhnlich groß und das Fahrwerk erstaunlich komfortabel.

Der Motor strotzt mit nur gut 60 PS zwar nicht gerade vor Kraft, dafür gibt's bezüglich Zuverlässigkeit keinerlei Klagen – weit über 50 000 Kilometer Laufleistung ohne die geringsten Probleme sind keine Seltenheit. Gegen das teilweise sehr nervige Konstantfahrruckeln hilft ein für wenige Euro beim BMW-Händler erhältlicher Codierstecker, der die Leerlaufdrehzahl etwas anhebt. Eine Maßnahme, die wohl die meisten Besitzer längst durchgeführt haben und die sich spätestens auf der Probefahrt offenbart. Bei dieser sollten Kauf-interessenten verstärkt auf die Schaltbarkeit des Getriebes achten. Leichtes Krachen beim Ein-legen des ersten Gangs ist quasi serienmäßig. Wollen die Zahnräder jedoch partout nicht einrasten und sich auch höhere Gangstufen verweigern, dann ist Vorsicht geboten. Sollte auf der Testrunde urplötzlich der Motor ab-sterben, liegt's möglicherweise an einem unbemerkten Fußkontakt mit dem nahe der Raste platzierten Seitenständerausleger, der daraufhin die Zündung unterbricht.

Dass sich BMW nach vielen Jahren Marktprä-senz dazu entschlossen hat, die R 1200 C-Modelle Ende 2005 vom Markt zu nehmen, war und ist vielen Motorradfans unverständlich. Denn der Erfolg des unge-wöhnlichen Cruisers fiel mit weltweit über 30 000 verkauften Modellen weitaus größer aus, als von den meisten erwartet. Doch wer weiß, vielleicht basteln die Münchner ja bereits an einem Nachfolger. Bis dahin müssen sich Boxerfans weiterhin mit gebrauchten R 1200 C begnügen.

**Tests in MOTORRA**
17/1997 (T), 22/1997 (VT), 4/1999 (VT), 12/2000 (VT
5/2002 (VT), 20/2003 (VT), 4/2004 (V
T = Test, TT = Top-Test, VT = Vergleichste
Nachbestellungen unter Telefon 07 11/182-12.

## Details

Wird das kleine Sozius-
bröttchen gerade nicht
von einem leidensfähi-
gen Mitfahrer benötigt,
kann es der Fahrer
hochklappen und als
Rückenlehne nutzen

Im Cockpit beherrscht
der klassisch anmu-
tende, asymmetrisch
angeordnete Tacho das
Geschehen. Nebenan
glimmen kaum ables-
bare Kontrollleuchten

Solonummer: Beim Inde-
pendent-Modell fehlen
ganz bewusst Soziussitz
und -rasten. Dafür spen-
dierte BMW eine kleine
Speedster-Scheibe und
Dreispeichen-Alu-Räder

Bei der R 1200 CL steigern eine dicke Verkleidung mit vier Scheinwerfern, Rahmen-
verstärkungen, üppige Sitzmöbel und ein
100-Liter-Gepäcksystem nicht nur die Toure
qualitäten, sondern auch das Leergewicht
auf über 320 Kilogramm

## Besichtigung

Rein äußerlich sollten sich Kaufinteressenten sämtliche Chromteile und -flächen genauer anschauen. Hier nagt der Zahn der Zeit besonders häufig und nahezu unabhängig vom Pflegeaufwand des Besitzers. Vor allem die Felgen älterer Baujahre sind davon betroffen. Auch die Chromflächen der Standrohrabdeckungen neigen zum Abplatzen. Bei Modellen mit Drahtspeichenrädern obligatorisch: das Abklopfen aller Speichen, um gelockerte oder gar gebrochene Kandidaten aufzuspüren.

Vor und nach der Probefahrt empfiehlt es sich, nach verdächtigen Ölspuren im Bereich des Kardans suchen – leckende Dichtungen sind nicht allzu selten und teuer zu reparieren. Alles in allem kennt die R 1200 C jedoch keine eklatanten Schwächen und gehört zu den besonders zuverlässigen Gebrauchtbikes. Verlaufen Besichtigung und Probefahrt, bei der auch das ABS auf Funktion geprüft werden sollte, glatt und problemlos, steht einem Kauf nichts im Weg.

## Marktsituation

Mit einem Bestand von rund 10 000 Stück gehört die R 1200 C mit all ihren Varianten (Classic, Independent, Montauk, CL) zu den zahlenmäßig besonders beliebten Cruisern in Deutschland. Allerdings trennen sich viele Besitzer nur ungern von ihrem Schätzchen, da die R 1200 C eines der seltenen Modelle im Cruisersegment mit einem (optionalen) ABS ist. Und wenn, dann zu gesalzenen Preisen. Unter 5000 Euro geht gar nichts – außer Unfallware. Für CL-und Montauk-Modelle der jüngeren Baujahre werden teilweise noch über 10 000 Euro verlangt. Immerhin können Gebrauchtkäufer, die viel Geld für den BMW-Cruiser in die Hand nehmen müssen, sicher sein, dass sich der Wertverlust der exklusiven Bajuwarin in Grenzen hält. Voraussetzungen: regelmäßige Inspektionen beim Vertragshändler und penible Pflege der anfälligen Chromteile. ▶ Verfügbarkeit am Markt: mittelhoch

| Preisniveau in Euro | | Baujahre | km-Stand |
|---|---|---|---|
| Niedrig | 5000–6900 | 1997–1998 | über 40 000 |
| Mittel | 7000–8900 | 1999–2002 | 20 000–40 000 |
| Hoch | 9000–11000 | 2003–2005 | unter 20 000 |

| Typ | im Programm | Verkäufe |
|---|---|---|
| R 1200 C | 1997–2005 | 10 698 |
| R 1200 C Indepen. | 2001–2005 | 967 |
| R 1200 C Montauk | 2004–2005 | 395 |
| R 1200 CL | 2002–2005 | 958 |

## Daten   (Typ 259 C; Baujahr 1997)

### MOTOR

Luft-/ölgekühlter Zweizylinder-Viertakt-Boxermotor, vier Ventile pro Zylinder, Nasssumpfschmierung, elektronische Saugrohreinspritzung, Motormanagement, geregelter Katalysator, hydraulisch betätigte Einscheiben-Trockenkupplung, Fünfganggetriebe, Kardan.

| | |
|---|---|
| Bohrung x Hub | 101 x 73 mm |
| Hubraum | 1170 cm³ |

**Nennleistung**
45 kW (61 PS) bei 5000/min
**Max. Drehmoment**
98 Nm bei 3000/min

### FAHRWERK

Tragende Motor/Getriebeeinheit mit geschraubtem Hilfsrahmen, längslenkergeführte Telegabel mit Federbein, Eingelenk-Einarmschwinge aus Stahlrohr, Zentralfederbein, Doppelscheibenbremse vorn, Scheibenbremse hinten.

| | |
|---|---|
| Drahtspeichenräder | 2.50 x 18; 4.00 x 15 |
| Reifen | 100/90 H 18; 170/80 H 15 |

### MAßE+GEWICHTE

Radstand 1650 mm, Lenkkopfwinkel 60,5 Grad, Nachlauf 86 mm, Federweg v/h 144/100 mm, Sitzhöhe* 750–800 mm, Gewicht vollgetankt* 277 kg, Zuladung* 173 kg, Tankinhalt/Reserve 17/5 Liter.

### MESSUNGEN

(MOTORRAD 22/1997)

| | |
|---|---|
| Höchstgeschwindigkeit | 181 km/h |
| Beschleunigung | |
| 0–100 km/h | 5,5 sek |
| Durchzug | |
| 60–140 km/h | 13,8 sek |
| Verbrauch | 5,7 l/100 km (Landstraße); |
| | 6,7 l/100 km (130 km/h), Super |

*MOTORRAD-Messungen

**Internet**
Fansites: www.r1200c.de

Gebrauchtangebote:
http://markt.motorradonline.de/bike2315.htm

Die Variante Montauk wurde stückzahlenmäßig zum Flop

## Modellpflege

**1997** Markteinführung.
Preis: 23 875 Mark (12 207 Euro).

**1999** Geändertes Federbein für mehr Fahrkomfort.

**2000** Blinker-Rückstellautomatik.

**2001** Rücklicht geändert; parallel als Independent-Modell mit Einzelsitzbank und Dreispeichen-Alu-Rädern zum Preis von 13 437 Euro erhältlich.

**Herbst 2002** Entfall des Lichtschalters – Dauerschaltung für das Fahrlicht; Modellvariante R 1200 CL mit Verkleidung und Koffersystem (15 100 Euro).

**Herbst 2003** Modellvariante Montauk (14 012 Euro) unter anderem mit Windschild.

**2004** Doppelzündung, Getriebe überarbeitet, wahlweise Integral-ABS.

**2005** Letztes offizielles Verkaufsjahr; Preis für die R 1200 C Classic: 13 462 Euro.

### Rückrufe

**Sommer 1997** Einstellschrauben von Kupplung und Bremse.

**Ende 2000** Defekt an Soziuskissen-Halterung.

**Herbst 2001** Lagerbolzen Gabelbrücke nacharbeiten.

**Herbst 2003** Laufstörung bei Boxermotoren mit Doppelzündung; Leitung der Lambdasonde verlegt.

**Frühjahr 2004** Undichtigkeiten im Kraftstoffsystem.

# BMW
# GS Vierventiler

Sie sind Boxer und haben es faustdick hinter den Zylindern. Die drei Vierventil-GS aus dem BMW-Stall punkten auch auf dem Gebrauchtmarkt und stehen dort in der Publikumsgunst ganz oben. Die Gebraucht-übersicht zeigt, wo die Stärken und Schwächen liegen.

# R 1100 GS

Nicht unbedingt schön, aber funktionell: Cockpit mit klobigen Schaltern, digitaler Uhr und Ganganzeige

## MODELLGESCHICHTE

Die neue GS-Ära mit dem Vierventil-Boxermotor wurde auf der Frankfurter Automobilmesse IAA im Jahr 1993 eingeläutet und schockte zunächst die Fachwelt, denn der kühne Entenschnabel entsprach nun gar nicht dem bis dahin bekannten BMW-Design. Doch die Käufer griffen zu: Rund 4000 GS-Maschinen wurden im ersten Verkaufsjahr 1994 zugelassen. Bis 1999 sollten es insgesamt knapp 22 000 Exemplare werden. Rein äußerlich blieb die GS bis auf neue Farbvarianten über die gesamte Bauzeit unverändert. Technisch wurden ihr etliche Modifikationen zuteil: So gehörte seit 1995 der Katalysator zur Serienausstattung, und der Kunststofftank wich einem Exemplar aus Blech. 1996 wurde das Getriebe überarbeitet, 1997 folgten ein integriertes Ölthermostat sowie neue Kolben und Ventildeckeldichtungen.

## MARKTSITUATION

| Modell | Bauzeit | Verkäufe |
|---|---|---|
| R 1100 GS | 1994–1999 | 21800 |

Der Handel mit gebrauchten 1100ern hat in den letzten Jahren stark nachgelassen. Viele befinden sich mittlerweile in dritter oder vierter Hand und sammeln dort fleißig Kilometer. Echte Schnäppchen sind allerdings kaum zu machen. Das Preisniveau ist – gemessen am Alter – immer noch sehr hoch. Unter 3000 Euro geht praktisch nichts. Dafür gibt es eine viel gefahrene GS aus den Baujahren 1994 bis 1996, die im Regelfall deutlich über 50 000 Kilometer gelaufen ist. Auch sechsstellige Kilometerleistungen sind keine Seltenheit. Ab 4000 Euro werden GS-Maschinen mit durchschnittlich 50 000 Kilometern angeboten. Der Pflegezustand ist im Verhältnis zur Kilometerleistung ordentlich, ABS, Heizgriffe und das „Fahrerinformations-display" (FID) gehören fast immer zur Ausstattung. Modelle des letzten Baujahrs, die unter 40 000 Kilometer gelaufen sind, optisch und technisch topgepflegt dastehen und zudem noch ein reichhaltiges Extra-Paket inklusive Original-Koffersatz an Bord haben, sind kaum unter 5000 Euro zu bekommen.

**B**öse Zungen behaupten, mit BMW-Motorrädern verhalte es sich wie mit Bananen – sie reifen beim Kunden. Die Vierventil-GS-Reihe macht keine Ausnahme. Bei der R 1100 GS musste beispielsweise der Kunststofftank einem Blechfass weichen, weil sich die Aufkleber ständig lösten. Und auch bei der aktuellen 1200er-GS stehen bei Inspektionsterminen oftmals zusätzliche Fehlerbeseitigungs- und Optimierungsmaßnahmen auf dem Programm. Gleichwohl sind die Münchner GS-Typen in der Motorradwelt genauso heiß begehrt wie einst die gelbe Südfrucht in der Ostzone.

Beinahe 90 000 Exemplare der R 1100 GS, R 1150 GS und R 1200 GS sind seit 1994 inklusive der Adventure-Versionen verkauft worden. Das ist in der Hochpreisliga ein einmaliges Ergebnis, solche Zahlen kennt man in der Regel nur von preiswerten Mittelklasse-Maschinen. Wie viele GS aktuell auf deutschen Straßen unterwegs sind, ist aufgrund nicht eindeutig aufgeschlüsselter Zahlen nur zu schätzen. In der Gesamtsumme werden es sicherlich weit über 60 000 Stück sein.

In der Motorradwelt genoss die Vierventil-GS-Reihe schnell den Ruf der eierlegenden Wollmilchsau. In ihrer Konzeption trug sie auch den geänderten Fahrgewohnheiten Rechnung. Bislang hatte die Modellgestaltung bis einschließlich der R 100 GS immer auf den staubverkrusteten Globetrotter gezielt, der sich vornehmlich über Geröllfelder und Buckelpisten zu bewegen pflegte. Dabei zeigte schon der letzte Vertreter der Zweiventil-Generation bei einem Gastauftritt in einem Schimanski-Tatort, was auch für die späteren Vierventiler wegweisend sein sollte: schwungvolles Touring über ordentlich asphaltierte Landsträßchen im Dunstkreis von Metropolen. Lediglich einige furchtlose Ritter des Boxer-Ordens bewegen die Enduro tatsächlich regelmäßig und ausdauernd im genretypischen Geläuf und haben zu diesem Zweck ihr Schlachtross entsprechend umgerüstet. Auf dem Gebrauchtmarkt besitzen alle drei Topseller beste Reputationen und entsprechend hohe Wertstabilität. Das ist gut für Händler, die mit preisgünstigeren Secondhand-Offerten auch weniger zahlungskräftige GS-Fans als Kunden gewinnen können, gut für Privatverkäufer, die bei einem Wechsel auf ein neues GS-Modell ihr Motorrad jederzeit losschlagen können, und letztlich auch gut für Käufer, die bei keinem der Vertreter des Erfolgs-Trios so richtig danebenliegen. ■

## DER VIERVENTIL-BOXER

1994 erschien die **R 1100 GS** mit einem aus dem Straßenmodell RS entliehenen, luft-/ölgekühlten Motor. Die Vierventil-GS mit **elektronischem Motormanagement** statt Vergasern und zwei hoch liegenden **Nockenwellen** löste bravourös den sehr wartungsfreundlichen Zweiventiler ab. Leistung satt – bei den ersten Modellen wurden bis zu 90 PS (80 PS Werksangabe) gemessen –, das ließ alle Nachteile beim hobbymäßigen Schrauben oder bei Reparaturen in der Wüste schnell vergessen. Die Nachfolgerin **R 1150 GS** bekam fünf Jahre später die **Kurbelwelle und Zylinderköpfe vom Bayern-Chopper R 1200 C** verpasst, eine modifizierte Einspritzung und somit sechs PS mehr Leistung. Außerdem einen sechsten Gang. 2004 erhielt die neue, 98 PS starke 1200er ein **Motormanagement mit selektiver Zylinderregelung.** Seit 2010 ist die 1200er-GS mit neuen Zylinderköpfen (zwei oben liegende Nockenwellen) nach HP2-Sport-Vorbild unterwegs.

## TECHNIK

### DATEN
(R 1100 GS, Modell 1994)

■ **Motor:** luft-/ölgekühlter Zweizylinder-Viertakt-Boxermotor, je eine hochliegende, kettengetriebene Nockenwelle, vier Ventile pro Zylinder, Einspritzung, Motormanagement, geregelter Katalysator (aufpreispflichtig), mechanisch betätigte Einscheiben-Trockenkupplung, Fünfganggetriebe, Kardan.

*MOTORRAD-Messungen

| | |
|---|---|
| Bohrung x Hub | 99 x 70,5 mm |
| Hubraum | 1085 cm³ |
| **Nennleistung** | |
| | 59 kW (80 PS) bei 6750/min |
| **Max. Drehmoment** | |
| | 97 Nm bei 5250/min |

■ **Fahrwerk:**
tragende Motor/Getriebe-Einheit mit angeschraubtem Hilfsrahmen, längslenkergeführte Telegabel, Ø 35 mm, Zweigelenk-Einarmschwinge, Zentralfederbein, direkt angelenkt,

Doppelscheibenbremse vorn, Ø 305 mm, Vierkolbensättel, Scheibenbremse hinten, Ø 276 mm, Zweikolbensattel.
Reifen    110/80 H 19; 150/70 H 17

■ **Maße und Gewichte:**
Radstand 1499 mm, Lenkkopfwinkel 64 Grad, Nachlauf 111 mm, Federweg v/h 190/200 mm, Sitz-höhe* 840 mm, Gewicht vollgetankt* 260 kg, Zuladung* 190 kg, Tankinhalt 25 Liter.

### MESSUNGEN
(MOTORRAD 7/1994)

■ **Fahrleistungen**

| | |
|---|---|
| **Höchstgeschwindigkeit** | 199 km/h |
| **Beschleunigung** | |
| 0–100 km/h | 3,9 sek |
| **Durchzug** | |
| 60–140 km/h | 11,2 sek |

■ **Verbrauch**
5 bis 9 l/100 km, Super

## BESICHTIGUNG

Wer sich für die Urversion der Vierventil-GS interessiert, muss hohe Kilometerleistungen in Kauf nehmen. Ist die Maschine über die Jahre pfleglich behandelt worden, sollte dies kein Kaufhemmnis darstellen. Fragen Sie unbedingt nach dem Ölverbrauch der GS, der teilweise sehr hoch sein kann. Ölnebel an den Zylinderköpfen deutet auf eine defekte Kopfdichtung hin, sabbern kann es auch an den Ventildeckeln, die ab 1997 mit neuen Dichtungen versehen wurden. Wichtig ist die Kontrolle von Getriebeausgang und Hinterachsgehäuse auf mögliche Ölaustritt. Ebenso sollte der Hauptbremszylinder vorn auf Dichtheit überprüft werden. Springen beim kernigen Ausfahren die Gänge kurzzeitig raus, haben sich die Schaltgabeln eingeschliffen. Dann droht mit einem neuen Getriebe eine heftige Investition.

## MOTORRAD-TESTS[1]

7/1994 (T), 10/1994 (VT), 20/1998 (GK), 6/1999 (VT), 16/1999 (ZT)

T=Test, VT=Vergleichstest, GK=Gebrauchtkauf, ZT=Zubehörtest,
[1]Nachbestellungen: Telefon 07 11/182-12 29

**Sie löste eine neue GS-Epoche aus und hat schon jetzt Kultstatus. Fans mit ein paar Schrauberkenntnissen sollten nach gut gepflegten Exemplaren um 4000 Euro fahnden.**

# R 1150 GS

Wirkt harmonischer als bei der Vorgängerin: Das Cockpit der 1150er ist aufgeräumt und übersichtlich

## MODELLGESCHICHTE

Nach sechs erfolgreichen Jahren mit der 1100er schickten die Münchner mit der R 1150 GS einen fein überarbeiteten Nachfolger ins Rennen. Am Design hat sich nur wenig geändert, der asymmetrisch gestaltete Doppelscheinwerfer lockert die bislang klobige Front gelungen auf. Neu ist das Sechsganggetriebe, das es wahlweise mit lang oder kurz übersetztem sechsten Gang gibt. 2002 geht das Sondermodell Adventure mit einem opulenten Ausstattungspaket (White-Power-Federbein, Alu-Schutzwanne, Stahlflex-Leitungen) an den Start. Zusammen mit der Standard-GS wird hier die neue, teilintegrale Evo-Bremsanlage eingeführt. Dem lästigen Konstantfahrruckeln will man ab 2003 mit der Doppelzündung begegnen, zu erkennen am „2-Spark"-Schriftzug am Kerzenschacht.

## MARKTSITUATION

| Modell | Bauzeit | Verkäufe |
|---|---|---|
| R 1150 GS | 2000–2003 | 23 300 |
| R 1150 GS Adventure | 2002–2005 | 5500 |

Die 1150er erfreut sich ungebrochener Beliebtheit. Die Nachfrage nach der zweiten Vierventil-GS ist immer noch sehr hoch. Entsprechendes gilt auch für die Preise. Unter 4000 Euro wird kaum eine Vierventil-GS der zweiten Generation angeboten. Der Zustand im unteren Preissegment bis zirka 6000 Euro ist im Regelfall gut, die Laufleistungen bewegen sich aber selten unter 40 000 Kilometer. Wie schon bei der 1100er wird auch das Nachfolgemodell überwiegend mit ABS, Heizgriffen und FID angeboten. Knapp die Hälfte der Offerten bewegen sich in diesem Preissegment. Zwischen 5500 und 7000 Euro stehen sehr gepflegte GS-Typen der Baujahre 2001 bis 2004 zum Verkauf, die zwischen 25 000 und 40 000 Kilometer gelaufen sind. Ab 7000 Euro gibt es topgepflegte Fulldresser inklusive ABS, Griffheizung und Koffersatz aus erster Hand, deren Kilometerstand noch unter der 20 000er-Marke liegt. Beim Sondermodell Adventure müssen im Vergleich zur Standard-GS rund 1000 Euro mehr angelegt werden. Der Werterhalt der R 1150 GS bleibt trotz des neuen 1200er-Modells weiterhin sehr hoch.

# R 1200 GS

Moderne Informationszentrale, nach wie vor BMW-typisch funktionell und etwas unterkühlt gestaltet

## MODELLGESCHICHTE

Mit großem Erfolg hat sich die 1150er etablieren können und gilt als Universaltalent für alle Gelegenheiten – das sollte eine schwere Vorlage für den Modellwechsel sein. „Schwer" war dann auch das Schlüsselwort. Die neue GS, so war man sich einig, musste deutlich leichter werden. Stolze 30 Kilogramm Gewichtsersparnis wurden bei der Präsentation verkündet. Nach ersten Tests musste die vollmundige Aussage allerdings um gut zehn Kilo reduziert werden. Aber immerhin, allein optisch hat die 1200er mit vielen durchbrochenen Flächen und offen zur Schau getragenem Rahmengerüst deutlich an Fülle verloren. Bis 2006 blieb sie unverändert, ab dem 2007er-Modell ist ein neues Integral-ABS im Einsatz. 2010 folgt ein feines, aber heiß diskutiertes Motor-Update mit nun je zwei oben liegenden Nockenwellen und radial angeordneten Ventilen.

## MARKTSITUATION

| Modell | Bauzeit | Verkäufe |
|---|---|---|
| R 1200 GS/ Adventure | ab 2004 | ca. 33 500* |

*Stand: Dezember 2010

Schnäppchenjäger haben schlechte Karten. Das Angebot, so bescheinigen viele Händler auf Anfrage von MOTORRAD, ist immer noch viel niedriger als die Nachfrage. Erst seit kurzem tauchen Maschinen deutlich unter 7000 Euro auf. Der Großteil bewegt sich zwischen 8000 und 11000 Euro. Trotz des geringen Alters sind bei den günstigsten Offerten etliche Maschinen mit einer Laufleistung von über 40 000 Kilometern dabei. ABS und Heizgriffe finden sich fast bei jedem Angebot, ab 10 000 Euro wird die Ausstattung mit Koffersatz, Steckdose und Schutzbügeln noch höherwertiger. Nahezu ladenneue Jahresmaschinen mit vierstelliger Laufleistung und Vollausstattung sind kaum unter 9000 Euro zu bekommen. Für die Adventure-Version müssen mindestens 9500 Euro veranschlagt werden.

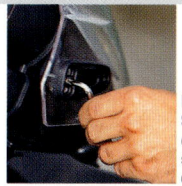

**Etwas Werkzeug und Schraubarbeit, und die verstellbare Windschutzscheibe ist an den Fahrer angepasst**

## TECHNIK

### DATEN
(R 1150 GS, Modell 2001)

■ **Motor:** luft-/ölgekühlter Zweizylinder-Viertakt-Boxermotor, je eine hochliegende, kettengetriebene Nockenwelle, vier Ventile pro Zylinder, Einspritzung, Ø 45 mm, Motormanagement, geregelter Katalysator, hydraulisch betätigte Einscheiben-Trockenkupplung, Sechsganggetriebe, Kardan.

*MOTORRAD-Messungen

| Bohrung x Hub | 101 x 70,5 mm |
|---|---|
| Hubraum | 1130 cm³ |

**Nennleistung**
63 kW (86 PS) bei 6800/min
**Max. Drehmoment**
98 Nm bei 5300/min

■ **Fahrwerk:** tragende Motor/Getriebe-Einheit mit angeschraubtem Hilfsrahmen, längslenkergeführte Telegabel, Ø 35 mm, Zweigelenk-Einarmschwinge, Zentralfederbein, direkt angelenkt, Doppelscheibenbremse vorn, Ø 305 mm, Vierkol-bensättel, Scheibenbremse hinten, Ø 276 mm, Doppelkolbensattel. Reifen 110/80 R 19; 150/70 R 17

■ **Maße und Gewichte:** Radstand 1509 mm, Lenkkopfwinkel 64 Grad, Nachlauf 115 mm, Federweg v/h 190/200 mm, Sitzhöhe* 850 mm, Gewicht vollgetankt* 263 kg, Zuladung* 197 kg, Tankinhalt 22 Liter.

### MESSUNGEN
(MOTORRAD 1/2002)

■ **Fahrleistungen**
Höchstgeschwindigkeit    197 km/h
**Beschleunigung**
0–100 km/h    3,8 sek
**Durchzug**
60–100 km/h    5,7 sek
100–140 km/h    6,7 sek

■ **Verbrauch**    5,6 l/100 km, Super

## BESICHTIGUNG

Der 1150er-Boxer gilt als robust und kann bei guter Pflege locker die 100 000-Kilometer-Hürde knacken. Problematisch ist maximal eine – BMW-typische – Serienstreuung. Schaltschläge aus dem Getriebe, Vibrationsverhalten, Konstantfahrruckeln und Geräusche aus dem Antriebsstrang können bei manchen Maschinen stärker als gewohnt in Erscheinung treten. Obligatorisch ist die Kontrolle des Hinterachsgehäuses auf Ölaustritt. Sollte in Kürze eine Inspektion anstehen, darf man noch mal über den Preis verhandeln. Die Kosten für den Scheckheftstempel liegen zwischen 350 bis 400 Euro. Ein Check beim BMW-Händler klärt, welche Arbeiten bislang an der Wunschmaschine gemacht wurden.

## MOTORRAD-TESTS[1]

16/1999 (T), 11/2000 (VT), 17/2002 (TT), 8/2002 (VT), 4/2003 (GK), 17/2003 (VT, Adventure), 2/2005 (VT, Adventure)

T=Test, VT=Vergleichstest, TT=Top-Test, GK=Gebrauchtkauf
[1]Nachbestellung unter Telefon 07 11/1 82-12 29;

**Kauftipp für Vernunftkäufer:**
**Bei 1150er-Offerten um 5000 Euro**
**in tadellosem Pflegezustand und**
**unter 35 000 Kilometer Laufleistung**
**stimmt in der Regel der Gegenwert.**

## TECHNIK

### DATEN
(R 1200 GS, Modell 2004)

■ **Motor:** luft-/ölgekühlter Zweizylinder-Viertakt-Boxermotor, je eine hochliegende, kettengetriebene Nockenwelle, vier Ventile pro Zylinder, Einspritzung, Ø 47 mm, Motormanagement, geregelter Kata-lysator, hydraulisch betätigte Einscheiben-Trockenkupplung, Sechsganggetriebe, Kardan.

*MOTORRAD-Messungen

| Bohrung x Hub | 101 x 73 mm |
|---|---|
| Hubraum | 1170 cm³ |

**Nennleistung**
72 kW (98 PS) bei 7000/min
**Max. Drehmoment**
115 Nm bei 5500/min

■ **Fahrwerk:** tragende Motor/Getriebe-Einheit mit angeschraubtem Hilfsrahmen, längslenkergeführte Telegabel, Ø 41 mm, Zweigelenk-Einarmschwinge, Zentralfederbein, direkt angelenkt, Doppelscheibenbremse vorn, Ø 305 mm, Vierkol-bensättel, Scheibenbremse hinten, Ø 265 mm, Doppelkolbensattel. Reifen 110/80 H 19; 150/70 H 17

■ **Maße und Gewichte:** Radstand 1519 mm, Lenkkopfwinkel 62,9 Grad, Nachlauf 110 mm, Federweg v/h 190/200 mm, Sitzhöhe* 850 mm, Gewicht vollgetankt* 242 kg, Zuladung* 183 kg, Tankinhalt 20 Liter.

### MESSUNGEN
(MOTORRAD 6/2004)

■ **Fahrleistungen**
Höchstgeschwindigkeit    208 km/h
**Beschleunigung**
0–100 km/h    3,9 sek
**Durchzug**
60–100 km/h    4,7 sek
100–140 km/h    4,8 sek

■ **Verbrauch**    4,7 l/100 km, Super

## BESICHTIGUNG

Einen kapitalen Getriebeschaden und einen Austausch des Hinterrad-Antriebs verzeichnete der MOTORRAD-Dauertest bei der 1200er-GS. Ersteres, so die Stellungnahme aus Bayern, sei ein Einzelfall, Letzteres ein Produktionsfehler, der einige hundert Maschinen betreffe. Aber auch Leser berichten von etlichen Problemen mit Getriebe, Antriebsstrang oder Elektronik. Kaufinteressenten sollten bei der Probefahrt auf jeden Fall eine BMW-Werkstatt ansteuern und prüfen lassen, welche Arbeiten an der Maschine bislang gemacht wurden. Dabei kann gleich nachgeschaut werden, ob die Wunsch-GS mit der aktuellsten Software bespielt ist. Ebenfalls sollte auf eine lückenlose Scheckheftpflege geachtet werden, die dokumentiert, dass nicht nur das Öl, sondern auch die Bremsflüssigkeit regelmäßig gewechselt wurde.

## MOTORRAD-TESTS[1]

6/2004 (TT), 8/2004 (VT), 19/2004 (KV), 21/2005 (LT), 9/2006 (VT, Adventure), 8/2007 (VT), 1/2008 (TT), 4/2008 (VT), 10/2008 (VT), 11/2008 (Reifentest)

TT=Top-Test, VT=Vergleichstest, KV=Konzeptvergleich, LT=Langstreckentest
[1]Nachbestellung unter Telefon 07 11/1 82-12 29

**Am besten nach einer 1a-gepflegten**
**Gebrauchten mit rund 20 000 Kilometern**
**suchen, bei der alle Kinderkrankheiten**
**schon beseitigt wurden.**

# BMW K 100 RT/LT

Die üppig ausgestattete K 100 LT (oben) war anfangs nur ein RT-Sondermodell. Tankuhr und Kühlmittelthermometer kosteten 189 Mark Aufpreis

Fotos: gad, Herzog, Schwab

## MODELLGESCHICHTE

Bis 1983 verbaute BMW Vierzylindermotoren nur in Automobilen. Die K 100-Baureihe wirkte auf Traditionalisten dann auch wie ein Schock. Anstelle des luftgekühlten Zweizylinder-Boxermotors sorgte bei den Topmodellen nun ein wassergekühlter und liegend eingebauter Reihenvierer für Vortrieb. Mit der Basis-K 100 und der zeitgleich präsentierten K 100 RS fing die BMW-Neuzeit an. Als drittes Modell kam im Juni 1984 der Tourer K 100 RT. Ein breiter Lenker, die von der RS-Schale abweichende Vollverkleidung mit einer hohen, weit nach hinten gezogenen Scheibe und serienmäßige Koffer waren die Unterschiede zum Basismodell. Auf Anhieb wurde die RT hinter der RS zum zweitmeistverkauften K-Modell. Ernsthafte Tourer-Konkurrenz gab es Mitte der 80er nur in Form der Honda Gold Wing, doch die war teurer, unhandlicher und nicht so dynamisch wie die BMW.

Mit der K 100 LT gab's ab Herbst 1986 Verstärkung. Die LT war anfangs nur als besonders luxuriös ausgestattetes RT-Sondermodell gedacht. Für 880 Mark mehr war sie ab Werk mit der Komfortsitzbank, den Nivomat-Federbeinen, einem Radio-Einbausatz, Gepäckbrücke plus Topcase, Warnblinkanlage, Bordsteckdose, Moosgummigriffen, einem Zweiklanghorn sowie Koffern in Fahrzeugfarbe ausgestattet. Die Teile gab's auch einzeln als Extras für die RT, doch hätte die komplette Nachrüstung rund 1700 Mark gekostet. Zwei Jahre lang wurden RT und LT parallel angeboten. Im Herbst 1988 verschwand die RT aber aus den Preislisten. Die K 100 LT blieb noch weitere drei Jahre im Programm, dann wurde das Zwei-ventiler-Modell durch den hubraum- und leistungs-stärkeren Vierventiler K 1100 LT abgelöst.

## MARKTSITUATION

Die K 100 RT brachte es auf insgesamt 22 335 Exemplare, von der K 100 LT wurden 14 905 Stück gebaut. Ein knappes Drittel davon dürfte in Deutschland geblieben sein, zirka 4000 Stück sind noch zugelassen. Langsam aber sicher gehören RT und LT zu einer aussterbenden Art. Die K 100 ist keine typische Gebrauchtmaschine mehr und noch kein Youngtimer. Eine solche Zwischenphase wirkt sich normalerweise preismindernd aus. Nicht so im Falle der K 100: Gut erhaltene und regelmäßig gewartete Exemplare – von denen gibt es doch noch erstaunlich viele – sind ex-trem preisstabil. Etwas verwohnte RT-Modelle mit hoher Kilometerleistung sind zwar vereinzelt schon für unter 2000 Euro zu bekommen; eine gute LT, womöglich sogar mit ABS, bringt aber immer noch locker über 4000 Euro.

## BESICHTIGUNG

Erstbesitzer der Ü50-Altersklasse und ein zumindest in den ersten Motorrad-Lebensjahren vollständig ausgefülltes Wartungsheft – damit ist man fast schon auf der sicheren Gebrauchtkauf-Seite. BMW betrieb – von Kunden oftmals unbemerkt – Modellpflege über die Vertragshändler, daher sind regelmäßige Werkstattaufenthalte für das Motorrad so wichtig. Der auf dem Tacho angezeigten Kilometerleistung sollte man übrigens nur eingeschränktes Vertrauen schenken. Kaum ein anderes Bauteil der BMW K 100 musste so oft gewechselt werden. ■

## DATEN
(Modell K 100 RT, Baujahr 1984)

■ **Motor:** wassergekühlter Vierzylinder-Viertakt-Reihenmotor, zwei oben liegende Nockenwellen, zwei Ventile pro Zylinder, Einspritzung, keine Abgasreinigung, Fünfganggetriebe, Kardan.
Bohrung x Hub　　　　　　67 x 70 mm
Hubraum　　　　　　　　　987 cm³
**Nennleistung**　66 kW (90 PS) bei 8000/min
**Max. Drehmoment**　86 Nm bei 6000/min
■ **Fahrwerk:** Gitterrohrrahmen aus Stahl, Motor mittragend, Telegabel, Einarmschwinge aus Aluminium, ein Federbein, Doppelscheibenbremse vorn, Ø 285 mm, Scheibenbremse hinten, Ø 285 mm, Alu-Gussräder, Reifen 100/90 V 18 vorn, 130/90 V 17 hinten.
■ **Maße und Gewichte:** Federweg v/h 185/110 mm, Sitzhöhe 810 mm, Gewicht vollgetankt 272 kg, Tankinhalt 21 Liter.

■ **Messungen** (MOTORRAD 8/1984)
**Höchstgeschwindigkeit**　　　206 km/h
**Beschleunigung** 0–100 km/h　　4,5 sek
**Durchzug** 60–140 km/h　　　12,4 sek
**Verbrauch**　　7,6 Liter/100 km, Super

■ **Tests in MOTORRAD***
**K 100 RT:** 8/1984 (T), 11/1984 (VT), 3/1985 (LT), 19/1985 (LT), 6/1986 (VT), 9/1986 (T)
**K 100 LT:** 9/1987 (T), 16/1990 (VT)

T=Test, VT=Vergleichstest, LT=Langstreckentest
*Nachbestellungen unter Telefon 07 11/1 82-12 29

## MODELLPFLEGE

**1984** Markteinführung K 100 RT; Grundpreis 15 600 Mark;

**1984** neue Benzinpumpe mit höherer Förderleistung; verstärkter Hauptständer

**1985** Geber für Tankanzeige geändert, Wegfall der 7-Liter-Restmenge-Warnlampe; Kühlluftzuführung geändert;

**1985** neuer Tankdeckel; neue Schalldämpferblende; neue Heckverkleidung;

Rund-Zusatzinstrumente und Sportfahrwerk als Sonderausstattung lieferbar

**1986** Benzin-Rückfluss-Sperrventil durch Rücklaufrohr ersetzt; ab August geänderte Brems-lichtschalter an Vorder- und Hinterrad;

**1986** Markteinführung K 100 LT, Grundpreis 18 530 Mark

**1987** hinterer Bremsflüssigkeitsbehälter von der Fußrastenplatte hinter Seitenblende verlegt; ab September verbesserte Gabeldichtringe

**1988** ABS als Option; ungeregelter Kat ver-fügbar; Komfortwindschild und neue Luftführung als Sonderausstattung; ab August sechs statt fünf Befestigungspunkte für Schalldämpfer-Blende; Umrüstung auf neue „Anti-Blaurauch-Kolben"; September: Wegfall der K 100 RT; Dreispeichenräder

**1991** K 100 LT wird von K 1100 LT abgelöst

## RÜCKRUFE

**1986** Gaszug-Kontrolle, ggf. Tausch

**1987** Federbein-Umrüstung (Produktion 10/1985 bis 3/1987)

# BMW **K 1100 RS**

**Seit 1995 zählt der G-Kat mit Lambda-Sonde bei der K 1100 RS zur Serienausstattung**

## MODELLGESCHICHTE

Die zwischen 1993 und 1996 verkaufte K 1100 RS gehört zu den zuverlässigsten Motorrädern von BMW. Ernsthafte mechanische Schwachpunkte, welche die Lebensdauer beschränken, kennt der über die Jahre zu bemerkenswerter Reife entwickelte Vierzylinder nicht. Kleinere Macken hingegen schon.

An erster Stelle sei hier der von vielen Besitzern monierte hohe Ölverbrauch bei flotter Autobahnfahrt genannt. Unter diesen Bedingungen kann auf 1000 Kilometern schon mal ein Liter des teuren Schmierstoffs durchlaufen. Ebenfalls lästig sind die ständig präsenten Vibrationen, die der äußerst durchzugsstarke und sparsame Vierventiler mit Vorliebe an Lenkerenden, Tank, Fußrasten und Sitzbank schickt. Nervig auch die immer mal wieder auftretenden Elektronikprobleme, die zumeist auf mangelnder Leitfähigkeit der Steckverbindungen beruhen. Von innen beschlagende Instrumente sind bei allen älteren BMW hinlänglich bekannt, da macht die 1100er leider ebenfalls keine Ausnahme.

Damit hat es sich aber auch schon mit der Kritik. Denn die Getriebeprobleme der alten Zweiventil-Boxer kennt die große K ebenso wenig wie außergewöhnliche Schäden am Kardan. Dafür punktet die K 1100 RS auf langen Touren mit einer ganzen Reihe von Vorzügen. So etwa mit der souveränen Motorcharakteristik und dem stabilen Fahrwerk, dem

angesichts des hohen Gewichts sogar eine gute Handlichkeit attestiert werden darf. Prima Noten gibt es darüber hinaus für die entspannte Sitzposition für Fahrer und Beifahrer, den guten Windschutz sowie das umfangreiche Zubehörangebot. Keine Frage, die K 1100 RS ist trotz der etwas barocken Erscheinung auch heute noch absolut zeitgemäß.

## MARKTSITUATION

Elf Jahre nach dem Abverkauf der letzten K 1100 RS hält sich der übliche BMW-Zuschlag zumindest bei frühen Modellen mit hohen Laufleistungen in Grenzen. Fehlen die von der BMW-Klientel sehr gefragten Extras ABS und Katalysator, müssen Verkäufer auch noch einen satten Preisabschlag akzeptieren, wenn sie das Bike loswerden wollen. Lediglich die 1100er der letzten beiden Modelljahre, insbesondere die Sondermodelle mit Vollausstattung, werden nach wie vor hoch gehandelt, sofern der Kilometerzähler die 40 000er-Marke noch nicht überschritten hat. Kann der Verkäufer zudem ein lückenloses Service-Scheckheft vorweisen, bewegen sich die Preise für solche Exemplare zwischen 3500 und 5500 Euro.

## BESICHTIGUNG

Neben den erwähnten Elektrikproblemen sollten Interessenten auf Wasser- oder Ölaustritt im Bereich der kombinierten Wasserpumpe (Stirnseite des Motors) sowie auf Vibrationsschäden achten. ■

**Länge läuft: Die K 1100 RS ist nach wie vor ein prima Sport-Tourer mit stabilem Fahrwerk und bulligem Motor**

## DATEN

(Typ K 589 RS, Baujahr 1994)

■ **Motor:** wassergekühlter Vierzylinder-Viertakt-Reihenmotor, Kurbelwelle längsliegend, zwei oben liegende Nockenwellen, vier Ventile pro Zylinder, elektronische Saugrohreinspritzung, Motormanagement, geregelter Katalysator, Fünfganggetriebe, Kardan.

| | |
|---|---|
| Bohrung x Hub | 70,5 x 70 mm |
| Hubraum | 1092 cm³ |
| Nennleistung | 74 kW (100 PS) bei 7500/min |
| Max. Drehmoment | 107 Nm bei 5500/min |

■ **Fahrwerk:** Gitterrahmen aus Stahlrohr, Motor mittragend, Telegabel, Zweigelenk-Einarmschwinge aus Aluguss, Zentralfederbein, Doppelscheibenbremse vorn, Ø 305 mm, Scheibenbremse hinten, Ø 285 mm, Reifen 120/70 ZR 17 vorn, 160/60 ZR 18 hinten.

■ **Maße und Gewichte:** Federweg v/h 135/120 mm, Sitzhöhe 810 mm, Gewicht vollgetankt 274 kg, Tankinhalt 21 Liter.

■ **Messungen** (MOTORRAD 16/1994)

| | |
|---|---|
| Höchstgeschwindigkeit | 223 km/h |
| Beschleunigung 0–100 km/h | 3,9 sek |
| Durchzug 60–140 km/h | 9,7 sek |
| Verbrauch | 5 bis 7,1 l/100 km, Super |

## TESTS IN MOTORRAD*

1/1993 (T), 6/1993 (VT), 12/1993 (VT), 16/1994 (VT)

T=Test, VT=Vergleichstest
*Nachbestellungen unter Telefon 07 11/1 82-12 29

## MODELLPFLEGE

**1993** Markteinführung der K 1100 RS als Nachfolgerin der K 100 RS. Die Spitzenleistung von 100 PS ist mit dem Vorgängermodell identisch, der Preis beträgt in der Grundausstattung 22 800 Mark.

**1994** Neue Lichtmaschine mit 700 Watt, verbesserte Bosch-Motronic MA 2.2, leichteres und feinfühliger regelndes ABS-System II gegen Aufpreis; Preis in Grundausstattung auf 23 400 Mark gestiegen.

**1995** Geregelter Katalysator nun serienmäßig, was eine Preiserhöhung auf 23 950 Mark zur Folge hat.

**1996** ABS II gehört ebenfalls zur Serienausstattung; neuer Preis 26 960 Mark; Sondermodell in Schwarz/Silber mit polierten Tauchrohren für 27 360 Mark.

**1997** Abverkauf der letzten K 1100 RS und Verkaufsstart des Nachfolgers K 1200 RS.

# GEBRAUCHT-BERATUNG

**Pfundig, mondän, massiv – die 1200er-RS ist immer noch ein Schwergewicht im Sporttourismus. Die Preise auf dem Gebrauchtmarkt purzeln indes kiloweise.**

Von Thorsten Dentges; Fotos: Bilski, fact, Hartmann, Herzog, Jahn, Sdun

# BMW K 1200 RS

**S**o alt ist sie noch gar nicht, aber sie rückt zunehmend aus dem Motorradgedächtnis, die (vorerst) letzte RS mit satten 290 Kilo Gewicht, fast ein Zentner mehr als die Ur-RS aus den 80ern. Doch während bei K 100 RS und K 1100 RS nur 90 respektive 100 PS anschieben, sind es bei der 1997 erstmals angebotenen 1200er kräftige 130 Pferde. Das reicht dicke für den majestätischen Galopp durch die Gegend. Verbessere: durch die Gegenden. Denn mit der Vierzylinder-BMW lässt sich jeder Winkel Europas im Schnelldurchlauf touristisch erobern. Wahnsinns-Sitzkomfort, souveräne Leistungsentfaltung, pflegeleichter Kardan, verstellbares Windschild, variable Sitzbankhöhe und Ergonomie der Lenkerenden – klasse, ein perfektes Reisegerät! Im kurvenreichen Zielgebiet freut sich der Fahrer dann über die für das hohe Gewicht vergleichsweise hohe Fahrdynamik sowie den langhubig ausgelegten, elastischen Reihenvierer, der schon bei knapp über 4000/min rund 100 Nm Drehmoment rausdrückt. Bis zum letzten offiziellen Verkaufsjahr 2006 avancierte die K 1200 RS jedenfalls aufgrund ihrer Qualitäten zu einem Bestseller innerhalb der Sporttourismus-Szene. Doch 2007 kam die Neue. Auch ein K-Modell, ebenfalls eine 1200er, aber der Zusatz RS („Reise/Sport") war nunmehr passé, seitdem lautet das Kürzel nur noch S wie „Sport". Die Nachfolgerin K 1200 S kann eigentlich alles besser, tritt jedoch vielen BMW-Fans zu, tja, wie soll man sagen, zu „japanisch" auf. Anhänger traditioneller bayerischer (Motorrad-)Kultur meinen: wenn schon vier Zylinder, dann bitt'schö mit längsliegender Kurbelwelle. Der „Ziegelstein" als Motor war, ist und bleibt Stilmerkmal. Doch mit aktuellen Sporttourern kann die RS schwer mithalten, und für einen Klassiker ist sie noch zu jung, löst kaum Nostalgiegefühle aus. Das macht sie zum Gebrauchttipp, denn es gibt viel Technik, viel Gegenwert zu sehr vernünftigen Preisen. ■

www.motorradonline.de/gebrauchtberatung

**Tests in MOTORRAD**

6/1997 (T), 9/1997 (VT), 13/1999 (LT 50 000 km), 19/2000 (LT 100 000 km), 8/2001(LT), 11/2001 (VT), 1/2003 (TT)

T=Test, TT=Top-Test, VT=Vergleichstest, LT=Langstreckentest; Nachbestellungen unter Telefon 07 11/1 82-12 29, www.motorradonline.de/downloads

## IM DETAIL

**Beim Debüt 1997 wenig erstaunlich: Kardanantrieb. Mehr Überraschung bot der neue Alurahmen – das Gesamtgewicht fällt dennoch hoch aus**

Konventionell und verständlich – auf der Analog-Kommandobrücke des sportlichen Reisedampfers geht es sehr geordnet zu

**Seinerzeit bei Sporttourern noch längst keine Selbstverständlichkeit: verstellbare Scheibe, die für ausgezeichneten Windschutz sorgt. Das kam damals gut an**

2001 spendierte BMW der RS bei der einzigen größeren Modellpflege das neue Teilintegral-ABS, das deutlich feiner agiert. Kam auch gut an

**Kommt kaum an: lästiger Fahrtwind. Mit neu gestalteter Front und breiterem Windschild verbesserten die Bayern 2001 die Maschine um einiges**

## BESICHTIGUNG

Bei Exemplaren mit hohen Laufleistungen ohne regelmäßige Werkstattwartung (Scheckheft prüfen) sind ABS-Ausfälle keine Seltenheit. Liegt bereits ein Defekt vor (am besten vom Profi checken lassen), Finger weg! Die Reparatur dieses Bauteils kostet rund 2000 Euro. Außerdem nach Undichtigkeiten an Gabel, Getriebeausgang und Achsgetriebe fahnden und prüfen, ob Elektrik und Anzeigen einwandfrei funktionieren. Bei der Probefahrt auf die Kupplung achten, die häufiger nach 30 000 Kilometern arg strapaziert ist. Normal: Ölverbrauch von bis zu einem halben Liter auf 1000 Kilometer.

Bei ordentlicher Wartung (gutes Zeichen: wenige Vorbesitzer) ist die langlebige 1200er jedoch eine solide Bank, sodass auch Laufleistungen deutlich über 50 000 Kilometer nicht vom Kauf abhalten sollten. Zubehör spielt bei diesem Modell kaum eine Rolle, da es in der Regel schon als Neufahrzeug meist reichhaltig ausgestattet wurde.

## MARKTSITUATION

Die K 1200 RS ist zur Privatsache geworden. Jedenfalls dort draußen in den Weiten des Gebrauchtmarkts, denn dieses BMW-Modell ist nur selten mit geringen Laufleistungen anzutreffen, und für Händler ist eine Maschine mit hohem Kilometerstand ein eher schwieriges Objekt. Beinahe die Hälfte aller Offerten vermeldet Kilometerstände von weit über 50 000, erstaunlich häufig im Angebot sind außerdem Extrem-Langläufer mit 80 000 Kilometern, vereinzelt sogar mit sechsstelligen Laufleistungen. Solche Motorräder lassen sich nur über den Preis verkaufen, konkret: um 3000 Euro. Schöne Maschinen ab Baujahr 2001 mit Laufleistungen unter 30 000 Kilometer sind wegen des neueren ABS bei Interessenten beliebt und finden auch über 5000 Euro noch problemlos und schnell einen Käufer. Auf hohem Preisniveau (über 6000 Euro) suchen eigentlich nur noch bekennende RS-Fans gezielt nach Exemplaren mit ungewöhnlich niedrigen Laufleistungen um 10 000 Kilometer, um unter besten Voraussetzungen eine Langzeitbeziehung mit diesem Motorrad einzugehen. ▶ **Verfügbarkeit am Markt: sehr hoch**

| Preisniveau in Euro | | Baujahre | km-Stand |
|---|---|---|---|
| Niedrig | 2500–3900 | 1999–2002 | 20 000–70 000 |
| Mittel | 4000–6400 | 1999–2007 | 10 000–40 000 |
| Hoch | 6500–8500 | 2003–2010 | 5000–15 000 |
| **Modell** | | **im Programm** | **Verkäufe** |
| **K 1200 RS** | | 1997–2006 | 13 164 |

## TECHNISCHE DATEN    (K 1200 RS, Modelljahr 2001)

### MOTOR

Wassergekühlter Vierzylinder-Viertakt-Reihenmotor, vier Ventile pro Zylinder, Nasssumpfschmierung, Einspritzung, geregelter Katalysator, hydraulisch betätigte Einscheiben-Trockenkupplung, Sechsganggetriebe, Kardan.

| | |
|---|---|
| Bohrung x Hub | 70,5 x 75 mm |
| Hubraum | 1171 cm³ |

**Nennleistung**
**96 kW (130 PS) bei 8800/min**
**Max. Drehmoment**
**117 Nm bei 6800/min**

### FAHRWERK

Brückenrahmen aus Aluguss, längslenkergeführte Telegabel, Zweigelenk-Einarmschwinge aus Aluguss, Federbein mit verstellbarer Federbasis und Zugstufendämpfung, Doppelscheibenbremse vorn, Scheibenbremse hinten, Teilintegral-ABS.

| | |
|---|---|
| Alu-Gussräder | 3.50 x 17; 5.00 x 17 |
| Reifen | 120/70 ZR 17, 170/60 ZR 17 |

### MAßE + GEWICHTE

Radstand 1555 mm, Lenkkopfwinkel 62,8 Grad, Nachlauf 124 mm, Gewicht vollgetankt* 295 kg, Zuladung* 205 kg, Tankinhalt 20,5 Liter.

### MESSUNGEN
(MOTORRAD 8/2001)

| | |
|---|---|
| **Höchstgeschwindigkeit**** | 247 km/h |
| **Beschleunigung** | |
| 0–100 km/h | 3,3 sek |
| **Durchzug** | |
| 60–100 km/h | 4,8 sek |
| Verbrauch | 6,7 l/100 km (Landstraße), |
| | 6,7 l/100 km (bei 130 km/h) |

**Internet**
**Fansites:** www.k1200rs.de (Seiten der Interessengemeinschaft mit Technikinfos und Terminen), www.bmw-bike-forum.info (großer Plaudertreff im Internet zum Modell)
**Gebrauchtangebote:** http://markt.motorradonline.de/bike2741.htm

*MOTORRAD-Messungen; **Herstellerangabe

## MODELLPFLEGE

Die 1200er fühlt sich auf sportlicher Langstrecke am wohlsten

**1997** Markteinführung der K 1200 RS als erstes K-Modell mit Telelever und Aluguss-Rahmen zum **Preis von 27 500 Mark (14 061 Euro).**

**1999** Geänderte Kolben (für geringeren Ölverbrauch). **Preis: 27 800 Mark (14 214 Euro).**

**2000** Entfall 98-PS-Leistungsvariante, nunmehr 130 PS serienmäßig. **Preis: 28 100 Mark (14 367 Euro).**

**2001** Neues Verkleidungsoberteil und größeres Windschild, EVO-Bremse am Vorderrad, Teilintegral-ABS nun serienmäßig, neue Blinker und größere Rückspiegel, Komfortlenker serienmäßig (niedrigerer Lenker weiterhin als Sonderzubehör erhältlich), tiefer positionierte Fußrasten (für Fahrer um 30 mm, für Sozius um 20 mm) Preis unverändert.

**2002** Dauerlicht, wartungsfreie Batterie. **Preis: 14 700 Euro.**

**2006** Abverkauf nach Produktionsstopp im Jahr zuvor. **Preis: 14 950 Euro**

# BMW
# K 1300-REIHE

**„K" wie Königsklasse? Schwer zu sagen, denn bei BMW sind nach wie vor die Boxermodelle tonangebend. Doch die K-Reihe bietet ganz ausgezeichnete Hightech-Hochglanznummern, und diese 1300er ziehen nicht nur die Bayernfans unter Gebrauchtinteressenten in den Bann.**

Von Thorsten Dentges; Fotos: fact, Gargolov, Hartmann, Herzog, Jahn, jkuenstle.de

**D**ie „R" als hemdsärmliges Naked Bike, die „S" als hochtechnischer Sporttourer und die „GT" als extrem dynamischer Reisedampfer – so unterschiedlich die Motorräder auch sind, eines haben sie gemein: den Anspruch, jeweils Klassenbeste zu sein. Und den Motor, das Vierzylinder-Kraftwerk, wenngleich unterschiedlich abgestimmt für den jeweiligen Einsatzbereich. Das gilt auch für das Fahrwerk: gleich, und doch leicht unterschiedlich. Nun sind diese drei Maschinen keine revolutionären Neuerfindungen, sondern zunächst einmal gelungene Weiterentwicklungen der 1200er-Vorgängerserie. Was können die K 1300 R, S und GT also besser, um Gebrauchtinteressen-

ten zu umgarnen? Der Reihe nach bitte, in diesem Fall der 1300er-Reihe.

Die nackte K 1300 R kann alles besser als die Vorgängerin. Basta. Das sollte als Kaufargument reichen. Reicht nicht? Okay, hier die Details: So ziemlich alle leistungsfördernden Teile wurden renoviert, insbesondere bei den Ansaugwegen legten die Techniker Hand an und verbesserten den Durchfluss. Mit 173 PS und fetten 140 Nm Drehmoment haben die Bayern einen wirklich brutalen Landstraßenhammer auf die Räder gestellt, der sich aber deutlich besser zähmen lässt als die Vorgängerin K 1200 R, die mit Fahrwerksschwächen zu kämpfen hatte. Die 2009 eingeführte 1300er tobt mit längerem Radstand und kürzerem Nach-

lauf hingegen sehr agil und harmonisch um die Ecken. Die hauseigene Vorderradführung, Duolever genannt, trägt seit dem Modellwechsel einen unteren Längslenker aus Aluminium statt Stahl, insgesamt sind die Federelemente straffer abgestimmt.

Das schon vorher optional erhältliche elektronische Fahrwerk ESA heißt bei der 1300er ESA II, und wie gehabt lassen sich vom Lenker aus per Knopfdruck je nach Fahrbahnzustand, Fahrweise und Beladung neun verschiedene Einstellungen wählen, durch die am Federbein die Federbasis, Zug- und Druckstufe entsprechend angepasst werden. Vorn lässt sich die Zugstufe variieren. Neu bei ESA II ist eine variable Federrate. Für Fahrer mehr

# BESICHTIGUNG

als nur eine nette Spielerei, und da die unterschiedlichen Fahrwerksabstimmungen spontan für jedermann abrufbar sind, lässt sich auf jeder Probefahrt schnell ermitteln, für wie wichtig man dieses (vergleichsweise teure) Feature erachtet. Nicht nur für die „R", sondern generell für alle K 1300 gilt: Ohne ESA ist Essig beim Wiederverkauf. Obwohl die muskulöse Nackte auch sehr gut mit Normalfahrwerk oder mit einem hochwertigen Nachrüstfederbein richtig Bock macht. Das teilintegrale ABS muss bei Neufahrzeugen ebenfalls als Extra bestellt werden, bei Fehlen desselben hört bei Gebrauchtinteressenten der Spaß auf. Keine Heizgriffe, nun gut, aber ohne Bremsassistent wird die Maschine erstens als Secondhand-Offerte zur Standuhr, und zweitens kommt man als Besitzer dann nicht in den Genuss einer der besten Bremsen überhaupt. Kaum ein

Schade. An dieser Stelle hätte bei allem Lob für die Fahreigenschaften der K-1300-Modelle ein wenig BMW-Bashing gutgetan. Zumal einige Bayernmobile in jüngerer Vergangenheit nicht gerade durch beste Zuverlässigkeit geglänzt haben. Aber es gibt nichts zu lästern – K 1300 R, S und GT sorgen bei Scheckheft und guter Pflege kaum für Ärger, wenngleich die GT in MOTORRAD-Dauertest mit kapitalen Schäden keine gute Figur machte (ein Einzelfall?). Dennoch sollte man auch trotz jungen Fahrzeugalters auf die üblichen Prüfpunkte achten, außerdem Sturzspuren sowie den Zustand von Verschleißteilen wie Reifen oder Bremsbelägen checken. Info für Interessenten an Maschinen mit höheren Laufleistungen: Bei der 30 000er-Inspektion muss das Ventilspiel justiert werden. Das ist aufwendig, und der Service kostet schnell mal rund 500 Euro. Und alle 10 000 Kilometer sollte der Luftfilter gewechselt worden sein, da beim großvolumigen Motor möglichst einwandfreies Durchatmen als lebensverlängernd gilt. Ein Blick auf das ESA-Federbein schadet auch nichts,

da dieses schon mal zu schwitzen beginnt und Ersatz dann teuer ist. Thema „teuer": Die Ausstattungsvarianten sind zwar etwas kompliziert, aber immens wichtig für den Wert der Gebrauchten. Kein ABS (nur bei R-Variante nicht serienmäßig) gilt als No-go, kein ESA sollte sich deutlich spürbar auf den Preis niederschlagen. Der Bordcomputer ist im Gegensatz zu Heizgriffen nur schwierig nachzurüsten und bei K-Fans ein gefragtes Feature. Das gilt auch für das Safety-Paket, bestehend aus Antischlupfregelung ASC und Reifendruckkontrolle RDC. Die Extras trieben beim Neukauf den Preis in der Regel teils um einige Tausend Euro nach oben, umso genauer sollte man hinsehen, ob vergleichsweise spartanisch ausgestattete Billigofferten tatsächlich einen guten Gegenwert bieten. Fremdzubehör zählt nur dann als preissteigernd, wenn es Markenware ist wie etwa Akrapovic und AC-Schnitzer bei Schalldämpfern oder LSL und Rizoma bei Lenkerumbauten, Hebeln und Rasten. Bei der von Haus aus topausgestatteten GT ist Zubehör kaum ein Thema.

# BMW K 1300 R

## TECHNISCHE DATEN (Modelljahr 2009)

### MOTOR

Wassergekühlter Vierzylinder-Viertakt-Reihenmotor, vier Ventile pro Zylinder, Trockensumpfschmierung, Einspritzung, geregelter Katalysator, hydraulisch betätigte Mehrscheiben-Ölbadkupplung, Sechsganggetriebe, Kardan.

Bohrung x Hub              80,0 x 64,3 mm

Hubraum                           1293 cm³

**Nennleistung**
         127 kW (173 PS) bei 9250/min

**Max. Drehmoment**
         140 Nm bei 8250/min

### FAHRWERK

Brückenrahmen aus Aluminium, vorn Doppellängslenker aus Aluminium, Zweigelenk-Einarmschwinge aus Aluminium, Zentralfederbein mit Hebelsystem, verstellbare Federbasis und Zugstufendämpfung (mit ESA: verstell-

bare Federbasis, Zug- und Druckstufendämpfung), Doppelscheibenbremse vorn, Scheibenbremse hinten, Teilintegral-Bremssystem mit ABS.

Alu-Gussräder         3.50 x 17; 6.00 x 17
Reifen        120/70 ZR 17, 180/55 ZR 17

### MAßE + GEWICHTE

Radstand 1585 mm, Lenkkopfwinkel 60,4 Grad, Nachlauf 104 mm, Gewicht vollgetankt* 252 kg, Zuladung* 208 kg, Tankinhalt/Reserve 19/4 Liter.

### MESSUNGEN
(MOTORRAD 1/2009)
**Höchstgeschwindigkeit**\*\*      270 km/h
**Beschleunigung**
0–100 km/h                              2,9 sek
**Durchzug**
60–100 km/h                             3,2 sek
**Verbrauch**  5,3 l/100 km (Landstraße)

*MOTORRAD-Messungen; **Herstellerangabe

## MARKTSITUATION

Während die 1200er-Vorgängerin sich aus zweiter Hand nur gut über einen guten Preis verkaufen lässt, ist die 1300er

| Preisniveau in Euro | Baujahre | km-Stand |
|---|---|---|
| Niedrig    8500–9900 | 2009–2010 | 20 000–60 000 |
| Mittel 10 000–11 900 | 2009–2011 | 10 000–30 000 |
| Hoch     12 000–14 500 | 2011/2012 | 5000–15 000 |
| Modell | im Programm | Verkäufe |
| K 1300 R | 2009 bis heute | ca. 2500 |

ein echter Secondhand-Schlager. Unter 10 000 Euro sind häufig nur Exemplare aus Privatbesitz mit Macken oder einer sehr spartanischen Ausstattung auszumachen, und Schnäppchenjäger sollten viel Geduld bei der Suche mitbringen. Schon unter 12 000 Euro bieten aber Vertragshändler gute Maschinen mit opulenter Ausstattung an, die neu 17 000 Euro und mehr gekostet haben und noch keine 20 000 Kilometer gelaufen sind. Am größten ist das Angebot an Neuwert-Gebrauchten (Vorführer und Tageszulassungen mit Laufleistungen unter 5000 Kilometern sowie Rücknahmen von Kunden, denen das Brachialbike doch zu heftig ist), die ebenfalls einen klasse Gegenwert bieten.

**Tests in MOTORRAD** 1/2009 (T), 6/2010 (VT), 8/2010 (VT), 6/2011(VT)
T = Test, VT = Vergleichstest; Nachbestellungen unter Telefon 07 11/1 82-12 29

## MODELLPFLEGE

**2009** Im Februar Markteinführung als Nachfolgerin der K 1200 R. Neues elektronisches Fahrwerk ESA II sowie Antischlupfregelung ASC optional erhältlich. Neuer Auspuff. Farben: Grau, Orange, Weiß. Preis: 13 900 Euro.

**2010** Neue Farben: Grün und Schwarz (Orange und Weiß entfallen). Preis unverändert.

**2013** ABS serienmäßig. Preis: 1500 Euro.

**Nur unter Tränen kann man auf diesem Hardcore-Naked-Bike bei Vollgas und voll im Wind den Tacho und den Drehzahlmesser im Blick behalten**

## BMW K 1300-Reihe

anderes Motorrad lässt sich so lässig und effizient zum Stehen bringen.

Doch nun zur „S" und „GT": Motorisch und seitens Fahrwerk wurden im Großen und Ganzen ähnliche Verbesserungen wie bei der „R" vorgenommen. Gegenüber den 1200ern funktioniert also alles ein spürbares Stück besser, schneller, härter. Der Hubraumzuwachs beschert mehr Druck, das war allerdings auch zu erwarten und braucht nicht noch als konstruktive Meisterleistung extra gelobt werden. Das ABS ist aber beim Sporttourer und Reisemobil nun serienmäßig, das ist lobenswert. Und bei allen drei Modellen wurde der Kardanantrieb durch eine neue, zweistufige Gelenkwelle optimiert,

**Unkonventionell: Duolever-Vorderradführung, liegender Reihenvierer, weit unten verlaufende Rahmenzüge**

auch gut. Das zuvor etwas hakige Getriebe lässt sich bei den 1300ern geschmeidig schalten, und bei der GT wurde zudem die ohnehin schon sehr wirksame Verkleidung verbessert. Beinahe eine Revolution: der Blinker. Er wird – völlig entgegen alter BMW-Traditionen – ganz konventionell nur mit einem Schalter bedient. Bisherige Bayernskeptiker sollten zumindest mal eine Probefahrt wagen und anschließend die Gebrauchtpreise prüfen (zum Beispiel unter www.markt.motorradonline.de). Der eine oder andere könnte dann vom K-Virus befallen sein – „K" wie „kein Fehler". ■

**www.motorradonline.de/gebrauchtberatung**

# BMW K 1300 S

## TECHNISCHE DATEN (Modelljahr 2009)

### MOTOR

Wassergekühlter Vierzylinder-Viertakt-Reihenmotor, vier Ventile pro Zylinder, Trockensumpfschmierung, Einspritzung, geregelter Katalysator, hydraulisch betätigte Mehrscheiben-Ölbadkupplung, Sechsganggetriebe, Kardan.

Bohrung x Hub          80,0 x 64,3 mm
Hubraum                1293 cm³
**Nennleistung**
**129 kW (175 PS) bei 9250/min**
**Max. Drehmoment**
**140 Nm bei 8250/min**

### FAHRWERK

Brückenrahmen aus Aluminium, vorn Doppellängslenker aus Aluminium, verstellbare Zugstufendämpfung, Lenkungsdämpfer, Zweigelenk-Einarmschwinge aus Aluminium, Zentralfederbein mit Hebelsystem, verstell-

*MOTORRAD-Messungen; **Herstellerangabe

bare Federrate, Federbasis, Zug- und Druckstufendämpfung, Doppelscheibenbremse vorn, Scheibenbremse hinten, Teilintegral-Bremssystem mit ABS.
Alu-Gussräder     3.50 x 17; 6.00 x 17
Reifen     120/70 ZR 17, 190/55 ZR 17

### MAßE + GEWICHTE

Radstand 1585 mm, Lenkkopfwinkel 60,4 Grad, Nachlauf 104 mm, Gewicht vollgetankt* 258 kg, Zuladung* 202 kg, Tankinhalt/Reserve 19/4 Liter.

### MESSUNGEN

(MOTORRAD 2/2009)
**Höchstgeschwindigkeit**** 285 km/h
**Beschleunigung**
0–100 km/h                        2,9 sek
**Durchzug**
60–100 km/h                       3,3 sek
**Verbrauch** 5,5 l/100 km (Landstraße)

## MARKTSITUATION

Die S-Variante bedient als Sporttourer eine breite Masse und hat im K-1300er-Reigen die meisten Stückzahlen ge-

| Preisniveau in Euro | Baujahre | km-Stand |
|---|---|---|
| Niedrig 8000–9900 | 2009–2010 | 30000–60000 |
| Mittel 10000–12500 | 2009–2011 | 10000–30000 |
| Hoch 12600–15500 | 2010–2012 | unter 10000 |
| **Modell** | **im Programm** | **Verkäufe** |
| K 1300 S | 2009 bis heute | ca. 4500 |

macht. Dementsprechend ist das Gebrauchtangebot auch am besten, wenngleich nicht gerade üppig. Zwar werden immer mal wieder Maschinen mit vergleichsweise hoher Laufleistung (um 50000 Kilometer) zum günstigen Kurs (rund 9000 Euro) und in ordentlichem Zustand angeboten, solche Angebote sind jedoch rar und meist schnell vergeben. Fulldresser um 13000 Euro mit weniger als 20000 Kilometern auf der Uhr werden deutlich häufiger inseriert und empfehlen sich auch als attraktives Geschäft, zumal für voll ausgestattete fabrikneue „S" immerhin rund 20000 Euro hingeblättert werden müssen – und das tut weh.

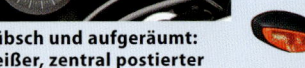

**Hübsch und aufgeräumt: weißer, zentral postierter Drehzahlmesser**

## MODELLPFLEGE

**Das Sondermodell HP, unter anderem mit Schaltassistent und viel Karbon, debütiert 2012**

**2009** Im Februar Markteinführung als Nachfolgerin der K 1200 S, Teilintegral-ABS nunmehr serienmäßig, ESA II und ASC optional. Neuer Auspuff. Farben: Grau, Orange, Grau-Rot-Mehrfachlackierung. Preis: 15950 Euro.

**2011** Neue Farben: Rot-Schwarz, Blau-Weiß, Schwarz (Grau und Orange entfallen). Preis unverändert.

**2012** Grün und Schwarz entfallen, Preis unverändert. Sondermodell HP (Schaltassistent, ESA II, RDC, ASC, Akrapovic-Auspuff, Bordcomputer, Heizgriffe, diverse Karbonteile) Preis: 19990 Euro.

### Tests in MOTORRAD

2/2009 (TT), 4/2009 (VT), 11/2009 (KV), 3/2010 (VT)

TT = Top-Test, VT = Vergleichstest, KV = Konzeptvergleich; Nachbestellungen unter Telefon 07 11/1 82-12 29

# BMW K 1300 GT

(Modelljahr 2009)

## TECHNISCHE DATEN

### MOTOR

Wassergekühlter Vierzylinder-Viertakt-Reihenmotor, vier Ventile pro Zylinder, Trockensumpfschmierung, Einspritzung, geregelter Katalysator, hydraulisch betätigte Mehrscheiben-Ölbadkupplung, Sechsganggetriebe, Kardan.

Bohrung x Hub    80,0 x 64,3 mm
Hubraum          1293 cm³
**Nennleistung**
**118 kW (161 PS) bei 9000/min**
**Max. Drehmoment**
**135 Nm bei 8000/min**

### FAHRWERK

Brückenrahmen aus Aluminium, vorn Doppellängslenker aus Aluminium (mit ESA: verstellb. Zugstufendämpfung), Lenkungsdämpfer, Zweigelenk-Einarmschwinge aus Aluminium, Zentralfederbein mit Hebelsystem, verstellbare Federbasis, Zugstufendämpfung (mit ESA: verstellbare Federbasis, Zug- und Druckstufendämpfung), Doppelscheibenbremse vorn, Scheibenbremse hinten, Teilintegral-Bremssystem mit ABS.
Alu-Gussräder 3.50 x 17; 6.00 x 17
Reifen 120/70 ZR 17; 180/55 ZR 17

### MASSE + GEWICHTE

Radstand 1572 mm, Lenkkopfwinkel 60,6 Grad, Nachlauf 112 mm, Gewicht vollgetankt* 302 kg, Zuladung* 218 kg, Tankinhalt/Reserve 24/4 Liter.

### MESSUNGEN
(MOTORRAD 26/2009)
**Höchstgeschwindigkeit**\*\*
                          260 km/h
**Beschleunigung**
0–100 km/h                3,1 sek
**Durchzug**
60–100 km/h               3,5 sek
**Verbrauch**             5,3 l/100 km
                          (Landstraße)

*MOTORRAD-Messungen; **Herstellerangabe

## MARKTSITUATION

Im Regelfall sinken die Preise für Gebrauchte, wenn ein Nachfolgemodell den Markt betritt. Doch die K 1600 GT als monströser Sechszylinder-Tourer konnte bisher nur wenige 1300er-Grand-Touristen zum Umsatteln bewegen. Im Gegenteil: Die „kleine" GT ist raus aus dem Programm, Interessenten gibt es aber noch viele, und bedingt durch ihre kurze Bauzeit (nur drei Modelljahre) ist sie nunmehr nur noch in sehr begrenzter Stückzahl verfügbar. Folglich rufen Anbieter teilweise ziemlich überzogene Preise auf – die dann laut Händlern wohl trotzdem bezahlt werden. Schlechte Karten also für alle, die dieses äußerst gefragte Objekt der Begierde zum Sparkurs ergattern wollen.

| Preisniveau in Euro | Baujahre | km-Stand |
|---|---|---|
| **Niedrig** 10 000–11 900 | 2009–2010 | 20 000–60 000 |
| **Mittel** 12 000–13 900 | 2009–2010 | 15 000–30 000 |
| **Hoch** 14 000–16 000 | 2009–2010 | unter 10 000 |
| **Modell** | **im Programm** | **Verkäufe** |
| K 1300 GT | 2009 bis 2011 | ca. 1800 |

## MODELLPFLEGE

**Clever: Sonnenblenden helfen, die Instrumente besser ablesen zu können**

**2009** Im Februar Markteinführung als Nachfolgerin der K 1200 GT mit optimiertem, wartungsfreiem Kardanantrieb und neuer zweistufiger Gelenkwelle (gleiche Maßnahmen wie bei Modellen K 1300 R und K 1300 S), Teilintegral-ABS nunmehr serienmäßig, ESA II und ASC optional. Farben: Beige, Blau, Rot. Grundpreis: 17 800 Euro.

**2011** Letztes Jahr im Programm, Preis unverändert.

**Tests in MOTORRAD** 26/2009 (VT), 21/2010 (LT), 8/2011 (TT)

LT = Langstreckentest, TT = Top-Test, VT = Vergleichstest;
Nachbestellungen unter Telefon 07 11/1 82-12 29

**Drei mal vier – hier: Vierzylinder. Die 1300er-K-Reihe bietet Interessenten große Vielfalt, vom nackten Macho-Powerbike über gediegenen Sporttourer bis hin zum flotten Reisedampfer**

# BUELL XB9/12R/S

**Gebrauchtberatung**

**Feingliedrige Technik und filigrane Details bieten XB-Buells wahrlich nicht. Dafür sind sie ehrliche und eigenwillige Charaktere mit hohem Suchtpotenzial.**

Von Stefan Glück; Fotos: Buell (2), fact (1), Hanselmann (3), Jahn (1)

Buells der XB-Reihe wirken im Vergleich zu denen der Rohrrahmen-Generation (siehe nächste Doppelseite) schon sehr ausgereift, wenngleich immer noch weit entfernt von japanischer Präzision. Erfinder und Namensgeber Erik Buell verfolgt ein radikales Konzept: Konzentration der Massen zur Verbesserung von Handling und Fahrbarkeit. Was in eigenwilligen Lösungen wie dem Rahmen als Benzin- und der Schwinge als Öltank mündet. So ganz funktioniert das Konzept nicht, die Kombination von kurzem Radstand, steilem Lenkkopf und riesiger, innen umfassender Bremsscheibe sorgt je nach aufgezogener Bereifung für kippeliges Fahrverhalten und teilweise enormes Aufstellmoment beim Bremsen. Ausgerechnet die anfangs verwendete Erstbereifung Dunlop D 207 harmoniert überhaupt nicht mit den Buell-Modellen.

Die beiden Motoren mit 985 und 1202 cm³ Hubraum stammen ursprünglich aus der Harley Sportster und wurden für den Einsatz in den XB heftig umgekrempelt. Der kleinere ist recht drehfreudig, doch insgesamt passt der bulligere Drehmomentverlauf des großen besser zum Charakter des Amibikes. Bei engagierter Betätigung von Gas und Bremse verliert eines der Räder gerne mal den Bodenkontakt. Letztlich ist und bleibt eine Buell ein Bike für den lustvollen Sonntagstrip über die Hausstrecke, wie auch die oft geringe Laufleistung der Angebote belegt.

## MOTORRAD-TESTS*

**XB9R/S:** 7/2002 (FB), 13/2002 (TT), 15/2002 (VT), 23/2002 (FB), 25/2002 (VT), 2/2003 (VT),14/2003 (VT), 23/2003 (Schnäppchen)

**XB12R/S:** 16/2003 (FB), 24/2003 (T), 5/2004 (VT), 22/2004 (TT), 26/2004 (Herbstausfahrt), 8/2005 (VT), 22/2005 (FB), 23/2005 (Herbstausfahrt), 25/2005 (Sound-Check), 2/2006 (LT-Zwischenbilanz), 17/2006 (VT), 25/2006 (LT)

**Internet:** www.buell.de, www.xborgforum.de, www.hillbilly-motors.de

*FB=Fahrbericht, T=Test, TT=Top-Test, VT=Vergleichstest, LT=Langstreckentest
Nachbestellungen unter Telefon 0711/182-1229

**BJ**

**2002–2004**

**SEIT 2004**

**SEIT 2005**

**Egal, ob R (mit Halbschale) oder S (ohne), das Design blieb bis heute fast unverändert. In den ersten drei Baujahren gab's nur 9er-XBs mit 985 Kubikzentimetern. Gestrippt kommt die radikale Bauweise gut zu Geltung**

**Cockpit im Fisher-Price-Look. Der neue Antrieb mit 1202 Kubik geht deutlich bu(e)lliger zur Sache als der kleine**

**In der Lightning CityX XB9SX lebt nicht nur der 1000er-Antrieb fort, sondern auch die Unart kaum aussprechbarer Modellbezeichnungen**

## BESICHTIGUNG

Obwohl eine Buell nicht an jeder Ecke herumsteht, wird sie oftmals weiter individualisiert. Besonders dem Klang wird gerne auf die Sprünge geholfen. TÜV hin oder her. Deshalb darauf achten, ob etwaige Veränderungen eingetragen sind. Ein vollständiges Serviceheft ist ebenfalls von Vorteil, da Buell im Rahmen von Inspektionen Verbesserungen und Updates vornimmt. Der ausladende Rahmen ist schon bei harmlosen Umfällern extrem kratzer- und beulengefährdet, deshalb Obacht bei großflächigen Abdeckungen.

## MARKTSITUATION

Insgesamt sind in Deutschland rund 7500 Buells zugelassen, von denen etwa zwei Drittel auf die XB-Modelle entfallen. Richtig billig sind unfallfreie und gut erhaltene Exemplare nie, unter 5000 Euro geht gar nichts. Für diese Summe gibt es dann 9er-XBs mit Verkleidung. Die deutlich bulligeren 12er-Modelle beginnen bei rund 7500 Euro, wobei auch hier die R-Versionen günstiger sind. Die ernsthaft als Reiseenduro titulierte Ulysses ist der Exot unter den Amibikes und sehr selten zu finden. Die City-Reihe gilt als Einsteiger-Buell und hat als einziges aktuelles Modell noch den „kleinen" 1000er-Motor.

| Modell | Bauzeit | Preis |
|---|---|---|
| XB9R/S | 2002–2004 | 5000–9000 Euro |
| XB12R/S | seit 2004 | ab 7500 Euro |
| Ulysses | seit 2006 | ab 9000 Euro |
| CityX XB9SX | seit 2005 | ab 9000 Euro |

## TECHNIK

**DATEN**
(Lightning XB12S, Bj. 2004)

■ **Motor:** luftgekühlter Zweizylinder-Viertakt-45-Grad-V-Motor, Kurbelwelle quer liegend, vier unten liegende, zahnradgetriebene Nockenwellen, zwei Ventile pro Zylinder, Hydrostößel, Stoßstangen, Kipphebel, Saugrohreinspritzung, Ø 49 mm, keine Abgasreinigung, Lichtmaschine 520 Watt, Batterie 12 V/12 Ah, mechanisch betätigte Mehrscheiben-Ölbadkupplung, Fünfganggetriebe, Zahnriemen.
Bohrung x Hub             88,9 x 96,8 mm
Hubraum                        1202 cm³
Verdichtungsverhältnis          10,0:1
**Nennleistung**
                74,6 kW (101 PS) bei 6600/min
**Max. Drehmoment**
                110 Nm bei 6000/min
■ **Fahrwerk:** Brückenrahmen aus Alu-Profilen, Upside-down-Gabel, Ø 43 mm, voll einstellbar, Aluminium-Schwinge, Zentralfederbein, direkt angelenkt, voll einstellbar, innenumfassende Scheibenbremse vorn, Ø 375 mm, Scheibenbremse hinten, Ø 240 mm.
Alu-Gussräder  3.50 x 17; 5.50 x 17
Reifen 120/70 ZR 17; 180/55 ZR 17

■ **Maße und Gewichte**
Radstand 1320 mm, Lenkkopfwinkel 69 Grad, Nachlauf 83 mm, Federweg v/h 119/127 mm, Sitzhöhe 810 mm, Gewicht vollgetankt 209 kg, Zuladung 176 kg, Tankinhalt 14 Liter.

**MESSUNGEN**
MOTORRAD 22/2004

| | |
|---|---|
| Höchstgeschwindigkeit* | 217 km/h |
| **Beschleunigung** | |
| 0–100 km/h | 3,9 sek |
| **Durchzug** | |
| 60–100 km/h | 4,0 sek |
| **Verbrauch** | |
| 3,8 bis 5,4 l/100 km, Super Plus | |

*Herstellerangabe

## SEIT 2006

**Buells im Allgemeinen und Erik Buell im Besonderen sind anders als andere. Wer sonst käme auf die Idee, die Ulysses als (Reise-)Enduro zu bezeichnen? Generell ist sie exotisch, für eine Buell bemerkenswert alltagskompatibel**

## MODELLPFLEGE

**2002** Einführung Firebolt XB9R, Preis 11 439 Euro
**2003** Einführung Lightning XB9S, Preis 11 439 Euro
**2004** Einführung Firebolt/Lightning XB12R/S, Preise 11 499 Euro, Preissenkung XB9R/S auf 10 439 Euro, Erhöhung der Serviceintervalle von 4000 auf 8000 Kilometer, breiterer Sekundärzahnriemen, neue Riemenabdeckung, Schalthebel, Seitenständer, Rückspiegel
**2005** Einführung Lightning CityX XB9SX (9279 Euro), XB9R/S entfallen. XB12R/S erhalten Dunlop D 208 statt D 207, Upside-down-Gabel mit 43er-Standrohren, überarbeiteter Ansaugtrakt
**2006** Einführung Ulysses XB12X (11 499 Euro) und Lightning Long XB12Ss (11 249 Euro) mit längerer Schwinge. Alle Modelle erhalten ein neu konstruiertes Getriebe plus Kupplung sowie eine neue Schwinge. Feinschliff an vielen Details, unter anderem Zahnriemen und Airbox
**2007** Einführung Lightning Low XB12Scg (ab 10 525 Euro) mit niedriger Sitzhöhe und XB12STT Lightning Super TT (10 999 Euro) in Supermoto-Optik. Erstbereifung Pirelli statt Dunlop. Straffere Fahrwerksabstimmung bei der Ulysses. Alle Buells erhalten eine neue Ölpumpe. Modifikationen von Ansaugtrakt, Motormanagement, Primärgehäuse, Motordichtungen, Bremsscheibenhalterung, Auspuffbeschichtung und Sitzbank

**Rückrufe (recalls genannt)**
**2002** Überprüfung des Seitenständers der XB9R wegen möglicher Bruchgefahr
**2003** Überprüfung und Verlegung des Hupenkabels bei XB9/12S wegen Gefahr von Kurzschlüssen
**2005** Überprüfung des Seitenständer-Gelenkzapfens bei XB12R/S sowie XB9SX wegen möglichen Nichteinklappens im Fahrbetrieb
**2007** Austausch des Neigungswinkelsensors bei XB12X wegen möglicher Fehlauslösung und Ausschalten der Zündung

**Freiwillige Updates**
– **Die 2003er**-XB9R erhält neuen Seitenständer mit erhöhter Stabilität auf unebenem Untergrund
– **Einige Chargen der 2003er-Modelle** von XB9R/S erhalten neue, verbesserte Radlager

# BUELL S1/S3/M2/

**Gebrauchtberatung**

**Pioniergeist zeichnete die Amerikaner schon immer aus. Und so entstanden die ersten Buell nach dem Motto: erst bauen, dann schauen.**

Von Stefan Glück; Fotos: Archiv (1), Hartmann (3), Herzog (3), Jahn (2)

Erik Buell, Gründer und Namensgeber der Marke, war in den 1980er Jahren Ingenieur bei Harley-Davidson und in seiner Freizeit Rennfahrer aus Passion. Zudem ist er Patriot und träumte von einem amerikanischen Sportmotorrad. Nach einigen sehr eigenwilligen Kreationen für die Rennstrecke begann Anfang der neunziger Jahre die Fertigung von Straßenmotorrädern in Kleinstserien ausschließlich für die USA. Erst 1997 schien mit der S1 die Zeit reif für den europäischen Markt. Leider waren die amerikanischen Donnerbolzen dem European way of riding nicht immer gewachsen, was zahlreiche Nachbesserungen an Motor und Fahrwerk zur Folge hatte. Neben den unten rechts aufgeführten Rückrufen wurden im Rahmen der regulären Inspektionen Verbesserungen durchgeführt, „updates" genannt. Ein vollständig gestempeltes Serviceheft ist deshalb von Vorteil. Ungeachtet der Bemühungen seitens Buell darf nicht vergessen werden, dass man es mit einem äußerst eigenwilligen Motorradkonzept zu tun hat, das sich nur schwer in gängige Schablonen pressen lässt. Die Kombination aus extremer Fahrwerksgeometrie, archaischem Antrieb sowie Detaillösungen, die sich weniger der Funktion als vielmehr dem Anderssein verpflichtet fühlen, ist zweifellos sehr reizvoll, im Alltag mitunter allerdings zermürbend. Die Rohrrahmen-Modelle sind noch vielmehr als die XBs wunderbare Motorräder für ungefiltertes Biken. Wer das akzeptiert, wird glücklich werden.

**MOTORRAD-TESTS\***

**S1, S3, M2, X1:** 18/1996 (T), 13/1997 (VT), 19/1997 (V), 18/1998 (T), 22/1998 (VT), 23/1998 (Probleme), 6/1999 (T), 16/1999 (VT), 21/1999 (VT), 26/1999 (VT), 6/2001 (VT)
**Internet:** www.buell.de, www.borgforum.de, www.hillbilly-motors.de

\*T=Test, VT=Vergleichstest, Nachbestellungen unter Telefon 0711/182-1229

## BJ   1997–1999

Mit der S1 fing alles an. Motto: radikal anders. Davon zeugt auch der Helmholtz-Resonator

Der Versuch, mit der S3 einen Tourer zu bauen, scheiterte. Und das nicht nur wegen der eigenwilligen Optik

## 1997–2003

Die M2 heißt so, weil sie theoretisch zwei Personen Platz bietet. Praktisch passt gerade ein Fuß auf das winzige Brötchen. Für Langstrecken taugt die M2 kaum, zum Spaß haben allemal

Spartanisches Cockpit, denn eine Buell braucht keinen Drehzahlmesser, sie ist einer. Vom Spiegel bis zur Fußraste

# X1

## BESICHTIGUNG

Besonders die Modelle der ersten Baujahre waren einem handgeschnitzten Prototyp stets näher als einem Serienfahrzeug, wie auch die vielen Rückrufe zeigen. Sofern regelmäßig beim Händler gewartet (Scheckheft), sollte das entsprechende Modell dem gegenwär-

tigen Stand der Technik entsprechen. Buells sind sehr eigenwillige Motorräder, im Zweifel gilt: „It's not a bug, it's a feature!" Eine ausgiebige Probefahrt hilft herauszufinden, ob man dem eigenwilligen Charakter einer Buell auf Dauer gewachsen ist.

## MARKTSITUATION

Über den Daumen gepeilt fahren zirka 2500 Buells der Rohrrahmen-Generation in Deutschland herum. Das heißt, sie stehen mehr, denn Jahresfahrleistungen von gerade mal 2000 Kilometern sind keine Seltenheit. Trotz des Alters von mittlerweile bis zu zehn Jahren liegt das Preisniveau hoch, Angebote für

unfallfreie und fahrbereite Buell unter 5000 Euro sind selten. Die meisten Besitzer haben, ob freiwillig oder nicht, viel Zeit und Geld in die amerikanischen Pretiosen gesteckt, um sie am Leben zu erhalten. Kaum eine Buell blieb im Originalzustand, die Krone der Exotik bildet der extrem seltene Tourer S3.

| Modell | Bauzeit | Preis |
|---|---|---|
| S1 Lightning | 1997–1998 | 5000–7000 Euro |
| S3 Thunderbolt | 1997–1999 | um 5000 Euro |
| M2 Cyclone | 1997–2003 | 4000–7000 Euro |
| X1 Lightning | 1999–2003 | um 6000 Euro |

## TECHNIK

**DATEN**
(M2 Cyclone, Bj 1999)

■ **Motor:** luftgekühlter Zweizylinder-Viertakt-45-Grad V-Motor, Kurbelwelle quer liegend, vier unten liegende, zahnradgetriebene Nockenwellen, zwei Ventile pro Zylinder, Hydrostößel, Stoßstangen, Kipphebel, Trockensumpfschmierung, Gleichdruckvergaser, Ø 49 mm, keine Abgasreinigung, Lichtmaschine 297 Watt, Batterie 12 V/18 Ah, mechanisch betätigte Mehrscheiben-Ölbadkupplung, Fünfganggetriebe, Zahnriemen.
Bohrung x Hub         88,8 x 96,8 mm
Hubraum                         1199 cm³
Verdichtungsverhältnis         10,0:1
**Nennleistung**
65 kW (88 PS) bei 6100/min
**Max. Drehmoment**
107 Nm bei 5400/min
■ **Fahrwerk:** Gitterrohrrahmen aus Stahl, Motor elastisch gelagert, Telegabel, Ø 43 mm, verstellbare Federba-

sis und Zugstufendämpfung, Zweiarmschwinge, Federbein direkt angelenkt, komplett einstellbar, Scheibenbremse vorn, Ø 340 mm, Scheibenbremse hinten, Ø 230 mm.
Alu-Gussräder  3.50 x 17; 5.00 x 17
Reifen 120/70 ZR 17; 170/60 ZR 17

■ **Maße und Gewichte:** Radstand 1410 mm, Lenkkopfwinkel 65 Grad, Nachlauf 99 mm, Federweg v/h 119/ 125 mm, Sitzhöhe 820 mm, Gewicht vollgetankt 222 kg, Zuladung 180 kg, Tankinhalt° 19 Liter.

**MESSUNGEN**
MOTORRAD 6/1999
**Höchstgeschwindigkeit*** 206 km/h
**Beschleunigung**
0–100 km/h                    3,6 sek
**Durchzug**
100–140 km/h                  10,0 sek
**Verbrauch**
4,9 bis 7,7 l/100 km, Super Plus
*Herstellerangabe

## 1999–2003

## MODELLPFLEGE

**1997** Einführung S1 Lightning, M2 Cyclone, S3 Thunderbolt, Preise ab 9200 Euro
**1999** Einführung X1 Lightning, Preis 10 220 Euro, M2 und S3 erhalten umfangreiche Retuschen an Motor und Fahrwerk, S1 läuft aus
**2000** S3 läuft aus, X1 und M2 erhalten neben vielen kleinen Änderungen wie der modifizierten Bremsscheibenhalterung neue Motoren mit stark überarbeitetem Kurbeltrieb, Hydrostößeln und Ölversorgung sowie ein Getriebe mit geänderten Übersetzungen. X1 zusätzlich mit Einspritzung, Preise ab 9200 Euro
**2001** Kunststoffteile sind nicht mehr lackiert, sondern durchgefärbt. Modifikationen an Ventiltrieb, Ölversorgung und Schaltgestänge. Kabelbaum, Federbein und Schwinge geändert. Neue Schalldämpfer- und Schwingenlagerung. Rückspiegel mit längeren Auslegern. Preise ab 9480 Euro
**2002** Markteinführung der komplett neu konstruierten XB9R. X1 und M2 laufen aus und erfahren letzte Änderungen an Auspuff, Hydrostößel und Federbein. Preise ab 9806 Euro

**Rückrufe (recalls genannt)**
**1997** Bremsscheibenlagerung aller 1997er- und 1998er-Modelle wird überprüft
**1998** Austausch Blinkrelais der Modelle 1996 bis 1998, Schwinge der 1999er-Modelle wegen möglicher Rissbildungen überprüft
**1999** Vordere Motorhalterung, Massekabel, hintere Bremsleitung (X1), Seitenständerschalter, Tankhalterung und -belüftung überprüft, außerdem nochmals Hinterradschwinge sowie Federbein, wobei die Mängel je nach Modell und Baujahr unterschiedlich waren
**2000** Überprüfung von hinterer Bremsleitung bei S3, Benzinfilter und Federbein, bei diversen Modellen
**Freiwillige Updates**
– **Alle 1997er- bis 2000er-Modelle** erhalten ein neues Steuergerät, größere Hauptdüsen bei den Vergasermodellen, geänderte Zündkerzen, Motortemperatursensoren und modifizierte Schwimmerkammern zum Schutz vor Überhitzung des hinteren Zylinders
– **Alle 1995er- bis 2000er-Modelle** erhalten eine modifizierte Auspuffhalterung

**Die X1 war die Erste, bei der die Funktion integraler Bestandteil der Konstruktion war und nicht nur ein Nebenprodukt der Optik**

# DUCATI
# MONSTER 900

**Bislang hat vor allem der Preis den Interessenten einen Schrecken eingejagt. Doch die Monster kann auch anders: Wer mit Ausdauer sucht, bekommt sie gut und günstig.**

Von Jörg Lohse; Fotos: fact (2), Gori (3), Hartmann (1), Jahn (1)

**F**reund Achim ist eingefleischter XBR-Fan. Der Honda-Single ist nicht nur idealer Untersatz, um die Eifel unsicher zu machen, sondern bietet auch bei der Zigarettenpause genügend optische Reize. Nun hat Achim einen guten Vorsatz gefasst und den Glimmstängel endgültig ausgedrückt. Doch der Verlust schreit nach Kompensation an anderer Stelle: Mehr Qualm muss her!

Schon immer hat Achim mit den rassigen Roten aus Bologna geliebäugelt. Die 900er-Monster wäre genau das richtige Update zur mittlerweile würdevoll gealterten XBR. Ein echter Klassiker, genauso fahraktiv wie eigenwillig. Doch auf gelegentliches Spicken folgte schnell die Ernüchterung: teuer und rar, so das Ergebnis der Angebotsrecherche.

Das vornehmlich feuerrote Kultmobil genießt eben in Liebhaberkreisen einen hohen Stellenwert. Schnelle und häufige Besitzerwechsel sind bei der M 900 nicht angesagt. Das hat viel mit der Modellhistorie zu tun: Formal hat man den Designentwurf von Miquel Angel Galluzzi über die Jahre nur äußerst behutsam gepflegt. Und auch auf der Technikseite sind radikale Maßnahmen eher die Ausnahme. Durchaus zeitgemäß war der Einsatz der Einspritztechnik aus der 900 SS, der zum 2000er-Modellwechsel anstand. Etwas peinlich hingegen, dass man weiterhin auf Abgasreinigung verzichtete. Ein U-Kat wurde erst

der 1000er-Monster spendiert. Ex-Raucher Achim war das egal. Nun raucht eine 1995er-Monster für ihn. Originalzustand, dritte Hand, ein Schnäppchen für 3000 Euro. Wenn das keine Belohnung fürs Aufgeben ist…

**Internet** Fansites: www.italobikes.de und www.desmorados.com. Ein Klick, der ebenfalls lohnt: die englische Website www.ducatimonsterforum.org
**Gebrauchtangebote, Teile und Zubehör:**
http://markt.motorradonline.de/bike525.htm

## Details

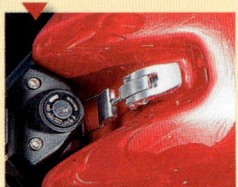

**Mehr zu sehen:** Uhrenarrangement der Monster ab Baujahr 2000 inklusive Drehzahlmesser. Wirkt auch ohne weißes Zifferblatt deutlich eleganter

**Teilchenträger:** Die Monster lockt mit ansehnlichen Details wie dem Tankschnellverschluss. Beim Zubehör sollte man auf hochwertige Teile achten

**Spartanisch:** das sehr übersichtliche Cockpit der ersten Monstergeneration. Tacho zwar schön weiß hinterlegt, Drehzahlmesser dafür aber nicht vorhanden

**Bis Ende 1995** nervte die Gabel von Showa durch schlechtes Ansprechverhalten. Besser wurde es mit der einstellbaren Gabel von Marzocchi ab 1996

**Ein echter Hingucker.** Der Aufbau der Monster macht es Interessenten leicht, das Bike „unter der Haube" schnell auf Herz und Nieren zu prüfen

## Besichtigung

Die 900er-Monster fällt wie die meisten Schwestermodelle aus Bologna in die Kategorie Liebhabermotorrad. Das bedeutet, der Pflegezustand ist selbst bei den ältesten Typen der Baureihe im Regelfall überdurchschnittlich gut. Trotzdem sollte man aber genau kontrollieren, ob wichtige Wartungsarbeiten regelmäßig durchgeführt wurden. Wie beispielsweise der Zahnriemenwechsel: Vorsicht bei Exemplaren mit gelbem oder weißem Riemen-Aufdruck, diese sind nämlich steinalt. Bei fachgerechter Pflege sind kaum Probleme zu erwarten, Profischrauber attestieren dem Zwei-

ventiler eine **Standfestigkeit von weit über 100 000 Kilometern.** Gut also, wenn ein lückenloses Scheckheft vorgelegt werden kann. Immer wieder ein Thema, besonders nach der Probefahrt, ist die Trockenkupplung. Völlig normal ist das Rasseln im Leerlauf, weniger okay eine im Fahrbetrieb rupfende und schlecht dosierbare Kupplung, die nach hohen Handkräften verlangt. Meist ist der Kupplungskorb verschlissen und muss ausgetauscht werden. Gut ist, wenn der Vorbesitzer bereits auf eine leichter dosierbare Kupplung aus dem Zubehör umgerüstet hat.

## Marktsituation

Die magische Grenze von 3000 Euro liegt bei vielen Monster-Angeboten noch in weiter Ferne. Auch, wenn viele Angebote **mittlerweile 15 Jahre und mehr** auf dem Buckel haben. So gesehen lässt sich der Kauf einer Duc auch gut unter Wertanlage verbuchen. Interessant ist allemal die Frage nach Vergaser oder Einspritzer. Ob ihres Ansprechverhaltens deutlich einfacher fahren lässt sich die Einspritzmonster, erkennbar am Kürzel i.e.. Sie ist auf jeden Fall Einsteigern in die Ducati-Szene zu empfehlen,

| Preisniveau in Euro | | Baujahre | Km-Stand |
|---|---|---|---|
| **Niedrig** | 2500–3500 | 1993–1999 | 25 000–50 000 |
| **Mittel** | 3600–4900 | 1998–2002 | 15 000–30 000 |
| **Hoch** | 5000–6000 | 2000–2002 | 5000–15 000 |
| **Typ** | | im Programm | Zulassungen |
| **M 900 Monster** | | 1993–2002 | 5259 |

verlangt aber nach einer Mindest-Einlage von rund 4500 Euro. Umbauen und Individualisieren („Customizing") genießt in der Monster-Szene einen hohen Stellenwert. Dementsprechend wird der Wert besonders umfangreicher Anbauten wie extravaganter Teile meist auch extra aufgeschlagen. ▶**Verfügbarkeit am Markt: mittelhoch**

## Daten   (Ducati M 900 i.e. Monster; Modelljahr 2000)

### MOTOR

Luft-/ölgekühlter Zweizylinder-Viertakt-V-Motor, je eine obenliegende, zahnriemengetriebene Nockenwelle, zwei desmodromisch betätigte Ventile pro Zylinder, Nasssumpfschmierung, elektronische Saugrohreinspritzung, Ø 45 mm, keine Abgasreinigung, hydraulisch betätigte Mehrscheiben-Trockenkupplung, Sechsganggetriebe, O-Ring-Kette.

| | |
|---|---|
| Bohrung x Hub | 92 x 68 mm |
| Hubraum | 904 cm³ |
| **Nennleistung** | **57 kW (78 PS) bei 8300/min** |
| **Max. Drehmoment** | **73 Nm bei 6800/min** |

### FAHRWERK

Gitterrohrrahmen aus Stahl, Upside-down-Gabel, Ø 43 mm, verstellbare Federbasis, Zug- und Druckstufendämpfung, Zweiarmschwinge aus Aluminium, Zentralfederbein mit Hebelsystem, verstellbare Federbasis, Zug- und Druckstufendämpfung, Doppelscheibenbremse vorn, Ø 320

mm, Vierkolben-Festsättel, Scheibenbremse hinten, Ø 245 mm, Zweikolben-Festsattel.

| | |
|---|---|
| Alu-Gussräder | 3.50 x 17; 5.50 x 17 |
| Reifen | 120/70 ZR 17; 170/60 ZR 17 |

### MAßE+GEWICHTE

Radstand 1430 mm, Lenkkopfwinkel 67 Grad, Nachlauf 104 mm, Federweg v/h 120/144 mm, Sitzhöhe 790 mm*, Gewicht vollgetankt 203 kg*, Zuladung 182 kg*, Tankinhalt 16,5 Liter.

### MESSUNGEN*
(MOTORRAD 26/1999)

| | |
|---|---|
| **Höchstgeschwindigkeit** | 207 km/h |
| **Beschleunigung** | |
| 0–100 km/h | 3,6 sek |
| **Durchzug** | |
| 60–140 km/h | 10,1 sek |
| **Verbrauch** | 6,3 l/100 km (Landstraße), Super |
| | *MOTORRAD-Messungen |

### Tests in MOTORRAD

12/1993 (T), 7/1995 (VT), 15/1995 (VT); 21/1997 (VT), 22/1999 (FB), 26/1999 (VT), 3/2000 (VT), 1/2001 (GK), 13/2002 (VT)

T=Test, VT=Vergleichstest, FB=Fahrbericht, GK=Gebrauchtkauf; Nachbestellungen unter Telefon 07 11/1 82-12 29

## Modellpflege

**Die erste Monster-Generation (1993 bis 1999) musste aufgrund gesetzlicher Bestimmungen richtig Leistung lassen**

**1993** Markteinführung der Ducati M 900 Monster mit Motor aus 900 SS und modifiziertem Rahmen aus 851/888-Reihe. Preis: 19 250 Mark (9842 Euro).

**1995** Schwarze Zahnriemenabdeckung, Marzocchi-Gabel (vorher Showa). Rahmenfarbe und Hinterradkotflügel neu. Preis: 18 440 Mark (9428 Euro).

**1996** Leistung sinkt aufgrund verschärfter Geräusch- und Abgasbestimmungen von 78 auf 75 PS, Gabel einstellbar. Preis: 19 240 Mark (9837 Euro).

**1997** Ein- und Auslassventile mit reduzierten Durchmessern, Ventilsitze geändert, neue Nockenwelle und Zünd-

boxen, Leistung sinkt auf 67 PS. Cockpitverkleidung serienmäßig, Preis: 19 390 Mark (9914 Euro).

**1998** Wegfall der Cockpitverkleidung, andere Kolben und Zylinder. Neu: Stahlflex-Bremsleitungen, Brems- und Kupplungsarmaturen. Preis: 18 840 Mark (9633 Euro). M 900 S mit 74 PS starkem Motor und Cockpitverkleidung, Cromo mit verchromtem Tank. Preis: je 20 340 Mark (10 400 Euro).

**1999** Sondermodelle Dark mit mattschwarzer Lackierung, City/City Dark mit Packtaschen und Karbonteilen, S mit 78-PS-Motor, Cockpitverkleidung und

Öhlins-Federbein, Cromo mit verchromtem Tank, höherem Lenker und Windschild. Preise: von 17 340 bis 21 340 Mark (8866 bis 10 911 Euro).

**2000** Motor mit Motormanagement und Nockenwellen der SS 900 sowie Getriebe von der 748. Leistung steigt auf 78 PS. Ab sofort mit Modellzusatz „i. e.". Preis 18 490 Mark (9454 Euro). Weiterhin im Programm City/City Dark, Dark, S und Cromo zu Preisen von 17 990 bis 20 540 Euro (9198 bis 10 502 Euro).

**2003** Die neue Monster 1000 S ersetzt die 900er-Modellreihe.

# DUCATI 996

worden – in Sachen Qualität genoss Ducati auch nach der Übernahme durch die Texas Pacific Group noch immer einen zweifelhaften Ruf. So wurde das Motorengehäuse verstärkt und der V2 mit zwei Einspritzdüsen pro Zylinder bestückt. Die Verwendung von Stahl anstelle von Guss machte die schwimmend gelagerten 320er-Bremsscheiben leichter und widerstandsfähiger, bissigere Beläge erfreuten Tester, Händler und Kunden. 116 PS und damit acht mehr als bei der 916 und rund zehn Prozent mehr Drehmoment bei gleicher Drehzahl bescheinigte das Leistungsdiagramm der ersten Testmaschine Ende 1998 – tatsächlich waren die 113 Papier-PS in der Regel untertrieben.

Umso ernüchternder die Erkenntnis, dass die Neue ihre Besitzer ebenfalls mit Macken auf Trab hielt. Wie ihre Vorgängerin ist die 996 nichts für Leute, die sich kaum um ihr Motorrad kümmern, weil sie von diesem eine nüchterne Funktionalität erwarten. Wer also die Italienerin häufig bei Schmuddelwetter bewegt und Serviceintervalle verschläft, bekommt die Rechnung meist rasch präsentiert. Wer sich dagegen stets um Make-up und Wellness der 996 sorgt, den wird sie nicht enttäuschen – die Liebe könnte einzig durch eine Affäre mit der noch edleren 996 R verblassen. Doch auch die Basisversion verwöhnt, am besten mit Michelin Pilot Sport oder Bridgestone BT 012 SS bestückt, den Fahrer mit perfekter Spurtreue in Schräglage, zahmem Aufstellen beim Bremsen und feinfühligen Federelementen.

Unbedingt ansehen sollten sich 996-Kaufwillige die Internet-Seite www.ducati916.de – dort finden sich Explosionszeichnungen, ein Forum und nützliche Tipps. Zum Austausch mit Gleichgesinnten gibt es weitere interessante Seiten wie www.diva-di-bologna.de, Schraubertipps unter www.pro-desmo.de und www. motorradthunder.de. Ein Reparaturhandbuch ist für 24,90 Euro im Buchhandel erhältlich (Bucheli-Verlag, Band 5253, Ducati 748, 916, 996 ab Modelljahr 1994, ISBN 3-7168-2046-6, 192 Seiten).

### MODELLGESCHICHTE

„Was sich auf der Rennstrecke bewährt, ist auch für die Straße tauglich", lautete der Grundsatz von Ducatis genialem Konstrukteur Fabio Taglioni. Diese Weisheit war für die Marke aus Bologna Programm. Die logische Konsequenz nach Carl Fogartys Superbike-WM-Sieg 1998

hieß deshalb, die vier Jahre zuvor präsentierte „Novesedici" ab dem Modell 1999 im Hubraum an den Werksrenner anzugleichen. Als sündhaft teure Superbike-Replika gab es die 916 SPS bereits 1997 mit 996 cm³.

Äußerlich kaum von der 916 zu unterscheiden, war die 996 Biposto sehr wohl überarbeitet

---

### MODELLPFLEGE

**1997** 916 SPS mit 996 cm³, scharfe Nockenwellen/größerer Ventilhub, leichter Kurbeltrieb, Titanpleuel, eng abgestuftes Getriebe, Airbox, Schutzblech, Auspuffhitzeschutz und Nummernschildhalter aus Karbon, Öhlins-Federbein, Auspuffkrümmer Ø 50 mm, zusätzlich Termignoni-Karbon-Racingschalldämpfer, 123 PS bei 9500/min, 44 900 Mark.

**1999** Modelleinführung 996 Biposto mit Showa-Federbein, 16-Ah-Batterie, Dreispeichenräder, 113 PS bei 8500/min, 29 990 Mark, 996 SPS mit 128 PS bei 9500/min, 43 990 Mark.

**2000** Leichtere Marchesini-Räder im Fünfspeichendesign, Gleitrohre der Showa-Upside-down-Gabel Titannitrit-beschichtet, Seitenständer mit Arretierung zum sicheren Abstellen ausgestattet, Kupplungs-Handpumpe mit kleinerem Geberkolben zur leichteren Betätigung, 29 990 Mark.

**2001** Öhlins-Federbein mit großem Verstellbereich (wie SPS), 12 V/12 Ah-Gel-Batterie, Verbindungsbolzen zwischen Motor und Rahmen verstärkt (Ø 12 statt 10 mm), neue Kupplungsnehmerzylinder, 29 766 Mark. Modelleinführung 996 R mit Testastretta-Motor, 135 PS bei 10 000/min, Einspritzanlage mit Zentraldüse, leichter Kurbeltrieb, Titanpleuel, neue Brembo-Zangen, geglättete Seitenverkleidungen, Ölwannenverkleidung aus Karbon, 52 400 Mark.

### TESTS IN MOTORRAD*

13/2001 (VT), 3/2001 (TT), 21/2000 (VT), 10/2000 (VT), 6/2000 (VT), 3/2000 (SPS, VT), 13/1999 (VT), 25/1998 (T)

T=Test, VT=Vergleichstest, TT=Top-Test
* Nachbestellungen unter Telefon 07 11/1 82-12 29

### 1999

Die soziustaugliche Biposto wurde zunächst ab Werk mit nur mäßig brauchbaren Michelin TX-Reifen ausgeliefert. Zur sündhaft teuren SPS, 1997 noch als 916 bezeichnet, gab es zusätzlich Termignoni-Renntüten

## MARKTSITUATION

Die Ducati-Fangemeinde ist zwar enorm groß, doch der Bestand an 996-Modellen beträgt nur rund 1200 Exemplare. Von der R-Version sind hier zu Lande immerhin knapp 700 Fahrzeuge zugelassen. Wenn auch die meisten 996 privat verkauft werden, nehmen Ducati-Händler die 916-Nachfolgerin gerne in Zahlung. Nicht zuletzt wegen ihrer mäßigen Tourentauglichkeit liegen die Laufleistungen gebrauchter 996 meist bis zu 50 Prozent unter den angegebenen Durchschnittsfahrleistungen der Schwacke-Liste. Unter 5500 Euro ist selbst ein 1999er-Modell nur selten zu bekommen. Für eine 996 SPS sind mindestens 8500 Euro fällig, was aber im Vergleich zum horrenden Neupreis von rund 22 000 Euro noch in Ordnung geht. Kenner handeln die Edelvariante als Klassiker von morgen.

## BESICHTIGUNG

Erfolgreich bemühte sich Ducati, die 916-Krankheiten zu kurieren. Seitdem ein japanischer Regler das Marelli-Bauteil ersetzt hat, kommt es zu keinen Hitzestaus mehr, die neue Bosch-Benzinpumpe arbeitet ebenfalls zuverlässig. Nervige Kleinigkeiten gibt es dennoch. Dazu gehört der Kühlwasser-Ausgleichsbehälter, der gelegentlich an der Klebestelle undicht wird. Häufig bei 996 der ersten beiden Baujahre sind undichte Kupplungsnehmerzylinder wegen Verschmutzung der Dichtmanschette durch die Kette – ein Absinken des Flüssigkeitsstands im Vorratsbehälter ist ein eindeutiges Indiz. Neue Dichtungen kosten nur wenige Euro, ab Modelljahr 2001 wurde der schwarze Nehmerzylinder durch ein geändertes Bauteil ersetzt.

Häufiger Stop-and-go-Verkehr verschleißt die Trockenkupplung oft vorzeitig. Die letzte Stahlscheibe kann sich in den Kupplungskorb einarbeiten, etwa seit zwei Jahren gibt es ein passendes Ersatzteil mit eingegossenem Stahlkern. Beginnendes Kupplungsrutschen lässt sich mit einer zusätzlichen Stahlscheibe verhindern. Wer eine 996 des Jahrgangs 2000 oder 2001

im Auge hat, sollte wissen, dass an diesen Fahrzeugen bei geringen Laufleistungen unter 10 000 Kilometern öfter Hauptlagerschäden vorkamen, die auf Garantie behoben wurden. Bereits seit der Ducati 851 ist Abnutzung an den Öffnerkipphebeln der Vierventilmotoren ein Thema. Resonanzen, zu großes Ventilspiel und eine rüde Fahrweise sind daran sicher nicht unschuldig. Alle 10 000 Kilometer werden die 16 Kipp- und Schlepphebel gecheckt – hier sollte man lieber einen Blick mehr als einen zu wenig riskieren.

Besonnene Händler tauschen Bauteile mit Druckspuren gegen frisch nachverchromte aus. „Wenn man den Verschleiß hören kann, haben die Nockenwellen meist auch schon was. Und dann wird's teuer", erklärt Ducati-Händler Heinz Tschinkel aus Hohenbrunn bei München, der pro nachverchromtem Öffner etwa 50 Euro in Rechnung stellt.

Umsichtige 996-Besitzer montieren gegen Spritzwasser den Spritzschutz von Karbon-Spezialist Julius Ilmberger (www.ilmberger-carbon.de, Telefon 0 89/61 3 38 93, ca. 160 Euro), Vielfahrer verwenden die Gabelbrücke von März (www.ducati-maerz.de, Telefon 0 72 43/5 93 00, ca. 400 Euro), wodurch die Lenkerstummel 40 Millimeter höher und somit entspannter positioniert sind. Wer einen besseren Windschutz sucht, kann auf die Touringscheibe von MRA (www.mra.de, Telefon 0 76 63/9 38 90, rund 85 Euro) zurückgreifen. ■

**Nervig: defekte Dichtung am Kupplungsnehmerzylinder, früh verschlissene Laufbahnen der Öffnerschlepphebel**

## DATEN

Ducati 996, Typ H2, Modell 2001

■ **Motor:** wassergekühlter Zweizylinder-Viertakt-90-Grad-V-Motor, Kurbelwelle quer liegend, je zwei oben liegende, zahnriemengetriebene Nockenwellen, vier Ventile pro Zylinder, desmodromisch betätigt, Nasssumpfschmierung, elektronische Saugrohreinspritzung, Motormanagement, keine Abgasreinigung, E-Starter, Drehstromlichtmaschine 520 W, Batterie 12 V/12 Ah.

| | |
|---|---|
| Bohrung x Hub | 98 x 66 mm |
| Hubraum | 996 cm³ |
| Verdichtungsverhältnis | 11,5:1 |
| **Nennleistung** | 83 kW (113 PS) bei 8500/min |
| **Max. Drehmoment** | 96 Nm bei 7000/min |

■ **Fahrwerk:** Gitterrohrrahmen aus Stahl, Motor mittragend, Upside-down-Gabel, Gleitrohrdurchmesser 43 mm, verstellbare Federbasis, Zug- und Druckstufendämpfung, Einarmschwinge aus Leichtmetall, Zentralfederbein mit Hebelsystem, verstellbare Federbasis und Zugstufendämpfung, Doppelscheibenbremse vorn, schwimmend gelagerte Bremsscheiben, Ø 320 mm, Vierkolbensättel, Scheibenbremse hinten, Ø 220 mm, Zweikolbensattel.

| | |
|---|---|
| Alu-Gussräder | 3.50-17; 5.50-17 |
| Reifen | 120/70 ZR 17; 190/50 ZR 17 |

■ **Maße und Gewichte:** Radstand 1410 mm, Lenkkopfwinkel (einstellbar) 65,5/66,5 Grad, Nachlauf 97/91 mm, Federweg v/h 127/130 mm, Sitzhöhe 790 mm, Gewicht vollgetankt 219 kg, Zuladung 166 kg, Tankinhalt 17 Liter.

## MESSUNGEN

(MOTORRAD 3/2001)

■ **Fahrleistungen**

| | |
|---|---|
| Höchstgeschwindigkeit | 265 km/h |

**Beschleunigung**

| | |
|---|---|
| 0–100 km/h | 2,9 sek |
| 0–200 km/h | 9,5 sek |

**Durchzug**

| | |
|---|---|
| 60–100 km/h | 5,8 sek |
| 100–140 km/h | 5,6 sek |

■ **Verbrauch**

4,1 bis 7,6 l/100 km, Superbenzin

## 2000

## 2001

**Kleinere Batterie, besser zugänglicher Öleinfüllstopfen, hinten abgedichteter Kupplungsnehmerzylinder**

**An der 2000er-996 geht die Kupplung leichter, die Oberfläche der Showa-Gleitrohre wurde härter**

**Mit überarbeitetem Motor löste die 996 R die SPS-Variante ab. Vier Einzelbeläge pro Scheibe verzögern noch kräftiger**

# GEBRAUCHT-BERATUNG

# DUCATI ST-REIHE

**Zwei, drei oder vier – ähnlich wie bei dem Kinderspielshow-Klassiker „1, 2 oder 3" sollte man vorher die richtige Antwort kennen. In diesem Fall: Welche Sporttouring-Ducati passt am besten zu mir?**

Von Thorsten Dentges; Fotos: Bilski, fact, Jahn, jkuenstle.de, Hartmann, Archiv

**H**olla, die einstige Edelmaschine findet sich nun schon zu Preisen unter 2000 Euro. Wir reden von der ST2, die hat 1997 immerhin gut 20 000 Mark gekostet! Ob diese oder doch eher eine der Schwestern die Richtige ist, dazu nun eine kleine Modellberatung. Vom Aussehen her unterscheiden sich die ST-Modelle über die zehnjährige Bauzeit (1997 bis 2007) nur wenig. Ab 2004 verpassten die Designer aus Bologna dem Motorrad ein markanteres Gesicht (ST3) – eine undramatische Geschmacksfrage für Interessenten.

**Motortechnisch hingegen gibt es immense Unterschiede.** Die ST2 wartet mit einem auf 944 cm³ aufgebohrten V2 aus der fast schon vergessenen 907 i. e. auf und versuchte seinerzeit, dem erfolgreichen Genre-Platzhirsch Honda VFR Konkurrenz zu machen. Mit „nur" 83 PS ein schwieriges Unterfangen. Doch eine Probefahrt belehrt eines Besseren, denn der bullige, dennoch vergleichsweise genügsame Desmo-Twin macht Höllenspaß. Auf dem Papier ist die Nachfolgerin ST4 (ab 1999) mit 105 PS deutlich überlegen, doch die spitze Leistungscharakteristik des sportlichen Vierventilers aus der legendären 916 passt nicht wirklich zu den Ansprüchen des klassischen Tourenfahrers. Der 996er-Motor (ab 2001) mit einer Nennleistung von 120 PS imponiert da schon eher, deshalb ist die ST4s, vorzugsweise mit ABS, als Gebrauchte auch besonders gefragt. Ein voll einstellbares Fahrwerk hebt Sie zudem von der normalen ST4 ab. 2004 löste dann die ST3 als jüngste Schwester im Reigen die Zweier und Vierer ab, bekam einen neuen Dreiventil-Motor, den sogenannten Desmotre spendiert. 102 PS stark, lecker im Antritt, robust. Das Fahrwerk mit Sachs-Federbein und die bei zackiger Fahrweise etwas zickige Gabel gaben aber Anlass zu Kritik. Doch die 2006/2007 gebaute ST3s (107 PS) mit Öhlins-Federbein, voll einstellbarer Showa-Gabel und ABS zeigt fast nur Schokoladenseiten – für ST-Interessenten ein ganz heißer Tipp. ■

www.motorradonline.de/gebrauchtberatung

**Internet**
Fansites: www.diva-di-bologna.de, www.duc-forum.de
Gebrauchtangebote: http://markt.motorradonline.de/bike96.htm

## IM DETAIL

Eingebettet in den filigranen Stahl-Gitterrohrrahmen macht der wassergekühlte Zweiventil-Desmo-Twin in Ducatis Tourenmaschine eine gute Figur

Nimm mich mit auf die Reise! Das Original-Kofferset fügt sich stilvoll in die sportlich schlanke Gesamtlinie ein. Das Packvolumen? Eher mittelmäßig

Bei Sportmaschinen kein Thema, doch eine pflegeintensive Kette statt Kardanantrieb schreckt nüchtern kalkulierende Tourenfahrer eher ab

## BESICHTIGUNG

Für die Rennstrecke hat der italienische Hersteller aus Bologna genügend andere Modelle im Programm, und Käufer einer ST wissen das. Die Sporttouringmodelle verirren sich dementsprechend selten in diese Gefahrenzone, und Sturzschäden sind kein großes Thema bei dieser Modellreihe. Andererseits wird die ST gerne artgerecht bewegt, sie bekommt also gut Auslauf und viele Kilometer zu fressen, hohe Laufleistungen weit jenseits der 50 000 km sind keine Seltenheit. Kein Problem, attestieren Fachwerkstätten und berichten von Dauerläufern mit über 100 000 Kilometern. Insbesondere der Zweiventil-Desmo der ST2 genießt einen guten Ruf. Anmerkung: Die

Wartung von Ducati-Motoren sollte man besser absoluten Kennern überlassen (Serviceheft zeigen lassen!) – Obacht also bei Offerten aus Hobbyschraubers Händen.
Die ST4 hatte seinerzeit im MOTORRAD-50 000-Kilometer-Langstreckentest schlecht abgeschnitten. Nockenwellen, Ventile, Kolben, Kupplung und andere Motorteile waren über das Maß hinaus strapaziert und mussten getauscht werden. Noch eine Anmerkung: Hat das Motorrad eine regelmäßige, dokumentierte Wartung durch eine Ducati-Werkstatt erlebt, kann man normalerweise davon ausgehen, dass auch der Vierventil-Motor solide läuft und höhere Laufleistungen gut

wegsteckt. Interessenten an Modellen mit Trockenkupplung sollten bei der Besichtigung nach Möglichkeit den Kupplungskorb auf Laufspuren untersuchen. Die ST4s ab 2005 sowie die Modelle ST3 und ST3s besitzen indes eine Ölbadkupplung, die sich als standhafter erwiesen hat. Unbedingt prüfen, wann der letzte Zahnriemenwechsel stattfand, denn wenn ein maroder Riemen reißen sollte, drohen kapitale Motorschäden. Zubehör-Dreingaben wie ein komplettes Koffersystem inklusive Träger aus dem Originalzubehör heben je nach Zustand den Preis der Gebrauchten um bis zu 400 Euro an, aktuelle Tourenreifen mit geringer Laufleistung werden auch goutiert.

# DUCATI ST2

**Tests in MOTORRAD**

ST2: 12/1997 (T), 7/1998 (VT); ST4: 25/1998 (VT), 23/1999 (VT), 26/2000 (LT); ST4s ABS: 26/2002 (VT); ST3: 26/2003 (VT), 7/2004 (VT), 7/2005 (VT); ST3s ABS: 4/2006 (T), 8/2006 (VT)

T = Test, LT = Langstreckentest, VT = Vergleichstest; Nachbestellungen unter 07 11/1 82-12 29 und www.motorradonline.de/downloads

## MARKTSITUATION

Rund die Hälfte aller ST-Angebote stammt aus privater Hand, wobei das niedrige Preissegment bis 2500 Euro von Händlern kaum bedient wird. In dieser Liga finden sich überwiegend ST2 mit Laufleistungen von über 40 000 Kilometern, die beim Kauf einen gewissen Wagemut erfordern. Ab 3000 Euro sind ordentlich gepflegte und gewartete ST2 und ST4 mit vertretbaren Gebrauchsspuren im Angebot, und mit etwas Geduld ist auch eine ST3 zu diesen Kursen in den Inseraten auszumachen. Die Zweiventiler-ST, die bis 2004 im Programm war, erzielt realistisch auch in gutem Zustand, mit Scheckheft und weniger als 30 000 Kilometern kaum mehr als 3500 Euro. Interessenten mit eingeschränktem Budget also aufgepasst: Hier ist die Schnäppchendichte hoch! Und wie gesagt: 83 PS reichen für viel Spaß. Die im Neupreis recht teure ST4s (ab 2001, ehemals gut 13 000 Euro) gibt es gebraucht mit Laufleistungen unter 30 000 Kilometern hingegen erst ab

| Preisniveau in Euro | | Baujahre | km-Stand |
|---|---|---|---|
| **Niedrig** | **1700–2500** | 1997–2003 | 25 000–70 000 |
| **Mittel** | **2600–4500** | 1997–2007 | 15 000–50 000 |
| **Hoch** | **4600–6000** | 2002–2007 | 7500–20 000 |
| **Modell** | | **im Programm** | **Bestand*** |
| **ST2** | | 1997–2003 | 581 |
| **ST4/ST4s/ST4s ABS** | | 1999–2005 | 1175 |
| **ST3/ST3s ABS** | | 2004–2008 | 375 |

Stand: KBA-Bestand 2012

3500 Euro. Allerdings werden bei diesem Modell auch für zehn Jahre alte Exemplare teilweise noch Preise um 5000 Euro aufgerufen. Ob das tatsächlich jemand bezahlt oder der Anbieter dadurch eher eine Standuhr heranzüchtet, bleibt dahingestellt. Mehr als 5000 Euro für eine sauber dastehende und vorbildlich werkstattgepflegte ST3s ABS (Baujahr 2006/2007) und nicht mehr als 25 000 Kilometern auf der Uhr gelten jedoch als angemessen – hier stimmt der Gegenwert. Allerdings ist dieses ST-Modell, vorsichtig ausgedrückt, sehr überschaubar im Bestand vertreten (kaum in dreistelliger Stückzahl) und dementsprechend nur selten im Angebot.

## MODELLPFLEGE

**1997** Markteinführung ST2, Zweiventiler, 944 cm³. Leistung: 83 PS. **Preis: 19 990 Mark (10 175 Euro).**

**1999** Modelleinführung ST4, Vierventiler (Motor entstammt der Ducati 916), Leistung: 105 PS. **Preis: 23 840 Mark (12 189 Euro);** Modellpflege ST2: neue Lichtmaschine, neuer Regler, modifizierter Lenker, leichtere Räder. **Preis: 20 340 Mark (10 400 Euro).**

**2001** Modell ST4s mit Vierventilmotor aus der Ducati 996. Leistung: 117 PS. **Preis: 24 643 Mark (12 600 Euro).** ST2 und ST4 bleiben unverändert im Programm, **Preise: 18 580 Mark (9500 Euro) bzw. 22 688 Mark (11 600 Euro).**

**2002** Ungeregelter Kat für alle ST-Modelle. **Preise ST2/ST4/ST4s: 9600/11 700/12 700 Euro.**

**2003** G-Kat für alle ST-Modelle. ST4s optional mit ABS (Aufpreis: 1000 Euro). **Preise ST2/ST4/ST4s: 9900/12 000/13 000 Euro.**

**2004** Die Modelle ST2 und ST4 werden aus dem Programm genommen. Modelleinführung der ST3 mit komplett neu konstruiertem Dreiventilmotor, 992 cm³. Leistung: 102 PS. Modellpflege ST4s (ABS weiterhin gegen 1000 Euro Aufpreis optional erhältlich): modifizierte Verkleidung und Sitzbank, neuer Scheinwerfer. **Preise ST3/ST4s: 10 995/12 995 Euro.**

**2006** ST4s nicht mehr im Programm, ST3s ABS mit Showa-Gabel und Öhlins-Federbein. Leistung: 107 PS. **Preis: 12 695 Euro.**

**2007** Letztes Baujahr ST3s, damit endet die ST-Reihe. **Preis: 13 280 Euro.**

Ducati im Tourenmodus? Mit der ST2 lässt es sich auch wunderbar brutzeln

# DUCATI ST4

**Die Vier hinter „ST" steht für vier Ventile – der 105 PS starke Motor entstammt dem Kultsportler Ducati 916**

## IM DETAIL

**Die Stärkste in der ST-Reihe: ST4s mit 996er-Vierventiler und satten 120 PS**

**Dominant: der Drehzahlmesser – die sportlichen Wurzeln der Reisemaschine sind unverkennbar. Für Tourenfahrer ist die digitale Infoanzeige mit Uhr und Benzinstandsanzeige sehr dienlich**

### Internet

Gebrauchtangebote:
http://markt.motorradonline.de/bike94.htm für ST4,
http://markt.motorradonline.de/bike91.htm für ST4s

# DUCATI ST3

**Die Drei kommt nach der Vier – etwas verwirrende Modellhistorie. Die Dreiventiler ist die jüngste ST**

**Ist in der Sporttouring-Szene ein Underdog – und deshalb ein heißer Tipp: ST3s**

**Schöne neue (Cockpit-)Welt bei der modernsten Schwester der ST-Familie: umfangreiche Instrumentierung mit augenfälligen Anzeigen wie etwa zu Durchschnittstempo und Benzinvorrat**

### Internet

Gebrauchtangebote: http://markt.motorradonline.de/bike1519.htm für ST3, http://markt.motorradonline.de/bike2466.htm für ST3s

## DATEN UND MESSWERTE

2003 ist für die ST4s erstmals in der Baureihe ein ABS optional erhältlich. Die Bremsen beißen hart zu, superprima! Der Bremsassistent regelt jedoch erst sehr spät – eher ein Notfallschirm

Das Herzstück: Der 90-Grad-V2 der ST4s mit 50-Millimeter-Einspritzung gefällt durch kernige Fahrleistungen, gibt sich im Drehzahlkeller aber holprig

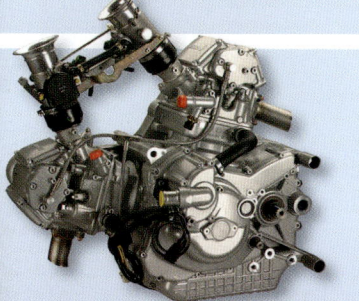

Weniger Ventile, Hubraum und Leistung – der kultivierte Dreiventil-Motor ist trotzdem ein Gedicht, weil er frei ausdreht und mit Durchzugsstärke glänzt

Richtig gut: ST3s ab 2006 mit voll einstellbarem Fahrwerk und feinfühligem Öhlins-Federbein. Während die Vorgängerin ST3 hier schwächelte, bietet die S-Version reichlich Komfort und Reserven

| | Ducati ST2 (Modell 1997) | Ducati ST4s ABS (Modell 2002) | Ducati ST3 S ABS (Modell 2006) |
|---|---|---|---|
| **MOTOR** | | | |
| Bauart | Wassergekühlter Zweizylinder-Viertakt-90-Grad-V-Motor | Wassergekühlter Zweizylinder-Viertakt-90-Grad-V-Motor | Wassergekühlter Zweizylinder-Viertakt-90-Grad-V-Motor |
| Vergaser/Einspritzung | Einspritzung, Ø k. A. | Einspritzung, Ø 50 mm | Einspritzung, Ø 50 mm |
| Kupplung | Mehrscheiben-Ölbadkupplung (hydraulisch) | Mehrscheiben-Ölbadkupplung (hydraulisch) | Mehrscheiben-Ölbadkupplung (hydraulisch) |
| Bohrung x Hub | 94 x 68 mm | 98 x 66 mm | 94 x 71,5 mm |
| Hubraum | 944 cm³ | 996 cm³ | 992 cm³ |
| Leistung | 61 kW (83 PS) bei 8500/min | 88 kW (120 PS) bei 8800/min | 78,8 kW (107 PS) bei 8750/min |
| Drehmoment | 70 Nm bei 7200/min | 98 Nm bei 7000/min | 98 Nm bei 7250/min |
| **FAHRWERK** | | | |
| Rahmen | Gitterrohrrahmen aus Stahl | Gitterrohrrahmen aus Stahl | Gitterrohrrahmen aus Stahl |
| Gabel | Upside-down-Gabel, Ø 43 mm | Upside-down-Gabel, Ø 43 mm | Upside-down-Gabel, Ø 43 mm |
| Bremsen vorne/hinten | Ø 320/245 mm | Ø 320/245 mm | Ø 320/245 mm |
| Assistenzsysteme | kein System | ABS | ABS |
| Räder | 3.50 x 17; 5.50 x 17 | 3.50 x 17; 5.50 x 17 | 3.50 x 17; 5.50 x 17 |
| Reifen | 120/70 ZR 17; 170/60 ZR 17 | 120/70 ZR 17; 180/55 ZR 17 | 120/70 ZR 17; 180/55 ZR 17 |
| **MAßE + GEWICHTE** | | | |
| Radstand | 1430 mm | 1430 mm | 1430 mm |
| Lenkkopfwinkel | 66 Grad | 66 Grad | 66 Grad |
| Nachlauf | 102 mm | 102 mm | 102 mm |
| Federweg vorne/hinten | 130/148 mm | 130/148 mm | 130/148 mm |
| Sitzhöhe* | 830 mm | 820 mm | 815 mm |
| Gewicht vollgetankt* | 230 kg | 234 kg | 235 kg |
| Zuladung* | 190 kg | 185 kg | 185 kg |
| Tankinhalt/Reserve | 23/4 Liter | 21/6 Liter | 21/6 Liter |
| **MOTORRAD-MESSWERTE** | | | |
| Höchstgeschwindigkeit | 223 km/h | 245 km/h** | 230 km/h** |
| Beschleunigung 0–100 km/h | 3,6 sek | 3,0 sek | 3,6 sek |
| Durchzug 60–100 km/h | 5,8 sek | 4,8 sek | 3,9 sek |
| Verbrauch Landstraße | 5,3 Liter | 5,4 Liter | 6,4 Liter |

*MOTORRAD-Messungen; **Herstellerangabe

Logisch, in mediterranen Gefilden fühlt sich die tourensportliche Ducati ST am besten an

# GEBRAUCHT-BERATUNG

# DUCATI 999

**Auf die Stil-Ikonen der 916-Reihe folgte bei Ducati im Jahr 2003 der Stilbruch. Doch die 999 eckte nur mit ihrem Aussehen an. In Sachen Performance hatte sie die Nase vorn. Wie schlägt sich das Superbike als Gebrauchte?**

Von Jörg Lohse, Fotos: Ducati, fact, Gargolov, jkuenstle.de

**G**roße Geschwister sind gemein. Die Weisheit aus dem prallen Familienalltag ist ohne weiteres auf das Motorradleben übertragbar. Nehmen wir beispielsweise die 999, die ihr kurzes Modellleben lang stets im Schatten des Jahrhundertentwurfs der 916-Reihe dahinvegetieren musste. Obwohl die Neuheit des Jahres 2003 mit ihrer umstrittenen Verpackung rational betrachtet vieles besser kann: Schon beim ersten Kontakt bietet sie dem Piloten das bessere Ergonomiepaket inklusive zahlreicher Einstellmöglichkeiten – von den Rasten über die Hebelei bis hin zur Tank-Sitzbank-Kombi bei der einsitzigen Monoposto-Variante. Auch antriebstechnisch steckt die 999 die Vorgängerin in den Sack. Obwohl der Testastretta-Motor mit den markanten, schmalen Zylinderköpfen bereits in der 998 pochte: Dank modifizierter Airbox und ausgefeilter Krümmergestaltung mit unterschiedlichen Rohrquerschnitten bringt die 999 spürbar mehr Drehfreude und weniger Lastwechsel mit. Das Ganze eingebettet in ein Fahrwerk, mit dem in Sachen Balance und Handlichkeit förmlich Kreise um die sturen Vorgängerinnen gefahren werden können. Auch in puncto Wirtschaftlichkeit kann sich die 999 sehen lassen. Dank des rationelleren Aufbaus – die 999 kommt mit rund einem Drittel weniger Teilen aus – sinkt auch der Wartungsaufwand beträchtlich: Bei Inspektionen ist dank geringerer Rüstzeiten ein Drittel Zeitersparnis gegenüber der 916-Reihe drin.

**High-Tech-Skulptur: Doch gestrippt ist der Testastretta-Motor kaum noch auszumachen**

**Tests in MOTORRA**
19/2002 (TT), 20/2002 (VT), 23/2002 (VT), 7/2003 (V⁻
9/2003 (KV), 24/2004 (TT), 26/2004 (LT, Zubehör), 8/2005 (VT), 26/2005 (V
TT=Top-Test, VT=Vergleichstest, KV=Konzeptvergleich, LT=Langstreckente
Nachbestellungen unter Telefon 0711/182-12

## Details

**Design oder nicht sein:** Ducati-Designer Pierre Terblanche machte bei der 999 selbst vor so profanen Teilen wie dem Seitenständer nicht Halt

**Sieht groß aus, fasst aber weniger als die Vorgänger-Reihe:** 15,5-Liter-Tank der 999. Kommt nun aber ergonomischen Ansprüchen mehr entgegen

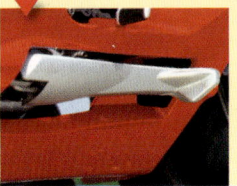

**Schwester Olga, Digitalis bitte:** In der 999 feiert die CAN-Bus-Technik Premiere. Weniger Kabelsalat heißt auch: drei Kilo weniger Gewicht

**Form folgt Funktion:** Fans trauerten zwar der Einarmschwinge der 916-Reihe nach, doch konstruktiv ist die Zweiarmschwinge eine bessere Lösung

**Biposto auf verlorenem Posten.** Nicht nur, dass keine/r gern überm schmucklose Auspuff Platz nimm Auch der Fahrersitz so nicht verstellbar

## Besichtigung

Bei Ducati-Spezialisten gilt **die 999 als sehr zuverlässig. Was aber nicht heißt,** dass man das Superbike mit Testastretta-Motor blind kaufen kann. Die auch im MOTORRAD-Dauertest bemängelten Elektronikprobleme sind mittlerweile so gut wie beseitigt. Wichtig ist, dass bei den betroffenen 999ern des Modelljahres 2003 die zweiteiligen Spulenstecker gegen solche mit angegossenem Zündkabel ausgetauscht sind. Damit sind auch Folgeschäden am Steuergerät so gut wie ausgeschlossen. Weiterhin droht der Elektro-GAU, wenn das Hauptstromrelais unterhalb der Batterie im Verkleidungskiel massiv Spritzwasser ausgesetzt ist. Umsichtige Werkstätten haben die Halterung entsprechend modifiziert. Am Rahmenheck sollte die Auspuffhalterung auf Spannungsrisse hin kontrolliert werden. Bei manchen 2003er und 2004er Modellen mit Öhlins-Fahrwerk (999 S, 999 R) können (unter anderem bei längerer Standzeit) die Gabelsimmerringe leckschlagen. Klassischer Prüfpunkt bei allen Ducatis: der regelmäßige Zahnriemenwechsel.

## Marktsituation

**Der Blick auf die Verkaufszahlen der 999** ist zunächst irreführend, denn das Angebot am Markt ist gemessen an der Verbreitung sehr hoch. Entsprechend können sich Interessenten gezielt das Wunschmodell herauspicken. Die älteren 2003er und 2004er Modelle sind dabei genauso empfehlenswert wie die modellgepflegte, stärker motorisierte 999 ab Baujahr 2005. Manche Händler bescheinigen den Testastretta-Köpfen in den Ur-999ern sogar eine ab Werk bessere Machart. Tipp: Lieber etwas mehr Geld in die Hand nehmen und nach einer top gepflegten 999 für 8000 Euro Ausschau halten. Dazu auf Wunschdetails (Mono-/Biposto, Rahmenfarbe, Bremse, Schwinge) achten. ▶ **Verfügbarkeit am Markt: hoch**

| Preisniveau in Euro | | Baujahre | Km-Stand |
|---|---|---|---|
| **Niedrig** | 6500–7900 | 2003/2004 | 20 000–30 000 |
| **Mittel** | 8000–9400 | 2004/2005 | 10 000–20 000 |
| **Hoch** | 9500–12 000 | 2005/2006 | unter 10 000 |
| **Typ** | | im Programm | Verkäufe |
| **999/S** | | 2003–2006 | 1065 |
| **999 R/Fila/Xerox** | | 2003–2006 | 240 |

## Daten  (Typ 999; Modelljahr 2003)

### MOTOR

Wassergekühler Zweizylinder-Viertakt-90-Grad-V-Motor, je zwei obenliegende, zahnriemengetriebene Nockenwellen, vier Ventile pro Zylinder, desmodromisch betätigt, Nasssumpfschmierung, Einspritzung, ungeregelter Katalysator, hydraulisch betätigte Mehrscheiben-Trockenkupplung, Sechsganggetriebe, O-Ring-Kette.

Bohrung x Hub      100 x 63,5 mm
Hubraum      998 cm³
**Nennleistung**
     **91 kW (124 PS) bei 9500/min**
**Max. Drehmoment**
     **102 Nm bei 8000/min**

### FAHRWERK

Gitterrohrrahmen aus Stahlrohr, Upsidedown-Gabel, komplett einstellbar, Zweiarmschwinge aus Aluminium, Zentralfederbein mit Hebelsystem, komplett einstellbar, Doppelscheibenbremse vorn, Scheibenbremse hinten.
Alu-Gussräder      3.50 x 17; 5.50 x 17
Reifen      120/70 ZR 17; 190/50 ZR 17

### MASSE+GEWICHTE

Radstand 1420 mm, Lenkkopfwinkel 66,5 Grad, Nachlauf 97 mm, Federweg v/h 127/130 mm, Sitzhöhe* 795 mm, Gewicht vollgetankt* 215 kg, Zuladung* 160 kg, Tankinhalt/Reserve 15,5/3 Liter.

### MESSUNGEN

(MOTORRAD 19/2002)
Höchstgeschwindigkeit      265 km/h
**Beschleunigung**
0–100 km/h      3,0 sek
**Durchzug**
60–140 km/h      8,9 sek
**Verbrauch Landstraße**
     5,4 l/100 km (Super)

*MOTORRAD-Messungen

### Internet

**Foren:** Virtuelle Ducati-Treffen für alle Modelle und Baujahre unter www.duc-forum.de oder www.diva-di-bologna.de

**Gebrauchtangebote:** Motorräder, Teile und Zubehör unter http://markt.motorradonline.de

## Modellhistorie

**2002** Präsentation der 999 mit Testastretta-Motor der Vorgängerin 998 auf der italienischen Motorradmesse EICMA. Neu dagegen die Abgasanlage mit U-Kat, Kabelbaum mit CAN-Bus-Technik, Zweiarm-Schwinge und radialer Brems- und Kupplungshandpumpe. 136 PS starke S-Version der 999 mit Öhlins-Fahrwerk, trichterförmiger Ölwanne und Titanpleuel. 999 R mit geändertem Bohrung-/Hub-Verhältnis und 139 PS Spitzenleistung als Homologationsfahrzeug für die Superbike-Weltmeisterschaft. Standard-999 und 999 S wahlweise als Ein- oder Zweisitzer erhältlich (Mono-/Biposto).

**Preise für das Modelljahr 2003: 16 995 Euro (999); 20 995 Euro (999 S); 30 000 Euro (999 R).**

**2004** Standlicht mit dunkler Streuscheibe. Preise unverändert.

**2005** Standard-999 mit überarbeitetem Motor aus der S plus Hinterradschwinge in Kastenform, schwarz eloxierte Auspuffabdeckung, Zahnriemenabdeckung mit Kühlluftkanal, Überarbeitung von Verkleidung, Kotflügel, Rückspiegeln. S-Version mit radial verschraubten Bremssätteln. **Preise: 17 045 Euro (999); 21 045 Euro (999 S); 30 050 Euro (999 R).**

005 (vorn) folgt äußerlich ein behutsames Update. Deutlich ulminater geht der neue, nun 140 PS starke Motor zur Sache

# HARLEY-DAVIDSON
# SPORTSTER

**Na los, machen Sie es endlich: Kaufen Sie sich Ihre erste Harley! Das Sportster-Angebot ist üppig, die Preise sind moderat. Und vergessen Sie das Frauen-motorrad-Gerede.**

Von Klaus Herder; Fotos: fact, Gargolov, Hartmann (2), Krause/Johanson, Künstle, Sdun

**W**elche Harley macht ihrem Besitzer am meisten Spaß? Klare Antwort: immer die allererste. Gebraucht- oder Neukauf, Sportster oder Big Twin – egal, dieses ganz breite Grinsen, dieses Endlich-habe-ich-eine-Gefühl gibt's nur bei der Premiere. Die muss kein Wunschtraum bleiben, denn nie war das Angebot an hochwertigen Secondhand-Harleys besser und günstiger als heute. Über 20 Jahre fetter Neugeschäfte mit hohen Zulassungszahlen wirken sich jetzt verbraucherfreundlich aus. Die in ihrer Urform bereits 1957 präsentierte Sportster ist traditionell die Einstiegs-Harley. Bis 1985 war die ursprünglich als Konkurrenz zu englischen Sportmaschinen gedachte „Sporty" eher ein Fall für tolerante Liebhaber mit Schrauberkenntnissen. Als dann aber der alte Shovelhead-Graugussmotor von dem mit Leichtmetall-Zylindern und -köpfen bestückten Evolution-Twin (kurz „Evo") abgelöst wurde, gewann das US-amerikanische Urviech jede Menge Alltagstauglichkeit. Mit Ausnahme eines kurzen 1100er-Gastspiels gab's die für Gebrauchtkäufer interessante Evo-Sporty immer in zwei Hubraumvarianten: als 883er und als 1200er. Die kleine Sportster ist ein Fall für eher ruhigere Charaktere und/oder Chopper-Fans. Die Modelle Hugger, XL 53 C oder 883 Custom tragen dem Rechnung. Die 1200er wird ihrem Namen schon eher ge-

recht – zumindest unter dem Maßstab, der 1957 als sportlich galt. Den Harleys so gern zugestandenen Antritt aus den Tiefen des Drehzahlkellers gibt's nur bei der 1200er. Bis einschließlich 2003 war die Sportster (für Harley-Verhältnisse) ein echtes Leichtgewicht, das beim munteren Landstraßenschwingen mehr Spaß macht als so mancher Big Twin. Besonders als XL 1200 R ist die Sporty alles andere als ein Frauen-Motorrad.

**Die erste Evo 883: Viergang-getriebe und Einfachstkette, dafür leichter als alle Nachfolgerinnen**

## Modellpflege

**1985** Markteinführung Sportster 883, Grundpreis 13 630 Mark (6969 Euro).

**1986** Markteinführung Sportster 1100, Grundpreis 16 670 Mark (8523 Euro).

**883 Hugger**

**1987** Die Sportster 1200 löst die 1100er ab, Grundpreis 15 215 Mark (7779 Euro);

Markteinführung 883 Hugger; Stoßdämpfer und Schwinge verlängert, stärkere Gabelstandrohre mit Chromkappen, neuer Vergaser.

**1991** Zahnriemenantrieb für XL 1200 und Deluxe; Motor und Getriebe überarbeitet; alle Modelle mit Fünf- statt Viergangetriebe.

**1992** Neue Bremsen und Bremsscheiben; verbessertes Lackierverfahren für Klarlack; Zündschloss bei der 1200er verlegt; Standard und Hugger mit O-Ringstatt Einfachkette; Hugger mit niedrigerer Sitzhöhe; neuer Sitz und Buckhorn-Lenker für Deluxe-Modelle.

**1993** Zahnriemenantrieb bei allen Sportstern.

**1994** Kabelbaum und Rahmenheck überarbeitet; Zündschloss und Primärdeckel neu; Fender gummigelagert.

**1995** Elektronischer Tacho.

**1996** Markteinführung XL 1200 C (Custom) und XL 1200 S (Sport); Lenkerarmaturen überarbeitet; 12,3-Liter-Tank für 1200er.

**XL 1200 Sport**

**1998** Neue Ölpumpe; Elektrik teilweise neu verlegt; neue Zündung; neuer elektronischer Tacho für XLH 883; grundlegende Überarbeitung XL 1200 S: neue Sitzbank; überarbeiteter Motor (Nockenwellen, Zylinderköpfe), neue Zündung.

**1999** Custom 53 und 1200 Custom mit schmalerem Dragbar-Lenker und vorverlegten Fußrasten; Tacho modifiziert.

**Custom 53**

## Besichtigung

Je jünger, desto besser: Die Sportster-Historie ist prall gefüllt mit mehr oder weniger umfangreichen Modellpflegemaßnahmen, die die Maschine technisch von Jahr zu Jahr besser machten. Interessenten, denen das Kampfgewicht selbst bei einer Harley über alles geht, sollten sich aber nach einem vor dem Spätsommer 2003 gebauten Exemplar umschauen. Das Modelljahr 2004 brachte zwar jede Menge sinnvoller technischer Verbesserungen, aber leider auch 30 Kilogramm mehr auf den Rippen. Sportys sind meist Erst-Harleys und dienen ihren noch unerfahrenen Besitzern oft als **Experimentierfeld für Umbauten.** Am schlimmsten sind Tuning-Maßnahmen von Hinterhof-Schraubern oder in Eigenleistung durchgeführte Aufrüstungen von 883 auf 1200 cm². Abgesehen von der oft lausigen Arbeitsqualität sind solche Aktionen vielfach auch nicht in die Papiere eingetragen – was sich spätestens bei der nächsten Hauptuntersuchung rächen wird. So langweilig es auch klingt: Als Gebrauchtkäufer greift man am besten zur Ersthand-Sportster im Originalzustand. Und baut dann selbst um.

## Marktsituation

**Die Zeiten, in den Harleys verteilt und nicht verkauft wurden, sind vorbei.** Ein Teil der Sportster-Käufer bekommt nach relativ kurzer Zeit Lust auf mehr – vor allem mehr Image in der Harley-Szene – und greift zum Big Twin. Das beschert dem Gebrauchtmarkt viele relativ junge Sportys mit bescheidener Kilometerleistung. Das Angebot übersteigt derzeit die Nachfrage. Da eine nagelneue Basis-883 schon für rund 8200 Euro zu bekommen ist, ist der Wertverlust für Harley-Verhältnisse in den ersten Jahren relativ hoch. Gute 1200er (für die die obige Preistabelle gilt) gibt's bereits ab 5000 Euro, Top-Exemplare ab 7000 Euro.

**Jüngste Generation: ab 2004 technisch viel besser, aber 30 Kilogramm schwerer**

| Preisniveau in Euro | | Baujahre | km-Stand |
|---|---|---|---|
| Niedrig | 3800–5000 | 1985–1995 | 30 000–60 000 |
| Mittel | 5000–7000 | 1996–2003 | 15 000–20 000 |
| Hoch | 7000–8500 | 2004–2011 | 5000–15 000 |

| Typ | im Programm | Verkäufe |
|---|---|---|
| XL2 (883/1200) | ab 1985 | ca. 26 000 |

▶ **Verfügbarkeit am Markt: hoch**

**Internet** Fansites: www.sportyforum.de; www.motor-talk.de

**Gebrauchtangebote:** http://markt.motorradonline.de/bike143.htm

### Tests in MOTORRAD

883: 22/85 (T), 26/86 (T), 8/92 (VT), 19/93 (VT), 1/94 (T), 14/96 (VT), 17/00 (VT), 10/01 (VT), 25/01 (VT), 5/03 (VT), 11/03 (VT), 16/10 (VT), 21/10 (FB); 1100: 7/86 (T), 19/87 (VT); 1200: 7/91 (T), 1/94 (T), 23/95 (T), 18/98 (LT), 20/03 (VT), 26/03 (T), 4/04 (VT), 3/07 (VT), 23/07 (T), 10/09 (T)

T=Test, VT=Vergleichstest, LT=Langstreckentest, FB=Fahrbericht; Nachbestellungen unter Telefon 07 11/182-12 29

### Daten (Typ XL2, Modell XL 1200 R, Modelljahr 2004)

**MOTOR**
Luftgekühlter Zweizylinder-Viertakt-45-Grad-V-Motor, vier untenliegende, zahnradgetriebene Nockenwellen, zwei Ventile pro Zylinder, Hydrostößel, Stoßstangen, Kipphebel, Trockensumpfschmierung, Gleichdruckvergaser, Ø 40 mm, keine Abgasreinigung, Mehrscheiben-Ölbadkupplung, Fünfganggetriebe, Zahnriemen.
Bohrung x Hub      88,8 x 96,8 mm
Hubraum      1199 cm³
**Nennleistung**
     49 kW (67 PS) bei 5900/min
**Max. Drehmoment**
     93 Nm bei 3300/min

**FAHRWERK**
Doppelschleifenrahmen aus Stahlrohr, Telegabel, Ø 39 mm, Zweiarmschwinge aus Stahlprofilen, zwei Federbeine, verstellbare Federbasis, Scheibenbremse vorn, Ø 292 mm, Doppelkolbensättel, Scheibenbremse hinten, Ø 292 mm, Einkolbensattel.
Alu-Gussräder      2.15 x 19; 3.00 x 16
Reifen      100/90 H 19; 150/80 HB 16

**MASSE + GEWICHTE**
Federweg v/h 141/104 mm, Sitzhöhe* 750 mm, Gewicht vollgetankt* 267 kg, Tankinhalt 12,9 Liter.

**MESSUNGEN**
(MOTORRAD 26/2003)
**Höchstgeschwindigkeit****    190 km/h
**Beschleunigung**
0–100 km/h      5,0 sek
**Durchzug**
60–140 km/h      12,6 sek
**Verbrauch**      5,4 l/100 km, Super

*MOTORRAD-Messungen; **Herstellerangabe

### XL 883 R

**2000** Neue Festsattel-Scheibenbremsen für Vorder- und Hinterrad; neue gekapselte Radlager; neue wartungsfreie Batterie; größerer Tank für XL 53 C und XL 1200 C.

**2001** Alle Modelle ab Werk mit Harley-Davidson-Reifen (Dunlop); 883er mit modifiziertem Ansaugtrakt und mehr Leistung (53 PS); Nockenwellen-Zahnräder überarbeitet; Ölpumpe und Schmiersystem modifiziert; 1200er mit optimierten Zylinderlaufbuchsen.

**2002** Neue Bullet-Style-Blinker; neuer Benzinhahn; Markteinführung XL 883 R; 883 Hugger mit niedrigerer Sitzhöhe und überarbeiteten Federelementen.

**2003** Alle Modelle mit 100-Jahre-Logos.
**2004** Markteinführung der neuen Sportster-Baureihe; Motor komplett überarbeitet und mit mehr Leistung (54/67 PS); neues Schmiersystem; Zündung und Auspuffanlage überarbeitet; leichtgängigere Kupplung; neuer Rahmen; neues Bremssystem; 150er- statt 130er-Hinterradreifen; Wegfahrsperre und Alarmanlage serienmäßig; Custom-Modelle mit 17-Liter-Tank; Lenker und Fußrasten teilweise neu positioniert; dünnere Griffe; Service-Intervalle auf 8000 km verlängert.

**2005** Klarglas-Scheinwerfer; bessere Verchromung der Speichenräder; steifere Hinterradschwinge mit stärkerer Achse.

**2006** Getriebe, Kupplung und Bremslichtschalter neu; längerer Seitenständer für 883, 883 R und 1200 R; modifizierte Wegfahrsperre.

**2007** Einspritzanlage statt Vergaser; neue Alarmanlage; Kupplung und Bremse leichtgängiger; neue Instrumente, neue Motorabstimmung und neue Nockenwellen für die XL 883.

**2008** XL 1200 Nightster; Seitenständer-Schalter statt Einklapp-Sicherung; verbesserte Kopfdichtungen; 1200 Roadster mit 17- statt 12,5-Liter-Tank.

**2009** Rahmen bei allen Sportstern verstärkt; Fahrwerk überarbeitet (außer 883 Low und 1200 Nightster); Frontfender, Kupplungszug, Schaltmechanismus, Krümmerdichtungen, Batteriehalterung und linker Seitendeckel geändert; neues Scheiben-Hinterrad für Custom-Modelle.

**2013** Neu: Modell Seventy-Two. Preis: ab 10 795 Euro.

# HARLEY-DAVIDSON
# DYNA STREET BOB

**Der Einstieg in Harley-Davidsons Big Twin-Welt fiel ab Ende 2005 deutlich leichter. Das vermeintliche Sparmodell wurde zum absoluten Bestseller.**

Von Klaus Herder; Fotos: Harley-Davidson (1), Gargolov

**D**er Ami an sich liebt Charity. Doch um selbstlose Wohltätigkeit geht es dabei nur selten. Politische Einflussnahme oder die Steigerung des sozialen Status dürften meist die wahren Beweggründe sein. So waren es 2005 wohl auch eher clevere Marketing-Überlegungen als reine Menschenfreude, die den Langgabler-Freunden die Street Bob bescherten. Die volle Big Twin-Packung für unter 13 Mille und damit über 1000 Euro günstiger als eine Super Glide – das musste ein Schnäppchen sein. Zumindest brachte es viele potenzielle Harley-Fans, denen eine Sportster zu popelig, ein nagel-neuer Big Twin bisher aber zu teuer war, dazu, den Harley-Dealer zu besuchen. Alt-Rocker mit gut abgehangenen Evos und auch die klassischen Ich-fahre-Intruder-will-aber-irgenwann-eine-Harley-Biker strömten ebenfalls in die Shops. Die japanischen Anbieter spielten Harley parallel dazu prächtig in die Hände, denn die Fernostware zog währungsbedingt im Preis mächtig an und lag auf Harley-Niveau. Die Street Bob geriet damit zur bestverkauften Harley-Davidson. Was es bei jedem anderen Hersteller als ziemlich nacktes Spar-modell eher schwer gehabt hätte, verkaufte sich mit dem „puristischen Chopper-Look" (O-Ton Harley) wie geschnitten Brot. Den extrem tiefen Solositz, den halbhohen, ultracoolen Apehanger-Lenker und die gereckte Gabel gab es serien-mäßig. Den kernig bollernden und amtlich durchziehenden Twin Cam 88-Motor (TC88 = zwei Nockenwellen, 88 Cubic Inch Hubraum) ebenfalls. Der Rest kam extra, und fast jeder Street Bob-Kunde orderte auch brav vorverlegte Rasten (mit Montage knapp 800 Euro), Zubehör-Auspuff (ab 1000 Euro) und Soziusplatz (kom-plett um 350 Euro). Womit dann wieder „normale" Preisregionen erreicht waren.

**Internet**

**Fansites:** www.street-bob-forum.de; tc-rider.de; www.motor-talk.de/forum/harley-davidson-b34.html

**Gebrauchtangebote:**
http://markt.motorradonline.de/bike2232.htm

Ab dem Modelljahr 2009 verzichten Heckpartie und Auspuffanlage auf einige Zentimeter Metall

## Details

**TC88 (Modelljahr 2006) und TC96 (ab 2007) sahen sich anfangs sehr ähnlich. Die Luft-filtergehäuse-Beschrif-tung verrät aber, dass hier ein 96er werkelt**

Das Luftfilter-Gehäuse im „Teardrop-Design" gibt es ab dem Modell-jahr 2008, die zinnfar-bene Motorbeschich-tung ab Jahrgang 2009

Die Street Bob-Instr mentierung ist nicht übermäßig üppig und bis einschließlic Modelljahr 2008 mit einem dunklen Zifferblatt bestückt

## Besichtigung

Neue Motorengeneration, kräftig überarbeitetes Design, diverse Modellpflegemaßnahmen – das alles wäre bei jedem anderen Fabrikat Grund genug, bei den Besichtigungs-Tipps zwischen den Baujahren deutlich zu unterscheiden. Nicht so bei der Street Bob: TC88, TC96, altes Design, neue Form – total egal (erstaunlicherweise auch bei der Preisgestaltung), wenn der Allgemeinzustand stimmt und die meist vorhandenen Umbauten fachgerecht durchgeführt und korrekt eingetragen sind. **Die Zuverläs-** **sigkeit der Serientechnik war von Anfang an sehr gut.** Probleme kann es eigentlich nur dann geben, wenn sich (unerfahrene) Umbauer in der bunten Tuning-Welt verzetteln. Dann passen z. B. „Power Commander" und Zubehör-Auspuff nicht recht zusammen und die Fuhre läuft nicht richtig. Da Dyna-Besitzer aber traditionell deutlich weniger basteln als Softail-Eigner, hält sich die Gefahr, eine Baustelle zu erwischen, in Grenzen. Angeschliffene Fußrasten und beschlagene Instrumente sind schon die Mängel-Highlights.

## Marktsituation

**Das vermeintliche Sparmodell** entpuppt sich als Kapitalanlage. Hatten der Importeur und viele seiner Händler anfangs noch Sorge, dass der Discount-Big Twin das Preisniveau auf Dauer drücken könnte, ist genau das Gegenteil eingetreten: Die Street Bob ist extrem preisstabil. Unter 10000 Euro gibt es nur verwohnte Bastelbuden und/oder „US-Direktimporte" mit nicht immer ganz geklärter Historie. Mit viel Glück ist im vierstelligen Euro-Bereich zum Saison-Ende auch ein „Notverkauf" von privat zu bekommen, wenn schnelles Bargeld gefragt ist. Zwischen 10000 und 12000 Euro spielt sich das typische Gebrauchtgeschäft ab. Dafür gibt es beim Händler solide Ware, meist mit den klassischen drei Umbauten (Rasten, Auspuff, Soziussitz) und oft auch mit Garantie. Neue Vorjahresmodelle sind ab 13000 Euro zu bekommen, im Bereich des Listenpreises und darüber sind die – bei der Street Bob eher seltenen – (Extrem-)Umbauten angesiedelt. ▶ **Verfügbarkeit am Markt: mittelhoch**

| Preisniveau in Euro | Baujahre | km-Stand |
|---|---|---|
| **Niedrig 9000–10000** | 2005–2007 | 10000–30000 |
| **Mittel 10000–12000** | 2005–2008 | 5000–15000 |
| **Hoch 12000–20000** | 2007–2011 | 0–10000 |
| **Typ** | **im Programm** | **Verkäufe** |
| FXDB | ab 2005 | ca. 6500 |

## Daten   (Typ FXDB; Modelljahr 2007)

### MOTOR

Luftgekühlter Zweizylinder-Viertakt-45-Grad-V-Motor, zwei untenliegende, kettengetriebene Nockenwellen, zwei Ventile pro Zylinder, Hydrostößel, Stoßstangen, Kipphebel, Trockensumpfschmierung, Einspritzung, ungeregelter Katalysator, mechanisch betätigte Mehrscheiben-Ölbadkupplung, Sechsganggetriebe, Zahnriemen.
Bohrung x Hub        95,3 x 111,1 mm
Hubraum                        1584 cm³
**Nennleistung**
**56 kW (76 PS) bei 5350/min**
**Max. Drehmoment**
**123 Nm bei 3125/min**

### FAHRWERK

Doppelschleifenrahmen aus Stahlrohr, Telegabel, Ø 49 mm, Zweiarmschwinge aus Stahlprofilen, zwei Federbeine, verstellbare Federbasis, Scheibenbremse vorn, Ø 300 mm, Vierkolben-Festsattel, Scheibenbremse hinten, Ø 292 mm. Drahtspeichenräder  2.15 x 19; 4.50 x 17
Reifen         100/90-19; 160/70-17

### MASSE + GEWICHTE

Radstand 1630 mm, Lenkkopfwinkel 61 Grad, Nachlauf 119 mm, Federweg v/h 127/79 mm, Sitzhöhe* 700 mm, Gewicht vollgetankt* 301 kg, Zuladung* 191 kg, Tankinhalt/Reserve 17,8/3,4 Liter.

### MESSUNGEN

(MOTORRAD 10/2007)
Höchstgeschwindigkeit**            190 km/h
**Beschleunigung**
0–100 km/h                              5,1 sek
**Durchzug**
60–140 km/h                          13,3 sek
**Verbrauch**   5,3 l/100 km (Landstraße)

*MOTORRAD-Messungen; **Herstellerangabe

**Tests in MOTORRAD**
22/2005 (KV), 10/2007 (VT), 17/2009 (VT), 23/2009 (VT)

KV=Kurzvorstellung, VT=Vergleichstest
Nachbestellungen unter Telefon 0711/182-1229

## Modellpflege

...b Modell 2009 infor-...iert ein silberner ...acho mit Restreich-...eiten-Anzeige. Das ...a links ist übrigens ...ein Tankdeckel, son-...ern die Tankanzeige

**2005** Markteinführung im Spätsommer (Modelljahr 2006) mit TC88-Motor (1449 cm³, 73 PS, 106 Nm). **Preis: 12865 Euro**
**2006** Modelljahr 2007: TC96-Motor (1584 cm³, 76 PS, 123 Nm); Smart Security System (Wegfahrsperre und Alarmanlage) serienmäßig; verbesserte Steckverbindungen; Zahnriemen schmaler und reißfester; Instrumentierung um Zeituhr und zweifachen Tages-km-Zähler erweitert; hintere Fenderhalter aus VA-Stahl; Anlass-Sicherung bei eingelegtem Gang. **Preis: 12995 Euro; Zulassungen in D: 481 Stück.**
**2007** Modelljahr 2008: neue Bremsen (Vierkolben-Festsattel vorn, Zweikolben-Schwimmsattel hinten), stahlummantelte Bremsleitungen, neuer Handbremshebel; Radlager und Achsen verbessert; Luftfilter im Teardrop-Design; neue Gabelbrücken; Heck überarbeitet (obere Federbeinbefestigung, Fenderhalter), Einsatz breiterer Räder und Reifen dadurch erleichtert; neuer Seitenständer-Schalter; Tank 18,2 statt 17,8 Liter. **Zulassungen in D: 1291 Stück.**
**2008** Modelljahr 2009: Einführung eines „Temperatur-Management-Systems" gegen extreme thermische Belastungen (z. B. im Stau); grundlegend überarbeitetes Design: kürzere Schalldämpfer, schwarze Felgen, tieferer Sitz, gekürzter Heckfender mit Retro-Rücklicht, schwarze Zylinder, zinnfarbene Motorbeschichtung, Kabel im Lenker verlegt.
**Zulassungen in D: 966 Stück.**
**2009** Modelljahr 2010: optimiertes Getriebe (5. Gang schrägverzahnt); Dichtigkeit und Haltbarkeit der Auspuffanlage verbessert; neue Michelin-Reifen; schwarz beschichteter Motor. **Zulassungen in D: 949 Stück.**
**2010** Modelljahr 2011: Lichtmaschine, Nockenwellen- und Kurbelwellenlagerung sowie Einspritzung überarbeitet; neue Pleuel. **Preis: 13295 Euro; Zulassungen in D: ca. 800 Stück.**
**Rückrufe**
Juni 2006: Neutral-Leuchte; November 2006: Batteriehalterung; Februar 2007: Vorderreifen; Dezember 2008: Tank-Entlüftung, Seitenständer.

# HARLEY-DAVIDSON
# STREET GLIDE

**Sie bietet weniger Chrom, weniger Federweg und weniger Windschutz als ihre Tourer-Schwestern. Und trotzdem – oder gerade deshalb – ist sie die cheffigste aller Harleys.**

Von Klaus Herder; Fotos: Archiv, Harley-Davidson, Markus Jahn

**D**ie ganz bösen unter den vermeintlich bösen Buben fahren nicht etwa Chopper. Das Präsi-Gerät schlechthin ist seit geraumer Zeit die Street Glide. Am besten in Schwarz. Mattschwarz! Wer als MC-Vorsitzender tatsächlich noch auf den eigenen zwei Rädern zum Treffen fährt, weiß den Komfort eines „Dressers" zu schätzen: Koffer, Verkleidung, bequemer Fahrersitz, Trittbretter, Schaltwippe, großer Tank und Bordbeschallung via Audio-System – die Mitte 2005 als 2006er-Modell vorgestellte FLHXI (die seit 2007 nur noch FLHX heißt) bietet all das, was Kilometerfresser mögen. Doch das ohne den leicht spießigen Stallgeruch der übrigen Harley-Tourer, denn der „frische Custom-Style mit einem leichten, minimalistischen Ansatz" (O-Ton der ersten Presse-Info) sorgt dafür, dass sich der etwas übergewichtige, seit 35 Jahren verheiratete, gern mit Ehegespons verreisende und auch schon länger in der Harley Owners Group aktive Endfuffziger eher nicht für die Street Glide entscheidet.

Es sind aber nicht nur die in MC-Führungspositionen tätigen Kuttenträger, die zum Flacheisen greifen, das dank gekürzter Federwege am Heck etwas nach einem zum Sprung bereiten Deutschen Schäferhund aussieht. Der typische Street-Glide-Kunde ist rund zehn Jahre jünger als die übrige Tourer-Kundschaft (also Mitte bis Ende 40), hat viele Jahre Harley-Erfahrung auf Dyna und/oder Softail und fährt lieber solo als mit Mutti hintendrauf. Als Gebrauchtkäufer ist es ihm eigentlich ziemlich egal, welcher der drei Twin-Cam-Motoren (siehe unten) im Objekt seiner Begierde Dienst tut – sie funktionieren alle prächtig.

Besonders technikaffine Käufer achten womöglich aufs spürbar verbesserte Fahrwerk (ab Modelljahr 2009) oder liebäugeln mit dem sehr empfehlenswerten ABS (ab 2008/2009). Wer auf einen besonders cleanen Look ab Werk steht, kauft ab dem 2010er-Modell richtig. Doch eigentlich ist das Street-Glide-Baujahr beim Gebrauchtkauf total egal – megacool sind sie alle!

**Tests in MOTORRAD**
22/2005 (V), 26/2010 (VT), 23/2011 (VT), 02/2012 (T)
V = Vorstellung, T = Test, VT = Vergleichstest;
Nachbestellungen unter Telefon 07 11/1 82-12 29,
Artikel-Download unter www.motorradonline.de/downloads

## IM DETAIL

### Twin Cam 88

Nur im Modelljahr 2006: 1449 cm³, 71 PS bei 5450/min, max. 109 Nm bei 3400/min, Fünfganggetriebe – das bringt die 345 kg Leergewicht auf maximal 170 km/h

### Twin Cam 96

Modelljahr 2007 bis 2010: 1584 cm³, 78 PS bei 5450/min, max. 123 Nm bei 3400/min, Sechsganggetriebe; ab 2008 mit 82 PS bei 5200/min und max. 129 Nm bei 3500/min

### Twin Cam 103

Seit Modelljahr 2011: 1690 cm³, 84 PS bei 5010/min, max. 134 Nm bei 3500/min, Sechsganggetriebe – damit schaffen die mittlerweile 368 kg Leergewicht maximal 175 km/h

**Wie Sie sehen, sehen Sie nichts:** Das ab 2008 optionale und ab 2009 serienmäßige ABS versteckt seinen Sensor sehr gekonnt

**Volles Programm:** Zwischen Spiegeln und Instrumenten stecken die Lautsprecher der serienmäßigen Audio-Anlage von Harman/Kardon

## BESICHTIGUNG

In der MOTORRAD-Dauertest-Bestenliste steht die eng verwandte Road King immer noch ganz oben. Womit sich Fragen zur Zuverlässigkeit erübrigen. Den Harley-Werkstätten kommen schlimmstenfalls streikende Audio-Anlagen unter die Finger. Und das auch nur sehr selten. Trotzdem sollte eine Besichtigung nicht ganz blind erfolgen, denn FLHX-Eigner bauen häufiger um als die Tourer-Verwandtschaft. Serienmäßige Auspuffanlagen gibt's in der Praxis so gut wie gar nicht, die Favoriten kommen von Kess-Tech, Jekill & Hyde oder Remus. Hochlenker („Apehanger") im 35er- oder 45er-Format werden ebenfalls gern genommen, und 21-Zoll-Vorderräder gehören auch zu den Umbau-Favoriten. Ebenfalls beliebt: Leistungssteigerungen. Mit dem Super Tuner von Harley oder dem Power Commander gibt's kaum Ärger, der Rest läuft bei Kennern unter „na ja". In jedem Fall wichtig: auf Eintragung bzw. Papiere achten! Besser als die Dunlop-Originalgummis: Metzeler oder Pirelli.

## MARKTSITUATION

Wer in den einschlägigen Internet-Verkaufsbörsen eine Street Glide sucht, wird sich womöglich etwas verwundert die Augen reiben: Da tauchen Modelle aus den späten 1990er und frühen 2000er-Jahren auf. Wie denn das? Einfache Erklärung: Klon-Alarm! Die Beliebtheit der echten Street Glide machen sich einige Bastler zunutze und trimmen normale E-Glides oder andere verwandte Tourer-Modelle auf FLHX. Merke: Das „Original" wurde erst ab Herbst 2005 (Modelljahr 2006) verkauft, heißt als 2006er-Modell FLHXI und seit Modelljahr 2007 FLHX. Frühe Originale mit relativ hoher Kilometerleistung (die kein Kaufhinderungsgrund sein muss) sind mit viel Glück ab rund 13000 Euro zu bekommen, das Gros der „günstigen" Street Glides liegt um 15000 Euro. Wer den zurzeit noch aktuellen TC-103er-Motor haben will, muss mindestens 20000 Euro anlegen. Die raren CVO-Modelle werden ab rund 26000 Euro gehandelt. Typische Umbauten (Auspuff, Lenker, Vorderrad, ggf. Leistungssteigerung) werden gern genommen und bei Bedarf auch gut honoriert. ▶ Verfügbarkeit am Markt: gering bis mittelhoch

| Preisniveau in Euro | Baujahre | km-Stand |
|---|---|---|
| **Niedrig** 12900–16500 | 2005–2007 | 25000–60000 |
| **Mittel** 16600–18900 | 2007–2010 | 15000–30000 |
| **Hoch** 19000–21500 | 2010–2012 | 1000–20000 |
| **Typ** | **im Programm** | **Verkäufe** |
| **FLHXI/FLHX** | 2005–2006 | unbekannt |
| **FLHX** | 2007–2009 | 405 |
| **FLHX/FLHXSE** | 2010–2011 | 711 |

## TECHNISCHE DATEN
(Typ FL2/FLHX, Modelljahr 2011)

### MOTOR
Luftgekühlter Zweizylinder-Viertakt-45-Grad-V-Motor, zwei untenliegende, kettengetriebene Nockenwellen, zwei Ventile pro Zylinder, Hydrostößel, Stoßstangen, Kipphebel, Trockensumpfschmierung, Einspritzung, ungeregelter Katalysator, mechanisch betätigte Mehrscheiben-Ölbadkupplung, Sechsganggetriebe, Zahnriemen.
Bohrung x Hub      98,4 x 111,1 mm
Hubraum      1690 cm³
**Nennleistung**
     **62 kW (84 PS) bei 5010/min**
**Max. Drehmoment**
     **134 Nm bei 3500/min**

### FAHRWERK
Doppelschleifenrahmen aus Stahlrohr, Telegabel, Zweiarmschwinge aus Stahlprofilen, zwei luftunterstützte Federbeine, verstellbare Federbasis, Doppelscheibenbremse vorn, Scheibenbremse hinten.
Alu-Gussräder      3.50 x 18; 5.00 x 16
Reifen      130/70 B 18, 180/65 B 16

### MAßE + GEWICHT
Radstand 1625 mm, Lenkkopfwinkel 64 Grad, Nachlauf 170 mm, Federweg v/h 117/51 mm, Sitzhöhe* 700 mm, Gewicht vollgetankt* 374 kg, Tankinhalt** 22,7 Liter.

### MESSUNGEN
(MOTORRAD 26/2010)
Höchstgeschwindigkeit**      175 km/h
Beschleunigung
0–100 km/h      5,2 sek
Durchzug
60–140 km/h      14,4 sek
Verbrauch      5,7 l/100 km (Landstraße)

*MOTORRAD-Messungen; **Herstellerangabe

**Internet**
**Fansite:** www.motor-talk.de/ forum/harley-davidson-b34.html (modellübergreifendes Harley-Forum)
**Gebrauchtangebote:**
http://markt.motorradonline.de/bike6422.htm

## MODELLPFLEGE

**2006** Ab Herbst 2005 Markteinführung mit dem Twin-Cam-88-Motor. **Preis: ab 21460 Euro.**

**2007** Neuer Motor (Twin Cam 96) mit „aktiver Ansaug- und Auspufftechnologie" und neuem Sechsganggetriebe; Rahmen, Schwinge, Seitenständer, Schalthebel und linkes Trittbrett entsprechend modifiziert. Kupplungsbetätigung leichter; Zahnriemen reißfester; Kabelstecker besser abgedichtet; Keyless-Bedienung für Wegfahrsperre/Alarmanlage; optimierte Koffer-Halterungen und Instrumentierung; neue Lenkerklemmung. **Neuer Preis: ab 22255 Euro.**

**2008** Leistung und Drehmoment durch geändertes Mapping erhöht; „elektronischer" Gasgriff ETC (Electronic Throttle Control); neue Brembo-Bremsen, ABS als Extra lieferbar; Radlager und -achsen verstärkt; Tank von 18,9 auf 22,7 Liter vergrößert; Tempomat serienmäßig; kürzere Antenne; neue Batterie; neuer Seitenständerschalter.

**2009** Neuer Rahmen, breitere Schwinge; Federelemente neu abgestimmt, Zuladung erhöht; ABS serienmäßig; 17- statt 16-Zoll-Vorderrad, breiteres Hinterrad (180er); neuer Auspuff, geschickter verlegt; kürzere Sekundärübersetzung.

**2010** 18- statt 17-Zoll-Vorderrad; Brems- und Rücklicht in Blinker integriert; Getriebe überarbeitet (fünfter Gang schräg verzahnt); neue O²-Sensoren im Auspuff. Vorstellung der CVO Street Glide (FLHXSE) mit 1802 cm³ und 98 PS.

**2011** Neuer Motor (Twin Cam 103); bequemerer Fahrersitz; größere Trittbretter. **Neuer Preis: ab 22995 Euro.**

**2012** Serviceintervalle teilweise verlängert (Zündkerzen 48000 km); Ölpeilstab bedienungsfreundlicher.

**RÜCKRUFE:** 10/2005: Rückspiegel beim 2006er-Modell; 7/2008: Kraftstofffilter-Gehäuse beim 2007er- und 2008er-Modell; 12/2009: Befestigung des Kraftstofftanks beim 2009er- und 2010er-Modell; 1/2012: Bremslichtschalter hinten bei 2009er bis 2011er-Modellen und einigen 2012er-Modellen. **UPDATES:** 6/2006: Motor-/Lenkschloss; 7/2012: Spannungsregler bei 2012er-Modellen (Voraussetzung für Updates: regelmäßiger HD-Kundendienst).

**CVO Street Glide: größerer Motor, üppigere Ausstattung, 10300 Euro teurer**

# HONDA **CB 500**

## MODELLGESCHICHTE

Die CB 500 im Renneinsatz? Da lachen ja die Hühner! Deshalb besonderes Kuriosum innerhalb der Modellgeschichte: Honda bot diverse Cup-Veranstaltungen in Frankreich, Großbritannien und Italien an. 1999 gab es im französischen Le Mans sogar ein spezielles 24-Stunden-Rennen für CB 500. Von den 41 angetretenen Teams musste keines wegen technischer Defekte aufgeben. Mögen die Kritiker bezüglich der Sporttalente dieses ausgesprochenen Brot-und-Butter-Motorrads lachen, in Sachen Langstreckentauglichkeit lässt sich die Honda nur wenig vormachen. Das wissen deutsche CB-Besitzer, auch ohne Rennen zu fahren. Seit Markteinführung der 500er hatten sie kaum Grund, an ihrer Maschine zu mäkeln. Hondas Konzept, ein preisgünstiges und gleichzeitig besonders zuverlässiges Motorrad zu bauen, ging auf.

Viele kostenbewusste Alltagsfahrer wie etwa Berufspendler mit Motorradführerschein oder Kurierfahrer entschieden sich für die CB 500 als Sparmobil. Und um möglichst viele Einsteiger zu überzeugen, luden die Japaner zur Präsentation der 500er nicht nur ausgewählte Fachjournalisten ein, sondern auch eine Gruppe von Fahrlehrern. Denen gefiel die Maschine, dito den Presseleuten, später ebenso den vielen Motorrad-Novizen, die in der Fahrschule Erstkontakt mit der CB 500 hatten.

Das Mittelklasse-Bike verkaufte sich jedenfalls auf Anhieb sehr gut. In der Modellpflege tat sich nicht viel. Was die Kunden nicht störte, denn Anfang der Neunziger kam es aufgrund des hohen Yen-Kurses in dieser Kategorie Motorrad mehr auf einen attraktiven Preis als auf technische Highlights an. Der Twin lief gut, das nur 8960 Mark teure Motorrad war schnörkellos und fuhr sich quasi idiotensicher. Warum also etwas ändern? „Never change a running system", lautete offensichtlich die Devise der Honda-Mannen. Beim Modellwechsel der intern mit PC 26 bezeichneten Maschine zur PC 32, die seit dem Modelljahr 1997 in Italien vom Band rollte, spendierten die Ingenieure dem kleinen Naked Bike immerhin hinten eine Scheiben- statt einer Trommelbremse. 1998 kam mit der CB 500 S eine Variante mit Cockpitverkleidung hinzu, die sich technisch ansonsten aber nicht unterschied. Nach rund zehn Jahren Bauzeit verabschiedete sich die kleine Honda 2003 vom Markt und ist heute trotz oder gerade wegen

ihres fast schon bescheidenen Auftritts ein gefragtes Gebrauchtmotorrad.

## MARKTSITUATION

Das Angebot an gebrauchten CB 500 lässt kaum Wünsche offen, weil es schier unerschöpflich ist. Jungspunde mit schmalem Taschengeld werden ebenso fündig wie alte Hasen, die vielleicht ein

**Ein halber Liter Hubraum, zwei Zylinder in Reihe, acht Ventile und unzählbar viele Kilometer Laufleistung – Erfolgsrezept für den Motor eines Einsteigerbikes**

neuwertiges Zweit- oder Alltagsmotorrad suchen. Schließlich wurden nach Honda-Angaben ursprünglich mehr als 26 000 Maschinen neu verkauft, von denen heute immer noch deutlich mehr als 15 000 auf deutschen Straßen anzutreffen sind. Über die Hälfte der Zulassungen sind 34-PS-Varianten. Ein Zeichen dafür, dass die CB 500 hauptsächlich im Visier von Einsteigern steht. Diese suchen häufig

## MODELLPFLEGE

**1993** Markteinführung des Modells PC 26 zum Preis von 8960 Mark

**1997** Das Modell PC 32 wird nun in Italien statt in Japan gebaut, hinten ersetzt eine Scheibenbremse die Trommelbremse

**1998** Erscheinen der CB 500 S mit Cockpitverkleidung und geänderten Instrumenten

**2000** Die Verlängerung des hinteren Schutzblechs entfällt. Nur der Jahrgang 2000 und 2001 wird mit goldenen statt silberfarbenen Gussrädern ausgerüstet

**2002** Produktionsende

**2003** Abverkauf der letzten Modelle (5090/5360 Euro)

## TESTS IN MOTORRAD*

22/1993 (T), 24/1993 (VT 34 PS), 6/1994 (VT), 14/1995 (VT), 4/1996 (LT), 22/1996 (VT), 11/1998 (VT), 19/2000 (VT), 6/2002 (VT)

T=Test, VT=Vergleichstest, LT=Langstreckentest;
* Nachbestellungen unter Telefon 07 11/182-12 29

## 1993

**Sparmobil mit einfacher Ausstattung wie etwa eine Trommelbremse hinten**

## 1997

**Jetzt doch: die CB 500 bremst nun auch hinten mit Scheibenbremse**

Fotos: fact, Hartmann, Herzog, Künstle

Offerten deutlich unter 2000 Euro. Angeboten bekommen sie dafür meist Modelle bis 1996, also die PC 26 mit Laufleistungen bis 30 000 Kilometer.

Da der Motor viel wegsteckt, lohnt für Sparfüchse die Jagd auf Schnäppchen mit höheren Laufleistungen. Vereinzelt finden sich ältere und gut gepflegte CB 500 mit mehr als 40 000 Kilometern für 1000 bis 1300 Euro. Wer mehr Geld anlegt, etwa 2500 Euro, bekommt auf dem Privatmarkt eine gute Auswahl von PC 32 bis Baujahr 2000 mit einem Tachostand zwischen 10 000 und 20 000 Kilometern. Noch mal 500 Euro draufgelegt, und es gibt ein topgepflegtes Fahrzeug mit geringer Laufleistung, oft aus erster Hand. Die neu etwas teurere S-Version mit Cockpitverkleidung wird als Gebrauchte in der Regel nur für ungefähr 100 Euro mehr verkauft.

Ab 3000 Euro in der Tasche kann sich der Käufer auf die Suche nach einer CB 500 oder CB 500 S der letzten Baujahre in Topzustand machen. In dieser Preisliga empfiehlt sich der Weg zu einem Händler. Gerade jüngere Besitzer bekommen vom Händler teilweise attraktive Inzahlungnahme-Angebote, wenn sie nach zwei, drei Jahren von ihrer CB 500 auf eine größere Neumaschine wie etwa eine CBF 600, CBR 600 oder Hornet umsteigen. Der Händler seinerseits bringt eine CB 500 aus erster oder zweiter Hand vergleichsweise einfach an den Mann oder die Frau, denn Neu- oder Späteinsteiger mit Interesse an diesen Gebraucht-maschinen gibt's überall genug.

Natürlich werden manche Maschinen absolut überteuert ausgeschrieben. Tipp: Möglichst viele verschiedene Offerten vergleichen und dann in Ruhe eine Auswahl der Maschinen treffen, die man vor Ort besichtigen und Probe fahren möchte. Keine Eile! Da das Angebot so groß ist, findet sich meist etwas Vergleichbares, falls einem das Wunschobjekt vor der Nase weggeschnappt wird.

## BESICHTIGUNG

Die Bilanz des MOTORRAD-50 000-Kilometer-Langstreckentests fiel 1996 knapp und freundlich aus: Außer Spesen nichts gewesen. Während größere Maschinen am harten Testbetrieb gescheitert sind, konnte die CB 500 als Dauerläufer voll überzeugen. Das bestätigen auch viele Besitzer und Händler. Gebrauchtkäufer brauchen sich dementsprechend nicht um hinterhältige Tücken und Macken zu sorgen. Der 500er-Paralleltwin läuft und läuft und läuft, tadelloser Kaltstart sowie runder Motorlauf sind Standard.

Das insgesamt einfache und ehrliche Motorrad gab es in verschiedenen Leistungsvarianten: 34, 50 und 57 PS. Eine nachträgliche Leistungsänderung mittels Ansaugstutzen sowie Hauptdüsen ist bei dieser Honda vergleichsweise günstig und schlägt inklusive Arbeitslohn und TÜV mit zirka 200 Euro zu Buche. Vor dem Kauf sollte man unbedingt nach Stürzen oder Unfällen fahnden. Auffällig ist eine Maschine mit vielen Kilometern, die keine Gebrauchsspuren an den wenigen Verkleidungsteilen oder dem Tank aufweist. Eventuell will der Verkäufer durch neue Teile einen

größeren Schaden verbergen. Negativ ist zudem, wenn viele Vorbesitzer im Brief eingetragen sind, das Motorrad aber nur wenige Kilometer auf dem Tacho hat. Dann unbedingt nach einem lückenlosen Kundendienst-Heft fragen.

Neben der Fahndung nach Sturzschäden (beschädigter Lenkanschlag, Kratzer an Schwinge, Rahmen, Auspuff) sollte man bei der Besichtigung auf den Zustand von Verschleißteilen wie Lenkkopflager, Kettensatz, Reifen oder Bremsbeläge achten, um zusätzliche Kosten zu vermeiden. Achtung: Die ersten PC 32 ab Baujahr 1997 aus Italien korrodierten stärker als die Vorgängerinnen aus japanischer Produktion, deshalb unbedingt den Tank auch innen auf Rost untersuchen. Beliebt als Zugabe beim Kauf sind Schutzbügel und ein Koffersystem von Hepco & Becker. Weitere Infos und gute Tipps im Internet unter www.cb500.de. ■

**Schlicht und einfach: Die Armaturen passen zum schnörkellosen Motorrad**

## DATEN

(Typ PC 32)

■ **Motor:** wassergekühlter Zweizylinder-Viertakt-Reihenmotor, zwei oben liegende, kettengetriebene Nockenwellen, vier Ventile pro Zylinder, Tassenstößel, Nasssumpfschmierung, keine Abgasreinigung, zwei Gleichdruckvergaser, Ø 34 mm, Transistorzündung, Lichtmaschine 300 Watt, Batterie 12 V/9 Ah, mechanisch betätigte Mehrscheiben-Ölbadkupplung, Sechsganggetriebe, O-Ring-Kette.

| | |
|---|---|
| Bohrung x Hub | 73 x 59,6 mm |
| Hubraum | 499 cm³ |
| Verdichtungsverhältnis | 10,5:1 |

**Nennleistung**
42 kW (57 PS) bei 7500/min

**Max. Drehmoment**
47 Nm bei 8000/min

■ **Fahrwerk:** Doppelschleifenrahmen aus Stahl, Telegabel, Ø 37 mm, Zweiarmschwinge aus Stahl, zwei Federbeine, verstellbare Federbasis, Scheibenbremse vorn, Ø 296 mm, Doppelkolben-Schwimmsattel, Scheibenbremse hinten, Ø 240 mm, Einkolben-Schwimmsattel.

| | |
|---|---|
| Alu-Gussräder | 2.50 x 17, 3.50 x 17 |
| Reifen | 110/80 H 17, 130/80 H 17 |

■ **Maße und Gewichte:** Radstand 1430 mm, Lenkkopfwinkel 63 Grad, Nachlauf 113 mm, Federweg v/h 115/117 mm, Sitzhöhe 790 mm, Gewicht vollgetankt 196 kg, Zuladung 182 kg, Tankinhalt/Reserve 18/2,5 Liter.

## MESSUNGEN

(MOTORRAD 6/2002)

■ **Fahrleistungen**

| | |
|---|---|
| Höchstgeschwindigkeit | 180 km/h |

**Beschleunigung**

| | |
|---|---|
| 0–100 km/h | 4,7 sek |
| 0–140 km/h | 9,8 sek |

**Durchzug**

| | |
|---|---|
| 60–100 km/h | 7,5 sek |
| 100–140 km/h | 9,4 sek |

■ **Verbrauch**
4,3 bis 6,4 l/100 km, Normalbenzin

# 1998

**Die kleine Frontverkleidung der CB 500 S erweckte einen sportlicheren Eindruck, technisch unterscheiden sich beide Modelle nicht und blieben während der gesamten Bauzeit nahezu unverändert**

# 2000

**Sieht goldig aus: optisch aufgepeppt mit lackierten Gussrädern**

# HONDA
# CBF 600

## MODELLGESCHICHTE

**Die CBF 600 ist ein großer Schritt auf dem Weg zur vollständigen Golfisierung des Motorrads, denn funktional gibt es an der Honda kaum etwas auszusetzen.**

Gründe, sich für eine CBF 600 zu interessieren, gibt es genug. Der Einstandspreis ist günstig, das ABS – so vorhanden – funktioniert tadellos. Sitzbank und Lenker sind verstellbar, und man hat die Wahl zwischen halbverkleideter und nackter Variante. Die praxistaugliche Ausstattung umfasst Hauptständer (in Verbindung mit ABS), Warnblinker und Edelstahl-Auspuffanlage, das Fahrwerk schwenkt dank straffer Abstimmung auch bei flotter Fahrt erst spät die weiße Fahne. So gesehen ist der seit seiner Premiere 2004 anhaltende Verkaufserfolg des Mittelklasse-Allrounders kein Wunder. Objektiv betrachtet sind der schlecht erreichbare, da direkt am Vergaser angebrachte Choke und die zu kurzen Rückspiegelarme die einzigen technisch erklärbaren Mankos der CBF. Manche monieren die mangelnde Ausstrahlung der Honda: Pflichtbewusst, ehrlich, korrekt, ohne Hinterhältigkeiten komme sie daher, leider aber auch völlig emotionslos. Sei's drum, die CBF ist eben kein Motorrad, vor dem man zwei Stunden in der Garage kniet und einfach nur schaut. Auch kann man dem aus der 1995er-CBR 600 F entnommenen und auf 78 PS gedrosselten Reihenvierzylinder nichts wirklich vorwerfen. Allein die konzeptbedingte Durchzugsschwäche des Motors, die nicht durch entsprechenden Vorwärtsdrang im oberen Drehzahlbereich ausgeglichen wird, trübt das insgesamt positive Bild. Und so ist für flotte Fortbewegung eben reges Rühren im exakten und leichtgängigen Sechsganggetriebe angesagt. Empfehlenswert: das seit Modelljahr 2005 für 400 Euro Aufpreis erhältliche Modell Traveller mit Koffern und Topcase.

## MOTORRAD-TESTS *

4/04 (FB), 7/04 (TT), 9/04 (VT), 10/04 (ABS-VT), 16/04 (Alpen-KV), 1/05 (VT), 5/05 (VT), 9/05 (VT), 21/05 (VT), 7/06 (VT), 20/06 (VT), 5/07 (VT), 13/07 (VT); **Internet:** www.honda-board.de

*FB=Fahrbericht, T=Test, TT=Top-Test, VT=Vergleichstest;
KV=Konzeptvergleich; Nachbestellungen unter Telefon 07 11/1 82-12 29

## BJ 2004

**Über 90 Prozent aller deutschen CBF 600 bremsen mit ABS, sagt Honda. Das System funktioniert wunderbar**

**Ohne Leibchen sieht die CBF besser aus, mit verlieren Wind und Wetter etwas von ihrem Schrecken**

**Beim Sturz brechen gerne die Rastenaufnahmen, Ersatz des Gussteils ist teuer**

## BESICHTIGUNG

Die wichtigsten Entscheidungen wollen schon vor einer Besichtigung getroffen sein. Sind Verkleidung und/oder ABS gewünscht? Da die CBF bis Baujahr 2008 bis auf die Farben fast unverändert angeboten wurde, spielt hier das Baujahr keine große Rolle. Vereinzelt gab es Probleme mit rostenden Tanks, Honda tauscht bei den betroffenen Fahrzeugen die Behältnisse auch nach der Garantie auf Kulanz aus. Mechanisch ist die CBF sehr robust, schließlich stammt der Antrieb aus der CBR 600 F, wo er knapp 30 PS mehr leistet und viel höher dreht. So kann sich die Besichtigung auf den Zustand der Verschleißteile und verdeckte Sturzspuren beschränken.

## MARKTSITUATION

Der CBF-Interessent hat gut lachen, das Angebot an Gebrauchten ist riesig. So kann ohne lange Suche das Wunschobjekt (mit oder ohne Verkleidung oder ABS) sogar in der gewünschten Farbe gefunden werden. Bei 2500 Euro beginnen die Preisvorstellungen. Unter 3000 Euro muss man meist auf das ABS verzichten oder längere Anfahrtswege in Kauf nehmen. Das Gros der Angebote liegt zwischen 4000 und 5000 Euro, wobei Laufleistungen noch tief im vierstelligen Bereich nicht unüblich sind.

Die neu 300 Euro teurere Verkleidungsversion schlägt sich im Preis kaum nieder, eher schon das ABS, für das man neu 600 Euro mehr ausgeben musste. Voll ausgestattete Vorführer gibt es ab rund 5000 Euro.

| Typ | Bauzeit | Verkäufe |
|-----|---------|----------|
| PC 38 | 2004–2007 | 17064 |
| PC 43 | 2008–heute* | ca. 9000 |

*Stand Dezember 2010

## TECHNIK

### DATEN
(CBF 600, Baujahr 2004)

**Motor**
Wassergekühlter Vierzylinder-Viertakt-Reihenmotor, zwei oben liegende, kettengetriebene Nockenwellen, vier Ventile pro Zylinder, Tassenstößel, Nasssumpfschmierung, Gleichdruckvergaser, Ø 34 mm, kontaktlose Transistorzündung, U-Kat mit Sekundärluftsystem, Lichtmaschine 336 Watt, Batterie 12 V/6 Ah, mechanisch betätigte Mehrscheiben-Ölbadkupplung, Sechsganggetriebe, O-Ring-Kette.
Bohrung x Hub 65,0 x 45,2 mm
Hubraum                 599 cm³
Verdichtungsverhältnis  11,6:1

**Nennleistung**
57 kW (78 PS) bei 10500/min
**Max. Drehmoment**
58 Nm bei 8000/min
**Fahrwerk**
Rückgratrahmen aus Stahl, Motor mittragend, Telegabel, Ø 41 mm, Zweiarmschwinge aus Stahl, Zentralfederbein, direkt angelenkt, verstellbare Federbasis, Doppelscheibenbremse vorn, Ø 296 mm, Scheibenbremse hinten, Ø 240 mm, ABS gegen Aufpreis.
Alu-Gussräder        3.50 x 17;
                     5.00 x 17
Reifen          120/70 ZR 17;
                160/60 ZR 17
**Maße und Gewichte**
Radstand 1480 mm, Lenkkopfwinkel 64 Grad, Nachlauf 109 mm,
**Herstellerangabe

Federweg v/h 120/128 mm, Sitzhöhe* 770 mm, Gewicht vollgetankt 229 kg, Zuladung* 175 kg, Tankinhalt 19 Liter.

### Messungen
(MOTORRAD 7/2004)
**Fahrleistungen**
Höchstgeschwindigkeit**
                       210 km/h
**Beschleunigung**
0–100 km/h        4,1 sek
0–140 km/h        7,5 sek
**Durchzug**
60–100 km/h       5,8 sek
100–140 km/h      6,4 sek
**Verbrauch** 4,1 bis 5,1 l/100 km, Normalbenzin

*MOTORRAD-Messungen;

## 2006

## 2008

**Beim Facelift für 2006 gab es neben Klarglasblinkern auch längere Spiegelarme**

**Durch den modernen Einspritzmotor der supersportlichen „RR" aufgewertet, im Preis dennoch stabil geblieben. Bravo!**

## MODELLPFLEGE

**2004** Markteinführung, Modellcode PC 38, Preis: 6190 Euro, mit Verkleidung 6490 Euro zuzüglich Nebenkosten. Aufpreis ABS: 600 Euro.

**2005** Keine Änderungen, Preis unverändert. Auf Wunsch Reisepaket Traveller. Es beinhaltet zwei Koffer sowie ein Topcase in Fahrzeugfarbe zum Sonderpreis von 400 Euro.

**2006** Neue Farben, Klarglasblinker, längere Ausleger an den Rückspiegeln. Traveller-Paket auf Wunsch. Preis: 6240 Euro, mit Verkleidung 6540 Euro.

**2007** Keine Änderungen, Preis: 6440 Euro, mit Verkleidung 6740 Euro.

**2008** Neues Modell mit Einspritzung (Modifizierter Motor entnommen aus CBR 600 RR), Alu- statt Stahlrahmen, Preis: ab 6640 Euro.

# HONDA
# HORNET 600

**Muss eine nackte 600er langweilig aussehen? Nein. Kann ein alltagstauglich getrimmter Sportmotor Anfänger und Könner gleichermaßen begeistern? Ja. Der Beweis: Honda Hornet.**

Von Klaus Herder; Fotos: Hersteller, Archiv

**H**ochgelegter Auspuff, völlig überdimensionierter 180er-Reifen auf der Hinterhand, noch unpassenderer 130er fürs Vorderrad, kein Gepäckträger, kein Hauptständer, dafür 96 PS aus einem halbwegs domestizierten Sportmotor – gab es 1998 eine unvernünftigere Möglichkeit, um gegen die Mitelklasse-Platzhirsche Suzuki Bandit und Yamaha Fazer anstinken zu wollen? Nein. Und genau das honorierten die Motorrad fahrenden Augenmenschen und Genießer in Frankreich und Italien. Dort wurde Hondas kleine Hornisse auf Anhieb zum absoluten Bestseller. Im vernunftbetonten Deutschland reichte es dagegen nur für Platz 25, natürlich weit hinter Bandit und Fazer. Unterm Strich geriet die Hornet aber zu einem gesamteuropäischen Erfolgsmodell, was Honda dazu bewog, dem wieselflinken Spaßmobil die Treue zu halten und ihm regelmäßig feinste Modellpflege zu gönnen. So flog der das Fahrverhalten ruinierende 16-Zöller bereits 2000 raus, die anfangs ziemlich lasche Bremse wurde im gleichen Jahr deutlich bissfester. Okay, einen Irrweg gab es auch: Die Halbschale der Hornet S erhöhte zwar den Komfort, passte mit ihrer ganzen Biederkeit aber nicht zum munteren Rest – und wurde wieder aus dem Programm genommen. Wer Komfort wollte, konnte CBF kaufen, die Hornet wurde von Jahr zu Jahr schärfer. 2003 dynamisierte Honda die Hornet nochmals deutlich und erfand sie 2007 sogar praktisch neu. Mit dem Motor der damals aktuellen CBR 600 RR, einem komplett neuen Rahmen und einer noch frecheren Verpackung blieb sie in Südeuropa auf Erfolgskurs. Und konnte im verschnarchten Deutschland immerhin mit ABS bestellt werden. ■

www.motorradonline.de/gebrauchtberatung

**Der Wechsel vom Vergaser- zum Einspritzmodell erfolgt 2007 mit der Einführung der PC41. Ihr Motor ist eine Organspende der CBR 600 RR**

**Tests in MOTORRAD**
6/98 (T), 9/1998, 7/00, 8/00, 26/00, 7/01, 9/01, 19/02 (jeweils VT), 22/02 (GK), 10/03 (VT), 13/03 (TT), 2/04, 9/04, 22/05, 8/07, 11/07, 20/07, 24/07, 08/09, 18/09 (jeweils VT)
T=Test, VT=Vergleichstest, GK=Gebrauchtkauf, TT=Top-Test
Nachbestellungen unter Telefon 0711/182-1229

**Die erste größere Design-Modellpflege bekommt die Hornet 2003 verpasst. Mit der PC36 ändern sich u. a. Tank, Sitz, Scheinwerfer, Seitenteile, Auspuff**

**Die Erstauflage startet 1998 mit 16-Zoll-Vorderrad, einfachem Rundscheinwerfer und dem Motor der PC31**

## Details

**Die Hornet 600 S mit Halbschale ist von 2000 bis 2004 als Parallelmodell im Programm. Mehrpreis zur Nackt-Hornet: anfang 380, später 250 Euro**

**Die klassischen, weiß unterlegten Rundinstrumente gibt es nur 1998 und 1999. Danach wird das Cockpit elektronischer und leider auch dunkler**

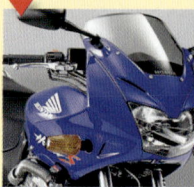

## Besichtigung

Der Hornet-Gebrauchtkäufer hat **zwei natürliche Vorbesitzer-Feinde.** Erstens: den militanten Streetfighter-Umbauer, der eigentlich gern ein größeres Kaliber auf böse getrimmt hätte, mangels Masse aber zur 600er-Hornet greifen musste. Entsprechend „rustikal" und auch nicht zwingend StVZO-konform fallen manche Umbaumaßnahmen aus. Zweitens: den unbedarften Fahranfänger, der nicht zuletzt aus Sitzhöhengründen gern zur Hornet greift und dann ab und an den Göttern der Schwerkraft und Geschwin-

digkeit opfert. Vorzeitiger Kupplungs-Exitus? Wahrlich kein Honda-Thema, bei liebevoll gequälten 34-PS-Eisen aber nicht so ungewöhnlich. Bleibt der an dieser Stelle gern und oft gegebene Rat: möglichst original und mit offener Leistung kaufen. Dann sind sogar sechsstellige Kilometerleistungen ohne Motor-Revision machbar. Vereinzelt Rost an der unteren Gabelbrücke? Mit den Jahren hakig werdende Zündschlösser? Kann alles passieren, muss aber nicht – und sind auch keine wirklichen Probleme. Problem-Potenzial beim TÜV: ein ohne Eintrag in die Papiere von 16 auf 17 Zoll umgerüstetes Vorderrad (Modell 1998/1999). Prüfen!

## Marktsituation

**Gebrauchte Hornets haben oft einen Migrations-Hintergrund,** denn während in Deutschland offiziell rund 20 500 Stück landeten, verkaufte Honda knapp 50 000 Hornets in Frankreich und sogar über 90 000 in Italien. Nicht wenige davon rollten zwischenzeitlich Richtung Osten (speziell Polen) und werden nun in deutschen Internet-Börsen angeboten. Alles kein Problem – wenn der Händler seriös, die Historie klar nachvollziehbar und die Zahlungsabwicklung eindeutig geklärt ist. Die Hornet-Welt beginnt bei rund 1500 Euro für technisch einigermaßen fitte, ansonsten aber nicht mehr sehr leckere

| Preisniveau in Euro | | Baujahre | Km-Stand |
|---|---|---|---|
| Niedrig | 1500–2500 | 1998–2004 | 25 000–40 000 |
| Mittel | 2600–4200 | 2000–2007 | 15 000–25 000 |
| Hoch | 4300–6500 | 2005–2010 | 2000–20 000 |
| **Typ** | | **im Programm** | **Zulassungen** |
| PC34 | | 1998–2002 | 13 040 |
| PC36 | | 2003–2006 | 3746 |
| PC41 | | 2007–2012 | ca. 4500 |

Erstauflagen. Ab 3000 Euro sind mit etwas Glück hübsche Rundum-sorglos-Pakete zu bekommen; wer 4000 Euro ausgeben kann, findet bereits PC41-Angebote. Für ABS-Modelle sind rund 500 Euro mehr zu zahlen. 2011er-/2012er-Vorführmodelle mit wenig Kilometern und ABS gibt es ab 6500 Euro; 2012er-Tageszulassungen mit null Kilometern ab 7000 Euro.    ▶ **Verfügbarkeit am Markt: sehr hoch**

## Daten    (Typ PC41; Modelljahr 2007)

### MOTOR

Vierzylinder-Viertakt-Reihenmotor, zwei obenliegende Nockenwellen, vier Ventile pro Zylinder, Nasssumpfschmierung, Einspritzung, geregelter Katalysator, mechanisch betätigte Mehrscheiben-Ölbadkupplung, Sechsganggetriebe, O-Ring-Kette.
Bohrung x Hub        67 x 42,5 mm
Hubraum        599 cm³
**Nennleistung** 75 kW (102 PS) bei 12 000/min
**Max. Drehmoment**        64 Nm bei 10 500/min

### FAHRWERK

Zentralrohrrahmen aus Aluminium, Upside-down-Gabel, Zweiarmschwinge aus Aluminium, Zentralfederbein, direkt angelenkt, verstellbare Federbasis, Doppelscheibenbremse vorn, Scheibenbremse hinten, Verbundbremse (bei ABS).
Alu-Gussräder        3.50 x 17; 5.50 x 17
Reifen        120/70 ZR 17; 180/55 ZR 17

### MAßE+GEWICHTE

Radstand 1435 mm, Lenkkopfwinkel 65 Grad, Nachlauf 99 mm, Federweg v/h 120/128 mm, Sitzhöhe* 800 mm, Gewicht vollgetankt* 207 kg, Zuladung* 179 kg, Tankinhalt 19 Liter.

### MESSUNGEN

(MOTORRAD 8/2007)
**Höchstgeschwindigkeit**\*\*        230 km/h
**Beschleunigung**
0–100 km/h        3,5 sek
0–200 km/h        15,2 sek
**Durchzug**
60–140 km/h        10,8 sek
**Verbrauch**        4,4 l/100 km (Landstraße);
        6,5 l/100 km (bei 130 km/h)

\*MOTORRAD-Messungen; \*\*Herstellerangabe

**Internet**
Fansites:
www.hornet-home.de;
www.hondahornet.co.uk (englisch, ausführlich)
**Gebrauchtangebote:**
http://markt.motorradonline.de/bike162.htm

**Veränderte Rahmenbedingungen ab 2007: Der neue Motor steckt in einem völlig neuen Rahmen – Aluguss statt Stahlprofil als Zentralrohr**

## Modellgeschichte

**1998** Debüt Hornet 600. Neupreis 6335 Euro, Zulassungen in D: 2752 Stück.

**1999** Zulassungen: 2264 Stück.

**2000** 17- statt 16-Zoll-Vorderrad; Vorderradbremse überarbeitet; elektronisches Cockpit; digitales Zündsystem; poliertes Auspuffrohr; Markteinführung Hornet 600 S. 6370/6754,17 Euro, Zulassungen: 3163 Stück.

**2001** 7000/7383 Euro, Zulassungen in D: 2991 Stück.

**2002** Bremsscheibenträger in Gold. 7215/7595 Euro, Zulassungen: 1870 Stück.

**2003** Neues Design (Tank, Sitz, Scheinwerfer, Seitenverkleidung); geändertes Fahrwerk; neuer Auspuff mit Kat; Cockpit überarbeitet. 7190/7440 Euro, Zulassungen: 1892 Stück.

**2004** Letztes Modelljahr Hornet 600 S. Zulassungen: 606 Stück.

**2005** Upside-down-Gabel; Cockpit überarbeitet; Miniverkleidung über Scheinwerfer; neues Sitz-Design. Zulassungen: 928 Stück.

**2006** Zulassungen: 320 Stück.

**2007** Neues Design; Einspritzmotor; Alurahmen; 19-Liter-Tank; ABS optional; Wegfahrsperre. 7490 Euro, Zulassungen: 1289 Stück.

**2008** Zulassungen: 956 Stück.

**2009** 7690 Euro, Zulassungen: 778 Stück.

**2013** Preis: 8690 Euro

## GEBRAUCHT-BERATUNG

# HONDA DEAUVILLE

**Vollwert-Tourer im Midsize-Format. Das ist ein Fall für Freunde des gepflegten Understatements und nichts für Poser. Hondas V-Twin ist wie gemacht für kühle Rechner.**

Von Jörg Lohse; Fotos: Jahn, MOTORRAD-Archiv

**D**eauville. Das klingt zwar irgendwie nach Urlaub, aber noch nicht nach echter Exotik. Bei der Namenssuche muss irgendein Honda-Verantwortlicher in der Normandie hängen geblieben sein. Das französische Küstenstädtchen Deauville mit seinen bekannten Pferderennbahnen sollte schließlich Namenspate für Hondas kompaktes Urlaubsmobil werden: Reisen ja, flott auch, aber dabei immer schön auf dem Teppich bleiben. Schließlich war die ganz dicke Hose in den späten Neunzigern noch nicht angesagt. Wer bei den Zulassungszahlen oben mitschwimmen wollte, musste mit attraktiven Mittelklassemodellen punkten und diese nach Möglichkeit unter dem Begriff „Alleskönner" vermarkten können: Alltagsmuli, Wochenendkutsche, Urlaubsbegleitung. 1998 erschien die erste Ausgabe der Deauville als Nachfolgerin des (nackten) Erfolgsmodells NTV 650 mit charismatischem V2-Motor. Der oben genannte Bogen klingt zwar weit gespannt, doch die 650er hatte keine Mühe, diesen mit Vollverkleidung, wartungsarmem Kardan und sauber integrierten Koffern von Anfang an nicht zu überspannen. Im Laufe der Jahre wurde die Deauville sukzessive größer, legte an Koffervolumen und Bremsleistung (2002) und schließlich auch an Hubraum und Gewicht (2006) zu. In Sachen Zuverlässigkeit rangierte sie von Anfang an auf hohem Niveau. Den Werkstätten blieb der zunächst bei Honda Montesa in Spanien (später Atessa/Italien) gefertigte Twin im Regelfall fern. Ihre Fahrer schätzen vor allem ihre handliche wie auch gutmütige Art, die sie in der Neuauflage als RC52 (2006) nochmals deutlich unterstreichen kann. Beim Landstraßenswing sind über 400 Kilometer Reichweite drin. Da ist man doch schon fast in Deauville und kann auch gleich ein Baguette für den Ausklang am Strand in der Kofferdurchreiche versenken. ■

www.motorradonline.de/gebrauchberatung

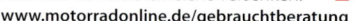

**1998**

**Kind der Neunziger: die erste Deauville, voll verschalt von Front bis Heck**

**2002**

**Sauberes Wachstum im neuen Millennium: U-Kat, CBS-Verbundbremse, größere Koffer**

## IM DETAIL

**Die fest integrierten Koffer sind mit ihrer Durchreiche fast schon legendär. Mit breiteren Deckeln lässt sich das Volumen (54 Liter) um 17 Liter steigern**

**Ab 2006 ist die Deauville mit ABS erhältlich – zunächst nur optional, seit 2012 dann in Serie. Diese Modelle erfreuen sich gebraucht einer großen Nachfrage**

## BESICHTIGUNG

Für Honda-Händler Herbert Stauch aus Filderstadt besitzt die Deauville die Zuverlässigkeit aus der berühmten VW Käfer-Werbung: „Die läuft und läuft und läuft!" Das gilt selbst für ganz frühe Exemplare, die mittlerweile eine sechsstellige Kilometerleistung absolviert haben. Der Motor gilt grundsätzlich als thermisch gesund und lässt sich bei regelmäßiger Pflege dadurch nicht beeindrucken. Probleme bereiten eher die Typen, die sich mangels artgerechten Auslaufs in den letzten Jahren mehr kaputt gestanden haben. Da ist die Batterie nicht mehr zu reaktivieren, oder die Vergaser sind komplett dicht. Bei Werkstattchef Wolfgang Harbusch von Honda Wellbrink in Lilienthal kranken die 650er-Deauvilles (RC47) maximal an verschlissenen Radlagern fürs Vorderrad oder einer defekten Benzinpumpe. Diese muss aber nicht ausgetauscht werden, sondern kann per Reparaturkit (ab ca. 25 Euro) wieder gerichtet werden. Nach versteckten Rostnestern (Tank, Rahmen, Krümmer) fahnden!

## MARKTSITUATION

Das Angebot ist reichhaltig und beginnt knapp unter 2000 Euro für die frühen Baujahre der Deauville. Mit entsprechendem Tachostand: Unter 50 000 Kilometern wird das Reisemobil in diesem Alter nicht häufig angeboten. Im Schnitt kann man von einer Jahresfahrleistung von 6000 Kilometern ausgehen. Meist dabei: ein umfangreiches Extrapaket, das die Reisetauglichkeit der Deauville nochmals deutlich steigert, wie zum Beispiel die extrahohe Tourenscheibe oder ein großes Topcase mit Rückenlehne für den Passagier. Der jüngere RC52-Typ (ab 2006) wird fast ausschließlich mit ABS angeboten. Mit viel Glück lässt sich einer bereits für 3500 Euro ergattern, das Gros der Angebote bewegt sich aber nicht unter 5000 Euro. Dafür gibt es meist ein Fahrzeug mit lückenloser Scheckheftpflege, minimalen Gebrauchsspuren und einer Laufleistung unter 30 000 Kilometern. Das Easy-Going-Bike ist auch für 48-PS-Einsteiger interessant: Bei Alpha-Technik (www.alphatechnik.de) kostet der entsprechende Drosselsatz 105 Euro.   ▶ **Verfügbarkeit am Markt: hoch**

| Preisniveau in Euro | Baujahre | km-Stand |
|---|---|---|
| Niedrig  1800–2500 | 1998–2001 | 50 000–70 000 |
| Mittel    2600–3900 | 2002–2005 | 30 000–50 000 |
| Hoch     4000–6000 | 2006–2010 | 10 000–25 000 |
| **Typ** | **im Programm** | **Verkäufe** |
| **RC47** | 1998–2005 | 10 783 |
| **RC52/RC59** | seit 2006 | ca. 1628* |

*Stand April 2013

## TECHNISCHE DATEN       (Typ RC52, Modelljahr 2006)

### MOTOR

Wassergekühlter Zweizylinder-Viertakt-V-Motor, Kurbelwelle querliegend, je eine obenliegende, kettengetriebene Nockenwelle, vier Ventile pro Zylinder, Nasssumpfschmierung, Einspritzung, geregelter Katalysator, mechanisch betätigte Mehrscheiben-Ölbadkupplung, Fünfganggetriebe, Kardan.

| | |
|---|---|
| Bohrung x Hub | 81,0 x 66,0 mm |
| Hubraum | 680 cm³ |

**Nennleistung**
**48 kW (65 PS) bei 8000/min**
**Max. Drehmoment**
**66 Nm bei 6500/min**

### FAHRWERK

Brückenrahmen aus Stahl, Telegabel, Eingelenk-Zweiarmschwinge aus Aluminium, Zentralfederbein mit Hebelsystem, verstellbare Federbasis, Doppelscheibenbremse vorn, Dreikolben-Schwimmsattel, Scheibenbremse hinten, Doppelkolben-Schwimmsattel, Verbundbremssystem.

| | |
|---|---|
| Alu-Gussräder | 3.50 x 17; 4.50 x 17 |
| Reifen | 120/70 ZR 17, 150/70 ZR 17 |

### MAßE + GEWICHT

Radstand 1475 mm, Lenkkopfwinkel 61,5 Grad, Nachlauf 115 mm, Federweg v/h 115/120 mm, Sitzhöhe* 810 mm, Gewicht vollgetankt* 257 kg, Tankinhalt** 19,7 Liter.

### MESSUNGEN

(MOTORRAD 7/2006)

| | |
|---|---|
| Höchstgeschwindigkeit** | 185 km/h |
| Beschleunigung | |
| 0–100 km/h | 5,4 sek |
| Durchzug | |
| 60–140 km/h | 13,8 sek |
| Verbrauch | |
| 4,6 l Normal/100 km (Landstraße) | |

*MOTORRAD-Messungen; **Herstellerangabe

**Tests in MOTORRAD**
8/1998 (VT), 21/1998 (Leser-VT), 24/1999 (VT), 14/2000 (VT), 8/2002 (T), 15/2004 (TT), 18/2004 (KV), 7/2006 (TT), 17/2006 (VT), 21/2006 (VT), 21/2009 (VT)

T = Test, TT = Top-Test, VT = Vergleichstest, KV = Konzeptvergleich; Nachbestellungen unter Telefon 07 11/1 82-12 29, www.motorradonline.de/download

**Internet**
**Fansites:** www.goes-to.com (Forum der Deauville-Fahrer)
**Gebrauchtangebote:**
http://markt.motorradonline.de/bike158.htm

## MODELLPFLEGE

**1998** Markteinführung unter der Modellbezeichnung NT 650 V Deauville (Typ RC47) in den Leistungsversionen 34, 50 und 56 PS. **Preis: 14 270 Mark (7280 Euro).**

**1999** Wegfahrsperre serienmäßig. **Preis unverändert.**

**2002** Modifizierter Motor mit leichteren Kolben soll Vibrationen minimieren, Entfall der 50-PS-Version für Deutschland. Wegen strengerer Abgasrichtlinien erhält die Deauville ungeregelte Katalysatoren und ein Sekundärluftsystem. Neu gestaltete Koffer mit größerem Volumen (plus neun Liter). CBS-Verbundbremse mit neuem Dreikolben-Bremssattel vorne serienmäßig. **Preis: 7990 Euro.**

**2004** Dauerlichtschalter und Warnblinkanlage serienmäßig, Batteriekapazität steigt von 9 auf 11,2 Ah. **Preis: 8140 Euro.**

**2006** Umfangreiche Modellpflege, Typenbezeichnung NT 700 V Deauville (Typ RC52), neuer Vierventil-Einspritzmotor mit 680 cm³ Hubraum und geregeltem Katalysator nach Euro-3-Norm. Volumen der Koffer wächst um rund 10 Liter auf jetzt 54 Liter, über breitere Deckel um weitere 17 Liter erweiterbar. Front- und Seitenverkleidung, Tank und Sitzbank modifiziert, neuer Doppelscheinwerfer, verstellbare Windschutzscheibe. CBS-Kombibremse serienmäßig, ABS optional erhältlich (Aufpreis 600 Euro). **Preis: 8240 Euro.**

**2012** ABS jetzt serienmäßig. **Preis: 10 190 Euro.**

**Reisen in der Mittelklasse ist oft kompromissbehaftet. Bei der Deauville ist der von Touristen geschätzte Kardan bereits inklusive. Und unauffällig obendrein**

**Fernab des digitalen Overkills der heutigen Cockpit-Welt. Der Pilot auf der Brücke vermisst zwar kaum Informationen, muss aber mit Spiegelungen kämpfen**

# HONDA
# TRANSALP

**Keine Schönheit, vergöttert werden andere, und eine Revoluzzerin will sie auch nicht sein. Trotzdem reizt die bourgeoise Honda viele alternativ denkende Fans. Weil sie noch echte Ideale vermittelt.**

Von Thorsten Dentges
Fotos: Hartmann, Honda, jkuenstle.de

**G**egen Rüstungswahn, gegen Luxuskonsum. Für mehr Umweltverträglichkeit. Ja zu einem einfachen und bescheidenen (Motorrad-)Leben. Nein zu Aggressionen auf der Straße. Friede! Und wenn es doch mal stressig wird: einfach abhauen, raus aus dem Alltag, rein in die Natur, auf zu anderen Kulturen! Dafür reichen 50 bis 60 PS allemal. Bequem Platz nehmen, vielleicht noch einen Genossen oder eine Genossin mitnehmen, der große Tank macht Fluchtetappen von über 300 Kilometern nonstop möglich. Die Transalp ist ein Reisemobil par excellence: äußerst zuverlässig, sparsam, einfach zu handhaben, niemals überfordernd. Dennoch agil und spurstabil, sodass eine Straße erst noch erfunden werden müsste, mit der die extrem breitbandige Straßenenduro nicht zurechtkäme. Aber auch ohne Asphaltdecke kommt sie gut klar, 18 Zentimeter Federweg helfen, zumindest Schotterpisten und -pässe locker zu meistern. Seit über einem Vierteljahrhundert beweist die „Transe", dass nicht einzelne Spitzenwerte, sondern ein stimmiges Gesamtpaket ein Erfolgsmodell ausmachen (über 36000-mal verkauft). Die neueste Einspritzer-Generation (ab 2008) ist mit 60 PS, prima Fahrwerk und besten Bremsen die Überlegene im Familienduell, hängt die älteren 600er- und 650er-Schwestern aber höchstens bis auf Sichtweite ab. Die „Oldies" können also nach wie vor gut mithalten, und wissende Interessenten schrecken selbst vor Tachoständen jenseits von 50000 Kilometern nicht zurück – ein Zeichen für den Vertrauensvorschuss in ein Motorrad, das seit Generationen seine inneren Werte nie vernachlässigt hat. Eine grundehrliche Type – ideal. ∎

www.motorradonline.de/gebrauchtberatung

**Tests in MOTORRAD**

**600er:** 7/1987 (T), 7/1988 (LT), 12/1988 (VT), 6/1994 (T), 19/1994 (VT), 8/1997 (VT), 15+23/2010 (Reiseumbau-Spezial); **650er:** 8/2000 (T), 10/2000 (VT), 3/2002 (KV), 16/2002 (TT), 25/2003 (VT), 8/2005 (Zubehör-Test), 26/2006 (VT); **700er:** 25/2007 (TT), 26/2007 (VT), 11/2008 (VT), 3/2011 (KV), 9/2011 (VT).

T = Test, TT = Toptest, LT = Langstreckentest, VT = Vergleichstest, KV = Konzeptvergleich; Nachbestellungen unter 07 11/1 82-12 29

## Die Typen

**1987 ist die XL 600 V Transalp die erste Enduro mit Verkleidung. Puristen fanden das hässlich, Reisefans hingegen sahen nur die Vorteile – und kauften**

**Neues Gesicht, technisch fast alles beim Alten – kein Problem, denn die Honda galt 1994 immer noch als modern. Und nach wie vor als grundsolide**

**Rundum neu zur Jahrtausendwende: Die XL 650 V ist etwas stärker, der gutmütige Charakter bleibt aber erhalten. Das geländetaugliche 21-Zoll-Vorderrad auch**

**„700er" klingt seltsam, deshalb heißt die neueste Generation mit Einspritzung ab 2008 nur noch „Transalp". Mit 19-Zoll-Vorderrad eher auf Straße getrimmt**

## Besichtigung

Naiv zu glauben, dass bei fast sechsstelligen Laufleistungen Stress ausbleibt. Selbst der äußerst haltbare 600er-V2 benötigt irgendwann mal eine Revision (Ventile, Kolben etc.) – und dann wird es für Schrauberlaien teuer und nervig. Und auch Ärgernisse wie defekte Zündboxen (speziell bei Modellen bis 1993) oder undichte Gabelsimmerringe sind bei betagten Exemplaren keine Seltenheit und machen aus dem maßgeblichen Sparangebot eine teure „Alte". Rost am Rahmen (keine Seltenheit bei den in Italien gefertigten Modellen) ist nur aufwendig beizukommen (strahlen und lackieren), kann als optischer Mangel bei sehr günstigen Angeboten aber getrost akzeptiert werden. Der Motor sollte dicht sein (nach Ölspuren fahnden) und nicht klingeln oder klappern. Nachfragen, ob Original- oder schon Austauschmotor. Bei neueren Maschinen (ab Baujahr 2000) mit geringeren Laufleistungen (bis 30 000 Kilometer) sind der Zustand von Verschleißteilen und die Zubehörgaben (Koffer, Alu-Motorschutz, Hauptständer etc.) preisgestaltend.

## Marktsituation

„Ur-Transen" sind bei Liebhabern begehrt, kosten unversehrt aus erster Hand aber bis 2000 Euro. Angekratzte PD06-Modelle mit kleineren technischen Mängeln finden sich als reine Gebrauchsmaschinen indes schon unter 1000 Euro (meist mit weit über 50 000 Kilometern). Empfehlenswerter: weniger strapazierte und gut gewartete 600er aus japanischer Produktion (bis 1996) um 2000 Euro oder, für etwa einen Tausender mehr, ordentliche 650er (ab 2000) mit rund 30 000 Kilometern. Gute gebrauchte 700er (ab 2008) sind ab 4500 Euro zahlreich im Angebot, neuwertige Vorführer mit maximal 3000 Kilometern kosten ab 6500, jungfräuliche Importfahrzeuge und Vorjahresmodelle mit Tageszulassungen um 7000 Euro. Tipp: ABS-Modelle gelten als wertbeständiger.

▶ Verfügbarkeit am Markt: sehr hoch

| Preisniveau in Euro | | Baujahre | km-Stand |
|---|---|---|---|
| Niedrig | 800–2200 | 1987–1999 | 30 000–80 000 |
| Mittel | 2300–3900 | 1991–2007 | 10 000–50 000 |
| Hoch | 4000–6500 | 2005–2011 | 5000–25 000 |
| Typ | | im Programm | Verkäufe |
| PD06/10 | | 1987–1999 | 25 249 |
| RD10/11 | | 2000–2007 | 9172 |
| RD13/15 | | 2008–heute | ca. 3000 |

## Daten (Typ RD13; Modelljahr 2008)

### MOTOR

Wassergekühlter Zweizylinder-Viertaktmotor-52-Grad-V-Motor, vier Ventile pro Zylinder, Nasssumpfschmierung, elektronische Einspritzung, geregelter Katalysator, mechanisch betätigte Mehrscheiben-Ölbadkupplung, Fünfganggetriebe, O-Ring-Kette.

| | |
|---|---|
| Bohrung x Hub | 81 x 66 mm |
| Hubraum | 680 cm³ |
| **Nennleistung** | |
| | 44 kW (60 PS) bei 7750/min |
| **Max. Drehmoment** | |
| | 60 Nm bei 6000/min |

### FAHRWERK

Einschleifenrahmen aus Stahl, Telegabel, Zweiarmschwinge aus Stahl, Zentralfederbein mit Hebelsystem, verstellbare Federbasis und Druckstufendämpfung, Doppelscheibenbremse vorn, Scheibenbremse hinten, Verbundbremse, ABS. Alu-Gussräder 2.15 x 19; 3.50 x 17, Reifen 100/90-19, 130/80-17.

### MAßE+GEWICHTE

Radstand 1515 mm, Lenkkopfwinkel 61,9 Grad, Nachlauf 106 mm, Federweg v/h 177/173 mm, Sitzhöhe* 830 mm, Gewicht vollgetankt* 221 kg, Tankinhalt/Reserve 17/3 Liter.

### MESSUNGEN

(MOTORRAD 25/2007)

| | |
|---|---|
| **Höchstgeschwindigkeit**\*\* | 172 km/h |
| **Beschleunigung** | |
| 0–100 km/h | 5,1 sek |
| **Durchzug** | |
| 60–100 km/h | 5,6 sek |
| **Verbrauch** (Landstraße) | 4,7 l/100 km |
| (bei 130 km/h) | 4,6 l/100 km |

*MOTORRAD-Messungen; **Herstellerangabe

### Internet

Fansite: www.transalp.de (aufwendig gemachte Seite mit regem Forum und vielen Technikinfos, hervorragende Modellgeschichte mit allen Fahrzeugfarben).

Gebrauchtangebote: http://markt.motorradonline.de/bike3217.htm (bzw. /bike3253.htm für 650er und /bike3888 für 600er).

## Modellpflege

**1987** Markteinführung, Typ: PD06. Gewicht: 194 kg. Leistung: 50 PS. **Preis: 8940 Mark (4571 Euro).**

**1989** Motor überarbeitet, neues Federbein. **Preis: 10 090 Mark (5159 Euro).**

**1991** Gewicht nun 202 kg bei 47 PS, hinten Scheiben- statt Trommelbremse. **Preis: 11 100 Mark (5675 Euro).**

**1994** Neue Frontverkleidung, neuer Scheinwerfer, Bremse modifiziert, neue Ölpumpe, neues Federbein, 50 PS. **Preis: 12 530 Mark (6314 Euro).**

**1996** Letztes Baujahr der Transalp aus japanischer Produktion. Die PD06 läuft erstmalig mit silber- statt goldfarbenen Felgen vom Band, 204 kg Gewicht. **Preis: 12 770 Mark (6529 Euro).**

**1997** Der neue Typ PD10 wird in Italien gefertigt. Doppel- statt Einscheibenbremse vorn, silberne Felgen, 210 kg Gewicht, 50 PS. **Preis unverändert.**

**2000** Komplett neues Motorrad: Typ RD10 als 650er mit 53 PS, 212 kg Gewicht, neuem Auspuffsystem, ungeregeltem Kat, neuer Verkleidung, neuem Tank (19 statt 18 Liter) und überarbeiteten Federelementen (u. a. verstellbare Druckstufe an Federbein). **Preis: 14 391 Mark (7358 Euro).**

**2002** Fertigung in Spanien, Typbezeichnung RD11. Auspuff geändert. **Preis: 7390 Euro.**

**2004** Vergaser modifiziert (Einhaltung der Euro-2-Norm), 55 PS. **Preis: 7490 Euro.**

**2008** Typ RD13 mit neuem Motor (680 cm³, 59 PS,

**Seit 2011 in Serie: der Bremsassistent**

vier statt drei Ventile pro Zylinder, Einspritzung, geregelter Kat, erfüllt Euro-3-Norm) gilt als neue 700er-Transalp. Optional Kombination aus ABS und Verbundbremse CBS für 600 Euro Aufpreis erhältlich, neue Verkleidung, neuer Scheinwerfer, neuer Tank (17,5 Liter), 219 kg Leergewicht. **Preis: 7090 Euro.**

**2011** Fertigung erneut in Italien, Typbezeichnung nun RD15, ABS serienmäßig, Federbein geändert. **Preis: 8390 Euro.**

# HONDA
# AFRICA TWIN

**Trotz starker Konkurrenz durch aktuelle Reiseenduros schlägt sich der Star von einst noch sehr wacker: als günstiger, wertstabiler Tausendsassa.**

Von Thorsten Dentges; Fotos: Hartmann, Herzog, Honda

**D**er Lack ist ab. Bei einigen gebrauchten Africa Twins wortwörtlich, denn als globetrottende Packesel haben sie während ihres Berufslebens so ziemlich alles gesehen: Wüstenpisten, Bergstraßen, Küstenstrecken, Metropolen-Trassen. In Würde gealtert, da gehen ein paar Falten und Narben voll in Ordnung. Abenteurer sind eben nicht glatt rasiert. Bei anderen, meist jüngeren, weniger weit gereisten Exemplaren, ist der Lack jedoch ebenfalls ab. Symbolisch zumindest. Aus technischer Sicht ist die ehemals – zumindest in der Reiseenduro-Szene – Akzente setzende Maschine ein bröckelndes Denkmal. Ende der Achtziger war die Ur-Twin mit ihren 650 cm³ und 57 PS und unschlagbar gutem Fahrwerk jedenfalls ein Knaller für Offroad-Begeisterte. Die erste 750er ab 1990 führte den Erfolg auf der Landstraße fort und etablierte sich in der Reiseszene. Mit der RD07 ab 1993 vollendete Honda sein Werk und baute einen perfekten Allrounder, der klaglos zu allem „Ja" sagt: Autobahn, Serpentinen-Spiralen, geschotterte Ziehwege. Die enorme Vielseitigkeit inklusive Soziustauglichkeit machte die Zweizylindermaschine zum Verkaufsrenner mit Seele. Für Fans, und davon gab und gibt es viele, war es deshalb nicht nachvollziehbar, warum Honda die tolle Africa Twin 2003 so sang- und klanglos ohne adäquate Nachfolgerin absägte. Im Vergleich mit aktuellen Reiseenduros stinkt die nur 60 PS starke und fast 240 Kilogramm schwere Honda heutzutage natürlich ab. ABS hat sie auch nicht. Wer die Twin allerdings live erleben darf, wird merken, dass Eckdaten auf dem Papier nicht alles sind. In der Summe aller Eigenschaften ist die XRV nach wie vor ein brillantes Motorrad. Zwar ein auf dem Secondhandmarkt alternder Star, aber ein grundehrlicher ohne jegliche Allüren. Und sie zu engagieren, ist absolut erschwinglich.

**Tests in MOTORRAD**
**RD03:** 6/1988 (VT), 23/1988 (VT), 10/1989 (VT)
**RD04:** 3/1990 (T), 14/1990 (VT), 14/1992 (VT)
**RD07/a:** 6/1993 (T), 13/1993 (VT), 22/1993 (KV), 16/1995 (VT), 14/1999 (VT)
T=Test, VT=Vergleichstest, KV=Konzeptvergleich
Nachbestellungen unter Telefon 0711/182-1229

**Internet**
**Fansites:** www.africatwin.de, www.atic.org
**Gebrauchtangebote:** http://markt.motorradonline.de/bike169.htm

---

**1988: RD03**
Liebhaberstück: In gutem Zustand ist die 650er äußerst selten erhältlich

**1990: RD04**
Preislich auf Diät, mit 238 Kilogramm aber auch die schwerste XRV-Schwester

**1993: RD07**
Mit Abstand am meisten verkauft und als Gebrauchte stark gefragt

**Details**

Die Offroad-Gene sin unverkennbar. Unter dem Plastikdeckel m vier Schrauben liegt der Luftfilter gut zugänglich, falls die W tenluft zu staubig ist

Die 750er mit Doppelscheibe lässt sich in jeder Situation sicher einbremsen – auf und abseits von Asphalt

## Besichtigung

Schwachstellen gibt es kaum, aber sie existieren: Bei der RD07 ist dies die Benzinpumpe. Kenner ersetzen sie durch Austauschprodukte von Pierburg (Telefon 0 21 33/26 71 67) oder Mikuni (über African Queens, Telefon 0 84 41/18 4 42, www.africanqueens.de). Ebenfalls ein kleiner **Problemfall ist die vergleichsweise schmale, stark abfallende Sitzbank.** Ist diese zusätzlich schon durchgesessen, bleibt der Komfort bei langen Etappen auf der Strecke. Dilettantisch aufgepolsterte Bänke bringen da keine Pluspunkte, nur Profiarbeiten oder bewährte Produkte vom Nachrüstmarkt (zum Beispiel African Queens oder Corbin, Telefon 0 63 71/186 37, www.corbin.de). Vorsicht bei umlackierten und umgebauten Exemplaren: Oftmals deutet dies auf eine sturz- und umfallerreiche (off- oder onroad) Vergangenheit hin. Wenn die Historie der betreffenden Gebrauchtmaschine durch Serviceheft, Rechnungen und sonstige Papiere allerdings belegt ist, sollten auch Laufleistungen jenseits von 50 000 Kilometern kein Hinderungsgrund zum Kauf sein.

## Marktsituation

**Der Handel mit gebrauchten Africa Twin ist Privatsache.** Das hat zwei Gründe: Für Händler sind viel gefahrene (mehr als 50 000 Kilometer) und teils deutlich über zehn Jahre alte Maschinen aufgrund der Gewährleistungspflicht finanziell zu riskant, und gleichzeitig haben Privatanbieter aufgrund des guten Rufs der Honda beste Chancen, ihre Gebrauchte in Eigenregie zu vermarkten. Die Africa Twin gilt als sehr wertstabil, selbst für rund 15 Jahre alte RD07 werden trotz Laufleistungen von über 40 000 Kilometern teils immer noch deutlich über 3000 Euro aufgerufen. Von allen Africa Twin (aktueller Gesamtbestand: über 10 000 Stück) war die RD07 der Bestseller (allein die Jahrgänge 1993 bis 1998 rund 40 Prozent aller Zulassungen), die heutzutage etwas unpopuläre RD04 verkaufte sich rund 4000-mal und wird ordentlich gepflegt um 2000 Euro angeboten, während die RD03 mit nur noch wenigen hundert Zulassungen als Secondhand-Offerte eher eine Rarität ist. ▶ **Verfügbarkeit am Markt: mittelhoch**

| Preisniveau in Euro | | Baujahre | km-Stand |
|---|---|---|---|
| **Niedrig** | **1700–2600** | 1988–1994 | über 50 000 |
| **Mittel** | 2700–4000 | 1993–2000 | 25 000–60 000 |
| **Hoch** | 4100–5300 | 1998–2003 | 15 000–35 000 |
| **Typ** | | im Programm | Verkäufe |
| **RD03** | | 1988–1989 | 1464 |
| **RD04/RD07** | | 1990–2003 | 19 900 |

## Daten  (Typ RD07; Modelljahr 2000)

### MOTOR
Wassergekühlter Zweizylinder-Viertaktmotor-52-Grad-V-Motor, drei Ventile pro Zylinder, Nasssumpfschmierung, Vergaser, keine Abgasreinigung, mechanisch betätigte Mehrscheiben-Ölbadkupplung, Fünfganggetriebe, O-Ring-Kette.
Bohrung x Hub                81 x 72 mm
Hubraum                       742 cm³
**Nennleistung**
**44 kW (60PS) bei 7500/min**
**Max. Drehmoment**
**62 Nm bei 6000/min**

### FAHRWERK
Doppelschleifenrahmen aus Stahl, Telegabel, Zweiarmschwinge aus Aluminium, Zentralfederbein mit Hebelsystem, verstellbare Federbasis, Doppelscheibenbremse vorn, Scheibenbremse hinten.

Drahtspeichenräder 1.85 x 21; 2.75 x 17, Reifen 90/90-21 H, 140/80 HR 17.

### MAßE + GEWICHTE
Radstand 1565 mm, Lenkkopfwinkel 62,5 Grad, Nachlauf 112 mm, Sitzhöhe* 860 mm, Gewicht vollgetankt* 236kg, Zuladung* 189 kg, Tankinhalt/Reserve 23/5,1 Liter.

### MESSUNGEN
(MOTORRAD 14/1999)
Höchstgeschwindigkeit          180 km/h
**Beschleunigung**
0–100 km/h                     4,6 sek
**Durchzug**
60–100 km/h                    5,4 sek
**Verbrauch**   4,9 l/100 km (Landstraße);
7,6 l/100 km (bei 160 km/h)

*MOTORRAD-Messungen

## Modellpflege

nter anderem vereckt eine große Aluanne als Motorschutz en formidablen und ußerst robusten V2

**1988** Zwei Jahre nach dem Rallye-Dakar-Sieg der Werksmaschine NXR 750 bringt Honda mit der XRV 650 Africa Twin, Typ RD03, einen straßenzugelassenen Ableger für **10 570 Mark (5404 Euro)** auf den Markt. Die 57 PS starke Zweizylindermaschine mit stabilem Fahrwerk setzte neue Maßstäbe in der Endurowelt.

**1990** Die 750er wird für **12 880 Mark (6585 Euro)** eingeführt. Typ RD04. 59 PS, 238 Kilogramm, Doppel-Scheibenbremse vorn (650er hatte nur eine Scheibe), längere Schwinge und modifizierte Verkleidung.

**1992** Erstmalig mit so genanntem Tripmaster mit Uhrzeit, Stoppuhr und drei Tageskilometerzählern. Preis für die Africa Twin: **14 210 Mark (7265 Euro)**.

**1993** Typ RD07 mit neuem Doppelschleifen-Stahlrahmen (tieferer Schwerpunkt). Größerer Vergaser, Motor nun mit 60 PS und etwas mehr Drehmoment. Neuer Tank (24 statt 23 Liter) mit versenktem Deckel. Schalldämpfer, Verkleidung und Windschild neu. Radial- statt Diagonalreifen, hinten Reifenbreite nun 140 statt 130 Millimeter. **Preis: 14 505 Mark (7416 Euro).**

**1996** Die Einstellung der Druckstufendämpfung am Federbein und die Luftdruck-Unterstützung an der Gabel entfallen. Minimale Modifikation der Frontmaske. Preis für den Typ RD07a: **16 205 Mark (8285 Euro).**

**2003** Produktionsstopp der Africa Twin. Nachdem die Verkaufszahlen seit der Jahrtausendwende kontinuierlich zurück gingen

**Der Tripmaster über den Rundinstrumenten macht einen auf wichtig, ist aber eher ein Mäusekino**

(im dreistelligen Bereich) strich Honda die insgesamt äußerst erfolgreiche Maschine für 2004 nachfolgerlos aus dem Programm. Preis für das letzte Baujahr: **8690 Euro.**

GEBRAUCHT-
BERATUNG

# GEBRAUCHT-BERATUNG

## HONDA
# CB SEVEN FIFTY

**Unverkleidete Motorräder mit luftgekühlten Vierzylindern stehen mal wieder hoch im Kurs. Klar steigt deshalb auch das Interesse an der robusten Seven Fifty – und zwar nicht nur bei ihrer eher bodenständigen Stammkundschaft.**

Von Fred Siemer; Fotos: Archiv, Gargolov, Herzog, Schwab

**Z**u einer Zeit, als Honda dem Rest der Welt qualitativ deutlich entrückt war, entstand – speziell für Europa – die Seven Fifty und bediente das damals neue Segment der Naked Bikes. Ja, kaum zu glauben, aber dieser eher bieder gezeichnete Allrounder war mal Trend, zoffte sich mit Kawasakis Zephyr, Triumphs Trident oder Suzukis GSX 750 um Marktanteile. Sehr erfolgreich, wie angesichts besagter Honda-Qualität und eines knapp kalkulierten Preises nicht anders zu erwarten. Hinzugesellte sich ein relativ durchzugsstarker Motor, der kaum Vibrationen zeigt und sich schon in Vorgängermodellen als sehr robust erwiesen hatte. Das Triebwerk steckt in einem recht handlichen, insgesamt braven Fahrwerk, dessen Federelemente Raum für Verbesserungen bieten. Die Gabel ist zu weich, die Federbeine kommen zu früh in die Progression und verhärten dann, beides wirkt sich jedoch nur bei sportlicher Fahrweise wirklich gravierend aus. Die Bremsen dürften zwar nach heutigen Maßstäben etwas energischer zupacken, beim Seven-Fifty-Debüt galt die aus dem Sportler CBR 1000 F übernommene Anlage jedoch als Maß der Dinge. Immer noch überzeugend dagegen die beiden recht komfortablen Sitzplätze, gut versammelt die gemäßigt sportliche Sitzposition des Fahrers. Schon sehr früh sprach sich herum, dass so eine Seven Fifty – nicht nur wegen ihres hydraulischen Ventilspielausgleichs – wenig Wartungsaufwand verlangt und auffallend selten kaputtgeht. Folglich zählte sie schon bald zu den gesuchten Gebrauchten, und diese Rolle spielt sie bis heute. Viele Leute suchen wie eh und je einen preiswerten Alleskönner. Immer häufiger aber greifen Fahrer zu, die ein Statement abgeben: ein klassischer japanischer Four mit Luftkühlung – das ist es. Mehr Technik brauch ich nicht. ◼

**www.motorradonline.de/gebrauchtberatung**

**Tests in MOTORRAD**
6/1992 (FB), 9/1992 (T), 11/1992 (VT), 9/1994 (VT 34-PS-Version), 21/1995 (T 34-, 50- und 74 PS-Version), 4/2002 (VT)

FB = Fahrbericht, T = Test, VT = Vergleichstest; Nachbestellungen unter Telefon 07 11/1 82-12 29, www.motorradonline.de/downloads

## IM DETAIL

**Dieser CB-Motor hat's im Kopf. Hydro-Stößel nämlich, die das Ventilspiel stets automatisch auf das richtige Maß einstellen. Klasse!**

**Bei sportlicher Fahrweise fällt die weiche Abstimmung der gut ansprechenden Gabel auf. Ein kleineres Luftpolster (höherer Ölstand) lindert das Problem**

**Nüchtern gezeichnete und ruhig anzeigende Instrumente. Heute heiß vermisst, damals normal. Sportiv: Der rote Bereich beginnt erst bei 9200 Touren**

**Die formschöne Vier-in-zwei-Auspuffanlage muss vor allem im Bereich des Sammlers genau geprüft werden. Rost kann teuer werden**

**Die Federbeine sprechen gut an, kommen aber zu schnell in die Progression und werden dann recht hart. Umgerüstete Seven Fifty sind trotzdem selten**

## BESICHTIGUNG

Bei guter Pflege knackt eine Seven Fifty locker die 100 000-km-Marke, und zum Glück hat ihre etwas gesetztere Klientel weder einen Hang zu Radikalumbauten noch zum Selberschrauben. Allerdings werden viele Seven Fifty angeboten, die jahrelang wenig bis gar nicht bewegt wurden, und das kann auf die Vergaser gehen. Die Keihins reagieren sehr empfindlich auf Verunreinigungen, bei der Probefahrt also gute Gasannahme und ruckelfreien Lauf bei konstanten Geschwindigkeiten prüfen. Sonst die fällige Ultraschallbehandlung vom Preis runterhandeln. Normal ist, dass vor allem die beiden ersten Gänge sich recht schwer und selten geräuschlos einlegen lassen, normal ist auch, dass die Vorderbremse etwas zahnlos wirkt. Dagegen helfen Stahlflexleitungen, ein in der Griffweite einstellbarer Bremshebel erleichtert das deftige Zupacken. Unbedingt genau anschauen: die Auspuffanlage im Bereich des Sammlers.

## MARKTSITUATION

Die meisten CB Seven Fifty bewegen sich in Preisregionen, wo ein Wartungsstau (TÜV, Reifen, Kette) absolut preisentscheidend wirkt. Wer das nicht beachtet, kauft leicht ein Schnäppchen aus den frühen Baujahren um 1300 Euro, landet am Ende aber doch bei den üblichen 1800, die für ein ordentliches Exemplar um 60 000 Kilometer Laufleistung fällig werden. Gut gepflegte Seven Fifty aus den letzten vier, fünf Baujahren gehen selten unter 2000 Euro weg; wenn sie weniger als 40 000 Kilometer draufhaben, werden auch schnell 2500 Euro aufgerufen. Solche Schätzchen können dann durchaus beim Händler stehen, denn auch der schätzt die Robustheit dieser Honda. Absolut preismindernd wirken sich Drosselungen auf 34 oder 50 PS aus, mit denen die Honda ab Werk lieferbar war. Die Umrüstung kostet rund 300 Euro. Wer die wahrlich hohen Reisequalitäten einer Seven Fifty nutzen möchte, freut sich über das direkt von Honda angebotene Gepäcksystem von Hepco & Becker. Es wirkt hier harmonischer als Konkurrenzprodukte und ist einen nennenswerten Aufpreis wert. Weniger begehrt sind derzeit Exemplare mit Nachrüst-Verkleidungen. Die Seven Fifty ist schließlich der Inbegriff von Naked Bike.    ▶ **Verfügbarkeit am Markt: sehr hoch**

| Preisniveau in Euro | | Baujahre | km-Stand |
|---|---|---|---|
| **Niedrig** | **1100–1500** | 1992–1995 | 60 000–90 000 |
| Mittel | 1500–1900 | 1994–1999 | 30 000–60 000 |
| **Hoch** | **2000–2500** | 1998–2003 | 20 000–40 000 |
| **Typ** | | **im Programm** | **Verkäufe** |
| **RC 42** | | 1992–2003 | 21 498 |

## TECHNISCHE DATEN

(Typ RC 42, Modelljahr 2002)

### MOTOR

Luftgekühlter Vierzylinder-Viertakt-Reihenmotor, vier Ventile pro Zylinder, hydraulischer Ventilspielausgleich, Nasssumpfschmierung, Gleichdruckvergaser, keine Abgasreinigung, mechanisch betätigte Mehrscheibenkupplung im Ölbad, Fünfganggetriebe, Kette.

| | |
|---|---|
| Bohrung x Hub | 67 x 53 mm |
| Hubraum | 747 cm³ |
| **Nennleistung** | |
| **54 kW (73 PS) bei 8500/min** | |
| **Max. Drehmoment 62 Nm bei 7500/min** | |

### FAHRWERK

Doppelschleifenrahmen aus Stahl, Telegabel, Zweiarm-Kastenschwinge aus Stahl, zwei Federbeine, verstellbare Federbasis, Doppelscheibenbremse vorn, Scheibenbremse hinten.

| | |
|---|---|
| Alu-Gussräder | 3.50 x 17; 4.00 x 17 |
| Reifen | 120/70 VR 17, 150/70 VR 17 |

### MAßE + GEWICHTE

Radstand 1495 mm, Lenkkopfwinkel 64 Grad, Nachlauf 91,0 mm, Federweg v/h 130/110 mm, Sitzhöhe* 780 mm, Gewicht vollgetankt* 233 kg, Zuladung 192 kg, Tankinhalt/Reserve** 20/3 Liter.

### MESSUNGEN

(MOTORRAD 4/2002)

| | |
|---|---|
| Höchstgeschwindigkeit** | 200 km/h |
| Beschleunigung | |
| 0–100 km/h | 3,9 sek |
| Durchzug | |
| 0–100 km/h | 6,3 sek |
| Verbrauch | |
| bei 100 km/h | 5,5 l/100 km |
| bei 130 km/h | 7,5 l/100 km |

*MOTORRAD-Messungen; **Herstellerangabe

**Internet**
Fansites: www.cbsevenfifty.de
(umfangreiches und informatives Forum)
**Gebrauchtangebote:** http://markt.motorradonline.de/bike6838.htm

Auch im Zweipersonenbetrieb bleibt die Seven Fifty stets gelassen

## MODELLPFLEGE

**1992** Mit einem aus der sportlichen und 91 PS starken CBX 750 übernommenen Motor und in technisch sehr enger Anlehnung an die in Amerika schon länger verkaufte Nighthawk präsentiert Honda die speziell für Europa entwickelte Seven Fifty. Der Motor hat andere Vergaser und eine andere Auspuffanlage sowie einen überarbeiteten Zylinderkopf und bringt es deshalb nur noch auf 74 (später 73) PS. **Preis: 10 865 Mark.**

**1996** Die Seven Fifty erlebt ihre – Achtung! – einzige Modellpflege. Triebwerk und Gussfelgen sind nun schwarz lackiert. Ab 1999 entfallen die 34- und 50-PS-Version.

**2003** In Asien wird sie noch weiter verkauft, aber in Deutschland ist Schluss. 622 Kunden greifen noch mal zu. **Preis: 7169 Euro.**

# HONDA
# VFR 750er/800er

**Als ehemaliger 90er-Jahre-Star wirkte die VFR in den letzten Jahren auf der Showbühne nur noch wenig präsent. Als Gebrauchtofferte strahlt sie in hellerem Licht.**

Von Thorsten Dentges; Fotos: Archiv, fact, Hartmann, Honda, Jahn

**D**ie Verkaufszahlen sprechen Bände: In den 1990ern kauften jährlich rund 2000 Motorradfahrer die VFR, seit 2007 sind es weniger als 300 pro Jahr. Die Gründe? Den einst spannenden Technologieträger mit seinem aufwendigen V4-Motor lässt Honda seit der letzten Modellpflege 2006 im Programm nebenher laufen nach der Devise: Ein paar Fans wird es wohl noch geben. Doch auch treuen VFR-Verehrern gehen die Argumente für einen Neukauf aus. Mit maximal 109 PS ist im Sportverein heutzutage kein Blumentopf zu gewinnen, und die Fraktion sehr dynamisch Reisender steigt zunehmend auf immer stärkere Tourenenduros um. Aus eigenem Haus kommt zudem mit gleichem Motor seit 2011 das viel frischere Modell Crossrunner, preislich fast 2000 Euro unter der altehrwürdigen VFR angesiedelt, sowie seit 2010 die neue VFR 1200 F, die als gediegener 170-PS-Sporttourer die 800er klein aussehen lässt. Neukauf schön und gut, Secondhand-Jäger interessiert aber nur eins: Wie viel Motorrad bekomme ich für wie wenig Geld? Und hier fällt die Bilanz für die VFR als 750er und 800er extrem positiv aus. Zuverlässigkeit? Ausgezeichnet, es gibt kaum Besseres auf dem Markt. Fahrdynamik? Note „sehr gut", das gilt insbesondere für das Modell ab 2002, dessen ausgeklügelte VTEC-Ventilsteuerung aus dem feinen Vau-Vier beste Fahrleistungen herauskitzelt und dessen formidables Fahrwerk sowie die Bremsen (mit ABS) im Fach Sporttouring strebermäßig punkten. Und selbst die 750er taugt als schon ergraute Maschine noch ganz fabelhaft zum Touren mit sportlichen Turneinlagen. Mag sein, vom einstigen Glamour ist nur wenig übrig, die VFR macht eines aber richtig: Spaß! ■

www.motorradonline.de/gebrauchtberatung

**Tests in MOTORRAD**
7/1986 (VT), 1/1988 (LT), 2/1990 (T), 16/1991 (VT), 2/1994 (T), 2/1998 (T), 11/1999 (LT), 25/2001 (TT), 17/2003 (LT), 5/2006 (T), 8/2006 (VT), 6/2010 (VT)
T=Test, TT=Top-Test, LT=Langstreckentest, VT=Vergleichstest
Nachbestellungen unter Telefon 07 11/182-12 29

## IM DETAIL

**1986**

**1998**

**2002**

**1986** Die VFR 750 F (RC24 und RC36) erlangte einen Ruf als unkaputtbare V4-Sportmaschine **1998** Die erste 800er (RC46) – zwar noch sehr beweglich, aber deutlich touristisch-gemütlicher **2002** Hightech durch VTEC. Die stark überarbeitete VFR kommt als kantiger Kumpel rüber

Der zentrale Drehzahlmesser als Reminiszenz an ursprünglich sportliche Gene. Die VFR ist jedoch eher auf der Landstraße denn auf dem Rundkurs unterwegs

Runde Ecken: Die Schalldämpfer mit charakteristischer Form prägen das VTEC-Modell ab 2002. Der Sound, der ihnen ab rund 7000/min entweicht, ist fü einen Sporttourer erstaunlich böse und wild ▼

## BESICHTIGUNG

Robust, standfest, stressfrei – der gute Ruf der V4-Motors ist das Aushängeschild des Motorrads. Egal ob 750er oder 800er, sofern alle Wartungsarbeiten fachmännisch erledigt wurden (Belege vorhanden?), sind keine bösen Überraschungen zu erwarten. Lenkkopf- und/oder Schwingenlager können ab etwa 40 000 Kilometern dran sein, prüfen! Und bei älteren Modellen mit sehr hohen Laufleistungen (über 80 000 Kilometer) sind je nach Beanspruchung verschleißbedingte Schäden nicht ungewöhnlich, deshalb bei Probefahrt auf rupfende Kupplung und heulende Getrieberäder achten. Typische Schwachstellen gibt es aber kaum, höchstens der Lichtmaschinenregler bei der 750er. Achtung beim Kauf eines VTEC-Modells: Die 24 000er-Inspektion erfordert vergleichsweise viele Arbeitsstunden und geht als Werkstattauftrag ordentlich ins Geld (ca. 500 bis 750 Euro). Als aufwertendes Zubehör gelten Gepäcksysteme und Touren-Windschilder.

## MARKTSITUATION

Die VFR ist mit über 20 000 750ern und 800ern ein Bestandsriese, naturgemäß ist deshalb die Vielfalt an Gebrauchtofferten riesig. Die 750er spielt allerdings bei Händlern nur noch eine Nebenrolle, da sie durch vergleichsweise hohes Alter und demzufolge niedrige Preise keine ernst zu nehmenden Gewinne verspricht. Interessenten finden bei privaten Anbietern die besten Stücke. Dahingegen steht die erste Serie der 800er, Typ RC46 (bis 2001), bei Gewerblichen öfter als ordentliche Günstig-Gebrauchte zwischen 3000 und 4000 Euro im Laden – ein gutes Geschäft für beide Seiten. Das VTEC-Modell wird ab rund 3500 Euro inseriert, um 5000 Euro finden sich scheckheftgepflegte Maschinen mit weniger als 20000 Kilometern, die einen klasse Gegenwert bieten. ▶ **Verfügbarkeit am Markt: sehr hoch**

| Preisniveau in Euro | | Baujahr | Km-Stand |
|---|---|---|---|
| Niedrig | 1000–2900 | 1985–2001 | 30000–80 000 |
| Mittel | 3000–5400 | 1990–2006 | 10000–50 000 |
| Hoch | 5500–7900 | 2002–2011 | 5000–30 000 |
| Typ | | im Programm | Verkäufe |
| RC24/36 | | 1986–1997 | 19 665 |
| RC46 | | ab 1998 | ca. 14 500 |

## TECHNISCHE DATEN    (Typ RC46; Modelljahr 2002)

### MOTOR
Wassergekühlter Vierzylinder-Viertakt-90-Grad-V-Motor, vier Ventile pro Zylinder, Nasssumpfschmierung, elektronische Einspritzung, geregelter Katalysator mit Sekundärluftsystem, hydraulisch betätigte Mehrscheiben-Ölbadkupplung, Sechsganggetriebe, O-Ring-Kette.

| | |
|---|---|
| Bohrung x Hub | 72 x 48 mm |
| Hubraum | 782 cm³ |

**Nennleistung**
**80 kW (109 PS) bei 10 500/min**
**Max. Drehmoment  80 Nm bei 8800/min**

### FAHRWERK
Brückenrahmen aus Aluminium, Telegabel, verstellbare Federbasis, Einarmschwinge aus Aluguss, Zentralfederbein mit Hebelsystem, verstellbare Federbasis und Zugstufendämpfung, Doppelscheibenbremse vorn, Scheibenbremse hinten, Verbundbremse, ABS.

| | |
|---|---|
| Alu-Gussräder | 3.50 x 17; 5.50 x 17 |
| Reifen | 120/70 ZR 17; 180/55 ZR 17 |

### MAßE + GEWICHTE
Radstand 1460 mm, Lenkkopfwinkel 64,7 Grad, Nachlauf 95 mm, Federweg v/h 109/120 mm, Sitzhöhe* 800 mm, Gewicht vollgetankt* 249 kg, Tankinhalt** 21 Liter.

### MESSUNGEN
(MOTORRAD 25/2001)

| | |
|---|---|
| Höchstgeschwindigkeit** | 247 km/h |
| **Beschleunigung** | |
| 0–100 km/h | 3,1 sek |
| **Durchzug** | |
| 60–100 km/h | 5,1 sek |
| Verbrauch | 4,4 l/100 km (bei 100 km/h), |
| | 5,9 l/100 km (bei 130 km/h) |

*MOTORRAD-Messungen; **Herstellerangabe

## MODELLPFLEGE

**1986** Markteinführung der VFR 750 F, Typ RC24. In Deutschland nur mit 100 statt 105 PS. **Preis: 12 432 Mark (6356 Euro).**

**1988** Gründliche Modellpflege, unter anderem Vorderrad nun 17 statt 16 Zoll. **Preis: 14 550 Mark (7439 Euro).**

**1990** Neuer Typ RC36 mit steiferem Rahmen und 22 Kilo mehr Gewicht (244 kg). **Preis: 15 570 Mark (7961 Euro).**

**1994** Umfangreiche Modellpflege: größerer Tank, neue Auspuffanlage, neues Design, zehn Kilo weniger Gewicht. **Preis: 18 795 Mark (9610 Euro).**

**1997** Letztes Modelljahr der 750er. **Preis: 19 195 Mark (9814 Euro).**

**1998** Neuer Typ RC46 mit 782 cm³, Einspritzung und geregeltem Kat. Neuer Rahmen und neue Verkleidung, Verbundbremse modifiziert. Die 800er-VFR wiegt 237 Kilo und wird in Deutschland mit 98 PS angeboten. **Preis: 19 685 Mark (10 065 Euro).**

**2000** Neue Krümmerrohre, Leistung: 106 PS. **Preis: 20 495 Mark (10 460 Euro).**

**2002** Der Typ RC46 wird stark überarbeitet: neuer V4 mit 109 PS, VTEC-Ventilsteuerung, verstärkter Rahmen, Gabel-Standrohre mit 43 statt 40 Millimetern, geänderte Auspuff- sowie Bremsanlage, neue, kantigere Verkleidung, neues Cockpit. Erhältlich auch mit Bremsassistent als Modell VFR-ABS. Gewicht: 249 kg. **Preis: 11 490 Euro (ABS: 12 240 Euro).**

**2004** Warnblinklicht, neu lackierte Räder. **Preis: 11 640 Euro (ABS: 12 590 Euro).**

**2006** Geringe Modifikationen an Schalldämpfern, VTEC und Einspritzung. **Preis: 11 690 Euro (ABS: 12 640 Euro).**

**2013** **Preis: 13 290 Euro (mit ABS).**

**Attraktiver Anker: Mit ABS und erstklassig dosierbarer Verbundbremse Dual-CBS bekommt der Typ RC46 ab Baujahr 2002 Bestnoten für aktive Sicherheit**

**Zwei mal zwei im rechten Winkel – passende Formel für soliden Fahrspaß**

# HONDA **HORNET 900**

## MODELLGESCHICHTE

Wenn im Zusammenhang mit der Honda Hornet 900 von einem unkomplizierten Motorrad die Rede ist, dann gilt dies im doppelten Sinne. Weil die agile 900er nicht nur ihrem Piloten das Leben leicht macht, sondern auch dem Hersteller. Um Entwicklungs- und Produktionskosten zu sparen, griff Honda einfach ins Regal und kombinierte den zigtausendfach bewährten Vierzylinder der CBR 900 RR Fireblade, Jahrgang 1998, mit dem simplen Zentralrohrrahmen der Hornet 600. Der musste lediglich in einigen Punkten verstärkt werden, da der überarbeitete Motor – unter anderem mit Einspritzung, reduzierter Spitzenleistung und mehr Drehmoment im mittleren Bereich – zugleich als tragendes Element dieser Rahmenkonstruktion fungiert. Insgesamt eine überzeugende Kombination, denn die Hornet 900 besticht mit einem ausgewogenen Fahrverhalten, das Spurstabilität mit agilem Handling und hoher Lenkpräzision verbindet. Ausnahme: Bei heftigem Beschleunigen auf Rüttelpisten neigt sie zu gefährlichem Lenkerschlagen. Dank der kurzen Übersetzung und der sehr spontanen Leistungsentfaltung des Motors zählt die große Hornisse zu den sportlichen Dynamikern unter den Naked Bikes. Dennoch kommen Ergonomie, Standfestigkeit und Alltagstauglichkeit nicht zu kurz, weshalb man die recht sparsame Hornet 900 besonders Secondhand-Käufern empfehlen kann, die einfach nur fahren wollen.

**Honda Hornet 900:**
**zierlich, kompakt und**
**solide verarbeitet**

## MOTORRAD-TESTS*

**Typ SC 48:** 26/2001 (VT), 3/2002 (VT), 5/2002 (VT), 11/2002 (VT), 21/2002 (TT), 5/2003 (VT), 18/2003 (VT), 2/2004 (VT), 5/2004 (KT), 14/2004 (VT)

*VT = Vergleichstest, TT = Top-Test, KT = Kurztest;
Nachbestellungen: Telefon 07 11/1 82-12 29

## BJ **2002** Typ SC 48

**Übersichtliches Cockpit mit**
**analogen Anzeigen für**
**Geschwindigkeit und Drehzahl**

**Akustischer Genuss:**
**zwei hochgezogene Schall-**
**dämpfer unter dem kecken**
**Heck mit schön sattem**
**Sound**

**Funktional, aber keine Augenweide:**
**Der Zentralrohrrahmen entspricht**
**weitgehend jenem der 600er, wurde**
**jedoch punktuell verstärkt**

## BESICHTIGUNG

Der Mix aus Einfachem und Bewährtem zahlt sich aus, wie die Honda Hornet 900 eindrucksvoll unter Beweis stellt. Typische Schwächen kennt die unverkleidete 900er nicht. Was freilich nicht weiter verwundert, denn der wassergekühlte Vierzylinder zählte bereits zu Fireblade-Zeiten – ungedrosselt fast 130 PS stark – zu den standfestesten Supersportler-Motoren. Rahmen, Federelemente und

Bremsen sind solide Standardteile, die ebenfalls problemlos ihren Dienst verrichten. Gebrauchtkäufer können sich daher auf die üblichen Checkpunkte konzentrieren. Bei den oftmals verbauten Zubehörteilen auf die Betriebserlaubnis achten.

## MARKTSITUATION

Die Nachfrage nach gebrauchten Hornet 900 ist nicht berauschend. Dennoch lässt sich die Honda relativ problemlos losschlagen, sofern der Preis stimmt. Gut für Interessenten sind 2006-Abverkauf-Exemplare, die gebraucht schon um die 5500 Euro zu bekommen sind. Sie bieten einen hervorragenden Gegenwert.

| Modell | Bauzeit | Verkäufe | Baujahr | km-Stand | Preis in Euro |
|--------|---------|----------|---------|----------|---------------|
| SC 48 | 2002–2005 | 5294 | 2002–2005 | bis 5000 | 5000–6000 |
| | | | | um 10 000 | 4200–4900 |
| | | | | um 20 000 | 3200–4100 |

## TECHNIK

**DATEN** (Modell SC 48, Baujahr 2002)

■ **Motor:** wassergekühlter Vierzylinder-Viertakt-Reihenmotor, zwei oben liegende, kettengetriebene Nockenwellen, vier Ventile pro Zylinder, Tassenstößel, Nasssumpfschmierung, elektronische Saugrohreinspritzung, Ø 36 mm, Motormanagement, ungeregelter Katalysator mit Sekundärluftsystem, Lichtmaschine 340 Watt, Batterie 12 V/8 Ah, mechanisch betätigte Mehrscheiben-Ölbadkupplung, Sechsganggetriebe, O-Ring-Kette.

| | |
|---|---|
| Bohrung x Hub | 71 x 58 mm |
| Hubraum | 919 cm³ |
| Verdichtungsverhältnis | 10,8:1 |
| **Nennleistung** | |
| 80 kW (109 PS) bei 9000/min | |
| **Max. Drehmoment** | 91 Nm bei 6500/min |

■ **Fahrwerk:** Zentralrohrrahmen aus Stahl, Motor mittragend, Telegabel, Ø 43 mm, Zweiarmschwinge aus Aluminium, Zentralfederbein, direkt angelenkt, verstellbare Federbasis, Doppelscheibenbremse vorn, Ø 296 mm, Vierkolben-Festsättel, Scheibenbremse hinten, Ø 240 mm, Einkolben-Schwimmsattel.

| | |
|---|---|
| Alu-Gussräder | 3.50 x 17; 5.50 x 17 |
| Reifen | 120/70 ZR 17; 180/55 ZR 17 |

■ **Maße und Gewichte:** Radstand 1460 mm, Lenkkopfwinkel 65 Grad, Nachlauf 98 mm, Federweg v/h 120/128 mm, Sitzhöhe 790 mm, Gewicht vollgetankt 219 kg, Zuladung 187 kg, Tankinhalt 19 Liter.

**MESSUNGEN** (MOTORRAD 21/2002)

■ **Fahrleistungen**

| | |
|---|---|
| Höchstgeschwindigkeit* | 230 km/h |
| **Beschleunigung** | |
| 0–100 km/h | 2,9 sek |
| 0–200 km/h | 11,5 sek |
| **Durchzug** | |
| 60–140 km/h | 8,2 sek |
| 140–160 km/h | 5,0 sek |
| Verbrauch   5,0 bis 5,4 l/100 km, Normal | |

*Herstellerangabe

## 2004

**Zu den wenigen sichtbaren Änderungen des dezenten Facelifts gehört das nunmehr mit Chrom verzierte Gehäuse von Tacho und Drehzahlmesser**

**Spürbare Verbesserung: straffer abgestimmte Gabel mit verstellbarer Federbasis und Zugstufendämpfung**

## MODELLPFLEGE

**2002** Markteinführung der Hornet 900 (Typ SC 48) mit 109 PS. Der Motor entstammt der bis 1999 gebauten CBR 900 RR Fireblade, wurde jedoch mit einem modifizierten Zylinderkopf und Ventiltrieb sowie einer reduzierten Verdichtung auf eine bessere Drehmomentabgabe im mittleren Drehzahlbereich getrimmt. Neu ist außerdem die Einspritzung mit U-Kat (8790 Euro).

**2004** Dezentes Facelift mit neuer Gabel, bei der jetzt Federbasis und Zugstufendämpfung eingestellt werden können. Auch das Federbein erhält eine verstellbare Zugstufendämpfung. Ebenfalls neu: Erfüllung der Euro-2-Abgasnorm, Chromeinfassung der Instrumente, überarbeitetes Kennfeld von Zündung und Einspritzung für ein sanfteres Ansprechverhalten, zusätzliche Gepäckhaken, geändertes Sitzbankschloss (8940 Euro).

**2005** Letztes Verkaufsjahr der Hornet 900 in Deutschland; keine technischen Änderungen (8940 Euro).

**2006** Abverkauf der Restexemplare – teilweise mit Tageszulassung – zu deutlich reduzierten Preisen ab zirka 6900 Euro; im Ausland ist die 900er weiterhin erhältlich.

**Rückruf**

**Juli 2003** Defekt im Bereich der Kraftstoffpumpe. In die Werkstätten beordert wurden Modelle mit den Fahrgestell-Endnummern 101111 bis 101630.

# HONDA
# Fireblade

## Einspritzmodelle

**Der vielleicht menschenfreundlichste Supersportler kam immer von Honda. Doch Fireblade ist nicht gleich Fireblade – erst recht nicht nach dem Wechsel vom Vergaser- zum Einspritzmotor.**

Von Klaus Herder; Fotos: Hersteller

**D**ie 1992 präsentierte Mutter aller Leichtbau-Supersportler kam regelmäßig alle zwei Jahre unters Messer. So stand auch im Jahr 2000 wieder eine OP an, aber mit leichtem Lifting war es nicht mehr getan. Seit 1998 bestimmten nämlich Kawasaki ZX9-R und natürlich die Yamaha YZF-R1, wo bei den Supersportlern der Hammer hängt. Mit 128 PS konnte die Fireblade nicht gegen die bis zu 150 PS der Konkurrenz anstinken, denn schließlich besteht das Supersportler-Leben in erster Linie aus Renntrainings. Oder zumindest aus Gesprächen darüber. Dass die Fireblade im Alltagsbetrieb immer das bessere Motorrad war, interessierte die Knieschleifer-Fraktion wenig. Honda legte also nach, aber die (Image-)Probleme wurden nicht weniger. Im Gegenteil, ein neues kam hinzu: Suzuki GSX-R 1000. Und so schärfte Honda hier fleißig nach, speckte dort kräftig ab – und tat 2002 eindeutig zuviel des Guten. Mit der SC50 und dem an Sturheit grenzenden Verzicht auf einen Lenkungsdämpfer hatte man sich ein ziemliches Ei ins Nest gelegt. Eine für Honda teure (aber nur mäßig befriedigende) Umrüstaktion konnte da nur noch wenig retten. Etwas komplett Neues musste her: Die erste 1000er-Fireblade, schwerer als die Vorgängerin, aber mit einem brillant funktionierenden Hightech-Lenkungsdämpfer bestückt. Um den Leistungs-Nimbus einer GSX-R 1000 zu bekommen, war's nicht genug, für gute Verkäufe langte es aber allemal. Mit der SC59 legte Honda noch eins drauf und verkauft seit 2009 ein famoses Supersportler-ABS, das die japanische und italienische Konkurrenz nicht zu bieten hat.

### Tests in MOTORRAD
6/00 (T), 2/02 (TT), 4/02 (VT), 7/02 (VT), 15/02 (VT), 20/02 (VT), 7/03 (VT), 22/03 (VT), 24/03 (VT), 5/04 (T), 19/04 (TT), 6+7/05 (VT), 6/05 (VT), 7/07 (VT), 5/08 (TT), 6/08 (VT), 5/09 (TT), 8/09 (VT), 10/09 (VT), 10/09 (DT), 12/09 (Reifen-T), 14/09 (ABS-T), 20/09 (DT), 3/10 (VT), 7/10 (VT), 8/10 (VT), 10/10 (VT), 22/10 (VT)

T=Test, TT=Top-Test, VT=Vergleichstest, DT=Dauertest
Nachbestellungen unter Telefon 07 11/182-12 29

### Internet
**Szene:** www.honda-fireblade.de; www.cbr-forum.de
**Gebrauchte:** http://markt.motorradonline.de (Händler- und Privatangebote)

### Jahrgang 2004, SC57

Schärferes Design, neues Cockpit, leichterer Rahmen – alles schön und gut, aber neben dem vollen Liter Hubraum ist bei der 2004er-Blade besonders der elektronisch geregelte Drehflügel-Lenkungsdämpfer (Bild links unten) erwähnenwert, der die SC50 vergessen lässt

## Besichtigung

Wäre die Fireblade ein Tourer, würde der Begriff **„unkaputtbar"** an dieser Stelle genau passen. Etwas pflegliche Behandlung vorausgesetzt – womit sorgfältiges Warmfahren, regelmäßige Inspektionen und fehlende Selbermacher-Tuningmaßnahmen gemeint sind – ist die Honda-Technik für 100000 und mehr problemlose Kilometer gut. Doch die Fireblade ist kein Tourer – wenn auch einige R1- und GSX-R-Piloten das anders sehen. Wie bei Supersportlern üblich, wird auch die Fireblade ab und zu im Grenzbereich bewegt. Und über diesen hinaus, worauf das geballte Auftreten von (günstigen) Zubehörteilen hindeutet. Blinker, Hebel, Auspuff, Verkleidungsscheiben – nicht immer ist der Wunsch nach Individualisierung das auslösende Moment beim willenlosen Umbau. Ein Blick auf den Lenkanschlag, die Gabelrohre und hinter die Verkleidung verrät meist, ob die Fireblade von kaltverformenden Maßnahmen betroffen war. Ein Blick in die Fahrzeug-Unterlagen klärt dagegen, ob die ins Auge gefasste Maschine bei **Rückrufaktionen** berücksichtigt wurde. **SC44:** Austausch Kraftstoff-Druckschlauch (26. 10. 2000), Austausch Kupplung (26. 1. 2001). **SC57:** Überprüfung und ggf. Austausch Kraftstofftank (14. 12. 2007). **SC59:** Überprüfung und ggf. Austausch Kühlmittelschlauch-Schelle (10. 7. 2008); Produktoptimierung: bei stark erhöhtem Motorgeräusch Austausch von Kupplungs-Innenteilen. Die genannten Maßnahmen sind auch alle in die Produktion eingeflossen, gezieltes Nachfragen ist dennoch ratsam. Das leidige Thema **Lenkerschlagen** bei der SC50 dürfte Gebrauchtkäufer nur noch wenig belasten, denn Honda rüstete alle betroffenen Modelle des 2002er-Jahrgangs um. Die gewählte Problemlösung führte aber dazu, dass dieses Modell recht sensibel auf die Einstellung der Lenkkopflager reagiert. Das (eher selten auftretende) **Gabelflattern** beim extrem scharfen Abbremsen der ersten CBR 1000 RR (SC57) kann seine Ursache in unpassenden Bremsbelägen haben. Honda hatte das Problem bereits 2005 erkannt und den Händlern entsprechende Abhilfe-Tipps gegeben. Das Problem dürfte daher mittlerweile ausgestanden sein und ggf. nur noch „Standuhren" betreffen, die immer noch mit den ersten Bremsbelägen bestückt sind.

## Marktsituation

**Der Supersportler-Markt steht mächtig unter Druck** und ist ein klarer Käufermarkt. Das Angebot übersteigt gewaltig die Nachfrage. Die in den einschlägigen Internet-Angeboten verlangten Preise werden in der Praxis so gut wie nie gezahlt, denn die Konkurrenz ist einfach zu groß. Die beiden ersten Einspritzer-Generationen (SC44 und SC50) haben es ganz besonders schwer, diese Modelle finden nur schwerlich neue Besitzer.

| Preisniveau in Euro | Baujahre | Km-Stand |
|---|---|---|
| **Niedrig 5000–5900** | 2004–2005 | 18 000–30 000 |
| **Mittel   6000–6900** | 2004–2007 | 10 000–15 000 |
| **Hoch   7000–8000** | 2006–2007 | 5000–10 000 |
| **Typ** | **im Programm** | **Verkäufe** |
| **SC57** | 2004–2007 | 10 698 |

Bei diesen beiden CBR 900 RR-Modellen geht es nur über den Preis, um 4000 Euro gibt es schon recht gepflegte Exemplare im Originalzustand und mit überschaubarer Kilometerleistung. Bei der SC57 sieht es für die Verkäufer nur etwas besser aus. Schnäppchenjäger können mit etwas Glück die 1000er im absoluten Top-Zustand mit unter 5000 Kilometern für weniger als 7500 Euro bekommen. Die meisten SC57 werden für Preise zwischen 6000 und 7000 Euro gehandelt. Das SC59-Angebot fängt bei knapp 8000 Euro an. Vorführmaschinen mit sehr wenig Kilometern oder ungefahrene Tageszulassungen werden bereits für unter 10000 Euro und damit gewaltig unter dem Listenpreis angeboten. Die extrem kurze Halbwertzeit im Supersportler-Segment sorgt dafür, dass klamme Händler, die noch (fast) neue Vorjahresmodelle im Laden haben, preislich fast jede Schweinerei mitmachen (müssen). ▶ **Verfügbarkeit am Markt: sehr hoch**

## Daten
(Typ SC 57; Modelljahr 2004)

### MOTOR
Wassergekühlter Vierzylinder-Viertakt-Reihenmotor, zwei obenliegende, kettengetriebene Nockenwellen, vier Ventile pro Zylinder, Tassenstößel, Nasssumpfschmierung, Einspritzung, geregelter Katalysator, hydraulisch betätigte Mehrscheiben-Ölbadkupplung, Sechsganggetriebe, O-Ring-Kette.
Bohrung x Hub                75,0 x 56,5 mm
Hubraum                      998 cm³
**Nennleistung**
      **126 kW (171 PS) bei 11 250/min**
**Max. Drehmoment**
      **115 Nm bei 8500/min**

### FAHRWERK
Brückenrahmen aus Aluminium, Motor mittragend, Upside-down-Gabel, Ø 43 mm, Alu-Zweiarmschwinge, Zentralfederbein mit Hebelsystem, jeweils voll einstellbar, Doppelscheibenbremse vorn, Ø 310 mm, Scheibenbremse hinten, Ø 220 mm.
Alu-Gussräder          3.50 x 17; 6.00 x 17
Reifen          120/70 ZR 17; 190/50 ZR 17

### MAßE+GEWICHTE
Radstand 1412 mm, Lenkkopfwinkel 66,25 Grad, Nachlauf 102 mm, Federweg v/h 120/135 mm, Sitzhöhe* 820 mm, Gewicht vollgetankt* 211 kg, Zuladung* 177 kg, Tankinhalt/Reserve 18/3,5 Liter.

### MESSUNGEN
(MOTORRAD 19/2004)
Höchstgeschwindigkeit**          287 km/h
**Beschleunigung**
0–100 km/h          3,2 sek
**Durchzug**
60–140 km/h          7,0 sek
**Verbrauch**   5,7 l/100 km (Landstraße)

*MOTORRAD-Messungen; **Herstellerangabe

Komplett neuer Alurahmen, Schwingenlagerung im Motorengehäuse, neue Upside-down-Gabel und endlich ein 17-Zoll-Vorderrad – das passt

## Jahrgang 2000, SC44

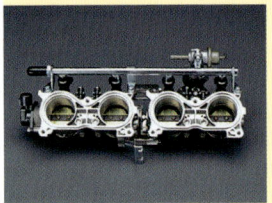   

**Benzineinspritzung statt Vergaser-Batterie, Titankrümmer mit Auslass-Walzensystem, neue Schwinge aus Gussteilen und Alu-Profilen, superflache Kombi-Instrumenteneinheit mit Wegfahrsperre – die 2000er-Blade war eine Neukonstruktion**

## Jahrgang 2002, SC50

**Spitzere Front und strafferes Design, kleinere und leichtere Instrumente, bogenförmige Alu-Schwinge nach NSR 500-Machart, Titan-Schalldämpfer – tolle Technik, wenig Vertrauen. Die SC50 verdarb ihr Image durch Lenkerschlagen**

Das letzte Werk des Fireblade-Vaters Tadao Baba war in allen Belangen auf Handlichkeit ausgerichtet und radikal gemacht – wohl etwas zu radikal

## Jahrgang 2006, SC57

Detailverbesserungen und die (aufpreispflichtige) Repsol-Sonderlackierung (2007) machen die zweite SC57 zur besseren SC57

## Jahrgang 2008, SC59

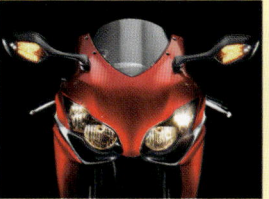

Die siebte Fireblade-Generation war mal wieder eine komplette Neukonstuktion. Der Auspuff wanderte zum Zwecke der Massenzentralisierung nach unten, und ab Modelljahr 2009 gab's die SC59 gegen 1000 Euro Aufpreis mit ABS (Bild rechts)

Der im Vergleich zum Vorgängermodell 2,5 Kilo leichtere und kompaktere Motor ist auf höhere Drehzahlen ausgelegt und leistet 178 PS

## Modellpflege

**2000** Komplette Neukonstruktion (SC44): wesentliche Unterschiede zum Vorgängermodell SC33: mehr Hubraum und Leistung (929 cm³, 147 PS), Einspritzung und geregelter Kat, neuer Alurahmen, Upside-down-Gabel, 17-Zoll-Rad, Schwinge im Motorgehäuse gelagert. Leergewicht 202 kg. **Farben: Blau (2 Dekore), Schwarz. Preis: 22 190 Mark. In D verkauft: 3613 Stück.**

**2001** Technisch unverändert. **Farben: Rot, Gelb, Blau, Silber. Preis: 23 640 Mark. In D verkauft: 2634 Stück.**

**2002** Die SC50 wirkt durch ein neues Verkleidungsdesign straffer. 954 cm³, 150 PS; Neue Motor-Innereien, Änderungen an Einspritzung und

Elektronik, Titan-Auspuff. Steuerkopf und Rahmenheck modifiziert, neue Schwinge, leichtere Räder, Tankform überarbeitet. Leergewicht 199 kg. **Farben: Rot, Weiß, Gelb. Preis: 12 590 Euro. In D verkauft: 3097 Stück.**

**2003** Technisch unverändert. **Farben: Blau, Schwarz (2 Dekore). Preis: 12 740 Euro. In D verkauft: 2144 Stück.**

**2004** Die SC57 ist die erste 1000er-Fireblade und die erste mit serienmäßigem Lenkungsdämpfer. Komplett neuer, kompakterer Motor (998 cm³, 171 PS), Kassetten-Getriebe, Centre-up-Auspuff, neuer Rahmen, Cockpit mit Schaltblitz, hydraulisch betätigte Kupplung. Leergewicht 211 kg. **Far-**

ben: **Weiß, Schwarz, Rot, Repsol. Preis: 12 990 Euro. In D verkauft: 3220 Stück.**

**2005** Technisch unverändert. **Farben: Rot, Schwarz, Blau. Preis: 12 990 Euro. In D verkauft: 2930 Stück.**

**2006** Unveränderte Typenbezeichnung (SC57), aber viel Modellpflege im Detail: u. a. Ein- und Auslasskanäle, Kurbelwelle und Nockenwellen überarbeitet, erhöhte Verdichtung, 172 PS, Kühler und Kat neu; Fahrwerksgeometrie geändert. Leergewicht 208 kg. **Farben: Rot, Schwarz, Silber. Preis: 13 190 Euro. In D verkauft: 2310 Stück.**

**2007** Technisch unverändert. **Farben: Rot, Schwarz, Repsol, HRC.**

**Preis: 12 990 Euro. In D verkauft: 2238 Stück.**

**2008** Neues Modell (SC59), Motor kompakter und 2,5 Kilo leichter, 178 PS; Rahmen leichter, schlanker und steifer, neue Bremsen. Leergewicht 199 kg. **Farben: Schwarz, Weiß, Rot. Preis: 13 760 Euro. In D verkauft: 2703 Stück.**

**2009** Mit ABS lieferbar. **Farben: Schwarz, Silber-Blau, Repsol, HRC-Tricolor. Preis: 13 990 Euro. In D verkauft: 1827 Stück.**

**2010** Heck modifiziert; Rücklicht Klarglas, Auspuffabdeckung aus Alu, Kennzeichenhalter demontierbar, Kurbelwelle und Lichtmaschinenrotor optimiert. **Preis 14 990 Euro. In D verkauft: 1810 Stück.**

# HONDA
## VTR 1000 SP-1/SP-2

**Supersportler mit nachhaltigem Image und geringem Wertverlust gesucht? Rundenzeiten eher zweitrangig, aber Landstraßenspaß unabdingbar? Mit dieser Honda liegt man goldrichtig.**

Von Thorsten Dentges; Fotos: Honda, Jahn (1)

Sportmotorräder haben einen hohen „Geil-Faktor". Aber auch ein Problem: Dieser emotionale Faktor hat kurze Halbwertszeit. Zigtausende Fireblades, Gixxer oder Ninjas teilen das selbe Schicksal: Der Erstkäufer vergöttert sie, der zweite schätzt sie, aber spätestens nach wenigen Jahren erlahmt die Faszination, und dann wird das Motorrad schnell in nächstbeste Heizerhände weitergegeben. Weil die Nachfolgemodelle schneller, leichter, besser sind. Bei der SP-Reihe der VTR 1000 ist das anders. Sie löste im Jahr 2000 große Gefühle aus und tut es bis heute. Und sei es nur, weil der einst exklusive und verdammt teure Renner (damals 26 460 Mark) in klasse Zustand mittlerweile für unter 5000 Euro zu ergattern ist. Die hübsche SP-1 aus Hondas Rennschmiede HRC konnte zwar gleich beim Wettbewerbsdebüt einen Superbike-Weltmeistertitel mit Colin Edwards einfahren, im Verkaufsraum verlor die V2-Maschine seinerzeit jedoch das Duell gegen die hauseigene CBR-Konkurrenz mit großem Abstand. Eine zu softe Serienabstimmung und gegenüber der Fireblade satte 20 Kilo Übergewicht ließen den eigentlich hochinteressanten Supersportler floppen, wenngleich guter Fahrkomfort und der kultivierte, sehr unterhaltsame Zweizylindermotor dem Motorrad hohe Landstraßenqualitäten einbringen. Auch das radikalere und durchdacht überarbeitete, drei PS stärkere (135 PS) und vor allem leichtere (217 statt 221 Kilo) Nachfolgemodell SP-2 (2002 bis 2006 im Programm) konnte nicht richtig punkten. Technisch in vielen Details für professionellen Rennsport ausgelegt, extrem stabil und hart gefedert, faszinierte die Tausender als Neufahrzeug nur wenige Liebhaber mit ambitioniertem Fahrstil. Und heutzutage? Da suchen viele Fans nach der raren Maschine mit erstaunlich hohem, nachhaltigem „Will-haben-Faktor".

**Tests in MOTORRAD**
**SP-1:** 5/2000 (T), 6/2000 (VT), 10/2000 (VT), 20/2000 (VT); **SP-2:** 4/2002 (FB), 6/2002 (VT), 12/2002 (VT), 15/2002 (VT), 11/2003 (VT)
FB = Fahrbericht, T = Test, VT = Vergleichstest; Nachbestellungen unter Telefon 07 11/1 82-12 29, www.motorradonline.de/downloads

## IM DETAIL

Zu Anfang des Jahrtausends seiner Zeit voraus: schlanke, digitale Informationsleiste. Zwar je nach Lichteinfall teilweise schlecht ablesbar, aber sehr ansehnlich

Fette, voluminöse Alu-Kastenschwinge – wow! Das SP-1-Teil wirkt so, als wäre es direkt aus dem Grand Prix-Lagerregal geholt worden

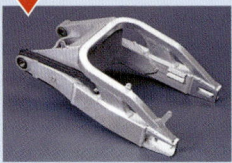

Nackte Wahrheit: Ein senkrecht platzierter V-Motor und zwei vergleichsweise schwere Schalldämpfer rücken den Schwerpunkt ungünstig nach hinten

Die SP-2 schöpft aus dem Vollen: imposant 62 Millimeter messen Drosselklappen. Vorgesehen für leistungssteigernde Rennkit-Te

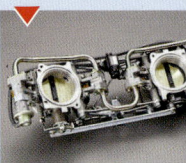

# BESICHTIGUNG

Da einige Besitzer den Instinkten dieses Sportlers nur allzu gern freien Lauf ließen, ist auch bei äußerlich gut dastehenden SP-Modellen Vorsicht geboten. Wirkt etwa die Plastikverschalung auch nach über 30 000 Kilometern noch neuwertig, sollte man argwöhnisch hinter die Kulissen, sprich die Verkleidung blicken. Die

Wahrscheinlichkeit ist dann hoch, dass das Kleid nach Sturz gewechselt wurde. Weitere Indizien für rennsportliche Strapazen: gebohrte Schrauben (für im Motorsport vorgeschriebene Sicherungssplinte). Außerdem checken, ob Soziussitz und Abdeckplatte vorhanden sind, da diese teuren Serienteile (über 250 Euro) nur getrennt voneinander

montiert werden können und eventuell ein Teil davon mitunter im Laufe der Jahre verschlampt wurde. Hohes Ansehen haben leichte Auspuffanlagen mit Straßenzulassung (zum Beispiel von Akrapovic) sowie andere eingetragene, ehemals teure Nachrüstteile (Hebel, Rasten etc.), die den Wert der gebrauchten SP steigern.

## MARKTSITUATION

Das Angebot ist zwar gering, aber die Nachfrage hält sich ebenfalls in Grenzen, denn die aufgerufenen Preise sind vergleichsweise hoch. Allerdings lauern gezielt suchende und gut informierte Fans regelrecht auf günstige Schnäppchen (um 30 000 Kilometer, um 4500 Euro) und greifen dann auch binnen Tagen zu. Die Interessenten, vorwiegend Landstraßenpiloten, schrecken bei diesem Supersportler auch vor hohen Laufleistungen (über 40 000 Kilometer) nicht zurück,

| Preisniveau in Euro | | Baujahre | km-Stand |
|---|---|---|---|
| **Niedrig** | **3500–4500** | 2000–2001 | 30 000–50 000 |
| Mittel | 4600–5900 | 2000–2005 | 15 000–35 000 |
| **Hoch** | **6000–7000** | 2002–2006 | 5000–20 000 |
| **Typ** | | **im Programm** | **Verkäufe** |
| **SC45 (SP-1)** | | 2000–2001 | 1992 |
| **SC45 (SP-2)** | | 2002–2006 | 1510 |

wenn etwa gute Pflege und hochwertige Nachrüstteile zum Kauf animieren. Besten Werterhalt haben Stücke in Originalzustand, da die raren SP-Modelle ein Zukunftspotenzial als Youngtimer besitzen. Für über 6000 Euro sind aber selbst die neueren SP-2 nur zäh loszuwerden. Und zu reinen Rennern umgerüstete Maschinen haben den schwersten Stand, weil bei Hobbyracern die relativ „langsame" SP beinahe komplett out ist.

▶ **Verfügbarkeit am Markt: niedrig**

## TECHNISCHE DATEN    (Typ SC45, Modelljahr 2000 bzw. 2002*)

### MOTOR

Wassergekühlter Zweizylinder-Viertakt-90-Grad-V-Motor, vier Ventile pro Zylinder, Nasssumpfschmierung, Einspritzung, Sekundärluftsystem, hydraulisch betätigte Mehrscheiben-Ölbadkupplung, Sechsganggetriebe, O-Ring-Kette.

Bohrung x Hub                              100 x 63,6 mm
Hubraum                                    999 cm³
**Nennleistung**
**97 kW (132 PS) bei 9500/min**
**[97 kW (135 PS) bei 10 000/min]**
**Max. Drehmoment**
**102 Nm bei 8500/min [8000/min]**

### FAHRWERK

Brückenrahmen aus Aluminium, Upside-down-Gabel, Ø 43 mm, verstellbare Federbasis, Zug- und Druckstufendämpfung, Zweiarmschwinge aus Aluminium, Zentral-

federbein mit Hebelsystem, verstellbare Federbasis und Zug- und Druckstufendämpfung, Doppelscheibenbremse vorn, Scheibenbremse hinten.
Reifen            120/70 ZR 17, 190/50 ZR 17

### MAßE + GEWICHTE

Radstand 1410 [1420] mm, Lenkkopfwinkel 65,5 [66,7] Grad, Nachlauf 101 [95] mm, Federweg v/h 130/120 mm, Sitzhöhe[1] 790 [820] mm, Gewicht vollgetankt[1] 221 [217] kg, Tankinhalt/Reserve 18/2,5 Liter.

### MESSUNGEN

(MOTORRAD 20/2000 bzw. 15/2002)
Höchstgeschwindigkeit[2]        269 [278] km/h
Beschleunigung
0–100 km/h                       3,2 [3,1] sek
Durchzug
60–100 km/h                      4,7 [4,4] sek
Verbrauch  7,8 l/100 km (SP-1, Landstraße)

*Daten für Modelljahr 2002 in eckigen Klammern; [1]MOTORRAD-Messungen; [2]Herstellerangabe

**nternet**
**nsites:**
ww.vtr1000.de

**ebrauchtangebote:**
tp://markt.motorradonline.de/bike151.htm (SP-1)
zw. /bike1462.htm (SP-2)

## MODELLPFLEGE

**2000** Markteinführung der VTR 1000 SP-1, Typ SC45, V2-Motor mit zahnradgesteuerten Nockenwellen und Einspritzung (54 mm Drosselklappen-Querschnitt) sowie vielfach verstellbarem Fahrwerk und Upside-down-Gabel. **Preis: 26 460 Mark (13 529 Euro).**

**2001** Letztes Baujahr des Modells SP-1. **Preis: 27 640 Mark (14 132 Euro).**

**2002** SP-1 noch im Programm zum Abverkauf, Debüt des Nachfolgemodells VTR 1000 SP-2 mit neu abgestimmtem Motor (135 statt 132 PS), Drosselklappen-Querschnitt erhöht sich auf 62 mm, zwölfstrahlige, doppelte Einspritzdüsen, geänderte Auslasskanäle. Neues, steiferes Chassis und strafferer abgestimmtes Fahrwerk, leichtere Schwinge und Rahmenheck neu gestaltet. **Preis: 14 590 Euro.**

**2005** Preiserhöhung auf 14 840 Euro.

**2006** Letztes Jahr im Honda-Programm.

**Kind aus dem renommierten HRC-Stall: SP-2-Modell ab 2002**

# GEBRAUCHT-BERATUNG

**Zunächst wurde sie zum Sporteln auf die Straße geschickt, Disziplin: Sprint. Der Fünf-Zentner-Maschine fehlte angeblich jedoch die Endschnelligkeit. Tourenfahrer haben aber ihre anderen Qualitäten entdeckt.**

# HONDA CBR 1100 XX
## SUPER BLACKBIRD

Von Thorsten Dentges; Fotos: Hersteller

**B**einahe 165 PS und trotzdem zu schlapp? Absurd. Doch (angebliche) Schwäche bestimmte eine Zeit lang das Schicksal der 1100er-Honda. Rückblick: Wir befinden uns inmitten der Neunzigerjahre, die Motorradwelt giert nach Leistung, das fahrende Volk schreit nach dem Fall der 300-km/h-Mauer. Die CBR 1100 XX, auch Super Blackbird genannt, trat im Herbst 1996 auf die (Autobahn-)Bühne und ist seit 1997 offiziell im Programm. Sie sollte ihren großen Auftritt haben, doch dann: „nur" 284 km/h. Schwach? Aus heutiger Sicht lassen wir die Kirche aber mal im Dorf, andere Motorräder haben diese seltsam künstliche Schallmauer zwar gerissen, doch objektiv betrachtet ist die 1100er ein superklasse Motorrad, dem es vor allem an einem nicht fehlt: Leistung. Auch nicht, seitdem die Einspritzerversion ab 1999 mit einer Nennleistung von nur 150 PS losgeschickt wurde. Die ganze PS-Pokerei war seinerzeit aber mehr eine Marketing-Blase, denn die vollen 164 PS erreichte in echt kaum eine Vergaser-Doppel-X. Allerdings soll das Ram-Air-System der Einspritzerversion noch ein paar mehr Pferdchen rauskitzeln. Für den äußerst respektablen Topspeed zeichnete ohnehin wohl eher die extrem ausgetüftelte Aerodynamik verantwortlich. Die Super Blackbird ist und bleibt jedenfalls ein erstklassiger Sporttourer mit sanfter Kraftentfaltung, stabilem, zielgenauem Fahrwerk, beeindruckender Langlebigkeit sowie toller Ergonomie und ausgezeichnetem Langstreckenkomfort. Zusätzlich mit Zubehör wie einer Tourenscheibe für besseren Windschutz oder einem schlauen Gepäcksystem ausgerüstet, spielt die starke Honda gerne die Rolle des gediegenen Reisemobils – fernab von jedem Sport-Hype.

**Tests in MOTORRAD**
20/1996 (T), 9/1997 (VT), 14/1998 (Reise-VT), 2/1999 (T), 8/1999 (VT), 9/2000 (VT), 8/2001 (VT), 11/2001 (VT), 10/2002 (VT), 16/2003 (VT), 9/2005 (VT)

T = Test, VT = Vergleichstest; Nachbestellungen unter Telefon 07 11/1 82-12 29 oder www.motorradonline.de/downloads

## IM DETAIL

**Prägnantes Aussehen, aber unauffälliger Sound** – die augenfälligen und stilistisch gelungenen Edelstahl-Auspuff-Endtöpfe brabbeln sehr gedämpft

Die funktionale Anordnung der überwiegend runden Analog-Instrumente erfüllt voll ihren Zweck. Im Mittelpunkt – wen wundert's – die Geschwindigkeitsanzeige

**Auf Tour besonders hilfreich: die Dual-CBS-Verbundbremse.** Wenn vorne oder hinten der Hebel betätigt wird, bremst der jeweils andere Stopper effizient mit

**1999 ersetzte eine Einspritzanlage die Vergaser. Die Nennleistung sank von 164 auf 150 PS,** die Leistungsentfaltung wurde aber besser auf Touring abgestimmt

**Das 2001 renovierte Cockpit mit Digital-T**cho, -Temperaturanzege und -Tankuhr läss sich prima ablesen. D zentrale Drehzahlme ser macht auf sportli

# BESICHTIGUNG

Der Vierzylinder: extrem zuverlässig und langlebig. Läuft normalerweise sauber und kultiviert, sodass unangemessene Lautäußerungen, etwa von verschlissenen und deshalb rasselnden Steuerketten, bei der Probefahrt vermutlich sofort auffallen würden. Solche Mängel sind jedoch wohl nur bei stark beanspruchten und nicht or-

dentlich gewarteten Exemplaren mit Kilometerstand weit jenseits der 50 000 zu befürchten. Wegen der starken Leistung bei älteren Maschinen bitte auch die Kupplung prüfen, ob sie noch sauber trennt. Ein kurzer Check des Lenkkopflagers sei ebenfalls empfohlen. Als Zubehör haben sich bei Kennern folgende Teile bewährt, die

auf den Preis angerechnet werden können: Lenkerumbauten wie das pfiffige Match-Kit (erhöhte Lenkerstummel) von LSL (Neupreis 249 Euro), MRA-Tourenscheiben (neu ab 80 Euro) oder das Schnellverschluss-Gepäcksystem mit festen Stoffkoffertaschen von SW-Motech (Speedpacks, Komplettsystem neu rund 800 Euro).

# MARKTSITUATION

Etwas verschrammte, aber voll fahrtüchtige Exemplare kann man schon um 2000 Euro als Angebot von Privatanbietern in den Annoncen orten, Laufleistungen über 70 000 Kilometer sind dann aber keine Besonderheit. Für betagte, aber ordentlich gepflegte Vergasermodelle (bis Baujahr 1999) mit gut 30 000 Kilometern legt man bei manchen Händlern allerdings nur gut 1000 Euro mehr hin und bekommt sogar noch Gewährleistung – eindeutig der bessere Deal. Die solide Honda ist eine der wenigen Gebrauchtmaschinen, die bei Händlern auch noch trotz eines Alters von über zehn Jahren gerne

| Preisniveau in Euro | | Baujahre | km-Stand |
|---|---|---|---|
| Niedrig | 2000–3400 | 1997–2002 | 35 000–80 000 |
| Mittel | 3500–5000 | 1997–2005 | 15 000–60 000 |
| Hoch | 5100–6500 | 2001–2008 | 7500–30 000 |
| **Typ** | | **im Programm** | **Verkäufe** |
| SC 35 (Vergaser) | | 1997–1998 | 4355 |
| SC 35 (Einspritzer) | | 1999–2008 | 9136 |

gesehen sind, und die Verweildauer im Laden ist bei fairen Preisen in der Regel auch nicht allzu lang. Einspritzer-Blackbirds mit geringen Laufleistungen (unter 25 000 Kilometer) gibt es ab 4500 Euro, sie sind wegen des Preis-Leistungs-Verhältnisses als flotte Tourenmotorräder sehr begehrt. Bei 6500 Euro liegt auch für topausgestattete Erste-Hand-Exemplare die preisliche Obergrenze. ▶ **Verfügbarkeit am Markt: hoch**

# TECHNISCHE DATEN  (Typ SC 35, Modelljahr 2005)

## MOTOR

Wassergekühlter Vierzylinder-Viertakt-Reihenmotor, vier Ventile pro Zylinder, Nasssumpfschmierung, Einspritzung, geregelter Katalysator mit Sekundärluftsystem, hydraulisch betätigte Mehrscheiben-Ölbadkupplung, Sechsganggetriebe, O-Ring-Kette.

| | |
|---|---|
| Bohrung x Hub | 79 x 58 mm |
| Hubraum | 1137 cm³ |

**Nennleistung**
          **112 kW (152 PS) bei 9500/min**
**Max. Drehmoment**
          **119 Nm bei 7300/min**

## FAHRWERK

Brückenrahmen aus Aluminium, Telegabel, Zweiarmschwinge aus Aluminium, Zentralfederbein mit Hebelsystem, verstellbare Federbasis und Zugstufendämpfung, Dop-

pelscheibenbremse vorn, Scheibenbremse hinten, Verbundbremssystem.

| | |
|---|---|
| Alu-Gussräder | 3.50 x 17; 5.50 x 17 |
| Reifen | 120/70 ZR 17, 180/55 ZR 17 |

## MAßE + GEWICHTE

Radstand 1490 mm, Lenkkopfwinkel 65 Grad, Nachlauf 99 mm, Federweg v/h 120/120 mm, Sitzhöhe* 800 mm, Gewicht vollgetankt* 257 kg, Zuladung* 173 kg, Tankinhalt/Reserve 23/4 Liter.

## MESSUNGEN

(MOTORRAD 9/2005)

| | |
|---|---|
| Höchstgeschwindigkeit** | 290 km/h |
| Beschleunigung | |
| 0–100 km/h | 3,0 sek |
| Durchzug | |
| 60–100 km/h | 4,8 sek |
| Verbrauch | 5,7 l/100 km (Landstraße) |
| | 5,9 l/100 km (bei 130 km/h) |

*MOTORRAD-Messungen; **Herstellerangabe

**Internet**
**Gebrauchtangebote:** http://markt.motorradonline.de/bike463.htm
**Fansites:** www.super-blackbird.de; www.super-blackbird.org

# MODELLPFLEGE

**1997** Markteinführung in Deutschland. Die Super Blackbird (Typ SC 35) mit offen 164 PS gilt als bis dahin leistungsstärkstes Serienmotorrad. In Deutschland offiziell nur als 98-PS-Version im Programm. Optional erhältlicher, ungeregelter Kat für umgerechnet rund 255 Euro im Angebot. **Preis: 21 490 Mark (10 988 Euro).**

**1999** Umrüstung auf elektronische Einspritzung und Drei-Wege-Kat. Nennleistung nunmehr 150 PS (zusätzliches Ram-Air-System soll jedoch bei hohen Geschwindigkeiten die Leistung auf 164 PS steigern). Kupplung, Nockenwellen, Brems-

anlage, Gabel und Rücklicht modifiziert. Neu: Diebstahlsicherung und 24-Liter-Tank (zuvor 22 Liter). Typbezeichnung SC 35 bleibt gleich. **Preis: 22 220 Mark (11 361 Euro).**

**2001** Nennleistung: 152 PS. Cockpit überarbeitet, Digital- statt Analog-Tachometer, höhere Verkleidungsscheibe. **Preis: 24 430 Mark (12 491 Euro).**

**2007** Im März Baustopp des Modells. **Preis: 13 240 Euro.**

**2008** Letztes Jahr im deutschen Honda-Programm. **Preis unverändert.**

**Vom Raser zum Reisenden: Die grundsolide 1100er wird wegen ihrer Souveränität gerne touristisch bewegt**

# HONDA
# PAN EUROPEAN 1300

**Sie hat sich eingependelt. Nach vielen Startschwierigkeiten hat es die 2002 neu aufgelegte Pan European doch noch geschafft, feste Freunde zu finden. Vom Pan-Kult der 1100er-Vorgängerin ist die 1300er weit entfernt, dafür ist sie zu fairen Preisen zu bekommen.**

Von Thorsten Dentges
Fotos: fact, Hersteller, jkuenstle.de

**N**ach einer langen Durststrecke kam 2002 endlich die Neue. Pan-European-Fans und die Fachpresse hatten sich mit höchsten Erwartungen auf die ST 1300 gefreut und dann das: Ab 180 km/h begann die Fuhre so zu pendeln, dass Expressetappen auf deutschen Autobahnen ungemütlich wurden. Pan-Fans waren verbittert, sprangen teilweise ab zur Konkurrenz oder blieben auf ihrer bewährten ST 1100 einfach sitzen. Was dabei häufig vergessen wurde: Die neue 1300er hatte zwar diese Schwäche, aber auf der anderen Seite enorm viele Stärken wie einen drehmomentstarken, kultivierten Vierzylinder, viel Stauraum, ausgeklügelte Ergonomie-Verstellmöglichkeiten. Kurzum: Die Pan hatte das Zeug zur besten Reisemaschine überhaupt. Der gute Ruf war aber dahin – von wegen typische Honda-Perfektion. Zumal die Tourenmaschine mit rund 16 000 Euro kein Schnäppchen war. Ab 2003 verkaufte sich die Pan nur noch dreistellig, obwohl nach einigen Verbesserungen (siehe Modellpflege) das Motorrad tatsächlich ein beinahe perfekter Tourer ist. Händler tun sich trotzdem schwer und versuchen es mit Rabattaktionen. Neuwertige Gebrauchte sacken dadurch im Preis, und ältere Exemplare mit vielen Kilometern sind mittlerweile sehr bezahlbar. Clevere Interessenten wissen das...

www.motorradonline.de/gebrauchtberatung

**Herzenssache: Vau-Vier, zwei Ausgleichswellen, 126 PS, 1,3 Liter Hubraum**

**Tests in MOTORRAD**
10/2002 (FB), 12/2002 (TT), 14/2002 (VT), 13/2003 (VT), 11/2005 (VT), 15/2006 (VT), 18/2007 (VT)
FB=Fahrbericht, TT=Top-Test, VT=Vergleichstest
Nachbestellungen unter Telefon 07 11/182-12 29

## Details

**Doppelkombination:** Bei den Stoppern sorgt ein sensibel regelndes ABS zusammen mit der Honda-Verbundbremse Dual CBS für gute Bremsleistungen

Per Knopfdruck lässt sich die Windschutzscheibe auch während der Fahrt um fast zwei Zentimeter verstellen

**Auf und nieder:** Die dreistufige Höhenverstellung der äußerst komfortablen Sitzbank ist ausgebufft. Verstellbereich: satte 45 Millimeter

Übersichtliche Kommandobrücke beim Reisedampfer. Leider kann der Kapitän die Leuchtdioden bei hellem Tageslicht kaum ablesen

Die 35-Liter-Serienkoffer passen sich prima ein. Ohne zu fahren, ist unpraktisch – darüberhinaus sieht das nackte Heck außerordentlich hässlich aus

## Besichtigung

Ärgernisse wie eine an Bordsteinen schnell aufsetzende Ölwanne, zu viel Hitze hinter der Verkleidung oder abgeklemmte Entlüftungsschläuche sind in der Regel passé, weil diese Kinderkrankheiten, die noch bis einschließlich 2003 auftraten, in Rückrufaktionen längst behoben sein sollten. Trotzdem sollte man gerade bei den ersten beiden Modelljahren die Historie genau überprüfen. Der Motor gilt als zuverlässig, auch wenn bis jetzt nur wenige Maschinen die 100 000er-Marke überschritten haben. Zubehör ist bei der serienmäßig schon tipptopp ausgestatteten 1300er eher eine Nebensache. Wichtiger: nach dem Zustand von Verschleißteilen (Bremsen, Reifen, Lager) schauen, am besten die Verkleidung auch nach Rissen und Kratzern absuchen und checken, wann die letzte Inspektion (alle 6000 km) gemacht wurde. Stimmt alles, steht einer langen Partnerschaft nichts entgegen.

## Marktsituation

Es gibt kaum gezielte Nachfragen nach diesem Motorrad (rund zwei Drittel sind Händlerangebote). Während die alte Pan European noch bis 6000 Euro gehandelt wird und bei einer breiten Masse Kultstatus besitzt, interessieren sich für die neuere 1300er eher gut informierte Tourenfahrer, die um die eigentlichen Werte der Maschine wissen und nun auf Schnäppchenjagd gehen. Außerdem passen Umsteiger von eher schnöden Tourenmotorrädern à la Bandit oder XJ 900 ins Interessenten-Raster, weil die Honda als Luxustourer gebraucht mit nicht allzu vielen Kilometern (unter 40 000) sehr erschwinglich ist (gute Maschinen gibt es schon um die 7000 Euro). Sehr schwer tun sich Privatanbieter, wenn sie ein gepflegtes, vergleichsweise junges (ab Baujahr 2006) Exemplar veräußern wollen – bei Preisforderungen über 10 000 Euro bleibt das Telefon vermutlich still.

▶ **Verfügbarkeit am Markt: mittelhoch**

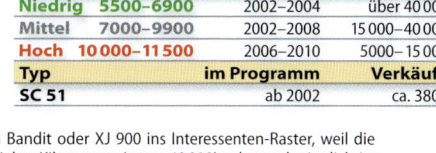

| Preisniveau in Euro | | Baujahre | Km-Stand |
|---|---|---|---|
| **Niedrig** | **5500–6900** | 2002–2004 | über 40 000 |
| **Mittel** | **7000–9900** | 2002–2008 | 15 000–40 000 |
| **Hoch** | **10 000–11 500** | 2006–2010 | 5000–15 000 |
| **Typ** | | **im Programm** | **Verkäufe** |
| **SC 51** | | ab 2002 | ca. 3800 |

## Daten  SC 51 (Modelljahr 2002)

### MOTOR

Wassergekühlter Vierzylinder-Viertakt-90-Grad-V-Motor, vier Ventile pro Zylinder, Nasssumpfschmierung, elektronische Einspritzung, geregelter Katalysator mit Sekundärluftsystem, hydraulisch betätigte Mehrscheiben-Ölbadkupplung, Fünfganggetriebe, Kardan.
Bohrung x Hub       78 x 66 mm
Hubraum       1261 cm$^3$
**Nennleistung**
     **93 kW (126 PS) bei 8000/min**
**Max. Drehmoment**
     **125 Nm bei 6000/min**

### FAHRWERK

Brückenrahmen aus Aluminium, Telegabel, Zweiarmschwinge aus Aluminium, Zentralfederbein mit Hebelsystem, verstellbare Federbasis und Zugstufendämpfung, Doppelscheibenbremse vorn, Scheibenbremse hinten, Verbundbremse.
Alu-Gussräder       3.50 x 18; 5.00 x 17
Reifen       120/70-ZR 18, 170/60-ZR 17.

### MAßE+GEWICHTE

Radstand 1490 mm, Lenkkopfwinkel 64 Grad, Nachlauf 98 mm, Gewicht vollgetankt* 326 kg, Zuladung* 191 kg, Tankinhalt/Reserve 29/5 Liter.

### MESSUNGEN

(MOTORRAD 12/2002)
Höchstgeschwindigkeit**       225 km/h
**Beschleunigung**
0–100 km/h       3,5 sek
**Durchzug**
60–100 km/h       4,8 sek
**Verbrauch**       5,1 l/100 km (Landstraße),
      5,4 l/100 km (bei 130 km/h)

*MOTORRAD-Messungen; **Herstellerangabe

### Internet

**Fansites:** www.st1100.de (dort eigener Bereich zur ST 1300)
**Gebrauchtangebote:**
http://markt.motorradonline.de/bike1185.html

**Partnerschaftlich: Dank des enormen Reisekomforts gewinnen auch Mitfahrer die Pan European auf Anhieb lieb**

## Modellpflege

**2002** Präsentation auf der Motorradmesse Intermot in München, anschließend kommt die neue Pan European **für 15 990 Euro in den Handel.** Hauptunterschiede zur Vorgängerin ST 1100: G-Kat, komplett neuer, kompakt bauender längs liegender V4-Motor, Einspritzung, 35- statt 28-Liter-Koffer, laut Hersteller insgesamt 15 Kilogramm weniger Gesamtgewicht. Noch im selben Jahr Serviceaktion (Rückruf für alle 2002er-Modelle) mit Veränderungen an Fahrwerk, Rahmen, Motor und Antriebsstrang sowie der Elektrik.

**2003** Im Juli 2003 wird das Modelljahr 2003 einer weiteren Service-Aktion unterzogen: Anbringen von Verstärkungen und neue Schwingenaufnahme, die sich in erster Linie durch eine geänderte Einstellung des Axialspiels unterscheidet.

**2004** Im Rahmen einer offiziellen Modellpflege übernimmt Honda bei allen 2004er-ST 1300 die Änderungen des Rückrufs vom Vorjahr. **Preis bleibt unverändert.**

**2012** Technisch weitgehend unverändert. **Preis: 17 450 Euro.**

# GOLD IM AUF

**Gebrauchtberatung Honda Gold Wing**

Von Jörg Lohse; Fotos: Gargolov, Wolf, Honda

**Klassischer Youngtimer oder luxuriös aufgedonnerter Highend-Tourer: Bei Hondas Gold Wing werden viele Geschmäcker fündig. Ein kaufmännischer Blick auf drei Jahrzehnte Motorradbau.**

**G**leich einem Paukenschlag stand sie da, die GL 1000, auf der Kölner Messe IFMA 1974. Honda, das war bislang die CB 750. Nun sollte es der volle Liter sein, ein imposantes Motorrad, knapp 300 Kilogramm schwer. Die Gold Wing glänzte mit bis dahin aus japanischer Großserie völlig unbekannten Details: Kardanantrieb, wassergekühltem Viertakter, drei Scheibenbremsen, zahnriemengetriebenen Nockenwellen. Dass der Riesenboxer das Flaggschiff von Honda mit einer bis heute andauernden Modellpräsenz werden sollte, hätte anfangs allerdings kein Mensch geglaubt.

Mächtig erwachsen ist die Gold Wing seitdem geworden. Der nackte Muskelprotz der siebziger Jahre hat sich zu einer imposanten ▶

**HONDA GL 1800**

**MOTORRAD-TESTS***

04/2001 (FB), 10/2001 (TT), 14/2001 (VT), 18/2005 (VT)

*FB=Fahrbericht, TT=Top-Test, VT=Vergleichstest, Nachbestellungen: Telefon 07 11/1 82-12 29

## ZEITREISE

**1972**

**1975**

**Das hätte Soichiro Irimajiri** nicht gedacht: dass sich aus dem Prototypen M1, den der Honda-Ingenieur im Jahr 1972 aus der Werkshalle schob, **schließlich das Aushängeschild** für den weltgrößten Motorradhersteller entwickeln sollte. Genauso wenig ahnte er allerdings, dass es noch **15 lange Jahre dauern sollte,** bis der Sechszylinder-Boxermotor seiner maschinengewordenen Idee tatsächlich **das ultimative Antriebsmoment** der Gold Wing werden würde. Denn zunächst durften nur vier Kolben gegeneinander boxen. **Mächtig war der Tourer** jedoch zu jeder Zeit, ob 1975 mit 1000 Kubik oder mit fast zwei Litern seit 2001. Und fühlt sich auf endlosen Highways genauso zu Hause wie auf kurvenreichen Passstraßen in den Alpen. **Los geht die Zeitreise** auf Hondas goldenen Schwingen.

**Honda M1:** Prototyp, aus der die GL-Reihe erwachsen sollte. Sechszylinder-Boxer, Kardan, Koffer, 1470 cm³. Die Entwickler zeigten Mut, den nur die Ölkrise eindämmen konnte

# WIND

## BESICHTIGUNG

Zuverlässigkeit und Langlauf sind typische Gold-Wing-Eigenschaften, die auch für die noch recht junge GL 1800 gelten. Bei den im Anschaffungspreis günstigeren US-Importmodellen müssen gewisse Einschränkungen (Außentemperatur in Fahrenheit, Meilentacho, Radiofunktionen) in Kauf genommen werden. Ein Vorteil der Grauen ist auf jeden Fall das größere Ausstattungspaket. Pflicht ist die Frage nach Rückrufen und Nachbesserungen (Überhitzung, Rahmenschweißarbeiten) genauso wie der Blick auf das Kreuzgelenk des Kardans (Verschleiß, Spiel). Interessant für die Preisverhandlungen: Alle 24 000 Kilometer muss das Ventilspiel eingestellt werden. Ein fälliger Reifenwechsel kostet rund 350 Euro.

## MARKTSITUATION

Der derzeitige Neupreis von knapp 25 000 Euro macht die aktuelle Gold Wing natürlich interessant als junge Gebrauchte. Im KBA-Bestand werden momentan rund 1600 Maschinen vom Typ GL 1800 gelistet. In der DAT-Notierung rangiert die Erstserie (Modell 2001) bei 14 250 Euro, 2004er-Modelle sind mit 19 350 Euro notiert. Diese Angaben entsprechen auch im wesentlichen den Angeboten, wobei sich je nach Zusatzausstattung noch einmal bis zu 2000 Euro hinzuaddieren. Frische 2006er-Modelle mit geringer Laufleistung sind für 21 000 Euro zu haben.

| Modell | Bauzeit | Verkäufe | Baujahr | km-Stand | Preis in Euro |
|--------|---------|----------|---------|----------|---------------|
| GL 1800 | 2001–heute | 1914 | 2001–2005 | über 30 000 | 14 000–16 000 |
| | | | | um 20 000 | 17 000–19 000 |
| | | | | unter 10 000 | 19 000–22 000 |

## TECHNIK

**DATEN**  (Typ GL 1800, Baujahr 2001)

■ **Motor:** wassergekühlter Sechszylinder-Viertakt-Boxermotor, je eine oben liegende, kettengetriebene Nockenwelle, zwei Ventile pro Zylinder, elektronische Saugrohreinspritzung, Ø 40 mm, geregelter Katalysator, hydraulisch betätigte Mehrscheiben-Ölbadkupplung, Fünfganggetriebe mit Rückwärtsgang, Kardan.

| | |
|---|---|
| Bohrung x Hub | 74 x 71 mm |
| Hubraum | 1832 cm³ |

**Nennleistung**
87 kW (118 PS) bei 5500/min
**Max. Drehmoment** 167 Nm bei 4000/min

■ **Fahrwerk:** Brückenrahmen aus Aluminium, luftunterstützte Telegabel, Ø 41 mm, Eingelenk-Einarmschwinge aus Aluminium, Zentralfederbein mit Hebelsystem, Doppelscheibenbremse vorn, Ø 296 mm, Scheibenbremse hinten, Ø 316 mm, Verbundbremssystem, ABS.
Alu-Gussräder 3.50 x 18; 5.00 x 16
Reifen 130/70 HR 18; 180/60 HR 16

■ **Maße und Gewichte:** Radstand 1692 mm, Lenkkopfwinkel 61 Grad, Nachlauf 109 mm, Federweg v/h 122/105, Sitzhöhe 750 mm, Gewicht vollgetankt 402 kg, Zuladung 200 kg, Tankinhalt/Reserve 25/4,4 Liter.

**MESSUNGEN**  (MOTORRAD 3/1998)

■ **Fahrleistungen**
| | |
|---|---|
| Höchstgeschwindigkeit | 200 km/h |

**Beschleunigung**
| | |
|---|---|
| 0–100 km/h | 4,1 sek |

**Durchzug**
| | |
|---|---|
| 60–100 km/h | 5,1 sek |
| **Verbrauch** | 5,0 bis 9,2 l/100 km/ Normalbenzin |

## 1978

## HONDA GL 1000

**Honda GL 1000:** Die erste Baureihe wurde fast jährlich modellgepflegt. Zubehörverkleidungen machten den Typ K0 (links) bei hohem Tempo unfahrbar. Die K3 rückte mit verstärktem Fahrwerk und reduzierter Leistung aus

**Die Urgroßmutter** in der Gold-Wing-Familie, Bauzeit von 1975 bis 1979. Ihr Preis im ersten Jahr: stolze 9268 Mark. Ihre Technik: **Ein Vierzylinder-Boxermotor,** wassergekühlt, leistet 82 PS bei 7500/min, das Drehmomentmaximum beträgt 80 Nm bei 6500/min. **Unterm Strich lässt sich summieren:** zu viel Motor, zu wenig Fahrwerk. Bei hohem Tempo konnte der Wasserboxer schnell zum unbeherrschbaren Pendel werden. **Im Modell-Update von 1978** wurde das Fahrwerk verstärkt und der Motor auf 78 PS gezähmt. Der erste Eindruck in der Szene blieb jedoch zwiespältig. **Der offizielle Bestand in Deutschland:** rund 2100 Exemplare. Eine sehr gut gepflegte GL 1000 aus erster Serie ist schwer zu finden und wird mittlerweile zum einstigen Neupreis gehandelt. **Kaufempfehlung:** nur für geübte Schrauberhände.

Skulptur gewandelt. In der seit 2001 erhältlichen GL 1800 kommt aller Luxus zusammen, den sich Motorradreisende mit heftigem Fernweh nur erdenken können. Tief im Innern des vollverschalten Trumms brummt der Sechszylinder-Boxermotor gelassen vor sich hin. Als Projektleiter Masanori Aoki aus der sportlichen CBR-Abteilung das Gold-Wing-Thema übernahm, standen zwei Punkte ganz oben in seinem Lastenheft: Mehr Spaß muss die neue Gold Wing bringen und – so sein praktisches Fazit aus einer Amerika-Rundreise – über 350 Kilometer mit einer Tankfüllung schaffen.

An Reichweite und Langstreckenkomfort kam denn auch keinerlei Kritik auf. Doch überhitzte Motoren und Rahmenbrüche brachten Hondas Top-Modell in Misskredit bei der Kundschaft. Der Hersteller reagierte schließlich mit entsprechenden Maßnahmen (Austausch des Steuergeräts, Nachschweißungen am Rahmen), die hitzigen Diskussionen

halten in Fach- und Fankreisen trotzdem bis heute an. Tobias Fuchs, Geschäftsführer von „Biker's Point" aus Uslar, rät zur Gelassenheit: „Natürlich hat auch Honda selbst durch laxe Handhabe und zähe Rückrufaktionen die Problematik eher verschleppt und damit verstärkt. In der Summe aber spiegelt die im Internet offen

ausgetragene Diskussion nicht die tatsächliche Repräsentanz innerhalb der Gold-Wing-Familie wider."

In der Regel, so der Gold-Wing-Spezialist, sind die von den Rückrufen betroffenen Motorräder tatsächlich umgerüstet worden. Und Gebrauchtkäufer von deutschen Maschinen können über die ▶

**HONDA GL 1500**

**MOTORRAD-TESTS***

09/1888 (T), 18/1994 (MR), 22/1996 (GK), 03/1998 (T), 05/1999 (VT)

*T=Test, VT=Vergleichstest, MR=Modellreport, GK=Gebrauchtkauf; Nachbestellungen: Telefon 07 11/1 82-12 29

## HONDA GL 1100

### 1980

### 1982

**Das Gesicht im Wind,** Bauzeit von 1980 bis 1983. Ihr damaliger Neupreis: 9668 Mark. Die Technik: Der wassergekühlte **Vierzylinder-Boxermotor** leistet jetzt 83 PS bei 7500/min, das Drehmomentmaximum beträgt nun 90 Nm bei 5500/min. Die GL entwickelt sich zur kilometerfressenden Komfortsänfte. **In der USA-Version** mit voluminöser Kingsize-Verkleidung und komplettem Koffersatz, ab 1982 mit Integralbremssystem. In Deutschland ohne Koffer und mit flauer Scheibe. **Der Grauimport beginnt zu blühen.** Im KBA-Bestand: ebenfalls knapp 2100 Exemplare. **Auf dem Gebrauchtmarkt** gibt es fast ausschließlich Fulldresser nach USA-Vorbild. Langläufer mit 100 000 Kilometern kosten um die 1500 Euro. **Besichtigung** möglichst nur mit versiertem Technikverständnis.

**Honda GL 1100 Interstate:** Das Zauberwort der neuen Gold-Wing-Generation hieß De Luxe. Vollverkleidung und Koffer gab es in den USA ab Werk

**Honda GL 1100 Aspencade:** benannt nach einem großen Tourenfahrertreff in den USA. Die Aspencades waren schnell die Highend-Modelle der Baureihe

## BESICHTIGUNG

Durch die lange Bauzeit (1988 bis 2000) sind die Angebote für gebrauchte GL 1500 weit gestreut. Ältere Maschinen der Baureihe weisen häufig hohe Laufleistungen von über 100 000 Kilometern auf, werden aber von dem soliden Sechszylinder-Boxer bei regelmäßiger Inspektion locker weggesteckt. Ein Blick ins Serviceheft schafft Klarheit. Zahlreiche zusätzliche Verbraucher könnten das Stromnetz über Gebühr beanspruchen. Zu Vorsicht ist geraten, wenn einzelne Stecker bereits bräunliche Verfärbungen durch Überhitzung zeigen. Pflicht ist der Blick aufs Kreuzgelenk der Kardanwelle, bei der Probefahrt sollte man auf eine verschluckfreie Vergaserabstimmung achten. Eintragungen im Brief kontrollieren.

## MARKTSITUATION

Im aktuellen KBA-Bestand werden noch knapp 2500 Maschinen des Typs GL 1500/6 gelistet, wobei der Anteil der statistisch nicht ausweisbaren Grauimporte kaum abzuschätzen ist. Tatsache ist: Durch die GL 1800 sind die letzten Jahrgänge der 1500er mittlerweile sehr günstig geworden. In der DAT-Liste wird das 2000er-Modell mit 9725 Euro notiert, der 1998er-Jahrgang kostet laut Liste 7975 Euro. Das tatsächliche Marktgeschehen bewegt sich jedoch deutlich darüber. Besonders nach unten bleiben die Preise relativ stabil: Selbst für vollausgestattete Modelle der ersten Jahrgänge werden noch rund 7000 Euro verlangt.

| Modell | Bauzeit | Verkäufe | Baujahr | km-Stand | Preis in Euro |
|---|---|---|---|---|---|
| GL 1500/6 | 1988–2000 | 3671 | 1988–2000 | über 100 000 | 6500–7000 |
| | | | | um 50 000 | 7500–8500 |
| | | | | unter 25 000 | 10 000–13 000 |

## TECHNIK

**DATEN** (Typ GL 1500/6 SE, Baujahr 1998)

■ **Motor:** wassergekühlter Sechszylinder-Viertakt-Boxermotor, je eine oben liegende, kettengetriebene Nockenwelle, zwei Ventile pro Zylinder, zwei Gleichdruckvergaser, Ø 33 mm, hydraulisch betätigte Mehrscheiben-Ölbadkupplung, Fünfganggetriebe mit Rückwärtsgang, Kardan.
Bohrung x Hub                71 x 64 mm
Hubraum                          1520 cm³

**Nennleistung**
                                          72 kW (98 PS) bei 5200/min
**Max. Drehmoment**    150 Nm bei 4000/min

■ **Fahrwerk:** Doppelschleifenrahmen aus Stahl, Telegabel, Ø 41 mm, Zweiarmschwinge aus Stahl, zwei Federbeine mit Luftunterstützung, Doppelscheiben-

bremse vorn, Ø 296 mm, Scheibenbremse hinten, Ø 316 mm, Verbundbremssystem.
Alu-Gussräder          3.00 x 18; 3.50 x 16
Reifen              130/70 H 18; 160/80 HR 16

■ **Maße und Gewichte:** Radstand 1690 mm, Lenkkopfwinkel 60 Grad, Nachlauf 111 mm, Federweg v/h 140/105, Sitzhöhe 760 mm, Gewicht vollgetankt 423 kg, Zuladung 147 kg, Tankinhalt/Reserve 23/3,8 Liter.

**MESSUNGEN**   (MOTORRAD 3/1998)

■ **Fahrleistungen**
**Höchstgeschwindigkeit**              184 km/h
**Beschleunigung**
0–100 km/h                                    4,8 sek
**Durchzug**
60–140 km/h                                 21,0 sek
**Verbrauch**         6,2 bis 10,9 l/100 km/
                                               Normalbenzin

## HONDA GL 1200

### 1984

**Die Lückenbüßerin,** Bauzeit von 1984 bis 1987. Der Neupreis schnellt auf 17 728 Mark. **Die letzte Gold Wing** mit wassergekühltem Vierzylinder-Boxermotor leistet 94 PS bei 7000/min, das Drehmomentmaximum steigt auf 108 Nm bei 5500/min. **In der 1200er** manifestiert sich das Bild der Gold Wing als Reiseriese. Trotz Schmankerln wie wartungsfreiem Ventilspielausgleich und Overdrive bleibt der Markterfolg aus. **Im nachweisbaren Bestand:** magere 475 Exemplare. Die immer noch gekappten Deutschland-Modelle sind für die Szene uninteressant. **Luxusversionen** wie die Aspencade werden für rund 6000 Euro gehandelt, Sondermodelle wie die LTD mit Einspritzanlage und Bordcomputer sind kaum zu bekommen. **Bei Besichtigung und Probefahrt** auf Getriebe und Elektrik achten.

**Honda GL 1200 Interstate:** Auch dieses Modell blieb den deutschen Fans vorenthalten. Einzig die Seitenkoffer wurden 1985 erlaubt. Allerdings nur bis Tempo 130

### 1985

**Honda GL 1200 LTD: das Geburtstagsgeschenk von Honda zum Zehnjährigen. Reichlich Chrom und CB-Funk als Garnitur**

Honda-Händler in einer zentralen Datenbank anfragen, welche Arbeiten gemacht wurden oder noch ausstehen.

Ob die GL 1800 in der Beliebtheit an das Vorgängermodell heranreichen oder dieses gar toppen wird, bleibt fraglich. Schließlich hat gerade die GL 1500 den eigentlichen Gold-Wing-Mythos zementiert. Über zwölf lange Jahre ist das erste Sechszylinder-Modell der Reihe in der amerikanischen Honda-Fertigung in Marysville/Ohio vom Band gelaufen. Die offizielle Verkaufszahl für den deutschen Markt kann mit rund 3600 Einheiten nur eine grobe Richtung angeben. Zu groß ist die Zahl der Grau- oder Eigenimporte. Kenner munkeln von einer Verteilung von bis zu 75 Prozent zugunsten der Grauen. Gerade durch rigide TÜV-Vorschriften verlor der imposante Highway-Dampfer hierzulande mit gekürzter Frontscheibe und flachem Topcase vom Typ „Pizzakoffer" viel von seinem Charme. Erst im Jubiläumsjahr 1995 wurde auch der deutschen Gold Wing behördlicherseits die große Scheibe und das Fullsize-Topcase gestattet.

Rund 8700 Exemplare listet das Kraftfahrt-Bundesamt derzeit an zugelassenen Gold Wings ab Modelljahr 1975, dazu kommen die Grauimporte, die sich statistisch nicht aufschlüsseln lassen. Darunter sind top gepflegte Youngtimer genauso wie modern ausgestattete Fulldresser. Da dürfte mit Sicherheit jeder Gold-Wing-Interessent das Passende finden.

## CLUBS, ADRESSEN

**Clubs und Interessengemeinschaften** .............................................

Gold Wing Club Deutschland e.V. (GWCD), www.gwcd.net, die älteste Interessenvereinigung der Winger in Deutschland, gegründet 1981

Gold Wing Föderation Deutschland e.V. (GWFD), www.gwfd.de, nationaler Zusammenschluss aus über 50 regionalen Stammtischen. Erst seit 2004 aktiv

Gold Wing Road Riders Association Deutschland e.V. Ketsch (GWRRA), www.gwrr.de, veranstaltet das zur Tradition gewordene Gold-Wing-Treffen in Ketsch am Rhein

Gold Wing European Federation (GWEF), www.gwef.net, der europäische Dachverband der Länder-Clubs. Organisiert auch Pannenhilfe

**Foren** .............................................

Gold Wing Country. groups.msn.com/GoldWingCountry. Bunte Internetcommunity mit – nach eigenen Angaben – über 1100 Mitgliedern

Gold-Wing-Forum. www.goldwing-forum.de. Knapp 600 Benutzer sind hier registriert. Großes Plus: die ausführliche Datensammlung zu allen Modellen

Interessengemeinschaft GL 1800. Internet forum.webmart.de/wmforum.cfm?id=2103921. Diskussionsgruppe, in der es sich um Probleme der 1800er (Rahmen, Kühler) dreht

**Spezialisten** .............................................

Biker's Point GmbH, 37170 Uslar, Telefon 0 55 71/91 20 92, www.goldwing.de (US-Importe, Gebrauchtmaschinen, Trikes und Gespanne)

Denk GmbH, 94089 Neureichenau, Telefon 0 85 83/96 07 40, www.denk-gmbh.de (Honda-Händler mit Schwerpunkt Gold-Wing und Zubehör)

G. G. Motorbike Point, 79364 Malterdingen, Telefon 0 76 44/93 16 66, www.gg-motorbike.de (in der Szene als Gold Wing-Doktor bekannt, Trike-Spezialist)

Gold Wing Parts & More, 72359 Dotternhausen, Telefon 0 74 27/91 54 86, www.goldwing-parts.de (Gold Wing-Handel, Werkstatt, Zubehör, exzellente Kontakte zur US-Szene)

Heesch & Carstensen, 24885 Sieversstedt, Telefon 0 46 38/82 22, www.gl-teile.de

(Fahrzeuge, Zubehör-Online-Shop)

Wing World Motorradhandel, 48465 Schüttorf, Telefon 0 59 23/15 18, www.wing-world.de (Gespanne und Anhänger)

**Literatur** .............................................

Claus-Georg-Petri, Axel Koenigsbeck: Honda Gold Wing, Motorbuch Verlag Stuttgart. Die Bibel für alle Gold-Wing-Fans und Interessierten. Leider vergriffen, Restexemplare lassen sich noch im Internet erstehen (unter anderem www.amazon.de)

## HONDA GL 1500          1988

**Honda GL 1500/6:** der Luxusreise-Dampfer. Spötter nahmen sich gerne des Rückwärtsgangs an: Darf so etwas noch Motorrad sein?

**Die Legendäre,** Bauzeit von 1988 bis 2000. Der Einstiegspreis: 21 300 Mark. Die Technik: **wassergekühlter Sechszylinder-Boxermotor** mit 100 PS bei 5200/min und einem Drehmomentmaximum mit 150 Nm bei 4000/min. Die Formvollendung in puncto komfortabel reisen. **Wurde ab 1995 auch in Deutschland** in der Komplettversion verkauft. 2496 Exemplare im offiziellen Bestand, Einstiegspreise ab 6000 Euro.

## HONDA GL 1800          2001

**Honda GL 1800:** Das Schiff stampft ins neue Millennium. Die Highlights werden von technischen Problemen überschattet

**Die Sportskanone,** Bauzeit seit 2001. Erster Preisaufruf: 47 540 Mark. Die Technik: **wassergekühlter Sechszylinder-Boxermotor** mit 118 PS bei 5500/min, maximales Drehmoment von 167 Nm bei 4000/min. **Ein Luxuspaket vom Feinsten.** Zahllose Elektrogimmicks, verpackt in ein zielgenaues Fahrwerk. Hat durch technische Probleme einen schweren Stand in der Fangemeinde. **1570 Exemplare im Bestand,** Einstiegspreise gebraucht ab 13 000 Euro.

# HONDA

# VTX 1800

**Zu klassisch für die aktuelle Cruiser-Moderne, zu modern für klassische Cruiser-Fans – die 1800er steckt im Dilemma. Beste Ausgangsposition für Preisverhandlungen um ein tolles Gebrauchtmotorrad.**

Von Thorsten Dentges; Fotos: Bilski, fact, Gargolov, jkuenstle.de

**N**eupreis seinerzeit: 31665 Mark. Eine Menge Holz für ein Motorrad, das allerdings auch zu Recht den Anspruch erheben durfte, ein Edel-Cruiser zu sein. 2001 stellte sich die VTX mit Superlativen und bis dahin noch nicht Dagewesenem vor. Etwa die Upside-down-Gabel, ein Novum unter Cruisern. Oder der drehmomentstärkste (156 Nm), beachtliche 97 PS starke V2, der mit seinen imposanten 1795 cm³ einen weiteren Rekord einfuhr. Doch die VTX verlor schnell an Strahlkraft. 2005, dem letzten Jahr auf dem deutschen Markt, verkaufte Honda in Deutschland gerade mal bescheidene 94 Stück. Und spätestens, seit Konkurrentinnen wie eine 2,3 Liter Hubraum starke Triumph Rocket III (ab 2004) oder die deutlich günstigere und stärkere (125 PS) Suzuki M 1800 (ab 2006) auf den Plan traten, sprangen außerdem viele Interessenten an der Honda als feine Gebrauchte ab. Fein ist sie nämlich: Spitzenverarbeitung, G-Kat, Sekundärluftsystem, Einspritzung, sichere Verbundbremse, und vor allem der perfekt abgestimmte Motor, der schon bei 1800/ min über 100 Nm abdrückt. Die Federelemente sind allerdings etwas unterdämpft, und die Schräglagenfreiheit wie bei den meisten Cruisern begrenzt, aber mit der VTX bleibt der Fahrspaß nicht auf der Strecke. Das ist zeitlos, genau wie ihr Aussehen. Und der Preis? Zum Glück nicht ganz, denn eine Menge Kohle braucht man nicht mehr, um gepflegte Exemplare zu erwerben. Ein Exot in Honda-Qualität – die Kombination hat was.

**Tests in MOTORRAD**
11/2001 (FB), 17/2001 (TT), 19/2001 (VT), 22/2001 (VT), 17/2003 (VT)
FB=Fahrbericht, TT=Top-Test, VT=Vergleichstest
Nachbestellungen unter Telefon 0711/182-1229

## Details

**Bärenstarke Bremsen mit Verbundsystem (Single-CBS) bringen die sieben Zentner schwere VTX vergleichsweise schnell zum Stehen**

**Verstellbar ist nur die Federbasis an beiden Federbeinen. Mehr Möglichkeiten, das Fahrwerk zu justieren, hätten dem dicken Cruiser gut getan**

**Der Schein(werfer) trügt: verchromtes Plastik statt Blech. Cruiser-Dogmatiker mögen sich darüber mokieren, es sieht trotzdem klasse aus**

**Unpraktisch: Das Tankschloss muss beim Spritfassen auf die Seite gelegt werden, weil es nicht fest per Klappmechanismus verankert ist**

**Taugt für die Ewigkeit und erspart mühsames Putzen von mit Kettenfett versifften Felgen: der Kardan. Bei der VTX sieht er zudem noch formschön aus**

## Besichtigung

Aufpassen! Im Gebrauchtangebot-Orbit bewegen sich gerade bei der VTX 1800 einige US-Importe. **Besser prüfen, ob Reifen, Blinker, Auspuff und andere Teile in Deutschland überhaupt eine Betriebserlaubnis besitzen.** Das Gleiche gilt für Umbauten. Auf unzulässige Teile reagieren Prüfingenieure bei der Hauptuntersuchung alle zwei Jahre in der Regel allergisch. Im Zweifel vor dem Kauf lieber an eine Werkstatt des Vertrauens wenden, die dies fachmännisch beurteilen kann. Generell sind von der Honda bei regulärer Wartung keine technischen Pro-

bleme zu erwarten, sie gilt als äußerst robust, und der Motor ist gut für sechsstellige Laufleistungen. Bei der Besichtigung auf das Alter der Reifen achten (Reifenkennung an der Flanke). Gummis, die älter als sieben Jahre sind, sollten auch bei noch ausreichendem Profil getauscht werden. Bei den üppigen Reifendimensionen ist dieser Kostenfaktor (mindestens 250 Euro) bei Preisverhandlungen zu berücksichtigen. Angesagte Zubehörteile wie etwa Auspuffanlagen mit EG-BE (zum Beispiel Falcon Double Groove) gelten dagegen als ein positiver Kaufanreiz.

## Marktsituation

**Deutlich unter 1000 Stück im Bestand,** das sieht nach einem Exoten aus, der in den Gebrauchtannoncen nur selten anzutreffen ist. Ganz so ist es nicht, denn auf den einschlägigen Internetplattformen können gezielt Suchende problemlos viele spannende Offerten von Händlern und Privatanbietern ausmachen. Allerdings mit zum Teil sehr überzogenen Preisvorstellungen, denn verschwindend wenig Interessenten sind bereit, über 10 000 Euro zu investieren, selbst, wenn es sich um akkurate Exemplare handelt. Unter 7000 Euro finden sich hingegen meist weniger gepflegte und deshalb auch unattraktive VTX mit vielen Kilometern (über 30 000). Üblicherweise werden Maschinen mit nur rund 10 000 Kilometern auf der Uhr um 8000 Euro angeboten. Ein angemessener Preis, dennoch mutieren diese Gebrauchte häufig zur Standuhr. Das ist gut für Interessenten, denn der eine oder andere ungeduldige Anbieter greift dann auf ein probates Mittel zurück, um die VTX zu veräußern: deutliche Preissenkung.  ▶ **Verfügbarkeit am Markt: gering**

| Preisniveau in Euro | | Baujahre | Km-Stand |
|---|---|---|---|
| **Niedrig** | 6300–7100 | 2001–2003 | über 20 000 |
| **Mittel** | 7200–8700 | 2001–2005 | 5000–20 000 |
| **Hoch** | 8800–10 500 | 2004–2007 | unter 5000 |
| **Typ** | | **im Programm** | **Verkäufe** |
| **SC 46** | | 2001 bis 2007 | 862 |

**Die 1800er tritt mächtig, aber nicht als Trumm auf. Mit ihr ist man immer gut angezogen**

## Daten  (Typ SC 46; Modelljahr 2001)

**MOTOR**
Wassergekühlter Zweizylinder-Viertakt-52-Grad-V-Motor, drei Ventile pro Zylinder, Trockensumpfschmierung, elektronische Einspritzung, geregelter Katalysator, hydraulisch betätigte Mehrscheiben-Ölbadkupplung, Fünfganggetriebe, Kardan.

| | |
|---|---|
| Bohrung x Hub | 101 x 112 mm |
| Hubraum | 1795 cm³ |

**Nennleistung**
**71 kW (97 PS) bei 5000/min**
**Max. Drehmoment**
**156 Nm bei 3000/min**

**FAHRWERK**
Doppelschleifenrahmen aus Stahl, Upside-down-Gabel, Zweiarmschwinge aus Stahl, zwei Federbeine, verstellbare Federbasis, Doppelscheibenbremse vorn, Scheibenbremse hinten, Verbundbremse.

| | |
|---|---|
| Alu-Gussräder | 3.50 x 18; 5.00 x 16 |
| Reifen | 130/70-R 18, 180/70-R 16 |

**MAßE+GEWICHTE**
Radstand 1715 mm, Lenkkopfwinkel 58 Grad, Nachlauf 146 mm, Gewicht vollgetankt* 345 kg, Zuladung* 193 kg, Tankinhalt/Reserve 17/3,1 Liter.

**MESSUNGEN**
(MOTORRAD 17/2001)

| | |
|---|---|
| Höchstgeschwindigkeit** | 189 km/h |

**Beschleunigung**
| | |
|---|---|
| 0–100 km/h | 4,8 sek |

**Durchzug**
| | |
|---|---|
| 60–100 km/h | 6,1 sek |

| | |
|---|---|
| **Verbrauch** | 6,4 l/100 km (Landstraße), |
| | 6,1 l/100 km (bei 130 km/h), Normal |

*MOTORRAD-Messungen; **Herstellerangabe

## Modellpflege

**2001** Die VTX 1800 (Typbezeichnung SC 46) wird als bis dahin hubraum- und drehmomentstärkste Serien-Cruisermaschine auf dem Markt eingeführt. 500 Maschinen gelangen zu den deutschen Händlern, etwa die Hälfte davon findet einen Käufer. **Preis: 31665 Mark (umgerechnet 16190 Euro).**

**2003** Umstellung auf Euro-3-Norm (neue Homologation), keine technische Änderungen, keine Preisänderungen.

**2005** Seitenständerfeder, Federhaltebolzen, Unterlegscheibe und Mutter

werden bei von einem Rückruf betroffenen Fahrzeugen getauscht. In Deutschland ist die VTX 1800 das letzte Mal im Programm zum unveränderten Preis von 16190 Euro. **Über Grauimporteure gelangen weiterhin VTX nach Deutschland.**

**2007** Baustopp für EU-Länder.

**2009** Rückruf wegen Gefahr von Rissbildung an der Hinterradschwinge (Schweißnaht). In Deutschland nur sieben Fahrzeuge betroffen, gegebenenfalls wurde die Schwinge getauscht. Rückrufaktion abgeschlossen.

**Solange keine Holperstrecken auf der Route sind, fährt man tief versunken mit Genuss in rund 70 Zentimetern Sitzhöhe**

# KAWASAKI
# ER-6n/f

**Muntere Reihen-Zweizylinder haben bei Kawasaki eine lange Tradition. Das bewährte Konzept legten die Grünen 2005 komplett neu auf und holten mit der frechen Nackten die bis dahin verschnarchte untere Mittelklasse aus ihrem Dornröschenschlaf.**

Von Klaus Herder; Fotos: Gargolov, Jahn, jkuenstle.de, Hersteller

**S**o ein Reihen-Twin ist eigentlich wie gemacht fürs Motorrad: Er ist einfach und günstig herzustellen, benötigt nur wenig Platz und bietet ohne viel Abstimmungs-Zauberei eine ansprechende Leistungsentfaltung. Kein Wunder also, dass zu den Zeiten, als eine 400er oder gar 500er als richtig erwachsenes Motorrad galt, praktisch jeder japanische Motorradhersteller Entsprechendes im Programm hatte. Die sportlichsten japanischen Reihen-Twins kamen meist von Kawasaki. Mit einer engagiert bewegten GPZ 500 S konnten Könner im Winkelwerk deutlich größeren Maschinen das Leben schwer machen. So war es nicht überraschend, dass es Kawasaki vorbehalten war, ab dem Sommer 2005 die zwischenzeitlich zur Langweiler-Kategorie verkommene Mittelklasse mit der kompletten Neukonstruktion ER-6n kräftig aufzumischen: Gitterrohrrahmen, seitlich montierter Mono-Dämpfer, Unterflur-Auspuff aus Edelstahl, Wave-Bremsscheiben, eine spacige Lampenverkleidung – das sorgte für Aufsehen und prächtige Verkaufszahlen. Zusammen mit ihrer vollverschalten, Anfang 2006 nachgeschobenen Schwester ER-6f gehört die 650er zu den absoluten Bestsellern. In der markenübergreifenden Zulassungs-Hitparade spielt sie in den Top Ten; in der internen Kawasaki-Wertung liegt sie klar auf Platz eins und macht hierzulande rund ein Viertel aller Neuzulassungen aus. Zur schicken Verpackung passt der agile Motor: Spontan geht der 650er ans Gas und hat ab 5000/min richtig Druck. Bauartbedingt läuft er kerniger als die Vierzylinder, knausert dafür aber mit dem Sprit. Das stabile und ultrahandliche Fahrwerk macht den Mittelklasse-Spaß komplett. ∎

www.motorradonline.de/kawasaki

**Tests in MOTORRA**

ER-6n: 16/05 (FB), 17/05 (VT), 21/05 (VT), 4/06 (VT), 13/06 (VT), 5/07 (V
14/08 (VT), 23/08 (FB), 3/09 (TT), 10/09 (VT), 7/10 (VT); **ER-6f:** 3/06 (FB), 7/06 (V
17/06 (VT), 21/06 (VT), 13/07 (VT), 7/08 (LT), 8/09 (T), 24/09 (VT), 2/10 (V

FB= Fahrbericht, VT=Vergleichstest, TT=Top-Test, LT=Langstreckentest, T=T
Nachbestellungen unter Telefon 0711/182-12

## Details

**Die ER-6f war anfangs mit konventionellen Rundinstrumenten bestückt. Seit 2009 geht es aber auch bei ihr sehr futuristisch zu**

**Muss ein Mittelklasse-Cockpit langweilig aussehen? Muss es nicht. Meinten zumindest die Kawasaki-Designer bei der ER-6n-Erstauflage**

**Vorteil der Wave-Bremsscheiben? Sie sehen unglaublich wichtig aus. Vorteil des seit 2008 serienmäßigen ABS? Muss man wohl nicht erklären**

**Ja, sogar die ER-6 hat Schwachstellen: das billige, schnell überforderte Federbein (besonders bis 2009) und wenig ansehnliche Schweißnähte**

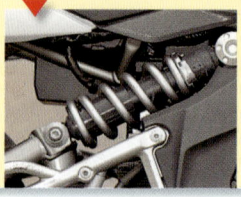

**Seit der umfangreichen Modellpfleg 2009 guckt die ER-6f viel böser, verkauft sich aber trotzdem deutlich schwächer a ihre nackte Schweste**

## Besichtigung

An der mechanischen Zuverlässigkeit des Twins gibt's nichts zu mäkeln, doch an einigen Kleinigkeiten kann man der ER-6 anmerken, dass ihre Konstrukteure den **Druck der Rotstiftspitzer im Nacken** hatten. Mögen grobschlächtige Schweißnähte noch ein reiner Schönheitsmakel sein, so ist mit Gevatter Rost weniger zu spaßen. Die braune Pest befällt ab und an den Rahmen und dort die besagten Schweißnähte. Eine teils schlechte Lackierung ist besonders an den rot und schwarz lackierten Rahmen zu finden; goldfarbene Rahmen scheinen besser geschützt zu sein. Zu-

behör und/oder Umrüstungen werden beim Gebrauchtkauf zwar nur selten mitbezahlt, doch bei der Kawasaki sind ein besseres Federbein (gern von WP oder ein überarbeitetes Teil von www.hh-racetech.de) oder Spiegelverlängerungen durchaus einen Aufpreis wert. Ein schwergängiges Zündschloss oder eine unter Ölmangel leidende Tankdeckelachse fallen unter „Kleinkram", ein defektes Steuergerät ist da schon ärgerlicher, lässt sich aber kaum testen. Ein klappernder, zwitschernder Auspuff schon. Noch Bridgestone-Erstbereifung drauf? Runter damit!

## Marktsituation

**Fahrschulen gehören zu den besten ER-6-Kunden,** was beim Gebrauchtkauf schnell mal übersehen werden kann; denn nach der Abschreibungszeit ist so manche 650er (meist die ER-6n) zwischenzeitlich in Privathand gelandet und wird aus solcher auch wieder weiterverkauft – in letzter Zeit und vornehmlich übers Internet auch gern über italienische oder polnische Umwege, was für den Verkäufer den Vorteil der „Fahrzeugpapier-Bereinigung" hat. Solche Blender sind durchaus für unter 3000

| Preisniveau in Euro | | Baujahre | Km-Stand |
|---|---|---|---|
| Niedrig | 2700–3500 | 2006–2008 | 12 000–35 000 |
| Mittel | 3600–4500 | 2006–2010 | 5000–15 000 |
| Hoch | 4600–5500 | 2009–2012 | 500–6000 |
| **Typ** | | im Programm | Verkäufe |
| **ER-6n/f** | | ab 2006 | ca. 17 000 |

Euro zu bekommen, doch seriöse Angebote fangen da erst langsam an. Um 4000 Euro gibt's richtig gute Angebote, mehr als 20 000 Kilometer haben gebrauchte ER-6 nur sehr selten auf dem Tacho. Bis 5000 Euro spielt die Musik, darüber wird es sogar für Garantie gebende Händler sehr schwer, Käufer zu finden, denn mit 5990-Euro-Kampfpreisen locken bereits die ersten Vorführer, Tageszulassungen und Neufahrzeug-Standuhren. Die Frage, ob mit oder ohne ABS (2006/7 aufpreispflichtig) ist nicht wirklich eine. Es gibt nur 200 Stück ohne. ▶ **Verfügbarkeit am Markt: sehr hoch**

## Daten  (Typ ER650B6F/ER-6n mit ABS; Modelljahr 2006)

### MOTOR

Wassergekühlter Zweizylinder-Viertakt-Reihenmotor, zwei obenliegende, kettengetriebene Nockenwellen, vier Ventile pro Zylinder, Trockensumpfschmierung, Einspritzung, geregelter Katalysator, hydraulisch betätigte Mehrscheiben-Ölbadkupplung, Sechsganggetriebe, O-Ring-Kette.
Bohrung x Hub                83 x 60 mm
Hubraum                        649 cm³
**Nennleistung**
                   53 kW (72 PS) bei 8500/min
**Max. Drehmoment**
                   66 Nm bei 7000/min

### FAHRWERK

Gitterrohrrahmen aus Stahl, Telegabel, Zweiarmschwinge aus Stahl, Zentralfederbein, direkt angelenkt, verstellbare Federbasis,     Doppelscheibenbremse

vorn, Scheibenbremse hinten, ABS (gegen Aufpreis).
Alu-Gussräder          3.50 x 17; 4.50 x 17
Reifen       120/70 ZR 17; 160/60 ZR 17

### MAßE+GEWICHTE

Radstand 1405 mm, Lenkkopfwinkel 65,5 Grad, Nachlauf 102 mm, Federweg v/h 120/125 mm, Sitzhöhe* 790 mm, Gewicht vollgetankt* 203 kg, Zuladung* 171 kg, Tankinhalt 15,5 Liter.

### MESSUNGEN

(MOTORRAD 13/2006)
**Höchstgeschwindigkeit**\*\*        200 km/h
**Beschleunigung**
0–100 km/h                          3,9 sek
0–200 km/h                         26,0 sek
**Durchzug**
60–140 km/h                         9,7 sek
Verbrauch     4,0 l/100 km (Landstraße)

*MOTORRAD-Messungen; **Herstellerangabe

### Internet
**Fansites:** www.er-6-forum.de; www.1000ps.de/forum/1000ps_forum_ER-6n---f_76; www.motor-talk.de
**Gebrauchtangebote:**
http://markt.motorradonline.de/bike1827.htm (bzw. /bike2210.htm für ER-6f)

## Modellpflege/Verkäufe/Rückrufe

**2005** Vorstellung ER-6n im Sommer; Auslieferung ab Herbst (Modell 2006).

**2006** ER-6n/f-Verkäufe in D: 2231/1458 Stück; ER-6n/f-Preise: 6795/7195 Euro (inkl. ABS); ER-6n/f-Farben: Schwarz, Orange, Silber/Schwarz, Blau.

**2007** Verkäufe: 1714/697 Stück; Preise: 6845/7245 Euro (inkl. ABS); Farben unverändert; Rückrufe: Februar, falsche Verlegung der vorderen Bremsleitung (nur ABS-Modelle); Juli: Sturzpads (Kawasaki-Originalzubehör, nur ER-6n).

**2008** Modellpflege ER-6n: Änderung des Schalldämpfers; Verkäufe: 1428/

799 Stück; Preise: 6595/6995 Euro (inkl. ABS).

**2009** Große Modellpflege: u.a. Design, Rahmen, Schwinge, Gabel, Motormanagement, Instrumente; Verkäufe: 1777/1053 Stück; Preise: 6695/7095 Euro (inkl. ABS).

**2010** Verkäufe: 1401/575 Stück; Preis: 6795/7195 Euro (inkl. ABS); Rückruf: Beeinträchtigung bei Betätigung der Hinterradbremse (Modelljahre 2009 und 2010, nur ER-6f).

**2012** Größere Modellpflege bei beiden Varianten, ER-6f von nun an mit Vollverkleidung. Preise: 7235/7495 Euro.

**Seit 2009 mit geschärften Formen, strafferen Federelementen und vielen überarbeiteten Details**

# KAWASAKI ZX-6R

**Einspritzmodelle**

**Fällt auf, schreit und ist aggressiv:
Besonders in giftig Grün oder knallig
Orange fasziniert die Einspritzer-ZX-6R
jüngere, sportlich orientierte Fahrer.**

Von Thorsten Dentges
Fotos: Jahn (4), fact (2), Jaime de Diego (1), Hersteller (1)

**D**a geht was: Die Einspritzmotoren
der ZX-6R ab Jahrgang 2003 können
locker bis 14000/min gedreht werden. Unter 200
Kilogramm Kampfgewicht und über 120 PS erlauben wildeste Fahrmanöver, so dass die Knie
entweder gekonnt über den Asphalt schleifen
oder einfach nur schlottern, denn dieses Heizge-
rät mag heftigste Schräglagen, die sich allerdings nur die wenigsten Fahrer zutrauen. Eine
radikal auf Sport getrimmte 600er, das
kommt bei einer jüngeren Klientel der U-30-
Liga (und allen Älteren, denen der Wagemut
noch nicht abhanden gekommen ist) super
an. Zumal das Motorrad auch in den Leistungsvarianten 98 PS (deutlich versicherungsgünstiger)
und 34 PS (Fahranfänger-Limit) erhältlich ist.
Moment mal, 600er? Stimmt nicht ganz, jedenfalls
nicht bis zur Modellpflege 2007. Bis dahin hatte
die Einspritz-ZX-6R ein Hubraumplus von 36 Kubikzentimetern. Eine feine Sache in freier Wildbahn,
denn auf der Landstraße bedeutet mehr Hubraum
auch mehr Durchzug. Für geschlossene Wettkampf-
zirkel bot Kawasaki von 2003 bis 2006 die Renn-
maschine ZX-6RR parallel an – für Nicht-Rennfahrer
deutlich weniger empfehlenswert. Die Standard-Sech-
ser ist für Otto Normalheizer bei weitem radikal genug.
Wer auf ihr Platz nimmt, merkt schnell: Auch hier ist der
Gebückte König. Als Gebrauchte ist die kompromisslose
Sportmaschine gefragt, das aggressive Grün oder Orange
stehen ihr besonders gut.

**Tests in MOTORRAD**

6/2003 (VT), 11/2003 (VT), 21/2003 (Auspuff-Test), 10/2004 (VT), 13/2004 (VT)
4/2005 (VT), 11/2005 (VT), 19/2005 (VT: Alpen-Masters), 6/2006 (VT)
11/2006 (VT), 6/2007 (VT), 11/2007 (VT), 9/2008 (VT), 11/2008 (VT), 2/2009 (T)
T=Test, VT=Vergleichstest; Nachbestellungen unter Telefon 0711/182-1229

## Details

**Die zuvor beinahe
zierliche Alu-Schwinge
wird 2005 durch ein
deutlich größeres,
voluminöseres Teil
ersetzt, das der Kawa
jedoch gut steht**

**2007 nur noch mit 599
statt 636 cm³ und der
Devise: Massen zentra-
lisieren. Wichtige
Bauteile rücken näher
an den Schwerpunkt
des Motorrads**

**Radial-Bremsen und
eine Upside-down-
Gabel untermauern
die supersportlichen
Ambitionen der 2003
stark überarbeiteten
Einspritzer-ZX-6R**

**Der ebenfalls 2005
neu eingeführte
Heck-Schalldämpfer
sieht sexy aus. Nach-
rüstteile sind aber
deutlich teurer als
beim Vorgängermodell**

**2009 gibt's die stark
modifizierte ZX-6R
mit weniger Gewicht
und einer komplett
neuen Gabel, die von
Kawasaki „Big Piston
Fork" getauft wurde**

## Besichtigung

Trotz enorm hoher Drehzahlen bis 14 000/min gilt der Motor als standfest, Ärger ist kaum zu erwarten. Technisch steht das radikale, aber zuverlässige Sportmotorrad in der Regel gut da, regelmäßige Wartung vorausgesetzt. **Genau da hapert es jedoch bei manchen jüngeren,** unerfahrenen Besitzern, denen etwa Kette fetten als überflüssiger Aufwand erscheint. Bei der Besichtigung deshalb bitte genau auf alle Verschleißteile achten (Bremsbeläge, Kettensatz, Züge). Dabei gleich nach versteckten Sturzspuren

fahnden, die sich unter Umständen unter einer neuen Verkleidung verbergen. Wichtig ist eine komplette Historie des Motorrads. Am besten Serviceheft und nachvollziehbare Werkstatt-Rechnungen bei etwaigen Reparaturen vorlegen lassen. Viele Besitzerwechsel oder der Hinweis, dass man „ein, maximal zweimal" und dann für „nur eine Runde" auf der Rennstrecke gewesen ist, bedeutet: Dieses Motorrad wurde hart rangenommen, also lieber Finger weg! Originalzustand und ein gepflegtes Äußeres erhöhen jedenfalls der Wiederverkaufswert erheblich.

## Marktsituation

**Besitzer einer ZX-6R lassen sich offenbar schnell von anderen, neueren** Maschinen in den Bann ziehen, wenn diese etwas leichter, stärker und schnittiger auf den Markt kommen. Folge: Auffällig viele der noch jungen „Sechser" mit Einspritzung werden – mehrheitlich von Privatanbietern – mit sehr optimistischen Preisforderungen inseriert, um Geld für eine Neuanschaffung frei zu machen. Findet sich ein Käufer, prima. Wenn nicht, wird einfach weitergefahren.

| Preisniveau in Euro | | Baujahre | Km-Stand |
|---|---|---|---|
| **Niedrig** | **3300–4400** | 2003–2005 | 15 000–35 000 |
| **Mittel** | **4500–5500** | 2003–2007 | 7500–20 000 |
| **Hoch** | **5600–6900** | 2005–2008 | 3000–15 000 |

| Typ | im Programm | Verkäufe |
|---|---|---|
| **ZX636-B und C** | 2003–2006 | 5587 |
| **ZX600-P** | 2007–2008 | 1829 |

So verwischt das reale Preisgefüge. In der am stärksten frequentierten mittleren Preisspanne (4500 bis 5400 Euro) konkurrieren topgepflegte ältere Modelle (2003/2004) mit schon arg strapazierten Exemplaren ab 2005.

▶ **Verfügbarkeit am Markt: sehr hoch**

## Daten  (Typ ZX636-C1H, Modelljahr 2005)

### MOTOR
Wassergekühlter Vierzylinder-Viertakt-Reihenmotor, vier Ventile pro Zylinder, Nasssumpfschmierung, Einspritzung, ungeregelter Katalysator mit Sekundärluftsystem, mechanisch betätigte Mehrscheiben-Ölbadkupplung, Sechsganggetriebe, O-Ring-Kette.
Bohrung x Hub                     68 x 43,8 mm
Hubraum                          Hubraum 636 cm³
**Nennleistung**
        **95,5 kW (130 PS) bei 14 000/min**
**Max. Drehmoment**
        **70,5 Nm bei 11 500/min**

### FAHRWERK
Brückenrahmen aus Aluminium, Upside-down-Gabel, verstellbare Federbasis, Zug- und Druckstufendämpfung, Zweiarmschwinge aus Stahl, Zentralfederbein mit Hebelsystem, verstellbare Federbasis,

Zug- und Druckstufendämpfung, Doppelscheibenbremse vorn, Scheibenbremse hinten.
Alu-Gussräder                  3.50 x 17; 5.50 x 17
Reifen            120/65 ZR 17; 180/55 ZR 17

### MAßE+GEWICHTE
Radstand 1390 mm, Lenkkopfwinkel 65 Grad, Nachlauf 106 mm, Gewicht vollgetankt* 194 kg, Zuladung* 184 kg, Tankinhalt 17 Liter.

### MESSUNGEN
(MOTORRAD 4/2005)
Höchstgeschwindigkeit**            268 km/h
**Beschleunigung**
0–100 km/h                            3,2 sek
**Durchzug**
60–100 km/h                           4,2 sek
**Verbrauch**
              5,9 l/100 km (Landstraße), Super

*MOTORRAD-Messungen; **Herstellerangabe

## Internet
Fansite: www.zx6-ninja.de
**Gebrauchtangebote:**
http://markt.motorradonline.de/bike203

## Modellpflege

**2003** Der Typ ZX636-B1H löst mit elektronischer Einspritzung, Upside-down-Gabel und Radial-Bremssätteln die Vergaser-Modelle ab. Ventilsteuerung, Kolben und das Getriebe wurden überarbeitet. Preis: 9640 Euro.

**2005** Der neue Typ ZX636-C1H kostet 10 295 Euro. Änderungen: Underseat-Schalldämpfer, voluminösere Schwinge, neue Verkleidung und Scheibe, modifizierter Zylinderkopf, neue Kolben und neues Motormanagement. Die ZX-6R wiegt vollgetankt nun 192 statt 188 Kilogramm, der Motor leistet 130 statt zuvor 118 PS.

**2007** Typ ZX600-P7F mit abgespecktem Hubraum (599 cm³), neuer Upside-down-Gabel, verbesserter Aerodynamik und zentrumsnäher angeordnetem Federbein. Leistung: 125 PS. Gewicht: 200 Kilogramm. Preis: 10 665 Euro.

**2009** Das aktuelle Modell (Typ ZX-600R9F) wiegt vollgetankt 193 Kilogramm, leistet 128 PS, kostet 10 890 Euro und wurde grundlegend überarbeitet: seitlicher Endschalldämpfer, leichterer Heckrahmen, Motor steiler eingehängt, neue, feinfühliger ansprechende BPF-Gabel (Big Piston Fork).

**Deutlich aggressiver: die ZX-6R ab 2003 mit Einspritzung**

# KAWASAKI
# W 650

**Sie suchen einen Youngtimer, haben aber keine Lust und keine Zeit zum Restaurieren? Kawasakis Retro-Twin bietet zuverlässige Technik in feinster Oldie-Verpackung und ist auch als Gebrauchte ein guter Kauf.**

Von Klaus Herder; Fotos: Herzog (2), Kawasaki, Jahn (3)

**W**ie konnte das passieren? Ausgerechnet die als kühle Technokraten verschrienen Japaner präsentierten 1999 mit der Kawasaki W 650 etwas fürs Herz. Ein konkretes Vorbild für diesen Augen- und Handschmeichler gibt es allerdings nicht. Die Kawasaki-Historie führt zwar eine W1 von 1965, die wiederum die englische BSA A10 zitierte, doch die W 650 ist ein wilder Stilmix der frühen (Sitzbank) und späten (Tank und Dekor) 60er Jahre. Den Triumph Bonnevilles jener Zeit kommt die schwerere Kawasaki formal noch am nächsten, doch beim Motor hören die Gemeinsamkeiten auf. Okay: Reihen-Twin, Luftkühlung, langhubige Auslegung – das ist schon sehr britisch, aber spätestens bei der irrwitzigen Kombination mit einer Königswelle zum Antrieb der obenliegenden Nockenwelle, die es wiederum mit vier Ventilen pro Zylinder zu tun hat, müssen auch echte Kenner der britischen Zweizylinder-Historie passen. Kein Wunder, ist die Königswelle in dieser Kombination doch auch völlig überflüssig. Egal, es sieht wunderschön aus, arbeitet zuverlässig und ist für den Wartungsfall sinnvoll konstruiert. Wie überhaupt die ganze Maschine bei allem Showtalent sehr alltagstauglich ist. Der neben dem E-Starter serienmäßige Kickstarter funktioniert kinderleicht und birgt keinerlei Verletzungsgefahr; die Faltenbälge sehen klassisch aus, schützen aber auch wirkungsvoll die Standrohre; und die schmale Bereifung sorgt dafür, dass die W 650 erfreulich handlich ums Eck wuselt. Ironie der Geschichte: Ausgerechnet die neue Triumph Bonneville (2001) brach der Kawasaki W 650 das Verkaufs-Genick.

**Tests in MOTORRAD**

9/1999 (T), 12/1999 (VT), 17/1999 (KV), 16/2000 (T), 2/2001 (VT), 3/2001 (LT), 16/2002 (GK), 21/2004 (VT), 4/2006 (FB), 2/2007 (TC)

T=Test, VT=Vergleichstest, KV=Konzeptvergleich, LT=Langstreckentest, GK=Gebrauchtkauf, FB=Fahrbericht, TC= Test Compact; Nachbestellungen unter Telefon 07 11/182-12 29

## Details

**Die Instrumente sehen klassisch aus, stecken aber voller Elektronik. Gegen die lästige Beschlagneigung hilft eine vergrößerte Belüftungsbohrung**

**Schuld an Klappergeräuschen im verchromten Kunststoffscheinwerfer ist ein Kabelbaum-Stecker – Unterlegen mit Schaumstoff hilft**

**Auspuffpatschen und schlechte Gasannahme? Vergaser-Reinigen und -Synchronisieren helfen; ein undichtes Sekundärluftsystem kann's aber auch sein**

**Das 2001er-Facelift bescherte der W 650 unter anderem eine neue, jetzt gesteppte Sitzbank und andere, etwas schlanker wirkende Kniekissen**

**Die Schutzbleche sind tatsächlich aus Blech, Rückleuchte und Blinker dagegen aus Kunststoff. Das Kennzeichen-Blech neigt zu Vibrationsrissen**

## Besichtigung

Eine zu weiche Vorderradgabel, überforderte Federbeine und eher mäßig zupackende Bremsen sind nichts, was den Probefahrer übermäßig irritieren muss – das ist bei einer W 650 im Serienzustand völlig normal. **Leichtes Pendeln ab etwa 120 km/h** ist ebenfalls kein Grund zur Sorge, zumindest dann nicht, wenn der hohe Lenker montiert ist. Die niedrigere und kürzere Stange ist in jedem Fall die bessere Wahl. Gegen schlechte Gasannahme und/oder Auspuffpatschen hilft oft nur eine Vergaserkur mit Ultraschallbad und Synchronisieren. Mit etwas Glück ist aber nur ein Riss im Schlauch des Sekundärluftsystems der Übeltäter. Übermäßig laute, mahlende Geräusche aus dem Bereich der Königswelle sollten nicht sein, können aber vorkommen. Eine Feinjustierung sorgt meist für Ruhe, ist aber trotz des wartungsfreundlichen Aufbaus nichts für den W 650-Neuling. Der Kunde sich aber um die kosmetischen Macken der Kawa kümmern, denn rostende Schrauben und Chromteile sowie beschlagene Instrumente gibt's häufiger.

## Marktsituation

**Wer eine hat, gibt sie kaum wieder her.** Das macht die Gebrauchtmaschinen-Suche nicht gerade einfach, doch ab und zu verirrt sich ein meist top-gepflegtes Exemplar in die Online-Portale. Die meisten gehören zur ersten Serie, denn allein 1999 und 2000 setzte Kawasaki 3339 Stück der insgesamt 4386 in Deutschland verkauften W 650 ab. So beliebt der Twin bei Umbauern auch ist, so selten landet solch ein Scrambler oder Café Racer auf dem Gebrauchtmarkt. Das Gros des Angebots ist im Originalzustand, bestenfalls sinnvolle technische Optimierungen (Stahlflex-Leitungen) sind zu finden. Das Preisniveau ist hoch, und da der Nachschub fehlt, dürfte sich daran so schnell nichts ändern. Der Begriff „Kapitalanlage" ist mutig, aber nicht falsch. W 650-Besitzer gehören meist zur Ü40-Generation, was dem Gebrauchtkäufer recht sein kann, denn materialschonender Umgang ist die Regel, nicht die Ausnahme. ▶ **Verfügbarkeit am Markt: gering**

| Preisniveau in Euro | | Baujahre | Km-Stand |
|---|---|---|---|
| **Niedrig** | 3000–3800 | 1999–2000 | 40 000–60 000 |
| **Mittel** | 3900–4900 | 2001–2003 | 15 000–30 000 |
| **Hoch** | 5000–5500 | 2001–2006 | 6000–10 000 |
| **Typ** | | **im Programm** | **Verkäufe** |
| **W 650** | | 1999–2006 | 4386 |

## Daten  (Kawasaki W 650; Modelljahr 1999)

### MOTOR

Luftgekühlter Zweizylinder-Viertakt-Reihenmotor, eine obenliegende, über Königswelle angetriebene Nockenwelle, vier Ventile pro Zylinder, Nasssumpfschmierung, zwei Gleichdruckvergaser, Ø 34 mm, Sekundärluftsystem, mechanisch betätigte Mehrscheiben-Ölbadkupplung, E- und Kickstarter, Fünfganggetriebe, O-Ring-Kette.

| Bohrung x Hub | 72 x 83 mm |
|---|---|
| Hubraum | 676 cm³ |

**Nennleistung**
    **37 kW (50 PS) bei 7000/min**
**Max. Drehmoment**
    **56 Nm bei 5500/min**

### FAHRWERK

Doppelschleifenrahmen aus Stahlrohr, Telegabel, Standrohrdurchmesser 39 mm, Zweiarmschwinge aus Stahlrohren, zwei Federbeine, verstellbare Federbasis, Scheibenbremse vorn, Ø 300 mm, Doppelkolbensattel; Trommelbremse hinten, Ø 160 mm.

| Drahtspeichenräder | 2.15 x 19; 2.75 x 18 |
|---|---|
| Reifen | 100/90 H 19; 130/80 H 18 |

### MAße+GEWICHTE

Radstand 1450 mm, Lenkkopfwinkel 63,5 Grad, Nachlauf 105 mm, Federweg v/h 130/85 mm, Sitzhöhe* 800 mm, Gewicht vollgetankt* 215 kg, Zuladung* 180 kg, Tankinhalt/Reserve 15/3 Liter.

### MESSUNGEN
(MOTORRAD 9/1999)

| Höchstgeschwindigkeit | 164 km/h |
|---|---|
| Beschleunigung 0–100 km/h | 5,6 sek |
| Durchzug 60–140 km/h | 20,0 sek |
| Verbrauch | 4,8 l/100 km (Landstraße) |

*MOTORRAD-Messungen

### Internet
**Fansite:** www.w-650.de – Technik, Schraubertipps und natürlich das obligatorische Forum
**Spezialist:** www.zweirad-doetsch.de – jede Menge Umbauten (Scrambler, Café-Racer etc.) und die dafür benötigten Teile

**Hoher Lenker = zartes Pendeln; flache Stange = viel mehr Ruhe**

**Ein echter Paralleltwin, die beiden Kolben des Langhubers bewegen sich also synchron rauf und runter**

## Modellpflege

**1999** Markteinführung in Deutschland

**2001** (EJ650-A3) Lenkkopfwinkel 63 statt 63,5 Grad, neue Gabelfedern und vordere Bremsbeläge, Tacho und Rückspiegel geändert; verbesserter Luftfilter; Variante „C" mit niedrigerem und kürzerem Lenker.

**2003** (EJ650-C5) Automatische Tagesfahrlicht-Funktion.

**2004** (EJ650-C6P) Änderungen an Vergaser (Schieber und Düsennadel) und Zündbox; Einbau Röhrenkat; Drehmoment und Leistung geändert.

**2006** Letztes Modelljahr; Preis 6655 Euro.

# KAWASAKI
# Z 750

**Druck und Auftritt einer 1000er zum Preis einer 600er – Kawasakis Bestseller beweist auch als Gebrauchte, dass eine 750er der goldene Mittelweg ist.**

Von Klaus Herder
Fotos: Hersteller, jkuenstle.de

**F**rüher war nicht alles schlecht; denn früher hatten wir noch die Dreiviertelliter-Klasse. BMW R 75/5, Honda CB 750 und später auch Kawasaki Z 750 – vor 30, 40 Jahren waren das richtig ausgewachsene Motorräder. Doch irgendwann kam uns die 750er-Füllmenge abhanden, Big Bikes mussten den vollen Liter oder mehr bieten, die neue Mittelklasse hatte um 600 cm³. Dazwischen gab es wenig bis gar nichts. Bis 2004, denn da präsentierte Kawasaki die aus der Z 1000 abgeleitete Z 750. Von ähnlich stattlichen Ausmaßen, aber mit etwas simpleren Federelementen, etwas sparsamerer Ausstattung und etwas weniger Leistung – dafür aber satte 2800 Euro günstiger. Die kleine Z fuhr neutraler und handlicher, bot den harmonischeren Motor und machte mindestens genauso viel Spaß wie die große Schwester. Etwas nervige Vibrationen, ein untauglicher Soziusplatz und die ab und an überforderte Gabel – mehr gab's nicht auszusetzen. Die den typisch bösen Kawa-Sound liefernde Z 750 wurde völlig zu Recht zum Bestseller, der von Anfang an mit hoher Zuverlässigkeit überzeugte und vor allem etwas bieten konnte, was in der so arg vernünftigen Mittelklasse nicht selbstverständlich war: Druck in allen Lebenslagen und jede Menge Fahrspaß. Die Erfolgsgeschichte ging, vom Z 750 S-Intermezzo mal abgesehen, mit der umfangreichen Modellpflege 2007 weiter: Upside-down-Gabel, G-Kat, ABS, schärfere Verpackung, aber leider auch 13 Kilo Mehrgewicht. Egal, auch wenn die Konkurrenz mittlerweile die 750er-Klasse wiederentdeckt hat, ist die Z 750 immer noch DAS Spaßgerät in dieser traditionsreichen Hubraumklasse. ∎

www.motorradonline.de/
gebrauchtberatung

**Modell 2004**

**Tests in MOTORRAD**
24/2003 (FB), 25/2003 (TT), 2/2004 (VT), 9/2004 (VT), 23/2004 (KV), 5/2005 (VT), 22/2005 (VT), 8/2007 (FB), 10/2007 (TT), 11/2007 (VT), 20/2007 (VT), 7/2008 (VT), 15/2009 (VT), 18/2010 (VT), 1/2011 (FB), 10/2011 (VT)

FB = Fahrbericht, TT = Top-Test, VT = Vergleichstest, KV = Konzeptvergleich; Nachbestellungen unter 07 11/1 82-12 29

## Details

**Mehr Bremse, mehr Masse:** Das 13 Kilo schwerere 2007er-Modell bekam ABS, Bremsscheiben im Petal-Design und neue Nissin-Sättel verpasst

**Schade eigentlich:** Das gefälligste Cockpit hat ausgerechnet die unbeliebteste Z 750 zu bieten. So aufgeräumt sieht es hinter der Z 750 S-Scheibe aus

**Praktisch, aber unbeliebt:** Die S-Version kostete 300 Euro mehr als die nackte Z 750. Ihr im Vergleich biederes Äußeres machte sie zum Verkaufsflop

**Legoland ist überall:** zumindest von 2004 bis 2007 an der Z 750. Die Segment-Anzeige des Drehzahlmessers ist nicht unbedingt extrem übersichtlich

**Aktueller Stand:** Seit der Modellpflege 2007 ist der Drehzahlmesser schön übersichtlich, und auch der Digital-Tacho fällt nicht unangenehm auf

## Besichtigung

Was haben Kawasaki-Händler zu typischen Z 750-Macken zu sagen? Praktisch nichts. „Die funktioniert einfach. Das ist wie VW Golf-Fahren." So lautet die klare Ansage eines gestandenen Grünen. Etwas mehr lässt sich vom Profi zur Käuferschicht sagen: „Die Neumaschinen kaufen meist erfahrene Mittdreißiger, oft auch Wiedereinsteiger. Gebrauchte Z 750 werden aber von Jüngeren und echten Einsteigern gekauft." Was für den Kaufinteressenten bedeutet, dass das Objekt der Begierde möglichst aus erster Hand sein sollte. Diese vermeintliche Binsenweisheit hat für die Z 750 durchaus eine besondere Bedeutung, denn **mit der steigenden Zahl der Besitzer sinkt die Pflegebereitschaft.** Die (meist sehr begrenzten) Barmittel werden dann lieber in mehr oder weniger geschmackvolle Umbauten als in schnöde Dinge wie einen Kettensatz oder Ölwechsel gesteckt. Ein anderer Auspuff, kleinere Blinker und ein Heckumbau gehören aber auch bei vielen Z 750-Erstbesitzern zum Standardprogramm. Was nicht zwangsläufig bedeutet, dass sie beim Gebrauchtkauf horrende Aufpreise rechtfertigen. Grundsätzlich gilt: beim Ortstermin nicht nur die Kawa, sondern besonders den Vorbesitzer begutachten.

## Marktsituation

**Was neu teurer war, ist gebraucht günstiger:** Die halbverschaltete Z 750 S ist auf dem Gebrauchtmarkt kaum gefragt – und damit ein echter Tipp für Schnäppchenjäger. Aus ursprünglich 300 Euro S-Mehrpreis werden bei Gebrauchten – gleicher Zustand und Kilometerstand vorausgesetzt – ganz schnell 300 Euro weniger, die ein S-Besitzer für seine Standuhr erzielen kann. Die unverschalte Z 750 bereitet dagegen als Inzahlungnahme Händlern nur wenig Kopfzerbrechen. In der Preislage bis 5000

| Preisniveau in Euro | Baujahre | km-Stand |
|---|---|---|
| **Niedrig** 2800–3500 | 2004–2006 | 15 000–30 000 |
| **Mittel** 3600–5500 | 2004–2009 | 5000–15 000 |
| **Hoch** 5600–6800 | 2007–2012 | 1000–10 000 |
| **Typ** | im Programm | Verkäufe |
| ZR750J1H–ZR750MBF | 2004 bis 2012 | ca. 13 000 |

Euro ist die Kawa ein sehr gesuchtes Stück. Einziges Händlerproblem: Die meisten Secondhand-Maschinen tauchen erst gar nicht bei ihm auf, die Z 750 wird häufig privat weiterverkauft. Und das mit meist deutlich weniger Kilometern auf der Uhr als Mittelklasse-Nackte anderer Fabrikate. Denn die Z 750 ist für ihre Besitzer eher Genussmittel fürs Wochenende als Gebrauchsartikel für den täglichen Weg zur Arbeit oder Uni. ▶ **Verfügbarkeit am Markt: sehr hoch**

## Daten  (Typ ZR750M7F; Modelljahr 2007)

**Modell 2007**

### MOTOR
Wassergekühlter Vierzylinder-Viertakt-Reihenmotor, zwei obenliegende, kettengetriebene Nockenwellen, vier Ventile pro Zylinder, Nasssumpfschmierung, Einspritzung, geregelter Katalysator, mechanisch betätigte Mehrscheiben-Ölbadkupplung, Sechsganggetriebe, O-Ring-Kette.
Bohrung x Hub          68,4 x 50,9 mm
Hubraum                      748 cm³
**Nennleistung**
                78 kW (106 PS) bei 10 500/min
**Max. Drehmoment**
                78 Nm bei 8300/min

### FAHRWERK
Brückenrahmen aus Stahl, Upside-down-Gabel, Zweiarmschwinge aus Stahl, Zentralfederbein mit Hebelsystem, vorn und hinten verstellbare Federbasis und Zugstufendämpfung, Doppelscheibenbremse vorn, Scheibenbremse hinten, ABS.

Alu-Gussräder          3.50 x 17; 5.50 x 17
Reifen          120/70 ZR 17; 180/55 ZR 17

### MAßE+GEWICHTE
Radstand 1440 mm, Lenkkopfwinkel 65,5 Grad, Nachlauf 103 mm, Federweg v/h 120/125 mm, Sitzhöhe* 810 mm, Gewicht vollgetankt* 232 kg, Zuladung* 178 kg, Tankinhalt 18,5 Liter.

### MESSUNGEN
(MOTORRAD 10/2007)
**Höchstgeschwindigkeit**\*\*          230 km/h
**Beschleunigung**
0–100 km/h          3,7 sek
0–200 km/h          14,3 sek
**Durchzug**
60–140 km/h          9,3 sek
Verbrauch          5,0 l/100 km (Landstraße);
                5,5 l/100 km (bei 130 km/h)

*MOTORRAD-Messungen; **Herstellerangabe

**Internet**
Fan-Seiten: www.z1000-forum.de (mit 750er-Bereich)
Gebrauchtangebote:
http://markt.motorradonline.de/bike1336.htm

Wir können auch anders: Z 750-Fahrer sind eher dynamische Typen

## Modellpflege

**2004** Markteinführung mit 110 PS. Farben: Schwarz, Rot, Blau. Preis: 7195 Euro. Verkäufe in D: 3126 Stück.

**2005** Farben: Schwarz, Blau, Silber. Verkäufe: 1448 Stück. Z 750 S kommt.

**2006** Zündschloss gummigelagert (wegen Vibrationen); Wegfahrsperre serienmäßig; neuer Lenker. Farben: Schwarz, Orange, Silber. Verkäufe: 988 Stück. Letztes Jahr für die Z 750 S.

**2007** Motor (G-Kat), Fahrwerk (Upside-down-Gabel) und Form (Maske, Auspuff) stark überarbeitet, nur noch 106 PS. Farben: Schwarz, Grün, Silber. Preis: 7895 Euro. Verkäufe: 1853 Stück.

**2009** Klare Blinkergläser mit orangefarbigen Lampen. Farben: Schwarz, Blau, Grün. Preis: 7995 Euro. Verkäufe in D: 1538 Stück.

**2011** Neue Bremsleitungen; nur noch zwei schwarze Zündschlüssel, Master-Key entfällt. Farben: Schwarz, Weiß, Grün. Neuer Preis: 8295 Euro. Verkäufe in D: 669 Stück (per Ende 8/2011). Markteinführung der besser ausgestatteten Z 750 R (8995 Euro).

**2012** Letztes offizielles Programmjahr für die Modelle Z 750 und Z 750 R, die 2013 von der Z 800 abgelöst werden. Preise: 8535 Euro bzw. 9235 Euro für die R.

# KAWASAKI ZX-9R

**Supersportlich ist sie seit Ewigkeiten nicht mehr, und als Sporttourer mag sie niemand einstufen. Ein Begriff passt wohl am besten für die Neuner: Sport-Allrounder.**

Von Thorsten Dentges; Fotos: fact, Gargolov, Hartmann, Herzog, Jahn, jkuenstle.de

**K**omfort und Alltagstauglichkeit – da denkt wohl kaum jemand an Supersportler, oder? Die ZX-9R belehrt eines Besseren. Von 1994 bis 2003 war die Neuner-Ninja Vorzeigeathletin bei Kawasaki, machte mit viel Dampf (rund 140 PS) ihren Job auch recht gut. Anfangs spielte sie in der ersten Liga, bei der zweiten Generation ab 1998 flatterte allerdings in bestimmten Fahrsituationen die (steife) Gabel (Motoraufhängung begünstigt Resonanzschwingungen). Für gemäßigte Sportfahrer kein Drama, aber der Ruf war angeknackst, und seit der Jahrtausendwende deklassierten ultraleichte Brachialgeräte wie Yamaha R1 oder GSX-R 1000 die Kawa zunehmend. Nun gut, auf dem Rund lief es am Ende, zumindest was Rundenzeiten angeht, nicht besonders rund, aber für die Landstraße stellte die Sportmaschine eine runde Sache dar. Das waren jetzt viele Runds, aber genau so ist dieses Motorrad. Windschutz: ausgezeichnet. Bremsanlage: hervorragend. Das alles paart sich mit sehr bequemer Sitzposition, langstreckentauglicher Ergonomie sowie leichtem Handling und souveräner, vergaserbefeuerter Motorleistung. Und spätestens seit der finalen Überarbeitung für das Modell 2002 ist das Fahrwerk tadellos. Sportfanatiker hören das Wiewort „tourentauglich" ungerne, doch mit dieser Vierzylindermaschine ist Touring eine große Gaudi. Jedenfalls für Alleinreisende – der Soziuskomfort ist klassentypisch nämlich eher bescheiden. So bietet die mittlerweile betagte Sportlerin ZX-9R als auffällig günstige Gebrauchtmaschine Unvoreingenommenen auch heute noch einen klasse Gegenwert wegen ihrer bemerkenswerten Allroundeigenschaften.

**Tests in MOTORRAD**
3/1994 (T), 6/1995 (VT), 9/1996 (VT), 25/1997 (T), 16/1999 (VT), 5/2000 (T), 15/2000 (VT), 5/2001 (VT), 3/2002 (TT), 20/2002 (VT), 7/2003 (VT)
T = Test, TT = Top-Test, VT = Vergleichstest; Nachbestellungen unter 07 11/1 82-1229

## IM DETAIL

Die Neuner war beim Debüt 1994 ein topmodernes Motorrad. Der Blick aufs klassische Cockpit löst heutzutage beinahe nostalgische Gefühle aus

Sechs Kolben ankern in der für das Modelljahr 1996 stark überarbeiteten Bremsanlage. Das Ergebnis kann sich sehen lassen

Rank und schlank: 1998 musste die ZX-9R insgesamt über 30 Kilo abspecken, damit sie wieder konkurrenzfähig über den Sportplatz fegen konnte

Eine unruhige Front bei harten Bremsmanövern auf welligem Untergrund bereitete Kawasaki von 1998 bis 2001 große Sorgen

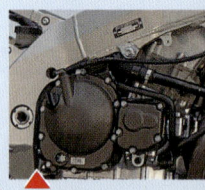

Sinnvolle Modellpflege: Neue Motoraufhängung ab 2002, dadurch andere Hebelverhältnisse – und da „Flatterproblem" war nur noch Geschichte

## BESICHTIGUNG

Beim Typ B sind undichte Wasserpumpen und Zylinderkopfdichtungen keine Seltenheit, und oftmals haben Laienschrauber an der Maschine wild herumgefrickelt. Auch wenn der Preis niedrig ist, die Folgekosten sind es meist nicht. Grundsätzlich Rahmen und die Plastikverschalung auf Risse und Kratzer absuchen, die viel über Pflegezustand und Sturzfreiheit der Maschine aussagen. Für Renntrainings sind Zubehörverkleidungen beliebt, prüfen, ob die Nachrüstteile straßenzugelassen sind! Da eine sportliche Gangart – auch auf der Landstraße – naturgemäß die Mechanik stark beansprucht, bei höheren Tachoständen (mehr als 40 000 Kilometer) auf das Getriebe achten: Rasten die Gänge gut ein, auffällige Geräusche? Die Modelle von 1998 bis 2001 litten an erheblichem Gabelflattern im Extrembereich, für sehr sportliche Fahrer also keine gute Wahl. Relativ unproblematisch, deshalb bester Kauftipp: letzte Serie, Typ F (ab 2002) mit möglichst wenigen Kilometern.

## MARKTSITUATION

Bei den niedrigen Preisen fällt der Einstieg in die Neuner-Ninja-Welt vergleichsweise leicht. Die Billigangebote um 2000 Euro (überwiegend Privatanbieter) sprechen in erster Linie jüngere Sporteinsteiger mit Führerschein „ohne Grenzen" an, die trotz Mini-Budgets eine sehr starke Maschine ihr Eigen nennen möchten. Da die Dichte an Schrott-Offerten in dieser Preisliga vergleichsweise hoch ist, sollten Interessenten lieber im mittleren Preisniveau zwischen 3000 und 4000 Euro suchen. Für dieses Geld finden sich anständige Händlerangebote mit Gewährleistung. Mehr als 5000 Euro werden nur in wenigen Fällen für die Neuner hingeblättert, es sei denn,

| Preisniveau in Euro | | Baujahre | Km-Stand |
|---|---|---|---|
| Niedrig | 1500–2500 | 1994–1997 | 20000–60000 |
| Mittel | 2600–4000 | 1998–2001 | 10000–30000 |
| Hoch | 4100–5500 | 2002–2003 | 5000–15000 |
| Typ | | im Programm | Verkäufe |
| ZX900B | | 1994–1997 | 7112 |
| ZX900C/D/E | | 1998–2001 | 11600 |
| ZX900F | | 2002–2003 | 2940 |

Kenner suchen ein richtig schönes Stück zum Konservieren, wofür sich die letzte Serie gut anbietet. F-Typen werden zahlreich inseriert, sie bilden rund ein Viertel bis ein Drittel des Gesamtangebots, sind echte Secondhand-Lieblinge und verweilen deshalb selten lange im Annoncenteil.   ▶ **Verfügbarkeit am Markt: sehr hoch**

## TECHNISCHE DATEN

*(Typ ZX900F, Modelljahr 2002)*

**Internet**

**Fansites:** www. kawasaki-ninja-forum.de (etablierte Kommunikationsplattform)

**Gebrauchtangebote:** http://markt. motorradonline.de/ bike195.htm

### MOTOR
Wassergekühlter Vierzylinder-Viertakt-Reihenmotor, vier Ventile pro Zylinder, Nasssumpfschmierung, Vergaser, ungeregelter Katalysator mit Sekundärluftsystem, mechanisch betätigte Mehrscheiben-Ölbadkupplung, Sechsganggetriebe, O-Ring-Kette.

| | |
|---|---|
| Bohrung x Hub | 75 x 50,9 mm |
| Hubraum | 899 cm³ |

**Nennleistung**
105 kW (143 PS) bei 11 000/min
**Max. Drehmoment**
100 Nm bei 9200/min

### FAHRWERK
Brückenrahmen aus Aluminium, Telegabel, Zweiarmschwinge aus Aluminium, Zentralfederbein mit Hebelsystem, verstellbare Federbasis und Zug- und Druckstufendämpfung, Doppelscheibenbremse vorn, Scheibenbremse hinten.

| | |
|---|---|
| Alu-Gussräder | 3.50 x 17; 6.00 x 17 |
| Reifen | 120/70 ZR 17, 190/50 ZR 17 |

### MAßE + GEWICHTE
Radstand 1417 mm, Lenkkopfwinkel 66 Grad, Nachlauf 98,5 mm, Federweg v/h 120/135 mm, Sitzhöhe* 820 mm, Gewicht vollgetankt* 216 kg, Tankinhalt** 19 Liter.

### MESSUNGEN
(MOTORRAD 3/2002)

| | |
|---|---|
| Höchstgeschwindigkeit** | 276 km/h |
| **Beschleunigung** | |
| 0–100 km/h | 2,9 sek |
| **Durchzug** | |
| 60–140 km/h | 4,0 sek |
| **Verbrauch** | 4,4 l/100 km (bei 100 km/h) |
| | 5,9 l/100 km (bei 130 km/h) |

*MOTORRAD-Messungen; **Herstellerangabe

## MODELLPFLEGE

**Weich und rund die Silhouette der ZX-9R – schräg steht ihr auch gut**

**1994** Modelldebüt. Die erste Neuner, Typ B, leistet 100 PS. Gewicht: 243 kg. Preis: 19 690 Mark (10 067 Euro).

**1995** Getriebe, Vergaser und Schalldämpfer modifiziert. Preis: 19 990 Mark (10 221 Euro).

**1996** In Deutschland nur noch 98 statt 100 PS, Sechsstatt Vierkolben-Bremsanlage vorn, Haltegriffe für Sozius. Preis: 20 190 Mark (10 323 Euro).

**1998** Neuer Typ C ohne Leistungsbeschränkung, 143 PS

stark. Gewicht: 210 kg. Preis: 20 390 Mark (10 425 Euro).

**2000** Komplette Neukonstruktion, Typ E, mit 142 PS, 211 kg. Preis: 22 190 Mark (11 346 Euro).

**2002** Grundlegende Modellpflege für den neuen Typ F, unter anderem Modifikationen an Gabel, Motoraufhängung, Bremsanlage und Auspuff. Leistung: 143 PS. Gewicht: 214 kg. Preis: 11 595 Euro.

**2003** Letztes Baujahr, Preis unverändert.

# KAWASAKI ZX-10R

**Auf der Rennstrecke durchaus wünschenswert: Verfolgter zu sein. Heißt dies doch: Ich bin schneller als andere. Die ZX-10R ist eine Verfolgte – auch auf dem Secondhand-Markt.**

Von Thorsten Dentges; Fotos: Bilski, fact, Jahn, jkuenstle.de

**N**ix für Landstraßenbummler. Die ZX-10R ist radikal, vermittelt dem Fahrer immer das Gefühl, gehetzt zu sein – als säßen Verfolger im Nacken. 2004 debütierte die Zehner als Nachfolgerin der betulicheren ZX-9R, die mit ihren Allrounderqualitäten zwar auch viele Freunde fand, aber beim Wettkampf schon längere Zeit nur noch mühsam die Fahne für die Grünen hochhalten konnte. Es herrschte für Kawasaki also Handlungsbedarf, der Konkurrenz endlich mal wieder so ein richtig hartes Sportbrett an den Kopf zu knallen. Mit Erfolg: 175 PS, gepaart mit dem Handling und Gewicht einer 600er, damit geht's ab. Aber im schnelllebigen Supersport-Segment sind die Top-Rundenzeiten von gestern heute nur noch Mittelmaß. Eine größere Modellpflege war dementsprechend auch nötig, denn erstens holten die Verfolger mit ebenfalls sehr flotten Maschinen auf. Und zweitens blieb von der Anfangseuphorie nach Kinderkrankheiten wie defekten Lichtmaschinen (teilweise mit Motorschäden) oder bruchgefährdeten, offenbar etwas zu filigranen Felgen nicht mehr viel übrig. Die Frischzellenkur 2006 hatte jedoch nicht die gewünschte Wirkung, in Vergleichstests fuhr die Kawa am Podium vorbei. Erst zwei Jahre später übernahm der Hardcore-Straßenrenner wieder souverän die Krone in der Sportlichkeitswertung. Fast 190 PS boten dafür beste Voraussetzungen. Und für 2011 legten die Japaner noch nach: 200 PS, unter 200 Kilo, elektronische Helfer, um die Leistung optimal auf die Straße zu bringen. Von dem andauernden „Tune-up" ab Werk profitieren in erster Linie Gebrauchtkäufer: Die Preise für ältere ZX-10R purzeln. Diese sind jedoch alles andere als alte Eisen, und wohl nur die wenigsten Fahrer trauen sich, aus ihnen alles herauszukitzeln. So gilt für dieses Motorrad aus zweiter Hand: super Sport zum super Preis – zugreifen! ■

www.motorradonline.de/gebrauchtberatung

**Tests in MOTORRAD**

4/2004 (T), 6/2004 (VT), 15/2004 (VT), 6+7/2005 (VT), 11/2005 (VT), 4/2006 (TT), 5/2006 (VT), 14/2006 (LT), 7/2007 (VT), 4/2008 (VT), 5+6/2008 (VT), 11/2008 (VT), 8/2009 (VT), 2/2010 (T), 7+8+10/2010 (VT), 5/2011 (TT)

LT = Langstreckentest, T = Test, TT = Top-Test, VT = Vergleichstest; Nachbestellungen unter 07 11/1 82-12 29

## Die Typen

**Während der 2004er Ur-Typ C (großes Bild oben) vom Aussehen her bei den Fans ins Schwarze traf (speziell in Grün), kamen die „Enduro"-Töpfe beim neuen Typ D nicht gut an**

**2008 wanderte der Auspuff wieder nach unten. Im Bereich der Schwingenlagerung und des Lenkkopfs ist der Typ E steifer, und 188 PS galten als supersportliche Kampfansage**

**Neuer Anstrich: Auspuff und Verkleidung setzen optisch andere Akzente, technisch unterscheidet sich das 2010er Modell (Typ F) kaum von der Vorgängerin: nach wie vor ein Sportcrack**

**Jetzt geht's los! Endlich 200 PS. Und die Massen sind beim Typ J und K (ab 2011) stärker zentralisiert. Ach ja, ABS ist für diese Sportwaffe nun auch erhältlich**

## Besichtigung

**Sollte zwar schon längst erledigt sein,** aber trotzdem lieber nachweisen lassen: Alle 2004er Modelle wurden in die Werkstatt zurückgerufen und die Vorderradfelge wurde wegen Bruchgefahr getauscht. Außerdem gab es für das erste Modelljahr einen Rückruf wegen defekter Lichtmaschinen (Gefahr von kapitalen Motorschäden!). Generell gilt die supersportliche 1000er jedoch als solide und bereitet bei regelmäßiger Wartung kaum Ärger (ein norddeutscher Vertragshändler berichtet von einem tadellosen Exemplar mit über 130 000 Kilometern). Allerdings wird das radikale Bike vergleichsweise häufig von Hobbyracern über den Rundkurs gepeitscht. Derartige Eskapaden sind zwar artgerecht, die heftigen Strapazen tun aber auch einer ausgewiesenen Sportmaschine auf Dauer nicht gut. Also unbedingt auf Sturzspuren und auffällige Motorgeräusche achten. Erfahrungsgemäß spielen die Verkäufer etwaige Einsätze herunter („nur mal ein, zwei Runden…") – deshalb Umbauten checken (nicht straßenzugelassener Auspuff, Fußrastenanlage, Racing-Kettensatz etc.). Und bei versicherungsgünstig gedrosselten Maschinen (98 PS): Fahren sie heimlich offen? Ist illegal.

## Marktsituation

**Auffällig viele private Anbieter,** fast die Hälfte aller Angebote. Die Zehner ist gefragt, bei Fans speziell die erste Serie (2004/2005), die mitunter etwas überteuert ist. Das Nachfolgemodell (2006/2007) ist weniger populär und wird bei gleicher Laufleistung und gleichem Pflegezustand gleich teuer angeboten – um 5000 Euro gibt es richtig leckere Stückchen. Die leistungsstärkeren Typen E und F (2008 bis 2010) bieten als kompromisslose Straßenburner eine hervorragende Basis für ein nach wie vor wettbewerbstaugliches (Hobby-)Rennmotorrad. Gesucht wird die Kawasaki, egal welches Baujahr, meist in der Markenfarbe Grün, andere Farbvarianten sind günstiger. Fertige Rennumbauten sind in der unteren Preisliga (um 4500 Euro) attraktiv. Auf höherem Preisniveau führen Hinweise auf Renneinsätze jedoch zu Preisabschlägen: von einigen Hundert bis zu 2000 Euro bei sichtbaren Sturzspuren. Picobello gepflegte, serientreue Gebrauchtmaschinen mit Neuwertcharme (unter 10 000 Kilometer) gehen gut, lassen sich über 8000 Euro aber nur sehr zäh verkaufen, denn fabrikneue Vorjahresmodelle werden mancherorts von Händlern schon für knapp über 10 000 Euro feilgeboten. ▶ **Verfügbarkeit am Markt: hoch**

| Preisniveau in Euro | | Baujahre | km-Stand |
|---|---|---|---|
| **Niedrig** | 3700–5000 | 2004–2007 | 10 000–40 000 |
| **Mittel** | 5100–6900 | 2005–2009 | 5000–25 000 |
| **Hoch** | 7000–9000 | 2006–2011 | 1000–15 000 |
| **Typ** | | im Programm | Verkäufe |
| ZX 1000-C bis K | | 2004 bis heute | ca. 10 500 |

## Daten  (Typ ZX 1000-C; Modelljahr 2004)

### MOTOR

Wassergekühlter Vierzylinder-Viertakt-Reihenmotor, vier Ventile pro Zylinder, Nasssumpfschmierung, elektronische Einspritzung, ungeregelter Katalysator, mechanisch betätigte Mehrscheiben-Ölbadkupplung, Sechsganggetriebe, O-Ring-Kette.

| | |
|---|---|
| Bohrung x Hub | 76 x 55 mm |
| Hubraum | 998 cm³ |
| **Nennleistung** | 128,4 kW (175 PS) bei 10 800/min |
| **Max. Drehmoment** | 111 Nm bei 8400/min |

### FAHRWERK

Brückenrahmen aus Aluminium, Upside-down-Gabel, verstellbare Federbasis, Zug- und Druckstufendämpfung, Zweiarmschwinge aus Aluminium, Zentralfederbein mit Hebelsystem, verstellbare Federbasis, Zug- und Druckstufendämpfung, Doppelscheibenbremse vorn, Scheibenbremse hinten.

| | |
|---|---|
| Alugussräder | 3.50 x 17; 6.00 x 17 |
| Reifen | 120/70 ZR 17, 190/50 ZR 17 |

### MASSE + GEWICHTE

Radstand 1410 mm, Lenkkopfwinkel 66,5 Grad, Nachlauf 91 mm, Sitzhöhe* 825 mm, Gewicht vollgetankt* 200 kg, Zuladung* 175 kg, Tankinhalt 18 Liter.

### MESSUNGEN

(MOTORRAD 6/2004)

| | |
|---|---|
| **Höchstgeschwindigkeit**\*\* | 295 km/h |
| **Beschleunigung** | |
| 0–100 km/h | 3,2 sek |
| **Durchzug** | |
| 60–100 km/h | 3,6 sek |
| Verbrauch | 5,5 l/100 km (Landstraße), 6,2 l/100 km (bei 130 km/h) |

\*MOTORRAD-Messungen; \*\*Herstellerangabe

**Internet**
Fansites: www.zx10ninja.de (Technik- und Tuning-Tipps, Termine, Treffen, Videos – buntes Forum mit vielen aktiven Mitgliedern)
**Gebrauchtangebote:**
http://markt.motorradonline.de/bike983.htm

**Auf dem Rennstrecken-Parkett tanzt die Zehner – entsprechende Fahrkünste vorausgesetzt – den anderen um die Ohren**

## Modellpflege

**2004** Markteinführung des Typs ZX 1000-C in Deutschland. Leistung: 175 PS. Farben: Blau, Grün, Schwarz. **Preis: 12 995 Euro.**

**2005** Getriebe modifiziert. Farbvariante Silber statt Blau. **Preis: 11 495 Euro.**

**2006** Neuer Typ ZX 1000-D, komplett überarbeitetes Modell mit neuem Rahmen und neuer Verkleidung, überarbeiteten Federungselementen, Lenkungsdämpfer, modifizierter Einspritzung. Silber entfällt. **Preis: 13 145 Euro.**

**2007** Zusätzliche Farbe Orange. **Preis: 13 485 Euro.**

**2008** Neues Modell (Typ ZX 1000-E) mit nunmehr 188 PS und geändertem Fahrwerk, neuen Verkleidungsteilen und Bremssätteln. **Preis: 13 545 Euro.**

**2009** Orange entfällt, dafür Weiß. **Preis: 13 995 Euro.**

**2010** Beim Typ ZX 1000-F Auspuff und Verkleidung überarbeitet. **Preis: 14 595 Euro.**

**2011** Typ ZX 1000-J und -K (ABS-Version) mit neuem Fahrwerk und Motor (200 PS, elektronisch geregelt, drei Betriebsmodi), Traktionskontrolle und neuer Verkleidung. Gewicht: 198/201 (ABS) Kilogramm. **Preis: 15 495/16 495 (ABS) Euro.**

# KAWASAKI Z 100

**Kawasakis Z-Reihe ist legendär. Seit 2003 mischt die Z 1000 mit und hat es schon zu beinah ähnlichem Kultstatus wie ihre Ahnen gebracht. Wie macht sich das Naked Bike als Gebrauchte?**

Von Jörg Lohse; Fotos: Gargolov (6), jkuenstle.de (1)

**D**as große Zett hat Tradition im Hause Kawasaki. Wer erinnert sich nicht gern – wenn auch mit leicht verklärtem Blick – an die Big-Bike-Schlegel à la Z 900 oder Z 1000 aus den Siebzigern des vorigen Jahrhunderts? 2003 war es endlich so weit: Kawasaki mischte sich mit der Z 1000 wieder ernsthaft ins Naked-Bike-Geschehen ein. Dazu wählten die Grünen aus dem japanischen Akashi eine geschickte Strategie: Die neue Z 1000 sollte nicht ganz so radikal wie der Werks-Streetfighter Triumph Speed Triple sein, aber deutlich mehr Pfeffer im Hintern haben, als Suzuki Bandit oder Honda Hornet 900. Dass die Ingenieure mit reichlich Blendwerk hantierten, störte kaum jemanden. So kaschierten etwa nur Alu-Attrappen aus Plastik den schnöden Stahlrohrrahmen, und hinter der mächtigen 1000 im Modellnamen versteckte sich ein Hubraum von bloß 953 cm³; denn Blenden bedeutete im Fall der Zett noch lange nicht, nur heiße Luft zu pumpen. Und mit dem aufgebohrten Reihenvierer aus der ZX-9R (bis 2009, danach Neukonstruktion) hat die Z 1000 die Portion Wumms, damit einem der Tacho bei Bedarf ins Gesicht springt. Für manchen mag die Unten-Mitte-Abstimmung zu soft sein. Sie fühlen sich dafür in der Drehzahlmitteab 6000/min wohl, wo die Zett die Arme lang zieht – gekrönt vom heiseren Fauchen, das Vierzylinder-Kawas so unverwechselbar macht. Das Ganze so kompakt arrangiert, dass sich das kantige Naked Bike unterm Strich wie eine 600er-Supersportlerin fährt – allerdings mit ergonomisch korrektem Superbike-Lenker. ■
www.motorradonline.de/gebrauchtberatung

**Tests in MOTORRAD**
12/2003 (TT), 13/2003 (VT), 18/2004 (LT Zwischenbilanz/Zubehör), 4/2005 (LT), 9/2007 (TT), 12/2007 (VT), 5/2010 (TT alt gegen neu)

TT=Top-Test, VT=Vergleichstest, LT=Langstreckentest
Nachbestellungen unter Telefon 0711/182-1229

**Modellpflege 2007: zwei PS Leistungsverlust, dafür klasse abgestimmt und besser eingebremst**

**Details**

▲ **Tradition verpflichtet: Schon die alte Z 900 trug Doppelrohr auf beiden Seiten. Die dünnen Tröten der ersten Generation (gr. Foto) wurden ab 2007 voluminöser und hübscher**

## Besichtigung

Im MOTORRAD-Dauertest konnte die erste Generation der Z 1000 auf Anhieb überzeugen. Größter Kritikpunkt nach 50 000 Kilometern: der heulende sechste Gang. Ab Modelljahr 2005 war die Z 1000 deshalb mit modifizierten Gangradpaaren ausgestattet. Sollten sich Besitzer älterer Bikes an der Geräuschkulisse gestört haben, bestand seitens Kawasaki die Möglichkeit, dass Neuteile ins Getriebe wanderten. Bei Probefahrten der 2003er- und 2004er-Kawas also auf die Geräuschentwicklung im sechsten Gang achten und ggf. den Verkäufer **auf diese Umrüstmaßnahme ansprechen.** Die ersten

Jahrgänge fallen durch starke Vibrationen auf, die teils materialmordende Auswüchse (Nummernschildhalter, Hebel, Spiegel) haben. Durch schlechte Lackqualität können an versteckten Stellen (Schweißnähte im Bereich des Lenkkopfs) Rostnester blühen. Ebenso sollten bei Maschinen die Lagerstellen (Lenkkopf, Rad, Schwinge) kontrolliert werden. Beim Kauf der Modelle ab 2005 darauf achten, dass der sogenannte „Master-Zündschlüssel" (erkennbar am roten Griff) mit übergeben wird, da ohne diesen Schlüssel-Nachfertigungen nicht mit der Wegfahrsperre codiert werden können.

## Marktsituation

**Die ersten Jahrgänge der Z 1000 sind kaum noch im Originalzustand zu bekommen.** Besonders beliebt sind der Austausch von Blinkern, Spiegeln und Auspuff sowie umfangreiche Heckumbauten. Wer es bei kleinem Budget möglichst originalgetreu haben will, muss sich auf eine längere Suche einstellen. Generell gehen die Preisverhandlungen bei rund 4000 Euro los, womit sich die meisten Verkäufer zunächst eng an die Schwacke-Notierungen halten: 2003er-Modelle werden mit rund 3500 Euro gelistet – allerdings bei einer Fahrleistung von über 50000 Kilometer. Nach Korrekturtabelle darf der Kaufpreis bei einem (durchaus realistischeren) Tachostand von 40000 Kilometern laut Schwacke gut 4000 Euro betragen. Die zweite Z-Generation ab Modelljahr 2007 (mit serienmäßigem ABS) notiert Schwacke etwas unter 5000 Euro, was auch im Wesentlichen der aktuellen Marktlage entspricht. Jahresmaschinen des dritten Modell-Updates von 2010 stehen ab rund 8500 Euro bei den Händlern. ▶ **Verfügbarkeit am Markt: sehr hoch**

| Preisniveau in Euro | | Baujahre | Km-Stand |
|---|---|---|---|
| Niedrig | 3300–5000 | 2003–2006 | 25 000–40 000 |
| Mittel | 5100–7000 | 2006–2010 | 15 000–25 000 |
| Hoch | 7100–8500 | 2008–2011 | 5000–15 000 |
| Typ | | im Programm | Verkäufe |
| ZR1000 A1H bis EBF | | 2003–2009 | 11491 |

## Daten  (Typ ZR1000-A1H; Modelljahr 2003)

### MOTOR
Wassergekühlter Vierzylinder-Viertakt-Reihenmotor, vier Ventile pro Zylinder, Nasssumpfschmierung, Einspritzung, ungeregelter Katalysator mit Sekundärluftsystem, mechanisch betätigte Mehrscheiben-Ölbadkupplung, Sechsganggetriebe, O-Ring-Kette.
Bohrung x Hub  77,2 x 50,9 mm
Hubraum  953 cm³
**Nennleistung** 93,4 kW (127 PS) bei 10000/min
**Max. Drehmoment**  96 Nm bei 8000/min

### FAHRWERK
Rückgratrahmen aus Stahlrohr, Motor mittragend, Upside-down-Gabel, verstellbare Federbasis und Zugstufendämpfung, Zweiarmschwinge aus Aluminium, Zentralfederbein mit Hebelsystem, verstellbare Federbasis und Zugstufendämpfung, Doppelscheibenbremse vorn, Scheibenbremse hinten.

Alu-Gussräder  3.50 x 17; 6.00 x 17
Reifen  120/70 ZR 17; 190/50 ZR 17

### MASSE+GEWICHTE
Radstand 1420 mm, Lenkkopfwinkel 66 Grad, Nachlauf 101 mm, Federweg v/h 120/138 mm, Sitzhöhe* 780 mm, Gewicht vollgetankt* 224 kg, Zuladung* 177 kg, Tankinhalt 18 Liter.

### MESSUNGEN
(MOTORRAD 12/2003)
Höchstgeschwindigkeit**  245 km/h
**Beschleunigung**
0–100 km/h  3,1 sek
0–200 km/h  9,9 sek
**Durchzug**
60–140 km/h  8,5 sek
Verbrauch  6,0 l/100 km (Landstraße)

*MOTORRAD-Messungen; **Herstellerangabe

**Internet**
**Foren:** www.z1000.de und www.z1000-forum.de (inkl. Organisation regelmäßiger Treffen)
**Gebrauchte:** http://markt.motorradonline.de/bike1255.htm

Playstation: das Cockpit der ersten Z 1000 mit LCD-Drehzahlmesser und funzeligen Kontrollleuchten nicht jedermanns Geschmack

Mehr Stillstand dank ABS und starken Verzögerungswerten: In der 2007er-Version der Z 1000 hat die Bremsanlage deutlich an Leistung zugelegt

Formenwandler: Die Blinker wurden in der ersten Zett-Generation gerne umgebaut. Ab Modelljahr 2007 entfiel diese Option – zumindest an der Front

Kein Happy End: Denken sich zumindest viele Z 1000-Besitzer. Denn auch das Originalheck (hier 2007) wird oft den eigenen Wünschen angepasst

## Modellpflege

**2003** Verkaufsstart. Farben Grün, Orange, Schwarz. Preis: 9990 Euro.
**2004** Farbe Grün entfällt, Rot kommt. Preis 9995 Euro.
**2005** Wegfahrsperre. Getriebe, Lima und Benzinpumpe modifiziert. Farben: Schwarz, Silber, Grün. Preis: 9995 Euro.
**2007** Neues Modell mit ABS in Serie. Farben: Schwarz, Orange, Blau. Preis: 10 395 Euro.
**2008** Neues Steuergerät. Klarglasblinker hinten. Farben: Schwarz, Weiß, Grün. Preis: 9895 Euro.
**2010** Neues Modell mit 1043 cm³-Motor, 139 PS. Preis: 11295 Euro.

# KAWASAKI ZZ-R 1100/1200

## MODELLGESCHICHTE

Kawasakis Sporttourer ZZ-R 1100 war es 1990 vorbehalten, als erstes Motorrad mit einem serienmäßigen, prächtig funktionierenden Ram-Air-System in die Zweiradgeschichte einzugehen. Beeindruckende 147 PS versprach der Hersteller für die ungedrosselte Version, womit sich die ZZ-R für geraume Zeit die Krone des schnellsten Serienmotorrads sicherte. In Deutschland blieb es aufgrund der Übereinkunft der Importeure zunächst bei 100 PS, und so musste der Sporttourer potenzielle Käufer mit anderen Qualitäten locken.

Beispielsweise mit seinem guten Windschutz oder dem prima Handling. Nicht zu vergessen auch der satte Durchzug, die bequeme Sitzposition, der moderate Benzinverbrauch, die bissigen Bremsen und und und. Kurzum, die ZZ-R 1100 war von Beginn an weit mehr als ein Hochgeschwindigkeits-Express, nämlich ein toller Allrounder. Allerdings wartet sie mit ein paar Unzulänglichkeiten auf. Dazu zählen insbesondere die zu weich abgestimmten Federelemente und die für einen Sporttourer viel zu geringe Zuladung von lediglich 173 Kilogramm.

Dennoch fand die mehrmals überarbeitete ZZ-R 1100 – sie bekam 1993 unter anderem ein doppeltes Ram-Air-System – eine große Fangemeinde, der sich selbst im letzten Produktionsjahr 2001 noch etliche Neumitglieder anschlossen. Wer sich heute für eine gebrauchte ZZ-R 1100 mit nicht allzu hoher Laufleistung entscheidet, erhält für vergleichsweise wenig Geld ein ausgereiftes Sporttourer mit einem standfesten Triebwerk, der in den meisten Alltagssituationen mit der wesentlich jüngeren Konkurrenz noch ganz gut mithalten kann.

Das seit 2002 angebotene Nachfolgemodell, die ZZ-R 1200, hat zwar tief greifende Modifikationen über sich ergehen lassen müssen, setzt aber die Tradition der 1100er nahtlos fort. So wird auch das leistungsstärkere, jedoch spürbar durstigere 1200er-Triebwerk von Vergasern gespeist, während die Konkurrenz längst elektronische Einspritzanlagen an Bord hat. Das hohe Gewicht und das in engen Kehren etwas störrische Fahrverhalten kommt ZZ-R 1100-Fahrern ebenso bekannt vor wie der gute Windschutz hinter der neugestalteten Verkleidung. Wesentlich besser ist indes die Stabilität bei hohen Geschwindigkeiten, wo die sehr straff abgestimmte ZZ-R 1200

Fotos: fact, gad, Gargolov, Hartmann, Herzog, Jahn, Kawasaki

## MODELLPFLEGE

### 1990

### 1993

### 1995

**Nach 1995 hat sich bis auf neue Farben am Erscheinungsbild der ZZ-R 1100 nichts geändert. Das Triebwerk besitzt jedoch seit 1998 eine verbesserte Abgasreinigung mit U-Kat**

nur ganz leicht um die Längsachse pendelt und der Vorgängerin klar das Nachsehen gibt. Ein Fortschritt, der Highspeed-Junkies allerdings einen Aufpreis beim Gebrauchtkauf wert sein muss.

## MARKTSITUATION

Die Kawasaki ZZ-R 1100 ist aufgrund des langen Produktionszeitraums von 1990 bis 2001 eine feste Größe auf dem Gebrauchtmarkt, der Bestand beträgt derzeit knapp 9000 Stück. Eine treue Anhängerschar sorgt für eine kontinuierliche Nachfrage, die jedoch in einigen Regionen, vornehmlich in kurvenreichen Gegenden, mittlerweile eine deutlich abnehmende Tendenz aufweist. Sportlich orientierten Fahrern ist die ZZ-R 1100 für die flinke Kurvenhatz zu schwer, während Tourenfahrer lieber auf bequemere Maschinen ausweichen.

Bleiben als Hauptinteressenten für die Kawasaki erfahrene Biker, die einen starken Allrounder zum günstigen Preis suchen. Begehrt bei dieser Klientel sind vor allem Exemplare mit Doppel-Ram-Air-System ab 1993, die mit Laufleistungen bis 50 000

Kilometer bereits um 3000 Euro offeriert werden. Jüngere Modelle mit 20 000 bis 30 000 Kilometern kosten zwischen 4000 und 5000 Euro. Wegen der starken Konkurrenz von Honda CBR 1100 XX oder Suzuki Hayabusa fällt es mittlerweile selbst Besitzern von Erste-Hand-Sahneschnittchen des letzten Modelljahrs mit rund 10 000 Kilometer auf dem Tacho schwer, einen Preis über 6000 Euro zu erzielen. Nicht zuletzt deshalb, weil das Nachfolgemodell ZZ-R 1200 mit moderaten Laufleistungen zwischen 10 000 und 20 000 Kilometer auch schon ab 6500 Euro zu haben ist. Zum Vergleich einige – zum Teil überzogen erscheinende – Händlerverkaufspreise laut Schwacke: Danach kostet eine ZZ-R 1100 von 1996 (86 000 Kilometer) 2800 Euro, ein Exemplar von 2000 mit 49 000 Kilometern soll noch 5200 Euro wert sein, ein 2002er-Modell (36 000 Kilometer) rund 6100 Euro. Bei der ZZ-R 1200 reichen die Notierungen von 6800 Euro (Modell 2002 mit 32 000 Kilometer) bis etwa 8300 Euro (Baujahr 2004 mit 15 000 Kilometer).

## BESICHTIGUNG

Nicht nur im Dauertest der Schwesterzeitschrift PS bewies die 1100er Stehvermögen, sondern auch in Kundenhand. Dennoch gab es vereinzelt kapitale Motorschäden, die aber zumeist Folge von Nachlässigkeiten der Besitzer waren. Kritisch sind vor allem bei Dauertestern, wenn sich der Ölstand an der unteren Grenze des Schauglases befindet. Dann ist eine ausreichende Schmierung unter Umständen nicht mehr gewährleistet. Deshalb besser die Finger von Exemplaren lassen, deren Besitzer häufig über die Autobahn gedroschen sind. Außerdem bei ZZ-R bis Baujahr 1991 auf einen herausspringenden zweiten Gang achten. Des Weiteren sind nach etwa 25 000 Kilometern oftmals die Ruckdämpfer im Hinterrad und die Gabeldichtringe verschlissen. ■

## TESTS IN MOTORRAD*

ZZ-R 1100: 7/1990 (T), 11/1990 (VT), 12 und 14/1991 (VT), 1/1993 (T), 7/1993 (VT), 18/1994 (VT), 13/1995 (VT), 22/1996 (VT), 9/1997 (VT), 6/1999 (VT), 8/1999 (VT), 19/1999 (VT), 3/2001 (VT);
ZZ-R 1200: 10/2002 (VT), 22/2002 (TT)

T=Test, VT=Vergleichstest, TT=Top-Test,
*Nachbestellungen unter Telefon 07 11/1 82-12 29

**Die ZZ-R 1200, erkennbar an der neuen Front mit vier Scheinwerfern**

## DATEN
(Typ ZXT10-G3, Baujahr 1999)

■ **Motor:** wassergekühlter Vierzylinder-Viertakt-Reihenmotor, zwei oben liegende, kettengetriebene Nockenwellen, vier Ventile pro Zylinder, Tassenstößel, Nasssumpfschmierung, vier Keihin-Gleichdruckvergaser, Ø 40 mm, ungeregelter Katalysator mit Sekundärluftsystem, Lichtmaschine 400 Watt, Batterie 12 V/12 Ah, hydraulisch betätigte Mehrscheiben-Ölbadkupplung, Sechsganggetriebe, O-Ring-Kette.

| | |
|---|---|
| Bohrung x Hub | 76 x 58 mm |
| Hubraum | 1052 cm³ |
| Verdichtungsverhältnis | 11:1 |
| **Nennleistung** | 107 kW (146 PS) bei 10 500/min |
| **Max. Drehmoment** | 108 Nm bei 8500/min |

■ **Fahrwerk:** Brückenrahmen aus Aluminium, geschraubte Unterzüge, Telegabel, Ø 43 mm, verstellbare Federbasis und Zugstufendämpfung, Zweiarmschwinge aus Aluminium, Zentralfederbein mit Hebelsystem, verstellbare Federbasis und Zugstufendämpfung, Doppelscheibenbremse vorn, Ø 320 mm, Vierkolben-Festsättel, Scheibenbremse hinten, Ø 250 mm, Zweikolben-Schwimmsattel.

| | |
|---|---|
| Alu-Gussräder | 3.50 x 17; 5.50 x 17 |
| Reifen | 120/70 ZR 17; 180/55 ZR 17 |

■ **Maße und Gewichte:** Radstand 1500 mm, Lenkkopfwinkel 63,5 Grad, Nachlauf 107 mm, Federweg v/h 120/112 mm, Sitzhöhe 790 mm, Gewicht vollgetankt 278 kg, Zuladung 173 kg, Tankinhalt 24 Liter.

## MESSUNGEN
(MOTORRAD 8/1999)

■ **Fahrleistungen**
| | |
|---|---|
| Höchstgeschwindigkeit | 283 km/h |

**Beschleunigung**
| | |
|---|---|
| 0–100 km/h | 2,8 sek |
| 0–200 km/h | 8,9 sek |

**Durchzug**
| | |
|---|---|
| 60–140 km/h | 9,9 sek |
| 140–180 km/h | 5,2 sek |

■ **Verbrauch**
5,4 bis 8,4 l/100 km, Normalbenzin

2005

**1990** Modellstart der ZZ-R 1100 (Typ ZX10-C); in Deutschland nur mit 100 PS für 17 990 Mark erhältlich

**1993** Neuer Rahmen mit Versteifungen im Bereich von Lenkkopf und Schwingenlagerung, massivere Schwinge, neues Federbein, längerer Radstand, 180er-Hinterreifen, modifiziertes Getriebe, doppeltes Ram-Air-System, größerer Ölkühler, Sekundärluftsystem, neue Schalldämpfer mit größerem Volumen, modifiziertes Cockpit mit Benzinuhr, vergrößerter Tank (24 Liter) mit manuellem Benzinhahn, überarbeitete Verkleidung, größere Bremsscheibe vorn; neuer Modellcode ZX10-D, Preis 19 135 Mark

**1995** Vergaserbedüsung und Zündkennlinie geändert, Gesamtübersetzung verlängert, leisere Schalldämpfer, Radstand um fünf Millimeter verlängert, Digitaluhr im Cockpit; Listenpreis: 21 400 Mark

**1996** Modifizierter Vergaser und Schalldämpfer aufgrund strengerer Abgas- und Geräuschlimits

**1997** Vergaser und Zündung neu

**1998** Ungeregelter Katalysator und Sekundärluftsystem zur Abgasreduzierung (Typ ZX10-G); Preis: 21 400 Mark

**2000** Preis erhöht auf 22 490 Mark

**2001** Letztmals im offiziellen Programm, Listenpreis auf 23 090 Mark geklettert

**2002** Die ZZ-R 1200 (Typ ZX1200-C1H) mit 152 PS löst die 1100er ab. Die wichtigsten Änderungen: Hubraumerhöhung von 1052 cm³ auf 1164 cm³, Zylinderlaufbahnen aus Leichtmetall, verstärktes Sechsganggetriebe mit engerer Abstufung, Vergaser mit Drosselklappensensor, größerer Wasser- und Ölkühler, leistungsfähigere Batterie und Lichtmaschine, steiferer Rahmen, voll einstellbare Gabel (aus ZRX 1200), überarbeitetes Federbein und Umlenkhebel, neue Schwinge mit Achsgleitstücken anstelle von Exzentern, leichtere Räder, neues Design von Tank (23 statt 24 Liter), Heck, Verkleidung und Cockpit, Edelstahl-Schalldämpfer mit vier ungeregelten Katalysatoren; Preis: 11 995 Euro

**2003** Automatisches Abblendlicht, Bremsscheiben mit geändertem Lochmuster, Einhaltung der Abgasnorm Euro 2

**Rückruf** 1994 wurden wegen unzureichend gesicherter Kettenritzel Modelle des Typs ZX10-C mit den Fahrgestellnummern ZXT10 C-000001 bis 030771 sowie ZXT10C-600001 bis 604801 zurückgerufen. Die Sicherungsscheibe wurde ersetzt

# GEBRAUCHT-BERATUNG

# KAWASAKI ZX-12R

**Die Zielsetzung war so einfach wie beeindruckend. O-Ton Kawasaki: „Sie soll die schnellste, stabilste und stärkste Maschine mit dem besten Leistungsgewicht ihrer Klasse sein." Hat geklappt. Und ist heute für überschaubares Geld zu haben.**

Von Klaus Herder; Fotos: fact, Jahn, Kawasaki

**V**ersprochen waren 178 PS. Von MOTORRAD gemessen wurden 182. Und die hatten es im ersten Modelljahr 2000 mit nur 249 Kilogramm zu tun, was unterm Strich für 1,37 Kilo pro PS und echte 303 km/h reichte – Klassenbestwert, wie versprochen. Und wir reden von der Königsklasse! Wen scherte es da noch, dass die Suzuki Hayabusa bereits im Vorjahr die 300-km/h-Marke geknackt hatte? Niemanden, denn die große Ninja punktete nicht nur mit brachialer Leistung und fettem Eisdielen-Bonus. Es sprach sich auch schnell herum, dass sich besagtes Potenzial prima nutzen lässt. Und das völlig stressfrei, denn Ergonomie sowie Wind- und Wetterschutz für den Fahrer (ausdrücklich NICHT für den Sozius) und der fein ansprechende, schaltfaul zu fahrende Motor machen die ZX-12R zum idealen Langstrecken-Brenner. Der sich auch in der Stadt und auf engen Landstraßen dritter Ordnung problemlos bewegen lässt, denn Handlichkeit und Lenkpräzision sind überraschend gut.

Bereits im zweiten Modelljahr hatte Kawasaki dann aber Angst vor der eigenen Courage – Stichwort „freiwillige Selbstbeschränkung" –, aber nur noch 298 km/h ließ es sich auch irgendwie leben. Erst recht, weil die Grünen es gut verstanden, ihrem Top-Modell die kleinen Kinderkrankheiten durch dezente, aber wirksame Modellpflege auszutreiben. Spätestens seit der 2002er-Überarbeitung ist die herrlich tönende ZX-12R eine uneingeschränkt empfehlenswerte Wuchtbrumme. ■

**www.motorradonline.de/gebrauchtberatung**

**Tests in MOTORRAD**
7/2000 (T), 9/2000 (VT), 15/2001 (TT), 19/2001 (LT), 8/2002 (TT), 9/2002 (VT), 16/2003 (VT), 12/2004 (T), 9/2005 (VT)
T=Test, VT=Vergleichstest, TT=Top-Test, LT=Langstreckentest; Nachbestellungen unter Telefon 0711 182-1229, www.motorradonline.de/downloads

## IM DETAIL

Bereits die Verschalung des Urmodells von 2000 sorgt dafür, dass der Fahrer lange Strecken mit hohem Tempo entspannt bewältigen kann. Einziger Grund für frühzeitige Stopps: der recht hohe Spritverbrauch

Alles neu 2002: geänderte Front, höhere Scheibe, größere Ram-Air-Öffnung und neue Spiegel. Motor und Fahrwerk bekamen ebenfalls ein gelungenes Feintuning verpasst

Schon ab 2001 war Schluss mit dem Über-300-km/h-Zirkus, die Tachoskala reicht nur noch bis 300 km/h, spätestens bei 298 km/h wird elektronisch abgeriegelt. Aber auch das sollte eigentlich reichen

340 km/h auf dem Tacho, immerhin 308 km/h in den Papieren – die Erstauflage der ZX-12R macht bereits im Stand mächtig was her. Und rannte in der Praxis 303 km/

## BESICHTIGUNG

Die ZX-12R ist kein Showbike, ihre Leistung wird in der Praxis von den meisten Besitzern regelmäßig gefordert. Dafür ist sie gebaut, und ihre mechanische Zuverlässigkeit ist grundsätzlich sehr gut – nach Aussage von Profischraubern für über 100 000 Kilometer ohne Motorrevision. An der Peripherie fordert die Highspeed-Gangart dann aber natürlich doch Tribut. Gern und oft an den Bremsen: Spätestens dann, wenn bei langsamer Fahrt und dem zarten Anlegen der Vorderradbremse ein Pulsieren im Handhebel bemerkbar ist und die ganze Fuhre leicht ruckelt, sind die Stopper fällig. Für die Vorderhand ist man dann ab 500 Euro dabei, daran sind allein die Scheiben mit je 200 Euro beteiligt. Der Kettensatz hält an der ZX-12R bei guter Pflege erstaunlich lange, aber auch nicht ewig: Ab 25 000 Kilometern ist erhöhte Aufmerksamkeit angesagt. Leichtes Getriebehaken ist bei der Ninja fast normal, Störrigkeit aber nicht. Risse an den Verkleidungshaltern und Auspuffkrümmern sind gar nicht so selten.

## MARKTSITUATION

Die große Ninja ist als Gebrauchte keine Mangelware. Gut abgehangene Kilometerkönige mit über 50 000 Kilometern auf dem Tacho sind vereinzelt schon für knapp über 3000 Euro zu bekommen. Das Gros der Offerten bewegt sich aber zwischen 4000 und 5000 Euro, Händler- und Privatangebote halten sich in etwa die Waage. Die Nachfrage ist nicht ganz so üppig wie das Angebot, aber zu einer echten Standuhr wird die ZX-12R praktisch nie. Der vor ein paar Jahren noch ums 300-km/h-Urmodell herrschende Hype ist abgekühlt. Mittlerweile interessieren sich die Ninja-Käufer mehr für die Sporttourer-Qualitäten und weniger für das Dicke-Hose-Image. Und das eher unabhängig vom Baujahr der Wuchtbrumme.

| Preisniveau in Euro | | Baujahre | km-Stand |
|---|---|---|---|
| **Niedrig** | 3300–4400 | 2000–2001 | 30 000–60 000 |
| **Mittel** | 4500–5900 | 2002–2005 | 15 000–30 000 |
| **Hoch** | 6000–7200 | 2002–2006 | 5000–20 000 |
| **Typ** | | im Programm | Verkäufe |
| **ZX1200-A1H** | | 2000 | 1704 |
| **ZX1200-A2H** | | 2001 | 1393 |
| **ZX1200-B1H/B2H** | | 2002–2003 | 1610 |
| **ZX1200-B3H/B4H** | | 2004–2005 | 489 |
| **ZX1200-B6F** | | 2006 | 85 |

▸ **Verfügbarkeit am Markt: hoch**

## TECHNISCHE DATEN
(ZX-12R, Modelljahr 2002)

### MOTOR

Wassergekühlter Vierzylinder-Viertakt-Reihenmotor, vier Ventile pro Zylinder, Nasssumpfschmierung, elektronische Saugrohreinspritzung, ungeregelter Katalysator mit Sekundärluftsystem, mechanisch betätigte Mehrscheiben-Ölbadkupplung, Sechsganggetriebe, O-Ring-Kette.
Bohrung x Hub                83 x 55,4 mm
Hubraum                          1199 cm³
**Nennleistung**
  **131 kW (178 PS) bei 10 500/min**
**Max. Drehmoment**
          **134 Nm bei 7500/min**

### FAHRWERK

Monocoque-Rahmen aus Alu-Blech, Motor mittragend, Upside-down-Gabel, Zweiarmschwinge aus Alu-Profilen, Zentralfederbein mit Hebelsystem, Federelemente jeweils mit verstellbarer Federbasis

sowie Zug- und Druckstufendämpfung, Doppelscheibenbremse vorn, Scheibenbremse hinten.
Alugussräder            3.50 x 17; 6.00 x 17
Reifen        120/70 ZR 17, 200/50 ZR 17

### MAßE + GEWICHTE

Radstand 1450 mm, Lenkkopfwinkel 65 Grad, Nachlauf 98 mm, Federweg v/h 120/140 mm, Sitzhöhe* 830 mm, Gewicht vollgetankt* 248 kg, Tankinhalt** 19 Liter.

### MESSUNGEN

(MOTORRAD 8/2002)
Höchstgeschwindigkeit**            298 km/h
Beschleunigung
0–100 km/h                            2,7 sek
Durchzug
60–140 km/h                           7,1 sek
Verbrauch    6,8 l/100 km (Landstraße),
             7,0 l/100 km (bei 130 km/h)

*MOTORRAD-Messungen; **Herstellerangabe

**Internet**
Fansites: www.zx-12r.de; www.zx-zzr-ig.de
**Gebrauchtangebote:**
http://markt.motorradonline.de/bike194.htm

## MODELLPFLEGE

**2000** Markteinführung. Farben: Silber, Rot, Grün, Limegreen. **Preis: 25 890 Mark (13 237 Euro).**

**2001** Höchstgeschwindigkeit auf 298 km/h begrenzt; geändertes Motorsteuergerät; Kupplung überarbeitet; modifiziertes Verkleidungsoberteil mit neuen Spiegel-Haltepunkten; neuer Tacho; geänderter Tank (19 Liter). Farben: Silber, Grün, Blau. **Preis: 26 690 Mark (13 646 Euro).**

**2002** Stark überarbeitet (über 140 Änderungen), u.a. Ram-Air-Einlass, Fahrwerk und Scheinwerfer modifiziert; neue Frontverkleidung und neuer Windschutz. Farben: Blau, Rot, Schwarz. **Preis: 13 695 Euro.**

**2003** Automatische Tageslichtfunktion. Farben: Blau, Grün, Silber. **Preis: 13 595 Euro.**

**2004** Einspritzung, Motorsteuergerät, Gabel und Bremsanlage überarbeitet; Diebstahlsicherung. Farben: Schwarz, Silber. **Preis: 13 595 Euro.**

**2005** Farbe: Blau. **Preis: 13 595 Euro.**

**2006** Letztes offizielles Baujahr. Farbe: Schwarz. **Preis: 13 595 Euro.**

**Rückrufe**

**Anfang 2001** Bruchgefährdete Kraftstoffüberlauf-Leitung im Tank und Fehlfunktion Kraftstoffniveau-Sensor.

**Oktober 2001** Brechende Ventilmuttern an Vorder- und Hinterrad (ZX1200-A1/A2).

**Februar 2003** Öl kann in den Lichtmaschinenstecker und darüber aufs Hinterrad gelangen (ZX1200-A1H/A2H/B1H/B2H).

**Ein Monocoque aus Aluteilen verbindet Steuerkopf und Schwingenlagerung – kompakt, leicht und stabil**

# KAWASAKI
# ZRX 1200/S/R

**Man muss nicht zwangsläufig als Gebückter unterwegs sein, wenn man auf bären-
starke Vierzylinder, super Bremsen und japanische Zuverlässigkeit steht. Es gibt doch die ZRX.**

Von Klaus Herder; Fotos: Hersteller, Archiv

**N**ein, das Aufmacherfoto dieser Geschichte ist ausnahmsweise keine Kawasaki ZRX 1200 R in Limegreen. Und die entzückende Geschichte von Eddie Lawsons AMA Superbike-Triumphen 1981 und 1982 wird hier auch nicht zum x-ten Mal nacherzählt. Hier geht's nämlich um alle Kawasaki ZRX 1200, nicht nur um die mit winziger und weitgehend wirkungsloser Bikiniver-kleidung bestückte Hommage an die frühen und wilden 80er Jahre. Drei Ver-sionen der ZRX 1200 begeisterten ab 2001 die Freunde des heiser grollenden Vierzylinder-Sounds: eine komplett unverkleidete, die besagte R und die halbverschalte, fast schon als Sporttourer durchgehende S. Die Technik der drei Schwestern ist praktisch identisch, in allen steckt ein wunderbarer Big Four, der herrlich tönt, eher kernig läuft, etwas säuft und eine Leistungskurve liefert, die dem Maschinenbauer Tränen der Rührung in die Augen treibt. Bereits knapp über 2000/min liegen immer deutlich mehr als 80 Nm an, zwischen 3000/min und Nenndrehzahl gibt's nonstop über 100 Nm – noch irgend-welche Durchzugs-Fragen? Dazu gesellen sich famose Bremsen und ein Fahrwerk, das locker macht und der Fuhre erstaunliche Agilität verleiht. Über dieser ganzen Herrlichkeit thront der sehr bequem untergebrachte Fahrer – auch und gerade auf der S, der ultimativen Geheimtipp-ZRX.

**Tests in MOTORRAD**

7/2001 (FB), 8/2001 (VT), 12/2001 (VT), 15/2001 (VT), 20/2001 (VT), 23/2001 (VT), 3/2002 (VT), 10/2002 (TT), 19/2002 (Handling-VT), 26/2002 (Nachrüst-Auspuffanlagen), 8/2003 (VT), 13/2004 (Reifen), 10/2005 (VT), 10/2006 (VT)

FB=Fahrbericht, VT=Vergleichstest, TT=Top-Test
Nachbestellungen unter Telefon 07 11/182-1229

## Details

**Übersichtliche Sache:** klassisch runde Instrumente; mit Rahmen bei der S (Bild ganz links), ebenfalls digitalfrei bei der R und der unverkleideten ZRX

**Komplettes Angebot:** Die Gabel und die beiden Federbeine sind in Federbasis sowie Zug- und Druckstufe voll einstellbar

**Packende Angelegen-heit:** Die Sechskolben-sättel beißen heftig und dabei gut dosier-bar zu. Die famosen Stopper galten lange als Big-Bike-Referenz

**Elegante Lösung:** Die Kettenspannung kann über einen Exzenter ganz einfach korrigier werden. Dazu passt die edle Alu-Schwinge mit Unterzügen

## Besichtigung

Eine ZRX 1200 im Originalzustand und aus erster Hand wird von Motorradhändlern meist sehr gern in Zahlung genommen. Grund dafür: Die Mechanik gilt als unkaputtbar, irgendwelche versteckten Macken sind nicht zu befürchten. Die Betonung liegt auf „im Originalzustand und aus erster Hand". Ist Kawasakis Big Bike nämlich erst einmal zum Wanderpokal der dynamischen Landjugend geworden, geht's mit der Zuverlässigkeit oft rapide bergab – Stichwort „Wartungsstau". Das ist ganz sicher keine Kawa-Besonderheit, doch bei der ZRX kommt eine Sache erschwerend hinzu: Sie ist in der Umbauer-/Streetfighter-Szene extrem beliebt, was der Zuverlässigkeit nicht unbedingt dienlich sein muss. Im Gegenteil: Wenn im Angebot von „Heckumbau" und „Sportauspuff", ggf. auch „Sonderlackierung" die Rede ist, winken die meisten Händler aus gutem Grund dankend ab. Ein Verhalten, das auch für den private Ankäufer ein guter Tipp ist. Klare Ansage: serienmäßig = kaufen. Umbau = eher nicht.

## Marktsituation

**Die teuerste Neu-ZRX ist die günstigste Gebraucht-ZRX.** Als Neumaschine kostete die halbverschalte ZRX 1200 S immer 300 Euro mehr als die mit Bikiniverkleidung antretende ZRX 1200 R und verkaufte sich mit insgesamt 3494 Exemplaren auch deutlich besser. Entsprechend häufig wird die S heute als Gebrauchtmaschine angeboten – und bleibt am längsten stehen, denn sie ist die mit Abstand am wenigsten gefragte Secondhand-ZRX. Gebrauchtkäufer suchen fast immer die R; was beschwerlich sein kann, denn die meisten R-Besitzer wis-

| Preisniveau in Euro | | Baujahre | Km-Stand |
|---|---|---|---|
| **Niedrig** | **2800–3900** | 2001–2002 | 30 000–60 000 |
| Mittel | 4000–5000 | 2001–2005 | 15 000–25 000 |
| Hoch | 5100–6000 | 2004–2007 | 5000–12 000 |
| **Typ** | | **im Programm** | **Verkäufe** |
| **ZRX 1200/R/S** | | 2001 bis 2007 | 5189 |

sen, was sie an ihrer Dicken haben und trennen sich nur selten von ihr. Eine R kostet mindestens 500 Euro mehr als eine vergleichbare S. In der nebenstehend genannten Niedrigpreiskategorie ist sie praktisch nicht zu finden. Die ganz nackte ZRX war als Neumaschine schon eine Rarität und spielt auf dem Gebrauchtmarkt so gut wie keine Rolle. Wird dann doch einmal eine angeboten, liegt sie preislich zwischen S und R.

▶ **Verfügbarkeit am Markt: mäßig (R) bis hoch (S)**

## Daten    (ZRX 1200 S/ZR1200-B1P; Modelljahr 2001)

### MOTOR
Wassergekühlert Vierzylinder-Viertakt-Reihenmotor, eine Ausgleichswelle, zwei obenliegende, kettengetriebene Nockenwellen, vier Ventile pro Zylinder, Schlepphebel, Nasssumpfschmierung, Gleichdruckvergaser, Ø 36 mm, ungeregelter Katalysator mit Sekundärluftsystem, hydraulisch betätigte Mehrscheiben-Ölbadkupplung, Fünfganggetriebe, Kette.
Bohrung x Hub                79 x 59,4 mm
Hubraum                        1165 cm$^3$
**Nennleistung**
                **90 kW (122 PS) bei 8500/min**
**Max. Drehmoment**
                **112 Nm bei 7000/min**

### FAHRWERK
Doppelschleifenrahmen aus Stahlrohr, Telegabel, Ø 43 mm, Alu-Zweiarmschwinge, zwei Federbeine, jeweils voll einstell-bar, Doppelscheibenbremse vorn, Ø 310 mm, Scheibenbremse hinten, Ø 250 mm.
Alu-Gussräder          3.50 x 17; 5.50 x 17
Reifen          120/70 ZR 17; 180/55 ZR 17

### MAßE+GEWICHTE
Radstand 1465 mm, Lenkkopfwinkel 65 Grad, Nachlauf 106 mm, Federweg v/h 120/123 mm, Sitzhöhe* 800 mm, Gewicht vollgetankt* 250 kg, Zuladung* 180 kg, Tankinhalt/Reserve 19/5 Liter.

### MESSUNGEN
(MOTORRAD 8/2001)
Höchstgeschwindigkeit                239 km/h
**Beschleunigung**
0–100 km/h                              3,1 sek
**Durchzug**
60–140 km/h                            7,9 sek
**Verbrauch**   6,7 l/100 km (Landstraße)

*MOTORRAD-Messungen

### Internet
**Fansites:** www.zrx-ig.de (Interessengemeinschaft mit regionalen Ablegern und Internet-Forum); www.kawaforum.de (Kawasaki allgemein, ZRX-Unterforum)

**Gebrauchte:** http://markt.motorradonline.de (Händler und Privat)

**Glänzende Erscheinung: Als letzte überlebende ZRX 1200 bekam die R-Version 2005 polierte Edelstahl-Auspuffkrümmer spendiert**

**Seltenes Exemplar: Die unverkleidete ZRX 1200 fand von 2001 bis 2004 in Deutschland nur 388 Neumaschinen-Käufer**

**Gesuchtes Schätzchen: 1307 ZRX 1200 R wurden bis 2007 in D neu verkauft. Gebraucht ist sie die beliebteste ZRX**

## Modellpflege

**2001** Modellwechsel von ZRX 1100 auf ZRX 1200. Neupreise in D: 9060/9316/9571 Euro (ZRX 1200/R/S).

**2002** Preise: 8995/9350/9650 Euro.

**2003** Automatisches Tageslicht.

**2004** Zusätzlicher Waben-Kat; Luftfilter, Vergaser und Zündung geändert.

**2005** Unverkleidete ZRX und S-Version entfallen; Auspuffkrümmer aus poliertem Edelstahl für R-Version; Gabelfedern und Stoßdämpfer geändert; Lochbild der hinteren Bremsscheibe geändert; Preissenkung auf 8150 Euro.

**2007** Verkauf der letzten ZRX 1200 R.

# KAWASAKI
# VN 1600

**Der mächtige 1600er-Kardancruiser mit beinahe außerirdischer Zuverlässigkeit gilt unter Gebrauchten als sichere Bank. Auch die Modellvarianten bieten viel fürs Geld.**

Von Thorsten Dentges; Fotos: Gargolov, Kawasaki

**S**pricht man an dieser Stelle von Vulcaniern, so sind damit nicht Außerirdische vom Schlage eines Mr. Spock gemeint, sondern die Besitzer eines Kawasaki-Cruisers der VN-Reihe (amerikanischer Zusatz: „Vulcan"). Wobei viele Vulcanier Ende 2002 tatsächlich spitze Ohren bekamen, nachdem sie Kunde bekommen hatten, eine neue 1600er löse das Erfolgsmodell VN 1500 ab. Die 1500er, von 1995 bis 2002 im Programm – als Variante „Classic Tourer" noch ein Jahr länger –, zickte mitunter etwas herum. Etwa bei der Ölversorgung, da kam es hier und da zu Totalausfällen. Oder das Getriebe – auch nicht immer stressfrei. Und die 1600er? Macken? Fehlanzeige. Ein technisch einwandfreies, sehr zuverlässiges Motorrad. Noch mehr Lob verdient die von 2004 bis 2008 angebotene VN 1600 Mean Steak. Gegenüber der Classic das eindeutig bessere Motorrad, weil es mit sportlichem Fahrwerk und Top-Bremsen an den Start geht. Die Hot Rod-Optik der Mean Streak mochte allerdings außerhalb der Vulcanier-Welt zunächst niemanden so recht beeindrucken, die Classic-Variante traf seinerzeit besser den Zeitgeist. Das hat sich geändert. Aktuell liegen Cruiser in Dragster-Verpackung deutlich stärker im Trend, deshalb ist die 72 PS starke 1600er-Mean Streak (Classic: 67 PS) auf dem Gebrauchtmarkt ein besonders heißes Eisen. Das gilt übrigens gleichermaßen für die 2005 vorgestellte und mit rund 370 Kilogramm etwas übergewichtige Classic Tourer, da sie bei Vulcaniern mit Dauerblick gen Horizont besser punkten kann. Die Standard-VN 1600 Classic ist dafür am günstigsten aus zweiter Hand zu schießen, aufgrund des geringen Bestands wird sie allerdings generell hoch gehandelt. Ein Neu-Vulcanier muss also ein ordentliches Startkapital einbringen, jedoch mit der Garantie, dass das Geld gut angelegt ist.

**Internet**
**Fansites:** www.vulcanier-germany.de, www.vn-biker.de
**Gebrauchtangebote:**
http://markt.motorradonline.de/bike2213.htm

---

## Details

**Ist die Fat Boy, Mann! Gewisse Anleihen beim amerikanischen Vorbild sind nicht zu verleugnen. Mal ganz vorsichtig ausgedrückt**

**In der Cruiserklasse interessiert die Höchstgeschwindigkeit kaum. Wichtiger ist, dass der Tachometer sich in höchstem Glanze präsentiert**

**Die Auspuffanlage ist hübsch, dennoch haben Vulcanier hier Nachrüstbedarf. Der Originalsound ist etwas mau, und das Ohr fährt schließlich mit**

## Modellvarianten

**Abgespeckt: Die „nur" 317 Kilogramm schwere Variante Mean Streak hat durchaus sportliche Qualitäten. Und sieht außerdem rattenscharf aus**

**Mit Hüftgold: Die Variante VN 1600 Classic Tourer ist mit 377 Kilo ein echter Moppel – aber einer, mit dem es sich wunderbar auf Reise gehen lässt**

## Besichtigung

Der Idealfall: nur ein Vorbesitzer, Verkauf über einen seriösen (Vertrags-) Händler, Inspektionsheft beamtisch geführt, Chromflächen blitzen. Dann braucht man nur über eines zu reden: den Preis. Passt dieser zum eigenen Budget, kann man getrost zuschlagen, **denn Schwächen sind bei der VN 1600 so gut wie unbekannt.** Nur bei der Classic gab es zwei Rückrufe (2004 und 2007) wegen undichter Ölfilter (Fahrgestellnummern VNT60AE000058 bis 003459) beziehungsweise Rissen im Bereich der vorderen oder hinteren Tankbefestigungspunkte (Brandgefahr, JKBV-

NT60AAA000042 – JKBVNT60AAA005907). Doch wie schon erwähnt, bei ordentlichen Inspektionen muss man sich als Interessent um derartige Angelegenheiten kaum Sorgen machen, denn Profiwerkstätten haben solche Mängel in der Regel schon längst behoben. Bleibt noch der Blick aufs mitgelieferte Zubehör. Bei der Mean Streak weniger wichtig, denn Fans wollen die cleane Optik nur selten stören. Die „Tourer" ist bereits vollausgestattet, aber bei der Standard-Classic gelten Teile wie Windschild, Packtaschen oder Zusatzscheinwerfer als attraktive Zugabe.

## Marktsituation

**Etwa 1000-mal verkaufte sich die Classic,** rund 450-mal die Mean Streak und nur zirka 300-mal die Tourer. Dementsprechend ist das Secondhand-Angebot dünn, aber wer gezielt sucht, findet attraktive Angebote, für die der Interessent mitunter längere Anfahrtswege einplanen sollte. Laut Schwacke-Liste beginnen die Preise über 5000 Euro, wenn die Maschinen über 50 000 Kilometer auf der Uhr haben. In Wirklichkeit sind derart hohe Laufleistungen bei der VN 1600 allerdings kaum an-

| Preisniveau in Euro | | Baujahre | Km-Stand |
|---|---|---|---|
| **Niedrig** | **5500–6400** | 2003–2005 | 10 000–30 000 |
| **Mittel** | **6500–7900** | 2003–2006 | 5000–20 000 |
| **Hoch** | **8000–9500** | 2005–2008 | unter 10 000 |
| **Typ** | | **im Programm** | **Verkäufe** |
| **VN1600-A, B und D** | | ab 2003 | 1728 |

zutreffen, selten stehen mehr als 30 000 Kilometer auf der Uhr. Noch seltener als extrem hohe Laufleistungen finden sich Käufer, wenn die Preisforderungen die 10 000er-Schmerzgrenze überschreiten. Der eine oder andere private Anbieter denkt zwar, jahrelange liebevolle Zuwendung für die Maschine müsse entlohnt werden, und in der Tat entscheidet eine gute Pflege über einen höheren Preis, aber topgepflegte Exemplare der ersten beiden Baujahre sind bereits um die 6000 Euro zu orten.           ▶ **Verfügbarkeit am Markt: gering**

## Daten   (Typ VN1600-A; Modelljahr 2003)

### MOTOR

Wassergekühlter Zweizylinder-Viertakt-50-Grad-V-Motor, vier Ventile pro Zylinder, Nasssumpfschmierung, elektronische Einspritzung, ungeregelter Katalysator, hydraulisch betätigte Mehrscheiben-Ölbadkupplung, Fünfganggetriebe, Kardan.

| | |
|---|---|
| Bohrung x Hub | 102 x 95 mm |
| Hubraum | 1553 cm³ |

**Nennleistung**
              **49 kW (67 PS) bei 4700/min**
**Max. Drehmoment**
              **127 Nm bei 2700/min**

### FAHRWERK

Doppelschleifenrahmen aus Stahl, Telegabel, Eingelenk-Zweiarmschwinge aus Stahl, zwei Federbeine, luftunterstützt, verstellbare Zugstufendämpfung, Dop-

pelscheibenbremse vorn, Scheibenbremse hinten.
Reifen         130/90 H 16, 170/80 HB 16

### MAßE+GEWICHTE

Radstand 1680 mm, Lenkkopfwinkel 58 Grad, Nachlauf 168 mm, Gewicht vollgetankt* 345 kg, Zuladung* 178 kg, Tankinhalt 20 Liter.

### MESSUNGEN

(MOTORRAD /2003)
| | |
|---|---|
| Höchstgeschwindigkeit** | 168 km/h |

**Beschleunigung**
| | |
|---|---|
| 0–100 km/h | 5,7 sek |

**Durchzug**
| | |
|---|---|
| 60–100 km/h | 6,5 sek |

**Verbrauch**    6,4 l/100 km (Landstraße), 7,8 l/100 km (bei 130 km/h), Super

*MOTORRAD-Messungen; **Herstellerangabe

**Tests in MOTORRAD**
9/2003 (VT), 7/2004 (FB Modell Mean Streak)
FB=Fahrbericht, VT=Vergleichstest
Nachbestellungen unter Telefon 0711/182-1229

**Man mag bei fetten Cruisern ja kaum von Sportlichkeit sprechen, aber die 1600er schwingt im Vergleich locker ums Eck**

## Modellpflege

**2003** Die VN 1600 Classic **(Typ A)** tritt das Erbe der erfolgreichen VN 1500 an, die 2003 in den Modellvarianten Drifter, Mean Streak und Classic Tourer FI parallel im Programm bleibt. **Preis für die 1600er: 11 390 Euro.**

**2004** Modell **Mean Streak (Typ B)** für 12 195 Euro **mit fünf PS mehr Leistung** (72 PS) und 80 cm³ mehr Hubraum. Außerdem besitzt die Mean Streak ein sportlicheres Fahrwerk mit Upside-down-Gabel sowie die aus dem Sportmotorrad ZX-9R übernommene Dreikolben-Bremsanlage. Weitere Unterschiede: steifere Schwin-

ge, größere Spiegel, weniger tief gezogener Kotflügel vorn, Heckteil samt Rückleuchte komplett anderes, schlankeres Design.

**2005** Markteinführung der Modellvariante **Classic Tourer (Typ D)** mit verstärktem Rahmen, Rückenlehne für Sozius, neu gestaltetes Sitzpolster, Trittbretter auch für den Mitfahrer, Kofferset und Windschild serienmäßig. Gewicht: 374 Kilogramm. **Preis: 14 195 Euro.**

**2008** Letztes Modelljahr. Die 1600er wird von der VN 1700 (Classic und Mean Streak) abgelöst.

# KTM DUKE

**Von der Stange und trotzdem enorm individuell – dass dieser Widerspruch funktioniert, beweist der KTM-Einzylinder-Straßenfeger eindrucksvoll. Das heftige Spaßgerät hat jedoch seine Tücken.**

Von Thorsten Dentges
Fotos: Gargolov, Hartmann, Jahn, KTM

**D**ie Duke, der Duke? Egal, vielleicht am besten „das Duke", denn die extrovierte KTM kommt rüber wie ein Ding aus einer anderen Welt. Einer genusssüchtigen Welt voller Spaß. Das Risiko, mit der Duke (bleiben wir beim „sie", die Duke) über seine Grenzen hinauszufahren, ist allerdings groß. Sie betört mit ihrem Aussehen, das war schon bei der Erstfassung von 1994 der Fall. Das freche Design, seinerzeit für eine Serienmaschine gewagt, verbarg die anfangs sehr hemdsärmelige Enduro-Technik. 50 PS klopften selbst hartgesottene Fahrer auf der schmalen Sitzbank irgendwann weich. Und forsches Ankicken (erste zwei Baujahre) ist ebenfalls nichts für Komfortmenschen, so dass dieses Modell heute als Secondhandbike nur Hardliner anspricht. Die Duke II ab 2002 hingegen gibt sich mit ihren 54 PS zivilisierter und ist aus zweiter Hand deutlich gefragter. Ähnlich wie die herzögliche Vorgängerin, adelte sie sich selbst auf Anhieb zum Designstück mit edlen Zutaten: große Scheibenbremse, feine Gabel, leichte Räder. Fahrfertig nur etwas über drei Zentner, so lassen sich auch ausgebuffte Supersportler in engem Geläuf leicht austricksen. Zu viele wilde Ritte führen beim hochpulsigen Einzylinder allerdings früher oder später zum Infarkt. Und obwohl der dritten und vorletzten Duke-Generation (ab 2008) in Sachen Standfestigkeit wohl die Krone gebührt, sollten Interessenten nicht die Langlebigkeit eines braven Tourenmotorrads erwarten und stattdessen eine gehörige Portion Unvernunft mitbringen. Duke bleibt eben Duke. Der, die, das – wieso, weshalb, warum? Erklärt sich alles von selbst. Nach dem ersten Zündtakt.

**Tests in MOTORRAD**
620er: 9/1994 (FB), 12/1994 (T), 12/1997 (VT), 640er: 16/1999 (VT), 4/2001 (VT), 17/2001 (VT), 2/2002 (VT), 25/2002 (VT), 13/2005 (VT), 690er: 4/2008 (FB), 6/2008 (TT), 7/2010 (T, Modell R)
FB= Fahrbericht, T= Test, TT=Top-Test, VT=Vergleichstest
Nachbestellungen unter Telefon 07 11/1 82-12 29

**1994: Duke I**
Rauer Geselle, nur für die ganz Harten – die Urfassung der Duke mit 50 PS

**2002: Duke II**
Auf dem Gebrauchtmarkt ist die zweite Generation am häufigsten vertreten

**2008: Duke III**
Noch etwas seltener lässt sich das 65-PS-Raubtier aus zweiter Hand fangen

**Details**

**Wie aus einem Guss:** Die edle Underseat-Auspuffanlage harmoniert glänzend mit der sehr schlanken und stimmig gezeichneten Heckpartie

Verleihen dem Gesicht der Duke etwas Insektenhaftes: die übereinander angeordneten Scheinwerfer

## Besichtigung

Eingelaufene Kipphebelrollen, Kurbelwellenschäden, verschlissene Getriebe-Eingangslager, defekte Gabeldichtungen – **Mängel, die bei älteren (Baujahr 2002 und davor),** stark beanspruchten Exemplaren keine Seltenheit sind. Meist haben der oder die Vorbesitzer Schuld daran: Vollgas im Stadtverkehr bei noch kaltem Motor, Wheelie-Eskapaden und Faulheit bei regelmäßiger Wartung und Ölstandskontrolle hinterlassen ihre Spuren. Technische Laien sollten beim Vor-Ort-Termin deshalb unbedingt einen Kenner die Probefahrt machen lassen, der mechanische Geräusche deuten kann oder sogar einer Fachwerkstatt den Check überlassen. Gerade bei Privatofferten ist es wichtig, sich eine lückenlose Werkstatt-Historie belegen zu lassen. Da außerdem vielen Dukes mittels Vergaser-Kits zu mehr Leistung verholfen wurde und Nachrüst-Schalldämpfer (Favorit: Akrapovic) ebenso beliebt sind, empfiehlt sich eine Kontrolle der Fahrzeugpapiere auf korrekte Eintragungen der Anbauteile sowie ein Blick auf die Prüfzeichen – Vorsicht, wenn diese nicht vorhanden sind!

## Marktsituation

**Gebrauchte Dukes gehen häufig von Hand zu Freundes Hand,** der Handel ist also in erster Linie eine Privatangelegenheit. Die Verhandlungsbasis beginnt schon um die 2000 Euro, allerdings handelt es sich bei diesen Maschinen nicht selten um gefrickelte Umbauten mit fragwürdiger Vorgeschichte oder Exemplare mit kleineren Defekten. Nur die wenigsten gebrauchten Dukes haben mehr als 20 000 Kilometer auf dem Tacho, die Zahl der Interessenten, die mehr als 6000 Euro investieren wollen, ist allerdings

| Preisniveau in Euro | | Baujahre | km-Stand |
|---|---|---|---|
| **Niedrig** | **1700–2500** | 1994–1998 | 20 000–50 000 |
| **Mittel** | **2600–4000** | 1998–2007 | 7500–20 000 |
| **Hoch** | **4100–6900** | 2004–2012 | bis 7500 |
| **Modelle** | | **im Programm** | **Zulassungen** |
| 620/640/690 | | ab 1994 | rund 5000[1] |

[1]keine verlässlichen Zahlen vor 1996

noch geringer. Professionelle Händler halten sich bei Inzahlungnahmen von deutlich sichtbar genutzten Modellen in der Regel eher zurück, dennoch haben Gewerbetreibende vereinzelt ältere Duke II oder gut gepflegte „Ur-Dukes" ab 2500 Euro im Programm. Wem als Käufer eine Gewährleistung wichtig ist, der wird am ehesten beim Vertragshändler fündig, dort stehen außerdem manchmal auch günstige Vorjahresmodelle. Die radikale Preissenkung 2012 dürfte auch bei Gebrauchten durchschlagen. ▶ **Verfügbarkeit am Markt: mittelhoch**

## Daten  (Duke II 640; Modelljahr 2002)

### MOTOR

Wassergekühlter Einzylinder-Viertaktmotor, vier Ventile, Nasssumpfschmierung, Vergaser, keine Abgasreinigung, mechanisch betätigte Mehrscheiben-Ölbadkupplung, Fünfganggetriebe, O-Ring-Kette.

| | |
|---|---|
| Bohrung x Hub | 101 x 78 mm |
| Hubraum | 625 cm³ |

**Nennleistung**
**40 kW (54 PS) bei 7300/min**
**Max. Drehmoment**
**58 Nm bei 5500/min**

### FAHRWERK

Einschleifenrahmen aus Stahl, Upside-down-Gabel, verstellbare Zug- und Druckstufendämpfung Zweiarmschwinge aus Aluminium, Zentralfederbein mit Hebelsystem, verstellbare Federbasis, Zug- und Druckstufendämpfung, Scheibenbremse vorn und hinten.

| | |
|---|---|
| Alu-Gussräder | 3.50 x 17; 4.25 x 17 |
| Reifen | 120/70-17, 160/60-17 |

### MAßE+GEWICHTE

Radstand 1460 mm, Lenkkopfwinkel 64,2 Grad, Nachlauf 109 mm, Sitzhöhe* 900 mm, Gewicht vollgetankt* 161 kg, Zuladung* 189 kg, Tankinhalt/Reserve 12/1,8 Liter.

### MESSUNGEN

(MOTORRAD 2/2002)

| | |
|---|---|
| Höchstgeschwindigkeit | 179 km/h |
| **Beschleunigung** | |
| 0–100 km/h | 4,2 sek |
| **Durchzug** | |
| 60–100 km/h | 5,1 sek |
| **Verbrauch** | 4,7 l/100 km (Landstraße), 5,5 l/100 km (bei 130 km/h) |

*MOTORRAD-Messungen

## Modellpflege

**Filigrane Felgen, fein ansprechende Upside-Down-Gabel und fest zupackende Bremse mit 320er-Scheibe**

**1994** Die Duke 620 „First Edition" kommt mit Kickstarter und manuellem Dekompressionshebel nach Deutschland. Leistungsvarianten: 31 und 50 PS. **Preis: 13 500 Mark (6902 Euro).** In Österreich wird zusätzlich eine 400er-Version angeboten.

**1996** Duke 620 E mit E-Starter (zusätzlich zum Kickstarter), Modifikationen am Motor (neues Gehäuse, zwei Ölpumpen). **Preis: 15 290 Mark (7818 Euro).**

**1998** Die „Last Edition" der 620er (insgesamt 400-mal gebaut) erhält schon den neuen LC4-Einzylinder-Motor mit 625 cm³ Hubraum und Ausgleichswelle. Leistungsvarianten: 34 und 54 PS. **Preis: 15 880 Mark (8119 Euro).**

**1999** komplett neues Modell Duke II 640 mit dem neuen LC4-Motor (siehe „Last Edition" 1998) und stark überarbeitetem Design. **Preis: 8580 Euro.**

**2003** neuer, so genannter High-Flow-Zylinderkopf mit größeren Ventilen; leichtere Felgen und neues Steuergerät, hydraulische statt mechanisch betätigte Kupplung. **Preis: 8650 Euro.**

**2004** Sekundärluftsystem zur Einhaltung der Euro-2-Norm, neues Pleuel. **Preis: 8650 Euro.**

**2007** 640 Duke II Last Edition als auf 370 Stück limitiertes Sondermodell in Orange mit orangen Felgen **Preis: 8923 Euro.**

**2008** Markteinführung der dritten Modellgeneration 690 Duke mit komplett neuem LC4-Motor (654 cm³, 34 beziehungsweise 65 PS), neuem Gitterrohrrahmen und Design. **Preis: 8995 Euro.**

**Instrumente mit klassisch weißen Zifferblättern – gelungener Kontrast zum futuristischen Aussehen**

**2010** Modell Duke R mit 34 beziehungsweise 70 PS starkem Motor mit 690 cm³. **Preis: 9495 Euro.**

**2012** Neues Modell: neues Design, Motor der bisherigen R-Version, Doppelzündung, ABS, **Preis: 7495 Euro**

# KTM **ADVENTURE 950/990**

**Ein Traum für reise- und rallyelustige Hardenduristen: Die Adventure ist die sportlichste Zweizylinder-Großenduro – und als exklusive Gebrauchte ein Tipp.**

## MODELLGESCHICHTE

Normalerweise sind die Siegermotorräder beim härtesten Offroad-Rennen der Welt, der Dakar-Rallye, handgeschnitzte Prototypen, die vor maßgeschneiderten Komponenten nur so strotzen. Bei der KTM Adventure 950, die sich 2002 unter Fabrizio Meoni das Blaue Band des schnellsten Wüstenritts an die haushohe Verkleidung heften durfte, war das anders. Die Österreicher hatten schon immer eine Vorliebe für den steinigeren Weg, und so wurde die materialmordende Wüstenhatz als ideales Dauererprobungs-Terrain für die komplett neu entwickelte Zweizylinder-Enduro auserkoren. Laut KTM entsprach die damalige Siegermaschine zu 95 Prozent dem späteren Serienmaterial, womit über die Offroad-Qualitäten alles gesagt sein dürfte. Auch onroad kann die Superenduro durch ihren kompromisslosen Auf- beziehungsweise Antritt begeistern.

Im MOTORRAD-Langstreckentest über 50000 Kilometer traten zwar neben kleineren Unpässlichkeiten echte Schwächen wie defekte Benzinpumpen und undichte Zylinderkopfdichtungen auf, und bei Testende waren die Auslassventile des hinteren Zylinders verbrannt. Doch KTM reagierte schnell und sorgte bei betroffenen Maschinen im Rahmen der fälligen Inspektionen für Abhilfe. Diesbezügliche Rückrufe und Nachrüstaktionen gab es nicht, weswegen nur ein komplett gestempeltes Serviceheft den aktuellen Stand der Technik gewährleistet. Obwohl wie Sitzhöhe wie Preis in gehobenen Regionen bewegen, konnte KTM gut 2100 Exemplare der vergaserbestückten 950er an die Hardenduristen bringen. Die seit 2006 angebotene 990er mit Einspritzung spielt auf dem Gebrauchtmarkt eine kleinere Rolle, auch das S-Modell der 950er ist rar. Für jede Adventure gilt: Ist sie zu hoch, bist du noch nicht bereit für sie.

## **MOTORRAD**-TESTS *

**Adventure 950:** 5/2003 (FB), 8/2003 (TT), 9/2003 (VT), 12/2003 (VT), 17/2003 (VT), 7/2004 (VT), 8/2004 (VT), 22/2004 (LT Zwischenbilanz), 26/2004 (Herbstausfahrt), 16/2005 (LT)
**Adventure 990:** 9/2006 (VT), 1/2007 (VT), 8/2007(VT), 4/2008 (VT)
**Internet:** http://forum.lc8.info
*FB = Fahrbericht, LT = Langstreckentest, TT = Top-Test, VT = Vergleichstest; Nachbestellungen unter Telefon 0711/182-1229

**BJ**

### 2003

**Gestrippt wirkt die Adventure längst nicht mehr so bullig. Die gute Fahrbarkeit ist auch ein Resultat der Massenkonzentration. Gemischaufbereitung durch 43er-Vergaser**

### 2004

**Ab 2004 (siehe auch großes Foto) schwarze Räder, die hintere Felge jetzt 4,25 Zoll breit, verbesserte Beschichtung der Schwinge**

### 2006

## BESICHTIGUNG

Wie bereits erwähnt, hat KTM an einzelnen Exemplaren Modellpflegemaßnahmen durchgeführt; aber nur, wenn der Besitzer seine Maschine regelmäßig zum Service brachte. Bei artgerechtem Einsatz der Reise-Enduro sind Gebrauchsspuren unvermeidlich. Generell gilt bei Enduros der Suche nach verbogenen Rahmenhecks, losen Speichen, verbeulten Kühlern sowie undichten oder verschlissenen Dämpfern verstärkte Aufmerksamkeit. Wenn (zu laute) Zubehörtöpfe die KTM schmücken, sollte nach den Originaltüten gefragt werden. Weiteres Zubehör wird gerne genommen, schlägt preislich jedoch kaum zu Buche.

## MARKTSITUATION

Bei einem Bestand von gut 3000 Adventure 950 und Adventure 990 ist das Angebot an Gebrauchten nicht gerade üppig. Eine Rarität ist die höhergelegte S. Unter 6000 Euro gibt es kaum Brauchbares, der Aufstieg in die S-Klasse kostet rund 1000 Euro mehr. Ansonsten ergeben sich die Preise aus Laufleistung und Geländeanteil, sprich dem Fahrzeugzustand. Aufgrund des noch geringen Alters stehen die meisten Offerten bei den Händlern. Vorteil: Gewährleistungspflicht.

| Modell | Baujahr | Verkäufe |
|---|---|---|
| Adventure 950 | 2003–2005 | 2114 |
| Adventure 990 | 2006 bis heute | ca. 3000 |

| Baujahr | km-Stand | Preis in Euro |
|---|---|---|
| 2003–2005 | bis 10 000 | ab 7500 |
| | um 20 000 | 6000–7400 |
| | über 30 000 | ab 5000 |
| 2006–2010 | unter 20 000 | 7500–9900 |

## TECHNIK

### DATEN
(Adventure 950, Baujahr 2003)

■ **Motor:** wassergekühlter Zweizylinder-Viertakt-75-Grad-V-Motor, Kurbelwelle quer liegend, eine Ausgleichswelle, je zwei obenliegende, zahnrad- und kettengetriebene Nockenwellen, vier Ventile pro Zylinder, Tassenstößel, Trockensumpfschmierung, Gleichdruckvergaser, Ø 43 mm, U-Kat mit Sekundärluftsystem, Lichtmaschine 450 Watt, Batterie 12 V/12 Ah, hydraulisch betätigte Mehrscheiben-Ölbadkupplung, Sechsganggetriebe, O-Ring-Kette.

| | |
|---|---|
| Bohrung x Hub | 100,0 x 60,0 mm |
| Hubraum | 942 cm³ |
| Verdichtungsverhältnis | 11,5:1 |
| **Nennleistung** | 72 kW (98 PS) bei 8000/min |
| **Max. Drehmoment** | 95 Nm bei 6000/min |

■ **Fahrwerk:** Gitterrohrrahmen aus Stahl, Rahmenheck aus Aluminium, Upside-down-Gabel, Ø 48 mm, verstellbare Federbasis, Zug- und Druckstufendämpfung, Zweiarmschwinge aus Aluminium, Zentralfederbein, direkt angelenkt, verstellbare Federbasis, Zug- und Druckstufendämpfung, Doppelscheibenbremse vorn, Ø 300 mm, Scheibenbremse hinten, Ø 240 mm.

| | |
|---|---|
| Speichenräder mit Alu-Felgen | 3.15x21; 4.00x18 |
| Reifen | 90/90-21; 150/70-18 |

■ **Maße und Gewichte:** Radstand 1570 mm, Lenkkopfwinkel 63,4 Grad, Nachlauf 119 mm, Federweg v/h 230/230 mm, Sitzhöhe 890 mm, Gewicht vollgetankt 224 kg, Zuladung 176 kg, Tankinhalt 22 Liter.

### MESSUNGEN
(MOTORRAD 8/2003)

■ **Fahrleistungen**

| | |
|---|---|
| Höchstgeschwindigkeit | 210 km/h |
| **Beschleunigung** | |
| 0–100 km/h | 3,2 sek |
| **Durchzug** | |
| 60–100 km/h | 4,8 sek |
| 100–140 km/h | 5,3 sek |
| **Verbrauch** | |
| Landstraße | 5,1 bis 5,7 l/100 km, Superbenzin |

## 2009

Seit 2006 hat der Motor 990 Kubikzentimeter. Dank Einspritzung erfüllt er Euro 3. Serienmäßig gibt es ein abschaltbares ABS, eine Lampe im Cockpit kündet davon. Bis auf kleine Retuschen an der Peripherie bleibt das Erscheinungsbild unverändert

Beachtliche 265 Millimeter Federweg vorn und hinten, noch mal leistungsgesteigerter Motor – die R-Variante ist tatsächlich „ready to race" und gut zum Schotter aufwirbeln. ABS ist da fehl am Platz

## MODELLPFLEGE

**2003** Markteinführung 950 Adventure (Typ 900), Preis: 12 290 Euro; S-Modell: 12 490 Euro. Bereits ab Markteinführung wurden von KTM auf die betroffenen Motorräder abgestimmte Modellpflegemaßnahmen durchgeführt. Deshalb auf ein lückenloses Serviceheft achten.

**2004** Breitere Felge hinten (4.25 statt 4.00 Zoll), verbesserte Beschichtung der Aluminiumschwinge, Hauptständer, Vergaserheizung serienmäßig, Preise unverändert.

**2005** Sitzhöhe durch kürzere Federwege um 20 Millimeter verringert, Gelsitzbank bei Standard-Adventure, verbesserter Massenausgleich sowie Geräuschdämmungsmaßnahmen im Motor, Drehmomentbegrenzung zum Schutz des E-Starters, hintere Bremse und Hitzeschutz am Schalldämpfer modifiziert, Preise unverändert.

**2006** Modelleinführung (Typ 901) 990 Adventure und Adventure S, Preis je 12 749 Euro. Motor mit 990 cm³ aus der Super Duke, gedrosselt auf 98 PS, mit Benzineinspritzung, Euro 3, serienmäßiges ABS (nicht S), überarbeiteter Lenkkopf für größeren Lenkeinschlag, modifiziertes Design.

**2007** S-Modell: Federwege wieder um 20 Millimeter erhöht, Bordsteckdose, Preise: je 12 998 Euro.

**2009** Neues Modell 990 Adventure R ersetzt die „S" mit 55 Millimetern mehr Federweg als die Standardversion. Modellpflegemaßnahmen: Zylinderkopf modifiziert, 106 statt 98 PS, neues Cockpit. Preise: ab 13 295 Euro.

# MOTO GUZZI
# CALIFORNIA

**Seit über 40 Jahren surft Moto Guzzi auf der Easy-Rider-Welle mit. Doch die California vom Comer See war ursprünglich nicht für Captain America, sondern für Kaliforniens berittene Polizei konzipiert. Gebraucht ist sie ein Fall für Liebhaber.** Von Jörg Lohse; Fotos: Jahn, Hartmann, Schwab

D ie beiden Brüder Michael und Joseph Berliner brachten die Chopper-Welle bei Guzzi so richtig ins Laufen: Kaliforniens Polizei brauchte neue Einsatzfahrzeuge für die High- und Freeways im Golden State, und Guzzis US-Importeur, die Berliner Motor Corporation mit Sitz in New York, ergriff die Initiative. Auf Basis der 1965 vorgestellten V7 debütierte schließlich 1971 die V7 850 GT California mit Merkmalen, die US-Polizisten bereits ihren Harley-Davidson schätzen gelernt hatten: breiter Sattel, hoher Westernlenker, Seitenkoffer. 1974 folgte die bremstechnisch aufgerüstete 850 T3 California. Beide Typen werden heute unter California I zusammengefasst und sind mit ihrem markanten Rundmotor selbst im Mutterland Italien mittlerweile gesuchte Liebhabermodelle. Das Gleiche gilt für die California II, die für Experten aber mit dem 948 cm³ großen Motor aus der Le Mans III die bessere Wahl ist. Deutlich lebhafter wird das Geschäft mit der dritten California-Generation: Diese startet 1987 mit der V 1000 California III; der bis dato cleane Custom-Look der Vorgänger wird durch barocke Softchopper-Optik abgelöst. Mit spürbaren Folgen: Der bislang tadellose Geradeauslauf hat deutlich nachgelassen, deutlich zugelegt hat die Numero Tre an Pfunden (zunächst 290 Kilo). Interessantestes Gebrauchtobjekt für italophile Cruiser-Fans: die California 1100i oder EV (Foto, ab Baujahr 1997) mit robustem 1064-cm³-Zweiventiler-Twin und Einspritzung.

California I: Die 850er (hier T3 von 1975) war ursprünglich als Behördenfahrzeug konzipiert. Koffer und Scheibe als Serienausstattung

California II: mit modifiziertem Motor aus der Le Mans III, Leistun 67 PS. Gilt als standfest, ein echter Tipp für Youngtimer-Fans

## BESICHTIGUNG

Wer sich für die älteren Calis der ersten und zweiten Generation interessiert, sollte sich vertrauensvoll an einen Old- oder Youngtimer-Händler wenden, der eine bereits restaurierte Guzzi im Angebot hat oder einen entsprechenden Kontakt vermitteln kann. Eine gute Anlaufadresse ist Stefan Leibfritz aus Balingen (Tel. 0 74 33/

38 14 86, www.motostefano.de). Bis 1991 waren die großen Guzzis mit einer Kontaktzündung ausgerüstet, deren Einstellarbeiten nichts für Laien und entsprechend teuer sind. Besser: eine schon auf Kennfeldzündung umgerüstete California. Bei allen Typen der Baureihe sind gerissene Züge und Wellen keine Seltenheit, Stand-

uhren fallen durch undichte Kurbelwellensimmerringe und entsprechend verölte Kupplungen auf, zu erkennen an Ölspuren unter dem Motorgehäuse. Nach 50 000 Kilometern ist im Regelfall ein (aufwendiger und teurer) Kupplungstausch fällig. Pflicht: der Ersatzteilkatalog von Stein-Dinse (Tel. 0 53 73/9 81 00, www.stein-dinse.biz).

## MARKTSITUATION

Die Klassiker der Baujahre 1971 bis 1987 sind über die gängigen Internet-Verkaufsportale nur sehr schwer zu finden. Hier muss man vier klassische Inserate (z. B. in MOTORRAD CLASSIC) durchforsten oder die Guzzi-Spezialisten der Szene anzapfen (z. B. Jens Hofmann von Dynotec, Tel. 0 62 43/58 82, www.dynotec.de). Top gepflegte Exemplare bringen es auch bei annähernd sechsstelliger Laufleistung auf mindestens 5000 Euro – mit stark ansteigender Tendenz. Bester Tipp für Youngtimer-Fans: Die Cali II gilt bei Guzzi-Experte Hofmann als die qualitativ beste Guzzi mit robuster Le Mans III-Technik, bei der anfälligeren 850er können aufwendige Motorrevisionen die Kosten ins Uferlose treiben. Die neueren Generationen sind im Gebrauchtmarkt gut vertreten. Allerdings gilt auch hier: Augen auf! Wer sich mit der Softchopper-Optik anfreunden kann, sollte seine Suche auf die Modelle 1100i und EV konzentrieren, die mit optimiertem Ventiltrieb robuste wie leistungsstarke Dauerläufer sind. Finger weg von den problembehafteten PI-Modellen mit Hydrostößeln!

| Preisniveau in Euro | | Baujahre | km-Stand |
|---|---|---|---|
| Niedrig | 3000–4500 | 1990–1994 | 40 000–60 000 |
| Mittel | 4500–6500 | 1995–2005 | 20 000–40 000 |
| Hoch | 6500–9000 | 2006–2009 | 5000–15 000 |
| Modell* | | im Programm | Bestand |
| California II | | 1982–1987 | 1717 |
| California III | | 1987–1994 | 782 |
| California 1000i | | 1994–1997 | 1216 |
| California EV/PI | | seit 1997 | 2751 |

▶ **Verfügbarkeit am Markt: hoch**

*Quelle: Bestandszahlen des Kraftfahrtbundesamtes, Stand 2011. Modell California I (V7 850 GT, 850 T3) wurde nicht gesondert erfasst.

### Tests in MOTORRAD

Cali I, II und III: 17/1995;
Cali III: 16/1987 (T),
11/1994 (VT), 2/1996 (VT),
22/1997 (VT), 4/2004 (VT)

T = Test, GK = Gebrauchtkauf,
VT = Vergleichstest; Nachbestellungen unter 07 11/1 82-12 29,
Artikel-Download unter www.
motorradonline.de/downloads

### Internet

**Fansites:** www.guzzi-forum.de
(Anmeldung erforderlich);
www.italobikes.com

**Gebrauchtangebote:** http://
markt.motorradonline.de/
bike737.htm

## TECHNISCHE DATEN
(Typ California EV, Modelljahr 1997)

### MOTOR

Luftgekühlter Zweizylinder-Viertakt-V-Motor, Kurbelwelle längsliegend, eine untenliegende, kettengetriebene Nockenwelle, zwei über Kipphebel betätigte Ventile pro Zylinder, Nasssumpfschmierung, Saugrohreinspritzung, Motormanagement, keine Abgasreinigung, mechanisch betätigte Zweischeiben-Trockenkupplung, Fünfganggetriebe, Kardan.

| Bohrung x Hub | 98 x 66 mm |
|---|---|
| Hubraum | 1064 cm³ |

**Nennleistung**
**55 kW (75 PS) bei 6400/min**
**Max. Drehmoment 97 Nm bei 5000/min**

### FAHRWERK

Doppelschleifenrahmen aus Stahlrohr mit geschraubten Unterzügen, Telegabel mit verstellbarer Zug- und Druckstufendämpfung, Eingelenk-Zweiarmschwinge, zwei

Federbeine mit verstellbarer Zug- und Druckstufendämpfung, Doppelscheibenbremse vorn, Scheibenbremse hinten, Integralbremse, Alu-Speichenräder.

Reifen         110/90 V 18, 140/80 VB 17

### MASSE + GEWICHTE

Radstand 1560 mm, Lenkkopfwinkel 62 Grad, Nachlauf 98 mm, Federweg v/h 140/75 mm, Sitzhöhe* 780 mm, Gewicht vollgetankt* 268 kg, Tankinhalt** 19 Liter.

### MESSUNGEN

(MOTORRAD 22/1997)
| Höchstgeschwindigkeit | 184 km/h |
|---|---|
| Beschleunigung | |
| 0–100 km/h | 5,5 sek |
| Durchzug | |
| 60–120 km/h | 9,8 sek |
| Verbrauch | 4,8 l/100 km (Landstraße) |

*MOTORRAD-Messungen; **Herstellerangabe

## MODELLCHRONIK

**1971** Start der California-Baureihe mit dem Modell V7 850 GT California. Hubraum 844 cm³, Leistung 40 kW (55 PS) bei 6000/min. **Preis: 7700 Mark.**

**1974** Präsentation der 850 T3 California mit integral wirkender (Doppel-)Scheibenbremsanlage: Beim Betätigen der Fußbremse wird hinten und vorne links verzögert. **Preis: 9260 Mark.**

**1981** Start der zweiten Generation: Die California II ist die erste nummerierte. Aus der Le Mans III werden Kurbelwelle, Getriebe sowie Gehäuse adaptiert und Zylinderköpfe und Rahmengeometrie modifiziert. **Preis: 11 990 Mark.**

**1987** Die California III erscheint im für die Zeit typischen Softchopper-Layout mit

Tropfentank und stark gestufter Sitzbank. **Preis: 14 110 Mark.**

**1990** California III als Standard und „Custom" ohne Windschild, Koffer und Sturzbügel erhältlich. **Preis: 16 190/15 390 Mark.** Parallel zur Vergaserversion wird Ende 1990 die „Injection" mit Weber-Marelli-Einspritzanlage gegen Aufpreis (1700 Mark) angeboten.

**1994** California 1100i mit Einspritzung und größerem Motor (1064 cm³). **Preis: 18 095 Mark.**

**1997** California EV mit größeren Bremsen, Vierkolbenzangen und voll einstellbaren Federelementen. **Preis: 21 900 Mark.**

**2003** California PI mit hydraulischem Ventilspielausgleich. **Preis: 11 990 Euro.**

**California III: weg vom Tourer, hin zum Chopper. Die ersten Modelle gab es als Vergaser- und Einspritzversion**

## GEBRAUCHT-BERATUNG

**Nicht nur die großen Hersteller entdecken die kleinen Hubraumklassen wieder. Auch als Gebrauchte stehen quirlige Kurvenjäger hoch im Kurs. Was die einst unscheinbare Suzuki DR-Z 400 heute zum gesuchten Objekt macht.**

## SUZUKI
# DR-Z 400 S/SM

Von Jörg Lohse; Fotos: jkuenstle.de, Zdrahal

**H**ätte, könnte, dürfte … Bei der Suzuki DR-Z 400 in den Modellvarianten S (Enduro) und SM (Supermoto) klingen die Konjunktivsätze besonders schmerzvoll. Denn – so erklären Suzuki-Händler voller Überzeugung – ihrer Marke fehlt heutzutage genau so ein Motorrad im Programm. Für Thomas Saager vom Moto-Treff Lindfeld in Dortmund bleibt sie „einfach ein kleines, geiles Spaßmobil". Natürlich ist der Eintopf, den es mit grobstolliger Geländebereifung erstmals im Jahr 2000 gegeben hat, alles andere als ein langstreckentauglicher Allrounder. Aber genau das macht heute ihre Faszination aus, erklärt Suzuki-Händler Walter Ziegler aus Neustadt an der Donau: „Sie ist ob ihrer Maße ideal, um Huckepack auf einem Wohnmobil oder Campingbus mit in den Urlaub zu reisen." Vor Ort ist das 146 Kilo leichte Gefährt flugs abgeladen. Beide Typen, Enduro wie Supermoto, sind ideale Gefährten, um mit reichlich Fahrfreude auf schmalen, kurvenreichen Trails auf Entdeckerkurs zu gehen. Der 40 PS starke, wassergekühlte Vierventiler gibt seine Leistung gleichmäßig und dank der Ausgleichswelle zudem angenehm vibrationsarm ab. Das Fahrwerk der S zeigt sich ebenfalls solide und souverän: vorne eine Showa-Gabel, hinten ein in Federbasis und Druckstufe einstellbares Federbein. Bei der DR-Z 400 SM (großes Foto) mit 17-Zoll-Bereifung, die ab 2005 die geländegängige S-Version ablöste, kam neben der Upside-down-Gabel sogar ein voll einstellbares Federbein mit in High- und Lowspeed unterteilter Druckstufe zum Einsatz. Und doch bleibt am Schluss wieder der Konjunktiv stehen: Wäre schön, eine gebrauchte DR-Z einfach zu erstehen! Denn die 400er hat sich nun zum gefragten Liebhaberobjekt gemausert. ■

www.motorradonline.de/gebrauchtberatung

### Tests in MOTORRAD
**DR-Z 400 S:** 5/2000 (T), 15/2000 (Rally Test), 5/2001 (VT), 3/2002 (VT, Offroad Spezial), **DR-Z 400 SM:** 8/2005 (T), 12/2005 (VT)

T = Test, VT = Vergleichstest;
Nachbestellungen unter Telefon 07 11/1 82-12
www.motorradonline.de/downloads

## IM DETAIL

**Wird mechanisch angetrieben, spuckt aber die wesentlichen Erkenntnisse digital aus: Cockpit der S- und SM-Version mit Tripmaster für Zeit- und Wegstrecke**

Klappbare Schalt- und Fußbremshebel sowie abnehmbare Gummis auf den Krallenfußrasten zeugen vom sportlichen Touch der DR-Z

**Mit Schnellverschlüssen an den Seitendeckeln ist die Technik der 400er-Suzuki, wie hier der Luftfilter bei der Supermoto-Version, problemlos zu erreichen**

„Sind im Gelände eine Wucht", urteilt der MOTORRAD-Tester über die Bremsen der Enduro-DR-Z: prima zu dosieren, kraftvoller Biss

**Ein überzeugender Wurfanker für die Straße: Die standfeste 310er-Scheibe der Supermoto-DR-Z geht a bei schnellen Passab fahrten nicht in die K**

# BESICHTIGUNG

Die Suzuki-Händlerschaft bestätigt dem kleinen dohc-Eintopf eine hohe Standfestigkeit und große Zuverlässigkeit. Auch das Fahrwerk gilt bei der Enduro-DR-Z wie beim Supermoto-Nachfolger als sehr robust. Selbst das bei Suzuki-Modellen oftmals attestierte Rostproblem hat man bei der 400er nach Werkstattmeinung besser im Griff. Auf eine Scheckheftpflege kann man aber selbst bei den jüngeren SM-Typen nicht setzen. Das Motorrad, erklärt Nicolaus Glimm von Motorrad-Technik-Hamburg, habe man meist nur zur ersten Inspektion gesehen: „Danach wurde selbst geschraubt." Sie ist ein typisches Bike für Do-it-yourself-Schrauber, erklärt auch Suzuki-Händler Thomas Saager (Moto-Treff-Lindfeld). Die Tuning-Quote ist entsprechend hoch, Hauptangriffspunkte sind der Einbau einer Auspuff-Komplettanlage und das Umrüsten auf größere Flachschiebervergaser aus den Wettbewerbsmodellen. Deshalb auf die Eintragungen achten!

# MARKTSITUATION

Das Bild vom schleppenden Neuverkauf hat sich in den letzten Jahren komplett gedreht: Die Händlerschaft wünscht sich nicht nur händeringend die DR-Z „in neu" zurück in die Verkaufsräume. Auch als Gebrauchte ist sie sehr gesucht. Inzahlungnahmen kommen sehr selten vor. Und wenn, stehen sie nicht lange in der Ausstellung; denn die DR-Z hat sich inzwischen zum gefragten Liebhaber-Motorrad gemausert. Vor allem der unverbastelte Originalzustand wird von den Besitzern kaum noch hergegeben. Gelegentlich werden S-Typen angeboten, die zur 17-Zoll-SM umgerüstet wurden. Bei diesen sollte der Teileersatz (Upside-down-Gabel, Zentralfederbein) genau kontrolliert werden. Mit einer jährlichen Fahrleistung von 1000 bis maximal 4000 Kilometern fällt der Tachostand selbst bei älteren Enduros sehr gering aus: Über zehn Jahre alte Gebrauchte mit 10000 Kilometern aus erster Hand sind keine Seltenheit. Allerdings sind die Einstiegspreise entsprechend hoch. Unter 3000 Euro ist nur mit Geduld eine empfehlenswerte Offerte zu finden.    ▶ **Verfügbarkeit am Markt: gering**

| Preisniveau in Euro | | Baujahre | km-Stand |
|---|---|---|---|
| **Niedrig** | **2500–2900** | 2000–2003 | 10000–30000 |
| Mittel | 3000–3400 | 2004–2005 | 7500–20000 |
| **Hoch** | **3500–4000** | 2006–2007 | 5000–10000 |
| **Typ** | | **im Programm** | **Verkäufe** |
| **DR-Z 400 S** | | 2000–2005 | 2086 |
| **DR-Z 400 SM** | | 2005–2007 | 2572 |

# TECHNISCHE DATEN    (DR-Z 400 SM, Typ WVB8, Modelljahr 2005)

## MOTOR

Wassergekühlter Einzylinder-Viertaktmotor, eine Ausgleichswelle, zwei obenliegende, kettengetriebene Nockenwellen, vier Ventile, Tassenstößel, Trockensumpfschmierung, Vergaser, mechanisch betätigte Mehrscheiben-Ölbadkupplung, Fünfganggetriebe, O-Ring-Kette.

| | |
|---|---|
| Bohrung x Hub | 90,0 x 62,6 mm |
| Hubraum | 398 cm³ |

**Nennleistung**
**29,4 kW (40 PS) bei 7600/min**
**Max. Drehmoment 39 Nm bei 6600/min**

## FAHRWERK

Einschleifenrahmen aus Stahl, Upside-down-Gabel, verstellbare Zug- und Druckstufendämpfung, Zweiarmschwinge aus Aluminium, Zentralfederbein mit Hebelsystem, verstellbare Federbasis und Zug- und Druckstufendämpfung, Scheibenbremse vorne und hinten.

Drahtspeichenräder mit Alufelgen
3.50 x 17; 4.50 x 17
Reifen    120/70 ZR 17, 140/70 ZR 17

## MAßE + GEWICHT

Radstand 1460 mm, Lenkkopfwinkel 63,7 Grad, Nachlauf 94 mm, Federweg v/h 260/276 mm, Sitzhöhe* 880 mm, Gewicht vollgetankt* 146 kg, Tankinhalt** 10 Liter.

## MESSUNGEN

(MOTORRAD 12/2005)
| | |
|---|---|
| Höchstgeschwindigkeit** | 140 km/h |
| Beschleunigung | |
| 0–100 km/h | 6,1 sek |
| Durchzug | |
| 60–100 km/h | 5,4 sek |
| Verbrauch | 4,3 l/100 km |
| | (Normal, Landstraße) |

*MOTORRAD-Messungen; **Herstellerangabe

**Internet**
Fansites: www.drz400s.de, private Fansite mit regem Forum, organisiert jährliches Treffen

Gebrauchtangebote: http://markt. motorradonline.de/bike295 (S) und /bike1897 (SM)

**Die Ur-DR-Z 400 S gefällt als alltagstaugliche Enduro**

# MODELLPFLEGE

**2000** Markteinführung der Suzuki DR-Z 400 S (Typ WVBC) mit 40 PS starkem, wassergekühltem Einzylindermotor, Endurofahrwerk mit einstellbarer Telegabel (Federbasis, Druckstufe), 21-Zoll-Vorder- und 18-Zoll-Hinterrad. Farben: Blau/Weiß, Silber/Schwarz. **Preis: 11990 Mark (6130 Euro).**

**2001** DR-Z 400 S (K1) in Blau/Weiß und Gelb erhältlich. **Preis: 12170 Mark (6222 Euro).**

**2002** DR-Z 400 S (K2) mit neuer Schalldämpfer-Innenkonstruktion, neuen Blinkerhaltern und voll einstellbarer Gabel aus dem Wettbewerbsmodell DR-Z 400/E. Farben: Blau/Weiß, Gelb. **Preis: 6345 Euro.**

**2003** DR-Z 400 S (K3) mit Dauerfahrlicht. **Farben und Preis unverändert.**

**2004** DR-Z 400 S (K4) erfüllt mit U-Kat Euro 2, Tankeinfüllstutzen und hintere Blinker modifiziert, Leergewicht steigt auf 145 kg, um Führerscheinklasse A2 zu erfüllen. **Farben und Preis unverändert.**

**2005** Letztes Modelljahr der DR-Z 400 S (6345 Euro), Markteinführung der DR-Z 400 SM (Typ WVB8) mit Fahrwerk aus der Wettbewerbsmaschine RM 250, Farben: Gelb, Schwarz. **Preis: 5119 Euro.**

**2006** DR-Z 400 SM (K6) als 23-kW-Version erhältlich, Vergaser und Tachoeinheit überarbeitet, neue Klarglasblinker, Farben unverändert. **Preis: 5490 Euro.**

**2007** Letztes Modelljahr der DR-Z 400 SM (K7) mit neuem Renthal-Lenker und Sturzpads, Farben: Gelb, Schwarz, Blau/Weiß. **Preis: 5650 Euro.**

# SUZUKI GS 500 E

## MODELLGESCHICHTE

Der aktuellen Geiz-ist-geil-Mentalität scheinen Suzukis Marketingstrategen bereits 1988 auf der Spur gewesen zu sein, als sie auf der Kölner Messe IFMA die GS 500 E präsentierten. Schon damals galt der grazile Twin für 6540 Mark als Schnäppchen. Dieser Preis war jedoch nur realisierbar, weil Suzuki bei der Entwicklung auf altbewährte Technik zurückgriff.

So reicht der Stammbaum des luftgekühlten, bis heute nahezu unverändert gebauten Zweizylinders zurück bis zur GS 400 von 1977. Außerdem hatten die Rotstiftakrobaten bei der Entwicklung der 500er ein gewichtiges Wörtchen mitzureden. Besonders die einfache, viel zu weich abgestimmte Gabel sowie das hart ansprechende, gleichzeitig aber unterdämpfte Federbein wurden bereits bei ersten Tests bemängelt. Und diese Kritikpunkte gelten bis heute, selbst die gründliche Überarbeitung 2001 brachte keine nennenswerte Besserung.

Ebenfalls auf das Konto produktionstechnischer Sparmaßnahmen gehen viele Rostschäden aufgrund von schlechter Lackqualität. Betroffen sind vor allem die Schweißnähte des Rahmens sowie die schwarze, einteilige Auspuffanlage. Bei nachlässiger Pflege alterte deswegen so manches Exemplar im Zeitraffer. Dennoch ging die GS 500 weg wie geschnitten Brot und wurde zu einem der meistverkauften Motorräder in Deutschland. Diesen Zuspruch erwarb sich die Mittelklasse-Maschine nicht nur mit einem ausgesprochen langlebigen Motor, sondern auch mit ihrem

**Ein gutes Kaufargument: stressfreier und wartungsfreundlicher Paralleltwin**

spielerischen Handling, den prima Bremsen sowie dem geringen Benzinverbrauch.

Dank geringem Gewicht und niedriger Sitzhöhe kommen Einsteiger mit der 500er-Suzuki prima zurecht, die von Beginn an als Drosselvariante mit 27 oder 34 PS (ab 1994) statt 46 PS in der offenen Version lieferbar war. Wer heute ein preisgünstiges Einsteiger-, Alltags- oder Zweitmotorrad sucht, macht bei einer gepflegten GS 500 E nichts falsch, sofern er bereit ist, den laschen Federelementen in Eigenregie auf die Sprünge zu helfen. Dann verwandelt sich die kleine Suzuki in einen astreinen Landstraßen-Flitzer, mit dem auch gereiftere Naturen eine Menge Spaß haben.

## MARKTSITUATION

Die GS 500 E verkaufte sich rund 51000 Mal – eine stolze Bilanz. Immerhin sind laut Kraftfahrt-Bundesamt (KBA) noch etwa 40000 Exemplare zugelassen. Aufgrund der mittlerweile deutlich schleppenderen Nachfrage ist der gewaltige Bestand für Verkäufer mitunter problematisch. Wer seine makellos erhaltene Maschine zu einem etwas höheren, dem Zustand entsprechenden Preis inseriert, läuft Gefahr, darauf sitzen zu bleiben, weil das Angebot an billigeren Offerten groß ist.

Hinzu kommt, dass insgesamt nur wenige Modellpflegemaßnahmen erfolgten, also selbst zehn Jahre alte und damit günstig angebotene GS 500 zur Alternative für jüngere Jahrgänge werden, sofern Pflegezustand und Laufleistung vergleichbar sind. Selbst bei einem attraktiven Preis müssen Anbieter damit rechnen, dass Interessenten heftig feilschen.

Fotos: gad, Hartmann, Herzog, Jahn, Siemer, Suzuki, Wolf

## 1989

**Die Erstausgabe von 1989 mit schwarzem Motor, weißen Felgen, tiefen Lenkerstummeln und Doppelschleifenrahmen aus Vierkant-Stahlprofilen**

## 1992

**Die Gabel mit einstellbarer Federbasis (unten links und rechts)**

## DATEN

(Typ GM 51 B)

■ **Motor:** luftgekühlter Zweizylinder-Viertakt-Reihenmotor, eine Ausgleichswelle, zwei oben liegende, kettengetriebene Nockenwellen, zwei über Tassenstößel betätigte Ventile pro Zylinder, Nasssumpfschmierung, zwei Mikuni-Gleichdruckvergaser, Ø 33 mm, kontaktlose Transistorzündung, keine Abgasreinigung, E-Starter, Drehstromlichtmaschine 230 Watt, Batterie 12 V/11 Ah.
Bohrung x Hub        74 x 56,6 mm

| | |
|---|---|
| Hubraum | 487 cm³ |
| Verdichtungsverhältnis | 9,0:1 |

**Nennleistung**
33 kW (45 PS) bei 9000/min

**Max. Drehmoment**
78 Nm (7,9 kpm) bei 8300/min

**Kraftübertragung:** Primärantrieb über Zahnräder, mechanisch betätigte Mehrscheiben-Ölbadkupplung, Sechsganggetriebe, O-Ring-Kette.

■ **Fahrwerk:** Doppelschleifenrahmen aus Vierkant-Stahlprofilen, Telegabel mit verstellbarer Federbasis, Standrohrdurchmesser 37 mm, Zweiarm-schwinge aus Stahlprofilen, über Hebelsystem angelenktes Zentralfederbein mit verstellbarer Federbasis, Scheibenbremse vorn, Ø 310 mm, Doppelkolbensattel, Scheibenbremse hinten, Ø 250 mm, Doppelkolbensattel, Reifengröße vorn 110/70 H 17, hinten 130/70 H 17.

■ **Maße und Gewichte:** Radstand 1410 mm, Lenkkopfwinkel 64,5 Grad, Nachlauf 95 mm, Federweg v/h 120/115 mm, Sitzhöhe 740 mm, Tankinhalt 17 Liter, Gewicht vollgetankt 189 kg, zulässiges Gesamtgewicht 380 kg.

## MESSUNGEN

(MOTORRAD 19/2000)

■ **Fahrleistungen**
**Höchstgeschwindigkeit**
solo (mit Sozius)        177 (162) km/h

**Beschleunigung** solo (mit Sozius)
0–100 km/h        5,4 (6,9) sek

**Durchzug** solo (mit Sozius)
60–140 km/h        17,4 (25,6) sek

■ **Verbrauch**
4,4 l/100 km, Normalbenzin

---

Neben dem riesigen Angebot sorgt aber auch die seit Mitte der 90er Jahre erwachsene Konkurrenz für ein relativ niedriges Gebrauchtpreisniveau bei der kleinen Suzuki. Vornehmlich die moderneren und leistungsstärkeren Modelle vom Schlag einer Honda CB 500 und Kawasaki ER-5 mit ihren wassergekühlten Vierventil-Twins graben der Suzuki zunehmend das Wasser ab. Deshalb sind gerade im Fall der GS 500 E die von Schwacke ermittelten Notierungen nur mit Vorsicht zu genießen und nicht mehr als grobe Anhaltspunkte. Erfahrungsgemäß liegt der tatsächlich erzielbare Preis nämlich meist deutlich unter diesen Notierungen. Für eine GS 500 von 2002 mit rund 20 000 Kilometern muss man knapp über 2000 Euro bezahlen, ein Mittneunziger-Modell mit 40 000 Kilometern wird in der Regel um die 1000 Euro angeboten.

### BESICHTIGUNG

Erfreulicherweise können sich selbst weniger erfahrene Gebrauchtkäufer an die Besichtigung einer GS 500 wagen, ohne gleich einen Spezialisten zu Rate ziehen zu müssen. Die Mechanik gilt als langlebig und robust. Bei regelmäßiger Wartung sollte der luftgekühlte Zweizylinder problemlos Laufleistungen von über 50 000 Kilometern ohne Revision ermöglichen. Vorsicht ist jedoch geboten, wenn dem in seinen Grundzügen bereits 25 Jahre alten Motor vom Vorbesitzer häufig lange Vollgasetappen abverlangt wurden, da in solchen Fällen der luftgekühlte Motor an seine thermischen Grenzen geraten kann.

Die anfänglichen Schwierigkeiten mit vereinzelt gebrochenen Steuerkettenspannern sowie gelockerten Laufbuchsen dürften bei den meisten Exemplaren längst behoben sein. Gleiches gilt für die ebenfalls aus den Anfangstagen stammende Malaise mit fressenden Lagern der Ausgleichswelle, für die der Suzuki-Spezialist Rainer Vater (Telefon 074 57/2070) einen verstopften Ölkanal, hervorgerufen durch eine zusammenschrumpfende Dichtung des Kupplungsdeckels, verantwortlich macht.

Eine Probefahrt sollte über ruhige Nebenstraßen führen, um defekten Getrieberädern auf die Schliche zu kommen, die sich mit einem Heulen im entsprechenden Gang bemerkbar machen. Ansonsten kann man sich ausführlich mit dem Pflegezustand der Suzuki beschäftigen. Wegen der vor allem in den ersten Jahren miserablen Lackqualität ist Korrosion an allen möglichen und unmöglichen Stellen bei der GS 500 E ein ärgerliches Dauerthema, das auch und gerade vor dem Tank nicht Halt macht. Also auf Rost im Inneren sowie an den Falzen achten. Ebenfalls ziemlich häufig sind leckende Dichtringe an Gabel und Federbein.

### OPTIMIERUNG

Viel braucht es nicht, um eine GS 500 zu verbessern. Progressive Gabelfedern aus dem Zubehör mit passendem Dämpferöl sind in jedem Fall nützlich, ebenso ein hochwertiges Nachrüstfederbein bei sportlicher Fahrweise und Soziusbetrieb. Ansonsten empfiehlt sich der Anbau eines Gabelstabilisators, welcher der etwas labilen Vorderradführung zu einer spürbar besseren Lenkpräzision verhilft. Die Umbereifung auf moderne Gummis, beispielsweise Bridgestone BT 45 oder Metzeler ME 330/550, rundet die Optimierungsmaßnahmen ab.    ■

## MODELLPFLEGE

**1988** Vorstellung auf der Messe IFMA in Köln

**1989** Markteinführung mit 27 oder 46 PS zum Preis von 6540 Mark (Modell GM 51 B)

**1990** Rahmen im Lenkkopfbereich verstärkt; höhere und breitere Lenkerhälften; verstellbarer Handbremshebel

**1992** Gabel mit einstellbarer Federbasis

**1994** Änderungen an Steuerzeiten, Vergaserbestückung, Schalldämpfer und Zündanlage; Drosselversion mit 34 PS; schmalerer Lenker

**1996** Luftfilter, Vergaser und Zündbox wegen strengerer Geräuschvorschriften modifiziert; Höchstleistung 45 PS

**2000** Auslieferung nur noch mit 34 PS (Umrüstung auf 45 PS gegen Aufpreis)

**2001** Gründliche Überarbeitung mit kleineren Änderungen an Rahmengeometrie sowie strafferen Federelementen (8490 Mark). Außerdem neu: größere Scheibenbremse vorn, Tank mit 20 Liter Fassungsvermögen, Heckverkleidung, Sitzbank, Instrumente, einteiliger Rohrlenker (neuer Modellcode WVBK)

**2004** Leichte Überarbeitung mit kleineren Änderungen an der Rahmengeometrie sowie straffer ausgelegten Federelementen; Modell GS 500 F mit Vollverkleidung; Preise: 4480/4780 Euro

## TESTS IN MOTORRAD*

6/1989 (T), 9/1989 (VT), 22/1989 (VT), 21/1990 (LT), 22/1991 (T), 1/1992 (VT), 8/1992 (VT), 14/1993 (T mit 34 PS), 24/1993 (VT), 13/1994 (VT), 8/1996 (VT), 22/1996 (VT), 19/2000 (VT), 6/2001 (VT), 6/2002 (VT), 14/2004 (TT), 15/2004 (VT)

T=Test, VT=Vergleichstest, LT=Langstreckentest, TT=Top-Test
*Nachbestellungen unter Telefon 07 11/1 82-12 29

---

## 1998

Mit Windschutz auf große Tour: limitiertes Sondermodell „Sport" von 1998 mit Vollverkleidung und Koffersystem

## 2001

Gründliche Überarbeitung mit geändertem Fahrwerk, größerer Scheibenbremse vorn und einteiligem Rohrlenker

## 2004

Neu für 2004: GS 500 F mit Vollverkleidung und Ölkühler

# SUZUKI SV 650

Von Stefan Glück; Fotos: Bilski, fact, Gargolov, Herzog, Jahn, Künstle, Sdun

**Gebrauchtberatung**

**Seit dem Erscheinen der Suzuki SV 650 mit ihrem quirligen Zweizylinder-V-Motor anno 1999 ist die Motorradwelt nicht mehr dieselbe. Mehr Fahrspaß für weniger Geld zu finden wird schwierig. Was taugt die SV als Gebrauchte?**

**M**it der 1999 vorgestellten SV 650 hat Suzuki bei der Zweiradgemeinde offene Türen eingerannt. Die Kombination aus sehr lebendigem V2, agilem Fahrverhalten, souveränem Handling und wertiger Ausstattung zum günstigen Preis sorgte allseits für Begeisterung, zumal den Japanern das Kunststück gelungen war, ein Motorrad auf die Räder zu stellen, das Einsteiger nicht überfordert und Routiniers nicht langweilt. Grundsätzlich muss man sich entscheiden zwischen bequemer Sitzposition oder passablem Windschutz, wobei auch das S-Modell keine Folterbank ist. Der zuverlässige, wassergekühlte Zweizylinder nimmt weder bummeln noch bolzen krumm. Selbst bekennende Angaser der Redaktion mussten nach Ausritten mit der SV zugeben, dass zumindest abseits der Rennstrecke kein Mensch mehr Motorrad fürs Vergnügen braucht. Das Volk sah es genauso und kaufte fleißig. Bis heute über 27 600 Stück, alleine in Deutschland. Doch ganz ohne Schatten geht es selbst bei der SV nicht.

So wurde von Anfang an die viel zu weich abgestimmte Telegabel moniert, die vor allem bei flotter Fahrt überfordert ist. Abhilfe schaffen härtere Gabelfedern samt passendem Öl von Nachrüst-Anbietern. Auch das hakige Zündschloss dürfte für den einen oder anderen Fluch gesorgt haben. Bei schlecht schaltbarem Getriebe ist meist der komplexe Ausrückmechanismus der Kupplung nicht penibel eingestellt. Und warum Endtopf, Sammler und Krümmer verschweißt sind, weiß der Himmel. Die bei SV-Fahrern beliebte Montage von Zubehörschalldämpfern wird dadurch jedenfalls nicht erleichtert. Generell zeigt sich die SV zuverlässig und robust, wenngleich der Motor nach 50 000 Kilometern Dauertest doch einigen Verschleiß aufwies.

## MOTORRAD-TESTS*

**SV 650 und 650 S:** 10/1999 (VT), 24/1999 (Frisiersalon), 21/2002 (GK)

**SV 650 S:** 4/1999 (T), 8/00 (VT), 18/2000 (LT), 26/2000 (VT),17/2001 (Alpentest), 21/2002 (GK), 7/2003 (VT), 15/2003 (KV), 23/2003 (VT), 5/2005 (VT), 7/2006 (VT), 13/2007 (VT)

**SV 650:** 5/1999 (T), 3/2000 (VT), 22/2000 (VT), 1/2001 (VT), 16/2001 (TT), 22/2001 (VT), 2/2002 (VT), 10/2003 (TT), 9/2004 (VT), 17/2005 (VT), 21/2005 (VT), 14/2006 (VT). **Internet: www.svrider.de**

*T=Test, TT=Top-Test, VT=Vergleichstest, KV=Konzeptvergleich, LT=Langstreckentest, GK=Gebrauchtkauf; Nachbestellungen unter Telefon 0711/182-1229

**BJ** **1999**

**Von Anbeginn überzeugte die SV mit einer für diese Preisklasse hochwertigen Ausstattung: So sind Rahmen und Schwinge aus Aluminium. Die Instrumentierung ist nicht üppig, aber ausreichend. Das hakige Zündschloss sowie die unterdämpfte, nicht einstellbare Telegabel stören das Bild**

**Die unverkleidete SV hinkt in der Käufergunst der verkleideten Variante stets hinterher. Eigenwilliges Cockpit im Do-it-yourself-Look. Auspuffanlage durchgängig aus Edelstahl. Recht servicefreundlich: Klapptank à la Ducati Monster**

## BESICHTIGUNG

Der wichtigste Punkt bei der SV-Besichtigung sollte schon vorher geklärt sein. Nackig oder mit Leibchen? Während ein hakiges Zündschloss bei der SV zum Normalfall zählt, ist bei einer schlecht dosierbaren Kupplung und kaum schaltbarem Getriebe meist der diffizile Ausrückmechanismus nicht korrekt eingestellt. Bei häufig angebautem Zubehör wie Cockpitscheiben oder Miniblinker darauf achten, dass es eingetragen ist oder über ein Prüfzeichen verfügt.

Besonders bei den gern genommenen Zubehörauspuffanlagen sollte unbedingt das Original mitgeliefert werden, denn der Topf ist mit dem Sammler verschweißt, weswegen der Griff zur Säge zwecks Trennung unvermeidlich und beim Rückbau die Passform nur mit dem richtigen Topf gewährleistet ist.

## MARKTSITUATION

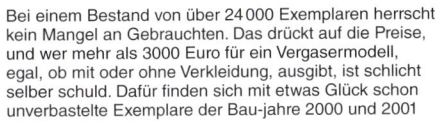

Bei einem Bestand von über 24 000 Exemplaren herrscht kein Mangel an Gebrauchten. Das drückt auf die Preise, und wer mehr als 3000 Euro für ein Vergasermodell ausgibt, egal, ob mit oder ohne Verkleidung, ist schlicht selber schuld. Dafür finden sich mit etwas Glück schon unverbastelte Exemplare der Bau-jahre 2000 und 2001

mit weniger als 15 000 Kilometern auf der Uhr. Selbst die Einspritzversion ab 2003 ist im zahnbürstengepflegten Zustand und mit homöopathischem Kilometerstand für weit unter 4000 Euro zu haben. Allzu heftige Individualisierungen des quirligen V2 wirken sich auf den Preis eher negativ aus.

| Modell | Bauzeit | Verkäufe |
|--------|---------|----------|
| AV | 1999 | 4544 |
| AV | 2000 | 5043 |
| AV | 2001 | 4378 |
| AV | 2002 | 3947 |
| WVBY | 2003 | 3447 |
| WVBY | 2004 | 2412 |

| Modell | Bauzeit | Verkäufe |
|--------|---------|----------|
| WVBY | 2005 | 1471 |
| WVBY | 2006 | 1736 |
| WVBY | bis Juli 2007 | 597 |

\* Auf die unverkleidete Version entfallen zwischen 26 und 43 Prozent. Tendenz mit den jüngeren Baujahren sinkend

## TECHNIK

### DATEN
(Modell AV, Baujahr 2001)

■ **Motor**
Wassergekühlter Zweizylinder-Viertakt-90-Grad-V-Motor, Kurbelwelle quer liegend, je zwei oben liegende, kettengetriebene Nockenwellen, vier Ventile pro Zylinder, Tassenstößel, Nasssumpfschmierung, Mikuni-Gleichdruckvergaser, Ø 39 mm, Digitalzündung, keine Abgasreinigung, Drehstromlichtmaschine 300 Watt, Batterie 12 V/10 Ah, mechanisch betätigte Mehrscheiben-Ölbadkupplung, Sechsganggetriebe, O-Ring-Kette.

| | |
|---|---|
| Bohrung x Hub | 81,0 x 62,6 mm |
| Hubraum | 645 cm³ |
| Verdichtungsverhältnis | 11,5:1 |
| **Nennleistung** | 52 kW (71 PS) bei 9000/min |
| **Max. Drehmoment** | 62 Nm bei 7500/min |

■ **Fahrwerk**
Gitterrohrrahmen aus Aluminiumprofilen, geschraubtes Rahmenheck, Telegabel Ø 41 mm, Zweiarmschwinge aus Aluminium, Zentralfederbein mit Hebelsystem, verstellbare Federbasis, Doppel-

scheibenbremse vorn, Ø 290 mm, Scheibenbremse hinten, Ø 240 mm.

| | |
|---|---|
| Alu-Gussräder | 3.50 x1 7; 4.50 x 17 |
| Reifen | 120/60 ZR 17; 160/60 ZR 17 |

■ **Maße und Gewichte**
Radstand 1430 mm, Lenkkopfwinkel 65 Grad, Nachlauf 100 mm, Federweg v/h 120/125 mm, Sitzhöhe\* 800 mm, Gewicht vollgetankt\* 189 kg, Zuladung\* 211 kg, Tankinhalt 16 Liter.

### MESSUNGEN
(MOTORRAD 16/2001)

■ **Fahrleistungen**

| | |
|---|---|
| Höchstgeschwindigkeit | 204 km/h |
| **Beschleunigung** | |
| 0–100 km/h | 3,6 sek |
| 0–160 km/h | 9,4 sek |
| **Durchzug** | |
| 60–100 km/h | 4,8 sek |
| 100–140 km/h | 5,9 sek |
| **Verbrauch** | 4,3 bis 4,8 l/100 km, Normalbenzin |

\*MOTORRAD-Messungen

## 2001

Immer noch kommt die SV 650 ohne technische Änderungen aus, einzig die Zylinder müssen nicht mehr Trauer tragen, sondern glänzen in freudlichem Silber. Das Federbein erledigt seine Aufgabe zufrieden-stellend, die Soziusrasten sind nach wie vor zu hoch angebracht. Die Farbe Silber ersetzt Rot

## 2002

Gabel wird überarbeitet, sichtbar an den Stopfen für die Federbasisverstellung. Ein Schritt in die richtige Richtung, gut ist jedoch immer noch anders. Auspuff weiterhin einteilig

## MODELLPFLEGE

**1999** Einführung, Modellcode AV, Preis 11 090 Mark (5670 Euro) ; S-Modell 11 790 Mark (6028 Euro).
**2001** Zylinder silberfarben, Preis 12 390 Mark (6330 Euro), S-Modell 12 990 Mark (6640 Euro).
**2002** Federbasis der Telegabel einstellbar, Preise unverändert.
**2003** Komplett neues Modell (WVBY) mit Gussrahmen, kantigem Design sowie Einspritzung mit U-Kat wegen Euro 2, Preis 6460 Euro, S-Modell 6900 Euro.
**2004** Heckrahmen 40 Millimeter niedriger, Sitzposition sowie Position von Fahrer- und Soziusrasten und Auspuff geändert, kleinerer Hinterradkotflügel, Preis 6475 Euro, S-Modell 6640 Euro.
**2005** Kühler 40 Millimeter schmaler, kleine Cockpitverkleidung für Normalversion. Preis 6330 Euro, S-Modell 6640 Euro.
**2006** Keine technischen Änderungen, Preis 5860 Euro, S-Modell 6160 Euro.
**2007** Motor stark überarbeitet, u. a. Doppelzündung; Auslieferung in Deutschland nur noch mit ABS, Preis 6490 Euro, S-Modell 6790 Euro.

**Rückrufe** (Modell 2000): Montage eines zusätzlichen Ölleitblechs im Motorgehäuse

**BJ**

## 2003–2005

Moderner und erwachsener ist sie geworden, die SV, hübscher nicht unbedingt. Dafür strahlen die Lampen jetzt deutlich heller

## DIE KONKURRENTEN: HYOSUNG GT 650 NAKED, DUCATI MONSTER

Am Anfang stand die SV ziemlich alleine da. Japanische Mittelklasse-Bikes hatten zu jener Zeit vier Zylinder in Reihe zu tragen, und damit basta. Wer zwei Zylinder wollte, musste sich bei den Einsteigermotorrädern umschauen, die damals schon nicht mehr auf dem neuesten Stand der Technik waren. Und V-Motoren waren das auch keine. Lediglich Ducati hatte mit der Monster 600 ein ähnliches Konzept am Start, das bei gleichem Preis jedoch rund 20 PS weniger Leistung und eine deutlich magerere Ausstattung besaß. Die Monster 750 und 900 spielen preislich in einer anderen Region. Am ehesten kann noch die 620 i.e. mit der SV mithalten.

Seit 2000 versucht Cagiva, sich mit der Raptor 650 ein Stück vom Kuchen zu sichern. Praktischerweise bedient sich das Reptil des unveränderten SV-Motors, was angesichts dessen Qualitäten kein Fehler ist. Dank hübschem Gitterohrrahmen aus Stahl und formidablen Fahreigenschaften gilt sie als SV-Edelbike.

Eine anderen Weg geht Hyosung mit der GT 650. Ebenfalls stark von der SV inspiriert, versuchen die Koreaner, den deutschen Markt über den Preis aufzurollen. Was bislang nicht gelang, eine Hyosung ist im Straßenverkehr eine echte Rarität. Dabei sind ihre Qualitäten gemessen am Preis gar nicht so übel. Die GT gibt es nackt, mit Halbschale und, das hat sie der SV voraus, mit Vollverkleidung. Wer auf das nicht vorhandene Image verzichten kann und keine allzu großen Ansprüche ans Fahrwerk stellt, könnte mit der GT glücklich werden, da die Preise äußerst attraktiv sind.

**+** Unschlagbarer Preis, komplette Ausstattung, lebendiger Motor, geringer Verbrauch

**–** Unausgewogenes Fahrwerk, geringe Zuladung, misslungene Fahrwerksabstimmung

Hyosung GT 650 Naked, V-Zweizylinder, 647 cm³, 77 PS, 68 Nm, Gewicht 212 kg, Zuladung 148 kg, Neupreis 2007: 5870 Euro (Sport)

**Cockpit und Diodenrücklicht präsentieren sich zeitgeistig. Während das Instrumentarium als durchaus gelungen gelten darf, scheiden sich bei den Leuchten die Geister. Für Rücksicht ist jedenfalls gesorgt**

## BESICHTIGUNG

Bei der Besichtigung der Einspritz-SV gelten die gleichen Regeln wie bei der Vergaser-Variante und dieselbe Ausgangsfrage: mit oder ohne? Wobei die unverkleidete Variante relativ selten angeboten wird. Modellspezifische Schwachpunkte sind nicht bekannt. Auch in der aktuellen Version ist der Endtopf mit dem Sammler verschweißt, weshalb bei Zubehörendtöpfen immer das Original mitgegeben werden sollte, um eine eventuelle Rückrüstung zu ermöglichen. Ebenfalls beliebt ist die Umrüstung auf einen 120/70er-Vorderreifen anstelle des 120/60ers, der größeren Reifenauswahl und des Fahrkomforts wegen. Hier sollte eine Freigabe vorliegen. Ansonsten genügt es, auf Sturzschäden zu achten (die Anschläge der Gabelbrücken sind gute Indikatoren). Da die allermeisten Offerten Laufleistungen um die 10 000 Kilometer aufweisen, beschränkt sich die Überprüfung im Wesentlichen auf den Zustand von Bereifung und Kette. Deren Pflege wird mitunter vernachlässigt, denn die SV verfügt nur über einen Seitenständer.

## TECHNIK

### DATEN
(Modell WVBY, Baujahr 2003)

■ **Motor**
Wassergekühlter Zweizylinder-Viertakt-90-Grad-V-Motor, je zwei oben liegende, kettengetriebene Nockenwellen, vier Ventile pro Zylinder, Einspritzung, G-Kat.

| | |
|---|---|
| Bohrung x Hub | 81,0 x 62,6 mm |
| Hubraum | 645 cm³ |
| Nennleistung | 53 kW (72 PS) bei 9000/min |
| Max. Drehmoment | 64 Nm bei 7200/min |

■ **Fahrwerk**
Brückenrahmen aus Aluminium-Guss Telegabel, Ø 41 mm, verstellbare Federbasis, Zweiarmschwinge aus Aluminium, Zentralfederbein mit Hebelsystem, verstellbare Federbasis, Doppelscheibenbremse vorn, Ø 290 mm, Scheibenbremse hinten, Ø 240 mm.
Reifen                    120/60 ZR 17; 160/60 ZR 17

■ **Maße und Gewichte**
Sitzhöhe* 830 mm, Gewicht vollgetankt* 254 kg, Zuladung* 196 kg, Tankinhalt/Reserve 23/4 Liter.

## 620 I.E., CAGIVA RAPTOR 650

➕ **Sehr gute Bremsen, vollständige Ausstattung, Einspritzung, fein ansprechender Motor**

➖ **Bescheidene Fahrleistungen, unharmonische Fahrwerks-abstimmung**

**Ducati Monster 620 i.e., V-Zweizylinder, 618 cm³, 60 PS, 53 Nm, Gewicht 189 kg, Zuladung 211 kg, Neupreis 2006: 7945 Euro**

➕ **Feine Verarbeitung, schöne Detaillösungen, die bessere SV**

➖ **Dürres Händlernetz, Ersatzteilversorgung schwierig**

**Cagiva Raptor 650, V-Zweizylinder, 645 cm³, 73 PS, 64 Nm, Gewicht 191 kg, Zuladung 179 kg, Neupreis 2007: 6850 Euro**

# SUZUKI **V-STROM 650**

## MODELLGESCHICHTE

Sie ist ein Gewinnertyp. Siegte beim anspruchs-vollen Alpen-Masters von MOTORRAD (siehe Heft 18/2006) und verteidigte damit den Überra-schungserfolg vom Vorjahr. In den gut acht Jah-ren ihrer Erfolgsgeschichte konnte die eher un-scheinbare V-Strom 650 viele Punktsiege ein-heimsen. Nicht nur bei der Fachpresse, sondern auch bei tendenziell eher kritischen Tourenfah-rern. Viele von ihnen haben erkannt, dass Leis-tung und Hubraum eben nicht alles sind auf Reisen. Das gesamte Paket muss stimmen.

Und das tut es im Fall der 67 PS starken 650er-V-Strom, die sogar in einigen Punkten ihre 1000er-Schwester aussticht und auch die di-rekten Mittelklasse-Mitbewerber überwiegend alt aussehen lässt. Mit ihren unbestrittenen Vorzügen ist die vergleichsweise leichte und handliche Zweizylinder-Enduro besonders bei Spät- und Wiedereinsteigern beliebt, vor allem als Neufahrzeug wegen des günstigen Preises. Verständlicherweise wollen Besitzer beim Wie-derverkauf nur geringe Verluste machen und

bieten die junge Gebrauchte oftmals kaum billi-ger als eine Neue an. Freilich locken solche Of-ferten wenig Interessenten. Doch nach nunmehr acht Baujahren tummeln sich mittlerweile einige umhergereiste V-Strom 650 mit etwas höheren (jedoch in der Regel unbedenklichen) Laufleis-tungen auf dem Gebrauchtmarkt, die in einen attraktiven Preisrahmen rutschen. Innerhalb dessen hat die kleine V-Strom auch als Ge-brauchte das Potenzial für einen Platz auf dem Siegertreppchen.

## BESICHTIGUNG

Die V-Strom 650 gilt als zuverlässig. Der von der SV 650 übernommene Motor hatte sich zumindest im MOTORRAD-Dauertest der SV klaglos gehalten, und auch Werkstätten können über die V-Strom in ihrer bisherigen Bauzeit nichts Negatives berichten. Bei ei-ner jungen Gebrauchten stellt sich allerdings die Frage, warum ein Besitzer sie losschla-gen möchte. Gab's etwa einen Sturz? In jedem Fall sollten nur Maschinen in ab-solut einwandfreiem Zustand ohne Kratzer und Risse erworben werden. Nur bei einem unwiderstehlichen Schnäppchen-Preis kann man darüber hinwegsehen, sofern es sich ausschließlich um optisch störende Spuren eines harmlosen Umfallers handelt. Außer-dem preisgestaltend: der Zustand von Verschleißteilen und Reifen sowie die Dreingabe von sinnvollem Zubehör wie einem Gepäcksystem.

## MOTORRAD-TESTS*

25/2003 (VT), 16/2004 (KV), 26/2004 (KV), 19/2005 (VT), 20/2005 (VT), 17/2006 (VT), 18/2006 (VT), 5/2007

*FB=Fahrbericht, VT=Vergleichstest, KV=Konzeptvergleich; Nachbestellungen: Telefon 07 11/182-12 29

## BJ **2004** Typ WVB1

**Höhenverstellbare Scheibe, steifer Alu-Rahmen und drehfreudiger V-Twin: Die kleine V-Strom ist eine erwachsene Reisemaschine**

**Anders als die nicht mehr neu gebaute 1000er-Schwester mit ihren zwei Schalldämpfern besitzt die 650er nur einen voluminösen Auspuff**

# MARKTSITUATION

Ältere V-Strom 650 haben mächtig Konkurrenz. Und zwar von der modellgepflegten 2007er-Maschine, die ABS zu bieten hat und damit auch bei sehr anspruchsvollen Tourenfahrern kaum Wünsche offen lässt. Das Interesse an diesem Modell ist laut Händlern jedenfalls sehr groß. Insbesondere wenig gefahrene, ältere Gebrauchte finden bei Preisansagen von über 4500 Euro nur schwerlich einen neuen Besitzer, weil viele Exemplare mit Tachostand null oder kaum gefahrene Vorführer deutlich unter Neupreis (mindestens 1500 Euro günstiger) angeboten werden. Dementsprechend haben gebrauchte V-Strom 650 nur dann gute Verkaufschancen, wenn sie auffällig preisgünstig (die Schmerzgrenze liegt bei rund 4000 Euro), scheckheftgepflegt und mit reichlich Zubehör ausgestattet sind. Solche Exemplare sind selten, aber sehr gefragt.

| Modelltyp | Bauzeit | Verkäufe |
|---|---|---|
| WVB1 | 2004 bis 2011 | ca. 14 000 |

| Baujahr | km-Stand | Preis in Euro |
|---|---|---|
| 2004 | über 25 000 | 2800–3800 |
| | unter 10 000 | 3900–4200 |
| 2005/06 | um 20 000 | 3900–4500 |
| | um 10 000 | 4000–4900 |
| 2007/08 | um 10 000 | 5000–6000 |
| 2009/10 | um 5000 | 6000–6700 |

**Neu top, aber auch als Gebrauchte ein guter Tipp?**

# TECHNIK

**DATEN** (Typ WVB1, Modelljahr 2004)

**■ Motor**
Wassergekühlter Zweizylinder-Viertakt-90-Grad-V-Motor, zwei obenliegende, kettengetriebene Nockenwellen, vier Ventile pro Zylinder, elektronische Saugrohreinspritzung, Ø 39 mm, geregelter Katalysator, mechanisch betätigte Mehrscheiben-Ölbadkupplung, Sechsganggetriebe, O-Ring-Kette.

| | |
|---|---|
| Bohrung x Hub | 81 x 62,6 mm |
| Hubraum | 645 cm³ |
| Nennleistung | 49 kW (67 PS) bei 8800/min |
| Max. Drehmoment | 60 Nm bei 6400/min |

**■ Fahrwerk**
Brückenrahmen aus Aluminium, Telegabel, Ø 43 mm, Zweiarmschwinge aus Aluminium, Zentralfederbein mit Hebelsystem, Doppelscheibenbremse vorn, Ø 310 mm, Scheibenbremse hinten, Ø 260 mm.

| | |
|---|---|
| Alu-Gussräder | 2.50 x 19; 4.00 x 17 |
| Reifen | 110/80 R 19, 150/70 R 17 |

**■ Maße und Gewichte**
Radstand 1540 mm, Lenkkopfwinkel 64 Grad, Nachlauf 110 mm, Federweg v/h 150/150 mm, Sitzhöhe 815 mm, Gewicht vollgetankt 214 kg, Zuladung 206 kg, Tankinhalt 22 Liter.

**MESSUNGEN** (MOTORRAD 16/2004)

| | |
|---|---|
| Höchstgeschwindigkeit | 180 km/h |
| **Beschleunigung** | |
| 0–100 km/h | 3,9 sek |
| **Durchzug** | |
| 100–140 km/h | 5,3 sek |
| Verbrauch | 3,9 l/100 km (bei 100 km/h) |
| | 4,8 l/100 km (bei 130 km/h) |
| | Normalbenzin |

## 2007

**Die technisch ausgereifte V-Strom 650 bleibt auf Erfolgskurs mit Bremsassistent**

## 2012

**Äußerlich ganz anders, innerlich (sprich: technisch) mehr oder weniger die Alte geblieben**

# MODELLPFLEGE

**2004** Offizieller Verkaufsstart, erhältliche Farben: Blau, Schwarz, Silber. Preis: 6990 Euro.

**2005** Schalter für Stand-/Abblendlicht entfällt. Weitere Farbvariante: Rot.

**2006** Keine technischen Änderungen, Preis unverändert 6990 Euro. Blau/Silber ersetzt Unisilber. Ab August ist bereits das 2007er-Modell erhältlich.

**2007** Mit ABS zum Preis von 7390 Euro, angepasst an Euro-3-Norm.

**2008** Kolbenringe, Lichtmaschine und Regler geändert.

**2010** Kurbelwellenlager, Anlasser und Kupplungshebel geändert.

**2012** Neues Modell (Typ C7), optisch stark überarbeitet. Preis: 8100 Euro.

# SUZUKI

**Wer den Mut zur Lücke wagt, kann gewinnen. In Zeiten von dominanten 1000ern und ultraleichten 600ern ist die 750er-Gixxer fast schon ein Geheimtipp in der Sportwelt. Fahren und sich freuen – super!**

# GSX-R 750
## (Einspritzer-Modelle)

Von Thorsten Dentges; Fotos: fact, Hartmann, Jahn, Suzuki

**K**lare Ansage: Die GSX-R 750 war mal so etwas wie ein Star. In den Achtzigern und auch noch im Jahrzehnt danach. Da feierte sie nämlich ihre größten Erfolge, da verstanden Motorsportfans unter einem Superbike ohne Wenn und Aber ein Motorrad der 750er-Klasse, und GSX-R bedeutete gleich 750er (die 600er puffte in der Supersportklasse hinterher, die 1000er gab es seinerzeit noch gar nicht). Doch andere Sportsfreunde wie Fireblade und Ninja, später R1, konnten auch schnell, mit mehr Hubraum sogar schneller. Ende der 1990er war die große Ära der 750er-Suzuki jedenfalls vorbei, auch die Umstellung von Vergaser auf elektronische Einspritzung 1998 brachte nicht den erhofften zweiten Frühling. Selbst als die 750er nach der Jahrtausendwende mit enormen 141 PS, einem fabulösen Fahrwerk und nur etwas über 190 Kilo die muskelbepackte 900er- und 1000er-Konkurrenz auf dem Rundkurs gnadenlos eindoste, hielten sich die Verkäufe in Grenzen. 2003 ging sogar nur eine dreistellige Stückzahl an den Mann. Hauptgrund: Suzuki hatte 2002 mit der brutalen GSX-R 1000 einen Knaller gezündet, der von den tollen Tugenden der 750er offenbar ablenkte. Faceliftings halfen da nur wenig, erst 2006 mit dem Typ WVCF entdeckten Superbike-Fans das Modell neu. Hauptgrund nun: Weil die neue 750er mit kompaktem, aber schlankem Aussehen, Auspuff schön kurz und knapp sowie 150 PS endlich wieder eine echte Sexbombe war. Und weil Racer spätestens nach ein paar Runden feststellen konnten: Verdammt, damit geht ja richtig was. 600er, zwar auch mit reichlich PS aufgeladen, stressen beim permanenten Drehzahlorgeln, überpotente 1000er überfordern indes Hobbyfahrer. Also stieß die GSX-R 750 erneut in eine Lücke, die sie spätestens seit der Umstellung auf Einspritzung besetzt: preislich überaus attraktiv, fahrdynamisch erstklassig. Eben ein Top-Sportmotorrad.

## DIE TYPEN

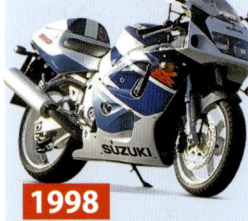

### 1998
„Die Buckelige", auch bekannt als SRAD-Modell (seit 1996), bekommt erstmalig eine Einspritzung verpasst und leistet 10 PS mehr (135 PS)

### 2000
Furioser Neuaufschlag – mit dem Typ WVBD gelang Suzuki ein Geniestreich: ultraleicht, bärenstark, trotzdem gut zu bändigen. Bis heute eine sehr scharfe Waffe

### 2004
Mit neuem Gesicht, ein paar PS mehr, aber auch ein paar Pfunden mehr auf den Hüften ist der Typ WVB3 nach wie vor gut für zackiges Rennstreckentempo

### 2006
Rank und schlank tritt der radikal überarbeitete Typ WVCF (siehe auch Bild oben) auf. Erstmals mit 150 PS

## BESICHTIGUNG

Die 750er ist ein Geschoss – und so ein Geschoss schlägt naturgemäß auch mal irgendwo ein. Meistens auf der Rennstrecke. Alarmstufe Rot also bei Maschinen, die motorsportlich bewegt wurden, selbst wenn der Verkäufer den Einsatz auf „nur ein paar Trainingsrunden" herunterspielt. Vorsicht deshalb auch bei Import-Gebrauchten (insbesondere aus England, Italien und Polen), bei denen Unfallschäden mitunter hochprofessionell kaschiert wurden. Nach Sturzspuren bitte auch unter der Verkleidung (die ja schon längst ausgetauscht sein könnte) am Rahmen fahnden. Kleinere Ärgernisse sind hakende Tankschlösser, abgenutzte Reifen oder fällige Verschleißteile wie Bremsbeläge, die bei Preisverhandlungen berücksichtigt werden sollten. Als aufwertend gelten hochwertige Optik-Tuningteile wie farblich abgestimmte Race-Scheiben, Karbonteile, feine Hebel und Rasten sowie ehemals teure Auspuffanlagen mit Straßenzulassung (bei Typ WVCF Originalanlage beliebter).

## MARKTSITUATION

Gebrauchtkäufer haben es sehr leicht, denn die 750er als Einspritzermodell ist auf dem Markt in einer enormen Preisbandbreite zu finden. Schnellfahrer mit begrenztem Budget und ohne sportliche Ambitionen finden mit dem letzten SRAD-Modell (1998/1999) schon für um 2000 Euro ordentlich gewartete Untersätze (unter 2000 Euro eher Bastelkisten). Schnäppchenjäger von Neuwert-Bikes kommen gleichermaßen schnell zum Schuss: Manche Händler hauen unbenutzte aktuelle Fabrikware (ab Baujahr 2011) schon um 9000 Euro raus. Mit der Folge, dass für zwei bis drei Jahre alte Top-Gebrauchte mit nur wenigen Tausend Kilometern auf der Uhr kaum mehr als 7500 Euro bezahlt werden. Vergleichsweise teuer (selten unter 5000 Euro) wird der extrem beliebte Typ WVCF (2006/2007) angeboten. Für vorbildlich gepflegte Exemplare mit nur einem Vorbesitzer und maximal 15 000 Kilometern sollte man bei den Preisverhandlungen rund 6000 Euro in der Tasche haben.

| Preisniveau in Euro | | Baujahre | km-Stand |
|---|---|---|---|
| Niedrig | 1500–2900 | 1998–2004 | 20 000–50 000 |
| Mittel | 3000–5900 | 1998–2007 | 10 000–35 000 |
| Hoch | 6000–7900 | 2006–2011 | 1000–15 000 |
| Typ | | im Programm | Verkäufe |
| GR7DB (Einspritz) | | 1998–1999 | 2957 |
| WV BD/B3/CF/CW | | 2000–2010 | 12 351 |
| C4 | | 2011 bis heute | ca. 1000 |

▶ **Verfügbarkeit am Markt: sehr hoch**

**Internet**

**Gebrauchtangebote:**
www.markt.motorradonline.de/bike15.htm

**Fansites:** www.gsxr-freaks.info, www.kurvenjaeger.org

**Tests in MOTORRAD**

2/1998 (VT), 18/1998 (VT), 7/2000 (VT), 10+11/2000 (VT), 10/2001 (VT), 12/2002 (VT), 11/2003 (VT), 9/2004 (TT), 9/2006 (TT), 8/2008 (T), 21/2009 (VT), 9/2011 (VT)

T=Test, TT=Top-Test, VT=Vergleichstest; Nachbestellungen unter 07 11/1 82-12 29, www.motorradonline.de/downloads

## TECHNISCHE DATEN

(Typ WVCF, Modelljahr 2006)

### MOTOR

Wassergekühlter Vierzylinder-Viertakt-Reihenmotor, vier Ventile pro Zylinder, Nasssumpfschmierung, Einspritzung, geregelter Katalysator mit Sekundärluftsystem, mechanisch betätigte Mehrscheiben-Ölbadkupplung, Sechsganggetriebe, O-Ring-Kette.

Bohrung x Hub 70 x 48,7 mm
Hubraum 750 cm³
**Nennleistung**
**110 kW (150 PS) bei 13 200/min**
**Max. Drehmoment**
**86 Nm bei 11 200/min**

### FAHRWERK

Brückenrahmen aus Aluminium, Upside-down-Gabel, verstellbare Federbasis, Zug- und Druckstufendämpfung, Zweiarmschwinge aus Aluminium, Zentralfederbein mit Hebelsystem, verstellbare Federbasis und Zug- und Druckstufendämpfung, Doppelscheibenbremse vorn, Scheibenbremse hinten.

Alu-Gussräder 3.50 x 17; 5.50 x 17
Reifen 120/70 ZR 17; 180/55 ZR 17

### MAßE + GEWICHTE

Radstand 1400 mm, Lenkkopfwinkel 66,2 Grad, Nachlauf 97 mm, Gewicht vollgetankt* 200 kg, Zuladung* 180 kg, Tankinhalt 16,5 Liter.

### MESSUNGEN

(MOTORRAD 9/2006)
**Höchstgeschwindigkeit**** 280 km/h
**Beschleunigung**
0–100 km/h 3,4 sek
**Durchzug**
60–100 km/h 4,0 sek
Verbrauch 4,9 l/100 km (Landstraße)
5,5 l/100 km (bei 130 km/h)

*MOTORRAD-Messungen; **Herstellerangabe

## MODELLPFLEGE

**1998** Erste GSX-R 750 (Typ GR7DB) mit Einspritzung. Gewicht: 205 kg. Leistung: 135 PS. **Preis: 18 990 Mark (9709 Euro).**

**2000** Typ WVBD. Sechste, stark überarbeitete Generation mit Doppel-Drosselklappensystem. Neues Fahrwerk und Design. Gewicht: 193 kg. Leistung: 141 PS. **Preis: 20 990 Mark (10 732 Euro).**

**2004** Die siebte GSX-R-Generation, Typ WVB3. Neue Scheinwerfer (übereinander angeordnet), LED-Rücklicht, Radialbremsen, Motor mit Titanventilen, U-Kat und Sekundärluftsystem, neue Motorsteuerungselektronik. Gewicht: 197 kg. Leistung: 148 PS. **Preis: 11 130 Euro.**

**2006** Neukonstruktion, Typ WVCF. Leichterer, stärker nach vorn geneigter Motor, G-Kat, neuer Edelstahl-Auspuff, modifiziertes Getriebe, Sitzhöhe 810 statt 825 mm, kompakterer Rahmen, neue Upside-down-Gabel, kürzeres Federbein, leichtere Räder, neue Verkleidung, Wegfahrsperre. Gewicht: 200 kg. Leistung: 150 PS. **Preis: 11 290 Euro.**

**2008** Typ WVCW. Neue Verkleidung und Scheinwerfer, leichtere Räder, Auspuff neu, drei einstellbare Motorcharakteristiken. Gewicht: 202 kg. Leistung unverändert. **Preis: 11 590 Euro.**

**2011** Typ C4. Neu: Rahmen, Verkleidung, Scheinwerfer, Räder, Titan-Auspuff. Modifizierter Motor mit nur noch zwei Motorcharakteristiken. Gewicht: 195 kg. Leistung unverändert. **Preis: 11 590 Euro.**

### 2008

**Gut aufgelegt:**
Elektronische Helferlein sollen die überarbeitete 750er-Gixxer schnell machen. Über 200 Kilo sind in der supersportlichen Welt allerdings recht viel

### 2011

Wirkt beinahe pummlig. Doch der Eindruck täuscht, denn der neue Typ C4 hat richtig abgespeckt und tänzelt extrem leichtfüßig durchs Revier

# SUZUKI
# GSX-R 1000

**Wer ab 2001 beim Renntraining oder am Stammtisch ganz weit vorn sein wollte, kam am Kilo-Gixxer nicht vorbei. Doch das blieb nicht immer so, GSX-R ist nicht gleich GSX-R.**

Von Klaus Herder Fotos: Suzuki, fact (1), Jahn (1), jkuenstle.de (2), 2Snap (2)

**D**as Rezept ist eigentlich ganz einfach: Man nehme den größten Hubraum, die höchste Leistung, die modernste Kraftstoffversorgung, das stabilste Fahrwerk, das schärfste Design sowie möglichst wenig Gewicht und verkaufe die Sache zu einem attraktiven Preis – fertig ist der Bestseller. So geschehen 2001 mit der GSX-R 1000, als Suzukis Supersportler-Gegner noch Honda CBR 900 RR Fireblade und Kawasaki ZX-9R hießen und selbst die Yamaha R1 mit 150 PS auskommen musste. Der (fast) volle Liter Hubraum, satte 160 PS und eine bestechende Fahrstabilität sorgten dafür, dass die große GSX-R zum absoluten Liebling der ganz schnellen Jungs wurde. Neben der famosen Technik lieferte die Suzuki-Truppe auch noch ein brillantes Timing, denn im Zweijahresrhythmus der Supersportler-Neuheiten kam die nächste GSX-R 1000 genau dann, als die drei zeitgleich aktualisierten Mitbewerber ein Jahr harter Verteilungskämpfe hinter sich hatten – und war besser. Doch schon ab 2004 wurde die Luft deutlich dünner und die GSX-R musste einige Vergleichstest-Niederlagen einstecken. Der neuen Konkurrenz-Generation ultrakompakter Racer mit ihren kurzen, im Kniebereich sehr schmal bauenden Tanks war die nun vergleichsweise lange und fast massig wirkende GSX-R vor allem im Handling unterlegen, während ihr bärenstarker Motor in Sachen Ansprechverhalten und Leistungsentfaltung immer noch erstklassig war. Doch mit der K5, dem 2005er-Modell, gelang Suzuki wieder ein ganz großer Wurf. Deutlich leichter, graziler und mit 178 PS auch wesentlich stärker als zuvor ließ sie die Konkurrenz mächtig alt aussehen. Und das nicht nur auf

**Tests in MOTORRAD**

**Typ WVBL:** 1/2001 (FB), 4/2001 (TT), 5/2001 (VT), 11/2001 (VT), 16/2001 (VT), 4/2002 (VT), 5/2002 (LT), 7/2002 (VT), 14/2002 (VT), 20/2002 (VT)
**Typ WVBZ:** 6/2003 (FB), 7/2003 (VT), 9/2003 (TT), 11/2003 (VT), 6/2004 (VT), 9/2004 (Auspuff-Test)
**Typ WVB6:** 5/2005 (FB), 6+7/2005 (VT), 10/2005 (TT), 5/2006 (VT),
**Typ WVCL:** 5/2007 (FB), 6/2007 (TT), 7/2007(VT), 23/2007 (LT), 6/2008 (VT)
**Typ WVCY:** 7/2009 (T), 8/2009(VT), 13/2009 (VT), 7+8+10/2010 (VT)

FB=Fahrbericht, T=Test, TT=Top-Test, VT=Vergleichstest, LT=Langstreckentest
*Nachbestellungen unter Telefon 07 11/1 82-12 29

## Modelljahr 2005 (WVB6)

Kompakterer Rahmen, kürzerer Radstand, kräftigerer Motor – eine ganz wunderbare Mischung

Elektronische Wegfahrsperre serienmäßig LCD-Ganganzeige im Tacho – auch im Cockpit tat sich zum Modelljahr 2005 etwas

## Besichtigung

Das größte Problem der Kilo-Gixxer sind ihre Fahrer und deren zerstörerisches Freizeitverhalten. Die agile 1000er ist nämlich **der Liebling vieler Hobby-Racer**, die ihr Sportgerät bei Rennstrecken-Trainings gern mal ablegen, was zu versteckten Rahmenschäden führen kann. Rätselhafte Fahrwerksprobleme haben meist darin ihre Ursache. Konsequenz für Gebrauchtkäufer: eine Renn-GSX-R nie ohne Rahmenvermessung kaufen. Ersatzweise vom Verkäufer eine sturzfreie Vergangenheit schriftlich bestätigen lassen. Nach spätestens 10 000 Rennstrecken-Kilometern benötigt der Vierzylinder eine ganz große Inspektion. Gerade wegen seiner sprichwörtlichen Standfestigkeit vernachlässigen aber manche Suzuki-Treiber die Wartung. Ersthand, Scheckheft, keine Rennstrecke – so sieht daher die Wunsch-Suzi aus. Wenn dann noch die beliebten Umbauten (Auspuff!) freigegeben bzw. eingetragen sind, kann nichts schiefgehen. Typische Macken? Mangelware, vereinzelt hatten 2001er-Modelle mit einem defekten Drosselklappensensor zu kämpfen. Bei der K1 nutzt sich an der Gabel auch gern die dünne Titan-Nitrid-Beschichtung ab, was die Funktion aber nicht beeinträchtigt. Rückrufe? K5/K6: Rahmenbegutachtung und Montage einer Verstärkung; K7: Tausch von Generator-Rotor, Leerlauf-Regelventil und Steuergerät.

## Marktsituation

**Die K5 und K6 sind als Gebrauchte am beliebtesten.** Unter 5000 Euro sind die – nicht nur für Suzuki-Verhältnisse – erstaunlich preisstabilen Modelljahre 2005/2006 praktisch nicht zu bekommen. Deutlich über 7000 werden auch schon mal verlangt – und auch gezahlt, denn bei diesen Modellen

| Preisniveau in Euro | | Baujahre | km-Stand |
|---|---|---|---|
| Niedrig | 2700–4900 | 2001–2004 | 15 000–40 000 |
| Mittel | 5000–7500 | 2005–2009 | 7500–25 000 |
| Hoch | 7600–8900 | 2007–2011 | 2000–15 000 |

stimmt das Paket aus brachialem Motor, geringer Masse, tollem Sound und guter Zuverlässigkeit einfach. Deutlich anders ist die Situation bei den sehr frühen und sehr späten Kilo-Gixxern: Die ersten Modelljahre (K1/K2) sehen mittlerweile nicht nur designmäßig alt aus, ihr Verkauf läuft eher schleppend. Ganz abgesehen davon, dass nicht wenige von ihnen auf Rennstrecken arg leiden mussten. Bei relativ frischen GSX-R 1000 erschwert ein ganz anderes Problem den Verkauf: Die Differenz zwischen dem verlangten Gebrauchtpreis und den Discounttarifen, die für Vorvorjahresmodelle und/oder Tageszulassungen aufgerufen werden, ist einfach zu gering. Praktisch neue Maschinen sind schon für unter 11 000 Euro im Angebot, neuwertige 2011er-Modelle werden ab 9000 Euro gehandelt. Diese Situation wird (für Verkäufer) vermutlich nicht besser werden, denn mittlerweile steht die GSX-R auch auf dem Gebrauchtmarkt im Wettbewerb zur Honda Fireblade – und die ist seit 2008 einfach besser. ▶ **Verfügbarkeit am Markt: sehr hoch**

## Daten  (Typ GSX-R 1000 K5; Modelljahr 2005)

### MOTOR

Wassergekühlter Vierzylinder-Viertakt-Reihenmotor, zwei obenliegende Nockenwellen, vier Ventile pro Zylinder, eine Ausgleichswelle, Nasssumpfschmierung, Einspritzung, ungeregelter Katalysator mit Sekundärluftsystem, mechanisch betätigte Mehrscheiben-Ölbadkupplung, Sechsganggetriebe, O-Ring-Kette.
Bohrung x Hub 73,4 x 59,0 mm
Hubraum 999 cm³
**Nennleistung**
131 kW (178 PS) bei 11 000/min
**Max. Drehmoment**
118 Nm bei 9000/min

### FAHRWERK

Brückenrahmen aus Aluminium, Upside-down-Gabel, Zweiarm-Aluschwinge mit Oberzügen, Zentralfederbein mit Hebelsystem, vorn und hinten verstellbare Federbasis sowie Zug- und Druckstufendämpfung, Doppelscheibenbremse vorn, Scheibenbremse hinten.
Alu-Gussräder 3.50 x 17; 6.00 x 17
Reifen 120/70 ZR 17; 190/50 ZR 17

### MAßE+GEWICHTE

Radstand 1405 mm, Lenkkopfwinkel 66,2 Grad, Nachlauf 96 mm, Federweg v/h 120/130 mm, Sitzhöhe* 810 mm, Gewicht vollgetankt* 200 kg, Zuladung* 175 kg, Tankinhalt 18 Liter.

### MESSUNGEN

(MOTORRAD 10/2005)
**Höchstgeschwindigkeit****
295 km/h
**Beschleunigung**
0–100 km/h 3,0 sek
0–200 km/h 7,5 sek
**Durchzug**
60–140 km/h 6,1 sek
**Verbrauch**
5,3 l/100 km (Landstraße);
5,1 l/100 km (bei 130 km/h), Super

*MOTORRAD-Messungen
**Herstellerangabe

### Internet

**Fan-Seiten:**
www.gsx-r1000.de;
www.gsxr-freaks.de; www.kurvenjaeger.org;
www.ruhrpott-gixxer.de

**Gebrauchtangebote:**
http://markt.motorradonline.de/bike16.htm

Farben? K5: Blau/Weiß, Schwarz/Gelb, Schwarz/Grau, Schwarz/Mattschwarz; K6: Blau/Weiß, Rot/Schwarz, Mattschwarz

Radial montierte Bremszangen gab es schon 2003 für die K3; 300 Gramm leichtere Räder aber erst mit der K5

2005 wurden 2962 Stück in Deutschland neu zugelassen, 2006 immerhin noch 2396 Exemplare

## Modelljahr 2001 (WVBL)

Die **Suzuki GSX-R 1000 K1** ist die Erstauflage. Das bis auf ein paar Kleinigkeiten nahezu baugleiche 2002er-Modell trägt das Kürzel K2. Die wichtigsten technischen Daten: 988 cm³, 160 PS bei 10800/min, 110 Nm bei 8400/min, Leergewicht 194 kg. Von der K1 wurden in Deutschland 3114 Stück zugelassen, die K2 brachte es auf 2640 Exemplare. Farbpalette K1: Blau/Weiß, Schwarz/Rot, Schwarz/Silber; K2: Blau/Weiß, Schwarz/Rot, Blau/Schwarz. Die K1 kostete umgerechnet 12389 Euro, die K2 12510 Euro. K1 und K2 begründeten den guten Ruf der GSX-R 1000, gelten heutzutage aber als etwas stur und hüftsteif. Ihr Handling ist – und das war für Power-Bikes dieser Kategorie damals nicht immer selbstverständlich – unproblematisch, aber nicht übermäßig agil. Die Sechskolben-Stopper könnten etwas bissiger sein.

**Dieses Motorrad setzte 2001 den neuen Maßstab in der Superbike-Klasse. Genauso schmal, nur unwesentlich schwerer und noch stärker als das erfolgreiche Schwestermodell GSX-R 750**

## Modelljahr 2003 (WVBZ)

Die **Suzuki GSX-R 1000 K3** und ihre 2004er-Schwester mit dem Kürzel K4 sind das Ergebnis einer umfangreichen und rundum gelungenen Modellpflege. Die wichtigsten technischen Daten: 988 cm³, 164 PS bei 10800/min, 111 Nm bei 8400/min, Leergewicht 193 kg. Von der K3 wurden in Deutschland 2839 Stück zugelassen, die K4 brachte es nur noch auf 1496 Exemplare – die erstarkte Konkurrenz machte sich 2004 deutlich bemerkbar. Farbpalette K3: Blau/Weiß, Silber, Schwarz/Orange; K4: Blau/Weiß, Schwarz/Grau, Gelb/Grau. K3 und K4 kosteten jeweils 12510 Euro. Um die bis Oktober 2004 aufgestauten Lagerbestände (rund 300 Stück) abzubauen, senkte Suzuki den Preis auf 9990 Euro. Für die Rennstrecke war die GSX-R immer noch erste Wahl, konnte mittlerweile aber auch im Alltag überzeugen.

**K3 und K4 sind am „Übereinander-Scheinwerfer" und am LED-Rücklicht sofort zu erkennen. Die konsequente Modellpflege lohnte sich, die 2003/2004er sind agiler als die Vorgängerinnen**

## Gebrauchtberatung Suzuki GSX-R 1000

der Rennstrecke, sondern auch im Alltag. Das absolut neutrale Fahrverhalten, die gut berechenbare, homogene Leistungsentfaltung und eine relativ kommode Sitzposition machten es möglich. Der Auspuff („Die Keule") mochte merkwürdig aussehen, doch auch so wurde die GSX-R zum bestverkauften Supersportler der Saison 2005. Danach ging's leistungsmäßig zwar noch etwas nach oben, in Sachen „Performance" aber eher nur noch bergab. Vielleicht war Euro 3 schuld. Möglicherweise aber auch nur die Konkurrenz, die von Suzuki das Siegen gelernt hatte. ■

www.motorradonline.de/
gebrauchtberatung

**Top Preis-Leistungs-Verhältnis: Der 2005/2006 gebaute Typ WVB6 ist für viele die beste Gebraucht-GSX-R-1000**

## Modellpflege

**2001** Erstes Modelljahr (Typ WVBL), Design wie GSX-R 750; Preis 24230 Mark (12389 Euro).

**2002** Automatische Kaltstart-Leerlaufanhebung (AFIS = „Automatic Fast Idle System"); 12510 Euro.

**2003** Gründlich überarbeitetes Modell (Modellcode WVBZ): neues Design von Verkleidung und Heck, neue Instrumente mit Schaltblitz, übereinander angeordnete Scheinwerfer, LED-Rücklicht, Warnblinkanlage, Dauerlichtschaltung, Fabrikschild geklebt statt genietet, verstärkter Rahmen aus Strangpress- und Gussprofilen, gegossenes Rahmenheck, radial verschraubte Vierkolben-Bremszangen vorn mit je vier Einzelbelägen, vordere Brems-

## Modelljahr 2007 (WVCL)

Die Suzuki GSX-R 1000 K7 und das völlig baugleiche 2008er-Modell namens K8 traten ein schweres Erbe an, denn die K5/K6 hatte die Messlatte ziemlich hoch gelegt. Die wichtigsten technischen Daten: 999 cm³, 185 PS bei 12 000/min, 117 Nm bei 10 000/min, Leergewicht 212 kg. Von der K7 wurden in Deutschland 3032 Stück zugelassen, die K8 brachte es auf 1578 Exemplare. Farbpalette K7: Mattschwarz, Blau/Weiß, Schwarz/Orange, Rot/Silber; K8: Mattschwarz, Blau/Weiß, Weiß/Silber, Schwarz/Gold. K7 und K8 kosteten jeweils 13 490 Euro. Die Anpassung an Euro 3 (u. a. geregelter Kat) ging zulasten der Leistungscharakteristik. Zwischen 4000 und 9000/min – und damit im ganzen landstraßenrelevanten Bereich – drückt der K5/K6-Motor deutlich besser. Das höhere Gewicht macht's nicht einfacher.

**Höheres Drehzahlniveau, weniger Druck in entscheidenden Bereichen, zivilisierterer Sound und obendrauf noch mehr Masse (Auspuff!) – die K7/K8 ist gut. Aber die K5/K6 macht mehr Spaß**

## Modelljahr 2009 (WVCY)

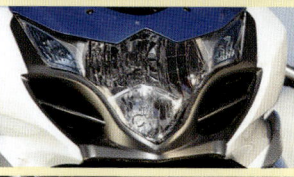

Die Suzuki GSX-R 1000 K9 war als Gegenpart zur Honda Fireblade gedacht, die seit 2008 die Superbike-Klasse kräftig aufmischte. Vor allem das klarere Design mit ruhigeren Linien (Auspuff!) unterscheidet sie von ihren Vorgängerinnen. Dazu gab es Feinarbeit an Motor und Fahrwerk. Damit blieb sie drei statt der sonst üblichen zwei Jahre unverändert: 2010 (L0) und 2011 (L1). Die wichtigsten technischen Daten: 999 cm³, 185 PS bei 12 000/min, 117 Nm bei 10 000/min, Leergewicht nur noch 208 kg. Von der K9 wurden in Deutschland 1080 Stück zugelassen, die L0 brachte es auf 1028 Exemplare, die L1 bis Oktober 2011 auf 264 Stück. Farben K9: Mattschwarz, Weiß/Silber, Weiß/Blau, Rot/Schwarz; L0 und L1: Weiß/Blau, Schwarz/Silber. Preise: Die K9 kostete 13 890 Euro, L0: 13 990 Euro, L1: 14 490 Euro.

**Neuer Rahmen, neue Schwinge im Bananen-Design und vor allem die Showa-BPF-Gabel („Big Piston Fork") machen den Fahrwerksunterschied. Netter Nebeneffekt: 4 kg leichter**

---

scheiben 300 statt 320 mm, Gabel-Innenrohre mit Hartkohlenstoff-Beschichtung, Motorgehäuse mit Druckausgleichs-Bohrungen (35 mm) zwischen den Zylindern, leichtere Nockenwellen, größerer Schalldämpfer mit U-Kat (Euro 2), Auspuffrohre und Dämpfer-Innereien aus Titan, Schaltung leicht geändert; 12 510 Euro.

**2004** Sondermodell GSX-R 1000 Z in Schwarz mit goldenen Rädern und Emblem an der Gabelbrücke (Aufpreis 100 Euro); ab Dezember Sondermodell „Alstare Edition" im Stil der Superbike-Rennmaschine; Seitenständer geringfügig geändert, vordere Bremssättel mit je vier Belägen; 12 510 Euro.

**2005** Komplett neues Modell (Typ

WVB6): kompaktere Abmessungen, weniger Masse, mehr Hubraum und Leistung; Detailänderungen: elektronische Wegfahrsperre serienmäßig, LCD-Ganganzeige im Tacho, kleines LED-Rücklicht, Blinker in Heck bzw. Spiegel integriert, Motor mit Titan-Ventilen, verstärkte Kurbelwelle, größere Ein- und Auslasskanäle, Drosselklappen 44 statt 42 mm, zwei Einspritzdüsen pro Zylinder, Kühler mit neuen Abmessungen, Lima schwächer, Anti-Hopping-Kupplung, Übersetzung geändert (1. Gang länger, 3.-6. Gang kürzer), diverse Bauteile leichter (Lima, Ventile, Zylinderkopf- und Ventildeckelschrauben, ECM), Bremssättel u. Hauptbremszylinder mit größeren Kolben, neue Schwinge mit 3 mm dünnerer Achse und hö-

henverstellbarem Drehpunkt, neues Rahmenheck; 12 510 Euro.

**2007** Größere Überarbeitung (Typ WVCL): mehr Masse und höhere Leistung, Anpassung an die Euro-3-Norm, geänderte Steuerzeiten, Vier-Loch-Einspritzdüsen, drei vom Fahrer wählbare Motorcharakteristiken, neue Instrumente, neue Auspuffanlage mit zwei statt einem Endschalldämpfer, neuer Rahmen, überarbeitete Federelemente, geänderte Bremsscheiben, Kupplungsbetätigung hydraulisch statt mechanisch, dreifach einstellbare Fahrerfußrasten, schmalere Sitzbank, 13 490 Euro.

**2009** Neues Modell (Typ WVCY): neues Design, geschwungene Titan-Endschalldämpfer, Motor mit weniger Hub

und mehr Bohrung, höhere Verdichtung, geänderte Ventile und Nockenwellen, neue Showa-Upside-down-Gabel, Bremse überarbeitet, Tank und Räder leichter, Kupplungsbetätigung über Seilzug, Laptimer; 13 890 Euro.

**2012** Kleinere Motormodifikationen: u. a. leichtere Kolben, Steuerzeiten und ECM geringfügig geändert, Auspuff mit Einzel-Endtopf statt Vier-in-zwei-Anlage, vorn radial verschraubte Brembo-Monobloc-Bremszangen an 0,5 mm dünneren Scheiben, Sitzbankbezug rauer, Seitenständer 9 mm kürzer, 203 statt 205 kg.

# SUZUKI TL 1000 S

Von Thorsten Dentges; Fotos: Jahn (5),
Suzuki (3), Bilski, Gargolov, Künstle, Archiv

**Gebrauchtberatung**

**Sie sollte ein echter Leckerbissen werden – doch beim Abschmecken hat Suzuki die TL 1000 verwürzt. Als Gebrauchte schmeckt sie dennoch einer Vielzahl von ZweizylinderGourmets.**

Eigentlich ist Ducati schuld. Die Italiener brachten Mitte der Neunziger Motorradfahrer auf den Geschmack von appetitlichen Sport-Twins. Suzuki wollte deshalb 1997 mit der TL 1000 S ebenfalls leckere Kost anrichten. Und die Presse spickte dieses mutige Vorhaben mit dicken Vorschusslorbeeren. Überaus pikant: Die günstig angebotene TL sollte zum bezahlbaren Traum für alle werden, denen italienische Preise zu gesalzen waren.

Für Suzuki wurde sie zum Albtraum. Und das lag weder an Ducati noch an der vorschnellen Journaille, sondern am Hersteller selbst. Mehrmals musste die offensichtlich nicht ausgegorene Maschine zurück in die Werkstatt. Suzuki löffelte die selbst eingebrockte Suppe jedoch brav aus und behob Probleme wie etwa eine unheimliche Ölverdünnung oder den extrem hohen Kupplungsverschleiß bei über 3000 betroffenen Motorrädern anstandslos. Aber der Ruf des Zweizylinders war ruiniert. 1998 unterzeichneten nur noch rund 150 Unerschrockene einen Kaufvertrag, bis zum Produktionsstopp zwei Jahre später kamen knapp über 1000 hinzu.

Die ab 1998 angebotene supersportliche TL 1000 R scheiterte ebenfalls am selbst auferlegten Anspruch und verlor sogar das Pistenduell gegen die eigene Schwester. Der etablierten Konkurrenz war sie auf dem Rundkurs mit ähnlichen Fahrwerksschwächen wie die „S" (zu weiche Gabel und schlecht funktionierender Rotationsdämpfer) sowieso nicht gewachsen. Folge: 1999 verabschiedet sie sich schon wieder vom Markt.

Erstaunlicherweise ist die TL als Gebrauchte keineswegs ein Flop. Im Gegenteil: Zweizylinder-Fans suchen gezielt nach der mittlerweile preislich sehr interessanten, nach wie vor feurigen Maschine. Ein Lucky Loser mit treuem Freundeskreis. ■

## BJ **1997** TL 1000 S

## **1998** TL 1000 R

**Deftig, kräftig: Der saustarke Twin hat Pfeffer und Leistung satt. Das verführt zum Spielen**

**Fahrwerksschwächen: Der Rotationsdämpfer (Bild oben rechts) konnte nicht überzeugen. Rechts: nachgerüsteter Lenkungsdämpfer**

/R

## MARKTSITUATION

Sechs Jahre nach Produktionsstopp sind lediglich 3200 TL 1000 S zugelassen, bei der R-Version ist der ursprüngliche Bestand sogar um mehr als ein Drittel auf aktuell rund 650 Stück zusammengeschrumpft. Die **„R"** ist somit ein **Exot auf dem Gebraucht-markt** und nur durch sehr gezielte Suche zu finden. Die wenigen Interessenten, die dieses wirklich seltene Motorrad als **Kulturerbe** bewahren wollen, sind in der Regel gewillt, für ordentlich gepflegte Exemplare im Originalzustand bis über 4000 Euro zu zahlen. Umlackierte, zerkratzte oder gar auf der Rennstrecke zerstürzte Maschinen finden indes nur schwierig einen Käufer. Die als Gebrauchte deutlich populärere und häufiger angebotene **S-Version** hat ebenfalls Absatz-schwierigkeiten, sofern sie lediglich regional offeriert wird oder es sich um ein Fahrzeug mit starken Ge-brauchsspuren handelt. Ansonsten steht laut Händler-aussagen eine scheckheftgepflegte „S" mit wenigen Kilometern (unter 20 000) **selten lange im Laden,** weil Fans auch eine Anreise von mehreren hundert Kilometern zur Probefahrt in Kauf nehmen.

| Modell | Bauzeit | Verkäufe |
|---|---|---|
| S-Version | 1997–2000 | 4310 |
| R-Version | 1998–1999 | 1069 |

| Baujahr | km-Stand | Preis in Euro |
|---|---|---|
| 1997–1998 (S-Version) | über 35 000 | 2700–3000 |
| | um 25 000 | 3200–3500 |
| | unter 20 000 | 3600–3900 |
| 1999–2000 (S-Version) | um 30 000 | 3700–3900 |
| | um 20 000 | 4000–4500 |
| | unter 15 000 | 4600–4900 |
| 1998–1999 (R-Version) | über 30 000 | 3900–4200 |
| | um 20 000 | 4300–5000 |

**Sollte Ducati und andere potente Twin-Bikes erschrecken: die starke TL 1000 S mit 125 PS. Kinderkrankheiten machten einen Strich durch die Rechnung**

## 1999    2000

**Die Kupplung wird nach dem ersten Rückruf 1997 erneut modifiziert. Außerdem wird der Rahmen verstärkt**

**TL 1000 R: eine wuchtige Supersport-Ver-sion mit riesigen Drosselklappen, breiter Ver-kleidung und voluminösem Brückenrahmen**

**Letztes Baujahr 2000: Die ansehnliche TL 1000 S hat trotz ihrer anfänglichen Schwächen treue Fans gewonnen. Der Ab-verkauf dauerte dennoch zwei Jahre**

## MODELLPFLEGE

**1997** Markteinführung der TL 1000 S zum Preis von 17 790 Mark. Ab April diverse Rückruf-aktionen: Lenkungsdämpfer nachgerüstet, im Herbst werden Steuergerät für Zündung und Einspritzung sowie der Thermostat getauscht, etwas später kostenloser Austausch des vib-rationsbedingt zu Rissbildung neigenden Tanks. Die TL 1000 S ist bis zum Ende ihrer Bauzeit lediglich in Rot und Schwarz erhältlich

**1998** Das Modell TL 1000 R wird als super-sportliche, vollverkleidete Variante der „S" zur Seite gestellt. Preis inklusive Neben-kosten: 19 650 Mark. Erhältlich in den Farben Blau/Weiß und Rot

**1999** Modellpflege bei der TL 1000 S: Modifi-kationen an Einspritzanlage, Steuereinheit sowie Kupplung. Außerdem geänderte Ventilsteuer-zeiten und verstärkter Rahmen. Leergewicht steigt von 212 auf 215 Kilogramm. Die R-Version wird außer in Blau/Weiß in Schwarz angeboten und nach nur zwei Baujahren wieder aus dem Programm genommen

**2000** Ende der Baureihe. Letzter offizieller Listenpreis 2000: 19 390 Mark. Abverkauf 2000, vereinzelte Exemplare bis 2002

# SUZUKI GSF 1200 Bandit

## MODELLGESCHICHTE

Wie geschnitten Brot ging die GSF 1200 weg, als sie für kalorienarme 15 000 Mark vor 15 Jahren auf den Markt kam. Rund 4000 Stück waren es allein beim Start 1996, das modernisierte 2001er-Modell verkaufte sich sogar 5600-mal. Die Beliebtheit verwundert kaum, denn in der Bandit-Backmischung steckt alles drin: Dampf und Bums, ein handliches Fahrwerk sowie appetitliches Aussehen mit konservativklassischen Linien. Das schmeckt allen, jung und alt, Landstraßenheizern wie -genießern. Und Touristen wählen die halbverschalte S-Variante, hängen Koffer dran, und ab geht's gen Horizont – oder auch nur auf die Hausstrecke. Die große Bandit ist nicht langweiliges Brot und Butter, sondern Brot für die Welt. Nicht zuletzt auch aufgrund ihres Preises, gegenüber der direkten Konkurrenz liegt die Suzuki immer auf niedrigem Level. Aber nur diesbezüglich. Das macht sie zum Bestseller, von dem heute rund 35 000 Fahrzeuge – Grauimporte nicht eingerechnet – im Bestand sind. Nachdem der Neufahrzeugverkauf 2004 etwas zurückging, kam 2007 die GSF 1250, ein frisches Modell mit Hubraumplus und serienmäßigem ABS. Auf die stabilen Preise für gebrauchte Banditen wirkte sich der Familienzuwachs kaum aus. Gute Offerten lassen sich problemlos finden, da das Angebot groß ist.

In der Beliebtheitsskala bei den Gebrauchten rangiert die große Bandit trotz ihres Alters ziemlich weit oben. Die Preise liegen dennoch niedrig.

## MOTORRAD-TESTS*

10/1995 (T), 16/1997 (KV), 12/1998 (VT),
22/1999 (VT), 25/2000 (VT), 2/2001 (TT),
8/2001 (VT), 12/2001 (VT), 23/2001 (VT),
16/2002 (VT), 26/2003 (VT), 11/2004 (TT),
10/2005 (VT), 19/2005 (VT), 10/2006 (VT),
15/2006 (VT), 18/2006 (VT)

*KV=Konzeptvergleich, T=Test, TT=Top-Test, VT=Vergleichstest;
Nachbestellungen: Telefon 07 11/1 82-12 29

## BJ 1996

Klassisch: analoge Rundinstrumente, dezente Lackierung und feingerippter Vierzylinder mit Druck aus den Drehzahl-Katakomben. Das gefällt der breiten Masse

## 1997

Gegen Aufpreis ist das Modell SA mit ABS erhältlich. Ansonsten ist es bis auf Kleinigkeiten wie eine etwas längere Schwinge baugleich

Die große Bandit,
Typ WV A 9: unter
Gebrauchten ein
Top-Favorit

## MARKTSITUATION

Ältere Modelle (Baujahr 1996/97) des Typs GV 75 A sind trotz Laufleistungen um 40 000 Kilometer bei Bandit-Kennern gefragt, weil
sie durch Umrüstung auf bestimmte legale Nachrüstschalldämpfer
deutlich an Leistung gewinnen. Ansonsten verkauft sich die erste
Bandit nur in gepflegtem Originalzustand oder zum Dumping-Preis.
Beliebter ist der nachfolgende Typ WV A 9, und davon insbesondere
die S-Variante. Scheckheftgepflegte Fahrzeuge mit Laufleistungen
um 15 000 Kilometer finden meist umgehend einen neuen Besitzer,
der sich nach Alternativen zum Neumaschinenkauf umschaut. Ab
4500 Euro gibt's übrigens schon top gepflegte 2006er-Modele mit
wenig Kilometern auf der Uhr.

| Modell | Bauzeit | Verkauf |
|---|---|---|
| GV 75 A | 1996–2000 | 18 421 |
| WV A 9 | 2001–2005 | 19 811 |
| WV CB | 2006 | 2300 |

| Baujahr | km-Stand | Preis in Euro |
|---|---|---|
| 1996–1998 | über 40 000 | 1600–2500 |
| | um 30 000 | 2300–3000 |
| 1999–2000 | um 40 000 | 2500–3200 |
| | um 25 000 | 3000–3500 |
| 2001–2006 | um 15 000 | 3200–4000 |
| | um 10 000 | 3500–4500 |
| | unter 10 000 | 4200–5000 |

## KURZCHECK

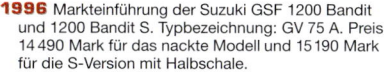

| | − | + |
|---|---|---|
| Verarbeitung | | |
| Zuverlässigkeit | | |
| Fahrverhalten | | |
| Fahrleistungen | | |
| Komfort | | |
| Wertstabilität | | |
| Gebrauchtangebot | | |

2001

Die nächste Generation:
Typ WV A 9 mit einigen Moder-
nisierungsmaßen wie neuen
Bremsen und Vergasern. Tank,
Sitzbank, Cockpit und Verkleidung wurden neu gestylt. Eine
geänderte Rahmengeometrie
vermittelt der ohnehin flinken
1200er noch mehr Handlichkeit

## MODELLPFLEGE

**1996** Markteinführung der Suzuki GSF 1200 Bandit
und 1200 Bandit S. Typbezeichnung: GV 75 A. Preis:
14 490 Mark für das nackte Modell und 15 190 Mark
für die S-Version mit Halbschale.

**1997** Zusätzlich wird das Modell GSF 1200 SA
mit ABS, längerer Schwinge, modifizierten Rädern
und einer größeren Bremsscheibe angeboten.
Preis für die SA: 16 690 Mark.

**2001** Umfassende Modellpflege: Beim Typ WV A 9
sind Tank, Sitzbank, Cockpit und Verkleidungsteile neu
gestylt. Der Motor erhält neue Vergaser, modifizierte
Nockenwellen sowie einen größeren Ölkühler und ein
neu programmiertes Kennfeld für die Zündung. Dazu
kommen Modifikationen am Fahrwerk: geändertes
Rahmenlayout zugunsten eines besseren Handlings,
Gabelfedern mit höherer Federrate sowie ein Federbein
mit stärkerer Dämpfung. Außerdem ersetzen Sechs- die
bisherigen Vierkolben-Bremssättel. Preis: 15 990 Mark.
Die S-Version erhielt außerdem eine größere Verkleidung
und kostet 16 990 Mark.

## TECHNIK

### DATEN
(Typ WV A 9, Modelljahr 2004)

■ **Motor**
Luft-/ölgekühlter Vierzylinder-Viertakt-Reihenmotor, zwei oben liegende, kettengetriebene Nockenwellen, vier Ventile pro Zylinder, Schlepphebel, Nasssumpfschmierung, Gleichdruck-vergaser, Ø 36 mm, ungeregelter Katalysator und Sekundärluftsystem, Lichtmaschine 550 Watt, Batterie 12 V/10 Ah, hydraulisch betätigte Mehr-scheiben-Ölbadkupplung, Fünfganggetriebe, O-Ring-Kette.

| | |
|---|---|
| Bohrung x Hub | 79,0 x 59,0 mm |
| Hubraum | 1157 cm³ |
| Verdichtungsverhältnis | 9,5:1 |

**Nennleistung**
72 kW (98 PS) bei 8500/min
**Max. Drehmoment**
92 Nm bei 6500/min

■ **Fahrwerk**
Doppelschleifenrahmen aus Stahl, Telegabel, Ø 43 mm, Zweiarmschwinge aus Aluminium, Zentralfederbein mit Hebelsystem, verstellbare Federbasis und Zugstufendämpfung, Doppelscheibenbremse vorn, Ø 310 mm, Sechskolben-Festsättel, Scheibenbremse hinten, Ø 240 mm, Zweikolben-Festsattel.

| | |
|---|---|
| Alu-Gussräder | 3.50 x 17; 5.50 x 17 |
| Reifen | 120/70 ZR 17, 180/55 ZR 17 |

■ **Maße und Gewichte**
Radstand 1430 mm, Lenkkopfwinkel 64,4 Grad, Nachlauf 104 mm, Federweg v/h 130/125 mm, Sitzhöhe* 810 mm, Gewicht vollgetankt* 246 kg, Zuladung* 208 kg, Tankinhalt/Reserve 20/3 Liter.

*MOTORRAD-Messungen

### MESSUNGEN
(MOTORRAD 11/2004)

■ **Fahrleistungen**

| | |
|---|---|
| Höchstgeschwindigkeit | 230 km/h |

**Beschleunigung**

| | |
|---|---|
| 0–100 km/h | 3,3 sek |
| 0–140 km/h | 5,7 sek |

**Durchzug**

| | |
|---|---|
| 60–100 km/h | 4,3 sek |

■ **Verbrauch** Normalbenzin

| | |
|---|---|
| (bei 100 km/h) | 5,1 l/100 km |
| (bei 130 km/h) | 5,4 l/100 km |

**BJ** **2004**

**2005**

**Ruhig Blut: Ein größerer Ölkühler soll besser vor Überhitzung schützen.**

Touring for two: ideal mit der halbverschalten Bandit 1200 S

**Behutsame Modellpflegemaß-nahmen wie eine automatische, batterieschonende Lichtabschaltung beim Starten verbessern das Motorrad Stück für Stück**

## BESICHTIGUNG

Die 1200er-Bandit hat in ihrer elfjährigen Bauzeit – 2007 wurde sie durch das moderne Einspritzmodell Bandit 1250 ersetzt – einen guten Ruf als zuverlässige Maschine erlangt. Der **robuste Vierzylinder** erreicht bei ordentlicher Wartung auch sechsstellige Laufleistungen. Dennoch ist Obacht geboten, da einige Fahrer die kraftstrotzende Maschine mit Wheelie-Einlagen, heftigen Ampelstarts oder bei sonstigen Drehzahlorgien malträtiert haben. Daher bei Fahrzeugen mit hoher Kilometerleistung bei der Probefahrt auf mechanische Geräusche achten. Außerdem gibt es vereinzelt bei **2001er-Modellen Schwierigkeiten mit den Kolben,** die sich durch hohen Ölverbrauch und im Extremfall durch Klappergeräusche äußern. Die meisten betroffenen Motorräder wurden zwar längst als Garantiefall kuriert, doch bei Exemplaren mit weniger als 10 000 Kilometer auf der Uhr wurde das Problem unter Umständen noch nicht behoben. Generell lohnt eine **Prüfung des Lenkkopflagers.** Selbst bei normaler Beanspruchung hält dieses stressgeplagte Bauteil an der Bandit oftmals nur rund 20 000 Kilometer. Viele GSF sind mit Anbauteilen aus dem Zubehörhandel wie Auspuff oder Lenker bestückt – darauf achten, dass die **Fremdprodukte zugelassen sind.**

## INTERNET

**www.banditforum.de**
**Umfangreiches Fan-Forum**

**www.bandit-treff.de**
**Hoher Info-Gehalt**

**www.1200bandit.de**
**Übersichtliche Liste mit Schraubertipps**

**www.motorradonline.de**
**Forum mit Markentreff, Kleinanzeigen, Tests**

**Die unverkleidete Version steht als attraktive Nackte bei spaßorientierten Motorradpuristen hoch im Kurs**

## 2006

**Der Typ WV CB führt die Erfolgsgeschichte fort. Anachronistisch: Choke und Vergaser. Für manchen zu futuristisch: Digitaltacho**

## MODELLPFLEGE

**2004** Für die Erfüllung der Euro-2-Norm sorgen ein ungeregelter Kat und ein neues Steuergerät der Zündung. Das Leergewicht des 7850 Euro teuren 1200er (S-Variante: 8130 Euro ohne Nebenkosten) erhöht sich um ein Kilogramm.

**2005** Der Scheinwerfer wird beim Drücken des Starterknopfes automatisch ausgeschaltet, um die Batterie beim Startvorgang zu entlasten. Sondermodell GSF 1200 Bandit Z/SZ mit blau-weißer Speziallackierung.

**2006** Der neue Typ WV CB mit geändertem, an die Bandit 650 angelehntem Design ist nur noch mit ABS erhältlich. Schwinge verstärkt und 45 Millimeter länger, Radstand 1480 statt bisher 1430 Millimeter. Der Federweg hinten wächst von 125 auf 136 Millimeter. Bremsanlage mit Vier- statt bisher Sechskolben-Festsätteln vorn, hinten Einkolben-Schwimmsattel statt Zweikolben-Festsattel. Neue Räder, Vorder- und Hinterradachsen mit größerem Durchmesser. Die Sitzbank ist 30 Millimeter schmaler, bei der Sitzhöhe stehen zwei Stufen zur Wahl: 785 oder 805 Millimeter. Neu gestaltete Instrumente mit Digital-Tachometer. Preis für das letzte 1200er-Modell: 7850 Euro (S-Version 8150 Euro).

# SUZUKI

**Sehr viel Motorrad für eher wenig Geld – das gilt bereits für neue 1250er-Bandits und erst recht beim Gebrauchtkauf. Die Wuchtbrumme unter der Lupe.**

# BANDIT 1250/S

Von Klaus Herder; Fotos: Gargolov, jkuenstle.de, Hersteller

**E**lf Jahre nach dem Karrierestart der Bandit 1200 war Schluss mit der Vergaserherrlichkeit, den damit verbundenen Kaltstartproblemen und dem luftgekühlten Zylinder-Feinripp; denn 2007 zwang die Euro-3-Abgasnorm Suzuki zur Modellpflege. Wie praktisch, dass man mit dem 1200er-Zwischenmodell von 2006 bereits die passenden Rahmenbedingungen geschaffen hatte. So bedurfte es „nur" noch eines komplett neuen Motors: eingespritzt, sechs- statt fünfganggetrieben, flüssigkeitsgekühlt – und folglich ohne die Bandit-typischen Kühlrippen. Die Kundschaft nahm den Rippenverlust nicht übel und sorgte weiterhin dafür, dass die Dicke, die bei der Aktion zehn Kilo zugelegt hatte, weiterhin der absolute Bestseller im Suzuki-Programm blieb. Stand Ende 2010: Platz eins in der internen Suzuki-Wertung, Platz zwei (hinter der BMW R 1200 GS) in den markenübergreifenden Top Ten der Zulassungshitparade. Für die Kundentreue gab und gibt es sehr gute Gründe. Neben dem immer noch hervorragenden Preis-Leistungs-Verhältnis ist das vor allem der famose Motor, der dank fünf Millimetern mehr Hub von 1157 auf 1255 cm³ zulegte und damit in Sachen Leistungs- und Drehmomentkurve für Tränen der Rührung sorgt. Konkret: Zwischen 3000 und 7000/min wuchtet der Viererpack nie weniger als 100 Nm auf die Kurbelwelle. In der Praxis sorgt das für eine unglaubliche Lässigkeit, denn die 1250er kann einfach immer. Das im Vergleich zur Vorgängerin viel straffere und direktere Fahrwerk erlaubt es, dass der enorme Bums auch kontrolliert auf die Straße kommt, und das serienmäßige ABS fängt die Fuhre wieder sicher ein. Die halbverschalte S-Version ist seit jeher beliebter als das Nacktmodell, bekommt jetzt aber mit der flotter verschalten GSX 1250 F Konkurrenz aus dem eigenen Haus. ■

www.motorradonline.de/suzuki

**Vekehrte Welt: Die GSF1250SA (links) spielt im wirklichen Leben eine viel größere Rolle als die nackte GSF1250A (oben)**

---

## Details

**Wilder Stilmix: analoger Drehzahlmesser, digitaler Tacho – richtig hübsch ist irgendwie anders. Das S-Modell ist auch noch 2012 damit unterwegs**

**Licht und Schatten: Das serienmäßige ABS (erkennbar am Sensor-Radkranz) arbeitet gut; die Dosierbarkeit ist aber mäßig, ein klarer Druckpunkt fehlt**

**Liebe zum Detail: Hauptständer, Alu-Schwinge und -Kettenschutz – alles ab Werk nett gemacht. Nicht so nett ist aber die Erstbereifung Dunlop D 218**

**Geht gar nicht: Der serienmäßige Auspufftopf sieht langweilig aus und klingt auch so. Ein Großteil der Bandit-Besitzer montiert (günstige) Nachrüstteile**

## Besichtigung

Die Bandit 1250/S steht auf Platz vier der MOTORRAD-Dauertest-Bestenliste – viel besser geht's nicht und verrät eigentlich schon alles über die mechanische Zuverlässigkeit des Reihenvierers. **50 000 pannenfreie Kilometer,** ein ausgefallenes Tachodisplay und eine streikende Leerlaufanzeige (beides Opfer durch Wasser und Streusalz korrodierter Steckverbindungen) als einzige Mängel – mehr gab es nicht zu berichten. Der Bandit-Besichtiger kann sich also getrost auf die klassischen Prüfpunkte (z. B. Unfallschäden) und auf Kleinigkeiten konzentrieren. Dazu gehört die eher durchwachsene Lackqualität. Kein typisches Suzuki-Problem, aber im Zeitalter „umweltfreundlicher" (nämlich wasserlöslicher) Lacke bei vielen neueren Motorrädern ein Thema. Tank und Rahmenrohre sind besonders gefährdet. Die besagten durch mangelhaft gegen Feuchtigkeit geschütze Steckkontakte bedingten Elektrolurche können ebenfalls auftreten – daher alle Verbraucher und Anzeigen genau prüfen. Bandit-Eigner lieben Tourenzubehör, z. B. Kettenöler. Nette Sache, aber keinen Aufpreis wert. Viel wichtiger: Ist noch die miese Erstbereifung montiert?

## Marktsituation

**Über 80 Prozent halbverschalte Banditen** – diese Zulassungszahlen zeigen eindeutig, wie sich der 1250er-Markt aufteilt. Entsprechend sieht das Gebrauchtangebot aus, doch aus den 200 bis 400 Euro Neupreisdifferenz werden bei Secondhand-Bandits ganz schnell 400 bis 800 Euro. Das S-Modell wird also bei vergleichbarem Alter und ähnlicher Kilometerleistung deutlich teurer gehandelt. Die Erstkäufer von S-Modellen sind tendenziell etwas älter (fast immer Ü40) als die Käufer des Basismodells

| Preisniveau in Euro | | Baujahre | Km-Stand |
|---|---|---|---|
| Niedrig | 4500–5900 | 2007–2009 | 12 000–40 000 |
| Mittel | 6000–6800 | 2007–2011 | 5000–12 000 |
| Hoch | 6900–7700 | 2009–2012 | 500–5000 |
| Typ | | im Programm | Zulassungen |
| GSF1250A/SA | | ab 2007 | ca.11 500 |

und bringen es auch auf eine höhere Kilometerleistung. Der Umbauwille hält sich – ganz im Gegensatz zur 1200er-Kundschaft – in sehr engen Grenzen: Zubehörendtopf (einfacher Wechsel, da Kat und Lambda-Sonde vorm Flansch sitzen; bevorzugt von Hurric, Laser oder Shark), Superbike-Lenker (sehr oft von LSL) und natürlich besserer Windschutz (MRA Variotouringscreen oder das entsprechende Suzuki-Originalteil) – mehr wird kaum umgebaut. Unter 5000 Euro geht nur selten etwas; über 7000 Euro wird die Luft für Verkäufer sehr knapp.

▶ **Verfügbarkeit am Markt: sehr hoch**

### Tests in MOTORRAD

3/2007 (T), 4/2007 (VT), 7/2007 (VT), 10/2007 (VT), 8/2008 (VT), 10/2008 (LT), 14/2008 (VT), 2/2009 (LT), 20/2009 (VT), 11/2010 (VT), 15/2010 (T); Zubehör: 16/2007 (Windschutzscheiben), 13/2009 (Tourensportreifen), 18/2009 (Auspuffanlagen)

T=Test
VT=Vergleichstest
LT=Langstreckentest
Nachbestellungen unter Telefon 0711/182-1229

### Internet

**Fansites:** www.banditforum.de; www.bandit-treff.de; www.hamburg-bandits.de (stellvertretend für regionale Stammtische, ggf. über Links weiterklicken); www.motorrad-vater.de (Tuning)

**Gebrauchtangebote:** http://markt.motorradonline.de/bike2613.htm

## Daten   (Typ GSF1250A; Modelljahr 2007)

### MOTOR

Wassergekühlter Vierzylinder-Viertakt-Reihenmotor, zwei obenliegende, kettengetriebene Nockenwellen, vier Ventile pro Zylinder, Nasssumpfschmierung, Einspritzung, geregelter Katalysator mit Sekundärluftsystem, hydraulisch betätigte Mehrscheiben-Ölbadkupplung, Sechsganggetriebe, O-Ring-Kette.

Bohrung x Hub           79,0 x 64,0 mm
Hubraum                 1255 cm$^3$
**Nennleistung**
                        72 kW (98 PS) bei 7500/min
**Max. Drehmoment**
                        108 Nm bei 3700/min

### FAHRWERK

Doppelschleifenrahmen aus Stahl, Telegabel, verstellbare Federbasis, Zweiarmschwinge aus Aluminium, Zentralfederbein mit Hebelsystem, verstellbare Federbasis und Zugstufendämpfung, Doppelscheibenbremse vorn, Scheibenbremse hinten, ABS.
Alu-Gussräder             3.50 x 17; 5.50 x 17
Reifen                    120/70 ZR 17; 180/55 ZR 17

### MASSE+GEWICHTE

Radstand 1485 mm, Lenkkopfwinkel 64,7 Grad, Nachlauf 104 mm, Federweg v/h 130/136 mm, Sitzhöhe* 800–820 mm, Gewicht vollgetankt* 253 kg, Zuladung* 222 kg, Tankinhalt 19 Liter.

### MESSUNGEN

(MOTORRAD 10/2007)
**Höchstgeschwindigkeit**\*\*          225 km/h
**Beschleunigung**
0–100 km/h                              3,2 sek
**Durchzug**
60–140 km/h                             7,9 sek
Verbrauch        5,4 l/100 km (Landstraße)

*MOTORRAD-Messungen; **Herstellerangabe

## Modellpflege

**2007** Erstes Modelljahr. Zulassungen in D: 255/2274 (GSF1250A/GSF1250SA). **Farben: Schwarz, Rot, Blau. Preise: 8435 Euro bzw. 8735 Euro (S-Version).**

**2008** Keine Änderungen. Zulassungen in D: 262/2222. **Farben: Schwarz, Rot, Blau, Grau. Preise: 8490/8790 Euro.**

**2009** Keine Änderungen. Zulassungen in D: 240/1542. **Farben wie 2008. Preise: 8890/9190 Euro**

**2010** GSF1250A: Öl- und Benzinpumpe, Kupplung, Schalthebel, Ritzelabdeckung leicht geändert; Kühlerabdeckung Kunststoff statt Alu; Auspuffblende oval statt rund; Soziusrasten weiter vorn und höher; Scheinwerfer und Instrumente neu; schlankere Heckverkleidung; schmaleres Rücklicht; neue Blinker. S-Version unverändert. Zulassungen in D: 246/2182. **Farben: Schwarz, Grau, Hellgrau. Preise: 9190/9390 Euro.**

**2011** Regler; Nockenwellenzahnräder, Zündspulen, Befestigung ABS-Sensor am Vorderrad, Federbein, Zündschloss, Kühlerblenden leicht geändert; **Preise: 9190 (Modell 2010)/9590 Euro.**

**2010 neu: Instrumente, Cockpit und Heck der Nackten**

**Schon immer gut: Den variablen Fahrersitz übernahm die 1250er vom Vorgängermodell. 800 bzw. 820 mm Sitzhöhe passen eigentlich jedem**

# SUZUKI
# GSX 1300 R HAYABUSA

**Vor zwölf Jahren war sie der Bürgerschreck und erhitzte mit Tempo 300 die Gemüter. Heute genießt sie als seriöses Tourenbike einen einwandfreien Leumund. Wie ist es um ihren Ruf als Gebrauchte bestellt?**

Von Jörg Lohse; Fotos: fact (4), Jahn, Hersteller

**W**er in alten MOTORRAD-Heften gräbt, wird nach der Lektüre von Heft 15/2000 den Kauf einer gebrauchten Hayabusa vielleicht vorschnell zu den Akten legen: „Langstreckentest. Nur knapp 50 000 Kilometer schaffte die Suzuki GSX 1300 R Hayabusa." Vernichtender kann kein Urteil ausfallen. Japans Überschallrakete, bei Erscheinen (1999) in der Sensationspresse als Selbstmordwaffe gegeißelt, richtet sich im 50 000-Kilometertest von MOTORRAD selbst. 3643 Kilometer vor Dauertestende – ein Job, der bei der möglichen Topspeed von 300 km/h theoretisch in zwölf Stunden erledigt gewesen wäre – bricht die Feder des Steuerkettenspanners. Die Folge: Aufgesprengte Ventilführungen, verbogene Einlassventile, ein kapitaler Motorschaden. Und nicht der erste bei dem Dauertest-Bike. Der gleiche Defekt trat zum ersten Mal bei Kilometerstand 24 295 auf und erforderte den Austausch des Zylinderkopfs.

Mittlerweile darf man das Versagen getrost unter Kinderkrankheit verbuchen. Suzuki reagierte schnell und lies die problembehafteten Spanner austauschen. Zwölf Jahre hat die Hayabusa auf dem Buckel, laut KBA-Statistik sind über 4500 Stück in Deutschland unterwegs. Die meisten problemlos, so jedenfalls die Meinung von Werkstätten und vieler User im Fanforum.

Die erste große Überarbeitung erfolgte erst zum Modelljahr 2008, bis dahin beließ man es bei geringfügigen Modifikationen – wenngleich die Drosselung auf 295 km/h in der Szene heftig diskutiert wurde. Geschätzt wird das Speedbike allerdings viel mehr von Tourenfreunden, die das souveräne Cruisen mit ihrem japanischen Jagdfalken schätzen: bärenstarke Fahrleistungen bei schaltfauler Fahrweise, dazu ein harmonisch abgestimmtes Fahrwerk und im Landstraßenmodus beachtliche Reichweiten von über 400 Kilometern.

Bleibt zum Schluss eine Kaufempfehlung mit Einschränkungen: Stimmt der Pflegezustand, bekommt man bereits um 4000 Euro ein erwachsenes Motorrad für alle Tage, das auf Jahre ein zuverlässiger Partner werden kann. Sofern man bei Touren auf den Partner verzichtet; denn der Soziusplatz ist ein Trennungsgrund.

**Tests in MOTORRAD**
06/1999 (T), 08/1999 (VT), 09/2000 (VT), 15/2000 (LT), 22/2000 (KV), 19/2002 (GK), 06/2004 (PT, Verkleidungsscheiben), 12/2006 (VT), 12/2007 (KV), 21/2007 (TT), 22/2007 (VT)16/2008 (AM)

AM = Alpenmasters; GK = Gebrauchtkauf; KV = Konzeptvergleich; LT = Langstreckentest; T = Test; TT = Top-Test; PT = Produkttest; VT = Vergleichstest; Nachbestellungen unter Telefon 0711/182-1229

## Details

**Die Nase im Wind.** Bei der Formengebung zielte alles auf eine optimale Aerodynamik. In der Praxis stört die zu flach angestellte Verkleidungsscheibe

Unter dem Kamelhöcker verbirgt sich ein äußerst unkomfortabler Soziusplatz. Der Haltegriff dazu muss extra montiert werden

Der digitale Einfluss ist selbst bei der 2006er-Hayabusa verhalten. Die Cockpit-Landschaft wird beherrscht von schlecht ablesbaren Rundinstrumenten

**Wie auf Schienen:** Die Alu-Schwinge ist mit einem Oberzug verstärkt. Das bringt beim Highspeeden auf der Bahn ausreichend Stabilität

In der Hayabusa I soll eine Sechskolben-Bremsanlage für ausreichend Verzögerung sorgen, ab 2008 sind es Vierkolben-Sättel. Bis heute fehlt das ABS

## Besichtigung

Jagd- oder Wanderfalke? Bei der Begutachtung sollte man genau prüfen, ob das angebotene Bike zum Reisen oder Rasen diente. **Vorsicht bei Angeboten mit stark rupfender Kupplung oder spürbarem Spiel im Antriebsstrang und Lenkkopflager.** Hier stand die fette Drehmomentausbeute zu oft im Vordergrund. Weiteres Indiz für häufige Temposünden: eine heruntergerittene Bremsanlage, erkennbar an pulsierenden Bremshebeln bei langsamer Fahrt und leichter Verzögerung. Dann haben sich durch zahlreiche Vollbremsungen an hohen Geschwindigkeiten die Bremsscheiben verzogen. Lassen sich die Gänge nur mühevoll einlegen? Ursache können verschlissene Schaltklauen sein. Finger weg, hier droht

eine teure Reparatur. Ein Blick unter die Verkleidung lohnt allemal: Zum einen, um zu prüfen, ob sich unter und in der Schale verräterische Sturz- oder Unfallspuren verbergen. Zum anderen, um den Motor auf Öl- und Kühlflüssigkeits-Undichtigkeiten zu prüfen. Auch die Radlager und Gabelsimmerringe sollten auf ihren einwandfreien Zustand kontrolliert werden. Kenner haben ihre Suzuki sinnvoll optimiert: Dazu zählen ein tourentaugliches Vario-Windschild von MRA, ein höherer LSL-Lenker, ein fein ansprechendes Öhlins-Federbein und auch Öhlins-Gabelfedern. Sensible Naturen schwören zudem auf Bremsscheiben und Sinterbeläge von Lucas sowie die roten, verstärkten Polymer-Ruckdämpfer am Kettenblattaufnehmer.

## Marktsituation

Grundsätzlich, so berichten Händler im Bundesgebiet, ist die Hayabusa ein gefragtes Modell. Im Regelfall stehen in Zahlung genommene Exemplare nicht lange. Ein wichtiges Kriterium ist der Kilometerstand. Modelle mit über 40 000 Kilometern lassen sich nur zäh verkaufen. Die Preise für den Jagdfalken beginnen bei rund 4000 Euro für die ersten Baujahre bis 2002 und Tachoständen von über 50 000 Kilometern. **Ein Großteil der Angebote bewegt sich zwischen 5000 und 7000 Euro** bei einer Laufleistung von 25 000 bis 40 000 Kilometern. Die Hayabusa II spielt als Gebrauchte noch keine wichtige Rolle. Grund: Viele Besitzer der ersten Hayabusa sind erst vor kurzem auf die zweite umgestiegen. ▸ **Verfügbarkeit am Markt: hoch**

| Preisniveau in Euro | | Baujahre | km-Stand |
|---|---|---|---|
| **Niedrig** | 3500–4500 | 1999–2001 | 30 000–70 000 |
| **Mittel** | 4500–6900 | 2002–2007 | 25 000–40 000 |
| **Hoch** | 7000–9000 | ab 2007 | unter 20 000 |
| **Baujahre** | | **Typ** | **Verkäufe\*** |
| **1999–2007** | | WVA1 | 8503 |
| **ab 2008** | | WVCK | rund 2500 |

\* Datenbank des Herstellers unterscheidet nicht nach Typen. Möglich ist, dass noch Restbestände des Typs WVA1 den Verkaufszahlen ab 2008 zugeschlagen werden

## Daten  (Typ WVA1, Modelljahr 2006)

### MOTOR

Wassergekühlter Vierzylinder-Viertakt-Reihenmotor, zwei obenliegende, kettengetriebene Nockenwellen, vier Ventile pro Zylinder, Tassenstößel, Nasssumpfschmierung, Einspritzung, Ø 46 mm, geregelter Katalysator mit Sekundärluftsystem, hydraulisch betätigte Mehrscheiben-Ölbadkupplung, Sechsganggetriebe, O-Ring-Kette.

| | |
|---|---|
| Bohrung x Hub | 81 x 63 mm |
| Hubraum | 1299 cm³ |
| Verdichtungsverhältnis | 11:1 |
| **Nennleistung** | **129 kW (175 PS) bei 9800/min** |
| **Max. Drehmoment** | **138 Nm bei 7000/min** |

### FAHRWERK

Brückenrahmen aus Aluminium, Upside-down-Gabel, Ø 43 mm, verstellbare Federbasis, Zug- und Druckstufendämpfung, Zweiarmschwinge mit Oberzügen aus Aluminium, Zentralfederbein mit Hebelsystem, verstellbare Federbasis, Zug- und Druckstufendämpfung, Doppelscheibenbremse vorn, Ø 320 mm, Sechskolben-Festsättel, Scheibenbremse hinten, Ø 240 mm, Zweikolben-Festsattel.

| | |
|---|---|
| Alu-Gussräder | 3.50 x 17; 6.00 x 17 |
| Reifen | 120/70 ZR 17; 190/50 ZR 17 |

### MAßE+GEWICHTE

Radstand 1485 mm, Lenkkopfwinkel 65,8 Grad, Nachlauf 97 mm, Federweg v/h 120/140 mm, Sitzhöhe\* 820 mm, Gewicht vollgetankt\* 251 kg, Zuladung\* 179 kg, Tankinhalt 21 Liter.

### MESSUNGEN

(MOTORRAD 12/2006)

| | |
|---|---|
| Höchstgeschwindigkeit\*\* | 298 km/h |
| **Beschleunigung** | |
| 0–100 km/h\* | 3,0 sek |
| **Durchzug** | |
| 60–120 km/h\* | 7,8 sek |
| **Verbrauch\*** | 5,0 l/100 km Landstraße |

\*MOTORRAD-Messungen; \*\*Herstellerangabe

**Internet**
**Gebrauchtbikes,**
**Teile und Zubehör für die Suzuki Hayabusa:**
http://markt.motorradonline.de/bike26.htm
**Fansite:** http://www.hayabusa.de (Registrierung erforderlich)

## Modellpflege

**1999** Markteinführung mit 175 PS Spitzenleistung bei 9800/min und 300 km/h Spitze. Preis: 21620 Mark (11 054 Euro).

**2000** Der Einbau härterer Kupplungsfedern soll Probleme mit der teils stark rupfenden Kupplung beseitigen, Motorentlüftung geringfügig geändert. Preis: 23 490 Mark (11 872 Euro).

**2001** Im Zuge der freiwilligen Selbstbeschränkung der Hersteller wird die Hayabusa bei Tempo 295 durch Drehzahlbegrenzung im sechsten Gang abgeregelt. Neue Instrumenteneinheit mit Digitaltacho. Neue Benzinpumpe in neuer Lage, Tankinhalt sinkt von 22 auf 21 Liter, Rahmenheck aus Stahl (vorher Alu). Preis: 24 320 Mark (12 573 Euro).

**2002** Geregelter Katalysator mit Sekundärluftsystem ersetzt die Abgasreinigung aus U-Kat plus Sekundärluftsystem und macht die Hayabusa Euro-2-fit. Neue Währung, neuer Preis: 12 810 Euro.

**2003** Dauerfahrlicht plus Warnblinkanlage.

**2004** Klarglasblinker vorn und hinten.

**2007** In Deutschland nur als Sondermodell GSX 1300 RZ in schwarz erhältlich, Preis: 13 140 Euro.

**2008** Stark überarbeitetes Modell mit neuer Form und neuem Namen: Hayabusa 1300. Motor legt um 41 cm³ Hubraum (nun 1340 cm³) und 22 PS Spitzenleistung zu (nun 197 PS bei 9500/min). Radial montierte Vierkolben-Festsattelbremsen ersetzen die Sechskolben-Zangen der Hayabusa I.

Leergewicht steigt von 251 auf 260 Kilo, Motorsteuereinheit mit drei frei wählbaren Leistungscharakteristiken, G-Kat erfüllt Euro-3-Norm. Spitzentempo bleibt limitiert auf 295 km/h. Preis: 13 590 Euro.

**Rückrufe**

**1999** Austausch des Steuerkettenspanners wegen Bruchgefahr der Feder (Fahrgestellnummern JS1A1111200100071 bis JS1A1111200101126). Rückruf gilt als abgeschlossen. Ebenfalls vom Austausch betroffen: Kraftstoffhahn sowie -filter zwecks Verbesserung der Gasannahme.

**2008** Überprüfung der Zündschloss-Kabelverlegung.

# SUZUKI
# GSX 1400

„Wir können auch anders!", sagte sich Suzuki Mitte 2001. Nämlich richtig Nische, richtig wertig und gar nicht mal so richtig günstig. Heraus kam eine herrliche Wuchtbrumme.

**D**ie Welt der hubraumstarken japanischen Unverkleideten war bis zum Sommer 2001 klar gegliedert: Yamaha gab mit der XJR 1300 den Platzhirsch, Honda mühte sich (meist vergeblich) mit der technokratischen X-Eleven, und Suzuki machte mit der 1200er-Bandit sehr erfolgreich auf Billigheimer. Kawasaki war mit der ZRX 1200 neu im Geschäft, schaffte aber nur mit der halbverschalten S-Version richtige Stückzahlen. Tja, und dann passierte etwas, was man dem vermeintlichen Discounter Suzuki kaum zugetraut hatte: Die GSX 1400 zeigte der versammelten Konkurrenz sehr eindrucksvoll, dass auf dem Platz nur eins zählt: Drehmoment! Ganz viel Drehmoment, am liebsten zwischen 2500 und 6000/min immer so um die 120 Nm. Dafür sorgte nicht etwa ein aufgeblasener Bandit-Motor, sondern eine bildschöne, von einer Einspritzanlage recht großzügig mit Normalbenzin versorgte Neukonstruktion. Die eher durchschnittlichen 106 PS interessierten da kaum noch. Entscheidender war diese perfekte Gasannahme, dieser für ein ganz breites Grinsen sorgende Gummiband-Effekt, wenn der Fahrer alles und jedes im (eigentlich viel zu lang übersetzten) letzten Gang erledigen konnte. Dazu gab es eine piekfeine Verarbeitung, sauber abgestimmte Federelemente, sehr gute Sechskolben-Bremsen und zwei hervorragende Sitzplätze. Dieses famose Paket kostete über 1300 Euro mehr als eine 1200er-Bandit und war sogar auch etwas teurer als die direkte Konkurrenz. Vielleicht war das der Grund dafür, dass viele potenzielle Kunden die GSX 1400 gar nicht auf den Schirm bekamen. Doch wer sie jemals fahren durfte, weiß ganz genau, dass sie ihr Geld absolut wert ist.

Von Klaus Herder; Fotos: fact, Hersteller, Archiv

**Tests in MOTORRAD**
14/2001 (TT), 15/2001 (VT), 16/2001 (KV), 11/2002 (VT), 15/2002 (Durchzug-VT), 24/2002 (KV), 9/2003 (VT), 23/2004 (100 PS-VT)

TT=Top-Test, VT=Vergleichstest, KV=Kurzvorstellung
Nachbestellungen unter Telefon 0711/182-1229

## Details

**Druckmaschine:**
5,7 Liter Öl kümmern sich um Schmierung und Kühlung, eine Einspritzanlage um üppigen Spritnachschub

**Hand-/Augenschmeichler:**
Prismen-Kettenspanner und Bremszange mit Momentabstützung an der Alu-Schwinge

**Drehgenehmigung:**
Die Federbeine lassen sich sehr benutzerfreundlich über Stellrädchen justieren, neigten anfangs aber etwas zur Inkontinenz

**Doppelschlag:** Bis einschließlich 2004 wurde mit Hilfe von zwei Töpfen ausgepufft. Hardcore-Fans bevorzugen daher die ersten Modelljahre

**Kanonenrohr:** Ab 2005 gab es nur noch einen Topf – sehr lang, sehr schwer, sehr hässlich. Einziger Vorteil der Modellpflege: Edelstahl-Krümmer

## Besichtigung

Die üppig dimensionierte Mechanik der GSX 1400 wird eigentlich nie richtig gefordert, entsprechend erfreulich ist es um den (Motor-)Verschleiß gebrauchter Exemplare bestellt. Der typische GSX 1400-Vorbesitzer gehört zudem zur Kategorie „gestandener Motorradfahrer", **jugendlicher Übermut ist daher kein Verschleißfaktor.** Die Baujahre 2001 und 2002 hatten vereinzelt mit undichten Federbeinen zu kämpfen, doch Suzuki tauschte sie meist kostenlos aus – das Thema dürfte mittlerweile durch sein. Das Auspuff-Kanonenrohr der Jahrgänge 2005

und 2006 wurde oft gegen ein deutlich hübscheres und leichteres Zubehörteil getauscht, bitte auf entsprechende Zulassung achten. Ein abgefahrener 190er-Hinterradreifen sorgt für eine deutliche Verschlechterung des Fahrverhaltens und kann Bestandteil von Preisgesprächen sein. Wichtig für die Baujahre 2005 und 2006: Hier gab es eine Rückrufaktion. Der „Austausch der Antenneneinheit der Wegfahrsperre" betraf die Fahrgestellnummern 111100112804 bis 111100114964 und 111100114966 bis 111100116476.

## Marktsituation

**Die GSX 1400 ist nicht nur für Suzuki-Verhältnisse sehr preisstabil.** Ihre Besitzer wissen ganz genau, was sie an der „Dicken" haben und trennen sich – wenn überhaupt – nur zu erstaunlich amtlichen Tarifen von ihr. Für unter 4000 Euro sind nur vereinzelt Gebrauchsgurken mit hoher Kilometerleistung zu bekommen. Im Unterschied zur Bandit-Schwester sind nur wenige Radikal-Umbauten im Angebot; die GSX bleibt meist weitgehend original, technische Veränderungen beschränken sich auf Lenker, Blinker und den Auspuff (ab 2005). Kleine Cock-

| Preisniveau in Euro | | Baujahre | Km-Stand |
|---|---|---|---|
| Niedrig | 3200–4300 | 2001–2003 | 25 000–55 000 |
| Mittel | 4500–5500 | 2003–2005 | 10000–35 000 |
| Hoch | 5900–7500 | 2005–2006 | 3000–15 000 |
| Typ | | im Programm | Zulassungen |
| WVBN | | 6/2001–2006 | 5960 |

pitscheiben und Gepäcksysteme sind als Anbauteile ebenfalls beliebt. Das Gros des Angebots ist gut gepflegt, sehr oft aus erster Hand und zwischen 4800 und 5900 Euro angesiedelt. Für fast neuwertige 2005er- und 2006er-Modelle mit unter 5000 Kilometern rufen Händler auch mal über 7000 auf. In dieser Preis-Region wird die Luft schon sehr dünn, aber die Verkäufer-Geduld wird meist belohnt. Die GSX 1400 ist es wert! ▶ **Verfügbarkeit am Markt: mittelhoch**

## Daten (Typ WVBN; Modelljahr 2004)

### MOTOR
Luft-/ölgekühlter Vierzylinder-Viertakt-Reihenmotor, eine Ausgleichswelle, zwei obenliegende, kettengetriebene Nockenwellen, vier Ventile pro Zylinder, Tassenstößel, Nasssumpfschmierung, Einspritzung, ungeregelter Katalysator mit Sekundärluftsystem, hydraulisch betätigte Mehrscheiben-Ölbadkupplung, Sechsganggetriebe, O-Ring-Kette.
Bohrung x Hub            81 x 68 mm
Hubraum                  1402 cm³
**Nennleistung**
**78 kW (106 PS) bei 6800/min**
**Max. Drehmoment**
**126 Nm bei 5000/min**

### FAHRWERK
Doppelschleifenrahmen aus Stahl, Telegabel, Ø 46 mm, Alu-Zweiarmschwinge, zwei Federbeine, jeweils voll einstellbar,

Doppelscheibenbremse vorn, Ø 320 mm, Scheibenbremse hinten, Ø 220 mm.
Alu-Gussräder         3.50 x 17; 6.00 x 17
Reifen            120/70 ZR 17; 190/50 ZR 17

### MAßE+GEWICHTE
Radstand 1520 mm, Lenkkopfwinkel 64 Grad, Nachlauf 105 mm, Federweg v/h 120/130 mm, Sitzhöhe* 800 mm, Gewicht vollgetankt* 260 kg, Zuladung* 200 kg, Tankinhalt 22 Liter.

### MESSUNGEN
(MOTORRAD 23/2004)
Höchstgeschwindigkeit**        225 km/h
**Beschleunigung**
0–100 km/h                        3,2 sek
**Durchzug**
60–140 km/h                       9,2 sek
**Verbrauch**    5,1 l/100 km (Landstraße)

*MOTORRAD-Messungen; **Herstellerangabe

### Internet
Szene: www.gsx-1400.net (sehr gut gemachte Fan-Seiten mit Forum)
**Gebauchte:** http://markt.motorradonline.de (Händler- und Privatangebote)

Handling? Bestens – mit gutem Reifenprofil

## Modellpflege

**2001** Start des Verkaufs im Juni (als Modelljahr 2002). **Preis: 9390 Euro; Zulassungen in D: 1050 Stück.**

**2002** Keine technischen Änderungen. **Zulassungen in D: 1590 Stück.**

**2003** Fahrwerksabstimmung geringfügig geändert; Lichtschalter entfällt wg. Dauerfahrlicht, Warnblinkanlage. **Zulassungen in D: 1133 Stück.**

**2004** Schalldämpfer mit U-Kat (Euro 2), Zündsteuergerät angepasst; Tankeinfüllstutzen geändert; hintere Blinker um 20 mm nach hinten u. 10 mm nach oben versetzt; ein Kilo schwerer.

**Zulassungen in D: 975 Stück.**

**2005** Auspuffanlage neu (Vier-in-zwei-in-eins statt Vier-in-zwei-in-zwei); Hauptständer geändert; Handbremshebel fünf- statt sechsfach verstellbar; elektronische Wegfahrsperre mit Transponder im Zündschlüssel, dafür ECM und obere Gabelbrücke geändert; drei Kilogramm leichter. **Zulassungen in D: 462 Stück.**

**2006** Letztes offizielles Modelljahr in Deutschland. **Zulassungen in D: 435 Stück.** In den folgenden Jahren wurden aber noch Restbestände in Deutschland neu zugelassen.

# SUZUKI
# INTRUDER 1500

**Konservativ, klassisch, mit Kardan – die imposante 1500er-Intruder ist für Langzeitbeziehungen gut gewappnet. Bei nachlässiger Pflege und Wartung ist der Glanz dieser XXL-Grazie allerdings schnell verblichen.**

Von Thorsten Dentges; Fotos: Jahn (3), Suzuki (4)

"Jetzt kommt's dicke", müssen viele Intruder-Fans gedacht haben, als ihnen Suzuki 1998 die neue VL 1500 servierte. 102 Kubik mehr Hubraum (1462 cm³) und vier Pferdchen mehr Leistung (68 PS) gegenüber der kultigen, sehr chopperesken Vorgängerin VS 1400 waren es sicherlich nicht, die seinerzeit imponierten. Eher der megafette 150er-Vorderreifen, versteckt unter mächtigem Kotflügel. Oder die Sitzpolster im Kingsize-Format. Vielleicht auch der enorm lange Radstand von 1700 Millimetern. Was auch immer den Reiz an der Neuen ausmachte, die 1500er-Intruder machte von nun an voll auf Heavy-Cruiser. Und in dieser heiß umkämpften Schwergewichtsklasse auch eine gute Figur, so dass sich die Platzhirsche Harley Fat Boy, Kawasaki VN 1500 Classic und Yamaha Wild Star warm anziehen mussten. Mehr als 6000-mal verkaufte sich die Suzuki in ihren ersten drei Verkaufsjahren – danach reichte es nur noch für mittelmäßige dreistellige Verkäufe. Auch die Umbenennung von VL 1500 LC in C 1500 mitsamt Umstellung von Vergasern auf Einspritzung (um die Euro-2-Norm einzuhalten) verschaffte ab 2005 dem technisch mittlerweile etwas ergrauten Cruiser keine größeren Erfolge mehr. 2007 rollten die letzten Exemplare der Intruder, Typ VL 1500, vom Band. Im Jahr darauf wurden die neuen, deutlich stärkeren Powercruiser C und M 1800 (125 PS) eingeführt, und 2009 komplettierte die 80 PS starke M 1500 das Oberhaus der aktuellen Intruder-Linie. Im Vergleich dazu sehen die geradezu klassisch anmutenden VL-Modelle tatsächlich alt aus, tragen aber bei den Gebrauchtpreisen nicht allzu dick auf und sind deswegen noch immer gut gefragt.

**Internet**
**Fansites:** www.vl1500.de
**Gebrauchtangebote:**
http://markt.motorradonline.de/bike2906.htm

**Tests in MOTORRAD**
4/1998 (T), 10/1998 (VT), 10/1999 (VT), 22/1999 (VT)

T=Test, VT=Vergleichstest; Nachbestellungen unter Telefon 07 11/182-12 29

## Details

Herz und Seele – der Hochglanz-V2 und die stilvolle Auspuffanlage machen ästhetisch was her. Und 68 PS reichen für lässiges Cruisen voll und ganz aus

Formschön in Chrom eingefasst und schön übersichtlich – Tacho und Anzeigenleuchten entsprechen dem Schönheitsideal von Cruiserfans

Bequem sitzen: Die imposanten Sitzpolster sollen zu langen Touren animieren. Bequem pflegen: Der Kardan erübrigt nerviges Kettenschmieren

Pluspunkt: Seit 2002 bremsen vorn zwei Scheiben und Doppelkolbensättel. Zuvor war die mäßige Bremspower des Öfteren bemängelt worden

Neues Modell, alte Zutaten und wie gehabt eine konservative Linienführung. Die C 1500 gab's lediglich zwei Jahre lang, und sie hat sich nur sehr schleppend verkauft

## Besichtigung

Händlerzitat: „Gelb und Rot mit Weiß geht schlecht. VL-Interessenten mögen keine Pommesfarben." Geschmäcker sind zwar bekanntlich verschieden, doch ganz gleich, wie die 1500er koloriert ist, der Lack muss glänzen und sollte unbedingt frei von Kratzern sein. Gleiches gilt für Chromteile. Dazu ein weiteres Händlerzitat: „Käufer wollen am liebsten die volle Hütte, und die muss leuchten." Heißt: Schutzbügel, Deckel und sonstige glänzende Metall-Zierteile sind neben Ledertaschen, Zusatzleuchten oder Windscheiben sehr gefragt. Doch Vorsicht! Insbesondere Chromteile made in China oder den USA zu Ebay-Dumping-Preisen neigen aufgrund mieser Verarbeitung und Werkstoffgüte zur Rostblüte. Ist das Äußere der Maschine jedoch einwandfrei, kann sich der Interessent auf die wenigen technischen Problemzonen konzentrieren. Motor und Kardanantrieb sollten dicht sein, Ölspuren zeugen von mangelhafter Wartung. Und weil eine fehlerhafte Gummi-Aufhängung des Tanks häufig für Stress sorgte (Risse im Tank durch Verspannungen), rief Suzuki alle Modelle von 1998 bis 2006 in die Werkstatt zurück. Besser eine Bescheinigung der durchgeführten Maßnahme vorlegen lassen! Ansonsten gilt die 1500er-Trude als sehr zuverlässig.

## Marktsituation

Die erst ab 2005 angebotene C 1500 ist eine Bestands-Rarität und spielt kaum eine Rolle. Im Fokus der Interessenten steht die VL 1500 LC mit Erstzulassung 1998 bis 2004. Unter 4000 Euro finden sich allerdings meist nur nachlässig gepflegte Exemplare, und diese Schmuddelkinder sind in der Szene ungern gesehen. Hohe Laufleistungen sind ebenfalls ein Minuspunkt, doch auch Laufleistungen jenseits von 50 000 Kilometern sind bei 1a-Pflege okay, wenn es sich um gemütliche Reisekilometer handelt – durchaus keine Seltenheit bei Heavy-Cruisern. Viele vernünftige Angebote liegen zwischen 5000 und 7000 Euro. Ein gutes Angebot etwa wäre: ab Baujahr 2002 (Doppelscheiben-Bremse), zweite Hand und nicht mehr als 20 000 Kilometer, Hochglanz, dunkle Farbe, unter 6000 Euro. Bei Preisen über 7000 Euro sinkt die Nachfrage deutlich. Teure Umbauten, selbst von Profis, lassen sich in der Regel nur mit großen Wertverlusten verkaufen. ▶ Verfügbarkeit am Markt: hoch

| Preisniveau in Euro | | Baujahre | Km-Stand |
|---|---|---|---|
| Niedrig | 4000–5400 | 1998–2001 | über 30 000 |
| Mittel | 5500–6800 | 1998–2004 | 15 000–30 000 |
| Hoch | 6900–8000 | 2002–2007 | bis 15 000 |
| Typ | | im Programm | Verkäufe |
| AL/WVAL | | 1998–2004 | 8907 |
| VL 1500 | | 2005–2007 | 749 |

## Daten (Typ AL; Modelljahr 1998)

### MOTOR

Luft-/ölgekühlter Zweizylinder-Viertakt-45-Grad-V-Motor, drei Ventile pro Zylinder, Nasssumpfschmierung, Vergaser, keine Abgasreinigung, hydraulisch betätigte Mehrscheiben-Ölbadkupplung, Fünfganggetriebe, Kardan.
Bohrung x Hub                96 x 101 mm
Hubraum                          1462 cm³
**Nennleistung**
**50 kW (68 PS) bei 4800/min**
**Max. Drehmoment**
**114 Nm bei 2300/min**

### FAHRWERK

Doppelschleifenrahmen aus Stahl, Telegabel, Zweiarmschwinge aus Stahl, Zentralfederbein mit Hebelsystem, verstellbare Federbasis, Scheibenbremse vorn und hinten.

*MOTORRAD-Messungen

Alu-Gussräder 3.50 x 16; 5.00 x 15, Reifen 150/80 H 16, 180/70 H 15.

### MAßE+GEWICHTE

Radstand 1700 mm, Lenkkopfwinkel 58 Grad, Nachlauf 138 mm, Gewicht vollgetankt* 315 kg, Zuladung* 220 kg, Tankinhalt 15,5 Liter.

### MESSUNGEN

(MOTORRAD 4/1998)
Höchstgeschwindigkeit              168 km/h
**Beschleunigung**
0–100 km/h                            5,7 sek
**Durchzug**
60–120 km/h                          12,4 sek
**Verbrauch**                          Normal
6,6 l/100 km (Landstraße)
8,2 l/100 km (bei 150 km/h)

Country-Roads, take me home – Idealrevier für die 1500er-Trude

## Modellpflege

**1998** Offizielle Markteinführung des Typs AL für **19 090 Mark** (9760 Euro). Die ersten Fahrzeuge wurden schon im Dezember 1997 ausgeliefert.

**2001** Der neue Typ WVAL mit ungeregeltem Kat und Sekundärluftsystem zur Abgasreinigung erfüllt die Euro-1-Norm. Nur noch 67 statt 68 PS.

**2002** Neue Doppelscheiben-Bremsanlage mit größeren Scheibendurchmessern, Doppelkolben-Schwimmsätteln statt eines Zweikolben-Festsattels vorn und Vierkolben- statt Zweikolben-Festsattel hinten. **Preis: 10 845 Euro.**

**2005** Die neue Modellbezeichnung lautet C 1500 (Typ VL 1500), jetzt mit elektronischer Einspritzung (zur Einhaltung der Euro-2-Norm) und neuen Schalldämpfern. Leergewicht steigt von üppigen 317 auf noch üppigere 320 Kilogramm, Lenker um 40 Millimeter flacher und 55 Millimeter breiter, Benzinleuchte entfällt im Cockpit. **Preis unverändert.**

**2007** Design der Lenkerschalter, Kupplungs- und Hauptbremszylinder und -hebel geändert. Letztes Modelljahr des Typs VL 1500 in Deutschland. **Preis: 11 125 Euro.**

# TRIUMPH
# BONNEVILLE

**Sie kam spät, aber noch rechtzeitig, um auf der Retro-Welle mitzuschwimmen. Die Briten hauchten dem großen Namen neues Leben ein und machten alles besser.**

Von Klaus Herder; Fotos: Triumph

**D**er Texaner Johnny Allen hatte 1956 in der Nähe von Bonneville im US-Staat Utah nichts Besseres zu tun, als mit einer 650er-Triumph die 300-km/h-Schallmauer zu knacken. Mit exakt 345,45 km/h donnerte sein mehr an eine Zigarre als an ein Motorrad erinnerndes Gefährt über den örtlichen Salzsee. In einem Akt frühgeschichtlicher Marketing-Cleverness übernahmen die Briten den Tatort-Namen als Modellbezeichnung – fertig war DAS Superbike der 60er-Jahre, die 46 PS starke Triumph Bonneville T120. Die 120 standen für 120 Meilen pro Stunde, also für über 190 km/h. Mit vollem Tempo sauste Triumph 1983 in die Pleite, mit noch mehr Schwung legte 1991 eine neue Mannschaft am neuen Standort mit einem komplett neuen Modellprogramm wieder los. Twins? Am Anfang Fehlanzeige, erst 2001 traute man sich wieder an den luftgekühlten Gleichläufer – und machte bis aufs Gewicht alles besser. Die brutalen Vibrationen des Vorbilds wollten die Ingenieure aber niemandem mehr zumuten und spendierten dem Motor zwei Ausgleichswellen und der Kurbelwelle eine vierfache Gleitlagerung. Resultat: sehr kultivierter Lauf, der für Puristen im unteren und mittleren Drehzahlbereich fast schon zu weichgespült wirkte. Richtig Bums gab's mit dem 790er erst bei recht hohen Drehzahlen. Oder aber beim 865er-Motor, der ab 2005 schrittweise der Twin-Familie spendiert wurde. America und Speedmaster gehören auch zur Sippe und werden bei Gelegenheit gesondert behandelt.

## Modellvarianten

Triumph Bonneville T100

**Es lebe der Baukasten: Die Basis-Bonneville (rechts) bekam mit den Jahren immer mehr Verwandtschaft (links u. unten)**

Triumph Thruxton

Triumph America

Triumph Speedmaster

Triumph Scrambler

## Details

**Bonneville T100 und Thruxton liefern das komplette Informations-Angebot**

**Basis-Bonneville und Scrambler müssen ohne Drehzahlmesser auskommen**

**Der Vollständigkeit halber: Das sehen America- und Speedmaster-Fahrer**

## Besichtigung

Bonneville-Erstkäufer spielen altersmäßig überwiegend in der Ü35-Liga, was den Gebrauchtkäufer freuen kann; denn typische Anfänger- und Heizer-Nachlässigkeiten wie mangelhaftes Warmfahren oder ruinöser Umgang mit der Kupplung sind so gut wie nicht zu befürchten. **Gebrauchte Bonnevilles sind meist überdurchschnittlich gut gepflegt.** Die massive, sich nicht zuletzt im üppigen Kampfgewicht niederschlagende Konstruktion tut ein Übriges dafür, dass gravierende Mechanik-Macken so gut wie nie vorkommen. Nahezu alle Motor-Innereien sind überdimensioniert, da-

her nur mäßig belastet und für ein langes Leben ausgelegt. Gebraucht-Bonnies im Originalzustand benötigen also nur das Standard-Besichtigungsprogramm (Reifen, Kette, Schwingen- und Lenkkopflager etc.). Etwas anders sieht es bei umgebauten Modellen, speziell bei „getunten" Thruxtons aus: Auspuff, Lenker, Fußrasten, Bremsanlage, Luftfilter etc. – das Cafe-Racer-Thema erfordert viel Sachverstand, der bei Umbau-Neulingen nicht immer vorhanden ist. Von den Eintragungen in die Papiere ganz zu schweigen.

## Marktsituation

**Die Kilometerleistung der angebotenen Gebrauchtmaschinen ist meist niedrig.** Nur ganz wenige Secondhand-Bonnevilles haben über 25 000 Kilometer auf der Uhr, das Gros des Angebots bewegt sich deutlich unter 15 000 Kilometern. Im Vergleich zu Wettbewerbsmodellen (z. B. Kawasaki W 650) werden erstaunlich viele Gebraucht-Bonnies von Händlern angeboten. Dort sind auch noch relativ viele Vorführer oder Tageszulassungen mit null Kilometern zu Schnäppchenpreisen zu finden. Die nebenstehenden Zahlen gelten für die „normale" Bonneville (inkl. T100). Von der Thruxton wurden in Deutschland bislang 812 Stück zugelassen, Gebrauchtangebote ab 5000 Euro.

| Preisniveau in Euro | | Baujahre | Km-Stand |
|---|---|---|---|
| **Niedrig** | 3700–4900 | 2001–2003 | 25 000–35 000 |
| **Mittel** | 5000–6200 | 2004–2007 | 5000–15 000 |
| **Hoch** | 6300–7500 | 2007–2009 | 0–5000 |
| **Typ** | | **im Programm** | **Zulassungen** |
| **Bonneville** | | ab 2001 | 2856 |

Der gebrauchte Cafe Racer wird ab 6000 Euro gehandelt, für einen Einspritzer sind mindestens 7000 Euro fällig. Die Scrambler brachte es bislang auf nur 397 Zulassungen und steht sich als Neu- und Gebrauchtmaschine oft die Stollenreifen platt – die Nachfrage ist deutlich geringer als bei den Schwestermodellen. Sehr gute Gebraucht-Scrambler gibt's ab 6000 Euro, Tageszulassungen sind ab 7500 Euro zu haben. ▶ **Verfügbarkeit am Markt: mittel bis hoch**

### Internet

**Fansites:** www.thruxton-forum.de, www.t5net.de, www.triumphrat.net, www.triumphbonnie.com

**Profis:** www.bonneville-shop.de, www.classicbike-raisch.de, www.lsl-motor radtechnik.de, http://markt.motorradonline.de

### Tests in MOTORRAD

**Bonneville:** 20/2000 (FB), 24/2000 (FB), 2/2001 (VT), 10/2001 (VT), 13/2004 (VT), 9/2009 (FB);

**Thruxton:** 7/2004 (FB), 10/2004 (T), 26/2005 (FB), 2/2006 (VT), 10/2008 (T);

**Scrambler:** 8/2006 (FB)

FB = Fahrbericht, T = Test, VT = Vergleichstest; Nachbestellungen Telefon 07 11/182-12 29

## Daten  (Triumph Bonneville; Modelljahr 2001)

### MOTOR

Luftgekühlter Zweizylinder-Viertakt-Reihenmotor, zwei obenliegende, kettengetriebene Nockenwellen, vier Ventile pro Zylinder, Nasssumpfschmierung, zwei Gleichdruckvergaser, Ø 36 mm, ungeregelter Katalysator mit Sekundärluftsystem, E-Starter, mechanisch betätigte Mehrscheiben-Ölbadkupplung, Fünfganggetriebe, X-Ring-Kette.

| | |
|---|---|
| Bohrung x Hub | 86 x 68 mm |
| Hubraum | 790 cm³ |

**Nennleistung**
**44 kW (60 PS) bei 7300/min**
**Max. Drehmoment**
**62 Nm bei 3500/min**

### FAHRWERK

Doppelschleifenrahmen aus Stahlrohr, Telegabel, Standrohrdurchmesser 41 mm, Zweiarmschwinge aus Stahlrohren,

*MOTORRAD-Messungen

zwei Federbeine, verstellbare Federbasis, Scheibenbremse vorn, Ø 310 mm, Doppelkolbensattel, Scheibenbremse hinten, Ø 255 mm.
Drahtspeichenräder   2.50 x 19; 3.50 x 17
Reifen   100/90 HR 19; 130/80 HR 17

### MASSE+GEWICHTE

Radstand 1493 mm, Lenkkopfwinkel 61 Grad, Nachlauf 117 mm, Federweg v/h 120/105 mm, Sitzhöhe* 755 mm, Gewicht vollgetankt* 226 kg, Zuladung* 204 kg, Tankinhalt/Reserve 16/3 Liter.

### MESSUNGEN

(MOTORRAD 2/2001)

| | |
|---|---|
| Höchstgeschwindigkeit | 184 km/h |
| Beschleunigung 0–1000 km/h | 5,0 sek |
| Durchzug 60–140 km/h | 13,6 sek |
| Verbrauch | 4,8 l/100 km (Landstraße) |

## Modellpflege

**2001** Markteinführung Bonneville, Neupreis 14 460 Mark (7393 Euro); Leistungsangabe anfangs 60, später 61 PS, Zulassungen in D: 439 Stück.
**2002** Markteinführung der besser ausgestatteten, ursprünglich nur als Jubiläums-Sondermodell gedachten Bonneville T100 (8360 Euro); Zulassungen Bonneville: 158, T100: 31.
**2003** Zulassungen Bonneville: 100, Bonneville T100: 89.
**2004** Markteinführung des Sparmodells Bonneville Black (7150 Euro) und des Café Racers Thruxton (8360 Euro); Zulassungen Bonneville: 53, Bonneville T100: 60, Bonneville Black:

74, Thruxton: 200.
**2005** Hubraumerhöhung bei der Bonneville T100 von 790 auf 865 cm³, Leistung 68 statt 61 PS; Zulassungen Bonneville: 42, Bonneville T100: 121, Bonneville Black: 71, Thruxton: 156.
**2006** Markteinführung der stollenbereiften Scrambler mit 865 cm³ und 54 PS (8750 Euro); Zulassungen Bonneville: 40, Bonneville T100: 158, Bonneville Black: 65, Thruxton: 101, Scrambler: 92.
**2007** Hubraumerhöhung bei der Bonneville und Bonneville Black von 790 auf 865 cm³, Leistung 68 statt 61 PS; schwarzes Kurbelwellenge-

häuse für Bonneville und Thruxton; Scrambler-Motor komplett schwarz; Zulassungen Bonneville: 41, Bonneville T100: 155, Bonneville Black: 116, Thruxton: 95, Scrambler: 104.
**2008** Für alle Modelle Einspritzanlage „EFI" statt Vergaser, Tank und Embleme neu; Thruxton zusätzlich mit neuem Lenker und verdichtenden Kolben; Zulassungen Bonneville: 58, Bonneville T100: 162, Bonneville Black: 126, Thruxton: 144, Scrambler: 119.
**2009** Markteinführung der besser ausgestatteten Bonneville SE (8890 Euro) und der Jubiläums-Bonneville

T100 50th Anniversary (8990 Euro, weltweit auf 650 Stück limitiert); Bonneville mit Guss- statt Drahtspeichenrädern; Lenker, Sitzbank, Tankdekor und Gehäusedeckel überarbeitet; Bonneville T100 mit neuer Sitzbank, Lenkerbefestigung und Fußrastengummis neu, schwarzes Kurbelwellengehäuse; Bonneville Black entfällt; Zulassungen Bonneville, Bonneville T100, Bonneville SE, Bonneville T100 50th Anniversary: 324, Thruxton: 119, Scrambler: 77.
**2010** Technisch unverändert; Zulassungen Bonneville (alle Varianten): 373, Thruxton: 157, Scrambler: 77.

# TRIUMPH

# SPEED TRIPLE

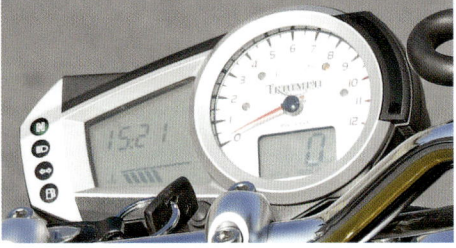

**2005** **TYP 515NJ** Die mittlerweile beliebteste Gebraucht-Speedy leistet 130 PS aus 1050 cm³. Doppelauspuff und Upside-down-Gabel feiern beim 2005er-Modell Premiere. Die Federelemente sind straffer abgestimmt; das Hinterrad trägt wieder 180er- statt 190er-Gummi

**Der Rottweiler unter den Motorrädern ist ein grandioser Zuchterfolg. Von Generation zu Generation wurden seine Erbanlagen stetig verbessert. Bereits seit 1994 beißt die Wuchtbrumme auf Kommando beherzt zu.**

Von Klaus Herder; Fotos: fact, Gargolov, Goldman, Gosling, Herzog, Jahn

**D**er „Streetfighter von der Stange" (O-Ton Triumph) war ursprünglich nicht als Straßenkämpfer geplant. Er war eigentlich gar nicht geplant. Die Idee zur ersten Speed Triple hatte ein Mitarbeiter der Triumph-Designabteilung. Allerdings nicht im Auftrag der Firma, sondern höchst privat: Eine mit Spezialteilen aufgehübschte, fahrwerksmäßig verbesserte und sportlicher verpackte Trident 900 schwebte dem guten Mann vor. Im Kollegenkreis hirnte man kräftig mit, kam auf die brillante Idee, einer Daytona 900 die Verkleidung herunterzureißen – und stand plötzlich vorm Ei des Kolumbus. Oder besser gesagt: vorm ersten Café Racer der Neuzeit, viel zu schade, um nur den Privatgelüsten eines Triumph-Mitarbeiters zu dienen.

Das schwarze Schätzchen landete 1994 kurzfristig im Triumph-Programm und verkaufte sich bereits im ersten Jahr 1100-mal, was immerhin 16 Prozent der Gesamtverkäufe ausmachte. 18 Jahre später sind es gute 20 Prozent, was für Platz zwei der internen Triumph-Hitparade reicht. Ein Ende des Erfolges ist nicht abzusehen, was sich auch bei den durchaus deftigen Gebrauchtpreisen niederschlägt. Wer heute aus zweiter Hand kaufen möchte, hat die Qual der Wahl. Zuerst einmal aus drei Hubraumkategorien, denn die Speed Triple legte mit vergaserbefeuerten 885 cm³ los, bekam bereits 1997 eine Einspritzanlage und 1999 mit 956 cm³ auch mehr Hubraum verpasst. 2005 legten die Briten nach, seitdem wuchtet der Dreizylinder aus 1050 cm³ ein sehr sattes Drehmoment auf die Kurbelwelle.

Das ursprüngliche Konzept der Speed Triple entsprach eher dem klassischen Café Racer, also einem sportlich-nackten Motor-

rad, das für den – der Name deutet es an – kurzen und knackigen Sprint zwischen Eisdiele und Stammkneipe wie gemacht, aber nicht unbedingt für ausgedehnte Highspeed-Einsätze gedacht ist. Genau so benahm sich die Ur-Speedy auch. Höchstgeschwindigkeit war überhaupt nicht ihr Ding, die hecklastige Fuhre neigte zum Pendeln, machte aber auf gut ausgebauten Landstraßen mächtig viel Spaß. Mit dem Modelljahr 1997 gab's einen radikalen Imagewechsel. Breiter Lenker, noch breitere Schultern, vorderradorientierte Sitzposition, böser Doppelscheinwerferblick, mächtige Einarmschwinge, prägnanter Alurahmen – ab sofort machte die Speed Triple auf Streetfighter

## BESICHTIGUNG

Die schlechte Nachricht für Gebraucht-käufer: Speed Triple-Besitzer sind meist Daherbrenner und Schrauber – beides eigentlich Indizien für malträtierte Technik. Die gute Nachricht: Die Besitzer einer Speedy sind fast immer routinierte Motorradfahrer sowie ambitionierte Pfleger, wissen also sehr genau, was sie da machen, und beherrschen Technik sowie Schraubenschlüssel. Keine Angst vor Umbauten – Auspuff und Heck entsprechen bei Secondhand-Maschinen ohnehin meist nicht mehr dem Serienstand, Bugspoiler und Flyscreen (Lampenmaske) sind ebenfalls gern genommener Umbau-Standard. Die Speed

Triple ist seit der Erstauflage ordentlich verarbeitet und mechanisch prinzipiell sehr zuverlässig. Der häufige und unsachgemäße Einsatz eines Hochdruck-reinigers kann aber für geflutete Zündkerzenschächte und damit ggf. für miesen Motorlauf sorgen. Ab Modelljahr 2008 verhindern das neue Dichtungen. Das Nadellager der Federbeinumlenkung reagiert ebenfalls sensibel auf Hochdruckreiniger-Einsatz. Der Exzenter der Einarmschwinge wird bei mangelnder/falscher Pflege gern schwergängig, Folge ist dann eine vernachlässigte Kettenpflege. Das Ausbauen, Zerlegen und Fetten ist kein Akt, aber zeitaufwendig.

## MARKTSITUATION

Die bis einschließlich Modelljahr 1996 gebauten Vergasermodelle waren auf dem Gebrauchtmarkt zwischenzeitlich mausetot, doch die Retrowelle erwischt irgendwann fast jedes Motorrad – so auch die Ur-Speed Triple, für die mittlerweile wieder bis zu 3500 Euro gezahlt werden. Die Rolle des Billigheimers spielt heutzutage die Erstauflage der T509, also das mit dem „kleinen" 885er-Motor von 1997 bis einschließlich 1998 angebotene Modell. Mit 3000 bis 4000 Euro ist man dabei. Wer eine T595N (ab 2002) haben möchte, bekommt zwischen 4500 und 4900 Euro eine große Auswahl geboten, das Preis-Leistungs-Verhältnis ist in dieser Preislage besonders attraktiv. Die Geschäfte unterhalb 5000 Euro laufen praktisch ausnahmslos von und an privat ab. Für eine Speedy mit 1050er-Motor sind mindestens 5500 Euro zu zahlen, das Gros des üppigen 1050er-Angebots bewegt sich aber knapp unter bzw. über 7000 Euro. Die ersten ABS-Modelle sind jetzt für unter zehn Mille zu bekommen. Allgemein gilt: Die Speedy ist sehr wertstabil.

| Preisniveau in Euro | | Baujahr | km-Stand |
|---|---|---|---|
| Niedrig | 2003–4000 | 1994–2004 | 35000–70000 |
| Mittel | 4100–6900 | 2002–2008 | 15000–35000 |
| Hoch | 7000–9500 | 2005–2011 | 7000–15000 |
| Typ | | im Programm | Verkäufe |
| T300B/T509 | | 1994–2001 | 2660 |
| T595N/515NJ | | ab 2002 | ca. 8000 |

▶ Verfügbarkeit am Markt: hoch

## TECHNISCHE DATEN    (Typ 515NJ; Modelljahr 2005)

### MOTOR
Wassergekühlter Dreizylinder-Viertakt-Reihenmotor, vier Ventile pro Zylinder, Tassenstößel, eine Ausgleichswelle, zwei obenliegende, kettengetriebene Nockenwellen, Nasssumpfschmierung, Einspritzung, geregelter Katalysator mit Sekundärluftsystem, hydraulisch betätigte Mehrscheiben-Ölbadkupplung, Sechsganggetriebe, Kette.

| | |
|---|---|
| Bohrung x Hub | 79,0 x 71,4 mm |
| Hubraum | 1050 cm³ |

**Nennleistung**

**95 kW (130 PS) bei 9100/min**

**Max. Drehmoment 105 Nm bei 5100/min**

### FAHRWERK
Brückenrahmen aus Aluminium, Upside-down-Gabel, verstellbare Federbasis, Zug- und Druckstufendämpfung, Einarmschwinge aus Aluminium, Zentralfederbein mit Hebelsystem, verstellbare Feder-basis, Zug- und Druckstufendämpfung, Doppelscheibenbremse vorn, Scheibenbremse hinten.

| | |
|---|---|
| Alu-Gussräder | 3.50 x 17; 5.50 x 17 |
| Reifen | 120/70 ZR 17; 180/55 ZR 17 |

### MAßE + GEWICHTE
Radstand 1429 mm, Lenkkopfwinkel 66,5 Grad, Nachlauf 84 mm, Federweg v/h 120/140 mm, Sitzhöhe 840 mm, Gewicht vollgetankt 221 kg, Tankinhalt 18 Liter.

### MESSUNGEN
(MOTORRAD 8/2005)

| | |
|---|---|
| Höchstgeschwindigkeit* | 240 km/h |
| **Beschleunigung** | |
| 0–100 km/h | 3,4 sek |
| **Durchzug** | |
| 60–140 km/h | 7,0 sek |
| Verbrauch | 6,0 l/100 km (Landstraße) |

*Herstellerangabe

**1994** **TYP T300B** Die 98 PS starke Erstauflage der Speed Triple macht auf Café Racer. Stummellenker und langer Tank sorgen für eine gestreckte Sitzposition. Die hecklastige Auslegung ist der Grund dafür, dass bei Topspeed Unruhe ins Stahlrahmengebälk kommt ▼

**1997** **TYP T509** Die erste „böse" Speed Triple tritt mit Doppelscheinwerfer, Rohrlenker, Alu-Brückenrahmen im Rohrdesign und Einarmschwinge an. Statt dreier Mikuni-Vergaser kommt nun eine Einspritzanlage zum Einsatz. Die unverändert 885 cm³ liefern jetzt 106 PS

und in den Folgejahren auch keinerlei Anstalten, vom Status des Hooligan-Bikes auch nur einen Deut abzuweichen. Mit der 2002er-Modellpflege verwässerte Triumph nach Meinung vieler Fans zwar das Böse-Buben-Image, aber spätestens mit der 2005 präsentierten dritten Generation war wieder alles gut. Oder besser gesagt: alles wieder böse.

**2011** **TYP 515NJ** Stilmittel oder Stilbruch? Die neuen Scheinwerfer polarisieren. Über das nun als Extra für 600 Euro lieferbare ABS gibt's keine zwei Meinungen – es funktioniert hervorragend. Balkenbenzinanzeige und Schaltblitz bereichern das Cockpit

Das extrovertierte Äußere (und geschicktes Marketing …) bescherten der Speed Triple sogar eine veritable Hollywood-Karriere: In den Blockbustern „Matrix", „Mission Impossible II" und auch in der Agentenfilm-Parodie „Johnny English" hatte die Britin im wahrsten Sinne des Wortes tragende Rollen. Die erledigte die Speed Triple sehr zuverlässig, was auch im Großen und Ganzen für ihre Alltagstauglichkeit gilt. Ein paar klitzekleine Starallüren gönnte sich die Charakterdarstellerin dann aber doch. Mit den besagten, ab 1997 aber hinfälligen Fahrwerksschwächen fing es an; mit einer misslungenen Abstimmung der ersten Einspritzanlagengeneration ging es weiter (ab 1999 kein Thema mehr); und auch in der Folge gab es immer wieder kleine Irrwege – Stichwort 190er-Hinterradreifen (2005 rückgängig gemacht) oder auch das Thema schwammiger Bremsendruckpunkt (2005/2006). Ordentlich verarbeitet war die Speed Triple von Anfang an, doch perfekt war sie nie. Triumph tat allerdings eine Menge dafür, den Großserien-Streetfighter immer in Form zu halten. Viele kleine Modellpflegemaßnahmen und auch einige Rückrufaktionen sorgten dafür, dass der Straßenkämpfer fit und technisch immer auf der Höhe der Zeit blieb. Was für Gebrauchtkäufer bedeutet, es ähnlich wie die BMW-Kundschaft zu halten, nämlich besonders viel Wert auf eine möglichst vollständige Service-Historie zu legen. Ein lückenloses Scheckheft ist bei der Street Triple viel wert, denn einige Nachbesserungen wurden im Rahmen der regelmäßigen Inspektionen „nebenbei" miterledigt, ohne dass der Kunde davon unbedingt etwas mitbekam. Im Zweifelsfall können Triumph-Vertragshändler mithilfe der Fahrgestellnummer problemlos feststellen, ob das Objekt der Gebrauchtkaufbegierde von den diversen Verbesserungsprogrammen profitiert hat. Zweifel an Speed Triple-Verkäufern sind aber meist unangebracht, denn es gilt: Dieses böse Motorrad hat fast immer sehr nette und „echte" Motorradfahrer als Besitzer. ▪

www.motorradonline.de/gebrauchtberatung

**2002** **TYP T595N** Bereits seit 1999 hat der Dreizylinder 956 cm³, die Leistung des nun im Druckgussverfahren hergestellten Motors steigt aber erst jetzt auf 120 PS, dank G-Kat und Sekundärluftsystem mit Euro-2-Segen. Ebenfalls neu: die komfortablere Sitzbank und der Digital-Tacho

**2008** **TYP 515NJ** Die neuen Räder fallen sofort ins Auge, die neuen, radial montierten Brembo-Vierkolbenfestsättel erst auf den zweiten Blick. Das Heck bekam eine Renovierung verpasst, der seit 2005 mit 1050 cm³ antretende Dreierpack legt um zwei auf 132 PS zu

## MODELLPFLEGE

**1994** **Typ T300B:** Erstauflage der Speed Triple, praktisch eine Daytona ohne Verkleidung; 885 cm³, 98 PS, Vergaser, Fünfganggetriebe, Einzelscheinwerfer, Zentralrohrrahmen aus Stahl; Bereifung 120/70 ZR 17 und 180/55 ZR 17; Farben: Schwarz, Gelb. **Preis: 18 990 Mark (9709 Euro); Zulassungen in D: 109 Stück.**

**1995** Sechsganggetriebe; Farben: Schwarz, Orange. **Preis: 18 990 Mark (9709 Euro); Zulassungen in D: 249 Stück.**

**1996** Verkürzte Gabelstandrohre; Farben: Schwarz, Orange. **Preis: 18 990 Mark (9709 Euro); Zulassungen in D: 155 Stück.**

**1997** **Typ T509:** Neuentwicklung; 885 cm³, 106 PS, Einspritzung, Doppelscheinwerfer, Leichtmetall-Brückenrahmen im Rohrdesign, Rohrlenker, Einarmschwinge, 190er-Hinterradreifen auf Sechs-Zoll-Felge; Farben: Schwarz, Orange. **Preis: 18 990 Mark (9709 Euro); Zulassungen in D: 240 Stück.**

**1998** Farben: Schwarz, Grün, Rot. **Preis: 18 990 Mark (9709 Euro); Zulassungen in D: 289 Stück.**

**1999** 956 cm³, 108 PS, überarbeitete Einspritzung (stabilerer Leerlauf, verbesserte Gasannahme, geringerer Verbrauch), modifizierter Auspuff, größerer Kühler; Farben: Schwarz, Grün. **Preis: 18 990 Mark (9709 Euro); Zulassungen in D: 481 Stück.**

**2000** Räder silbern, runder Edelstahl-Auspuff; Farben: Schwarz, Grün. **Preis: 19 520 Mark (9980 Euro); Zulassungen in D: 611 Stück.**

**2001** Farben: Schwarz, Blau, Rot. **Preis: 20 520 Mark (10 492 Euro); Zulassungen in D: 526 Stück.**

**2002** **Typ T595N:** starke Überarbeitung, 956 cm³, 120 PS, G-Kat und SLS, neues Styling für Tank und Verkleidungsteile, geändertes Cockpit mit näher montierten Scheinwerfern, komfortablere Sitzbank; Farben: Schwarz, Blau, Rot. **Preis: 20 990 Mark/10 860 Euro; Zulassungen in D: 436 Stück.**

**2003** Farben: Schwarz, Grün, Silber. **Preis: 11 160 Euro; Zulassungen in D: 476 Stück.**

**2004** Neue Fußrasten, leichtgängigere Kupplung; Farben: Schwarz, Grün, Rot. Sondermodell „Black Edition" (10 750 Euro). **Preis: 10 750 Euro; Zulassungen in D: 420 Stück.**

**2005** **Typ 515NJ:** komplett neu; 1050 cm³, 130 PS, 105 Nm, Doppelauspuff, neue Bremsen, straffere Federelemente und neue Räder (hinten 180er auf 5,5-Zoll-Felge), Upside-down-Gabel, neues Cockpit; Form kürzer, kompakter und geduckter; Farben: Schwarz, Blau, Gelb. **Preis: 10 750 Euro; Zulassungen in D: 704 Stück.**

**2006** Farben: Schwarz, Blau, Gelb, Weiß. **Preis: 10 990 Euro; Zulassungen in D: 779 Stück.**

**2007** Farben: Schwarz, Grün, Weiß. **Preis: 11 240 Euro; Zulassungen in D: 734 Stück.**

**2008** 132 PS, Brembo- statt Nissin-Bremsen, modifizierte Kühler- und Auspuffabdeckungen, konischer Alu-Lenker, neue Leichtmetallräder, etwas längeres Heck mit neuem Hilfsrahmen, filigranerer Kennzeichenhalter, Klarglas-Rücklicht; Farben: Schwarz, Orange, Weiß. **Preis: 11 740 Euro; Zulassungen in D: 840 Stück.**

**2009** Sondermodell zum 15-jährigen Jubiläum in „Metallic Phantom Black" mit Gel-Sitzbank, Flyscreen und Bugspoiler in Fahrzeugfarbe,

roten Felgen-Zierstreifen und John Bloor-Unterschrift auf dem Tank (12 440 Euro); Farben: Schwarz, Orange, Weiß. **Preis: 11 740 Euro; Zulassungen in D: 654 Stück.**

**2010** Farben: Schwarz, Mattschwarz, Orange, Weiß. **Preis: 11 740 Euro; Zulassungen in D: 590 Stück.**

**2011** 135 PS, 111 Nm, größere Airbox, neue Auspuffanlage, zwei Schlitz- statt Rundscheinwerfer, ABS lieferbar, neuer Rahmen mit geänderter Geometrie, längere Schwinge, vorderradorientiertere Sitzposition mit mehr Platzangebot, größere Schräglagenfreiheit, Cockpit überarbeitet; Farben: Schwarz, Weiß, Rot. **Preis: 11 245/11 845 Euro ohne/mit ABS; Zulassungen in D: 1052 Stück.**

**2012** Farben: Schwarz, Weiß, Rot. **Preis: 11 360/11 960 Euro ohne/mit ABS;** Speed Triple R: Schwarz, Weiß, 14 990 Euro; **Zulassungen in D: 316 Stück (per 3/2012).**

### Rückrufe

**4/1999:** Austausch Kurbelgehäuseschrauben (FIN 076 793 bis 084 542). **2/2000:** Austausch Antriebskette (FIN 098 573 bis 099 811). **11/2001:** Austausch Kupplungszug (FIN 108 460 bis 137 191). **8/2002:** Austausch Hinterradlager (FIN 132 693 bis 161 257). **5/2004:** Austausch Kraftstoffleitungsanschlüsse (FIN 046 452 bis 188 869). **10/2006:** Austausch Anschlagbolzen hinterer Bremssattelträger (FIN 258 442 bis 275 223). **6/2008:** Austausch Lenkerbefestigung (FIN 356 308 bis 359 180).

# TRIUMPH **TIGER**

## MODELLGESCHICHTE

Die erste Tiger der Neuzeit, interner Modellcode T 400, wurde von 1993 bis 1998 im Wesentlichen unverändert gebaut und legte den Grundstein für die langsam, aber sicher wachsende Fangemeinde der dreizylindrigen Großkatze mit dem unverwechselbaren Sound. 1999 kam die T 709, eine komplette Neukonstruktion, auf den Markt. Ursprünglich befeuerte sie der modifizierte Antrieb der Speed Triple mit 885 Kubikzentimetern, doch bereits nach zwei Jahren erhielt die T 709 den Daytona-Motor mit 955 cm³. Noch satterer Antritt war die Folge. Des Tigers Dilemma waren von Anbeginn eine sehr softe Telegabel sowie ein sehr hoher Schwerpunkt, bedingt durch den hoch liegenden und weit nach vorne gezogenen Tank. In Kombination mit der ebenfalls respektablen Sitzhöhe macht dies Geländeeinlagen vor allem für Kurzbeinige zu einem Vabanquespiel. Da die Kundschaft ohnehin nicht auf Offroad-Einsätze erpicht war, entwickelte Triumph die Tiger schrittweise für den reinen Asphaltbetrieb weiter. Und als komfortables Spaßbike mit Langstreckenqualitäten und „Mundwinkel-nach-oben-Garantie" hat sie ihre Bestimmung gefunden. Die wenigen Wehwehchen, die sie hatte, wurden meist schon vom Vorbesitzer verarztet.

**Mit stolzgeschwellter Brust und schlanker Taille zog die Tiger einst gegen die allgegenwärtige BMW GS zu Felde. Nicht ohne Erfolg, wenngleich sie deren Stückzahlen nie erreichte**

## MOTORRAD-TESTS*

5/1999 (FB), 6/1999 (KV), 1/2000 (VT), 9/2001 (FB), 11/2001 (TT), 12/2001 (VT), 8/2002 (VT), 10/2004 (TC), 2/2005 (VT), 25/2006 (FB), 26/2006 (TT), 7/2007 (VT alt gegen neu), 8/2007 (VT), 17/2007 (Alpen-Masters)
**Internet:** www.tigerhome.de

*FB=Fahrbericht, T=Test, TT=Top-Test, VT=Vergleichstest, KV=Konzeptvergleich; TC= Test compact;
Nachbestellungen unter Telefon 07 11/1 82-12 29

## BJ **1993**

**Die erste Tiger kommt sehr hoch bauend daher. Der Zentralrohrrahmen entstammt dem damaligen Baukasten. Hauptkritikpunkt ist neben dem hohen Schwerpunkt die weiche Gabelabstimmung**

## **1999**

**Rund statt eckig hieß es ab 1999. Den „kleinen" 885er-Motor gab es nur zwei Jahre**

## **2001**

**Das Einspritz-Modell erhielt einen neuen Rahmen und ein neues Design. Die lasche Gabel überlebte die Modellpflege**

## BESICHTIGUNG

Insgesamt vier Rückrufe der T 709-Baureihe könnten auf eine wenig ausgereifte Konstruktion schließen lassen. Dem ist nicht so, die Rückrufe betrafen nur Kleinigkeiten (siehe Kasten Modellpflege). Wenn der Verkäufer ein vollgestempeltes Serviceheft vorweisen kann, ist alles in Butter. Die T 709 leidet an einer zu weichen Gabel, weswegen Zubehörfedern kein Fehler sind. Die Ausleger der Soziusrasten sind gute Indikatoren dafür, ob die Tiger mal auf der Seite lag. Dann zeigt der Lack gerne Risse. Quietschende Bremsen kommen ebenfalls vor – eines der wenigen Probleme, die am besten durch Ignorieren zu lösen sind.

## MARKTSITUATION

| Modell | Bauzeit | Verkäufe |
|---|---|---|
| T 709 | 1999 | 670 |
| T 709 | 2000 | 565 |
| T 709 EN | 2001 | 854 |
| T 709 EN | 2002 | 469 |
| T 709 EN | 2003 | 489 |
| T 709 EN | 2004 | 343 |
| T 709 EN | 2005 | 159 |
| T 709 EN | 2006 | 141 |

Die Tiger mit dem 885-cm³-Motor ist selten anzutreffen, denn sie war nur 1999 und 2000 im Programm, danach wurde sie durch den Triple mit 955 cm³ ersetzt. Für die 885er werden zwischen 2800 und rund 4500 Euro aufgerufen, bei der 955er ist unter 4000 Euro nichts zu holen. Ab Baujahr 2004 trägt die Tiger Gussräder, ein serienmäßiges Kofferset sowie Heizgriffe und Hauptständer. Wer sie haben will, muss mindestens 5500 Euro in die Hand nehmen. Bei allen Tiger der Baureihe T 709 ist darauf zu achten, dass die Rückrufaktionen durchgeführt wurden. 2007er-Modelle mit ABS gibt es ab zirka 7500 Euro.

## TECHNIK

### DATEN
(Tiger 955i, Modellcode T 709 EN, Baujahr 2001)

■ **Motor**
Wassergekühlter Dreizylinder-Viertakt-Reihenmotor, eine Ausgleichswelle, zwei obenliegende, kettengetriebene Nockenwellen, vier Ventile pro Zylinder, Tassenstößel, Nasssumpfschmierung, elektronische Saugrohreinspritzung, Ø 41 mm, digitales Motormanagement, G-Kat, Drehstromlichtmaschine 480 Watt, Batterie 12 V/14 Ah, mechanisch betätigte Mehrscheiben-Ölbadkupplung, Sechsganggetriebe, X-Ring-Kette.

| | |
|---|---|
| Bohrung x Hub | 79,0 x 65,0 mm |
| Hubraum | 955 cm³ |
| Verdichtungsverhältnis | 11,7:1 |
| **Nennleistung** | 72 kW (98 PS) |
| | bei 8200/min |
| **Max. Drehmoment** | 95 Nm |
| | bei 6200/min |

**Fahrwerk**
Brückenrahmen aus Stahlprofilen, Motor mittragend, Telegabel Ø 43 mm, Zweiarmschwinge aus Aluminium, Zentralfederbein, direkt angelenkt, verstellbare Federbasis und Zugstufendämpfung, Doppelscheibenbremse vorn, Ø 310 mm, Scheibenbremse hinten, Ø 285 mm.

| | |
|---|---|
| Speichenräder | 2.50 x 19; 4.25 x 17 |
| Reifen | 110/80 V 19; 150/70 V 17 |

**Maße und Gewichte**
Radstand 1550 mm, Lenkkopfwinkel 62 Grad, Nachlauf 92 mm, Federweg v/h 230/200 mm, Sitzhöhe* 850 mm, Gewicht vollgetankt* 256 kg, Zuladung* 229 kg, Tankinhalt 24 Liter.

### MESSUNGEN
(MOTORRAD 11/2001)

| **Fahrleistungen** | |
|---|---|
| Höchstgeschwindigkeit | 204 km/h |
| **Beschleunigung** | |
| 0–100 km/h | 3,6 sek |
| 0–140 km/h | 6,4 sek |
| **Durchzug** | |
| 60–100 km/h | 4,6 sek |
| 100–140 km/h | 4,5 sek |
| **Verbrauch** | 4,7 bis 8,1 l/100 km, Superbenzin |

*MOTORRAD-Messungen

## 2005

Ab Modelljahr 2005 wurde die Tiger noch mehr für den Straßenbetrieb ausgelegt. Merkmale: Gussräder mit Schlauchlosreifen, straffere Fahrwerksabstimmung sowie serienmäßige Koffer

## 2007

**Der Name blieb, der Rest ist komplett neu. Der Dreizylinder hat nun 1050 Kubikzentimeter und trägt Straßenbereifung. Von Reiseenduro und Gelände will er nichts mehr wissen**

## MODELLPFLEGE

**1999** Markteinführung T 709 mit neuem 885-cm³-Motor und 62 kW (85 PS), Einspritzung, G-Kat, Preis: 9439 Euro.

**2001** Neuer Motor mit 995 cm³ und 72 kW (98 PS), straffer abgestimmte Gabel, Modellcode T 709 EN, Preis: 10 220 Euro.

**2004** Nochmals straffere Fahrwerksabstimmung mit gekürzten Federwegen, Gussräder mit Schlauchlosbereifung, Koffersatz, Hauptständer und Heizgriffe sind Serie, Kettenspannung per Exzenter entfällt, Leistung 78 kW (106 PS), Preis: 10 600 Euro.

**2007** Komplett neues Modell, Modellcode 115 NG, Preis: 10 050 Euro.

### Rückrufe
**1999** Fahrgestellnummern 76793 bis 84542: Austausch der Hauptlager-Kurbelgehäuseschrauben, da diese sich lösen konnten.

**2000** Fahrgestellnummern 96412 bis 112417: Austausch des Kraftstofftankgebers wegen möglicher Undichtigkeiten.

**2001** Fahrgestellnummern 108876 bis 137189: Austausch des Kupplungszugs wegen möglicher Rissgefahr.

**2004** Fahrgestellnummern 74450 bis 1146021: Austausch von Kraftstoffleitungen wegen möglicher Bruchgefahr.

# TRIUMPH ROCKET III

**Cruiser leben von Superlativen. Mit der ab 2004 gebauten Rocket III hat Triumph den Vogel endgültig abgeschossen. Ist das hubraumstärkste Serienmotorrad der Welt aber auch eine Empfehlung für scharf kalkulierende Gebrauchtkäufer?**

Von Jörg Lohse; Fotos: fact, Redeye Media Ltd,

**D**ie ganz persönliche Rocket-Geschichte beginnt knapp zwei Jahre vor der offiziellen Präsentation ganz unpassenderweise in einem Münchner Biergarten. „Ich habe in Hinckley gerade unseren neuen Cruiser gesehen. Dreizylinder, 140 PS, 200 Newtonmeter", raunt der befreundete Triumph-Techniker dem Redakteur zu. Der runzelt die Stirn: „Müssen Harley-Kopien nicht immer einen V-Zwei und eher einen 200er-Hinterreifen als diesen Wert an Drehmoment haben?"

Die Frage relativiert sich, wenn man vor der Rocket steht und ihre Urgewalt sieht. Nicht im Traum denkt man noch daran, die Britin auch nur ansatzweise mit einer Harley zu vergleichen. Schon im Stand ist eine kräftige Hand gefragt, um die 361 Kilo in Startposition zu rangieren. Wie wird das erst in Fahrt werden? Deutlich besser, stellt man fest: Wie ein Kapitän, der seinen Ozeanriesen mittlerweile punktgenau per Joystick steuert, pflügt auch der Rocket-Man los. Natürlich dank feinster Eingriffe ins Motormanagement, mit denen die Leistung in den ersten drei Gangstufen sinnvollerweise gekappt wird. Ohne diesen Blocker würden Triumph-Dampfer ansonsten in einer Rauchwolke aus Burnouts und Powerslides ablegen. Auf weitläufigen Landstraßen ist die Rocket in ihrem Element. Wehe aber, wenn der Belag wellig, die Kurve enger ist oder gar eine Spitzkehre naht.

Im klassischen Alpenrevier ist wieder die harte wie kräftige Hand gefragt, um das Urviech regelrecht um die Ecke zu wuppen. Auf echte Schräglagenfreiheit, um mit einem sauberen Zirkelschlag die Kehre zu umrunden, darf man bei dem Power-Triple ohnehin nicht setzen. Und die Massen schieben auch bergab gewaltig. Die seit 2008 erhältliche Rocket III Touring patzte im damaligen MOTORRAD-Alpen-Masters mit einer wegen Überhitzung geplatzten Bremsleitung. Da liegen die Nerven verständlicherweise blank. Und ein ABS wird erst in der Modellvariante Roadster ab Baujahr 2010 angeboten.

## IM DETAIL

Rocket-Fahrer schätzten den Auftritt mit dem fetten 240er-Reifen. Die dynamischere Touring mit schmalen 180ern wird eher gemieden

**Das teildigitale Cockpit kann bisweilen Probleme mit hängenden Anzeigen machen. Laut Insidern hilft meist ein längeres Abklemmen der Batterie für einen Reset**

**Neben dem Getriebe bereiten bisweilen die Kreuzgelenke des Kardans Probleme. Auch hier ist meistens die Leistungsbeschränkung aufgehoben worden**

**Soft: Die Touring-Version punktet durch Komfort**

## BESICHTIGUNG

Grundsätzlich gilt die Rocket III in Triumph-Vertragswerkstätten als solides Fahrzeug, bei dem im Regelfall nur die üblichen Servicearbeiten gemacht werden müssen. Auch bei Motorrädern der ersten Baujahre, die mittlerweile schon deutlich über 50000 Kilometer Laufleistung auf dem Tacho haben, häufen sich keine größeren Reparaturen, was generell für eine langlebige Technik spricht. Umfragen in der Rocket III-Gemeinde (z. B. im Fanforum www.rocket3.org) zeigen, dass das Getriebe ernsthaftere Probleme bereiten kann. Häufig müssen bei solchen Fällen die Torsionsdämpfer getauscht werden. Das ist zum Teil bereits auf Garantie erfolgt, in anderen Fällen hat Triumph Kulanz gezeigt und die Teilekosten übernommen. Laut Insider-Informationen waren meist nur Maschinen betroffen, bei denen per illegaler Software die Drehmomentbegrenzung herausgenommen wurde. Da Servicemaßnahmen auch während der Inspektion erledigt wurden, sollte die Rocket scheckheftgepflegt sein.

## MARKTSITUATION

Da die Rocket III in Deutschland nur in homöopathischen Dosen unterwegs ist, müssen Gebrauchtinteressenten bei der Suche nach dem passenden Gefährt Geduld mitbringen. Die Treue zu dem Mega-Cruiser ist hoch, selbst die Angebote der frühen Baujahre stammen vielfach noch aus erster Hand. Ein Blick auf die durchschnittlichen Kilometerleistungen zeigt, dass die Rocket im Vergleich zu anderen Cruisern ausgiebig bewegt wird. Besonders gefragt sind natürlich die günstigen Einstiegsangebote in die 2,3-Liter-Welt unter 10000 Euro. Diese, bestätigt auch der rührige Triumph-Händler Ingo Heller (www.heller-soltau.de): „Wechseln meist fliegend den Besitzer." Möglichkeiten für Preisverhandlungen hat man allenfalls bei der ab 2008 erhältlichen Touring-Version. Mit schmalen 180er-Reifen und schaler Leistung von „nur" 107 PS ist die kastrierte Rocket für viele Interessenten nicht wirklich attraktiv. Auch wenn diese im MOTORRAD-Test mit einigen Vorzügen wie Handlichkeit, präziser ansprechender Federung oder langstreckentauglichem Sitzkomfort lockt. „Wenn Leute die Rocket kaufen, dann wollen sie eine mit Dampf", erklärt Triumph-Dealer Heller. ▶ **Verfügbarkeit am Markt: gering**

| Preisniveau in Euro | | Baujahre | km-Stand |
|---|---|---|---|
| **Niedrig** | **9000–11000** | 2004–2008 | 20000–40000 |
| Mittel | 11000–13000 | 2007–2011 | 10000–25000 |
| **Hoch** | **13000–15000** | 2009–2012 | 5000–20000 |
| **Typ** | | **im Programm** | **Verkäufe** |
| **Rocket III** | | 2004–2009 | 1562* |
| **Rocket III Classic** | | 2006–2009 | |
| **Rocket III Touring** | | seit 2008 | |
| **Rocket 3 Roadster** | | seit 2010 | |

*Verkaufszahl bezieht sich auf alle Typen, Stand April 2012

**Tests in MOTORRAD**
16/2004 (T), 19/2004 (Lesertest), 1/2006 (TT), 10/2006 (VT), 24/2007 (FB, Mod. Touring), 15/2008 (VT), 16/2008 (Alpen-Masters), 8/2010 (T, Mod. Roadster)

FB = Fahrbericht, T = Test, TT = Top-Test, VT = Vergleichstest; Nachbestellungen unter 0711/182-1229 oder www.motorradonline.de/downloads

**internet**
**ansites:** www.rocket3.org und www.t5net.de
**ebrauchtangebote:**
ttp://markt.motorradonline.de/bike1634.htm

## TECHNISCHE DATEN
(Typ Rocket III, Modelljahr 2006)

**MOTOR**
Wassergekühlter Dreizylinder-Viertakt-Reihenmotor, zwei obenliegende, kettengetriebene Nockenwellen, vier Ventile pro Zylinder, Trockensumpfschmierung, Einspritzung, geregelter Katalysator, mechanisch betätigte Mehrscheiben-Ölbadkupplung, Fünfganggetriebe, Kardan.
Bohrung x Hub 101,6 x 94,3 mm
Hubraum 2294 cm³
**Nennleistung**
103 kW (140 PS) bei 5750/min
**Max. Drehmoment**
200 Nm bei 2500/min

**FAHRWERK**
Brückenrahmen aus Stahl, Motor mittragend, Upside-down-Gabel, Zweiarmschwinge aus Stahl, zwei Federbeine mit verstellbarer Federbasis, Doppelscheibenbremse vorn, Scheibenbremse hinten.
Alu-Gussräder 3.50 x 17; 7.50 x 16
Reifen 150/80 R 17, 240/50 R 16

**MAßE + GEWICHT**
Radstand 1695 mm, Lenkkopfwinkel 58 Grad, Nachlauf 152 mm, Federweg v/h 120/105 mm, Sitzhöhe* 740 mm, Gewicht vollgetankt* 361 kg, Tankinhalt** 25 Liter.

**MESSUNGEN**
(MOTORRAD 1/2006)
**Höchstgeschwindigkeit**\*\* 216 km/h
**Beschleunigung**
0–100 km/h 3,4 sek
**Durchzug**
60–140 km/h 7,3 sek
Verbrauch 6,9 l/100 km (Landstraße), Super

*MOTORRAD-Messungen; **Herstellerangabe

## MODELLCHRONIK

**2004** Markteinführung der Rocket III mit 142 PS und 200 Nm Drehmoment. Farben: Rot, Schwarz. **Preis: 17750 Euro.**
**2006** Programmausbau mit Rocket III Classic mit neuer Doppelsitzbank, Trittbrettern, Pullback-Lenker, neuer Auspuffanlage und Zweifarblackierung. Farben: Schwarz/Rot, Rot/Weiß. **Preis: 18750 Euro (für Standardversion unverändert).**
**2008** Markteinführung der Rocket III Touring mit modifiziertem Motor (107 PS) und neuem Fahrwerk (u. a. Rahmen, Räder, Federung, Tank, Cockpit). Farben: Schwarz/Schwarz/Rot. **Preis: 18990 Euro.** Rocket III Classic mit Extra-Ausstattungspaket (Roadster-Scheibe, Packtaschen-Set), Mobilitätsgarantie und dreijähriger Garantiezeit. Farben: Schwarz/Rot, Blau/Weiß. **Preis: 18490 Euro (Standard 17990 Euro).**

**2009** Letztes Baujahr der Rocket III (Farben: Schwarz, Rot) und Rocket III Classic (Farben: Rot/Weiß, Blau/Silber). **Preise: 18990/19950 Euro.**
**2010** Markteinführung der Rocket III Roadster mit 148 PS starkem Dreizylinder (max. Drehmoment 221 Nm), serienmäßigem ABS, überarbeiteter Sitzposition und neuer Hinterradfederung. Farben: Schwarz, Mattschwarz (mit reduziertem Chromanteil). **Preis: 16990 Euro.**
**2011** Rocket III Touring serienmäßig mit ABS. **Preise: 20590 Euro (Schwarz), 20990 Euro (Schwarz/Rot).**

**Rückrufmaßnahmen**
**2005** Austausch Endantrieb
**2007** neue Motorsoftware
**2009** Austausch Hinterradreifen

art: Die Roadster-Version ist bei den Fans angesagt

# YAMAHA

**Halbverschalt auf Tour oder ganz nackig-neckisch durch die Stadt – Yamahas 600er-Bestseller bedient viele Vorlieben und macht nicht nur Einsteiger glücklich.**

# FZ6/FAZER

Von Thorsten Dentges; Fotos: fact, Gargolov, Hersteller

**D**ie Fazer war zuerst da. Um genau zu sein, schon Ende der 1990er als FZS 600. Diese halbverschalte Yamaha wurde zu einem der meistverkauften Motorräder auf dem Markt. Zu Recht, denn die sportlich angehauchte Japanerin mit knapp unter 100 PS ist nun wirklich alles andere als eine langweilige Mittelklässlerin. Die Nachfolgerin FZ6 – hier im Fokus – hat diese Tugenden übernommen und von 2004 bis 2010 konsequent fortgeführt (danach Ablösung durch Modell FZ8). Wie gehabt mit Halbschalenverkleidung als reiselustiges Modell Fazer, und eben seit 2004 auch als flottes, quirliges Naked Bike mit nunmehr 98 PS. Die Leistung schüttelt der von der Supersportlerin YZF-R6 übernommene, wassergekühlte Reihenvierer mit Einspritzung locker raus. Hinzu kommen hohe Zuverlässigkeit sowie ein verwindungssteifer, aus zwei Gussteilen zusammengefügter, moderner Alurahmen. Erneut ein Verkaufsschlager. Das ABS (ab 2006 für FZ6 Fazer, ab 2007 für FZ6) trug sicherlich auch dazu bei. 2007 stellte Yamaha der FZ6 zusätzlich das Modell Fazer S2 mit ansehnlicher Aluschwinge und weiteren Modifikationen (siehe auch unter Punkt Modellpflege) zur Seite, die „normale" FZ6/Fazer wurde als Neufahrzeug im Preis um ein paar Hunderter gesenkt, die Leistung jedoch auch auf 78 PS. Aber als etwas lustlos gedrosselte Fuhre hatte dieses Angebot kaum noch eine Chance gegen die 98 PS starke S2, die ab 2009 dann auch nackt auftrat. Hübsch, stark, trotzdem vernünftig – ein tolles Motorrad. Mittlerweile zu reizvollen Gebrauchtpreisen. ■

www.motorradonline.de/
gebrauchtberatung

**YAMAHA
FZ6 ABS**

**YAMAHA FZ6
FAZER S2 ABS**

**Alle Modelle mit Halbschale
hören auf den Namen Fazer**

**Tests in MOTORRAD**
21/2003 (TT), 9/2004 (VT), 23/2004 (KV), 22/2005 (VT),
10/2006 (ABS-Test), 9/2007 (T), 11/2007 (VT), 22/2007 (VT),
3/2008 (VT), 18/2008 (Generationen-VT), 26/2008 (T)
T= Test, TT=Top-Test, VT=Vergleichstest, KV=Konzeptvergleich;
Nachbestellungen unter 07 11/1 82-12 29

## Details

**Die Underseat-Auspuffanlage lag 2004 bei Sportlern voll im Trend. Der FZ6 verhelfen die hübschen Schalldämpfer zu einem schlanken Heck**

**Intro- oder doch eher extrovertiert? Das Schaltgestänge führt mitten durch den geschwungenen Rahmen. Ungewöhnliche Detaillösung**

**Neue Alu-Gussschwinge für die S2 (ab 2007). Leichter, steifer, soll angeblich für besseres Fahrverhalten sorgen (merken aber wohl nur extreme Sensibelchen)**

**Durchgestylt: zwei Tageskilometerzähler, Uhr, Tank- und Kühlflüssigkeitsanzeige, Tachometer, Drehzahlmesser – viele Infos auf sehr engem Raum**

**Wer hat an der Uhr gedreht? Yamaha wählt neue Instrumente für die S2-Modelle. Keine Hinguck aber gut, um die Übersicht zu behalten**

## Besichtigung

Gute Nachrichten für technisch wenig versierte Motorrad-Einsteiger: Die FZ6 gehört zu den Motorrädern, bei denen man sich um Schwachstellen und Zipperlein so gut wie keinen Kopf machen muss. Allgemeinen Pflegezustand beurteilen, nach Sturzspuren fahnden (häufig sind ehemalige Fahrschulmaschinen im Angebot), prüfen, ob teure Verschleißteile bald fällig sind und schließlich im Serviceheft checken, ob alle Inspektionsintervalle eingehalten wurden – dann kaufen, fertig. Die zuverlässige Yamaha

gibt es zudem auch aus zweiter Hand des Öfteren mit anfängertauglichen 34 PS. Unbeliebt sind hingegen 78-PS-Maschinen, die zwar versicherungsgünstiger sind, aber als etwas zu schwach auf der Brust gelten. Die meisten Besitzer haben die Leistungsreduzierung via Gasanschlag jedoch zurückgerüstet, in diesem Fall auf entsprechende Eintragungen in den Fahrzeugpapieren achten. Eine Drosselung oder Entdrosselung schlägt mit rund 200 bis 250 Euro zu Buche, bei Bedarf sollte man diesen Posten bei den Preisverhandlungen berücksichtigen.

## Marktsituation

Auf den einschlägigen Internet-Marktplätzen finden sich vergleichsweise viele Angebote ab 2000 Euro aus dem Ausland (speziell Italien und Polen, wo die Maschine sehr populär und weit verbreitet ist), die zu einem „Einkaufsurlaub" animieren. Doch meistens lohnt eine lange Anfahrt nicht, denn viele Maschinen dort haben Macken und starke Gebrauchsspuren, die das angeblich günstige Angebot schnell relativieren. Für ordentliche und gut gepflegte FZ6 sollte man – egal ob beim Händler oder von privat – besser 3500 Euro und mehr kalkulie-

| Preisniveau in Euro | | Baujahre | km-Stand |
|---|---|---|---|
| Niedrig | 2800–3500 | 2004–2006 | 20 000–50 000 |
| Mittel | 3600–4900 | 2007–2010 | 5000–20 000 |
| Hoch | 5000–5900 | 2009–2011 | unter 10 000 |
| Typ | | im Programm | Verkäufe |
| RJ071/074 | | 2004 bis 2006 | 10 188 |
| RJ148/149/14B, D | | 2007 bis 2010 | 8175 |

ren. Hier ist die Auswahl riesig, und es ist ein Leichtes, sein persönliches Schnäppchen auch in der Nähe zu finden. Als Neufahrzeug war die halbverschalte Fazer beliebter, als Gebrauchte ist nun aber die nackte FZ6, insbesondere als S2-Version, etwas gefragter. Maschinen ohne ABS sind out und lassen sich nur mit deutlichem Preisabstand an assistentgebremsten Exemplaren an den Mann und die Frau bringen.   ▶ Verfügbarkeit am Markt: sehr hoch

## Daten   (Typ RJ14B; Modelljahr 2008)

### MOTOR
Wassergekühlter Vierzylinder-Viertakt-Reihenmotor, vier Ventile pro Zylinder, Nasssumpfschmierung, elektronische Einspritzung, geregelter Katalysator, mechanisch betätigte Mehrscheiben-Ölbadkupplung, Sechsganggetriebe, O-Ring-Kette.

Bohrung x Hub    65,5 x 44,5 mm
Hubraum    600 cm³
**Nennleistung**
    72 kW (98 PS) bei 12 000/min
**Max. Drehmoment**
    63 Nm bei 10 000/min

### FAHRWERK
Brückenrahmen aus Aluminium, Telegabel, Zweiarmschwinge aus Aluminium, direkt angelenktes Zentralfederbein, verstellbare Federbasis, Doppelscheibenbremse vorn, Scheibenbremse hinten.

Alu-Gussräder    3.50 x 17; 5.50 x 17
Reifen    120/70 ZR 17, 180/55 ZR 17

### MASSE+GEWICHTE
Radstand 1440 mm, Lenkkopfwinkel 65 Grad, Nachlauf 98 mm, Federweg v/h 130/130 mm, Sitzhöhe* 810 mm, Gewicht vollgetankt* 210 kg, Tankinhalt 21 Liter.

### MESSUNGEN
(MOTORRAD 26/2008)

Höchstgeschwindigkeit**    210 km/h
**Beschleunigung**
0–100 km/h    3,7 sek
0–200 km/h    15,8 sek
**Durchzug**
60–140 km/h    12,2 sek
Verbrauch    5,0 l/100 km (Landstraße), Normal

*MOTORRAD-Messungen; **Herstellerangabe

### Internet
**Fansites:** www.fz6.net (viele Benutzer, reger Austausch über alle FZ6-Modelle)
**Gebrauchtangebote:** http://markt.motorradonline.de/bike2705.htm (bzw. /bike2706.htm, /bike2643.htm, /bike4597.htm)

**Mitnahmeeffekt: Die Mittelklassemaschine ist kräftig und bequem genug, um Passagiere mit auf Ausfahrt zu nehmen**

## Modellpflege

**2004** Markteinführung der FZ6 (Typ RJ074) in Deutschland zum **Preis von 7150 Euro** (Modell Fazer mit Halbschale, Typ RJ071: **7350 Euro**). Leistung: 98 PS.

**2006** Der neue Fazer-Typ RJ076 wird mit ABS aufgerüstet und ist für **7995 Euro** im Programm, die FZ6 technisch unverändert für **6945 Euro**. Rückruf für FZ6 mit Fahrgestellnummern JYARJ074 000 000 301 bis JYARJ074 000 029 125 und FZ6 Fazer JYARJ071 000 000 301 bis JYARJ071 000 039 566: Austausch des Drosselklappensensors.

**2007** Modell Fazer S2 (Typ RJ149) mit

ABS, neuer Vorderradbremse, neuer Alu-Schwinge sowie modifizierter Sitzbank und tieferen Fußrasten. **Preis: 7643 Euro**. Die „alte" FZ6 Fazer (Typ RJ148) leistet nur noch 78 PS und kostet **7232 Euro**; die nackte FZ6 (neuer Typ RJ14B), auch nur mit 78 PS, erhält nun aber auch ABS und wird für **6822 Euro** angeboten.

**2009** Neue FZ6 S2 mit ABS und 98 PS (Typ RJ14D). **Preis: 7495 Euro (7995 Euro für Fazer-Modell).**

**2010** Letztes Baujahr für deutschen Markt. **Preise unverändert.**

## GEBRAUCHT-BERATUNG

# YAMAHA XJ6/DIVERSION

**Muss ein Motorrad eigentlich immer supersexy sein, mit Fahrleistungen protzen und vor Ausstattungs-Highlights strotzen? Keineswegs. Die preisgünstige Yamaha XJ6 mit vitalen 78 PS und unkomplizierter Bodenständigkeit zeigt, wie es auch anders geht.**

Von Thorsten Dentges; Fotos: Gargolov, Hersteller, Jahn

**T**ut und gut – mit dieser einfachen Formel ist die Attraktivität der XJ6 zu erklären, die 2009 das Licht des Marktes erblickte. Das funktionierte schon 18 Jahre zuvor beim extrem erfolgreichen Mittelklasse-Bestseller XJ 600 N/S, der zwölf Jahre im Programm verweilte. Auch dieser versprach weder großartige Fahrleistungen, noch stach er anderweitig großartig hervor, und der Zweiventiler dreht zudem nur zäh hoch. Doch der Erfolg gibt recht – rund 28 000-mal ist die „Olle" heutzutage noch zugelassen. Die deutlich modernere XJ6 mit wassergekühltem Reihenvierer, Einspritzung, auf Wunsch ABS sowie stabilem Fahrwerk verkaufte sich in knapp fünf Jahren immerhin gut 8500-mal. Obwohl von 2004 bis 2010 schon eine um 20 PS stärkere FZ6 die Mittelklasse gut bediente.

Aber die XJ6 ist eine der preisgünstigsten Maschinen im Segment, das ist ein Argument. Die halb und ab 2010 auch voll verschalte XJ6 Diversion/F bietet ordentlichen Windschutz und mit versicherungsgünstigen 78 PS passable Fahrleistungen. Bescheidener Spritkonsum und geringe Unterhaltskosten belasten die Reisekasse wenig – sparsame Tourenfahrer mögen das. Auch die nackte XJ6 ist unkompliziert und flößt unsicheren Einsteigern viel Vertrauen ein, ist deshalb als Fahrschulmaschine sehr beliebt. Auf 34 PS gedrosselt ist sie prima fahrbar, mit 48 PS marschiert sie sogar stramm. Und sie tut immer. Nie Stress, keine Aufregung – alles gut. ■

www.motorradonline.de/gebrauchtberatung

### Test in MOTORRAD

6/2009 (TT), 10/2009 (VT), 15/2009 (VT), 18/2009 (VT), 15/2013 (48-PS-VT); **Diversion:** 11/2009 (T), 14/2009 (VT 25/2010 (LT); **F:** 2/2010 (VT), 16/2010 (VT), 19/2013 (VT)

T = Test, TT = Top-Test, VT = Vergleichstest, LT = Langstreckentest; Nachbestellungen unter 07 11/32 06 88 99 und www.motorradonline.de/downloads

### IM DETAIL

Die XJ6 Diversion hat als Low-Budget-Tourer eine große Anhängerschaft

ABS erhöht enorm die Wiederverkaufschancen. Viele sparsame Erstkäufer hatten auf den Bremsassistenten gegen Aufpreis seinerzeit allerdings verzichtet

Aufgeräumt: gut ablesbares Digitaldisplay mit Tankanzeige, Uhr und zwei Tageskilometerzählern. Harmonisch: Drehzahlmesser mit schickem Ziffernblatt

Verstümmelt? Den Au puff kann man schnel übersehen, zumal der Schalldämpfer eher w ein Sammler aussieht Der dezente Endtopf kommt aber gut an

## BESICHTIGUNG

Die XJ6 gilt als unproblematisches Motorrad. Die Motorkonstruktion hat sich schon im Massenmodell FZ6 beziehungsweise ursprünglich im Sportmodell YFZ-R6 zigtausendfach bewährt, Schwachstellen sind keine bekannt. Vorsicht aber bei gedrosselten Maschinen mit 34 oder 48 PS: Wenn die originären Drosselklappenbetätigungen nicht mehr vorhanden sind (häufig bei 34-PS-Fremdimporten), gibt es diese bisher weder für Geld noch für gute Worte als Ersatzteil. Eine Zurückrüstung auf 78 PS wird dann sehr teuer. Bei den vielen Gebrauchtinseraten wirkt Zubehör als Dreingabe verkaufsfördernd. Für Interessenten gut zu wissen, was bei XJ6-Fans angesagt ist: filigrane Kennzeichenträger (neu ab ca. 80 Euro), Sitzbank- und Hinterradabdeckungen (z. B. von Fechter, ab rund 150 Euro), Seitenkofferset für die Diversion (von Hepco & Becker, um 600 Euro). Selten, aber aufgrund von Sound und geringem Gewicht attraktiv: Auspuffanlage von Leovince (neu: 950 Euro).

## MARKTSITUATION

„Führerschein-Promotion-Preis für Neufahrzeug", „44 km, 1. Hand, wie neu", „Neuwertiges Fahrzeug vom Vertragshändler, 1. Inspektion bereits durchgeführt" – bei solchen Angeboten mit Preisforderungen unter 5500 Euro erklärt sich, warum das vergleichsweise junge Modell als sichtbar gebrauchtes Exemplar mitunter verschleudert wird. Über 5000 Euro wird es für Privatverkäufer also beinahe unmöglich, ihre auch noch so gepflegte, aber eben benutzte XJ6 loszuwerden. So sind es auf gehobenem Preisniveau auch in der deutlichen Mehrheit Händler, die vor allem junge Kunden mit Schnapper-Angeboten locken wollen. Am anderen Ende der

| Preisniveau in Euro | | Baujahre | km-Stand |
|---|---|---|---|
| Niedrig | 3000–3900 | 2009–2010 | 15 000–35 000 |
| Mittel | 4000–4900 | 2009–2011 | 5000–20 000 |
| Hoch | 5000–5900 | 2011–2013 | unter 7500 |
| Typ | | im Programm | Verkäufe |
| RJ19 | | 2009 bis heute | 8422 |

Preisskala, unter 3500 Euro, ist die Auswahl viel kleiner, diese Maschinen sind aber stark gefragt. Höhere Laufleistungen über 30 000 Kilometer sind eher typisch für die Diversion-Modelle, die bevorzugt von Tourenfahrern genutzt werden. Bei guter Pflege werden solche Tachostände von budgetlimitierten Interessenten nicht als Hinderungsgrund zum Kauf empfunden. Wobei: Mit ein paar Hundertern mehr auf Tasche ist die Auswahl an empfehlenswerten XJ6 ungleich größer. Zwischen 4000 und 5000 Euro bieten viele XJ6 aus erster Hand mit Scheckheft und weniger als 10 000 Kilometern auf der Uhr einen hervorragenden Gegenwert. ▶ **Verfügbarkeit am Markt: sehr hoch**

## TECHNISCHE DATEN

### MOTOR
Wassergekühlter Vierzylinder-Viertakt-Reihenmotor, vier Ventile pro Zylinder, Nasssumpfschmierung, Einspritzung, geregelter Katalysator, mechanisch betätigte Mehrscheiben-Ölbadkupplung, Sechsganggetriebe, O-Ring-Kette.
Bohrung x Hub                 65,5 x 44,5 mm
Hubraum                             600 cm³
**Nennleistung**
**57 kW (78 PS) bei 10 000/min**
**Max. Drehmoment 60 Nm bei 8500/min**

### FAHRWERK
Brückenrahmen aus Stahl, Telegabel, Zweiarmschwinge aus Stahl, Zentralfederbein, direkt angelenkt, verstellbare Federbasis, Doppelscheibenbremse vorn, Scheibenbremse hinten, ABS.

Alu-Gussräder              3.50 x 17; 4.50 x 17
Reifen              120/70 ZR 17, 160/60 ZR 17

### MAßE + GEWICHTE
Radstand 1440 mm, Lenkkopfwinkel 64 Grad, Nachlauf 104 mm, Federweg vorn/hinten 130/130 mm, Sitzhöhe* 790 mm, Gewicht vollgetankt* 215 kg, Tankinhalt 17,3 Liter.

### MESSUNGEN
(MOTORRAD 6/2009)
Höchstgeschwindigkeit**                200 km/h
Beschleunigung
0–100 km/h                                       4,0 sek
Durchzug
60–100 km/h                                      5,1 sek
Verbrauch        4,5 l/100 km (Landstraße)

*MOTORRAD-Messungen **Herstellerangabe

**Internet**
Fansites: www.xj6-forum.de; **Gebrauchtangebote:** http://markt.motorradonline.de/bike3958.htm

**Die voll verkleidete „F" wirkt trotz Trainingsanzug als Sportlerin nicht besonders glaubwürdig**

## MODELLPFLEGE

**2009** Markteinführung der Modelle XJ6 und XJ6 Diversion (Halbverkleidung). Typbezeichnung: RJ19. Motor basiert auf dem Vierzylinder der FZ6, wurde aber mit höherer Verdichtung, schlankeren Einlasskanälen und anderen Nockenprofilen auf mehr Drehmoment im unteren und mittleren Drehzahlbereich getrimmt. Lenkerposition verstellbar. ABS gegen Aufpreis von 545 Euro erhältlich. Leistung: 78 PS oder als 34-PS-Drosselvariante. **Preise XJ6/Diversion:** 5950/6350 Euro.

**2010** Das Modell XJ6 Diversion F komplettiert die Modellreihe. Bis auf die Vollverkleidung unterscheidet sich die „F" technisch nicht von der halb verschalten Diversion. In Deutschland wird ausschließlich die ABS-Version angeboten. **Preise:** 6395/6695 Euro (ABS: plus 400 Euro) und 7495 Euro für XJ6 Diversion F ABS.

**2012 Preiserhöhungen:** 6595/6995 Euro (ABS: plus 400/300 Euro) und 7795 Euro für XJ6 Diversion F ABS.

**2013** Kleinere Modellpflegemaßnahmen: geänderte Seitenabdeckungen und neues kompaktes Scheinwerfergehäuse (nur bei XJ6), neue Sozius-Haltebügel, Instrumente mit LED-Beleuchtung, modifizierter Sitzbankbezug, Klarglasblinker. Zudem neues Modell im Programm: XJ6 SP mit zweiteiliger Sitzbank, einigen Teilen in Karbon-Look und schwarz lackierten Rädern. **Preise unverändert** (Preis für XJ6 SP mit ABS: 7395 Euro).

# YAMAHA
# YZF-R6

In ihren ersten Jahren galt die R6 als Inbegriff der Sportlichkeit, doch mit dem Einspritzmodell ab 2003 wurde die 600 fast schon alltagstauglich.

Von Klaus Herder; Fotos: Hersteller

**E**s genügt manchmal schon, dass sich die Umstände ändern, damit man sich selbst ändert. 2003 hießen die neuen Umstände Honda CBR 600 RR und Kawasaki Ninja ZX-6R – zwei radikale Heizgeräte, deren Rennstreckenauftritte dafür sorgten, dass die ursprüngliche Rundstrecken-Königin Yamaha YZF-R6 plötzlich etwas Tourermäßiges hatte. Und das, obwohl die R6 im gleichen Jahr mit neuer Verpackung und praktisch komplett neuer Technik auf Supersportler-Kundenfang ging. Im Premierenjahr verkaufte sich die erste R6 mit Einspritztechnik auch noch sehr gut, doch bereits ein Jahr später brachen die Zahlen ein – die besagten Umstände und für Supersportler-Ohren so schreckliche Testaussagen wie „vergleichsweise bequeme Sitzposition" und „softe, landstraßentaugliche Fahrwerksabstimmung" taten ihr hässliches Werk. Die Yamaha-Verantwortlichen ließen sich nicht beirren und spendierten der R6 eine stetige und meist sehr sinnvolle Modellpflege. So zum Beispiel 2005 eine Upside-down-Gabel und endlich eine klassenübliche Vorderradreifengröße, doch 2006 holten sie dann die ganz große Modellpflege-Keule heraus: alles neu – noch kurzhubigere Auslegung (roter Bereich ab 17500/min!), noch mehr Leistung (127 PS), neuer Rahmen, jede Menge Magnesium- und Titanteile. Alles für einen recht ambitionierten Aufpreis von 1200 Euro. Die Verkaufszahlen zogen kurzfristig an, auf der Rennstrecke war die R6 wieder eine Macht, doch im Alltag passierte unter 8000/min sehr wenig und darüber alles. Mit der liebevollen Modellpflege ging's weiter, doch so richtig aus dem Kreuz kam die superhandliche und top verarbeitete R6 im Neuverkauf nicht mehr. Was aber nichts an ihrer Beliebtheit als Gebrauchte ändert. ■

www.motorradonline.de/gebrauchtberatung

**90 Prozent neue Motorkomponenten: Modell 2003,** mit Einspritztechnik aus der R1

**Noch stärker, noch kurzhubiger, noch drehfreudiger: Modell 2006**

**Tests in MOTORRAD**
25/02 (FB), 1/03 (FB), 3/03 /FB), 4/03 (FB), 6/0 (VT), 11/03 (VT), 10/04 (VT), 13/04 (VT), 19/0 (VT), 24/04 (FB), 1/05 (TT), 4/05 (VT), 11/0 (VT), 24/05 (FB), 3/06 (VT), 6/06 (VT 11/06 (VT), 3/07 (VT), 6/07 (VT), 11/0 (VT), 23/07 (FB), 2/08 (VT), 9/08 (VT 11/08 (VT), 5/09 (VT), 6/09 (VT), 2/10 (T

FB = Fahrbericht, VT = Vergleichstes TT = Top-Test, T = Tes
Nachbestellungen unter Telefon 0711/182-122

**Zu wenig Schräglagenfreiheit? Für R6-Fahrer war das nie ein Thema. Auch nicht beim Modell 2008**

## Details

**Das 2003er-Cockpit mit Schaltblitz. Eine Anzeige unterhalb von 4000/min ist eigentlich entbehrlich, denn darunter geht gar nichts**

**Zeitgeistiger, aber nicht unbedingt übersichtlicher: Das Cockpit wurde 2008 mal wieder neu gestaltet; der rote Bereich liegt noch höher**

**Der 2008er-Motor m variablem Ansaugsystem (zweigeteilte Ansaugtrichter)**

## Besichtigung

Eine kleinvolumige Drehorgel ohne mechanische Macken – gibt's das? Das gibt es tatsächlich, denn die R6 ist **ein Muster an Zuverlässigkeit.** 2001 verlängerte Yamaha die Inspektionsintervalle von 6000 auf 10 000 Kilometer; und seit 2003 gab es nur einen Rückruf (November 2006 wegen Luftfilter-Befestigungsschrauben) – das verrät doch schon Einiges. Probleme mit der R6 sind fast immer hausgemacht, zwei Zielgruppen sind dafür besonders anfällig. Erstens: einige Renntrainings-Junkies, die eine wahre Kunst daraus gemacht haben, Sturzschäden möglichst gekonnt zu verstecken. Sehr gern genommen: erst nach dem Bodenkon-takt montierte Karbon- oder andere Rahmenschützer sowie drittklassige Verkleidungsteile aus Ostblock-Quellen. Zweite Gruppe, bei der der Gebrauchtkäufer etwas genauer hinschauen und nachfragen sollte: Jungspunde, bei denen die R6 in chronisch klammer dritter oder vierter Hand weilt, und die Ausgaben für Öl, Kerzen, Kettensatz und Reifen für übertriebenen Luxus halten. Umkehrschluss: Am besten aus erster Hand kaufen, die unvermeidlichen Umbauten (Auspuff, Blinker, kurzes Heck) auf Ausführung und ggf. Eintragung prüfen. Und sich unbedingt den Original-Schalldämpfer mitgeben lassen – Stichwort Abgasuntersuchung.

## Marktsituation

**Der Bestand ist groß, gute Gebrauchte sind keine Mangel-ware.** Doch die guten und vor allem bezahlbaren Gebrauchten landen nur sehr selten bei Händlern, und wenn sie es ausnahmsweise doch tun, bleiben sie nicht lange stehen. Besonders in der Preislage 4000 bis 6000 Euro könnten die Profis noch viel mehr verkaufen. Vorausgesetzt, die R6 ist weitgehend original, die beliebtesten, unter „Besichtigung" genannten, Umbauten eingeschlossen. Wer nicht mehr als 4000 bis 5000 Euro ausgeben möchte, muss auch beim Privatkauf Zeit mitbringen und ggf. weite Besichtigungsanfahrten in Kauf nehmen, denn selbst die ersten Einspritzer – mittlerweile auch schon acht Jahre alt – haben eine hohe und für Supersportler ungewöhnlich gute Wertstabilität. Unter vier Mille gibt's praktisch nur Sturzschäden und/oder ominöse Angebote aus Polen oder Italien. Wer die radikalere, dafür aber etwas weniger alltagstaugliche 2006er sucht, ist mit mindestens 6000 Euro dabei.

▶ **Verfügbarkeit am Markt: hoch bis sehr hoch**

| Preisniveau in Euro | | Baujahre | km-Stand |
|---|---|---|---|
| Niedrig | 3500–5000 | 2003–2005 | 20 000–40 000 |
| Mittel | 5100–7500 | 2003–2008 | 10 000–25 000 |
| Hoch | 7600–8900 | 2008–2011 | 1000–12 000 |
| **Typ** | | im Programm | Zulassungen |
| RJ05/RJ09 | | 2003–2004 | 3920 |
| RJ095/RJ11 | | 2005–2007 | 5259 |
| RJ15 | | 2008–heute | ca. 3000 |

## Daten  (Typ RJ05; Modelljahr 2003)

### MOTOR

Wassergekühlter Vierzylinder-Viertakt-Reihenmotor, zwei obenliegende, kettengetriebene Nockenwellen, vier Ventile pro Zylinder, Nasssumpfschmierung, Einspritzung, ungeregelter Katalysator mit Sekundärluftsystem, mechanisch betätigte Mehrscheiben-Ölbadkupplung, Sechsganggetriebe, O-Ring-Kette.

| | |
|---|---|
| Bohrung x Hub | 65,5 x 44,5 mm |
| Hubraum | 600 cm³ |
| **Nennleistung** | 86 kW (117 PS) bei 13 000/min |
| **Max. Drehmoment** | 66 Nm bei 12 000/min |

### FAHRWERK

Brückenrahmen aus Aluminium, Telegabel, Zweiarmschwinge aus Aluminium, Zentralfederbein mit Hebelsystem, vorn und hinten verstellbare Federbasis, Zug- und Druckstufendämpfung, Doppelscheibenbremse vorn, Scheibenbremse hinten.

| | |
|---|---|
| Alu-Gussräder | 3.50 x 17; 5.50 x 17 |
| Reifen | 120/60 ZR 17; 180/55 ZR 17 |

### MAßE+GEWICHTE

Radstand 1380 mm, Lenkkopfwinkel 66 Grad, Nachlauf 81 mm, Federweg v/h 120/120 mm, Sitzhöhe* 800 mm, Gewicht vollgetankt* 189 kg, Zuladung* 186 kg, Tankinhalt/Reserve 17/3,5 Liter.

### MESSUNGEN

(MOTORRAD 6/2003)

| | |
|---|---|
| **Höchstgeschwindigkeit**** | 262 km/h |
| **Beschleunigung** | |
| 0–100 km/h | 3,1 sek |
| **Durchzug** | |
| 60–140 km/h | 9,3 sek |
| **Verbrauch** | 5,1 l/100 km (Landstraße) |

*MOTORRAD-Messungen; **Herstellerangabe

**Internet**

**Fan-Seiten:** www.r6club.de; www.r1-forum.de (auf R6-Forum weiterklicken)

**Gebrauchtangebote:** http://markt.motorradonline.de

## Modellpflege

chick unter Schale: Ab 2003 bestehen Rahmen und Schwinge aus Alu-Druckguss – leichter und stabiler als das Strangmaterial der Vorgängerin

**2003** Erste R6 mit Einspritzung, komplett überarbeiteter Motor (90 Prozent der Teile neu); Getriebe modifiziert; neu: Rahmen, Tank, Räder, Federelemente. Preis: 9995 Euro. Zulassungen in D: 2380 Stück.

**2004** Auspuffendtopf modifiziert; Zündbox auf Auspuff abgestimmt. Preis: 9995 Euro. Zulassungen in D: 1540 Stück.

**2005** Upside-down- statt konventioneller Telegabel; Federbein modifiziert; Vorderradreifen 120/70 ZR 17; Radialbremspumpe; Bremsscheiben 310 statt 298 mm, Drosselgehäuse 40 statt 38 mm; Sondermodell R46 im Rossi-Design mit Termignoni-Auspuff (1000 Euro Aufpreis). Preis: 9995 Euro. Zulassungen in D: 1506 Stück.

**2006** Komplett neues Modell; u.a. neu: Auspuff mit G-Kat, Federelemente, Rahmen; Anti-Hopping-Kupplung, Titanventile; Bohrung/Hub 67 x 42,5 statt 65,5 x 44,5 mm; Einspritzung überarbeitet. Preis: 11 195 Euro. Zulassungen in D: 2217 Stück.

**2007** Keine Änderungen. Preis: 11 315 Euro. Zulassungen in D: 1536 Stück.

**2008** Elektronisch gesteuerte variable Ansauglängen; Kolbenform geändert; Hauptrahmen neu, Heckrahmen aus Magnesium; neue Schwinge; Sitzposition um fünf Millimeter nach vorn verlagert; Federbein überarbeitet; neue Verkleidungsteile mit neuen Spiegeln; Cockpit neu; Bremsscheiben vorn um 0,5 auf fünf Millimeter verstärkt. Preis: 11 295 Euro. Zulassungen in D: 1271 Stück.

**2009** Keine Änderungen. Preis: 12 550 Euro. Zulassungen in D: 853 Stück.

**2010** Neu programmiertes Motormanagement; Endschalldämpfer modifiziert. Preis: 11 995 Euro. Zulassungen in D: 452 Stück.

**2012** Preis: 12 250 Euro.

# YAMAHA **XVS 650** DRAG STAR

**Über 15 000-mal auf deutschen Straßen unterwegs –
in der Chopper-/Cruiser-Klasse mischt die chromblitzende
Mittelgewichtlerin XVS 650 kräftig mit.**

Nicht alles, was glänzt, ist Gold. Gleichwohl ließ sich Mitte der Neunziger, noch während des großen Cruiser- und Chopper-Booms (von 1985 bis 1995 hatte sich die Zahl der Verkäufe in diesem Segment vervierfacht), fast alles, was chromglänzend daherkam, zu Geld machen. Bei Yamaha klingelte es seinerzeit aufgrund des enorm erfolgreichen Bestsellers XV 535 Virago mächtig in der Kasse, und auch der pompöse Großcruiser XVZ 1300 Royal Star ließ sich gut an den Mann bringen. Aber nicht so gut an die Frau und auch nicht an den kleinen Mann. Zu teuer und außerdem für viele Einsteiger eine Nummer zu groß. Ein Cruiser im Mittelgewicht musste also her, mit Auftritt und Showtalent wie ein Schwergewicht. Niedrige Sitzhöhe, Starrrahmen-Look, breiter Hinterschlappen und ein beinahe schon abstrus langer Radstand von 1,61 Meter – bei ihrem Debüt 1997 konnte die Drag Star getaufte 650er selbstbewusst neben der Royal Star auftreten. „Stoischen Geradeauslauf" garantierte Hersteller Yamaha. Das stimmt, dafür ist das lediglich 40 PS starke und 231 Kilogramm schwere Bike etwas schwerfällig. Das noch „cruiserige", schwerere Classic-Modell, das ihm 1998 zur Seite gestellt wurde, noch träger. Dennoch lässt sich auch heute noch mit der wertstabilen, 2007 aus dem Programm verabschiedeten Yamaha als Gebrauchte Geld machen. Offensichtlich gibt es genügend Interessenten, die ausschließlich mit Bauch und Auge entscheiden. Und wenn das Chrom so richtig glänzt, lässt man sich von der hübschen Drag Star gerne blenden.

**Tests in MOTORRAD**
XVS 650 Drag Star: 1/1997 (T), 3/1997 (VT), 8/1997 (34-PS-VT), 15/1997 (Einsteiger-VT), 20/1999 (LT), 11/2000 (VT)
XVS 650 Drag Star Classic: 7/1998 (VT), 22/1999 (VT)
LT=Langstreckentest, T=Test, VT=Vergleichstest;
Nachbestellungen unter Telefon 07 11/1 82-12 29

**Internet**
**Fansites:** www.dragstars.net, www.stars-and-wings.de
**Gebrauchtangebote:**
http://markt.motorradonline.de/bike343.htm (XVS 650 Drag Star)
http://markt.motorradonline.de/bike864.htm (XVS 650 Drag Star Classic)

## Details

**Das hat Stil: Tank und Tacho als Einheit. Aus Fahrerperspektive wirkt der Mittelklasse-Cruiser so ansprechend wie seine Vorbilder aus Milwaukee, USA**

**Grund, sich zu verstecken: Das Zentralfederbein mit lediglich 86 Millimeter Federweg bietet nur spärlichen Fahrkomfort**

**Bilderbuch-V2: Sound und Leistung sind zwar eher pfui, das Aussehen aber so hui, dass viele Cruiser-Fans der XVS 650 den Zuschlag geben**

**Straight: Die geraden Auspuffrohre sehen genretypisch klasse aus, sind jedoch sehr vibrationsanfällig, das Innenleben rüttelt sich gerne mal los**

**Offen laufende Kardanwelle, Dreieckschwinge aus schlankem Stahlrohr, cooler Starrrahmen-Look – sehr stilsicher von Yamaha gewählt**

## Besichtigung

**Viel Chrom – viel putzen.** Diese einfache Regel gilt für Chopper und Cruiser, und deren strikte Einhaltung deutet auf insgesamt gute Pflege des Fahrzeugs hin. Glänzen etwa die zeitaufwendig zu reinigenden Drahtspeichen, ist das ein positives Zeichen. Während der Probefahrt alle Gänge durchschalten und auf heulende Geräusche achten, denn ein Getriebeschaden zieht hohe Folgekosten nach sich. Zumindest im MOTORRAD-Langstreckentest erwiesen sich an der Testmaschine ein Gangrad und das Kegelrad des Kardans am Getriebeausgang als wenig ausdauernd. Auch wenn Berichten von Händlern und Werkstätten zufolge die XVS-650-Modelle als zuverlässig gelten, sollten Interessenten auf undichte Gabeldichtringe und Vibrationsschäden, etwa an der Auspuffanlage, acht geben. Außerdem alle Lager prüfen, denn manche Besitzer reinigen ihre Maschine zu unbedarft mit dem Dampfstrahler. Als Zubehör gefragt und deshalb beim Verkauf preissteigernd: Chrom-Zierteile, Satteltaschen sowie eine Cockpitscheibe.

## Marktsituation

**Auffallend groß ist das Angebot** der Baujahre 1997 bis 1999, was ganz profan damit zusammenhängt, dass in diesen drei Jahren über die Hälfte aller XVS 650 verkauft wurde. Die Preise richten sich in erster Linie nach dem Pflegezustand, gefragt sind chromblitzende, nachweislich werkstattgepflegte Exemplare mit weniger als 20 000 Kilometern um die 3800 Euro, die „Classic" ist im direkten Vergleich etwas beliebter (und teurer). Neuere Fahrzeuge ab 2003 werden seltener inseriert, sind vergleichsweise teuer und werden

| Preisniveau in Euro | | Baujahre | Km-Stand |
|---|---|---|---|
| **Niedrig** | 2500 – 4000 | 1997–1999 | 20 000 – 50 000 |
| **Mittel** | 3500 – 4400 | 1999–2003 | 10 000 – 30 000 |
| **Hoch** | 4500 – 5500 | 2003–2007 | 3000 – 15 000 |
| **Modell** | | **im Programm** | **Verkäufe** |
| **XVS 650/A** | | 1997–2007 | 25 301* |

*Stand: September 2008

überwiegend von Vertragshändlern angeboten. Bei Privatanbietern sind oft interessantere Offerten auszumachen, etwa wenn ein Wiedereinsteiger (bei der XVS keine Seltenheit) seine Maschine losschlagen möchte, um auf eine größere umzusatteln, und zu Preisverhandlungen bereit ist. ▶ **Verfügbarkeit auf dem Markt: hoch**

## Daten  (Typ 4VR/XR; Modelljahr 1997)

### MOTOR

Luftgekühlter Zweizylinder-Viertakt-70-Grad-V-Motor, zwei Ventile pro Zylinder, Nasssumpfschmierung, Vergaser, keine Abgasreinigung, mechanisch betätigte Mehrscheiben-Ölbadkupplung, Fünfganggetriebe, Kardan.

| | |
|---|---|
| Bohrung x Hub | 81 x 63 mm |
| Hubraum | 649 cm³ |

**Nennleistung**
**29 kW (40 PS) bei 6500/min**
**Max. Drehmoment**
**51 Nm bei 3000/min**

### FAHRWERK

Doppelschleifenrahmen aus Stahl, Telegabel, Dreieckschwinge aus Stahl, Zentralfederbein, direkt angelenkt, verstellbare Federbasis, Scheibenbremse vorn und hinten.

| | |
|---|---|
| Drahtspeichenräder | 2.50 x 19; 3.50 x 15 |
| Reifen | 100/90 S 19; 170/80 S 15 |

### MASSE + GEWICHTE

Radstand 1610 mm, Lenkkopfwinkel 52 Grad, Nachlauf 153 mm, Federweg v/h 140/86 mm, Sitzhöhe* 680 mm, Gewicht vollgetankt* 231 kg, Zuladung* 176 kg, Tankinhalt/Reserve 16/3 Liter.

### FAHRLEISTUNGEN

(MOTORRAD 1/1997)

| | |
|---|---|
| **Höchstgeschwindigkeit** | **147 km/h** |
| **Beschleunigung** | |
| 0–100 km/h | 7,3 sek |

| | |
|---|---|
| **Durchzug** | |
| 60–100 km/h | 7,5 sek |
| Verbrauch | 4,9 l/100 km (Landstraße), |
| | 6,9 l/100 km (bei 130 km/h), Normal |

*MOTORRAD-Messungen

## Modellpflege

**1997** Parallel zur erfolgreichen XV 535 Virago schickt Yamaha den Cruiser XVS 650 Drag Star (Typ 4VR/XR) mit artverwandtem Motor für 11 990 Mark (6117 Euro) mit 34 und 40 PS auf den Markt.

**1998** Debüt der XVS 650 A Drag Star Classic (Typ VM02). Die Neue kostet 13 790 Mark (7035 Euro), wiegt 14 Kilogramm mehr als die Standard-XVS-650 und unterscheidet sich durch Stahlblech-Kotflügel, umhüllte Gabelstandrohre, ein 16- statt 19-Zoll-Vorderrad, 130er- statt 100er-Reifen vorn sowie aufgepolsterte Sitzkissen. Beide Modelle erhalten verchromte Motorseitendeckel und ein Sekundärluftsystem.

**2001** Modellpflege XVS 650: modifizierter Bremszylinder vorn, größere Bremsscheibe und Sintermetallbeläge, Gabelprotektoren, Scheinwerfer geändert, Fußrastenposition um drei Zentimeter nach hinten verlegt. Modellpflege Classic: Trittbretter mit Schaltwippe, neuer Lenker und neue Armaturen, geänderte Bremsbeläge. Preise (beide jetzt Typ VM03): 14 300 Mark (7295 Euro) und für Classic 15 700 Mark (8010 Euro).

**2003** Die Standard-XVS-650 wird für 6490 Euro angeboten und am Jahresende aus dem Programm genommen.

**2004** Die Classic (Typ VM04) kostet 7495 Euro, fährt mit neuen Schalldämpfern und ungeregelten Katalysatoren auf (wegen Euro-2-Norm). Weitere Neuerungen: Wegfahrsperre, Warnblinklichtanlage, anders geformte Sitzbank.

**2007** Zum letzten Mal im Programm für 7007 Euro.

**Die Modellvariante „Classic" tritt üppiger auf und spricht Cruiser-Fans noch gezielter an**

Gebrauchtberatung Yamaha XTZ 750 Super Ténéré

# EINMAL
## SUPER, BITTE!

**Yamahas bisher größte Enduro: ein Verkaufsflop. Gebrauchtkäufer, die kleine Schwächen verkraften oder gar ausmerzen können, lassen sich davon nicht abschrecken. Sie finden ihre Ténéré super.**

**Rost ade durch Edelstahlkrümmer (links). Eigenkonstruktion: Luftschlitze leiten kühlende Luft zum empfindlichen Lima-Regler**

**Dicke Metall-Unterlagscheiben ersetzen die Gummilagerung des Lenkers. Nun lenkt sich die XTZ 750 direkter**

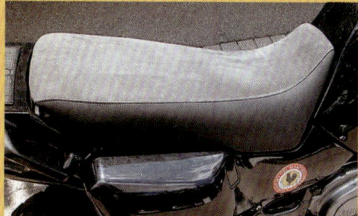

**Maßarbeit vom Spezialisten (Albig Throne, Telefon 0 70 32/7 45 87): Alcantara-Sitzbank mit mehr Fläche**

Text und Fotos von Thorsten Dentges

**D**ie Frage nach einem Super-Ténéré-Besitzer, der viele Erfahrungen mit diesem Modell gesammelt habe, wurde in der Motorrad-Redaktion mit einem süffisanten Lächeln beantwortet: „Suppen-Tätärä? Geh' mal zum Bangemann, der wird dir einiges erzählen können." Seltsame Andeutungen ließen vermuten, Kollege Bangemann sei wohl nicht so glücklich mit seinem Gebrauchtkauf.

Christian Bangemann ist Testredakteur bei der Zeitschrift auto, motor und sport, schreibt also gerne über motorisierte Fahrzeuge, bastelt aber noch lieber an ihnen herum. Ein Kenner und versierter Schrau-

ber. In der Garage parkt ein weißer VW Käfer von 1969 mit selbst getunten 79 PS unter der Haube, an dem es immer etwas zu warten gibt. Die Yamaha steht draußen unter einer schmucklosen Regenschutzhaube. „Meine vorherigen Motorräder waren diverse Yamaha XT. Die Super Ténéré habe ich mir eigentlich zugelegt, weil ich ein stressfreies Motorrad haben wollte", erklärt Bangemann, holt Luft und erzählt weiter: „Und genau das ist sie."

Wie, was jetzt? Kein Leidensepos, keine düsteren Geschichten von Pleiten und Pannen? „Nein, ich bin zufrieden." Nichts zu schrauben gehabt? Bangemann schweigt. Etwa ein Sekunde lang. Dann: „Doch klar. Als ich sie 2000 gekauft habe, stand sie schon länger, und die Bremskolben waren festgegammelt. Da besorgte ich dann aber gleich ein spezielles Austausch-Set von Kedo, und seitdem funktioniert die Bremse einwandfrei. Bei der Gelegenheit bin ich natürlich sofort auf Stahlflex-Leitungen umgestiegen. Ich meine, ist doch sinnvoll, wenn man schon mal bei den Bremsen dabei ist.

Die Gabel war mir vorne viel zu weich, also habe ich nicht lange gewartet, sondern härtere Federn von White Power bestellt – wobei das eigentlich egal ist, die anderen tun's genauso gut – sowie das Original-Federbein ganz vorgespannt, und jetzt ist alles astrein. Ach ja, und schließlich hat mich diese Gummilagerung des Lenkers mächtig gestört, weil man ja gar kein Gefühl für die Straße bekommt. Die Gummis mussten runter und wurden durch passende Metallscheiben ersetzt, nun fährt es sich anständig. So, das waren die Sachen, die ich direkt nach dem Kauf des Motorrads gemacht habe, aber dann ging's ja noch weiter."

Stopp! Langsam! Jetzt bitte zum Mitschreiben: Christian Bangemann hatte ein 1991er-Modell im Jahr 2000 mit 26 000 Kilometer Laufleistung für 4800 Mark erworben. Heute, vier Jahre später und nach etwa noch mal so viel Kilometern, steht das Motorrad komplett anders da als beim damaligen Kauf. Besser. Die anfänglichen notwendigen Schraubmaßnahmen reichten dem Perfektionisten nicht aus. Er besorgte sich einen breiteren, weil langlebigeren 530er-Kettensatz; und um besser im Stehen fahren zu können, gab es für den Lenker eine spezielle Erhöhung von Touratech (Telefon 0 77 28/92 79-0 oder im Internet unter www. Touratech.de).

Eine bequemere Sitzbank aus Alcantara ließ er sich bei einem Sattler maßfertigen. Einer typischen Super-Ténéré-Schwachstelle, der Überhitzung des Lichtmaschinenreglers, kam er mit einer Eigenbau-Lösung bei. Er schnitt in die linke Seitenverkleidung zwei kleine Aussparungen, sodass der Fahrtwind zur Kühlung direkt auf den Regler strömt. Seitdem gab es keine Probleme mehr.

**MOTORRAD**-CHECKPOINT **YAMAHA XTZ 750 SUPER TÉNÉRÉ**

Nach einem Unfall hatte der mittlerweile überzeugte Super-Ténérist endlich einen Grund, sich um die in seinen Augen grässliche Originallackierung zu kümmern. Nun glänzt die XTZ in dezentem Schwarz, unterbrochen vom Chrom-Silber der massigen Sturzbügel. Die schnell rostende Auspuffanlage wollte zum Gesamtbild nicht recht passen, deshalb kamen Edelstahlkrümmer und ein schlanker Sportauspuff ans Motorrad. Letzterer harmonierte jedoch überhaupt nicht mit der Vergaserabstimmung, Bangemann griff reumütig wieder auf den Serientopf zurück.

Stichwort Vergaserabstimmung: An ihr hat sich der Hobby-Schrauber vergebens versucht. Selbst schlaue Tipps aus einem engagiert geführten Internetforum halfen nicht weiter. Doch Bangemann, der sonst alles am Fahrzeug selbst macht, sogar die zeitaufwendige Ventilspieleinstellung, wollte einfach nicht wahrhaben, dass diese Aufgabe eine Nummer zu groß ist.

Nun erklärt sich auch das süffisante Lächeln der Kollegen zum Thema „Bangemann und seine Suppen-Tätärä". Rückblickend erinnert sich der Testredakteur an diverse Alpentouren, als er bei jeder Pause an den Vergasern rumfummelte und die Bergwelt mit widerhallenden Kraftausdrücken verzückte. Letztlich überließ er seine Maschine dann doch einer Fachwerkstatt. Seitdem läuft der Motor rund und verbraucht über einen Liter weniger Benzin.

„Die Yamaha verursacht jetzt keinen Stress mehr. Ein super Motorrad für große Menschen, die sich auf der Straße mit dem Platzangebot einer Enduro am wohlsten fühlen. Perfekt für mehr als einsneunzig", versichert Bangemann. Fast perfekt, denn zum Kontrollieren der Zündkerzen müsse man das halbe Motorrad auseinander nehmen. „Dann wünsche ich mir manchmal eine BMW GS. Aber nur dann." ∎

## MODELLGESCHICHTE

Zitat aus MOTORRAD, Ausgabe 2/1989: „Nicht jeder Versuch, frühere Erfolge fortzusetzen, gelingt. Wetten, dass die Super Ténéré es schafft?" Die Prognose schien berechtigt, immerhin lag die Riesen-Enduro mit ihrem zu jener Zeit hochmodernen Paralleltwin leistungsmäßig deutlich vor der Konkurrenz. Außerdem zierte sie der prestigeträchtige Namenszusatz „Ténéré", der abenteuerliches Reisen verhieß. Müsste also alles gut laufen. Dachten seinerzeit auch die Yamaha-Jungs.

Es kam anders. Von 1989 bis zum letzten Baujahr 1996 verkaufte sich die 750er in Deutschland nur schleppend (bestes Jahr war 1991 mit gerade mal 767 verkauften Stück), während zeitgleich Africa Twin und GS wie warme Semmeln weggingen. Und was kauften die XT-600-Fans? Die meisten hielten ihren Eintöpfen die Treue, weil die Super Ténéré auf unbefestigten Wegen nicht so sauber war, wie von vielen erhofft. Auf der Straße machte sie hingegen eine bessere Figur. Letztlich fand die XTZ 750 eine treue Klientel, die sich mit den Allrounder-Eigenschaften anfreundete, obwohl das Motorrad in den meisten Vergleichstests hinterherhinkte. MOTORRAD-Tester Werner Koch kommentierte 1990 den letzten Vergleichstest-Platz: „Werden die Schwachstellen ausgemerzt, kann aus der Super Ténéré sicher noch eine super Reisemaschine werden."

Yamaha hatte schon im gleichen Jahr unter anderem den hinteren Teil des Rahmens verstärkt, sorgte bei der Soziusfußrasten für mehr Komfort und modifizierte die Kupplung für eine bessere Schaltbarkeit. Kritikpunkte aber weiterhin: Bremsen, Fahrwerk, Lenkung, Ölkontrolle. Abgesehen von Design-Retuschen tat sich allerdings bis zum Produktionsende 1996 nicht mehr viel. Triumphs Tiger übernahm 1993 von der Super Ténéré die Krone der leistungsstärksten Enduro, Honda renovierte im gleichen Jahr die Africa Twin sicht- und spürbar, und BMW brachte 1994 den Verkaufsschlager R 1100 GS heraus.

So wundert wenig, dass aus Yamahas bisher größter Enduro kein Bestseller wurde. Sie fristete auf dem Markt ein Schattendasein. In einem Test-Fazit von 1993 heißt es lapidar: „Wer nichts verändert, kann auch nichts schlechter machen. Ansonsten ist die Yamaha ein gutmütiger Reiseuntersatz zum günstigen Preis mit Soziusqualitäten." Seit dem Abverkauf 1997 gibt es die Super Ténéré nur noch auf dem Gebrauchtmarkt. Viele Besitzer haben an ihrer Maschine die meisten Schwachstellen beseitigt und

bewiesen, dass die XTZ 750 mehr ist als lediglich eine gutmütige Reisebegleiterin. Nun gibt es Gerüchte um eine neue Ténéré: mit 1000 cm³ Hubraum und über 100 PS (siehe MOTORRAD 14/2004). Die würde erfolgreich sein. Wetten, dass...?

## MARKTSITUATION

Sie wollen eine Super Ténéré mit wenig Laufleistung, am liebsten eines der letzten Modelle? Dann wenden Sie sich bitte an einen Privatdetektiv, der Ihnen bei der Recherche hilft. Denn derartige Angebote verstecken sich regelrecht vor den Käufern. Insgesamt wurden in Deutschland nur rund 4500 Maschinen verkauft, von denen sich eine nicht unbeträchtliche Zahl wahrscheinlich noch in erster Hand befindet. Die Suche ist aber nicht hoffnungslos und lohnt sich. Über den Gebrauchtfahrzeugmarkt auf der Yamaha-Homepage (www.yamaha-motor.de) etwa bot zu Redaktionsschluss ein Händler aus Franken zwei 1998er-Erstzulassungen mit nur wenigen tausend Kilometern für jeweils 5500 Euro an, und im sächsischen Dohna wäre ein 1995er-Modell mit lediglich 10 000 Kilometern auf der Uhr für knapp unter 4000 Euro zu haben gewesen.

Ansonsten gilt die Regel, dass gebrauchte Yamaha XTZ 750 tatsächlich auch viel gebraucht wurden, bevor sie zum Verkauf stehen. Die meisten Angebote sind fast unabhängig vom Baujahr 30 000 bis 60 000 Kilometer gelaufen und sollen 2000 bis 3000 Euro kosten. Dieses Preisniveau deckt sich ungefähr mit den Empfehlungen der Schwacke-Liste. Danach müsste ein 1994er-Modell mit rund 50 000 Kilometer Laufleistung rund 2500 Euro kosten, eine Super-Ténéré, Erstzulassung 1997, mit gleichen Eckdaten zirka 3000 Euro. Wichtiger als das Baujahr sind für die Preisgestaltung des Pflegezustand des Motorrads sowie sinnvolle Veränderungen und Zubehörteile. Für eine gut ausgestattete Maschine sollte man mindestens 3000 Euro veranschlagen. Dafür kriegt man dann einen guten Gegenwert, denn eine fürsorglich behandelte XTZ 750 macht auch noch mit einigen Jahren und vielen Kilometern auf dem Buckel eine sehr gute Figur.

## BESICHTIGUNG

Die Super Ténéré hat Schwachstellen. Das Schöne daran: Sie lassen sich beseitigen. Wie im hier beschriebenen Beispiel können sinnvolles Zubehör und einige Schrauberei aus der XTZ 750 ein fast per-

**1989** **1990** **1993**

Herzstück der Super Ténéré ist ihr kräftiger Paralleltwin. Er blieb unverändert. Der Rest der XTZ 750 erfuhr kleinere Modifikationen

fektes Motorrad für Reise und Alltag machen. Der Motor bietet selten Anlass zur Klage und erzielt oft Laufleistungen jenseits von 100 000 Kilometern. Das angegebene Intervall zum Einstellen der fünf Ventile pro Zylinder ist mit 42 000 Kilometern sehr optimistisch. Super-Ténéré-Kenner empfehlen, schon nach 24 000, spätestens nach 36 000 Kilometern das Ventilspiel zu prüfen.

In der normalen Abstimmung rinnt überdurchschnittlich viel Benzin durch die Vergaser der XTZ 750, und auf Nachrüst-Schalldämpfer reagieren sie empfindlich. Mit der untersten Düsennadel-Stellung sinkt der Verbrauch nach Erfahrungen von MOTORRAD

immerhin um einen Liter. Viele Fahrer bevorzugen die in Deutschland nicht legale Schweizer Bedüsung, die Yamaha wegen Überfetten bei Passfahrten anbot. Auch beliebt: eine Bedüsung von Dynojet im Verbund mit einem K&N-Luftfilter. Entsprechende Kits gibt's beim größten Anbieter von XTZ-750-Ersatzteilen, Kedo in Hamburg (Telefon 07 00/22 55 53 36, www.kedo.de). Wichtig ist eine fachgerechte Einstellung, die man im Zweifelsfall besser einem Profi überlassen sollte. Bei der Besichtigung darf eine ausgiebige Probefahrt nicht fehlen: Ein unrunder Motorlauf und starke Lastwechselreaktionen deuten auf eine falsche Vergasereinstellung hin.

Der Lichtmaschinenregler bei älteren Baujahren überhitzt gerne. Regler ab Baujahr 1993 oder von der TDM 850 scheinen standfester zu sein. Bastler unterlegen das empfindliche Bauteil mit zusätzlichen Kühlrippen-Platten, die es im Elektronik-fachhandel gibt.

Gebrauchtmaschinen, bei denen sich der Vorbesitzer um die Beseitigung der kleinen Mängel schon selbst gekümmert hat und eventuell sogar härtere Gabelfedern, Heizgriffe oder ähnliches mit anbietet, empfehlen sich. Wer gerne selber schraubt, findet wertvolle Tipps im Forum des Ténéré- und Enduro-Clubs Rhein-Neckar unter www.tenere.de.

## DATEN

Yamaha XTZ 750 Super Ténéré
(Typ 3LD)

### ■ Motor

Wassergekühlter Zweizylinder-Viertakt-Reihenmotor, zwei oben liegende, kettengetriebene Nockenwellen, fünf Ventile pro Zylinder, Tassenstößel, Trockensumpfschmierung, keine Abgasreinigung, zwei Gleichdruckvergaser, Ø 38 mm, Transistorzündung, Lichtmaschine 350 Watt, Batterie 12 V/14 Ah, mechanisch betätigte

Mehrscheiben-Ölbadkupplung, Fünfganggetriebe, O-Ring-Kette.

| | |
|---|---|
| Bohrung x Hub | 87 x 63 mm |
| Hubraum | 749 cm³ |
| Verdichtungsverhältnis | 9,5:1 |

### Nennleistung
51 kW (69 PS) bei 7500/min

### Max. Drehmoment
67 Nm bei 6750/min

### ■ Fahrwerk

Doppelschleifenrahmen aus Stahl, Telegabel, Ø 43 mm, Zweiarmschwinge aus Aluminium, Zentralfederbein, ver-

stellbare Federbasis, Doppelscheibenbremse vorn, Ø 245 mm, Zweikolben-Schwimmsattel, Einscheibenbremse hinten, Ø 245 mm, Zweikolben-Schwimmsattel.

| | |
|---|---|
| Alu-Gussräder | 1.85-21; 3.00-17 |
| Reifen | 90/90 H 21, 140/80 H 17 |

### ■ Maße und Gewichte

Radstand 1515 mm, Lenkkopfwinkel 63,5 Grad, Nachlauf 101 mm, Federweg v/h 235/215 mm, Sitzhöhe 865 mm, Gewicht vollgetankt 235 kg, Zuladung 175 kg, Tankinhalt/Reserve 26/5 Liter.

## MESSUNGEN
(MOTORRAD 13/1993)

### ■ Fahrleistungen

| | |
|---|---|
| Höchstgeschwindigkeit | 173 km/h |

### Beschleunigung

| | |
|---|---|
| 0–100 km/h | 4,9 sek |
| 0–140 km/h | 9,8 sek |

### Durchzug

| | |
|---|---|
| 60–120 km/h | 9,9 sek |
| 60–140 km/h | 14,9 sek |

### ■ Verbrauch
6 bis 9,3 l/100 km, Normalbenzin

## MODELLCHRONIK

**1989** Markteinführung zum Preis von 12 380 Mark

**1990** Geänderter Kupplungskorb und -zug sowie Ölabscheider der Kurbelgehäuse-Entlüftung, Heckrahmen verstärkt, Spritzschutz für unteres Federbeinauge und die Tachowelle, geänderte Bremsleitung vorne, modifizierte Fahrerfußrasten und Fußbremshebel, Soziusrasten 25 Millimeter nach vorn und 100 Millimeter tiefer gelegt, kein Doppelfernlicht mehr

**1993** Rahmen bekommt andere Farbe, modifizierter Schalter für die Lichthupe

**1996** Produktionsende

### Tests in MOTORRAD*

12/1993 (VT), 14 /1992 (VT), 14/1990 (VT), 10/1990 (LT), 10/1989 (VT), 08/1989 (T).

* T = Test, VT = Vergleichstest; LT= Langstreckentest; Nachbestellungen unter Telefon 07 11/1 82-12 29

Fotos: gad (1), Hartmann (1), Yamaha (2), Archiv

**Selten Freunde: Wüstenfahrer und Super Ténéré. Wegen eines ausladenden Auspuffs wenig anschmiegsam: der Koffer**

# YAMAHA
# TDM 900

**Ein unkonventioneller Mix aus Enduro und Tourenbike: Die TDM wollte in keine Schublade passen und schuf gleich eine eigene Klasse. Kann der Allrounder als Gebrauchte überzeugen?**

Von Jörg Lohse; Fotos: Jahn (2), Yamaha

**A**ufsitzen, starten, losfahren. TDM fahren kann nach Testers Meinung so einfach sein. 1992 stellt Yamaha die 850er auf die Räder, quasi einen Straßenableger der wüstentauglichen Super Ténéré. BMW kommt mit der genreverwandten Vierventil-GS erst zwei Jahre später zu Potte. Doch den Zeitvorsprung können die Japaner in der Verkaufsstatistik nicht wirklich ausnutzen. Immerhin werden rund 14 500 Exemplare von der TDM 850 abgesetzt. Das deutlich ausgereiftere Nachfolgemodell TDM 900, das seit mittlerweile zehn Jahren im Handel ist, dümpelt aber immer noch unter der 5000er-Marke. Fragt man sich: Wo hapert's denn bei dem einfachen Rezept? Am Preis sicherlich nicht. Ähnlich konzipierte Allrounder kosten im Laden zum Teil 2000 Euro mehr. Wirkliche Schwächen sind dem 900er-Reihentwin mit charismatischem, aber technisch sinnfreiem 270-Grad-Hubzapfenversatz weder im Top-Test noch bei Vergleichstests attestiert worden. Allerdings bleibt auf der anderen Seite auch euphorischer Jubel aus. Unterm Strich präsentiert sich die Yamaha als ein hochfunktionales Fahrzeug, das sich ausgeglichen über Landstraßen und Langstrecken bewegen lässt. Das sich bei moderater Gangart mit vier Litern auf 100 Kilometer begnügt und so gewaltige Nonstop-Törns von über 450 Kilometern möglich macht. Mit ihrer erstklassigen Bremsanlage – die Zangen kommen aus dem Teileregal für den Supersportler R1 – fulminante Verzögerungswerte liefert; ab 2005 sogar serienmäßig mit ABS ausgestattet ist (erkennbar an der Modellbezeichnung TDM 900 A). Dafür muss man aber die auffällig passive Sitzhaltung in Kauf nehmen, mit der sich aktivere Fahrer nur schwer anfreunden können, die harschen Lastwechsel wegstecken oder das teils unsensible Ansprechverhalten der in der ersten Generation (bis 2004) auffällig unterdämpften Federelemente verdauen.

**Tests in MOTORRAD**
4/2002 (TT), 5/2002 (VT), 12/2003 (KV), 07/2005 (FB, ABS-Version), 24/2005 (KV), 21/2006 (VT), 9/2009 (KV, Reise)
FB = Fahrbericht, KV = Konzeptvergleich, TT = Top-Test, VT = Vergleichstest
Nachbestellungen unter Telefon 07 11/1 82-12 29

## IM DETAIL

**2002 löst die TDM 900 die 850er ab. 86 PS stark, neu verpackt, mit Alu-Rahmen**

**Die Instrumentierung ist komplett ausgestattet und punktet durch eine gute Ablesbarkeit. Die Modelle ab 2005 besitzen eine ABS-Warnlampe**

**Rücksicht auf die LED-lose Technik der vergangenen zehn Jahre. Überhaupt halten sich die TDM-Fahrer bei optischen Tuningmaßnahmen zurück**

**Ankerkunde: Die Bremszangen stammen von der supersportlichen R1. Ab Modelljahr 2005 wird die TDM ausschließli mit ABS angeboten**

## BESICHTIGUNG

Technisch fit, solide verarbeitet, gut gepflegt: Die TDM 900 gilt im Gebrauchthandel als problemlos – frei von Tücken oder bösen Überraschungen. Der Motor ist ein standfester Dauerläufer. Angebote aus erster oder zweiter Hand mit 50 000 Kilometern auf dem Tacho sind bei dem Twin keine Seltenheit. Die gern kritisierten Lastwechsel werden durch relativ früh verschleißende Ruckdämpfer im Hinterrad verstärkt. Die Probefahrt klärt, ob Handlungsbedarf besteht. Zweiter Check: Mit leicht angelegten Bremsbelägen prüfen, ob die vorderen Bremsscheiben verzogen sind. 2006 stand neben der TDM 900 bei weiteren Yamaha-Modellen ein groß angelegter Austausch defekter Drosselklappensensoren an. Da manche Händler in diesem Zusammenhang von einem „Kommunikationsfiasko" bei Yamaha sprechen, sollte der Punkt auf jeden Fall im Rahmen des Verkaufsgesprächs geklärt werden. Rostbefall dürfte bei der generell sauber verarbeiteten TDM kein Thema sein.

## MARKTSITUATION

Gebrauchtinteressenten müssen sich mit der Tatsache anfreunden, dass die Stückzahl der TDM 900 trotz ihrer inzwischen langen Bauzeit von zehn Jahren recht überschaubar ist. Zum entsprechend geringen Angebot gesellt sich aber eine deutlich höhere Nachfrage. Besonders gefragt sind junge Gebrauchte (ab Baujahr 2008) um die 5000 Euro. Die erste Generation des Yamaha-Twins ist auf den üblichen Gebraucht-Handelsbörsen im Internet ab rund 2500 Euro erhältlich. Besonderes Plus: Viele Maschinen sind für Reisefans bereits umfangreich ausgestattet – sei es mit Heizgriffen oder Koffersystemen. Für die TDM mit ABS-Bremse müssen rund 4000 Euro angelegt werden. Neu wird die TDM bei einigen Händlern mit null Kilometern schon um 9500 Euro angeboten. Damit werden die Preise für neuwertige Gebrauchte noch einmal deutlich unter Druck geraten.

| Preisniveau in Euro | | Baujahre | Km-Stand |
|---|---|---|---|
| Niedrig | 2500–3900 | 2002–2004 | 35 000–50 000 |
| Mittel | 4000–5000 | 2002–2008 | 15 000–30 000 |
| Hoch | 5000–8000 | 2009–2012 | 5000–15 000 |
| Typ | | im Programm | Verkäufe |
| TDM 900 (RN08) | | 2002–2004 | 2644 |
| TDM 900 A (RN11) | | 2005–2006 | 1291 |
| TDM 900 A (RN18) | | ab 2007 | ca. 900 |

▶ **Verfügbarkeit am Markt: mittelhoch**

## TECHNISCHE DATEN

(TDM 900 A, Typ RN18)

### MOTOR

Wassergekühlter Zweizylinder-Viertakt-Reihenmotor, zwei Ausgleichswellen, zwei obenliegende, kettengetriebene Nockenwellen, fünf Ventile pro Zylinder, Tassenstößel, Trockensumpfschmierung, Einspritzung, Ø 42 mm, geregelter Katalysator mit Sekundärluftsystem, mechanisch betätigte Mehrscheiben-Ölbadkupplung, Sechsganggetriebe, Kette.

| | |
|---|---|
| Bohrung x Hub | 92 x 67,5 mm |
| Hubraum | 896 cm³ |

**Nennleistung**
**63,4 kW (86 PS) bei 7500/min**
**Max. Drehmoment 89 Nm bei 6000/min**

### FAHRWERK

Brückenrahmen aus Aluminium, Telegabel, Ø 43 mm, verstellbare Federbasis und Zugstufendämpfung, Zweiarmschwinge aus Aluminium, Zentralfederbein, voll einstellbar, Doppelscheibenbremse vorn, Ø 298 mm, Scheibenbremse hinten, Ø 245 mm.

| | |
|---|---|
| Alu-Gussräder | 3.50 x 18; 5.00 x 17 |
| Reifen | 120/70 ZR 18; 160/60 ZR 17 |

### MASSE + GEWICHTE

Radstand 1485 mm, Lenkkopfwinkel 64,5 Grad, Nachlauf 114 mm, Federweg v/h 150/133 mm, Sitzhöhe* 825 mm, Gewicht vollgetankt* 237 kg, Zuladung* 187 kg, Tankinhalt/Reserve 20,0/3,5 Liter.

### MESSUNGEN

(MOTORRAD 9/2009)

| | |
|---|---|
| Höchstgeschwindigkeit** | 210 km/h |
| **Beschleunigung** | |
| 0–100 km/h | 3,9 sek |
| **Durchzug** | |
| 60–140 km/h | 11,7 sek |
| **Verbrauch** | 5,0 l/100 km (Landstraße) |

*MOTORRAD-Messungen; **Herstellerangabe

**Internet**
Fansites: www.tdm-forum.net
Gebrauchtangebote:
http://markt.motorradonline.de/bike926.htm

## MODELLPFLEGE

All inclusive: 2005 wird die TDM komplett mit Koffern ab Werk ausgestattet. Viele Fahrer schwören aber auf Alternativen aus dem Zubehörhandel ▼

**2002** Markteinführung der TDM 900 (Typ RN08) mit 86 PS, Einspritzung und G-Kat. Farben: Gelb, Silber, Blau. **Preis: 9590 Euro.**

**2004** Typ RN11 mit umfangreichen Überarbeitungen: Gabel mit neuer Abstimmung und modifizierter unterer Gabelbrücke (längere und stärker vorgespannte Federn sowie verringertes Luftpolster zur Straffung der Front), neuer Brembo-Hauptbremszylinder mit größerem Kolbendurchmesser und geändertem Bremshebel (16 statt 14 mm), elektronische Wegfahrsperre mit Kontrolllampe im Cockpit. Neue Grafik, schwarzer Rahmen. Farben: Blau, Schwarz. **Preis: 9590 Euro.**

**2005** Als TDM 900 A in Deutschland serienmäßig nur noch mit ABS erhältlich. In diesem Zusammenhang technische Änderungen am Öltank, Rahmen, Kühlmittelausgleichsbehälter und hinterem Bremsflüssigkeitsbehälter, Naben zur Aufnahme der ABS-Sensoren geändert, ABS-Kontrolllampe im Cockpit. Koffersystem serienmäßig. Farben: Silber, Schwarz. **Preis: 9830 Euro.**

**2006** Entfall serienmäßiges Koffersystem. Farben: Silber (neu), Schwarz. **Preissenkung auf 9330 Euro.**

**2007** Typ RN18 nun mit Euro-3-Homologation. Zur Erfüllung der Abgasnorm mit modifizierten Katalysatoren im Abgastrakt ausgestattet. Neue Grafik. Farben: Schwarz, Rot, Weiß (mit Farbstreifen auf der Felge). **Preis: 9628 Euro.**

**2009** Optische Überarbeitungen mit neuer Grafik und neuen Farben: Schwarz, Blau, Silber. **Preis: 9995 Euro.**

**2010** Preis steigt auf 10 750 Euro.

**2011** Preis steigt auf 10 850 Euro.

**2012** Sonderaktion „4 Asse" mit Preisreduzierung auf 9995 Euro.

**Rückruf**
**2006** Austausch des Drosselklappensensors. Defekt führt bei längerem Leerlauf zum Absterben des Motors. Rückruf betrifft verschiedene Fahrgestellnummern der Typen RN08 und RN11.

# YAMAHA
# XJ 900 S
# Diversion

**Schier unzerstörbar und mit Kardan als Kaufargument ein unschlagbar günstiges Angebot. Allerdings wollen sich nur wenige Besitzer von der großen Diversion trennen.**

Von Thorsten Dentges;
Fotos: fact (1), Jahn (1), Hartmann (4), Herzog (1)

**U**mgerechnet rund 8000 Euro für einen Vollwert-Tourer mit Kardan und superber Soziustauglichkeit, das war 1994 ein Knaller. Allerdings ein leiser, denn technisch brannte die XJ 900 S schon damals kein Feuerwerk ab. Reihenvierer mit Vergasern und zwei Ventilen pro Zylinder, über 270 Kilogramm, 90 PS – kaum ein Fortschritt gegenüber der Vorgängerin XJ 900 F, deren Produktion 1990 eingestellt worden war. Dennoch ist die große Diversion wegen des unbestreitbaren Gegenwerts ein verlockendes Angebot, und das gilt heutzutage für die seit 2005 lediglich gebraucht erhältliche Maschine umso mehr. Der aktuelle Kardantourer bei Yamaha heißt FJR 1300, und der spielt in der Secondhand-Liga preislich ein paar Klassen höher, steht deshalb für viele Tourenfahrer mit kleinem Budget nicht zur Debatte.

Auch die Konkurrenz hat es bisher weitgehend versäumt, einen preisgünstigen Reisedampfer mit wartungsarmem Kardanantrieb auf die Beine zu stellen, so dass viele Interessenten an solchen Modellen sich lieber bei Gebrauchtofferten umtun. Dort stoßen sie zwangsläufig früher oder später auf die XJ 900 S, häufig zum erstaunlichen Sparkurs. Beim Benzinverbrauch gibt sich die Yamaha allerdings wenig bescheiden, bei flotter Fahrt gurgeln über zehn Liter auf 100 Kilometer durch die Vergaserbatterie. XJ-Fahrer stört das allerdings wenig. Offenbar sind sie fähig, jederzeit ihre rechte Hand zu zügeln und damit auch den Verbrauch. In der Werkstatt bleibt ebenfalls nur wenig Geld liegen, dort ist die als extrem zuverlässig bekannte 900er ein seltener Gast. Und der Austausch von Verschleißteilen sowie Wartungsarbeiten sind günstig. Unterm Strich ist die große Diversion ein schönes, dankbares Motorrad, das es dem Besitzer leicht macht, treu zu bleiben.

**Tests in MOTORRAD**
21/1994 (T), 24/1994 (VT), 19/1995 (VT), 6/1996 (VT), 9/1996 (LT: 50 000 km),
17/1997 (LT: 100 000 km), 18/2000 (Reise-VT), 23/2000 (MR)

T=Test, VT=Vergleichstest, LT=Langstreckentest, MR=Modellreport.
Nachbestellungen unter Telefon 0711/182-1229

## Details

Der beachtlich große Tank (24 Liter) sorgt trotz des unzeitgemäß hohen Spritkonsums für eine sehr reisetaugliche Reichweite. Dank eines ausgezeichneten Windschutzes wird keine Etappe zu lang

Der Zweiventil-Reihenvierer kann zwar keine technischen Highlights bieten, sieht aber gut aus und ist quasi unkaputtbar

Top: Kardan – den wollen alle XJ-900-Fahrer. Flop: Auspuffanlage – Rost und Risse will keiner. Ab 1996 verbessert

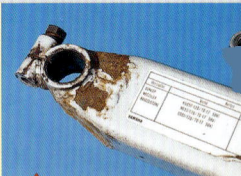

Ergebnis des 100 000-Kilometer-Tests von MOTORRAD: Die Schwinge hat gelitten, ansonsten steckte die XJ die Laufleistung locker weg

## Besichtigung

Größter Handlungsbedarf besteht beim Fahrwerk. Die serienmäßigen Federelemente sind außer im Bummelmodus hoffnungslos überfordert. Selbst für touristische Unternehmungen mit nur gelegentlich zügiger Gangart  **empfehlen sich dringend Verbesserungsmaßnahmen.** Erprobt sind Produkte von Öhlins (über Zupin Moto-Sport, Telefon 08669/8480, www.zupin.de), Wilbers (Telefon 05921/727170, www.wilbers.de) oder WP Suspension (Telefon 09401/521225, www.wp-germany.com). Einstellbare Feder-beine dieser Marken kosten zwischen 350 und 700 Euro und wirken beim Wiederverkauf wertsteigernd. Nachrüst-Gabelfedern plus Öl (etwas über 100 Euro ohne Einbau) erhöhen dagegen den Preis kaum, werden bei Gebrauchten jedoch ähnlich wie Koffersysteme gerne genommen. Technische Schwachstellen besitzt die 900er so gut wie keine. Ein Blick auf den Kardan, ob Öl an der Entlüftung austritt, oder auf Schwinge und Auspuff, die insbesondere bei älteren Modellen mit hohen Laufleistungen schon mal Rost oder Risse aufweisen können, sei dennoch angeraten.

## Marktsituation

**Die XJ 900 S ist mit mehr als 10000 Stück** im Bestand stark vertreten, doch offenbar wollen sich viele zufriedene Besitzer nicht von ihr trennen. Am häufigsten wird die Yamaha bis Baujahr 2000 angeboten. Von jüngeren Exemplaren wurden wegen des 2001 deutlich angehobenen Preises seinerzeit lediglich rund 2000 Stück verkauft, sie werden daher als Gebrauchte selten annonciert. Die Mehrzahl der befragten Händler würde sich über ein größeres Angebot freuen, denn

| Preisniveau in Euro | | Baujahre | km-Stand |
|---|---|---|---|
| Niedrig | 1500–2500 | 1994–1998 | über 50000 |
| Mittel | 2600–3500 | 1996–2000 | 20000–50000 |
| Hoch | 3600–4500 | 2001–2003 | bis 20000 |
| Typ | | im Handel | Verkäufe |
| 4KM | | 1994 bis 2004 | 13925 |

extrem zuverlässige, günstige Gebrauchte wie die große Diversion finden in der Regel schnell einen dankbaren Abnehmer. Händler aus dem Süden und Westen der Republik berichten allerdings gleichzeitig von einem langsam abnehmenden Interesse an der Maschine, weil dort immer weniger Tourenfahrer auf Einspritzung, G-Kat und ABS verzichten wollen. ▶**Verfügbarkeit am Markt: mittelhoch**

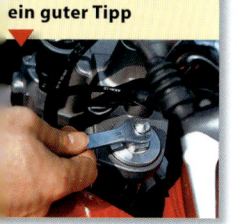

## Internet
**Fansites:** www.xj-900.de, www.xj-ig.de, http://xjfahrer.diskutieren.net
**Gebrauchtangebote:** http://markt.motorradonline.de/bike336

## Daten  (Typ 4KM; Modelljahr 2000)

### MOTOR
Luftgekühlter Vierzylinder-Viertakt-Reihenmotor, zwei Ventile pro Zylinder, Nasssumpfschmierung, Vergaser, keine Abgasreinigung, hydraulisch betätigte Mehrscheiben-Ölbadkupplung, Fünfganggetriebe, Kardan.
Bohrung x Hub    68,5 x 60,5 mm
Hubraum    892 cm³
**Nennleistung**
**66 kW (90 PS) bei 8300/min**
**Max. Drehmoment**
**84 Nm bei 7000/min**

### FAHRWERK
Doppelschleifenrahmen aus Stahl, Telegabel, Zweiarmschwinge aus Stahl, Zentralfederbein, über Hebelsystem angelenkt, verstellbare Federbasis, Doppelscheibenbremse vorn, Scheibenbremse hinten.

Alu-Gussräder    3.00 x 17; 4.00 x 17
Reifen    120/70 V17, 150/70 V17

### MAßE+GEWICHTE
Radstand 1505 mm, Lenkkopfwinkel 63 Grad, Nachlauf 121 mm, Gewicht vollgetankt* 276 kg, Zuladung* 194 kg, Tankinhalt/Reserve 24/5 Liter.

### MESSUNGEN
(MOTORRAD 23/2000)
Höchstgeschwindigkeit    209 km/h
**Beschleunigung**
0–100 km/h    3,9 sek
**Durchzug**
60–100 km/h    5,3 sek
**Verbrauch**    7,6 l/100 km (Landstraße); 4,4 l/100 km (bei 100 km/h), Normal

*MOTORRAD-Messung

**Die einstellbare Gabel (seit 1996) ist mit der 276-Kilo-Maschine überfordert. Gabelfedern vom Nachrüstmarkt sind deshalb ein guter Tipp**

**Kommt gerade mit Koffern voll auf Touren**

## Modellpflege

**1994** Markteinführung der XJ 900 S Diversion (Typ 4KM) für 15290 Mark (7818 Euro).

**1996** Modifikationen an der Telegabel. Neue Gabelstopfen ermöglichen eine einstellbare Federbasis. Außerdem wurde die Abstimmung des Federbeins geändert. Eine dickere Wandung der Auspuffrohre soll besser gegen Rissbildung schützen. Preis: 15620 Mark (7986 Euro).

**1997** Steinschlagschutz aus Kunststoff für die Gabelstand-rohre. Sitzbank mit geändertem Bezug. Preis unverändert.

**2001** Preisanstieg wegen eines starken Yen-Wechselkurses: 9101 Euro.

**2003** Verschärfte Abgas- und Geräuschvorschriften hätten eine größere Modellpflege erfordert, Yamaha stoppt deshalb die Produktion der XJ 900 S.

**2004** In Deutschland wird das Motorrad aus dem Programm genommen und ist im Abverkauf für 9105 Euro erhältlich.

# YAMAHA
# FZ1/FAZER

**Alle bauten plötzlich PS-starke Naked Bikes.
Nur Yamaha nicht. Bis 2006 die lang ersehnte FZ1 mit
halbverschalter Fazer-Schwester in den Ring stieg.**

Von Jörg Lohse; Fotos: jkuenstle.de, Hersteller

**R**ammstein auf Rädern": Für MOTORRAD-Redakteur Stefan Kaschel hatte die flammneue FZ1 bei der Schaufensterwertung die Frwartungen hoch geschraubt. Zumal Yamaha-Fans lange auf dieses radikal angespitzte Naked Bike warten mussten. Im Revier der PS-starken „Streetfighter ab Werk" hatten sich längst Triumph Speed Triple, Kawasaki Z 1000 und Aprilia Tuono etabliert. Hier sollte sich nun die FZ1 bewähren. Mitgebracht hatte sie den Motor der supersportlichen Schwester R1, für das Naked Bike allerdings durch diverse Maßnahmen (Verdichtung, Nockenwellen, Schwungmasse, Mapping) auf 150 PS ausgelegt. Bei der Abstimmung zeigten die Yamaha-Ingenieure aber kein glückliches Händchen. Anstelle einer kraftvollen, landstraßentauglichen Unten-Mitte-Abstimmung marschiert die FZ1 (zusammen mit dem halbverkleideten Schwestermodell Fazer) erst bei 7500/min gehörig los. Dazu verhagelt auch die teils harte, leicht verzögerte Gasannahme den sauberen Strich auf kurvenreichen Strecken. Viele FZ1-Piloten haben deshalb mittlerweile selbst Hand angelegt und auf ein kleineres Kettenritzel umgerüstet – was der Yamaha einen spürbar besseren Durchzug beschert (siehe dazu Kasten „Besichtigung"). Das Fahrwerk rangiert bei weitem nicht auf dem Niveau der R1, geht aber mit seinen Dämpfungsreserven insgesamt in Ordnung. Passend zum eher touristischen Outfit ist die Fazer etwas komfortabler abgestimmt. Die straffe Abstimmung der FZ1 hamoniert dafür gut mit der kräftig zupackenden und fein dosierbaren Bremsanlage – die Yamaha bleibt auch bei harten Stoppmanövern stabil in der Spur. Ab dem zweiten Modelljahr punktet die Fazer dagegen mit ihrem serienmäßigen ABS.

www.motorradonline.de/gebrauchtberatung

▲ **Yamaha FZ1: Beim Strip-Poker gegen supersportliche R1 verloren**

**Tests in MOTORRAD**

8/2006 (TT: FZ1 und Fazer), 9/2006 (VT: FZ1), 15/2006 (VT: Fazer),
5/2007 (VT: Fazer), 8/2008 (VT: Fazer), 9/2008 (Tune-Up: Fazer),
25/2008 (VT: FZ1), 12/2009 (VT: FZ1), 4/2010 (T: FZ1, ABS)

TT=Top-Test, T= Test, VT=Vergleichstest; Nachbestellungen unter Telefon 0711/182-1229

**Yamaha FZ1 Fazer mit komfortabler abgestimmtem Fahrwerk**
▼

**Nackt oder halb verkleidet? Die Fazer hat das bessere Licht an Bord**

**Details**

▲
**Informationstransfer gelungen. Die FZ1 punktet mit übersichtlichem Cockpit, dem nichts fehlt: Tacho, Drehzahlmesser, Tank- und Zeituhr**

## Besichtigung

**Echte Defizite** sind bei den noch jungen Gebrauchtmaschinen nicht bekannt. Wenn FZ1 oder Fazer in der Werkstatt stehen, müssen meist Inspektionsarbeiten erledigt oder Verschleißteile gewechselt werden. Typische Schwachstelle: der lasche Durchzug. Weswegen viele FZ1-Typen bereits mit kleinerem Ritzel unterwegs sind. Meist handelt es sich um ein 16er-Ritzel von Enuma (www. enuma.de). Für den Umbau ist nach Herstellerangabe kein Eintrag erforderlich, da er sich innerhalb der Toleranz bewegt. Selbstschrauber sind mit rund 20 Euro dabei,

müssen sich aber auf umfangreiche Arbeiten (Abbau Schaltstange plus Fußrastenhalteplatte) einstellen. Um sich gegen das FZ1-typische Lenkerschlagen zu wappnen, ist ein Lenkungsdämpfer (z. B. von WP Suspension, 250 Euro) ratsam. Daneben sind gerade die nackten FZ-Einser mit Miniblinkern, kleinen Kennzeichenhaltern und Nachrüst-Endtöpfen aufgerüstet worden. Das kann schön aussehen, muss aber nicht. Gut ist, wenn der Verkäufer die Originalteile noch mit dazupackt. Unbedingt klären, ob der Rückruf von 2008 (Bruchgefahr der Rückspiegel) in der Vertragswerkstatt erledigt wurde.

## Marktsituation

**Scheckheftgepflegt und aus erster Hand:** Dieser Eintrag findet sich bei vielen Angeboten zur FZ1 und FZ1 Fazer in den bekannten Verkaufsportalen von motorradonline.de, mobile.de und motoscout24.de. Allerdings hat dieses gern gehörte Verkaufsprädikat – noch – seinen Preis. Unter 5000 Euro wird die nackte oder halbverschalte Version der 1000er kaum angeboten. Allerdings: Aufgrund der vielen Angebote und eher mäßigen Nachfrage lässt sich besonders bei ABS-losen Bikes ein satter Preisnachlass aushandeln. Bei den Laufleistungen teilt sich das Lager: Während selbst die älteren Baujahre der FZ1 fast nie über 20 000 Kilometer hinauskommen, hat die FZ1 Fazer eine durchaus bewegtere Vergangenheit. Jahresfahrleistungen von 10 000 bis 15 000 Kilometern sind bei der Halbschalen-Yamaha keine Seltenheit und zeugen von ihren guten Toureneigenschaften. Meist verbunden mit Reiseschmankerln wie Koffersatz, hohem Windschild oder Navi-Halterung mit Steckdose.

| Preisniveau in Euro | | Baujahre | Km-Stand |
|---|---|---|---|
| Niedrig | 4300–6000 | 2006–2009 | 15 000–35 000 |
| Mittel | 6000–7500 | 2007–2010 | 10 000–20 000 |
| Hoch | 7500–8500 | 2008–2011 | 5 000–15 000 |
| Typ | | im Programm | Zulassungen |
| FZ1/FZ1 Fazer | | ab 2006 | ca. 8000 |

▶ **Verfügbarkeit am Markt: sehr hoch**

## Daten
(Typ FZ1; Modelljahr 2006, FZ1 Fazer in Klammern)

**MOTOR**
Wassergekühlter Vierzylinder-Viertakt-Reihenmotor, fünf Ventile pro Zylinder, Nasssumpfschmierung, Einspritzung, geregelter Katalysator, mechanisch betätigte Mehrscheiben-Ölbadkupplung, Sechsganggetriebe, O-Ring-Kette.
Bohrung x Hub                77,0 x 53,6 mm
Hubraum                            998 cm³
**Nennleistung**
                    110,3 kW (150 PS) bei 11000/min
**Max. Drehmoment**    106 Nm bei 8000/min

**FAHRWERK**
Brückenrahmen aus Aluminium, Upside-down-Gabel, verstellbare Federbasis, Zug- und Druckstufendämpfung, Zweiarmschwinge aus Aluminium, Zentralfederbein mit Hebelsystem, verstellbare Federbasis und Zugstufendämpfung, Doppelscheibenbremse vorn, Scheibenbremse hinten.

Alu-Gussräder                3.50 x 17; 6.00 x 17
Reifen                120/70 ZR 17; 190/50 ZR 17

**MAßE+GEWICHTE**
Radstand 1460 mm, Lenkkopfwinkel 65 Grad, Nachlauf 109 mm, Federweg v/h 130/130 mm, Sitzhöhe* 800 mm, Gewicht vollgetankt* 215 (222) kg, Zuladung* 195 (188) kg, Tankinhalt/Reserve 18/3,4 Liter.

**MESSUNGEN**
(MOTORRAD 8/2006)
Höchstgeschwindigkeit**                252 km/h
Beschleunigung
0–100 km/h                                3,6 (3,5) sek
0–200 km/h                              10,3 (9,8) sek
Durchzug
60–140 km/h                              8,2 (8,2) sek
Verbrauch
                            6,1 (6,0) l/100 km (Landstraße)

**Internet**
**Foren:** www.fazer-net.de
und http://fazerforum.eu
**Gebrauchtangebote:**
http://markt.motorradonline.de/bike2246.htm

*MOTORRAD-Messungen; **Herstellerangabe

Hohe, gummigelagerte Riser halten den breiten Rohrlenker mit geringer Kröpfung. Das Lenkgefühl bleibt jedoch sehr direkt

Einstellbare, aber gegenüber der R1 deutlich simpler gestrickte Gabel: Die Zugstufe wird im linken, die Druckstufe im rechten Holm eingestellt

Mal mit, mal ohne. FZ1 und Fazer starteten 2006 ohne ABS, 2007 gab es die Fazer mit ABS, die FZ1 folgte 2008. 2011 gibt es die FZ1 optional ohne ABS

Das Heck der Fazer soll dem Sozius einen besseren Platz als auf der FZ1 bieten. Allerdings fehlt den Haltegriffen eine ordentliche Portion Ergonomie

## Modellpflege

**2006** Verkaufsstart Yamaha FZ1/FZ1 Fazer. Preise: 9995/10 595 Euro.

**2007** FZ1 Fazer mit ABS, schwarzem Motor und neuer Fahrwerksabstimmung (10 689 Euro). FZ1 (9812 Euro) als Sondermodell „Power Blue" (9869 Euro) erhältlich.

**2008** FZ1 mit ABS (10 195 Euro). FZ1 Fazer (10 650 Euro) unverändert.

**2009** FZ1 Fazer (11 795 Euro) mit schwarzem Motor und goldfarbenen Felgen. FZ1 (11 550 Euro) unverändert.

**2010** FZ1 (11 195 Euro) und FZ1 Fazer (11 495 Euro) mit neuem Motormanagement.

# YAMAHA
# FJR 1300

**Yamahas Top-Tourer bringt viel Leistung auf die Straße, leistet beste Dienste als Reisemobil, und als Gebrauchte stimmt auch die Preis-Leistung. Eine nunmehr zehnjährige Erfolgsgeschichte.**

Von Thorsten Dentges; Fotos: Hersteller, Archiv, Jahn, jkuenstle.de

**L**eistungstourer – eine werberische Wortschöpfung, gedichtet vom Hersteller, die ausnahmsweise mal zutrifft; denn die 1300er stellte sich beim Debüt 2001 mit beachtlichen 144 PS vor. Zwar gab es seinerzeit schon ähnlich starke Tourenbikes, die jedoch gemütlicheren Touristen zu sportlich orientiert waren. Die Yamaha indes bot genug Platz für zwei Reisende, super Windschutz, wartungsfreundlichen Kardan und gleichzeitig erstaunlich viel Fahrdynamik. Was zum perfekten Tourenglück noch fehlte, waren ein ABS und ein sechster Gang, denn im recht kurz übersetzten fünften dreht bei rasanten Autobahnetappen der Vierzylinder auf störend hohem Niveau. 2003 kam die FJR 1300 A – das „A" steht für ABS – und schwupps: 2300 Stück gingen über den Tresen, bestes Verkaufsjahr! Ein sechster Gang fehlte noch immer, doch das tat der Popularität des Motorrads keinen Abbruch. Yamaha trimmte das Motorrad weiter in Richtung Reisetauglichkeit (siehe Modellpflege), spendierte serienmäßige Koffer und Heizgriffe, verbesserte den Windschutz und das ABS. Hochinteressant ist auch das Parallelmodell FJR 1300 AS (2006 bis 2010) mit halbautomatischem Getriebe, bei dem ohne Kupplungshebel entweder per Fußwippe oder Schaltwippe am Lenker die Gänge spielerisch einzulegen sind. Diese Version schlug jedoch mit 2000 Euro Aufpreis zu Buche und spielt in der bisherigen Erfolgsgeschichte der FJR nur eine Nebenrolle; denn auch mit konventioneller Schaltung bietet die 1300er auf Reisen allerhöchste Leistungen und gehört zu den beliebtesten Maschinen aus zweiter Hand.

www.motorradonline.de/gebrauchtberatung

**Tests in MOTORRAD**
FJR 1300: 9/2001 (TT), 11/2001 (VT), 20/2001 (VT), 7/2002 (VT), 10/2002 (VT), 14/2002 (VT), 23/2003 (LT); FJR 1300 A: 6/2003 (T), 16/2003 (VT), 16/2004 (KV), 22/2004 (KV), 11/2005 (VT), 6/2006 (T), 15/2006 (VT), 25/2006 (KV), 18/2007 (VT), 14/2009 (ABS-VT)
T=Test, LT=Langstreckentest; VT=Vergleichstest, TT=Top-Test, KV=Konzeptvergleich; Nachbestellungen unter 0711/182-1229

## Details

**Darauf fahren Vollblut-Tourenfahrer ab: Kardan. Der wartungsarme Antrieb sorgt für keinerlei Stress und tut der Sportlichkeit keinen Abbruch**

**Die komfortabel, weil elektrisch verstellbare Verkleidungsscheibe bietet besten Wetterschutz für Fahrer unterschiedlicher Statur**

**Antiblockiersystem und Verbundbremse – um fast sechs Zentner aus voller Fahrt zuverlässig verzögern zu können, ist die Yamaha bestens ausgerüstet**

**Eine FJR 1300 ohne Koffer wird man in freier Wildbahn nur selten sichten. Serienmäßig sind die Koffer aber erst seit dem Baujahr 2004**

**Bequem per Knopfdruck schalten beim Modell AS. Die Halbautomatik-Version war jedoch teuer und sprach im Vergleich nur wenige Käufer an**

## Besichtigung

Yamahas Touren-Flaggschiff gilt gemeinhin als technisch völlig stressfrei. Geben die üblichen Checkpunkte (Verschleißteile, Unfallspuren etc.) keinen Grund zu Beanstandungen, darf man also nach der Probefahrt bei dieser Maschine fast bedenkenlos zugreifen. **In der Vergangenheit wurde zwar von einigen Besitzern** der Modelle bis Baujahr 2005 ein Tickern des Motors moniert, woraufhin Yamaha oftmals auf Kulanz die Ventilführungen gewechselt hat. Dieses nur für spitze Ohren vernehmbare Geräusch stellt in der Regel jedoch kein technisches Pro-

blem dar. Rasselnde Geräusche hingegen deuten auf einen verschlissenen Steuerkettenspanner hin, der dann gewechselt werden sollte. Eine teure Reparatur kann ein defekter Simmerring am Kardanausgang bedeuten; denn ein Wechsel dieses Pfennigartikels verlangt einen kompletten Motorausbau (rund zehn Arbeitsstunden). Undichtigkeiten treten zwar nur sehr selten auf, findet sich nach der Probefahrt jedoch Öl an dieser Stelle, dann Finger weg von dieser Offerte! Da die FJR schon von Haus aus gut ausgestattet ist, spielt Zubehör bei Verhandlungen nur eine Nebenrolle.

## Marktsituation

**Trotz deutlich nach unten korrigierter Listenpreise,** tun sich die meisten Händler schwer, fabrikneue FJR 1300 an den Mann zu bringen. Aus zweiter Hand ist die Yamaha hingegen ein sehr gern gesehener Gast im Laden, der selten lange verweilt. Die Nachfrage nach guten Gebrauchten zu fairen Preisen auf mittlerem Niveau (siehe Tabelle) ist höher als das entsprechende Angebot. Maschinen ohne ABS (bis einschließlich Baujahr 2002) lassen sich allerdings nicht ganz so einfach losschlagen, weil der Bremsassistent in der Tourer-

| Preisniveau in Euro | | Baujahre | Km-Stand |
|---|---|---|---|
| **Niedrig** | **4300–5400** | 2001–2002 | 30 000–70 000 |
| **Mittel** | 5500–7500 | 2001–2006 | 15 000–40 000 |
| **Hoch** | 7600–9900 | 2003–2008 | 5000–30 000 |
| **Typ** | | **im Programm** | **Verkäufe** |
| **RP04** | | 2001/2002 | 4443 |
| **RP08/11/13** | | 2003 bis heute | 10 500 |

klasse mittlerweile zum guten Ton gehört. Kann man darauf jedoch verzichten und findet um 5000 Euro eine FJR ohne Bremsassistent in guten Originalzustand, stimmt der Gegenwert dennoch. Auffällig häufig sind Tageszulassungen und Neuwert-Gebrauchte schon unter 12 000 Euro im Angebot, dementsprechend lassen sich Maschinen älter als zwei Jahre praktisch nur in Top-Zustand und mit sinnvollem Zubehör über 10 000 Euro verkaufen.   ▶**Verfügbarkeit am Markt: sehr hoch**

## Daten  (Typ, RP13, Modell 2006)

### MOTOR
Wassergekühlter Vierzylinder-Viertakt-Reihenmotor, vier Ventile pro Zylinder, Nasssumpfschmierung, Einspritzung, geregelter Katalysator mit Sekundärluftsystem, hydraulisch betätigte Mehrscheiben-Ölbadkupplung, Fünfganggetriebe, Kardan.
Bohrung x Hub      79 x 66,2 mm
Hubraum      1298 cm$^3$
**Nennleistung**
     105,5 kW (144 PS) bei 8000/min
**Max. Drehmoment**
     134 Nm bei 7000/min

### FAHRWERK
Brückenrahmen aus Aluminium, Telegabel, verstellbare Federbasis, Zug- und Druckstufendämpfung, Zweiarmschwinge aus Aluminium, Zentralfederbein mit Hebelsystem, verstellbare Federbasis und Zugstufendämpfung, Doppelscheibenbremse

vorn, Scheibenbremse hinten, Verbundbremse, ABS.
Alu-Gussräder      3.50 x 17; 5.50 x 17
Reifen      120/70 ZR 17, 180/55 ZR 17

### MAßE+GEWICHTE
Radstand 1515 mm, Lenkkopfwinkel 64 Grad, Nachlauf 109 mm, Gewicht vollgetankt* 292 kg, Zuladung* 211 kg, Tankinhalt 25 Liter.

### MESSUNGEN
(MOTORRAD 6/2006)
**Höchstgeschwindigkeit**      245km/h
**Beschleunigung**
0–100 km/h      3,3 sek
**Durchzug**
60–100 km/h      4,4 sek
Verbrauch      5,4 l/100 km (Landstraße);
     5,8 l/100 km (bei 130 km/h), Normal

*MOTORRAD-Messungen; **Herstellerangabe

### Internet
**Fansites:** www.fjr-tourer.de (lebendige Seiten rund um das Motorrad mit Stammtisch-Terminen, Technik-Infos etc.), www.fjr-1300.de (einfach gehaltenes Forum)
Gebrauchtangebote:
http://markt.motorradonline.de/bike328.htm; FJR 1300 A (/bike6345.htm)

**Luxus, ja – Reisen, ja – Rasen? Auch. Yamahas dynamischer Komfortdampfer kann auch richtig schnell. Wenn man will**

## Modellpflege

**2001** Typ RP04, in drei Farbvarianten, Blau, Schwarz und Silber, für 26135 Mark (13 363 Euro).

**2003** Neue FJR 1300 A, Typ RP08, in Deutschland ausschließlich mit ABS. 40 Millimeter höhere Verkleidungsscheibe, integrierte Blinker, größere Bremsscheiben vorn, modifizierte Federelemente, Wegfahrsperre. Preis: 14 290 Euro.

**2004** Typ RP11 mit Serienkoffern und neuer Kraftstoffpumpe für 14 790 Euro.

**2006** Typ RP13: längere Gesamtübersetzung, Lenker und Sitzbank verstellbar, Verbundbremse, geänderte Verkleidung, Schwinge und Hilfsrahmen. Preis:

15 495 Euro. Modell FJR 1300 AS (ebenfalls Typ RP13) mit Halbautomatik-Getriebe (17 495 Euro).

**2007** Heizgriffe serienmäßig, Zweifarblackierungen (Blau-Silber, Grau-Silber, Rot-Silber). Preise: 15 750 Euro (FJR 1300) bzw. 17 750 Euro (FJR 1300 AS).

**2008** Neues ABS (dreistufig statt zweistufig), Verkleidungsscheibe modifiziert. Farben: Grafit, Silber, Schwarz. Preise unverändert.

**2011** Das AS-Modell wird aus dem Programm genommen. Preis für FJR 1300 A: 16 995 Euro. Nur noch zwei Farbvarianten: Schwarz und Silber.

# YAMAHA XJR 1300

**Klassik-Fans und Technik-Begeisterte, Ästheten und Sorglosfahrer – die große Nackte von Yamaha ist ein absoluter, wenngleich kein günstiger Gebraucht-Hit.**

Von Thorsten Dentges; Fotos: Bilski (1), fact (1), Gargolov (2), Künstle (1), Yamaha (2)

**D**ie Erfolgsgeschichte begann mit der XJR 1200 von 1995. Deren Erbe übernahm vier Jahre später die nach wie vor aktuelle 1300er, die heutzutage mit einem Bestand von über 10 000 Maschinen zu den beliebtesten Gebrauchten auf dem Markt zählt, während sich gut gepflegte Exemplare der ebenfalls noch angesagten Vorgängerin langsam rar machen.

Woher dieser Erfolg? Es gibt objektive Gründe: ein drehmomentstarker, extrem langlebiger Motor mit rund 100 PS, eine bequeme Ergonomie, erstklassige Bremsen oder beste Wiederverkaufchancen. Interessenten hören beim Kauf allerdings lieber auf ihr Bauchgefühl. Kaum ein anderes Modell versprüht nämlich so viel Charme. Allein schon die offen zur Schau gestellten feinen Kühlrippen des Reihenvierers, dazu das bullige Auftreten und dann noch diese passenden Proportionen! Die XJR ist eine nackte Schönheit, wie Gott beziehungsweise das Yamaha-Entwicklungsteam sie schuf. Das kommt an, das macht an. Und lässt generös über Schwächen hinwegsehen, beispielsweise den breit bauenden Motor, der die Schräglagenfreiheit begrenzt. Oder das – zumindest bis einschließlich Baujahr 2006 – unglücklich abgestimmte Serienfahrwerk (vorne zu weich, hinten zu hart), das auf anspruchsvollen Landstraßen sehr angriffslustige Fahrmanöver und allzu sportliches Expresstempo stark einschränkt. Viele andere Naked Bikes können das aber auch nicht besser, und wer sich für ein klassisch anmutendes Motorrad entscheidet, ist tendenziell eher Genießer als kompromissloser Heizer. Und genießen, das funktioniert auf der XJR in jeder Lage.

**Tests in MOTORRAD**

3/1999 (T), 25/2000 (VT), 15/2001 (VT), 17/2001 (Optimierung), 3/2002 (VT), 18/2002 (VT), 9/2003 (VT), 1/2004 (TT), 3/2004 (VT), 10/2007 VT), 13/2008 VT)

T=Test, TT=Top-Test, VT=Vergleichstest; Nachbestellungen unter Telefon 07 11/1 82-12 29

## Details

**Würdevolles Erbe: Mit neuem Reihenvierer und Vierkolben-Bremse aus dem Supersportler YZF-R1 löst die XJR 1300 die erfolgreiche 1200er ab**

**Auf der Wunschliste vieler Motorradfahrer ganz oben: das SP-Modell mit besserem Fahrwerk und auffälliger Rennreplika-Zweifarblackierung**

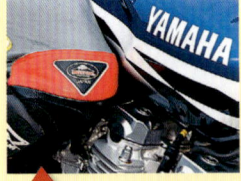

**Schlankerer Tank, besserer Knieschluss – das nackte Yamaha-Zugpferd wird 2002 im Detail verbessert, kostet dafür aber auch 600 Euro mehr**

**Bisher größte Modellpflege: 2007 erhält die XJR eine elektronische Einspritzung, um im Verbund mit einem G-Kat die Euro-3-Norm zu erfüllen**

**Seltsam: Der seit 2007 serienmäßige Einzelauspuff ist wenig beliebt, obwohl er eigentlich sehr ansehnlich ist**

## Besichtigung

Der Vierzylinder hat sich in seiner Ur-Form schon im Sport-Touring-Dampfer FJ 1200 einen hervorragenden Ruf als Dauerläufer erarbeitet, und ordentlich gewartete XJR 1300 vertragen Laufleistungen jenseits von 100 000 Kilometern. **Bei scheckheftgepflegten Exemplaren ist also wenig Skepsis angesagt,** und eine kurze Probefahrt mit offenen Ohren genügt, um gröbere mechanische Defekte (leichtes Ventiltickern ist normal) auszuschließen. Die Kupplung mit ihrer etwas schlappen Tellerfeder muss sich allerdings mit dem gewaltigen Drehmoment der 1300er herumschlagen und geht gerne in die Knie. Käufer achten, ähnlich wie bei Choppern und Cruisern, auf einen tadellosen Pflegezustand – Metall und Lack müssen fein glänzen! Ansonsten richtet sich bei der Besichtigung das Augenmerk hauptsächlich auf beliebte und auch sinnvolle Fahrwerksoptimierungen von Wilbers, Telefon 05921/6057, www.wilbers.de, WP Suspension, Telefon 09401/521225, www.wp-germany.com, oder Öhlins, Telefon 08669/8480, www.zupin.de.

## Marktsituation

**Da die 1300er bei einer großen Bandbreite** von Motorradfahrern direkt ins Schwarze trifft, ist die Nachfrage hoch. Gepflegte Exemplare zum fairen Preis verweilen in der Regel nur wenige Tage bei Händlern (Mehrzahl der Offerten) und privaten Anbietern. Oftmals sind die Forderungen jedoch überzogen – solche Maschinen stehen häufig bis zu einer meist folgenden Preissenkung. Angebot und Nachfrage bewegen sich auf hohem Niveau und halten sich die Waage. Besonders attraktiv für Fans: SP-Modelle in den Farben der Ex-Rennheroen Kenny Roberts und Christian Sarron. Diese Motorräder stehen seltener zum Verkauf und besitzen eine noch höhere Wertstabilität als das schon sehr gefragte Standardmodell, das selten unter 3500 Euro offeriert wird. Bei der stark modellgepflegten XJR ab 2007 hält sich aufgrund von Preisforderungen ab 6000 Euro die Nachfrage nach Gebrauchten in Grenzen, da Neumaschinen schon um 9000 Euro verschleudert werden.

▶ **Verfügbarkeit am Markt: sehr hoch**

| Preisniveau in Euro | | Baujahre | km-Stand |
|---|---|---|---|
| **Niedrig** | 2500–3500 | 1999–2002 | 25 000–60 000 |
| Mittel | 3600–4900 | 1999–2005 | 10 000–40 000 |
| **Hoch** | 5000–6500 | 1999–2010 | 5000–25 000 |
| **Typ** | | **im Programm** | **Verkäufe** |
| RP022/062/102 | | 1999–2006 | 14 729 |
| RP19 | | ab 2007 | rund 2500 |

## Daten  (Typ RP102; Modelljahr 2004)

**MOTOR**
Luftgekühlter Vierzylinder-Viertakt-Reihenmotor, vier Ventile pro Zylinder, Nasssumpfschmierung, Vergaser, ungeregelter Katalysator, hydraulisch betätigte Mehrscheiben-Ölbadkupplung, Fünfganggetriebe, O-Ring-Kette.
Bohrung x Hub    79 x 63,8 mm
Hubraum    1251 cm$^3$
**Nennleistung**
**72 kW (98 PS) bei 8000/min**
**Max. Drehmoment**
**104 Nm bei 6500/min**

**FAHRWERK**
Doppelschleifenrahmen aus Stahl, Telegabel, verstellbare Federbasis, Zweiarmschwinge aus Stahl, zwei Federbeine, verstellbare Federbasis, Doppelscheibenbremse vorn, Scheibenbremse hinten.

Alu-Gussräder    3.50 x 17; 5.50 x 17
Reifen    120/70 ZR 17; 180/55 ZR 17

**MAßE+GEWICHTE**
Radstand 1510 mm, Lenkkopfwinkel 64,5 Grad, Nachlauf 100 mm, Gewicht vollgetankt* 251 kg, Zuladung* 199 kg, Tankinhalt/Reserve 21/4,5 Liter.

**MESSUNGEN**
(MOTORRAD 1/2004)
**Höchstgeschwindigkeit****    213 km/h

**Beschleunigung**
0–100 km/h    3,4 sek
**Durchzug**
60–100 km/h    4,4 sek
**Verbrauch**    5,6 l/100 km (Landstraße);
Normal

*MOTORRAD-Messungen; **Herstellerangabe

**Internet**
**Fansites:** www.xjrforum.de
**Gebrauchtangebote:** http://markt.motorradonline.de/bike334.htm

**Die bildhübsche XJR 1300 verführt zum Kniefall in der Garage. Beim Knieschleifen ist hingegen ohne Verbesserungsmaßnahmen am Fahrwerk Vorsicht angesagt**

## Modellpflege

**1999** Die XJR 1300 (Typ RP022) löst als neues Modell die bis dahin sehr erfolgreiche XJR 1200 ab. **Preis: 16 290 Mark (8329 Euro).** Parallel wird gegen umgerechnet rund 350 Euro Aufpreis das Sondermodell XJR 1300 SP in Zweifarblackierung und mit Öhlins-Federbeinen angeboten.
**2002** Der modellgepflegte Typ RP062 erhält eine längere Übersetzung. Weitere Änderungen: leichtere Räder, Krümmer mit größeren Durchmessern, zehn Millimeter längere Öhlins-Federbeine, straffer abgestimmte Gabel, steifere Schwinge, Tankform und Sitzbank geändert (schmalerer Knieschluss), Warnblinklicht. **Preis: 9480 Euro.** Das SP-Modell entfällt.

**2004** Wegen der Euro-2-Norm erhält die XJR 1300 (Typ RP102) eine neue Vergaserabstimmung, voluminösere Schalldämpfer sowie ungeregelte Katalysatoren. Außerdem: neue, leichtere Räder, die von der FZS 1000 Fazer stammen, eine überarbeitete Bremsanlage sowie straffere Federelemente und ein neues Cockpit mit digitalem Tacho. Wegfahrsperre serienmäßig. **Preis: 9495 Euro.**
**2007** Größere Modellpflege (Typ RP19), um die Euro-3-Norm zu erfüllen: Motor überarbeitet mit Einspritzung, neue Vier-in-zwei-in-eins-Auspuffanlage, geregelter Kat. Neue Sitzbank, voll einstellbare Gabel, LED-Rücklicht, klare Blinkergläser.
**Preis: 9782 Euro.**

# YAMAHA XVS 1300 A
## MIDNIGHT STAR

**Diese 1300er als Lückenbüßer zwischen Mittelklasse und Hubraum-Oberhaus zu verstehen wäre falsch. Sie bildet mit moderner Technik und tollem Tourenkomfort eine Klasse für sich.**

Von Thorsten Dentges; Fotos: Markus Jahn, Yamaha

**L**ang und fett, wie sich das für einen erwachsenen Cruiser gehört. Mit hubraumstarkem Motor, dessen 73 PS keine Probleme mit über 300 Kilo Lebendgewicht haben. Ein schweres Pfund, dennoch ist die 1300er recht handzahm und auf verwinkelter Strecke erstaunlich agil. Sie kommt wohl deshalb bei selbst fahrenden Frauen, die einen auffällig großen Anteil unter den Käufern einnehmen, gut an. Doch auch vielen gestandenen Männern ist die Schwester XV 1900 (350 Kilo) wohl eine Nummer zu groß, weswegen sie lieber auf die 1300er aufsatteln. Für die Vielfalt europäischer Straßen mit wechselnden Teerbelägen ist sie gut aufgelegt, obwohl aufsetzende Trittbretter die Grenzen der Schräglagenfreiheit frühzeitig aufzeigen. Die nur mittelmäßigen Bremsen kommen so jedoch auch kaum in kritische Situationen, denn der Fahrstil sollte trotz sehr guter Fahrstabilität normalen Cruisingmodus nicht übermäßig übersteigen. Fahrer einer XVS 1300 A sind in der Regel Tourenfahrer, die sich an der tollen Laufkultur des Yamaha-V2 erfreuen. Sie stört es weniger, dass der wassergekühlte V2 seine feinen Kühlrippen nur als Erkennungszeichen für das Genre „Classic Cruiser" trägt und eher technokratisch leise Töne anschlägt. Vier Ventile pro Zylinder, deutlich mehr Bohrung als Hub, zwei Ausgleichswellen, die moderne Konstruktion hat zwar mit den stilistischen Vorbildern aus Milwaukee wenig gemeinsam, doch angesichts der für den großen Hubraum nur minimalen Lastwechselreaktionen ist so ein Vergleich immer dann wurscht, wenn man möglichst lange und bequem unterwegs sein möchte. Oder zu zweit auf Reisen geht, denn für Mitfahrer bietet die Midnight Star ein sehr erholsames Plätzchen, und über vier Zentner Zuladung erlauben ausreichend Gepäck. Unterm Strich: klasse für noble Kreuzfahrten zum fairen Tarif.

**Tests in MOTORRAD**
23/2006 (FB), 3/2007 (VT)
FB = Fahrbericht, VT = Vergleichstest; Nachbestellungen unter Telefon 07 11/1 82-12 29 oder www.motorradonline.de/downloads

## IM DETAIL

▲ Mit großer Scheibe, Sissybar und optisch stimmigen Lederkoffern aus dem Originalzubehör wächst die 1300er zum Reisedampfer

▲ Flacheisen: Der stilvolle Panorama-Tacho ist großzügig in Chrom eingefasst und schmiegt sich mit Raffinesse um den Lenker. So macht es Spaß, öfters sein Cruisingtempo zu kontrollieren

Auf den Gussrädern sind die dicken Schlappen aufgezogen: Ein 130er auf breiter Alufelge – Fans stehen drauf. Die Bremsen sind hingegen eher Mittelmaß, reichen für Gleitfahrten aber aus ▼

▲ Charakterdarsteller – auch wenn er den Cruiserklassiker nur schauspielert. Der kräftige V2 ist ein Kurzhuber, die Kühlrippen übernehmen angesichts der Wasserkühlung nur Dekorationsaufgaben

## BESICHTIGUNG

Einwandfrei. Bei regelmäßiger Wartung ist null Stress zu erwarten, die Midnight Star läuft grundsolide. Liegt also ein Serviceheft vor (Inspektion alle 10 000 Kilometer) und steht die Maschine in vollem Glanze, kann man sorgenfrei zugreifen. Beachten: Auch wenn die Erstbereifung der ersten Baujahre (2007/2008) noch mit ausreichend Restprofil gesegnet ist, sollte für einen optimalen Grip gewechselt werden. Ein Satz Markenreifen in passendem Format kostet rund 300 Euro. Interessant wird es beim Zubehör: Als Sonderausstattung ehemals teure Dreingaben (Lederkoffer etwa kosteten als Yamaha-Zubehör 1350 Euro!) sollten bei der Preisgestaltung mit eingerechnet werden. Beliebt sind zum Beispiel Hepco & Becker-Packtaschen mit C-Bow-Haltern und Schalldämpfer von Falcon oder Miller. Bei Fernost-Universaltaschen oder No-Name-Chromteilen allerdings lieber hinterfragen, ob die Billigkosmetik dem (Profi-)Verkäufer nur dazu dient, das Bike schlitzohrig zu vermarkten.

## MARKTSITUATION

Kein Problem, eine gebrauchte 1300er-Midnight-Star zu finden, zum Beispiel im Internet. Man sollte jedoch längere Anfahrtswege zur Besichtigung einplanen, denn der Bestand ist überschaubar, und nicht jeder benachbarte Händler hat eine im Secondhand-Portfolio. Neuwert-Bikes mit weniger als 5000 Kilometern auf der Uhr finden mit entsprechendem Zubehör auch aus zweiter Hand um 8000 Euro noch einen Käufer, obwohl Tageszulassungen und rabattierte Neufahrzeuge bereits um 10 000 Euro verkauft werden. Um 7000 Euro finden sich sehr ordentliche Gebrauchte, überwiegend die Jahrgänge

| Preisniveau in Euro | | Baujahre | km-Stand |
|---|---|---|---|
| Niedrig | 5800–6900 | 2007–2008 | 15 000–40 000 |
| Mittel | 7000–8500 | 2007–2010 | 7500–25 000 |
| Hoch | 8600–9500 | 2009–2011 | 1000–10 000 |
| Typ | | im Programm | Verkäufe |
| VP26 | | 2007 bis heute | ca. 2000 |

bis 2009, mit viel Zubehör und selten mit mehr als 15 000 Kilometern. Unter 6000 Euro wird das Angebot sehr dünn – vereinzelte Privatverkäufer bieten vergleichsweise viel gefahrene Maschinen (mehr als 30 000 Kilometer) entsprechend günstig an, um sie schneller loszuwerden. Bei Angeboten aus dem Ausland (Belgien, Italien, Polen) ist Vorsicht angesagt, wenn die Vorgeschichte des Bikes nicht belegt ist. Die Suche hierzulande lohnt indes, denn häufig handelt es sich bei deutschen Offerten um in Vertragswerkstätten gepflegte Maschinen mit lückenlosem Serviceheft. ▶ **Verfügbarkeit am Markt: gering**

## TECHNISCHE DATEN

(Typ VP26, Modelljahr 2007)

### MOTOR

Wassergekühlter Zweizylinder-Viertakt-60-Grad-V-Motor, vier Ventile pro Zylinder, Nasssumpfschmierung, elektronische Einspritzung, geregelter Katalysator, mechanisch betätigte Mehrscheiben-Ölbadkupplung, Fünfganggetriebe, Zahnriemen.

| | |
|---|---|
| Bohrung x Hub | 100 x 83 mm |
| Hubraum | 1304 cm³ |
| **Nennleistung** | |
| | **53,5 kW (73 PS) bei 5500/min** |
| **Max. Drehmoment** | |
| | **106 Nm bei 4000/min** |

### FAHRWERK

Doppelschleifenrahmen aus Stahl, Telegabel, Zweiarmschwinge aus Stahl, Zentralfederbein mit Hebelsystem, Doppelscheibenbremse vorn, Scheibenbremse hinten.

| | |
|---|---|
| Alu-Gussräder | 3.50 x 16; 4.50 x 16 |
| Reifen | 130/90 R 16, 170/70 R 16 |

### MAßE + GEWICHTE

Radstand 1690 mm, Lenkkopfwinkel 57,3 Grad, Nachlauf 145 mm, Sitzhöhe* 720 mm, Gewicht vollgetankt* 307 kg, Zuladung* 206 kg, Tankinhalt 18,5 Liter.

### MESSUNGEN

(MOTORRAD 3/2007)

| | |
|---|---|
| Höchstgeschwindigkeit** | 174 km/h |
| Beschleunigung 0–100 km/h | 5,0 sek |
| Durchzug 60–100 km/h | 5,9 sek |
| Verbrauch | 4,6 l/100 km (Landstraße) |

*MOTORRAD-Messungen; **Herstellerangabe

**Internet**
**Fansites:** www.midnightstar-west.de
**Gebrauchtangebote:**
http://markt.motorradonline.de/bike2531.htm

Seidenweicher Motor, handliches, komfortables Fahrwerk – optimal für Tourencruising

## MODELLPFLEGE

**2007** Debüt der XVS 1300 A Midnight Star, Typ VP26. Farben: Rot, Schwarz, Silber. **Preis: 10 792 Euro.**

**2008** Farben: Rot, Schwarz. **Preis: 10 850 Euro.**

**2009** Farben: Schwarz, Silber. **Preis: 10 950 Euro.**

**2010** Farben: Blau, Schwarz. **Preis: 10 995 Euro.**

**2011** neue Verbundbremse UBS (Unified Brake System) optional. Farben: nur noch Schwarz. **Preise: 11 195 Euro ohne UBS, 11 695 Euro mit UBS.**

**2012** Farbe: Schwarz. **Preis: 11 495 bzw. 11 995 Euro (zum Jahresende Preisaktion: 10 995 Euro mit UBS, 9495 Euro ohne UBS).**